令和03年

Project Manager

プロジェクトマネージャ 合格教本

2021

技術評論社

試験問題での“クリティカルパス”や“ステークホルダ”という表記は,PMBOKでは“クリティカル・パス”や“ステークホルダー”と表記されて，異なっています。本書では，両方の表記法をそのまま併用しています。

はじめに

本書は，プロジェクトマネージャ試験の受験参考書です。プロジェクトマネージャ試験は，名前のとおり，プロジェクトを統括・管理する人材の能力を評価する試験です。プロジェクトマネージャが担当する業務の中核は，進捗管理・品質管理・要員管理などに関する計画業務です。当試験は，詳細かつ的確な計画を策定することによって，プロジェクトを成功に導くプロジェクトマネージャを想定しているといってもよいでしょう。IT ベンダに勤務するエンジニアの多くは，基本情報技術者試験→応用情報技術者試験→システムアーキテクト試験→プロジェクトマネージャ試験の順に合格されるキャリアパスを想定していると思われます。その点を考慮すれば，プロジェクトマネージャ試験は，IT ベンダの課長職もしくは部長職である方々，もしくはその候補者が受験する試験であるともいえます。

プロジェクト・マネジメント・ノウハウに関する事実上の標準は "PMBOK" であり，当試験の午前Ⅱ試験にも，PMBOK に関する問題が多く出題されます。しかし，PMBOK が対象とするプロジェクトは，ビル・橋梁・ダム・船舶などの IT 以外の成果物の完成を目指すものが含まれているのに対し，当試験の午後Ⅰ・午後Ⅱ問題は情報システム開発プロジェクトだけを想定して作成されているため，"PMBOK を熟知していれば，プロジェクトマネージャ試験に合格する" とは言いきれません。そこで，本書は PMBOK だけではなく，試験問題で問われている "IT 関連プロジェクト" を統括・管理するための知識に焦点を当て，特に午前Ⅱ・午後Ⅰ・午後Ⅱ試験に役立つ構成になっています。

本書の特徴は，次の３点です。

①出題ジャンル別に試験問題を並べ替え，イメージが湧きやすくなるように配置しています。

②午後Ⅰ（記述式）については，なるべく別解や間違った解答に関する解説も入れ，別解の許容範囲が理解できるようにしています。

③午後Ⅱ（論述式）については，論文を書く手順や守らねばならないルールを示し，多数の論文例を掲載しています。

本書の内容は，プロジェクトマネージャ試験に合格するための必要知識・情報をほとんど網羅するものであり，多くの読者が合格されることを期待しています。

令和３年４月

著者　　金子 則彦

CONTENTS【目次】

第3章 午後Ⅰ問題

第4章 午後Ⅱ問題

資料

第1章

試験ガイダンス

1-1 プロジェクトマネージャ試験の概要

プロジェクトマネージャ試験

プロジェクトマネージャ試験は，平成7年に創設された情報処理技術者試験の1つです。プロジェクトマネージャ試験は，平成21年に実施された試験制度の大改訂においても，試験名称が変わらなかった試験であり，出題傾向が安定しています。プロジェクトマネージャ試験の午後Ⅰ・午後Ⅱ試験で問われるプロジェクトは，情報システム開発プロジェクトに絞られているため，ITベンダもしくは非ITベンダの情報システム部に所属するIT技術者に有利な試験になっています。

POINT プロジェクトマネージャ試験は，IT技術者に有利な試験

対象者像，業務と役割

プロジェクトマネージャ試験の対象者像，業務と役割は，下表のとおりです。

対象者像	高度IT人材として確立した専門分野をもち，システム開発プロジェクトの責任者として，プロジェクト計画を立案し，必要となる要員や資源を確保し，計画した予算，納期，品質の達成について責任をもってプロジェクトを管理・運営する者
業務と役割	情報システム又は組込みシステムのシステム開発プロジェクトの責任者として，当該プロジェクトを計画，実行，管理する業務に従事し，次の役割を主導的に果たすとともに，下位者を指導する。 ①必要に応じて個別システム化構想・計画の策定を支援し，策定された個別システム化構想・計画に基づいて，当該プロジェクトの実行計画をプロジェクト計画として立案する。 ②必要となる要員や資源を確保し，プロジェクト体制を確立する。 ③予算，工程，品質などを管理し，プロジェクトを円滑に運営する。進捗状況を把握し，問題や将来見込まれる課題を早期に把握・認識し，適切な対策・対応を実施することによって，プロジェクトの目標を達成する。 ④プロジェクトの上位者及び関係者に，適宜，プロジェクトの実行計画，進捗状況，課題と対応策などを報告し，支援・協力を得て，プロジェクトを円滑に運営する。 ⑤プロジェクトの工程の区切り及び全体の終了時，又は必要に応じて適宜，プロジェクトの計画と実績を分析・評価し，プロジェクトのその後の運営に反映するとともに，ほかのプロジェクトの参考に資する。

出題形式と試験時間

プロジェクトマネージャ試験の出題形式などは，下表のとおりです。

試験区分	午前Ⅰ	午前Ⅱ	午後Ⅰ	午後Ⅱ
試験時間	9:30 ～ 10:20 (50 分)	10:50 ～ 11:30 (40 分)	12:30 ～ 14:00 (90 分)	14:30 ～ 16:30 (120 分)
出題形式	多肢選択式 (四肢択一)	多肢選択式 (四肢択一)	記述式	論述式 (小論文)
出題数と解答数	30 問出題から 30 問解答	25 問出題から 25 問解答	3 問出題から 2 問解答	2 問出題から 1 問解答

▶ 午前Ⅰ試験の免除制度

次のいずれかの条件を満たせば，その後２年間午前Ⅰ試験が免除されます。①応用情報技術者試験に合格，②高度試験または支援士試験に合格，③高度試験または支援士試験の午前Ⅰで基準点以上の成績を得る。ただし特例として，平成 31 年度春試験で午前Ⅰ免除の条件を満たし，令和２年度春試験申込み時に午前Ⅰ試験免除を申請していた場合，令和３年秋試験まで免除期間が延長されます。詳しくは https://www.jitec.ipa.go.jp/1_00topic/topic_20200918.html をご覧ください。

▶ 応募者数・受験者数・合格者数など

平成 25 ～令和２年度のプロジェクトマネージャ試験の応募者数などは，下表のとおりです。

	H25	H26	H27	H28	H29	H30	H31	R2
応募者	18,571	17,584	17,360	16,173	18,291	18,212	17,588	9,672
受験者	11,850	10,927	11,050	10,263	11,596	11,338	10,909	6,276
合格者	1,485	1,385	1,485	1,491	1,521	1,496	1,541	948
合格率	12.5%	12.7%	13.4%	14.5%	13.1%	13.2%	14.1%	15.1%

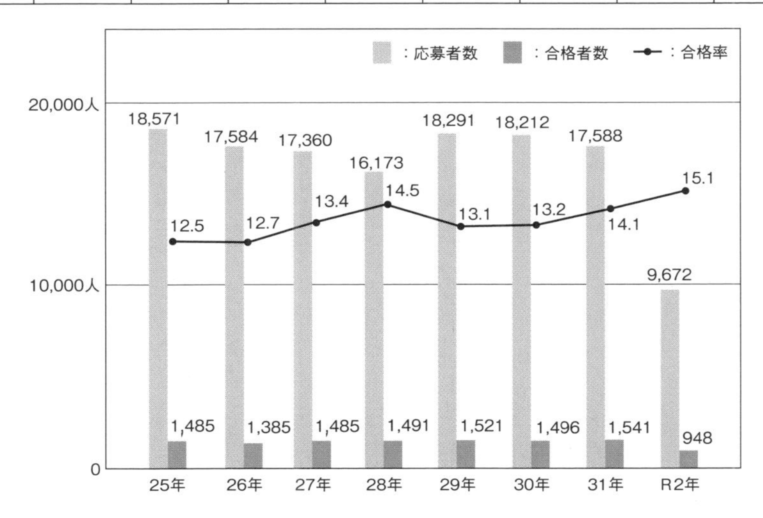

試験区分別の得点分布

令和２年度の試験区分別の得点分布は，次表のとおりです。

得点	午前Ⅰ	午前Ⅱ	午後Ⅰ
90点～100点	39名	111名	24名
80点～89点	201名	1,330名	254名
70点～79点	545名	1,405名	821名
60点～69点	765名	1,286名	1,168名
50点～59点	647名	373名	968名
40点～49点	436名	219名	537名
30点～39点	191名	31名	197名
20点～29点	47名	8名	38名
10点～19点	6名	1名	10名
0点～9点	1名	1名	7名
合計	2,878名	4,765名	4,024名

ランク	午後Ⅱ
A	948名
B	512名
C	644名
D	145名
合計	2,249名

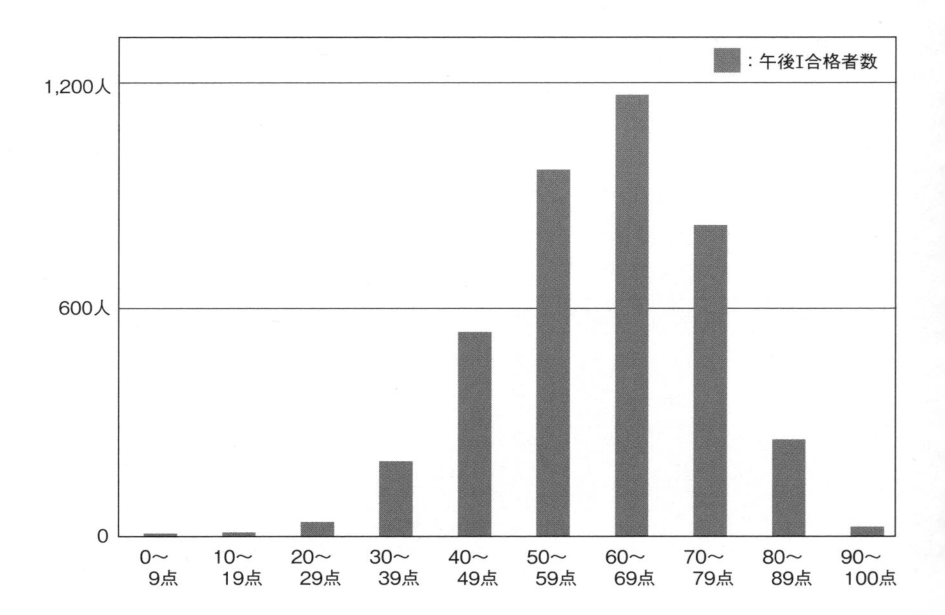

上表の特徴の１つに，午前Ⅰ免除者の数の多さがあります。受験者数 6,276 －午前Ⅰの合計人数 2,878 ＝ 3,398 人が午前Ⅰ免除者の人数であり，3,398 人÷ 4,765 人＝ 71.3% が，午前Ⅱ受験者に占める午前Ⅰ免除者の割合です。午前Ⅰの試験範囲は広く，対応しづらいので，まず午前Ⅰ免除者になってから，その次にプロジェクトマネージャ試験の受験対策をするのが得策です。

POINT まず，午前Ⅰ免除者になろう

最年少及び最年長の合格者

令和２年度の最年少及び最年長の合格者は，下表のとおりです。

年齢	19才	20才	21才	22才	…	62才	63才	64才	65才	…	69才
応募者	1	2	4	12	…	10	4	1	3	…	2
受験者	1	1	4	8	…	9	3	0	3	…	2
合格者	0	0	1	1	…	0	0	0	0	…	1

上表の最年少合格者は，大学３年生程度の年齢です。したがって，実務経験は全くないはずです。この事例は，実務経験がなくてもプロジェクトマネージャ試験に合格できるという事実を示しています。毎年，最年少合格者は20才ぐらいですから，実務経験の少ない受験者は勇気づけられると思われます。

上表の最年長合格者は，逆の意味での凄さを感じさせます。定年退職の年齢を65才とすると，69才であっても自己研鑽を続けられていることが立派です。ただし，2回以上プロジェクトマネージャ試験を受験し，すべて合格される方もいらっしゃいますので，このような高年齢になって初めて，プロジェクトマネージャ試験に合格されたとは考えにくい面もあります。

また，令和２年度のプロジェクトマネージャ試験の受験者数の“学生：社会人”の比率は，0.2%：99.8%です。

POINT 実務経験が少なくても，合格できる

1-2 午前Ⅰ対策

午前Ⅰ試験は，高度系試験と呼ばれる“ITストラテジスト”や“ネットワークスペシャリスト”などの共通試験です。したがって，プロジェクトマネージャのためだけの午前Ⅰ試験対策はありません。本書は，基本的に午前Ⅰ対策を対象に含めていませんので，午前Ⅰ対策を真正面から取り組みたい読者は，他書を参照してください。ここでは，午前Ⅰ対策の概要と午前Ⅱ対策を考えるうえでのヒントになる事項を取り上げます。

出題形式・試験時間など

午前Ⅰ試験では，30問の四肢択一問題が出題され，9:30～10:20の50分間で解答します。したがって，平均解答時間は，50分÷30問＝1.7分／問です。

POINT 平均解答時間は，約2分／問

午前Ⅰの出題範囲

午前Ⅰの出題範囲の分野・大分類・中分類は，下表のとおりです。

分野	大分類	中分類
テクノロジ系	1 基礎理論	1 基礎理論 2 アルゴリズムとプログラミング
	2 コンピュータシステム	3 コンピュータ構成要素 4 システム構成要素 5 ソフトウェア 6 ハードウェア
	3 技術要素	7 ヒューマンインタフェース 8 マルチメディア 9 データベース 10 ネットワーク 11 セキュリティ
	4 開発技術	12 システム開発技術 13 ソフトウェア開発管理技術
マネジメント系	5 プロジェクトマネジメント	14 プロジェクトマネジメント
	6 サービスマネジメント	15 サービスマネジメント 16 システム監査

ストラテジ系	7 システム戦略	17 システム戦略 18 システム企画
	8 経営戦略	19 経営戦略マネジメント 20 技術戦略マネジメント 21 ビジネスインダストリ
	9 企業と法務	22 企業活動 23 法務

午前Ⅰ試験の問題は，応用情報技術者試験午前問題 80 問の中から，30 問を抽出した形式で出題されます。例えば，令和 2 年秋の応用情報技術者試験午前問題の問が，令和 2 年秋の午前Ⅰ問題の問として出題されています。

POINT　午前Ⅰ問題は，応用情報技術者試験午前問題の一部

午前Ⅰの出題傾向

平成 28 ～令和 2 年度の午前Ⅰ試験の出題傾向は，下表のようにまとめられます。

出題分野			H28	H29		H30		H31	R1	R2	合計	
			秋	春	秋	春	秋	春	秋	秋		
テクノロジ系	1	基礎理論	2	3	2	1	5	3	3	2	21	9%
	2	アルゴリズムと プログラミング	3	1	1	1	2	1	1	1	11	5%
	3	コンピュータ構成要素	1	1	1	1	0	1	1	2	8	3%
	4	システム構成要素	2	2	2	2	1	2	1	2	14	6%
	5	ソフトウェア	1	0	1	2	1	1	1	1	8	3%
	6	ハードウェア	0	0	0	1	0	0	1	0	2	1%
	7	ヒューマン インタフェース	0	0	1	0	0	0	0	0	1	0%
	8	マルチメディア	1	0	0	0	1	1	0	0	3	1%
	9	データベース	1	2	2	2	1	1	1	1	11	5%
	10	ネットワーク	2	2	2	1	1	2	2	3	15	6%
	11	セキュリティ	3	4	4	4	4	4	5	3	31	13%
	12	システム開発技術	1	2	1	0	1	1	1	1	8	3%
	13	ソフトウェア開発 管理技術	1	1	1	2	1	1	1	1	9	4%
マネジメント系	14	プロジェクト マネジメント	3	3	2	2	2	3	2	2	19	8%
	15	サービス マネジメント	1	2	1	2	1	2	1	2	12	5%
	16	システム監査	1	1	2	3	2	1	2	1	17	7%

ストラテジ系	17	システム戦略	0	0	1	0	0	0	1	1	3	1%
	18	システム企画	0	0	0	0	1	0	1	2	4	2%
	19	経営戦略マネジメント	3	3	1	2	2	1	1	1	14	6%
	20	技術戦略マネジメント	0	0	0	0	0	1	0	0	1	0%
	21	ビジネスインダストリ	2	0	1	1	2	2	1	1	10	4%
	22	企業活動	0	2	1	2	1	1	2	2	11	5%
	23	法務	2	1	3	1	1	1	1	1	11	5%

注：各問題がどの分野に属するかについては，著者の独自の見解に基づいています。

試験センターは，＜平成 26 年度春期試験から “ 中分類 11 セキュリティ ” の出題比率を高くします＞と公表しました。

POINT セキュリティの出題比率が，やや高い

第2章

午前Ⅱ問題

2-1 午前Ⅱ対策

▶ 出題形式・試験時間など

午前Ⅱ試験では，25問の四肢択一問題が出題され，10:50～11:30の40分間で解答します。したがって，平均解答時間は，40分÷25問＝1.6分／問です。合格基準は，60点／100点です。

POINT 平均解答時間は，1.6分／問

▶ 午前Ⅱの出題範囲

午前Ⅱの出題範囲の分野・大分類・中分類は，下表のとおりです。

分野	大分類	中分類	範囲・レベル
テクノロジ系	1 基礎理論	1 基礎理論	
		2 アルゴリズムとプログラミング	
	2 コンピュータシステム	3 コンピュータ構成要素	
		4 システム構成要素	
		5 ソフトウェア	
		6 ハードウェア	
	3 技術要素	7 ヒューマンインタフェース	
		8 マルチメディア	
		9 データベース	
		10 ネットワーク	
		11 セキュリティ	◎ 3
	4 開発技術	12 システム開発技術	○ 3
		13 ソフトウェア開発管理技術	○ 3
マネジメント系	5 プロジェクトマネジメント	14 プロジェクトマネジメント	◎ 4
	6 サービスマネジメント	15 サービスマネジメント	○ 3
		16 システム監査	
ストラテジ系	7 システム戦略	17 システム戦略	
		18 システム企画	○ 3
	8 経営戦略	19 経営戦略マネジメント	
		20 技術戦略マネジメント	
		21 ビジネスインダストリ	
	9 企業と法務	22 企業活動	
		23 法務	○ 3

注記1：○は出題範囲であることを，◎は出題範囲のうちの重点分野であることを表します。
注記2：3，4は技術レベルを表し，4が最も高度で，上位は下位を包含します。

午前Ⅱの出題範囲

平成 26 ～令和 2 年度の午前Ⅱ試験の出題傾向は，下表のようにまとめられます。当たり前ですが，プロジェクトマネジメントに関する問題がよく出題されています。セキュリティは，平成 26 年度から午前Ⅱの出題範囲に含められています。

中分類		H26	H27	H28	H29	H30	H31	R2	合計	
11	セキュリティ	3	2	1	2	3	2	3	16	9%
12	システム開発技術	4	3	5	3	3	3	3	24	14%
13	ソフトウェア開発管理技術	2	1	3	1	2	0	1	10	6%
14	プロジェクトマネジメント	11	14	12	14	13	15	13	92	53%
15	IT サービスマネジメント	1	1	1	1	2	2	1	9	5%
18	システム企画	2	2	1	1	1	0	2	9	5%
23	法務	2	2	2	3	1	3	2	15	9%

注：各問題がどの分野に属するかについては，著者の独自の見解に基づいています。

POINT　プロジェクトマネジメントがよく出題される

午前Ⅱに出題される特殊な用語

午前Ⅱ試験には，下記のような午後Ⅰ・Ⅱ試験との関連性が極めて低い，特殊な用語が出題されています。

年度	問番号	特殊な用語
24	23	グリーン購入法の環境物品
25	22	環境ラベル
	23	RoHS 指令
26	21	ランニングロイヤリティ
27	6	ブルックスの法則
	17	リーンソフトウェア開発
	23	特定電子メール法
28	23	就業規則に係る使用者の義務
	24	シャドー IT
29	11	アジャイル型開発プロジェクトでのベロシティ
	15	調達の条件を満たすレンタル費用の最低金額
	22	労働基準法　36 協定がよりどころにしている制度
30	5	ISO 21500:2012 の資源サブジェクトグループ
	12	JIS X 25010:2013 “満足性”に対するリスク

31	16	All-Pair 法（ペアワイズ法）
	19	事業関係マネージャが責任をもつ事項
	23	技術者倫理の遵守を妨げる要因
2	15	カークパトリックモデル
	19	冷房負荷の軽減策のうち，” 伝熱負荷 ” の軽減策
	20	ハッソ・プラットナー・デザイン研究所によるデザイン思考

上記のような特殊な用語と同等のレベルで他の用語も覚えようとすれば，数が膨大になりすぎて現実的ではなくなります。午前Ⅱ試験では，過年度の類似問題が出題される可能性が高いので，上記の問題と解答をザッと見て覚えておき，それ以外の用語には手を出さないのが良い対策です。したがって，午前Ⅱ対策の中心は，午前Ⅰにも出題された“セキュリティ”・“プロジェクトマネジメント”・“システム開発技術”・“システム企画”・“法務”に関する問題です。

POINT　午前Ⅱの特殊な用語は，過去問に出たものだけを覚える

次項以降では，午前Ⅱ問題で比較的よく出題される“プロジェクトマネジメント”の各学習項目の説明と問題例・解答・解説を掲載しますので，参考にしてください。また，これらの学習項目は，午後Ⅰ・Ⅱ問題を解く上での基礎知識にもなります。

午前Ⅱ問題の右上に，“（試験の略号－出題年度－春秋－問番号）”が記載されています（春は“S”，秋は“A”です）。試験の略号は，下表のとおりです。例えば，“PM24-S2-08”は，プロジェクトマネージャ試験　平成24年度　春　午前Ⅱ　問8であることを示しています。

略号	試験名
AP	応用情報技術者試験
CM	高度共通　午前Ⅰ試験
PM	プロジェクトマネージャ試験
SA	システムアーキテクト試験
SD	上級システムアドミニストレータ試験
SM	IT サービスマネージャ試験／テクニカルエンジニア（システム管理）試験
ST	IT ストラテジスト試験
SW	ソフトウェア開発技術者試験

2-2 プロジェクト全般

2-2-1 プロジェクトの定義と特徴

プロジェクトというと，ビルやダムの建設，新しい航空機の製造，外国での新工場・新支店の開設，新会計情報システムの開発など様々な具体例が思いつきます。これらのプロジェクトの共通点をまとめると，次のような定義文になります。

プロジェクトとは，独自の成果を創造するために実施される有期的活動である

上記の定義文をより明確にするために，プロジェクトの特徴を挙げてみます。

特徴	説明
有期性がある	明確な開始日と終了日がある
独自の成果物がある	以前に作成されたことがない独特な製品やサービスを開発する
繰り返し性がない	同じプロジェクトを二度以上行うことはない

当試験の午後問題は，次のようなプロジェクトを想定して出題されます。

- 成果物は，情報システムに限定される（ネットワーク基盤の整備などのプログラムを作成しないプロジェクトは想定されない）。
- 開発モデルとして，ウォータフォールモデルが採用されている。
- 開発規模は 50 ～ 200 人月，開発期間は 8 ～ 18 カ月程度である。
- 2 ～ 5 チームで構成され，10 ～ 30 人程度のメンバが作業を担当する。
- プロジェクトマネージャは，そのプロジェクトに専任し，プロジェクトマネジメントのみを担当する（設計書作成などの直接作業を担当しない）。

プロジェクトと類似した用語に“プログラム”があります。この“プログラム”は，Java や C 言語などのプログラムとは異なり，下記のような意味を持つので，注意が必要です。

プログラム…プロジェクトを個々にマネジメントすることでは得られないベネフィットを得るために，調和のとれた方法でマネジメントされプロジェクト，サブプログラム，およびプログラム活動のグループである。

上記を簡単に要約して，“プログラムとは調和のとれた複数のプロジェクトの集合体である”と理解すればよいでしょう。

POINT　プログラムとは，複数のプロジェクトの集合体

2-2-2 プロジェクト・ライフサイクル

プロジェクト・ライフサイクルとは，プロジェクトの立上げから終結に至るまでのプロジェクトが通る一連のフェーズを意味します。当試験で出題される情報システム開発プロジェクトの標準的なフェーズ名は，下記の③～⑫です（①と②は，ITストラテジストが担当するため，出題されません）。

フェーズ名	説明
①経営戦略及び情報戦略策定	企業環境を把握し，それに適応するためになすべきことを決定する。また，適応の仕方の中で，情報システムの活用方針を検討する
②長期情報システム計画策定	今後，２～３年の中で，開発すべき情報システムの概要と優先順位を決定する
③個別システム計画策定（＝プロジェクト計画策定）	今から開発する特定（1つ）のシステムの計画を決定する
④要件定義	システム化する範囲（対象領域）を決定する（＝何をシステム化するのかを決める）
⑤外部設計（基本設計）	システム化への手段（画面・帳票等）をユーザから見える範囲で決定する（＝どのようにシステム化するのかを決める）。基本設計と呼ばれることもある
⑥内部設計（詳細設計）	ユーザから見えないシステム化への手段（共通機能の抽出，各種ツールとのインタフェース等）を決定する。詳細設計と呼ばれることもある
⑦プログラム構造設計	一つひとつのプログラムに必要な機能，構成するモジュール，インタフェース，変数の配置等を決定する（⑧プログラミングと同じフェーズとし，このフェーズを認識しない場合もある）
⑧プログラミング	ソースコードを記述し，プログラムを完成させる
⑨単体テスト	プログラムもしくはモジュール1つが期待したとおり動作するかをテストする
⑩結合テスト	複数のプログラムもしくはモジュールを組み合わせ，それらが一体として期待したとおり動作するかをテストする
⑪システムテスト（総合テスト）	システムの全機能を最初から最後まで一通り運転させ，期待したとおり動作するかをテストする
⑫移行・本番稼働	運用しているシステムから，開発した新システムに移行し，新システムを正式に稼働させる
⑬運用・保守	新システムを運用し，仕様変更や障害に対応する
⑭廃棄	次期システムが開発され，本番稼働を開始したので，廃棄する

下表に，午前問題として出題される共通フレーム2013のプロセス名と上表のフェーズ名を対比させましたので，ご参考にしてください。

<table>
<tr><th>共通フレーム2013</th><th>上表のフェーズ名</th></tr>
<tr><td>2.1.1　システム化構想の立案</td><td>長期情報システム計画策定</td></tr>
<tr><td>2.1.2　システム化計画の立案</td><td>個別システム計画策定（プロジェクト計画策定）</td></tr>
<tr><td>2.2.1　プロセス開始準備</td><td rowspan="10">要件定義</td></tr>
<tr><td>2.2.2　利害関係者の識別</td></tr>
<tr><td>2.2.3　要件の識別</td></tr>
<tr><td>2.2.4　要件の評価</td></tr>
<tr><td>2.2.5　要件の合意</td></tr>
<tr><td>2.2.6　要件の記録</td></tr>
<tr><td>2.3.1　システム開発プロセス開始の準備</td></tr>
<tr><td>2.3.2　システム要件定義</td></tr>
<tr><td>2.3.3　システム方式設計</td></tr>
<tr><td>2.4.1　ソフトウェア実装プロセス開始の準備</td></tr>
<tr><td>2.4.2　ソフトウェア要件定義</td><td rowspan="2">外部設計（基本設計）</td></tr>
<tr><td>2.4.3　ソフトウェア方式設計</td></tr>
<tr><td>2.4.4　ソフトウェア詳細設計</td><td>内部設計（詳細設計）</td></tr>
<tr><td rowspan="2">2.4.5　ソフトウェア構築</td><td>プログラミング</td></tr>
<tr><td>単体テスト</td></tr>
<tr><td>2.4.6　ソフトウェア結合</td><td rowspan="2">結合テスト</td></tr>
<tr><td>2.4.7　ソフトウェア適格性確認テスト</td></tr>
<tr><td>2.3.5　システム結合</td><td rowspan="2">システムテスト</td></tr>
<tr><td>2.3.6　システム適格性確認テスト</td></tr>
<tr><td>2.4.8　ソフトウェア導入</td><td rowspan="4">運用テスト
移行</td></tr>
<tr><td>2.3.7　システム導入</td></tr>
<tr><td>2.4.9　ソフトウェア受入れ支援</td></tr>
<tr><td>2.3.8　システム受入れ支援</td></tr>
</table>

一般的なプロジェクト・ライフサイクルでのコストと要員数は，下図のようになります。

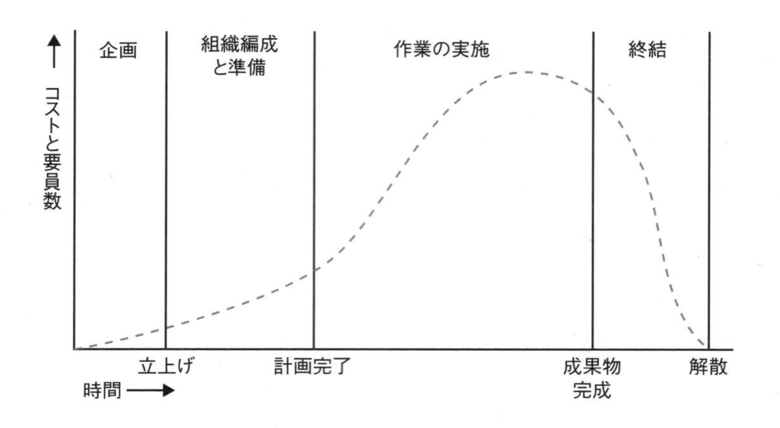

一般的なプロジェクト・ライフサイクルでの変更コストとリスク・不確実性は，下図のようになります。

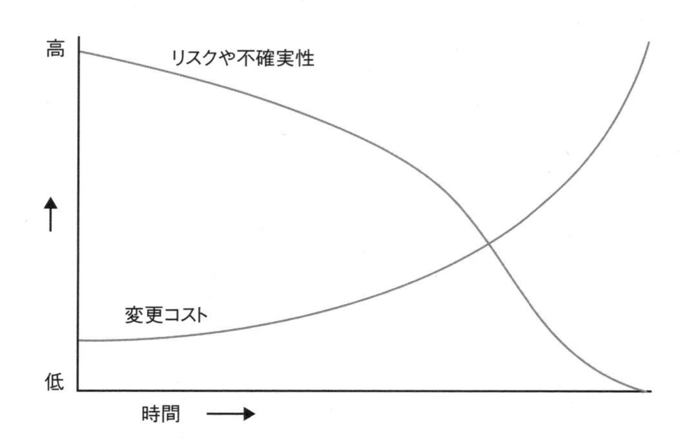

2-2-3 ステークホルダー

プロジェクトには，様々な人が関与します。プロジェクトの成否によって影響を受ける関係者のことをステークホルダー（直訳すれば"利害関係者"ですが，試験問題の中では"利害関係者"という用語は使われません）といいます。ステークホルダーは，プロジェクト内外を問われませんが，プロジェクト外の利害関係者だけを指す用語として使われることもあります。主なステークホルダーは，次のとおりです。

【1】プロジェクトマネージャ

プロジェクトを成功裡に終わらせるために活動する，プロジェクトの責任者です。基本的に1つのプロジェクトに1人しか存在せず，プロジェクト内のすべて権限と責任を持っています。次のような役割を担っています。

リーダシップ	計画を策定し，作業を指揮する
コミュニケーション	他のステークホルダーとコミュニケーションを図り，調整する
交渉・折衝	プロジェクトの外部者と交渉し，プロジェクト目的達成のために影響力を発揮する
問題解決	発生した様々な問題に立ち向かい，解決する

【2】プロジェクトメンバ

プロジェクト目的を達成するために必要な諸作業を遂行する担当者です。単に"メンバ"とか，"要員"とも呼ばれます。次のような役割を担っています。

報告	作業の進捗状況，発生した問題などを適時に報告する
作業の遂行	自分に割り当てられた作業を忠実に遂行する
チームワーク	他のメンバと調和し，全体の作業効率を高めるように努力する

【3】チームリーダ

メンバがいくつかのチームに編成される場合のチームの長です。チームリーダは，プロジェクトマネージャの指示に基づいて，チーム内のメンバを指揮し，作業を割り当てて遂行させます。

【4】顧客

プロジェクトの成果物を使用する個人または組織です。ソフトウェア受託開発プロジェクトの場合は，開発委託をした会社が顧客に該当します。社内でシステム開発し，社内で使用する場合は，ユーザ部門が顧客に該当します。

【5】スポンサー

プロジェクトに対して，現金・預金その他物品の形で財源を提供する個人もしくは組織です。上記の顧客が，スポンサーを兼ねている場合もあります。社内プロジェクトの場合は，社長・CIO（Chief Information Officer）などの経営者層が，代表的なスポンサーです。

【6】PMO（Project Management Office）

PMOは，プロジェクトに関連するガバナンス・プロセスを標準化し，資源・方法論・ツールおよび技法の共有を促進するマネジメント構造（組織）です。当試験では，プロジェクトマネージャの作業を代行・補佐する役割を持つ，プロジェクト外にある部門であると理解すればよいでしょう。

著者から一言

実務でよく使われる"プロジェクトリーダ"・"グループリーダ"といった用語は，当試験では使われません。特に，午後Ⅱ試験である論文には，これらの用語が使えませんので，要注意です。

2-2-4 プロジェクトマネジメント

2-2-1で述べたように，プロジェクトには，有期性があり，繰り返し性がありません。この特徴こそが，定常業務と比較してプロジェクトを難しくしている原因です。特に，繰り返し性がないことを言いかえれば，プロジェクトは"一発勝負"であり，失敗した点を踏まえ，改善することがなされにくい性質を内在しているといえます。そこで，失敗しやすいプロジェクトを成功裡に導くための管理（＝プロジェクトマネジメント）が必要になります。プロジェクトマネジメントには，様々な方法論が存在します。当試験では，基本的に**PMBOK**（Project Management Body Of Knowledge）に準拠したプロジェクトマネジメントが出題されています。

【1】PMBOK，ISO 21500，JIS Q 21500

PMBOKは，米国に本部があるPMI（Project Management Institute）が策定したプロジェクトマネジメントの知識体系と応用のためのガイドです。日本語，ドイツ語，フランス語，中国語など10言語に翻訳されており，プロジェクトマネジメントに関する事実上の世界標準になっています。PMBOKの最新版は第6版であり，その日本語版は2018年2月に出版されました。

ISO 21500（ISO 21500:2012）は，プロジェクトマネジメントの国際標準であり，その表題は"Guidance on project management（プロジェクトマネジメントの手引）"です。ISO 21500は，ISO 27001（情報セキュリティマネジメントシステム）のような，審査して認証を付与するためのものではなく，ガイドラインとしての規格です。ISO 21500は，PMBOKとよく似た規格ですが，日本語版では88ページしかなく（PMBOK　第6版 日本語版は約770ページ），詳細な点は他の資料を参照しなければなりません。また，JIS Q 21500（JIS Q 21500：2018）は，ISO 21500：2012をJIS化したものであり，ISO 21500：2012とほぼ同じ内容になっています（JIS Q 21500については、この後の【5】で概要を説明しています）。したがって，当試験の午前Ⅱ試験を除けば，ISO 21500やJIS Q 21500を深く学習する必要はありませんので，以下，PMBOKを中心にプロジェクトマネジメントを説明します。

【2】プロセスとプロセス群

PMBOKは，プロジェクトマネジメントとして，するべき手順や手続きを“プロセス”と呼んでおり，第6版では，49プロセスを規定しています。さらに，この49プロセスは，“立上げ”・“計画”・“実行”・“監視・コントロール”・“終結”の5つの“プロセス群”に分類されます。5つのプロセス群は，PDCA＜計画（Plan）→実行（Do）→評価（Check）→改善（Act）＞と基本的に同じ考え方であり，下表のように位置づけられます。

PMBOK	立上げ	計画	実行	監視・コントロール	終結
PDCA		Plan	Do	Check + Act	

【3】知識エリア

知識エリアは，“プロジェクトマネジメントにおける概念，用語および活動の分野”を意味し，PMBOK　第6版では，下表の左側にある10個の知識エリア名を規定しています。下表の右側にある管理名は，知識エリア名とほぼ同じ意味を持つ，当試験の午後試験でよく使われる別称です（空欄になっている箇所は，該当する別称がありません）。本書では，基本的にPMBOKの用語を使いますが，午後試験の解説においては，午後試験の問題で使われている用語を使います。

知識エリア名	午後試験での管理名
プロジェクト統合マネジメント	
プロジェクト・スコープ・マネジメント	
プロジェクト・スケジュール・マネジメント (プロジェクト・タイム・マネジメント)	進捗管理，スケジュール管理
プロジェクト・コスト・マネジメント	コスト管理，費用管理
プロジェクト品質マネジメント	品質管理
プロジェクト資源マネジメント (プロジェクト人的資源マネジメント)	組織要員管理
プロジェクト・コミュニケーション・マネジメント	
プロジェクト・リスク・マネジメント	リスク管理
プロジェクト調達マネジメント	調達管理，協力会社管理
プロジェクト・ステークホルダー・マネジメント	

注：(　) 内は，PMBOK 第5版の知識エリア名です。

横方向にプロセス群，縦方向に知識エリアを並べ，49 個のプロセス名を配置すると下表になります（わかりやすさを狙って，知識エリア名を略称にしています。本書では，当試験に出題される可能性が高いプロセスに絞って解説します）。

	立上げ	計画	実行	監視・コントロール	終結
統合	①プロジェクト憲章の作成	①プロジェクトマネジメント計画書の作成	①プロジェクト作業の指揮・マネジメント ②プロジェクト知識のマネジメント	①プロジェクト作業の監視・コントロール ②統合変更管理	①プロジェクトやフェーズの終結
スコープ		①スコープ・マネジメントの計画 ②要求事項の収集 ③スコープの定義 ④ WBS の作成		①スコープの妥当性確認 ②スコープのコントロール	
スケジュール		①スケジュールのマネジメント計画 ②アクティビティの定義 ③アクティビティの順序設定 ④アクティビティの所要期間見積り ⑤スケジュールの作成		①スケジュールのコントロール	
コスト		①コスト・マネジメントの計画 ②コストの見積り ③予算の設定		①コストのコントロール	
品質		①品質マネジメントの計画	①品質のマネジメント	①品質のコントロール	
資源		①資源マネジメントの計画 ②アクティビティ資源の見積り	①資源の獲得 ②チームの育成 ③チームのマネジメント	①資源のコントロール	
コミュニケーション		①コミュニケーション・マネジメントの計画	①コミュニケーションのマネジメント	①コミュニケーションの監視	
リスク		①リスク・マネジメントの計画 ②リスクの特定 ③リスクの定性的分析 ④リスクの定量的分析 ⑤リスク対応の計画	①リスク対応策の実行	①リスクの監視	
調達		①調達マネジメントの計画	①調達の実行	①調達のコントロール	
ステークホルダー	①ステークホルダーの特定	①ステークホルダー・エンゲージメントの計画	①ステークホルダー・エンゲージメントのマネジメント	①ステークホルダー・エンゲージメントの監視	

上表から，PMBOK の考え方の特徴を整理すると，下記の 3 点にまとめられます。

- 世界中のいかなるプロジェクトにおいても使えるように，プロセスの網羅性を重視している（＝ 49 プロセスのすべてを適用するプロジェクトは基本的に無く，プロジェクトマネージャが必要なプロセスを適宜選択して実行する）。
- 他のプロセス群と比較して，計画プロセス群のプロセス数が最も多く，綿密な計画を策定して，そのとおりに実行することを基本にするプロジェクトマネジメントが想定されている。
- 専門用語が多く，プロジェクトマネジメントの初心者には，ややとっつきにくい。

POINT　PMBOK は，計画プロセス群を重視している

【4】インプット・ツールと技法・アウトプット

各プロセスには，インプット（そのプロセスを実行するのに必要な情報）・ツールと技法（そのプロセスを実行する時に使われるツールと技法）・アウトプット（そのプロセスを実行した結果，作成される情報）が定義されています。例えば，“プロジェクト憲章の作成”プロセスのインプット・ツールと技法・アウトプットは，下記のとおりです。

インプット	ツールと技法	アウトプット
1. ビジネス文書	1. 専門家の判断	1. プロジェクト憲章
2. 合意書	2. データ収集	2. 前提条件ログ
3. 組織体の環境要因	3. 人間関係とチームに関するスキル	
4. 組織のプロセス資産	4. 会議	

上記のインプット・ツールと技法・アウトプットは，すべて単なる例示にすぎません。上記のインプット・ツールと技法・アウトプットを使わない（もしくは作成しない）ことがありますし，上記以外のインプット・ツールと技法・アウトプットを使う（作成する）こともあります。その採用・不採用の判断は，プロジェクトマネージャに任されています。また，本書では，当試験での出題可能性が高いインプット・ツールと技法・アウトプットは，太字（ゴシック体）にしています（出題可能性が低いものは，灰色にしています）。組織体の環境要因と組織のプロセス資産の説明は下記を，プロジェクト憲章の説明は，“第 2 章 2-3-1　プロジェクト憲章の作成”を参照してください。

①：組織体の環境要因

プロジェクト・チームのコントロールが及ばない，プロジェクトに対して影響，制約，もしくは指示を与えられる組織体の要因です。例えば，下記のようなものです。

- 組織の文化，体制，ガバナンス
- 施設や資源の地理的な分布
- 国家標準または業界標準（例：監督官庁の規制，行動規範，製品規格，品質標準，技術標準）
- インフラストラクチャー（例：既存の施設と資本設備）
- 既存の人的資源（例：設計，開発，法律，契約，購入などに関するスキル，専門技量，知識）
- 人事管理（例：要員の配置と定着の指針，従業員の人事考課と教育研修記録，時間外労働規定，勤怠記録）
- ステークホルダーのリスク許容度

②：組織のプロセス資産

プロジェクトマネジメントをする上でのインプット情報になる“組織に蓄積された方針書・手順書・知識ベースなどのノウハウ”です。例えば，下記のようなものです。

(i) プロセスと手順

- 組織の標準プロセス（安全衛生方針，倫理規範，チェックリストなど）
- 標準化されたガイドライン，作業指示書，提案評価基準など
- テンプレート（WBS，アローダイアグラム，契約など）
- 組織のコミュニケーション要求事項（セキュリティ要求事項など）

(ii) 企業の知識ベース

- プロセス測定データベース
- プロジェクト・ファイル（パフォーマンス測定ベースラインなど）
- 過去のプロジェクトの情報と教訓の知識ベース
- 課題と欠陥のマネジメントに関するデータベース

【5】JIS Q 21500

JIS Q 21500（JIS Q 21500：2018）は，ISO 21500：2012を基に，技術的内容及び構成を変更することなく作成された日本工業規格であり，PMBOKとの類似点も多いです。JIS Q 21500の当試験での重要度は低く，午前Ⅱ試験において1～3問出題される程度です（午後Ⅰ，Ⅱ試験では全く問われません）。JIS Q 21500を概観するために，JIS Q 21500のプロセス名を，縦方向に対象群（PMBOKの知識エリアに相当するもの），横方向にプロセス群を配置した表を掲載します。

	立上げ	計画	実行	管理	終結
統合	①プロジェクト憲章の作成	①プロジェクト全体計画の作成	①プロジェクト作業の指揮	①プロジェクト作業の管理 ②変更の管理	①プロジェクトフェーズ又はプロジェクトの終結 ②得た教訓の収集
ステークホルダ	①ステークホルダの特定		①ステークホルダのマネジメント		
スコープ		①スコープの定義 ② WBS の作成 ③活動の定義		①スコープの管理	
資源	①プロジェクトチームの編成	①資源の見積り ②プロジェクト組織の定義	①プロジェクトチームの開発	①資源の管理 ②プロジェクトチームのマネジメント	
時間		①活動の順位付け ②活動期間の見積り ③スケジュールの作成		①スケジュールの管理	
コスト		①コストの見積り ②予算の作成		①コストの管理	
リスク		①リスクの特定 ②リスクの評価	①リスクへの対応	①リスクの管理	
品質		①品質の計画	①品質保証の遂行	①品質管理の遂行	
調達		①調達の計画	①供給者の選定	①調達の運営管理	
コミュニケーション		①コミュニケーションの計画	①情報の配布	①コミュニケーションのマネジメント	

2-2-5 契約に関する知識

当試験の午後問題に，請負契約・委任契約に関する問題が出題されています。さらに，午前問題では，派遣契約も出題されていますので，プロジェクトに関連する知識として，請負契約・委任契約・派遣契約を押さえておきましょう。

【1】契約全般

契約は，契約者である２者の公式の決め事であり，書類（契約書）に記述されます。契約者になるのは，自然人（個人）と法人（株式会社など）です。犬・猫・物などは，契約者になれません。この契約には，下記の２つの一般的な原則があります。

(i) 契約自由の原則

当事者は，契約内容を自由に決められるという原則です。ただし，すべて自由とはいかず，“強行規定を除いて”という制限がつきます。強行規定は，「○○でなければ罰金・禁固などの処罰を課す」とされている規定であり，“麻薬取引をしてはならない”など公序良俗違反に関するものが多いです。

(ii) 契約優先の原則

“契約内容は，法律の規定（強行規定を除く）に優先する”という原則です。例えば，民法では瑕疵担保責任は 1 年となっていますが，契約書において 2 年とすれば，契約が有効になり 2 年になります。もし，契約書に瑕疵担保責任に関することが触れられていなければ，民法の 1 年が有効になります。その意味では，法律は契約を補完する役割を持ちます。

【2】請負契約

請負契約は，民法 632 条～ 642 条の規定に沿った契約形態であり，請負人（受注者）が注文者（発注者）に対し，一定の業務の完成を約束し（例えば，ソフトウェアの完成と引渡しを約束し），その対価として発注者が受注者に報酬を支払う契約です。請負契約のポイントは，成果物の引渡しがあることです。ソフトウェア開発作業に関する契約の最も一般的な形態です。

また，上記に作業指示・作業報告・作業場所の指定が書かれていないことに注意してください。すなわち，民法上の請負契約には，作業指示・状況報告・作業場所の指定に関する規定がありません。したがって，契約書に特約をつけない限り，発注者は受注者に対し，＜①：作業の指示を出す。②：作業の状況報告を求める。③：受注者の作業担当者の作業場所を指定する。＞ことはできません（当試験において，請負契約書が記述された問題は出題されませんが，より理解を深めるために，請負契約書の例を，本書巻末の資料 2 に掲載しています）。

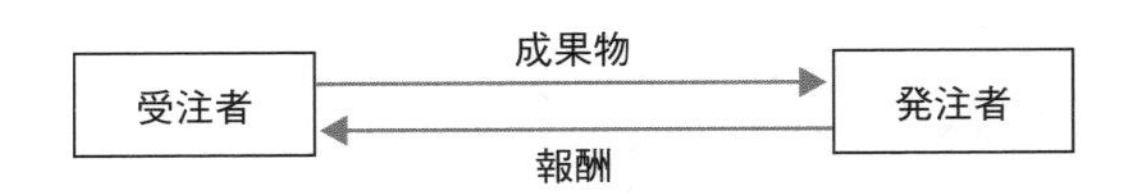

POINT　発注者は受注者に対し，作業指示・状況報告・作業場所の指定をしない

仕事の目的物（例えば，ソフトウェア）に瑕疵（欠陥のこと。例えば，バグ）がある場合，注文者（発注者）は請負人（受注者）に対して無償で瑕疵の修正や損害賠償（あるいは瑕疵の修正と損害賠償の両方）を請求できます。この請求は，契約書に特約がない限り，仕事の目的物の引渡し日から 1 年以内になされなければなりません。この受注者が発注者に対して負う責任を“**瑕疵担保責任**”といい，請負契約にあって委任契約・派遣契約にはない特色になっています。

POINT　受注者は発注者に対し，瑕疵担保責任を負う

なお，当試験の午後問題において，請負契約は，①：顧客（発注者）⟷ ソフトウェア開発会社（受注者），②：ソフトウェア開発会社（発注者）⟷ 協力会社（受注者） の２つのケースで出題されています。そのどちらのケースにおいても，上記の説明は，同様に適用されます。

【3】委任契約と準委任契約

委任契約とは，民法643条～656条の規定に従った契約形態であり，当事者の一方が法律行為をしてもらうことを相手方に委託し，相手方が承諾すると効力が生じる契約です。この"法律行為"とは意思表示によって法律的な効果が発生する行為であり，弁護士の訴訟代理行為がその典型例です。

これに対し，準委任契約とは，当事者の一方が**法律行為以外の業務**をしてもらうことを相手方に委託し，相手方が承諾すると効力が生じる契約です。この"法律行為以外の業務"とは法律的な効果とは関連がない業務であり，技術士やITコンサルタントが助言をするような支援業務がその典型例です。準委任契約は，民法上，委任契約と同じ取扱いをなされますので，準委任契約＝委任契約と考えても差し支えありません。

POINT　ソフトウェア開発業務での助言業務の契約形態は，準委任契約

契約書に特約をつけない限り，委任契約または準委任契約は，委任者と受任者に対し下記の５点を含む法的な効力を与えます（当試験において，契約書に特約をつけたケースは出題されません）。

①：委任者は，受任者に対し，成果物の完成・引渡しを約束しない。
②：委任者は受任者に対し，業務上の指示を出さず，受任者は自らの判断に従って，作業場所を決め，業務を遂行する。
③：受任者は，善良なる管理者の注意義務をもって，業務を遂行しなければならない。
④：受任者は，委任者の請求があれば，いつでも委任された業務の状況を報告しなければならない。
⑤：受任者は，委任者に報酬を請求できる。

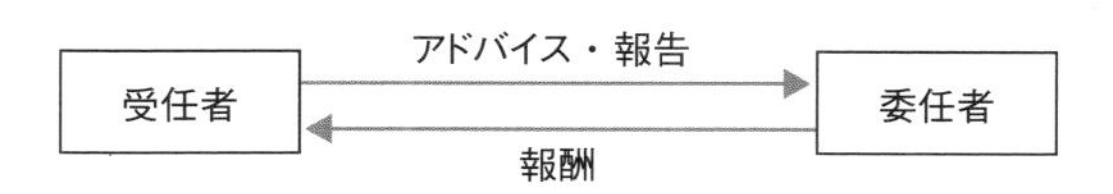

POINT　準委任契約では，成果物の引渡しはないが，報告は随時行われる

なお，当試験において，委任契約書が記述された問題は出題されませんが，より理解を深めるために，委任契約書の例を，本書巻末の資料３に掲載しています。

【4】派遣契約

派遣契約とは，労働者派遣事業法に基づく契約形態であり，派遣元事業者が雇用している労働者を派遣先事業者に派遣し，派遣先事業者の指揮命令を受けて，その労働者を労働に従事させる契約です。派遣契約のポイントは，**指揮命令に関する権限が派遣先事業者にあり，派遣元事業者にないこと**です。

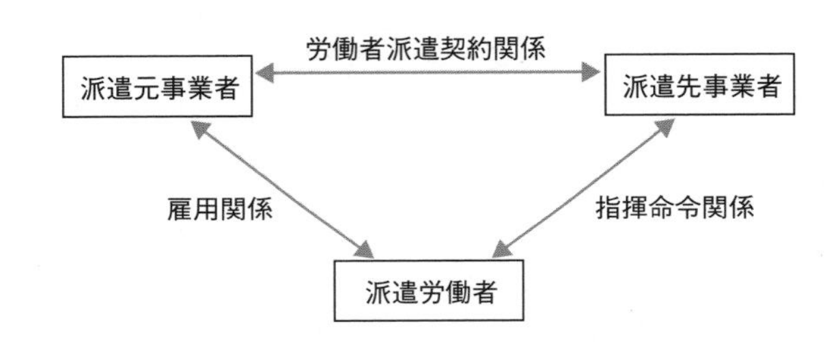

POINT　派遣労働者への指揮命令は，派遣先事業者が行う

請負契約・委任契約・派遣契約の相違点を整理すると，下表になります。

	請負契約	委任契約	派遣契約
元になる法律	民法	民法	労働者派遣事業法
契約の概要	受注者が発注者に対し，成果物の完成を約束し，引き受ける	受任者が委任者に対し，法律行為の実行を引き受ける	雇用している労働者を派遣先事業者に派遣し，その指揮の下に労働に従事させる
成果物の引渡し	ある	ない	ない
指揮命令	受注者にある	受任者にある	派遣先事業者にある
再外注・再派遣	できる	できない	できない
瑕疵担保責任の期間	１年	瑕疵担保責任がない	瑕疵担保責任がない
未完成責任	あり	原則なし	原則なし
納期遅れ責任	あり	原則なし	原則なし
状況の報告義務	なし	あり	なし
著作権の帰属	原則として受注者	原則として受任者	原則として派遣先事業者
作業場所	受注者が決定する	規定なし	契約で定めた場所

【5】偽装請負

偽装請負とは，請負契約を締結しているが，その実態は受注者の労働者を発注者の管理下にある作業場所に常駐させ，発注者の指揮命令の下に業務に従事させる行為です。つまり，偽装請負は，**"派遣契約のような実態でありながら，請負契約を締結していること"**であると言いかえられます。

【6】上記以外の出題される可能性がある契約

当試験に出題される可能性がある，上記以外の契約は，下記のとおりです。

①：ソフトウェアパッケージの使用許諾契約

ワープロ・表計算・コンパイラ・ミドルウェア・基本ソフトウェアなどのソフトウェアパッケージの開発会社が，その使用権をその利用者に許諾する契約です。"ライセンス契約"ともいいます。この使用権許諾契約は，(a)：企業などソフトウェアの大量購入者向けに，マスタを提供して，インストールの許諾数をあらかじめ取り決める"ボリュームライセンス契約"，(b)：使用場所を限定した契約であり，特定の施設の中であれば台数や人数に制限なく使用が許される"サイトライセンス契約"，(c)：標準の使用許諾条件を定め，その範囲で一定量のパッケージの包装を解いたときに，権利者と購入者との間に使用許諾契約が自動的に成立したと見なす"シュリンクラップ契約"，などに細分化されます。

②：サーバ等のリース契約

特定の物件（リース物件）の所有者たる貸手（レッサー）が，当該物件の借手（レッシー）に合意された期間（リース期間）にわたり，これを使用する権利を与え，借手は合意された使用料（リース料）を貸手に支払う契約です。リース契約は，ファイナンスリース契約とオペレーティングリース契約の２つに分けられます。

(i) ファイナンスリース契約

リース契約に基づくリース期間の中途において当該契約を解除することができないリース契約，またはこれに準ずるリース契約です。借手が，当該契約に基づき使用するリース物件からもたらされる経済的利益を実質的に享受することができ，かつ当該リース物件の使用に伴って生じるコストを実質的に負担することとなるリース契約です。

(ii) オペレーティングリース契約

ファイナンスリース契約以外のリース契約のことです。レンタル契約に近いリース契約と理解すればよいでしょう。

リース期間が満了した時に，借手は，(c) リース物件を貸手に返却する，(d) リース物件を買い取る，(e) リース期間を延長する，のいずれかを選択します。(e) を“再リース”といい，借手はこれまでの1か月分リース料を貸手に支払い，1年間の期間延長をすることが多いです。

③：守秘義務契約

契約を締結している当事者（例えば，請負契約を締結している発注者と受注者）は，契約したことを履行する時に，相手方の営業上・技術上の秘密を知り得てしまうことが多いです。そこで，相手方の秘密を第三者に漏らさないことを約束する守秘義務契約（秘密保持契約ともいいます）を締結します。その守秘義務契約書の例は，本書の巻末付録（資料4）にありますので，参考にしてください。また，守秘義務契約書を作成せず，下記のような守秘義務条項を請負契約書などに含めることもあります。

> （守秘義務）
> 第○○条　甲及び乙は，相手方から秘密と指定された事項及び本契約に関連して知り得た相手方の業務上の秘密情報及び技術情報を秘密に保持しなければならず，第三者に開示，漏えいまたは提供してはならない。

【7】請負契約における受注者のリスク削減

顧客からソフトウェア開発作業の委託を発注され，請負契約を締結する場合，受注者は下記のようなリスクを負います。

- 仕様変更・仕様追加が，多発するかもしれない。
- 法律や制度の変更によって，手戻りが発生するかもしれない。
- 開発するシステムの利用部門の意見が統一されず，要件定義が遅延するかもしれない
- 採用した新技術が未経験のため，原因不明の性能不良に陥るかもしれない。

プロジェクトマネージャは，上記のようなリスクの大きさを判断し，顧客と締結する契約時点において，下記のようなリスク低減策を契約書に反映させなければなりません。

①：契約範囲・契約期間の縮小

ソフトウェアの開発規模が大きく（または開発期間が長く）なるにつれて，そのプロジェクトが失敗するリスクは高まります。そこで，下図のように，1つの請負契約を2つに分割するリスク低減策が考えられます。

もう１つのリスク低減策は，下図のように，請負契約の範囲・期間を小さくすることです。

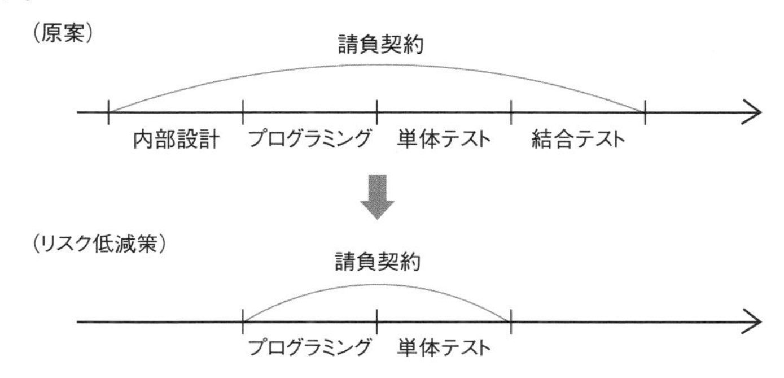

上図は，内部設計と結合テストのリスクが高いと判断されるので，請負契約の範囲を，プログラミングと単体テストに絞った例です。

②：リスクの少ない契約形態の選択

受注者にとって，リスクが大きい→リスクが小さい順に契約形態を並べると，請負契約→委任契約→派遣契約の順になります。受注者のプロジェクトマネージャは，リスクの最も小さい派遣契約を選択したいところですが，派遣契約では受注者（派遣元事業者）の派遣労働者は，発注者（派遣先事業者）の指揮命令の下で作業をしなければならず，受注者のプロジェクトマネージャは派遣労働者に対し指示を出せません。派遣契約の次に，リスクが小さい契約形態は，委任契約です。しかし，委任契約は，成果物の完成・引渡しを想定していないので，受注者は，完成したソフトウェアを発注者に納品する形態には適していません。

そこで，当試験の午後Ｉ問題では，下図のような委任契約と請負契約を併用するリスク削減策が出題されます。

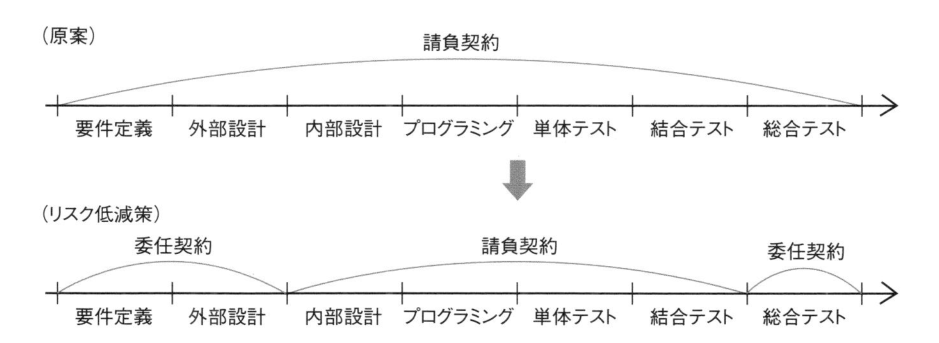

上図は，要件定義・外部設計・総合テストのリスクが高いと判断されるので，それらの工程を請負契約の範囲から外し，委任契約にしています。

POINT　(準)委任契約にした工程には，何らかの大きなリスクがある

③：請負契約書への請負金額・納期の見直し条項の追加

ソフトウェア開発における最も代表的なリスクの 1 つに仕様変更・仕様追加（以下，“仕様変更”と略します）があります。大幅な仕様変更が生じた場合，開発工数および開発費用の増大・納期の遅延リスクが大きくなります。そこで，プロジェクトマネージャは，下記のような条項を，請負契約書に追加します（甲＝発注者，乙＝受注者です）。

> （大幅な仕様変更への対応）
> 第○○条　本ソフトウェアの開発作業の過程のなかで，大幅な仕様変更が生じた場合には，甲乙は協議の上，契約金額と納期を見直す。

もし，例えば，大幅な仕様変更は外部設計時に発生する可能性が高い，とわかっているのであれば，上記の“本ソフトウェアの開発作業の過程のなかで”を“本ソフトウェアの外部設計時に”に代えればよいでしょう。また，“大幅な仕様変更が生じた場合には”という表現は不明確だと考えるのであれば，“プロジェクト全体の見積工数の 10% を超える仕様変更が生じた場合には”といった定量的な表現に代えるとよいでしょう。

なお，仕様変更が発生した場合，本契約を見直すのではなく，別の契約を新たに締結して対応するという方法もあります。この場合，下記のような条項が，請負契約書に追加されます。

> （大幅な仕様変更への対応）
> 第○○条　本ソフトウェアの開発作業の過程のなかで，大幅な仕様変更が生じた場合には，甲乙は，本契約とは別の契約を新たに締結し，その別の契約内で大幅な仕様変更への対応を行い，本契約内では，大幅な仕様変更が生じていないものとみなして，本ソフトウェアの開発作業を継続するものとする。

今度は，顧客が外部設計書を作成し，受注者はその外部設計書に基づいて，内部設計を請負契約で行う場合を想定してみます。

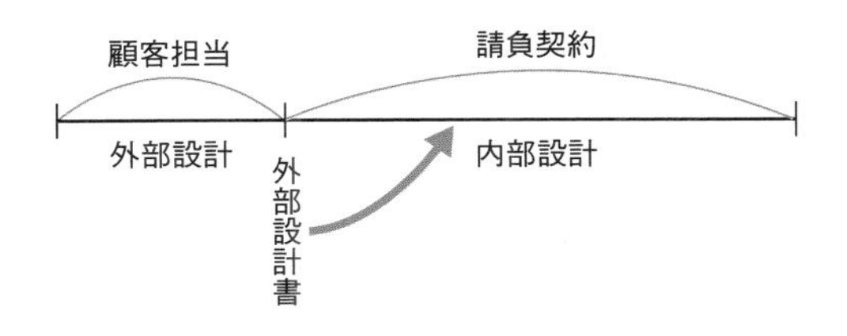

もし，顧客が作成した外部設計書に欠陥がある場合，受注者が作成する内部設計書にその欠陥が混入すると考えられます。その外部設計書の欠陥が内部設計時，もしくはそれ以降の工程で発見されると，外部設計書は当然に修正しなければなりませんし，その欠陥が影響を及ぼしている内部設計書の一部も修正が必要です。その修正に必要な費用は，顧客が負担し，それによる納期遅れはやむを得ないものとしてもらわねばなりません。そこで，プロジェクトマネージャは，下記のような条項を，請負契約書に追加します。

（外部設計書に含まれる欠陥の対応）
第○○条　甲が作成し，乙に提供した本ソフトウェアの外部設計書に含まれる欠陥によって，乙が作成する内部設計書に欠陥が引き継がれ，甲が当該内部設計書の修正を求めた場合，その乙の修正に係る費用は全額甲が負担する。
2　上記第１項の乙の修正作業に伴って，乙が甲に引き渡す内部設計書の納期が遅れる場合，甲乙は協議の上，納期を変更する。

また，もし，顧客が作成した外部設計書に難解な箇所や矛盾がある場合，受注者の内部設計担当者は，外部設計書の理解に手間取ると考えられます。プロジェクトマネージャが，それによって納期を遵守できないリスクがあると考えれば，下記のような条項を，請負契約書に追加します。

（外部設計書に関する質問への回答）
第○○条　甲が作成し，乙に提供した本ソフトウェアの外部設計書を作成した担当者は，当該外部設計書に関する，乙の内部設計担当者の質問に対し，迅速かつ十分な回答をする。

POINT　大きなリスクには，請負契約書に条項を追加して対応する

2-2-6 問題の演習

下記の解説では，各問題の出題年度とPMBOKのバージョンの関連性を重視し，PMBOK第4，5，6版を併存させています。

問題1

プロジェクトライフサイクル PM28-S2-03

PMBOKによれば，多くのプロジェクトのライフサイクルに共通する特性はどれか。

ア　プロジェクト完成時のコストに対してステークホルダが及ぼす影響の度合いは，プロジェクトの終盤が最も高い。
イ　プロジェクトの不確実性の度合いは，プロジェクトの開始時が最も高い。
ウ　プロジェクト要員の必要人数は，プロジェクトの終了時が最も多い。
エ　変更やエラー訂正に掛かるコストは，プロジェクトの初期段階が最も高い。

解説

ア　プロジェクト完成時のコストに対してステークホルダが及ぼす影響の度合いは，プロジェクトの開始時が最も高いです。
イ　その通りです。プロジェクトマネージャ 平成25年度 午前II 問3の選択肢**イ**は，当選択肢と同様のことを“実現する機能の不確実性は，プロジェクトが完了に近づくにつれて減少する”と表現しています。
ウ　プロジェクト要員の必要人数は，プロジェクト開始時はゼロであり，プロジェクトが進むにつれて増加して，完了に近づくと減少し，終了時はゼロです。
エ　変更やエラー訂正に掛かるコストは，プロジェクトが完了に近づくにつれて増加します。

答え　イ

問題2

プロジェクトライフサイクル PM26-S2-02

図は一般的なプロジェクトにおける開始から終結までの時間の経過に伴って変動する要素について表している。a，bに対応する要素の適切な組はどれか。

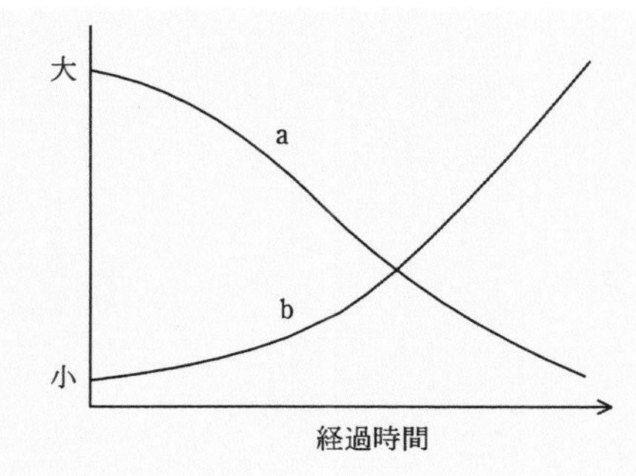

	a	b
ア	ステークホルダの影響力	要件変更への対応コスト
イ	プロジェクト要員数	リスク
ウ	要件変更への対応コスト	プロジェクト要員数
エ	リスク	ステークホルダの影響力

解説

本問は，PMBOK が想定している一般的なプロジェクトの特性を問うた問題です。

PMBOK 第4版　2.1.1 プロジェクト・ライフサイクルの特性の中には，以下の文と，本問の図に類似した図 2-2 が掲載されています。

> ・ステークホルダーの影響力，リスク，不確実性は，図 2-2 に示すようにプロジェクトの開始時に最大であり，プロジェクトが進むにつれて徐々に低下する。
> ・コストに大きな影響を与えず，プロジェクトの成果物の最終的な特性に影響を及ぼすことができる度合いは，プロジェクトの開始時が最大であり，プロジェクトが完了に向かうにつれて低下する。図 2-2 は，プロジェクトが完了に近づくにつれて，変更やエラーの訂正にかかるコストが大幅に増加するという一般的な傾向を示している。

なお，PMBOK 第6版 パート2　プロジェクトマネジメント標準　1.5　プロジェクト・ライフサイクル図 1-3 では，本問の図は下記に変更されています。

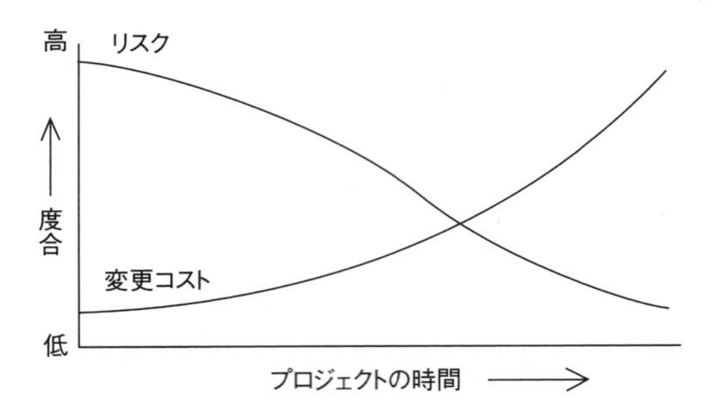

答え　ア

問題3

プロジェクトマネジメント

PM23-S2-01

プロジェクトマネージャがシステム開発プロジェクトを推進するために成すべき事項として，適切なものはどれか。

ア　企画プロセスで作成されたシステム化計画書に従って，プロジェクトを運営していく。
イ　システム化計画書に基づいてプロジェクト管理計画書を作成し，承認を得る。
ウ　システム化対象業務の課題に対して，ソフトウェア詳細設計段階で最新のシステム技術を使用した解決方法を採用する。
エ　プロジェクトのスコープや目的をシステム方式設計に入ってから適宜明確にしていく。

解説

ア　選択肢**イ**に記載されているとおり，プロジェクトマネージャは，システム化計画書ではなく，自らが作成したプロジェクト管理計画書にしたがって，プロジェクトを運営していきます。
イ　システム化計画書は，ITストラテジストによって作成される個別システム計画書のことです。プロジェクトマネージャは，それに基づいて自ら，プロジェクト管理計画書を作成し，承認を得てからプロジェクトを運営します。
ウ　システム化対象業務の課題に対して，システム要件定義段階で最新のシステム技術を含めた解決方法を採用します。必ず最新のシステム技術が使用されるわけではありません。
エ　プロジェクトのスコープや目的は，プロジェクト開始直後にできるだけ詳細に明確化されなければなりません。

答え　イ

問題4

プロジェクトマネジメント SA25-A2-17

事業目標達成のためのプログラムマネジメントの考え方として，適切なものはどれか。

ア　活動全体を複数のプロジェクトの結合体と捉え，複数のプロジェクトの連携，統合，相互作用を通じて価値を高め，組織全体の戦略の実現を図る。
イ　個々のプロジェクト管理を更に細分化することによって，プロジェクトに必要な技術や確保すべき経営資源の明確化を図る。
ウ　システムの開発に使用するプログラム言語や開発手法を早期に検討することによって，開発リスクを低減し，投資効果の最大化を図る。
エ　リスクを最小化するように支援する専門組織を設けることによって，組織全体のプロジェクトマネジメントの能力と品質の向上を図る。

解説

PMBOKは，プログラムとプログラムマネジメントを下記のように定義しています。

プログラム…プロジェクトを個々にマネジメントすることでは得られないベネフィットを得るために，調和のとれた方法でマネジメントされるプロジェクト，サブプログラム，およびプログラム活動のグループである。

プログラムマネジメント…プログラムの要求事項を満たすためと，プロジェクトを個々にマネジメントすることでは得られないベネフィットやコントロールを獲得するために，知識，スキル，ツール，および技法をプログラムに適用することである。

答え　ア

問題5

プロジェクトマネジメント PM27-S2-01

ISO 21500によれば，プロジェクトガバナンスを維持する責任は誰にあるか。

ア　プロジェクトの管理面でプロジェクトマネージャを支援するプロジェクトマネ

ジメントチーム
イ　プロジェクトの立上げから終結までのプロセスを指揮するプロジェクトマネージャ
ウ　プロジェクトの要求事項を明確にし，プロジェクトの成果を享受する顧客
エ　プロジェクトを承認して経営的判断を下すプロジェクトスポンサ，又は上級経営レベルでの指導をするプロジェクト運営委員会

解説

ISO 21500（ISO 21500:2012）は，プロジェクトマネジメントの国際標準であり，その表題は "Guidance on project management（プロジェクトマネジメントの手引）" です。すなわち，ISO 27001（情報セキュリティマネジメントシステム）のような，審査して認証を付与するためのものではなく，ガイドラインとしての規格です。

プロジェクトマネジメントのノウハウ体系のデファクトスタンダード（事実上の標準）は "PMBOK" ですが，ISO 21500 は，PMBOK も含む，より包括的な国際標準です。

プロジェクトガバナンスの " ガバナンス " は，コーポレートガバナンスや IT ガバナンスと同様に，通常，" 統治 " と訳されます。すなわち，プロジェクトガバナンスは，" 企業を含む組織体が，プロジェクトの成功を目的に，プロジェクト計画の策定とその実行をコントロールし，あるべき方向へ導く組織能力 " であると考えられます。

プロジェクトガバナンスを維持するには，プロジェクトスポンサや上級経営レベルでの指導をするプロジェクト運営委員会の積極的な関与が必須になります。

したがって，選択肢**エ**が正解です。

答え　エ

問題6

プロジェクトマネジメント　　PM29-S2-02

PMBOK ガイド第 5 版によれば，組織のプロセス資産に分類されるものはどれか。

ア　課題と欠陥のマネジメントの手順
イ　ステークホルダのリスク許容度
ウ　組織のインフラストラクチャ
エ　組織の文化，体制，ガバナンス

解説

PMBOK 第 5 版によれば，組織のプロセス資産は，下記のように説明されます。

> 組織のプロセス資産には，母体組織によって使われる特有の計画書，プロセス，方針書，手順書，および知識ベースなどがある。それらには，プロジェクトに関わるすべての組織の人工品，実務慣行，もしくは知識が含まれ，プロジェクトの遂行と統制に使用される。また，教訓や過去の情報などの知識ベースも含まれる。

上記の説明に最も近いのは，選択肢**ア**の“課題と欠陥のマネジメントの手順”なので，選択肢**ア**が正解です。

なお，選択肢**イ**～**エ**は，PMBOK によれば“組織体の環境要因”に該当します。

答え　ア

問題7

プロジェクトマネジメント　PM26-S2-04

PMBOK によれば，組織のプロセス資産を“プロセスと手順”と“企業の知識ベース”に分類したとき，“企業の知識ベース”に含まれるものはどれか

ア　WBS のテンプレートやリスクの評価を行う際のテンプレート
イ　各プロジェクトで作成されたパフォーマンス測定のベースラインや品質のベースラインなどのプロジェクトファイル
ウ　使用するコミュニケーション媒体やセキュリティに対する要求事項
エ　標準化された作業指示書やパフォーマンス測定基準

解説

組織のプロセス資産とは，プロジェクトに関わりをもつ組織のプロセス関連の資産であり，プロジェクトの成功に寄与するために活用することができるものです。プロセス資産の具体例は，計画書・方針書・手順書・ガイドラインなどです。

PMBOK 第 4 版 2.4.3 組織のプロセス資産 は，“プロセスと手順”・“企業の知識ベース”として，各々以下のものを挙げています（ここでは，PMBOK に記述されているすべてを列記していません）。

(1) プロセスと手順
(a) 組織の標準プロセス（安全衛生方針，倫理規範，チェックリストなど）
(b) 標準化されたガイドライン，作業指示書，提案評価基準など

(c) テンプレート（WBS，アローダイアグラム，契約など）
(d) 組織のコミュニケーション要求事項（セキュリティ要求事項など）
(2) 企業の知識ベース
(e) プロセス測定データベース
(f) プロジェクト・ファイル（パフォーマンス測定ベースラインなど）
(g) 過去のプロジェクトの情報と教訓の知識ベース
(h) 課題と欠陥のマネジメントに関するデータベース

ア　上記の(1)(c)に該当します。
イ　上記の(2)(f)に該当します。
ウ　上記の(1)(d)に該当します。
エ　上記の(1)(b)に該当します。

答え　イ

問題8

プロジェクトマネジメント　PM31-S2-11

プロジェクトマネジメントで使用する分析技法のうち，傾向分析の説明はどれか。

ア　個々の選択肢とそれぞれを選択した場合に想定されるシナリオの関係を図に表し，それぞれのシナリオにおける期待値を計算して，最善の策を選択する。
イ　個々のリスクが現実のものとなったときの，プロジェクトの目標に与える影響の度合いを調べる。
ウ　時間の経過に伴うプロジェクトのパフォーマンスの変動を分析する。
エ　発生した障害とその要因の関係を魚の骨のような図にして分析する。

解説

ア　期待金額価値分析の説明です。
イ　感度分析の説明です。
ウ　傾向分析の説明であり，本選択肢が正解です。
エ　特性要因図を使った分析の説明です。

答え　ウ

問題9

JIS Q 21500

PM31-S2-01

あるプロジェクトのステークホルダとして，プロジェクトスポンサ，プロジェクトマネージャ，プロジェクトマネジメントオフィス及びプロジェクトマネジメントチームが存在する。JIS Q 21500:2018（プロジェクトマネジメントの手引）によれば，組織としての標準化，プロジェクトマネジメントの教育訓練，プロジェクトの計画及びプロジェクトの監視などの役割を主として担うのはどれか。

ア　プロジェクトスポンサ
イ　プロジェクトマネージャ
ウ　プロジェクトマネジメントオフィス
エ　プロジェクトマネジメントチーム

解説

JIS Q 21500:2018の“3.8 ステークホルダ及びプロジェクト組織”には，各選択肢の説明が，下記のようになされています。

ア　プロジェクトスポンサは，プロジェクトを許可し，経営的決定を下し，プロジェクトマネージャの権限を超える問題及び対立を解決します。
イ　プロジェクトマネージャは，プロジェクトの活動を指揮し，マネジメントして，プロジェクトの完了に説明義務を負います。
ウ　プロジェクトマネジメントオフィスは，ガバナンス，標準化，プロジェクトマネジメントの教育訓練，プロジェクトの計画及びプロジェクトの監視を含む多彩な活動を遂行することがあります。この説明が，本問に合致するので，本選択肢が正解です。
エ　プロジェクトマネジメントチームは，プロジェクトの活動を指揮し，マネジメントするプロジェクトマネージャを支援します。

答え　ウ

問題10

JIS Q 21500

PM02-A2-01

JIS Q 21500:2018（プロジェクトマネジメントの手引）によれば，プロジェクトマネジメントのプロセス群には，立ち上げ，計画，実行，管理及び終結の五つがある。これらのうち，“変更要求”の提出を契機に相互作用するプロセス群の組みはどれか。

ア　計画，実行　　　　イ　実行，管理
ウ　実行，終結　　　　エ　管理，終結

解説

JIS Q 21500:2018 の“4.3.6 変更の管理”の第 2 文目は，下記のとおりです。

> プロジェクトを通じて，**1** 変更要求を変更登録簿に記録し，その変更による便益，スコープ，資源，時間，コスト，品質及びリスクの観点から評価し，影響を査定し，実施に先だって承認を得ることが必要である。

上記**1**の箇所より，本問がいう，提出された“変更要求”は，“変更の管理”プロセスにおいて，変更登録簿に記録されることが必要です。“変更の管理”プロセスは，管理プロセス群に属しているので，正解の候補は，選択肢**イ**と**エ**に絞られます。

“変更の管理”プロセスにおいて，承認された変更要求は，その変更を実施しなければならないので，実行プロセス群に属するプロセスの実施が必要になります。したがって，選択肢**イ**が正解です。

なお，JIS Q 21500:2018 の“4.3.4 プロジェクト作業の指揮”の主要なインプットには，“承認された変更”が含まれており，承認された変更要求は，“プロジェクト作業の指揮”プロセス内において，マネジメントされます。

答え　イ

問題11

JIS Q 21500

PM02-A2-02

JIS Q 21500:2018（プロジェクトマネジメントの手引）によれば，プロセス“プロジェクト作業の管理”の目的はどれか。

ア　確定したプロジェクトの目標，品質要求事項及び規格を満たしそうかどうかを明らかにし，不満足なパフォーマンスの原因及びそれを取り除くための方法を特定すること
イ　チームのパフォーマンスを最大限に引き上げ，フィードバックを提供し，課題を解決し，コミュニケーションを促し，変更を調整して，プロジェクトの成功を達成すること
ウ　プロジェクト及び成果物に加えられる変更を管理し，次の実施の前に，これらの変更の受け入れ又は棄却を公式にすること

エ　プロジェクト全体計画に従って，統合的な方法でプロジェクト活動を完了すること

解説

ア　“品質管理の遂行”の目的です。

イ　“プロジェクトチームのマネジメント”の目的です。

ウ　“変更の管理”の目的です。

エ　“JIS Q 21500:2018”の 4.3.5 プロジェクト作業の管理の第 1 ～ 2 文目は，下記のとおりです。

> プロジェクト作業の管理の目的は，1 プロジェクト全体計画に従って，統合的な方法でプロジェクト活動を完了することである。このプロセスは，プロジェクトを通じて遂行することが望ましく，パフォーマンスを測定すること，プロセス改善に影響することがある測定値及び傾向を評価すること並びにパフォーマンスを改善するためにプロセス変更を引き起こすことを含む。

上記1の箇所が，選択肢**エ**の記述と一致しているので，選択肢**エ**が正解です。

答え　エ

問題12

JIS Q 21500

PM02-A2-14

JIS Q 21500:2018（プロジェクトマネジメントの手引）によれば，プロセス“コミュニケーションの計画”の目的はどれか。

ア　プロジェクトに影響されるか，又は影響を及ぼす個人，集団又は組織を明らかにし，その利害及び関係に関連する情報を文書化すること

イ　プロジェクトのステークホルダに対し要求した情報を利用可能にすること及び情報に対する予期せぬ具体的な要求に対応すること

ウ　プロジェクトのステークホルダのコミュニケーションニーズを確実に満足し，コミュニケーションの問題が発生したときにそれを解決すること

エ　プロジェクトのステークホルダの情報及びコミュニケーションのニーズを決定すること

解説

ア "ステークホルダの特定"の目的です。

イ 文頭に,"コミュニケーションの計画で定めたように"を付けると,"情報の配布"の目的に該当します。

ウ 本選択肢を少し変えて,"プロジェクトのステークホルダのコミュニケーションのニーズを確実に満足し,コミュニケーションの課題が発生したときに,それを解決すること"にすれば,"コミュニケーションのマネジメント"の目的に,完全に一致します。

エ "JIS Q 21500:2018"の 4.3.38 コミュニケーションの計画の第 1 ～ 2 文目は,下記のとおりです。

> コミュニケーションの計画の目的は,1 プロジェクトのステークホルダの情報及びコミュニケーションのニーズを決定することである。
> プロジェクトは,プロジェクトの情報を伝達する必要性があるが,情報のニーズ及び配布の方法は多様である。プロジェクト成功の要因には,ステークホルダの情報のニーズ及び全ての法令要求に従った情報のニーズを特定すること並びにそのニーズを満たすための適切な手段の明確化を含んでいる。

上記1の箇所が,選択肢**エ**の記述と一致しているので,選択肢**エ**が正解です。

答え　エ

問題13

契約管理

AP24-A-79

請負契約に基づく開発作業はどれか。

ア 受注者が雇用する労働者に対して,受注者側監督者が業務遂行に関する指示を行い,開発作業を行わせる。

イ 受注者が雇用する労働者に対して,発注者側監督者が服務規律の設定及び指示を行い,開発作業を行わせる。

ウ 発注者側監督者が,受注者の雇用する労働者に対して作業場所に関する指示を行い,開発作業を行わせる。

エ 発注者側監督者が,発注者の雇用する労働者に対して作業開始時刻及び終了時刻の指示を与え,開発作業を行わせる。

解説

本問の“請負契約”は，どのような契約なのか，契約書が明示されていないので不明です。しかし，他の問題においても“請負契約”は，“民法の規定に従った請負契約”を想定しているので，本問でもそのように解釈します。

民法の規定に従った請負契約は，受注者が発注者に成果物の完成と引渡しを約束する契約であり，受注者が，作業場所・作業方法・作業者の任命などを行い，具体的な作業者への指示も受注者が行います。（＝発注者は，契約後は，成果物の完成・引渡しを待つだけであり，成果物の作成過程に関与しません)。

したがって，選択肢**ア**が正解です。

なお，選択肢**イ**～**エ**は，“発注者側監督者が，開発作業を行わせる”ことが誤っています。

答え　ア

問題14

契約管理　AP23-S-78

偽装請負となるものはどれか。

ア　請負契約の要員が業務で使用するコンピュータや開発ツールなどは請負業者側で調達し管理する。

イ　請負契約の要員が発注先の事務所で業務を行う場合の規律，服装などの管理は，請負業者側で行う。

ウ　請負契約の要員と発注者の社員が混在しているチームで，発注者側の責任者が業務の割振り，指示を行う。

エ　請負契約の要員の時間外労働，休日労働は，業務の進捗状況などをみて請負業者の責任者が決める。

解説

偽装請負とは，請負契約を締結しているが，その実態は受託者の労働者を発注者の管理下にある作業場所に常駐させ，発注者の指揮命令の下に業務をさせる行為です。

選択肢**ウ**は，請負契約の要員と発注者の社員が混在しているチームで，発注者側の責任者が業務の割振り，指示を行っています。したがって，発注者側の責任者が請負契約の要員にも業務の指示を行っていることになり，偽装請負に該当します。

答え　ウ

問題15

契約管理

AP25-S-80

発注者と受注者の間でソフトウェア開発における請負契約を締結した。ただし，発注者の事業所で作業を実施することになっている。この場合，指揮命令権と雇用契約に関して，適切なものはどれか。

ア　指揮命令権は発注者にあり，更に，発注者の事業所での作業を実施可能にするために，受注者に所属する作業者は，新たな雇用契約を発注者と結ぶ。

イ　指揮命令権は発注者にあり，受注者に所属する作業者は，新たな雇用契約を発注者と結ぶことなく，発注者の事業所で作業を実施する。

ウ　指揮命令権は発注者にないが，発注者の事業所で作業を実施可能にするために，受注者に所属する作業者は，新たな雇用契約を発注者と結ぶ。

エ　指揮命令権は発注者になく，受注者に所属する作業者は，新たな雇用契約を発注者と結ぶことなく，発注者の事業所で作業を実施する。

解説

請負契約は，受注者が発注者に成果物の完成と引渡しを約束する契約であり，発注者は作業者に対する指揮命令権を持ちません。したがって，正解の候補は，選択肢**ウ**と**エ**に絞られます。

受注者に所属する作業者は，受注者との雇用契約に基づき，受注者の指揮命令権の下で作業を行います。したがって，受注者に所属する作業者は，新たな雇用契約を発注者と結びません。

また，本問の問題文は，“発注者の事業所で作業を実施することになっている”としているので，受注者に所属する作業者は，発注者の事業所で作業を実施します。もし，締結された請負契約にこのような特約がなければ，受注者に所属する作業者は，受注者の事業所で作業を実施します。

したがって，選択肢**エ**が正解です。

答え　エ

問題16

準委任型の契約を推奨しているフェーズ

PM29-S2-21

ベンダX社に対して，図に示すように要件定義フェーズから運用テストフェーズまでを委託したい。X社との契約に当たって，“情報システム・モデル取引・契約書”に照らし，各フェーズの契約形態を整理した。a～dの契約形態のうち，準委任型が適切であるとされるものはどれか。

要件定義	システム外部設計	システム内部設計	ソフトウェア設計，プログラミング，ソフトウェアテスト	システム結合	システムテスト	運用テスト
a	準委任型又は請負型	b	請負型	c	準委任型又は請負型	d

ア　a，b　　イ　a，d　　ウ　b，c　　エ　b，d

解説

経済産業省の“情報システム・モデル取引・契約書”の第1版は平成19年に，その追補版は平成20年に公表されました。

第1版は，情報システムの受託開発契約を取り扱っており，情報システムの信頼性の向上・取引可視化に資する理想的な取引・契約モデルの提示を目指して作成されました。

以下の点を前提条件においています。

(1) 契約当事者　：対等に交渉力のあるユーザ・ベンダ
(2) 委託者（ユーザ）　：民間大手企業
(3) 受託者（ベンダ）　：情報サービス企業
(4) 開発モデル　：ウォーターフォールモデル
(5) 対象システム　：重要インフラ・企業基幹システムの受託開発

上流工程におけるシステム化実現のための仕様の曖昧さが，下流工程の混乱を招きシステムの品質の低下，開発遅延等の重大な結果を生じさせます。

それを防止するために，外部設計・要件定義工程を含めた上流工程は，ユーザが責任を負うべきフェーズであるとしています。そこで，それらの工程での作業を検証するシステムテスト，導入・受入支援工程は，ユーザが成果物完成責任を負う“準委任型”の契約を推奨しています。

したがって，本問において“準委任型”が適切であるとされるのは，要件定義（a）と運用テスト（d）であり，選択肢**イ**が正解です。

答え　イ

2-3 プロジェクト統合マネジメント

PMBOKのプロジェクト統合マネジメントは，“プロジェクト憲章作成”，“プロジェクトマネジメント計画書作成”，“プロジェクト作業の指揮・マネジメント”，“プロジェクト知識のマネジメント”，“プロジェクト作業の監視・コントロール”，“統合変更管理”，“プロジェクトやフェーズの終結”プロセスから構成される知識エリアであり，プロジェクト統合マネジメントに含まれるプロセス以外の，全プロセスに共通するプロジェクトマネジメントを統合する知識エリアとして位置づけられています。

2-3-1 プロジェクト憲章の作成

“プロジェクト憲章の作成”プロセスのインプット・ツールと技法・アウトプットは，下記のとおりです。

インプット
1. ビジネス文書
2. 合意書
3. 組織体の環境要因
4. 組織のプロセス資産

ツールと技法
1. 専門家の判断
2. データ収集
3. 人間関係とチームに関するスキル
4. 会議

アウトプット
1. プロジェクト憲章
2. 前提条件ログ

プロジェクト憲章作成プロセスは，立上げプロセス群に含まれているプロセスですので，まず，プロジェクトの立上げについて説明します。

【1】プロジェクト立上げ以前に策定される計画

ITストラテジストは，組織体（例えば，会社）の状況とその環境を踏まえ，情報化戦略を立案し，中長期情報計画を策定します。この中長期情報計画には，複数の個別システム開発計画が含まれており，組織体の経営者層が設定した優先順位付けに従って，1つの個別システム開発計画が選定されます。組織体の経営者層は，この個別システム開発計画を実行させるために，プロジェクトを立ち上げます。

【2】プロジェクトの立上げとプロジェクト憲章

プロジェクトの立上げとは，スポンサーがプロジェクトの存在を公式に承認し，開始させることです。この立上げに際して，**“プロジェクト憲章”**が作成され，プロジェクトマネージャが任命されます。プロジェクト憲章に書かれる主な内容は，下記のとおりです（プロジェクト憲章の例を，本書巻末の資料5に掲載しています）。

- プロジェクトの目的
- 測定可能なプロジェクト目標と関連する成功基準
- ハイレベルの要求事項
- ハイレベルのプロジェクト記述，境界，および主要成果物
- プロジェクトの全体リスク
- 要約マイルストーン・スケジュール
- 事前承認された財源
- 主要ステークホルダー・リスト
- プロジェクト承認要求事項
- プロジェクト終了基準
- 任命されたプロジェクトマネージャ，その責任と権限のレベル
- プロジェクト憲章を認可するスポンサーあるいは他の人物の名前と地位

プロジェクト憲章は，プロジェクトマネージャを選定・承認するためのプロジェクト概要書であると理解すればよいでしょう。また，スポンサーは，プロジェクトが正式に発足したことをステークホルダに発表するためにキックオフミーティングを招集・開催し，その場でプロジェクト憲章を説明します。

2-3-2 プロジェクトマネジメント計画書の作成

“プロジェクトマネジメント計画書の作成”プロセスは，他の知識エリアの計画書を定義・作成・調整して，プロジェクトマネジメント計画書に統合するプロセスであり，そのインプット・ツールと技法・アウトプットは，下記のとおりです。

インプット	ツールと技法	アウトプット
1. プロジェクト憲章	1. 専門家の判断	1. プロジェクトマネジメント計画書
2. 他のプロセスからのアウトプット	2. データの収集	
3. 組織体の環境要因	3. 人間関係とチームに関するスキル	
4. 組織のプロセス資産	4. 会議	

当プロセスで実行される他の知識エリアの計画書の調整は，実務では難しい作業

ですが，当試験では出題されませんので，心配無用です。また，わかりやすさを狙って，当プロセスのイメージ図を下記に示します。

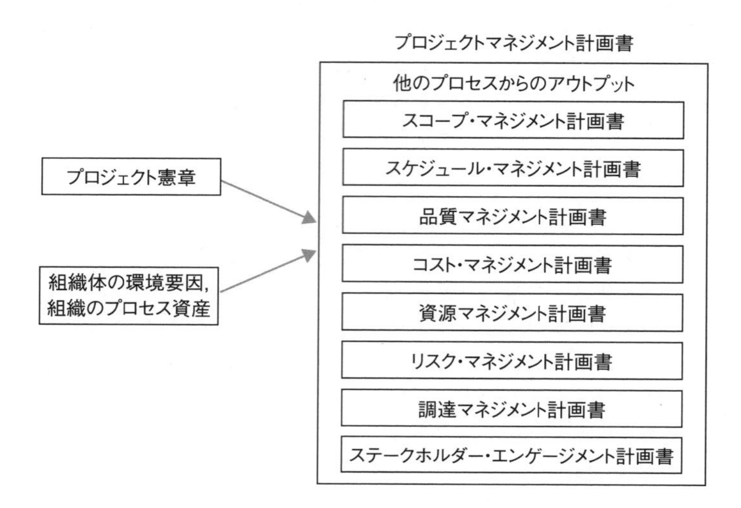

2-3-3 統合変更管理

統合変更管理プロセスは，実行および監視・コントロールプロセス群のプロセスにおいて発生した全ての変更要求をレビューし，変更を承認して，成果物やプロジェクトマネジメント計画書などへの変更を管理し，それらの最終的な処置を伝達するプロセスです。統合変更管理のインプット・ツールと技法・アウトプットは，下記のとおりです。

インプット	ツールと技法	アウトプット
1. プロジェクトマネジメント計画書	1. 専門家の判断	1. 承認済み変更要求
2. プロジェクト文書	2. 変更管理ツール	2. プロジェクトマネジメント計画書更新版
3. 作業パフォーマンス報告書	3. データ分析	3. プロジェクト文書更新版
4. 変更要求	4. 意思決定	
5. 組織体の環境要因	5. 会議	
6. 組織のプロセス資産		

【1】変更要求の例

変更要求には，様々なものがあります。ここでは，午後Ｉ問題に出題された変更要求を下記に例示します。

- 総合テストにおいて，本来一致すべき旧システムと新システムの同一帳票の出力値が異なっている。その原因は，旧システムのデータを新システムに変換する移行データを作成するプログラムにあるので，修正してほしい。
- 要件定義工程において，要件定義を担当している利用部門の担当者は多忙であり，要件定義作業に十分な時間をとれない。協力会社のメンバが業務内容をヒアリングして，要件定義書を完成させてほしい。
- 開発対象システム（以下，K システムという）が使用する，他社が開発中のミドルウェアに不具合が発生し，K システムの結合テスト開始時までには，不具合を解消した当該ミドルウェアを入手できず，総合テスト開始時まで修正時間が必要であることが判明した。当該ミドルウェアの不具合の箇所はわかっているので，不具合修正前のミドルウェアを使って K システムの結合テストを行い，総合テストにおいて，不具合修正後のミドルウェアを使ったテストを行ってほしい。

変更要求への対応工数は，変更要求が発生した時点が本番稼働日に近いほど大きくなります。例えば，総合テスト工程において，利用部門から“当システムの入力画面は使いづらいので変更してほしい”といわれた変更要求への対応工数は，単体テスト工程において，発見されたプロミグラミング作業の欠陥を修正する工数よりも大きくなります。ソフトウェア開発では，上流工程から下流工程に向けて作業量が増加していくため，下流工程での変更作業には大きな工数が必要だからです。

POINT　下流工程での変更要求に対応する工数は，上流工程よりも大きくなる

【2】仕様変更手順

ソフトウェア開発において，最も代表的な変更要求は，設計仕様の変更・もしくは追加（以下，仕様変更といいます）です。当試験において，仕様変更手順は，基本的に組織のプロセス資産として利用可能であることが想定されています（ただし，その一部を当プロジェクト用に変更するケースもあります）。当試験において想定されている仕様変更手順の例は，下記に示します。

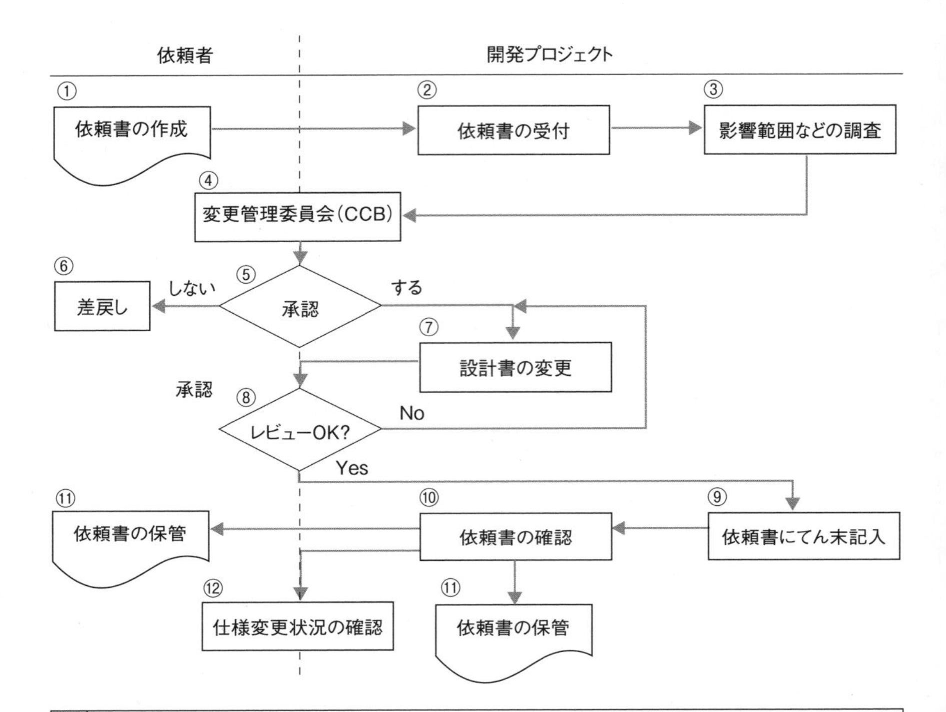

①	・依頼者は，仕様変更依頼書の (a)(b)(e)(f)(g) を記入し，依頼者が所属する部門の長の承認を受ける ・承認者は，(d) にサインをする
②	・仕様変更管理担当メンバは，仕様変更依頼書を受け付け，仕様変更依頼書の (c) を記入し，仕様変更管理台帳に転記する
③	・開発担当メンバは，仕様変更内容を検討し，設計書やプログラムなどの成果物への影響度・必要予定工数等を調査して，仕様変更依頼書の (h) ～ (l) を記入する
④	・仕様変更責任者，開発メンバ，ユーザ部門が参加する変更管理委員会（CCB）を開催し，仕様変更依頼書を検討する
⑤	・結果は，仕様変更依頼書の (m) ～ (q) に記入する
⑥	・否決する場合は，仕様変更依頼書を作成者に差し戻す
⑦	・承認された場合は，スケジュールを調整した上で，設計書やプログラムなどの成果物を変更する
⑧	・変更した設計書やプログラムなどの成果物を，開発メンバとユーザ部門でレビューする。レビュー結果を仕様変更依頼書の (w) ～ (y) に記入する
⑨	・変更者は，仕様変更依頼書の (r) ～ (v) を記入する
⑩	・仕様変更管理担当メンバは，仕様変更依頼書を確認し，仕様変更管理台帳に転記して，仕様変更依頼書の(z)(aa)を記入する。仕様変更責任者は，それを確認し，仕様変更依頼書の(ab) にサインする
⑪	・仕様変更依頼書をコピーして保管する
⑫	・仕様変更責任者，開発者，ユーザ部門は，仕様変更管理台帳を見ながら，仕様変更状況を検討する

注：(a) ～ (z)，(aa)，(ab) は，次ページを参照のこと

仕様変更依頼書の例

<table>
<tr><td colspan="3" rowspan="2">仕様変更依頼書</td><td colspan="2">発行日：(a)</td><td>NO：(c)</td></tr>
<tr><td colspan="2">発行者：(b)</td><td>ユーザ承認者名：(d)</td></tr>
<tr><td colspan="6">件名：(e)</td></tr>
<tr><td colspan="6">内容：(f)
添付資料（有・無）</td></tr>
<tr><td colspan="6">理由：(g)</td></tr>
<tr><td>調査者：(h)</td><td colspan="3">影響度：(i)</td><td colspan="2">必要予定作業工数：(j)</td></tr>
<tr><td colspan="6">影響する設計書・プログラム等：(k)</td></tr>
<tr><td colspan="6">変更事項：(l)</td></tr>
<tr><td colspan="2">変更検討会開催日：(m)</td><td colspan="4" rowspan="2">出席者：(n)</td></tr>
<tr><td colspan="2">結果：（承認する・承認しない）(o)</td></tr>
<tr><td colspan="2">優先順位：（至急・普通）(p)</td><td colspan="4">変更開始予定日：(q)</td></tr>
<tr><td>変更者：(r)</td><td colspan="2">変更開始日：(s)</td><td colspan="3">変更終了日：(t)</td></tr>
<tr><td>変更実績工数：(u)</td><td colspan="5">てん末：(v)</td></tr>
<tr><td colspan="3">レビュー日：(w)</td><td colspan="3" rowspan="2">レビュー者：(x)</td></tr>
<tr><td colspan="3">結果：（承認する・承認しない）(y)</td></tr>
<tr><td>仕様変更管理担当メンバ：(z)</td><td colspan="3">台帳転記：（　済　）(aa)</td><td colspan="2">仕様変更責任者：(ab)</td></tr>
</table>

仕様変更管理台帳の例

NO	発行日	件名	変更内容	担当者	…	完了日
1	2019-10-20	受注画面の納品先	納品先を，着荷先と発注元の２つに分ける	金子	…	2019-11-25
2	2019-10-21	受注画面の納品予定日	営業日以外は入力エラーを表示し，入力禁止とする	鈴木	…	2019-11-21
3	2019-10-22	受注画面の商品コード	同一商品コードの入力を禁止する	木下	…	2019-11-23
⋮	⋮	⋮	⋮	⋮	…	⋮

【3】仕様変更手順上の留意点

仕様変更手順を検討する場合，次の点に留意します。

①：**書類による変更依頼** … 口頭による変更依頼・受付を禁止し，書類による変更手続きを義務づけます。

②：**仕様変更管理メンバの選定** … いわゆる窓口の一本化であり，仕様変更管理メンバが，すべての仕様変更依頼書の受付から完了までの状態を管理します。

③：**変更管理委員会（CCB）の設定** … 仕様変更を判定する時に，依頼者側と開発プロジェクト側で意見が対立し結論が出せず，膠着状態に陥ることがよくあります。そこで,開発メンバやユーザ部門などが参画する**変更管理委員会**（Change Control Board）を設定し，そこで変更をレビュー・評価・承認・保留・却下するとともに，その決定を記録・伝達します。また，変更管理委員会に，仕様変更責任者を設置し，膠着状態に陥った変更要求に対して，その者が最終的な決定権限を持つようにします。

④：**仕様変更基準の設定** … 仕様変更の可否検討をする際の仕様変更基準を設定しておきます。例えば，(i) 緊急性がある場合，(ii) 変更しないと運用に著しい障害が発生する場合など，チェックリスト形式でよいので仕様変更が認められるケースを基準として設定します。そうすれば，仕様変更の多発に歯止めがかかり，仕様変更の可否判定も比較的円滑に実施できます。

⑤：**仕様変更受付の制限条件の設定** … 仕様変更を無制限に受け付けるとプロジェクトが混乱する大きな要因となります。そこで，仕様変更の受付最大数や，仕様変更の最終受付日などを設定し，その条件を満たさない仕様変更の受付を凍結（いわゆる仕様凍結）します。

⑥：**仕様変更による影響度調査** … 仕様変更の可否を決定する場合に重要なのは，仕様変更が与えるプロジェクト全体への影響です。品質・納期（スケジュール）・費用の面から影響度を調査します。もし，スコープの変更を含むような大きな仕様変更の場合は，プロジェクトマネジメント計画のすべてを再計画することもありうるので慎重に検討します。

⑦：**レグレッション（退行）テストの実施** … 仕様変更をする場合の影響として，**レグレッション（退行）テスト**の実施を仕様変更手順に組み込みます。レグレッション（退行）テストは，仕様変更をしていない部分が，仕様変更したことによって悪影響を受けていないかをチェックするテストであり，仕様変更のプログラム変更時に必須のテストになっています。

⑧：**仕様変更情報の連絡** … 仕様変更の発生状況と対応状況に関する情報をメンバ全員が共有できる仕組みを仕様変更手順に組み込みます。特に，協力会社のメンバや遠隔地で開発しているメンバには，仕様変更の連絡が行き届かないことがあります。そうならないように仕様変更情報の迅速かつ的確な伝達経路・仕組みを組み込みます。

【4】構成管理

構成管理とは，ソフトウェア開発プロジェクトの中で，設計書・プログラム・マニュアルなどの成果物のバージョンを識別し，最新版を維持することです。さらに，開発するシステムを構成するハードウェアや，そのハードウェア上で稼働するソフトウェアの構成を記録し，管理することを，構成管理の範囲に含める場合もあります。また，成果物の構成管理をするための基準となる構成要素の集合を，ベースラインと呼ぶことがあります。なお，構成管理はPMBOKの用語ではありませんが，当試験に出題されていますので，もう少し詳細に解説します。

①：**構成管理の対象になる成果物** … ソフトウェア開発プロジェクトで作成する成果物のすべてが対象になります。ソースプログラムは構成管理の対象にするが，操作マニュアルは重要性が低いので対象外とする，といったことは，特殊な場合を除いてしません。

②：**構成管理担当メンバの選任** … 全成果物が最新性を維持し，修正中の成果物や仮登録されたような不要な成果物が残っていないことを保証するために，構成管理担当メンバを選任します。

③：**構成管理ソフトウェアの導入** … 構成管理メンバが，ディレクトリと台帳を使って手作業で構成管理をすると，効率が悪いだけでなく間違いが発生しやすく現実的ではありません。そこで，構成管理ソフトウェアを導入します。以下，構成管理ソフトウェアが導入されていることを前提とします。

④：**構成管理の手順** … 具体的に，J氏がソースプログラムAを作成することを例にとれば，構成管理の手順は，下記のとおりです。

(a)　J氏は，自分のパソコンを使って，サーバに導入されている構成管理ソフトウェア（以下，Kソフトといいます）にログインします。

(b)　J氏は，ひな形のプログラムを使って，ソースプログラムAのファイルをKソフトに登録します。この作業を“**チェックイン**”といいます。

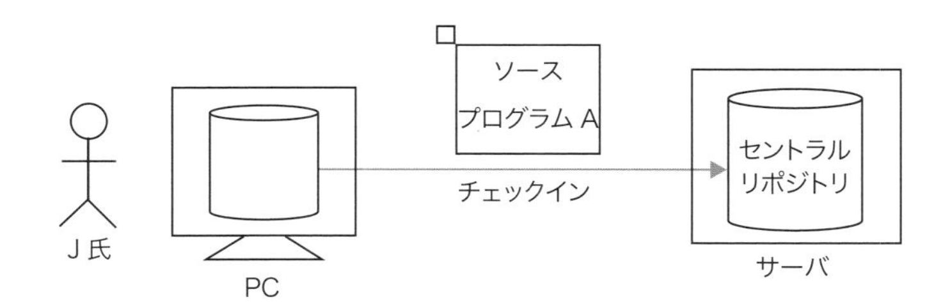

ソースプログラムAがチェックインされるサーバの格納先を“**セントラルリポジトリ**”ということがあります。ソースプログラムAがチェックインされると，Kソフトは，チェックインした者の氏名，チェックインした日時，チェックインされた成果物名，ステータス＝“チェックイン”などをKソフト内の台帳ファイルに記録します。

(c)　J氏は，サーバにあるソースプログラムAを，自分のパソコンにコピーします。この作業を“**チェックアウト**”といいます。チェックアウト中の成果物は，作成中（もしくは修正中）であり，未完成です。

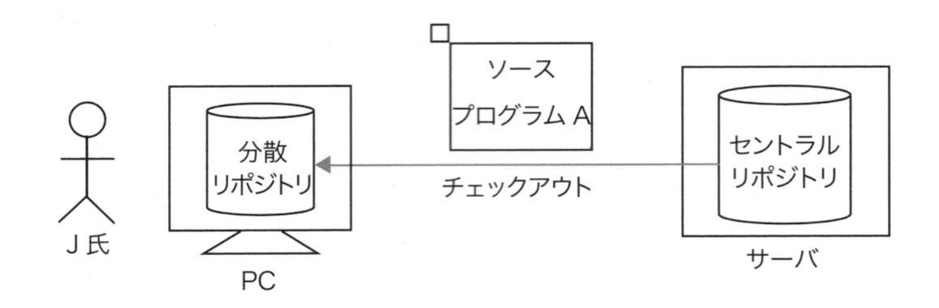

ソースプログラム A がチェックアウトされるパソコンの格納先を“分散リポジトリ”ということがあります。ソースプログラム A がチェックアウトされると，K ソフトは，チェックアウトした者の氏名，チェックアウトした日時，チェックアウトされた成果物名，ステータス＝“チェックアウト”などを K ソフト内の台帳ファイルに記録します。

(d)　J 氏は 1 日のプログラミング作業が終了すると，ソースプログラム A をチェックインしてから帰宅します。また，J 氏は翌日に出社すると，ソースプログラム A をチェックアウトしてから，プログラミング作業を再開します。そのように，J 氏はチェックイン・チェックアウトを繰り返し，プログラムが完成すると，ステータス＝“完成”にしてチェックインします。

(e)　構成管理担当メンバは，ずっとチェックアウト中になっている成果物がないか，完成予定日が近づいているのにステータス＝“完成”ではない成果物はないか，1 度もチェックアウトされていない成果物はないかを K ソフトの台帳で調べ，問題があれば本人やそのチームリーダに通知します。

⑤：**世代管理** … 構成管理ソフトウェアは，成果物がチェックインされる時に，サーバにある成果物を書き換えるのではなく，別のファイルとして保存し，そのファイルのバージョン番号を 1 つ上げます。成果物はチェックインされる都度，バージョン番号を 1 つあげて保存されるので，例えば 5 回チェックインされた成果物は 5 つのバージョンのすべての成果物がサーバに保存されます。このような管理方法を **“世代管理”** といいます。

2-3-4　プロジェクトやフェーズの終結

“プロジェクトやフェーズの終結”は，終結プロセス群に属するプロセスであり，プロジェクトやフェーズを公式に終了するために，すべての作業を完結するプロセスです。このプロセスのポイントは，新たな活動に着手するために教訓を提供し，プロジェクト作業を公式に終結し，組織資源を解放すること（例えば，メンバを母体組織に戻す）にあります。また，このプロセスのインプット・ツールと技法・アウトプットは，下記のとおりです。

インプット	ツールと技法	アウトプット
1. プロジェクト憲章	1. 専門家の判断	1. プロジェクト文書更新版 ・教訓登録簿
2. プロジェクトマネジメント計画書	2. データ分析	2. 最終プロダクト，サービス，所産の移管
3. プロジェクト文書受入済み成果物	3. 会議	3. 最終報告書
（後略）		4. 組織のプロセス資産更新版

上記のアウトプット 4. の組織のプロセス資産更新版には，下記のような**プロジェクト完了報告書**が含まれています。プロジェクト完了報告書には，プロジェクトに関する実績記録，最終的な成果物の一覧，教訓等が記述されます（教訓のみを独立した書類にすることもあります）。

この中で**教訓が特に重要**です。教訓とは計画と実績の差異原因，実施した対応策の選択理由など，将来に実施されるプロジェクトのために整理された有用な情報のことです。プロジェクトマネージャ・メンバを含むステークホルダは，プロジェクトが運営されている間，少しずつ教訓を書き留めておき，それをこの時点で整理します。

プロジェクト完了報告書

1．プロジェクトの概要
- プロジェクトの目標とその達成度
- プロジェクトの実施体制とその変遷
- 予定スケジュールと実績スケジュール
- 予算と実績コストの推移
- 予定した品質と品質上の問題点

2．成果物
- 作成した成果物の一覧とその要旨

3．プロジェクトの運営状況
- スケジュールに関する目標・実績・差異・評価
- 品質に関する目標・実績・差異・評価
- コストに関する目標・実績・差異・評価

4．今後の課題
- 教訓
- システム導入後の保守・運用に関する申し送り事項

POINT **教訓は，少しずつ書き留められ，プロジェクト終結時にまとめられる**

2-3-5 問題の演習

問題1

プロジェクト憲章の作成 PM02-A2-13

プロジェクトマネジメントにおけるプロジェクト憲章の説明として，適切なものはどれか。

ア　組織のニーズ，目標ベネフィットなどを記述することによって，プロジェクトの目標について，またプロジェクトがどのように事業目的に貢献するかについて明確にした文書
イ　どのようにプロジェクトを実施し，監視し，管理するのかを定めるために，プロジェクトを実施するためのベースライン，並びにプロジェクトの実行，管理，及び終結する方法を明確にした文書
ウ　プロジェクトの最終状態を定義することによって，プロジェクトの目標，成果物，要求事項及び境界を含むプロジェクトスコープを明確にした文書
エ　プロジェクトを正式に許可する文書であり，プロジェクトマネージャを特定して適切な責任と権限を明確にし，ビジネスニーズ，目標，期待される結果などを明確にした文書

解説

ア　本選択肢の説明のようなことをプロジェクト憲章に記述することはあり得ます。しかし，プロジェクト憲章に必須の記述ではないので，消去法により不正解になります。
イ　プロジェクト計画書のような説明です。
ウ　プロジェクトスコープ記述書のような説明です。
エ　プロジェクト憲章は，プロジェクトの存在を公式に認可する，プロジェクトのイニシエーターまたはスポンサーが発行する文書です。

答え　エ

問題2

プロジェクト憲章の作成 PM28-S2-04

プロジェクトの開始を公式に承認する文書の作成を依頼された者の行動として，適切なものはどれか。

ア　契約書を作成し，プロジェクトマネージャに文書の承認を求めた。
イ　プロジェクト憲章を作成し，プロジェクトスポンサに文書の承認を求めた。
ウ　プロジェクト作業範囲記述書を作成し，プロジェクトマネージャに文書の承認を求めた。
エ　プロジェクトマネジメント計画書を作成し，プロジェクトスポンサに文書の承認を求めた。

解説

本問がいう“プロジェクトの開始を公式に承認する文書”とは，プロジェクト憲章のことです。したがって，“プロジェクト憲章を作成し”を含む選択肢**イ**が正解です。

なお，プロジェクト憲章は，プロジェクトの存在を公式に認可し，プロジェクト活動に組織の資源を適用する権限をプロジェクトマネージャに与えるための文書であり，スポンサーなどの資源提供を行える立場の人によって承認されます。

答え　イ

問題3

プロジェクト憲章の作成　PM26-S2-03

PMBOK において，プロジェクト憲章は，どの知識エリアのどのプロセス群で作成するか。

ア　プロジェクトコミュニケーションマネジメントの実行プロセス群
イ　プロジェクトスコープマネジメントの計画プロセス群
ウ　プロジェクト統合マネジメントの計画プロセス群
エ　プロジェクト統合マネジメントの立上げプロセス群

解説

『PMBOK 第4版』は，プロジェクトマネジメントに必要なプロセスを9個の知識エリアと5つのプロセス群に配置しています。知識エリアのうち，プロジェクト統合マネジメントのみを抜き出して，プロセス名を示すと下記のようになります。

〔プロジェクト統合マネジメント〕

立上げプロセス群	プロジェクト憲章作成　1
計画プロセス群	プロジェクトマネジメント計画書作成
実行プロセス群	プロジェクト実行の指揮・マネジメント

監視・コントロールプロセス群	プロジェクト作業の監視・コントロール，統合変更管理
終結プロセス群	プロジェクトやフェーズの終結

本問では，上記の**1**が問われています。

答え　エ

問題4

統合変更管理

SW18-S-48

プログラムの変更管理の実施に関する記述のうち，適切なものはどれか。ここで，障害発生率とは，変更したことによる新たな障害の発生率をいう。

ア　変更依頼の基準として，変更依頼書の標準形式を決め，依頼時に障害発生率の目標値を決める。
イ　変更実施結果の評価基準として，変更作業工数の予測値，障害発生率の目標値を決める。
ウ　変更の実施基準として，実施のタイミング，障害発生率の目標値を決める。
エ　変更の分類項目として，影響範囲，必要性，障害発生率を採用する。

解説

ア　変更依頼の基準として，変更依頼書の標準形式を決めるのは，正しいです。ただし，障害発生率の目標値は，計画時に決めます。

イ　プログラム変更は，仕様変更やプログラムミスなどによって必ず発生します。問題は，その回数や作業工数です。あまりにも大きいと，プロジェクトの運営に支障が出ます。

そこで，計画時に，変更実施結果の評価基準として，変更作業工数の予測値，障害発生率の目標値を決めておきます。

ウ　変更の実施基準として，実施のタイミングを決めます。障害発生率の目標値は，選択肢**イ**のように，変更実施結果の評価基準として決めます。

エ　変更の分類項目は，評価しやすい・検索しやすいなどの観点から設定した方がよいです。その意味では，変更の原因，変更が発生したフェーズ・チーム・機能（もしくはサブシステム）などが適切です。

答え　イ

問題5

統合変更管理 CM26-A-18

ソフトウェア開発プロジェクトで行う構成管理の対象項目として，適切なものはどれか。

ア　開発作業の進捗状況
イ　成果物に対するレビューの実施結果
ウ　プログラムのバージョン
エ　プロジェクト組織の編成

解説

ソフトウェア開発プロジェクトの中で，構成管理は，成果物（設計書・プログラム・マニュアルなど）のバージョンを識別し，最新版を維持することです。したがって，選択肢**ウ**が正解です。

なお，PMBOK 第6版の巻末にある用語集には，“構成管理”という用語は記載されていませんし，PMBOK の知識エリアにも“構成管理”はありません。

答え　ウ

問題6

コンフィギュレーション・マネジメント PM30-S2-03

PMBOK ガイド 第5版の統合変更管理プロセスにおいて，プロジェクトのプロダクト，サービス，所産，構成要素などの特性に対する変更と実施状況を記録・報告したり，要求事項への適合を検証するためのプロダクト，所産又は構成要素に対する監査を支援したりする活動はどれか。

ア　アーンド・バリュー・マネジメント
イ　コンフィギュレーション・マネジメント
ウ　コンフリクト・マネジメント
エ　ポートフォリオマネジメント

解説

ア　アーンド・バリュー・マネジメントは，タイム・マネジメントおよびコスト・マネジメントにおいて実施される活動です。

イ　PMBOK ガイド 第5版の統合変更管理プロセスにおいて，コンフィギュレーション・マネジメントは，下記の3点が含まれています。

(1) コンフィギュレーションの特定

(2) コンフィギュレーション現状把握
(3) コンフィギュレーションの検証と監査
なお，コンフィギュレーション・マネジメントは，構成管理とほぼ同じ意味を持つ用語です。

ウ　コンフリクト・マネジメントは，対立的な状況を解決に向けて対処，コントロール，およびガイドすることであり，プロジェクト人的資源マネジメントの一つであるプロジェクト・チーム・マネジメントにおいて，実施される活動です。

エ　ポートフォリオマネジメントは，戦略的な目標を達成するために，いくつかのポートフォリオ（プロジェクト，プログラム，サブポートフォリオ）をまとめてマネジメントすることです。

答え　イ

問題7

変更要求のうちの是正処置 PM29-S2-03

PMBOK ガイド第 5 版によれば，プロジェクトへの変更要求のうち，是正処置はどれか。

ア　あるサブシステムの成果物の品質が，要求されるレベルを満たさないことが予想されるので，設計ドキュメントのレビューに有識者を参加させる。

イ　あるタスクが，プロジェクトマネジメント計画書に記載したスケジュールから遅れたので，遅れを解消させるために要員を追加する。

ウ　受入れテストにおいて，あるサブシステムのプログラムが要求仕様を満たしていないことが判明したので，プログラムを修正する。

エ　法規制が改定されたので，新しい法規制に対応するための活動を WBS に追加する。

解説

PMBOK 第 5 版では，是正処置は，下記のように説明されています。

> プロジェクト作業を❶プロジェクトマネジメント計画に沿うように再調整する意図的な活動

選択肢**イ**の“プロジェクトマネジメント計画書に記載したスケジュールから遅れたので”は，上記の❶に該当するため，選択肢**イ**が正解です。

答え　イ

2-4 スコープ・マネジメント

2-4-1 スコープの定義

“スコープの定義”プロセスは，“計画”プロセス群に属し，プロジェクト・スコープ記述書を作成するプロセスです。このプロセスのインプット・ツールと技法・アウトプットは，下記のとおりです。

インプット	ツールと技法	アウトプット
1. プロジェクト憲章	1. 専門家の判断	1. プロジェクト・スコープ記述書
2. プロジェクトマネジメント計画書	2. データ分析	2. プロジェクト文書更新版
3. プロジェクト文書	3. 意思決定	
4. 組織体の環境要因	4. 人間関係とチームに関するスキル	
5. 組織のプロセス資産	5. プロダクト分析	

プロジェクト・スコープ記述書は，プロジェクトのスコープ，主要な成果物，除外事項，前提条件，制約条件などを記述したものであり，その主な項目は，下記のとおりです。

【1】スコープ

プロジェクトが提供するプロダクト，サービス，所産（プロジェクトを実行して得られた成果や文書のこと）の総体のことです。

（例）開発するシステムが提供する機能要件と非機能要件などの要件

【2】受入基準

成果物を受入れる前に満たしておく必要がある条件のことです。

（例）総合テストでのテスト密度や欠陥検出密度の実績値が，その計画値を超えていること

【3】成果物

プロジェクトが完了すると，スポンサーに引渡されるプロダクトや所産のことです。

（例）ハードウェア，基本ソフトウェア，ミドルウェア，アプリケーションソフトウェア，ソースプログラム，設計書，操作マニュアル，運用マニュアル，情報セキュリティポリシなど

【4】プロジェクトからの除外事項

スコープから除かれている事項です。この除外事項を記述することによって，スコープがより明確になり，ステークホルダの過度な期待を抑制できます。

（例）英語などの日本語以外の言語には対応しない，利用者が操作練習するテスト環境は，用意されないなど

【5】制約条件

プロジェクトまたはプロセスの実行に影響を及ぼす制限要素です。

（例）プロジェクト予算，納期，マイルストーン，調達可能な要員の最大数やその保有スキルなど

【6】前提条件

計画を立てるにあたって，証拠や実証なしに真実，現実，あるいは確実であるとみなした要因です。

（例）発注済みのサーバやネットワーク機器の納品予定日，プロジェクトマネージャは健康であり，プロジェクト期間中に病欠しないことなど

2-4-2 WBSの作成

“WBSの作成”プロセスは，計画プロセス群に属しており，主にプロジェクト・スコープ記述書を見て，成果物やなすべき作業を細分化して，管理しやすい構成要素に分解し，WBS（Work Breakdown Structure）という図を作成するプロセスです。このプロセスのインプット・ツールと技法・アウトプットは，下記のとおりです。

インプット
1. プロジェクトマネジメント計画書
2. プロジェクト文書
・プロジェクト・スコープ記述書
・要求事項文書
3. 組織体の環境要因
4. 組織のプロセス資産

ツールと技法
1. 専門家の判断
2. 要素分解

アウトプット
1. スコープ・ベースライン
2. プロジェクト文書更新版

アウトプットの1つである"スコープ・ベースライン"とは，<プロジェクト・スコープ記述書（"2-4-1　スコープの定義"を参照してください）とWBSとWBS辞書>の総称です。

【1】WBS

プロジェクトのスコープを完了させ，必要な成果物を生成するために，プロジェクト・チームが実施する作業の全範囲を階層的に要素分解したものであり，下図がその1例です。

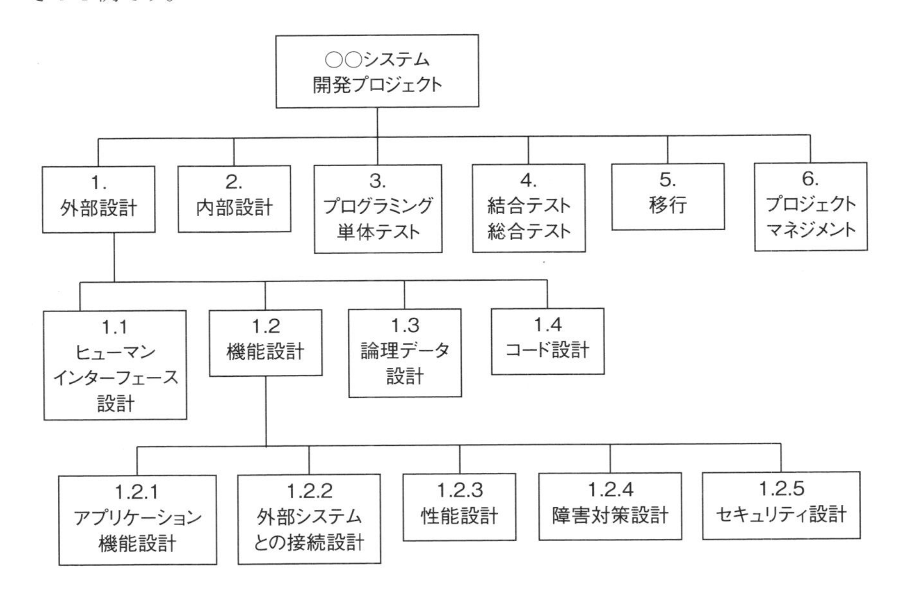

WBSの書き方には，下記のようなルールがあります。

- 四角の箱を"**要素**"といい，要素名を入れます。要素名には作業名を入れるのが基本ですが，フェーズ名や成果物名が入っても構いません。
- 上位の要素から下位の要素に向かって要素分解します。したがって，下位の要素になるほど，その作業の量が少なくなります。
- 最上位の要素には，プロジェクト名を入れます。
- 最下位の要素を"**ワークパッケージ**"といいます。
- 最上位から1レベル下がった要素群の中には，必ず，"プロジェクト・マネジメント"もしくは"プロジェクト管理"のいずれかの要素を入れます。
- 上図のように，要素名にWBS識別コードを付けるとわかりやすくなりますが，WBS識別コードの付与は必須ではありません（識別コードが付いていないこともあります）。

POINT　最下位の要素を“ワークパッケージ”という

【2】WBS辞書

WBS辞書は，WBSを補完する文書であり，1つのWBSの要素に対し，1つのWBS辞書が作られます。WBS辞書の情報には次の事項が含まれますが，これらに限定されるものではありません。

・WBS識別コード	・作業の記述	・前提条件と制約条件
・担当組織	・スケジュールマイルストーン	
・関連するスケジュールのアクティビティ		・必要な資源
・コスト見積り	・品質要求事項	・受入れ基準
・技術的参照資料	・合意情報	

WBS辞書は，ワークパッケージの一部についてだけ作られる場合が多く，すべてのWBSにWBS辞書を作ることは，ほぼありません。WBS辞書の当試験における重要性は，低いです。

スコープ・ベースラインの原案が完成したら，プロジェクトマネージャはステークホルダにスコープ・ベースラインを配布し，そのレビュー・承認を経て確定させます。

2-4-3 スコープのコントロール

“スコープのコントロール”プロセスは，“監視・コントロール”プロセス群に属し，計画されたスコープの状況を監視し，スコープ・ベースラインに対する変更をマネジメントするプロセスです。このプロセスのインプット・ツールと技法・アウトプットは，下記のとおりです。

インプット	ツールと技法	アウトプット
1. プロジェクト・マネジメント計画書	1. データ分析	1. 作業パフォーマンス情報
2. プロジェクト文書	・差異分析	2. 変更要求
3. 作業パフォーマンス・データ	・傾向分析	3. プロジェクトマネジメント計画書更新版
4. 組織のプロセス資産		4. プロジェクト文書更新版

ツールと技法は，差異分析を含んでおり，その差異分析とは，ベースライン（計画）

と実績の差異の大きさとその原因を分析することです。したがって，差異分析をするには，インプット情報として，ベースラインが含まれているプロジェクト・マネジメント計画書が必要です。そして，差異分析の結果，対処すべき問題点が発見されると，是正処置や予防処置を含む変更要求がアウトプット情報として生じます。

2-4-4 問題の演習

問題1

スコープの定義 PM31-S2-15

PMBOK のプロジェクトスコープマネジメントにおいて作成するプロジェクトスコープ記述書の説明のうち，適切なものはどれか。

ア　インプット情報として与えられる WBS やスコープベースラインを用いて，プロジェクトのスコープを記述する。
イ　プロジェクトのスコープに含まれないものは，記述の対象外である。
ウ　プロジェクトの要素成果物と，これらの要素成果物を生成するために必要な作業について記述する。
エ　プロジェクトの予算見積りやスケジュール策定をして，これらをプロジェクトの前提条件として記述する。

解説

プロジェクト・スコープ記述書は，“スコープの定義”プロセスで作成されるアウトプットであり，下記のように定義されています。

> 5.3.3.1　プロジェクト・スコープ記述書
> 　プロジェクト・スコープ記述書は，プロジェクト・スコープ，主要な成果物，前提条件，および制約条件を記述したものである。プロジェクト・スコープ記述書は，プロジェクト・スコープとプロダクト・スコープを含むスコープ全体を文書化したものである。それは，プロジェクトの成果物を詳細に記述している。（後略）

したがって，選択肢**ウ**が正解になります。

また，プロジェクト・スコープ記述書の記述項目には，プロジェクトからの除外事項を含めます。

・プロジェクトからの除外事項
　プロジェクトから除外する内容を幅広く特定する。プロジェクトのスコープ外である事項を明示的に記述することは，ステークホルダーの期待をマネジメントするのに役立ち，スコープ・クリープを減らすことができる。

したがって，選択肢**イ**は正解になりません。

答え　ウ

問題2

WBSの作成

SM20-22

図のように，プロジェクトを上位の階層から下位の階層へ段階的に分解したものを何というか。

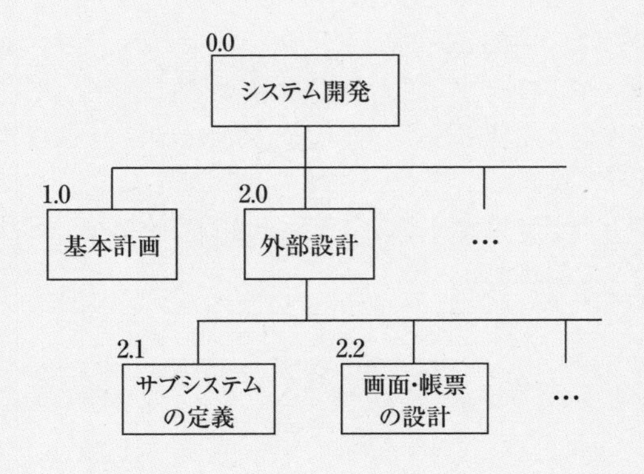

ア　CPM　　イ　EVM　　ウ　PERT　　エ　WBS

解説

ア　CPMは，Critical Path Methodの略であり，アローダイアグラムの一つです。

イ　EVMは，Earned Value Managementの略であり，PMBOKに記載されている進捗・コスト管理技法です。

ウ　PERTは，Program Evaluation and Review Techniqueの略であり，アローダイアグラムの一つです。

エ　WBSは，Work Breakdown Structureの略であり，プロジェクト全体のスコープを系統立ててまとめ，定義したものです。

　最上位にプロジェクト名称を書き，それを構成する作業を順次その下に書いていきます。上から下に向かって書いていくところがポイントです。その最下層は，ワークパッケージと呼ばれ，最下位レベルの作業もしくは要素成果物になります。

答え　エ

問題3

WBS の作成

AP23-S-50

PMBOK の WBS で定義するものはどれか。

ア　プロジェクトで行う作業を階層的に要素分解したワークパッケージ
イ　プロジェクトの実行，監視・コントロール，及び終結の方法
ウ　プロジェクトの要素成果物，除外事項及び制約条件
エ　ワークパッケージを完了するために必要な作業

解説

WBS は，Work Breakdown Structure の略であり，プロジェクト全体のスコープを系統立ててまとめ，定義したものです。

最上位にプロジェクト名称を書き，それを構成する作業を順次その下に書いていきます。上から下に向かって書いていくところがポイントであり，上位の要素を下記の要素に“要素分解する”，と表現されます。

WBS の最下層は，ワークパッケージと呼ばれ，最下位レベルの作業もしくは要素成果物が示されます。

答え　ア

問題4

ワークパッケージ

PM29-S2-05

WBS の構成要素であるワークパッケージに関する記述のうち，適切なものはどれか。

ア　ワークパッケージは，OBS（組織ブレークダウンストラクチャ）のチームに，担当する人員を割り当てたものである。
イ　ワークパッケージは，関連がある成果物をまとめたものである。
ウ　ワークパッケージは，通常，アクティビティに分解される。
エ　ワークパッケージは，一つ上位の成果物と 1 対 1 に対応する。

解説

ア　本選択肢の説明に，特別な名前は付けられていません。

イ　本選択肢の説明に，特別な名前は付けられていません。強いていうならば，要素成果物の一覧表です。

ウ　ワークパッケージは，WBS（Work Breakdown Structure）の最下層に記述される作業です。ワークパッケージは，プロジェクト・タイム・マネジメントの最初に実施されるアクティビティ定義プロセスによって，アクティビティに分解されます。アクティビティは，スケジュール作成の基になる作業単位です。

エ　ある1つのワークパッケージには，ワークパッケージの1つ上位の要素成果物が1つだけ対応します。あるワークパッケージの1つ上位の要素成果物を，1つ特定すると，それに対応するワークパッケージは，2つ以上存在します。

答え　ウ

問題5

WBSの作成

AP24-A-51

WBS（Work Breakdown Structure）を利用する効果として，適切なものはどれか。

ア　作業の内容や範囲が体系的に整理でき，作業の全体が把握しやすくなる。

イ　ソフトウェア，ハードウェアなど，システムの構成要素を効率よく管理できる。

ウ　プロジェクト体制を階層的に表すことによって，指揮命令系統が明確になる。

エ　要員ごとに作業が適正に配分されているかどうかが把握できる。

解説

ア　そのとおりです。

イ　ソフトウェア，ハードウェアなどシステムの構成要素の管理は，資源管理の一部です。

ウ　プロジェクト組織を階層的にまとめ図示したものに，組織ブレイクダウン・ストラクチャー（OBS：Organizational Breakdown Structure）があります。

エ　作業とそれを担当する要員の組合せを示した表に，RAM（Responsibility Assignment Matrix）もしくは，TRM（Task Responsibility Matrix）があります。

答え　ア

問題6

スコープのコントロール

PM28-S2-05

プロジェクトマネジメントにおけるスコープコントロールの活動はどれか。

ア　開発ツールの新機能の教育が必要と分かったので，開発ツールの教育期間を2日間延長した。
イ　要件定義完了時に再見積りをしたところ，当初見積もった開発費用を超過することが判明したので，追加予算を確保した。
ウ　連携する計画であった外部システムのリリースが延期になったので，この外部システムとの連携に関わる作業は別プロジェクトで実施することにした。
エ　割り当てたテスト担当者が期待した成果を出せなかったので，経験豊富なテスト担当者に交代した。

解説

ア　"開発ツールの教育期間を2日間延長した"という箇所から，スケジュールコントロールの活動に該当します。
イ　"追加予算を確保した"という箇所から，コストコントロールの活動に該当します。
ウ　"この外部システムとの連携に関わる作業は別プロジェクトで実施することにした"という箇所から，スコープコントロールの活動に該当し，当選択肢が正解です。
エ　"経験豊富なテスト担当者に交代した"という箇所から，プロジェクトチームマネジメントの活動に該当します。

答え　ウ

問題7

スコープのコントロール

PM26-S2-10

プロジェクトマネジメントの実績報告のプロセスにおいて，スコープ，コスト，スケジュールに関して，ベースラインと実績のかい離を明確にするために使用される技法はどれか。

ア　what-if シナリオ分析　　イ　傾向分析
ウ　差異分析　　エ　モンテカルロ分析

解説

“実績報告”プロセスは，PMBOK 第 4 版のプロジェクト・コミュニケーション・マネジメントの監視・コントロール・プロセス群に位置付けられています。そのツールと技法は，“差異分析”・“予測手法”・“コミュニケーション手段”・“報告システム”の 4 つです。

ア　what-if シナリオ分析は，“シナリオ X で表す状況が発生した場合にどうなるか”という課題の分析です。

イ　傾向分析とは，数学的モデルを用い，過去の結果に基づいて将来の成果を予測する分析技法です。

ウ　差異分析とは，ベースラインと実績の間の違いの発生原因を事後に調べることです。なお，PMBOK 第 5 版では，“実績報告”プロセスはなくなっていますが，差異分析は，“プロジェクト作業の監視・コントロール”，“スコープ・コントロール”，“コスト・コントロール”プロセスなどのツールと技法に含まれています。

エ　モンテカルロ分析とは，プロジェクトの総コストや完了日について，その分布を計算するために，コストや所要期間の確率分布からランダムに選んだ数値をインプットとして，プロジェクト・コストやプロジェクト・スケジュールを多数回繰り返し計算する技法です。

答え　ウ

2-5 スケジュール・マネジメント

2-5-1 アクティビティの定義

“アクティビティの定義”プロセスは，“計画”プロセス群に属し，成果物を作るために遂行すべき具体的な行動を特定し，文書化するプロセスです。このプロセスのインプット・ツールと技法・アウトプットは，下記のとおりです。

インプット	ツールと技法	アウトプット
1. プロジェクトマネジメント計画書 ・スケジュール・マネジメント計画書 ・スコープ・ベースライン 2. 組織体の環境要因 3. 組織のプロセス資産	1. 専門家の判断 2. 要素分解 3. ローリング・ウェーブ計画法 4. 会議	1. アクティビティ・リスト 2. アクティビティ属性 3. マイルストーン・リスト 4. 変更要求 5. プロジェクトマネジメント計画書更新版

【1】要素分解

要素分解は，“WBS の作成”プロセスのツールと技法の 1 つでもあり，成果物を完成させるために必要な作業をより小さい部分に分割することです。ただし，このアクティビティ定義プロセスで使われる要素分解は，もう少し踏み込んで，下左図のように，スコープ・ベースラインの一部である WBS のワークパッケージをさらに分割してアクティビティを定義するためのツールと技法であると解釈すればよいでしょう。

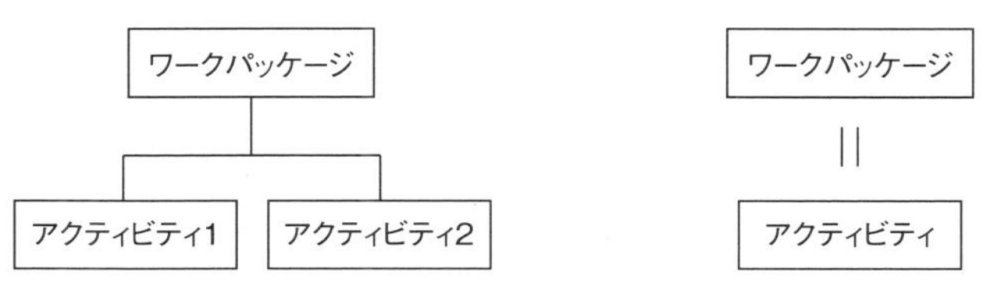

ただし，アクティビティ定義プロセスでの要素分解は必須ではなく，WBS 上のワークパッケージが十分に要素分解されているならば，上右図のように“ワークパッケージはそのままアクティビティである”としても差し支えありません。また，アクティビティ・リストは，必要なアクティビティが網羅された一覧表のことです。

【2】ローリング・ウェーブ計画法

ローリング・ウェーブ計画法は，早期に完了しなければならない作業は詳細に，将来の作業はより上位のレベルで計画する方法です。下記の例を使って説明します。現時点は令和元年 6 月 30 日とし，作業の開始予定日は令和元年 7 月 1 日，作業の終了予定日は令和 2 年 6 月 30 日とすれば，下記のような 3 つの計画を立案します。

【大日程計画】

令和元年		令和 2 年	
7～9月	10～12月	1～3月	4～6月
・要件定義 ・外部設計	・内部設計 ・プログラム構造設計	・プログラミング ・単体テスト	・結合テスト ・システムテスト ・移行

【中日程計画】

令和元年		
7月	8月	9月
・要件定義 　・DFD 作成 　・E-R 図作成 　・要件定義書作成	・外部設計 　・機能設計 　・コード設計	・外部設計 　・ヒューマンインターフェース設計 　・論理データ設計

【小日程計画】

令和元年 7 月			
第 1 週	第 2 週	第 3 週	第 4 週
・DFD 作成 　・機能構造図 　・データの源泉及び吸収先 　・第 1 レベル機能	・DFD 作成 　・第 2 レベル機能 　・データフロー 　・データストア	・E-R 図作成 　・マスタ領域 　・トランザクション領域	・要件定義 　・機能要件 　・非機能要件 　・定義書作成

上記において，重要な点は，令和元年 10 月以降の中日程計画の作業，令和元年 8 月以降の小日程計画の作業が決定されていないことです。令和元年 10 月～ 12 月の中日程計画の作業は令和元年 9 月 30 日ごろ，令和元年 8 月の小日程計画の作業は令和元年 7 月 31 日ごろに要素分解されて決定されます。

2-5-2 アクティビティの順序設定

“アクティビティの順序設定”プロセスは，“計画”プロセス群に属し，アクティビティの前後関係を特定し，文書化するプロセスです。このプロセスのインプット・ツールと技法・アウトプットは，下記のとおりです。

インプット	ツールと技法	アウトプット
1. プロジェクトマネジメント計画書 2. プロジェクト文書 ・アクティビティ属性 ・アクティビティ・リスト （中略） 3. 組織体の環境要因 4. 組織のプロセス資産	1. プレシデンス・ダイアグラム法 2. 依存関係の決定と統合 3. リードとラグ 4. プロジェクトマネジメント情報システム	1. プロジェクト・スケジュール・ネットワーク図 2. プロジェクト文書更新版

【1】プレシデンス・ダイアグラム法（PDM：Precedence Diagramming Method）

PDMは，基本的にアクティビティ・オン・ノード(AON：Activity On Node)を採用しており，下図の例のようにアクティビティを四角形のノードで示し，先行アクティビティと後続アクティビティを矢印線で接続した図です（さらに詳細な図例は，"2-5-4　スケジュールの作成"を参照してください）。なお，下図のような図を，プロジェクト・スケジュール・ネットワーク図といいます。

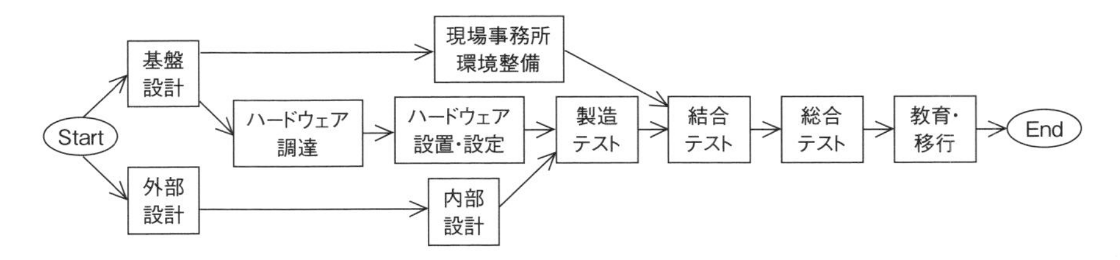

PDMには，下記の4種類の依存関係（論理的順序関係）があります。ただし，先行アクティビティと後続アクティビティの依存関係は，ほぼ終了－開始関係ですので，それ以外の関係は参考程度に見ておいてください（上図の依存関係は，すべて終了－開始関係です）。

依存関係	説明
終了－開始関係（Finish － Start）	先行アクティビティが完了するまで後続アクティビティを開始することができない論理的順序関係
終了－終了関係（Finish － Finish ）	先行アクティビティが完了するまで後続アクティビティを終了することができない論理的順序関係
開始－開始関係（Start － Start）	先行アクティビティを開始するまで後続アクティビティを開始できない論理的順序関係
開始－終了関係（Start － Finish）	先行アクティビティを開始するまで後続アクティビティを終了できない論理的順序関係

2-5-3 アクティビティ所要期間の見積り

“アクティビティ所要期間の見積り”プロセスは，“計画”プロセス群に属し，想定した資源を使って個々のアクティビティを完了するために必要な作業期間を見積もるプロセスです。このプロセスのインプット・ツールと技法・アウトプットは，下記のとおりです。

インプット	ツールと技法	アウトプット
1. プロジェクトマネジメント計画書	1. 専門家の判断	1. 所要期間見積り
2. プロジェクト文書	2. 類推見積り	2. 見積りの根拠
・アクティビティ属性	3. パラメトリック見積り	3. プロジェクト文書更新版
・アクティビティ・リスト	4. 三点見積り	
（中略）	5. ボトムアップ見積り	
3. 組織体の環境要因	6. データ分析	
4. 組織のプロセス資産	7. 意思決定	
	8. 会議	

【1】類推見積り

類似のアクティビティやプロジェクトにおける過去のデータを使って，アクティビティやプロジェクトの所要期間またはコストを見積もる技法です。“トップダウン見積り”と呼ばれていることもあります。プロジェクト全体の所要期間のような大きな単位の見積りの場合に，比較的よく使われます。一般的に見積り精度は低いですが，専門的な知識を持った者が類推見積りをすると高い精度を示す場合が多いです。

【2】所要期間見積り

所要期間見積りは，当プロセスによって見積られた期間です。例えば，10人日のアクティビティを2人のメンバで実行する場合，その所要期間は10÷2＝5日間と計算されます。ただし，“例1：2週間±2日”や，“例2：通常は2週間だが，3週間を超える確率が15%ある”のように，起こりうる結果に変動幅を持たせて表現されることもあります。

2-5-4 スケジュールの作成

“スケジュールの作成”プロセスは，“計画”プロセス群に属し，主に，アクティビティ・リスト，プロジェクト・スケジュール・ネットワーク図，所要期間見積りを使って，プロジェクト・スケジュールを作成するプロセスです。このプロセスのインプット・ツールと技法・アウトプットは，下記のとおりです。

インプット
1. プロジェクトマネジメント計画書
2. プロジェクト文書
・アクティビティ属性
・アクティビティ・リスト
（中略）
3. 合意書
4. 組織体の環境要因
5. 組織のプロセス資産

ツールと技法
1. スケジュール・ネットワーク分析
2. クリティカル・パス法
3. 資源最適化
4. データ分析
5. リードとラグ
6. スケジュール短縮
7. プロジェクトマネジメント情報システム
8. アジャイルのリリース計画

アウトプット
1. スケジュール・ベースライン
2. プロジェクト・スケジュール
3. スケジュール・データ
4. スケジュール・カレンダー
5. 変更要求
6. プロジェクトマネジメント計画書更新版
7. プロジェクト文書更新版

【1】クリティカル・パス法

クリティカル・パス法は，アローダイアグラムを使った問題として，当試験の午前問題に，よく出題されています。そこで，ここでは，アローダイアグラムを説明しつつ，クリティカル・パスにも触れていきます。

①：アローダイアグラム

アローダイアグラム（ADM：Arrow Diagramming Method）は，作業を矢印で，結合点（ノードともいいます）を丸印で表すプロジェクト・スケジュール・ネットワーク図です。矢印に作業を書くので，AOA（Activity On Arrow）と呼ばれることもあります。図示される作業の中には，作業の所要日数はゼロですが，作業の依存関係はある **“ダミー作業”** が点線の矢印線で記載されることもあります。下記の例では，A～Eが作業名であり，作業名の下に所要日数が記載されています。また作業Cは，ダミー作業です。したがって，作業Fは，作業Aと作業Eの両方が完了しないと開始できません。

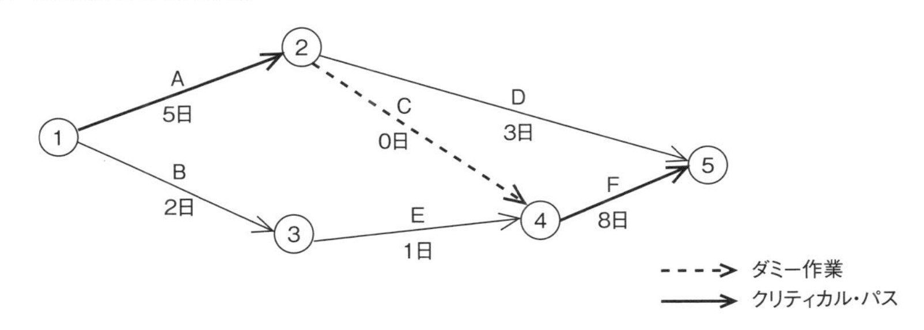

(i) クリティカル・パス

全作業工程の中で，最も所要日数がかかる作業群を**クリティカル・パス**といいます。クリティカル・パスを探すためには，作業が構成している全経路の合計所要日数の合計を算出します。上図の場合には，下記のように計算されます。

・A（5日）→D（3日）…8日

・A（5日）→C（0日）→F（8日）…13日

・B（2日）→E（1日）→F（8日）…11日

上記3つの中で13日が一番多い日数なので，クリティカル・パスは上図の太い矢印で示されているA－C－Fです。クリティカル・パス上の作業が1日遅れると，プロジェクト全体の完了日も1日遅れてしまうため，プロジェクトマネージャは，クリティカル・パス上の作業の進捗状況を注視しなければなりません。

POINT　クリティカル・パス上の作業の進捗状況が重要

(ii) 往路時間計算（フォワード・パス）分析

この分析は，作業の開始時点から終了時点に向かって所要日数を加算し，**最早結合点時刻（始点からその結合点に最も早く到達できる日）**を求めます。上図の場合，各結合点の最早結合点時刻は下記のように計算されます（最初の時点を0日目とします)。

・結合点1…0日目

・結合点2…A（5日）＝5日目

・結合点3…B（2日）＝2日目

・結合点4…A（5日）＋C（0日）＝5日目…(a)
B（2日）＋E（1日）＝3日目…(b)
3日目(b) ＜ 5日目(a)なので，多いほうの5日目を最早結合点時刻にします。

・結合点5…A（5日）＋D（3日）＝8日目…(c)
A（5日）＋C（0日）＋F（8日）＝13日目…(d)
B（2日）＋E（1日）＋F（8日）＝11日目…(e)
8日目(c) ＜ 11日目(e) ＜ 13日目(d)　なので，最も多い13日目を最早結合点時刻にします。

結合点3，結合点4のように，複数の経路がある場合，合計された所要日数が多いものを最早結合点時刻にします。

(iii) 復路時間計算（バックワード・パス）分析

この分析は，作業の終了時点から開始時点に向かって所要日数を減算し，**最遅結合点時刻（プロジェクト全体の遅れにつながらない範囲で，最も遅くなっても**

構わない日）を求めます。上図の場合，各結合点の最遅結合点時刻は下記のように計算されます（最後の時点は上記のクリティカル・パスもしくは往路時間計算分析より，13 日目です）。

・結合点 5 … 13 日目
・結合点 4 … 13 日目－ F（8 日）＝ 5 日目
・結合点 3 … 13 日目－ F（8 日）－ E（1 日）＝ 4 日目
・結合点 2 … 13 日目－ D（3 日）＝ 10 日目 … (f)
　　13 日目－ F（8 日）－ C（0 日）＝ 5 日目 … (g)
　　5 日目 (g) ＜ 10 日目 (f) なので，少ない 5 日目を最遅結合点時刻にします。
・結合点 1 … 13 日目－ D（3 日）－ A（5 日）＝ 8 日目 … (h)
　　13 日目－ F（8 日）－ C（0 日）－ A（5 日）＝ 0 日目 … (j)
　　13 日目－ F（8 日）－ E（1 日）－ B（2 日）＝ 2 日目 … (k)
　　0 日目 (j) ＜ 2 日目 (k) ＜ 8 日目 (h)　なので，最も少ない 0 日目を最遅結合点時刻にします。

結合点 2，結合点 1 のように，複数の経路がある場合，合計された所要日数が少ないものを最遅結合点時刻にします。

(iv) 余裕時間分析

この分析は，各結合点において，プロジェクト全体の遅れにつながらない範囲で留まっていられる日数である余裕時間（フロートもしくはトータルフロートともいいます）を求めます。**余裕時間は“各結合点の最遅結合点時刻－最早結合点時刻”**であり，上図の場合，下記のように計算されます。

・結合点 1 … 0 日目－ 0 日目 ＝ 0 日
・結合点 2 … 5 日目－ 5 日目 ＝ 0 日
・結合点 3 … 4 日目－ 2 日目 ＝ 2 日
・結合点 4 … 5 日目－ 5 日目 ＝ 0 日
・結合点 5 … 13 日目－ 13 日目 ＝ 0 日

上記を図にまとめると，下図になります。

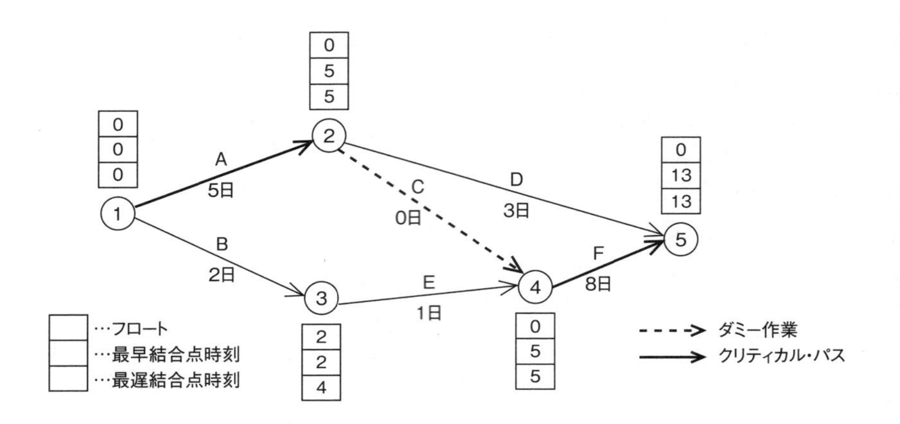

POINT クリティカル・パス上の結合点のフロートは，常に“0”

②：プレシデンス・ダイアグラム

プレシデンス・ダイアグラムは，2-5-2【1】で触れたように，アクティビティを四角形のノードで示し，先行アクティビティと後続アクティビティを矢印線で接続した図です。上記のアローダイアグラムで使った図例を，プレシデンス・ダイアグラムに置き換えると下図になります。

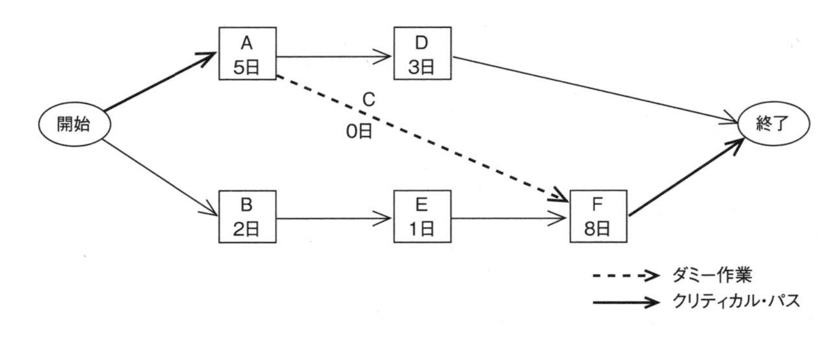

PMBOK 第5版 図6-18には，右記のようなアクティビティの凡例があります（当試験の平成23年午後I問1 図1にも類似した凡例が掲載されています）。

最早開始日	所要日数	最早終了日
アクティビティ名		
最遅開始日	トータル・フロート	最遅終了日

(i) クリティカル・パス

プレシデンス・ダイアグラムのクリティカル・パスは，アローダイアグラムのクリティカル・パスとまったく同じであり，A－C－Fです。

(ii) 往路時間計算（フォワード・パス）分析

この分析は，作業の開始時点から終了時点に向かって各作業の所要日数を加算し，最早開始日（作業を最も早く開始できる日）を求めます。各作業の最早終了日は，"最早開始日＋所要日数"で計算されます。上図の場合，各作業の最早開始日と最早終了日は下記のように計算されます（最初の時点を1日目の朝9時ごろとします。最初の作業の所要日数が2日であれば，2日目の18時ごろに終了するので終了日を2日目とします。また，作業Cはダミー作業なので省略します）。

・作業Aの｛最早開始日…1日目
最早終了日…1日目＋5日＝5日目…(a)

・作業Bの｛最早開始日…1日目
最早終了日…1日目＋2日＝2日目…(b)

・作業Dの｛最早開始日…5日目(a)の翌日＝6日目…(c)
最早終了日…6日目(c)＋3日＝8日目

・作業Eの｛最早開始日…2日目(b)の翌日＝3日目…(d)
最早終了日…3日目(d)＋1日＝3日目…(e)

・作業Fの最早開始日

（作業A－作業C－作業Fを経由した場合）

5日目(a)＋C（0日）＝5日目→5日目の翌日＝6日目…(f)

（作業B－作業E－作業Fを経由した場合）

3日目(e)→3日目の翌日＝4日目…(g)

4日目(g)＜6日目(f)なので，多いほうの6日目を作業Fの最早開始日にします。

・作業Fの最早終了日…6日目(f)＋8日＝13日目

作業Fのように，複数の経路がある場合，計算された所要日数が多いものを最早開始日にします。

(iii) 復路時間計算（バックワード・パス）分析

この分析は，作業の終了時点から開始時点に向かって所要日数を減算し，最遅終了日（プロジェクト全体の遅れにつながらない範囲で，最も遅くなっても構わない終了日）を求めます。各作業の最遅開始日は，“最遅終了日－所要日数”で計算されます。上図の場合，各作業の最遅開始日と最遅終了日は下記のように計算されます（最後の時点は上記のクリティカル・パスもしくは往路時間計算分析より，13日目です。また，作業Cはダミー作業なので省略します）。

・作業Fの
　最遅終了日 … 13日目
　最遅開始日 … 13日目 － 8日 ＝ 6日目 … (h)

・作業Eの
　最遅終了日 … 6日目 (h) の前日 ＝ 5日目 … (j)
　最遅開始日 … 5日目 (j) － 1日 ＝ 5日目 … (k)

・作業Dの
　最遅終了日 … 13日目
　最遅開始日 … 13日目 － 3日 ＝ 11日目

・作業Bの
　最遅終了日 … 5日目 (k) の前日 ＝ 4日目
　最遅開始日 … 4日目 (n) － 2日 ＝ 3日目

・作業Aの最遅終了日
（作業A－作業Dを経由した場合）
13日目 － 3日（作業D）＝ 10日目 … (m)
（作業A－作業C－作業Fを経由した場合）
13日目 － 8日（作業F）－ 0日（作業C）＝ 5日目 … (n)
5日目 (n) ＜ 10日目 (m) なので，少ないほうの5日目を作業Aの最遅終了日にします。

・作業Aの最遅開始日… 5日目 (n) － 5日 ＝ 1日目

作業Aのように，複数の経路がある場合，合計された所要日数が少ないものを最遅終了日にします。

(iv) 余裕時間分析

この分析は，各作業において，プロジェクト全体の遅れにつながらない範囲で，作業が遅れてもよい日数である余裕時間（フロートもしくはトータルフロートともいいます）を求めます。余裕時間は“各作業の最遅終了日－最早終了日”であり，上図の場合，下記のように計算されます（作業Cはダミー作業なので省略します）。

・作業A … 5日目－5日目 ＝ 0日
・作業B … 4日目－2日目 ＝ 2日
・作業D … 13日目－8日目 ＝ 5日
・作業E … 5日目－3日目 ＝ 2日
・作業F … 13日目－13日目 ＝ 0日

上記を図にまとめると，下図になります。

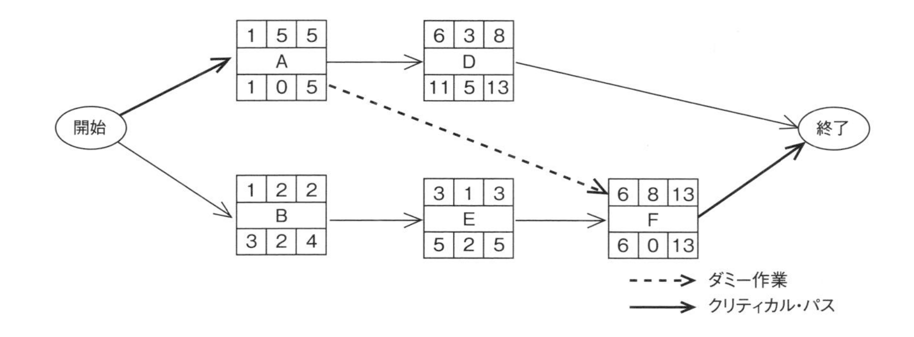

【2】クリティカル・チェーン法

クリティカル・チェーン法は，スケジュール作成方法の１つであり，各アクティビティの所要期間に安全余裕を盛り込まず，複数のアクティビティの安全余裕をまとめた“バッファ”をスケジュールの経路に置くことによって，スケジュールの不確実性に対応することに，その特徴があります。バッファには，“プロジェクト・バッファ”と“合流バッファ”の２つがあります。

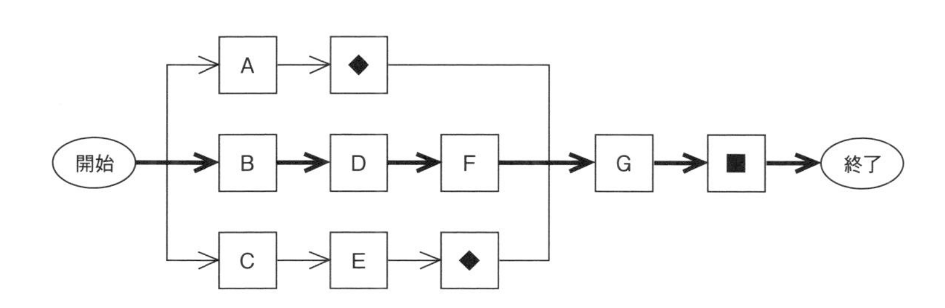

注１：Ａ～Ｇの四角形は，アクティビティです。
注２：◆の四角形は，合流バッファです。
注３：■の四角形は，プロジェクト・バッファです。
注４：→（太線）は，クリティカル・パスです。
注５：→（細線）は，クリティカル・パスではない経路です。

①：プロジェクト・バッファ

クリティカル・パス（クリティカル・チェーン法では“クリティカル・チェーン”と呼ばれます）の最後尾に配置され，プロジェクト完了期日が遅れるのを防ぐためのバッファです。

②：合流バッファ

上図に示されているとおり，クリティカル・パス上にはないが，先行アクティビティと後続アクティビティの経路がクリティカル・パスと合流される最後の場所に配置されるバッファです。合流バッファによって，クリティカル・パスではない経路上のアクティビティの遅れが，クリティカル・パスの遅れにつながりにくくなります。

【3】スケジュール短縮

スケジュール短縮は，納期を遵守するために，プロジェクト・スコープを縮小することなく，アクティビティの所要期間を短縮させる“ツールと技法”の１つです。当試験の午前Ⅱ問題には，下記の２つの技法が出題されています。

①：クラッシング

資源を追加投入してコストの増大を最小限に抑えながらスケジュールの所要期間を短縮する技法です。その典型例は，人的資源である開発要員を，遅れている工程に追加投入することです。

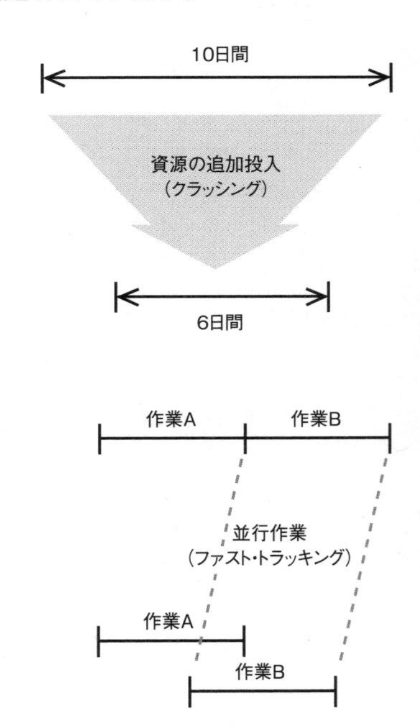

②：ファスト・トラッキング

通常は，順番に実施される先行アクティビティ（もしくはフェーズ）と後続アクティビティ（もしくはフェーズ）を並行して実施するスケジュール短縮技法です。その典型例は，テーブル設計の全体が完了する前に，テーブル設計の仕様が固まっているテーブルのCREATE TABLE文（テーブル定義文）の作成を開始することです。

【4】プロジェクト・スケジュール

プロジェクト・スケジュールとは，書類化されたスケジュールであり，ステークホルダーが見て理解できる形になったものです。アローダイアグラムもしくはプレシデンス・ダイアグラムとして作られたスケジュールは，プロジェクト・スケジュールに該当します。それら以外に，下記の２つも当試験に出題されます。

①：ガント・チャート

ガント・チャートは，縦軸に作業項目（もしくはフェーズ），横軸に月や日付を取り，作業（もしくはフェーズ）の予定期間を横線で示した図です（実績期間を追記することもあります）。横棒を使って作業（もしくはフェーズ）を表すため，“バー・チャート”と呼ばれることもあります。例えば，次のような図です。

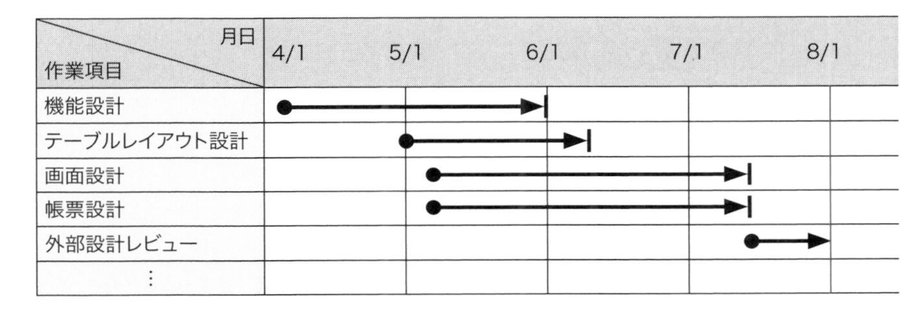

ガント・チャートには，次の特徴があります。

- 作業を時間軸に沿ってならべただけなので，プロジェクトマネジメントの初心者でも理解しやすいです。
- 各作業の開始日・終了日は明確になりますが，先行作業と後続作業の関連性はわかりにくいです（先行作業と後続作業を破線でつなぐような工夫をするとわかりやすくなります）。
- 特別な工夫をしない限り，クリティカル・パスは明示されません。

②：マイルストーン・チャート

マイルストーン・チャートは，プロジェクト遂行上明確に識別できる通過点（作業開始，終了，承認など）と日付の関係を図示した図表のことです。マイルストーンとは，一里塚のことであり，重要な通過点（特定の日）を意味しています。例えば，次のような図表です。

例１：

マイルストーン／作業項目	作業着手	中間報告	作業終了	レビュー承認
機能設計	4／3	5／4	5／20	7／31
テーブルレイアウト設計	4／21	5／25	5／31	7／31
画面設計	5／10	6／15	6／30	7／31
帳票設計	5／10	6／15	6／30	7／31
⋮	⋮	⋮	⋮	⋮

例2：

作業項目＼時点	3月	4月	5月	6月	7月	8月
機能設計完了			△			
テーブルレイアウト設計完了			△			
画面設計完了				△		
帳票設計完了				△		
レビュー完了					△	
⋮	⋮	⋮	⋮	⋮	⋮	⋮

2-5-5 問題の演習

問題1

アクティビティの定義 PM31-S2-12

PMBOK ガイド第 6 版によれば，WBS の構成要素であるワーク・パッケージに関する記述のうち，適切なものはどれか。

ア　ワーク・パッケージとその一つ上位の成果物との関係は，1 対 1 である。

イ　ワーク・パッケージは，OBS（組織ブレークダウン・ストラクチャー）のチームに，担当する人員を割り当てたものである。

ウ　ワーク・パッケージは，通常，アクティビティに分解される。

エ　ワーク・パッケージは，プロジェクトに関連がある成果物をまとめたものである。

解説

ア　ある 1 つのワークパッケージには，ワークパッケージの 1 つ上位の要素成果物が 1 つだけ対応します。あるワークパッケージの 1 つ上位の要素成果物を，1 つ特定すると，それに対応するワークパッケージは，2 つ以上存在します。

イ　ワーク・パッケージと，OBS（組織ブレークダウン・ストラクチャー）のチームに担当する人員を割り当てたものとは，基本的に無関係です。

ウ　ワークパッケージは，WBS（Work Breakdown Structure）の最下層に記述される作業です。ワークパッケージは，“プロジェクト・スケジュール・マネジメント”の最初に実施される“アクティビティの定義”プロセスの中で，アクティビティに分解されます。アクティビティは，スケジュール作成の基になる作業単位です。

エ　“プロジェクトに関連がある成果物をまとめたもの”に，特別な名前は，つけられていません。

答え　ウ

問題2

ローリング・ウェーブ計画法

PM29-S2-04

PMBOK ガイド第 5 版によれば，プロジェクトスコープマネジメントにおいて，WBS の作成に用いるローリングウェーブ計画法の説明はどれか。

ア　WBS を補完するために，WBS 要素ごとに詳細な作業の内容などを記述する。
イ　過去に実施したプロジェクトの WBS をテンプレートとして，新たな WBS を作成する。
ウ　将来実施予定の作業については，上位レベルの WBS にとどめておき，詳細が明確になってから，要素分解して詳細な WBS を作成する。
エ　プロジェクトの作業をより階層的に分解して，WBS の最下位レベルの作業内容や要素成果物を定義する。

解説

PMBOK 第 5 版では，ローリング・ウェーブ計画法は，下記のように説明されています。

> ローリング・ウェーブ計画法は反復計画技法のひとつで，早期に完了しなければならない作業は詳細に，将来の作業はより上位のレベルで計画する。

ア　WBS 辞書の説明です。
イ　組織のプロセス資産の 1 つである WBS のテンプレートを使った WBS の作成方法の説明です。
ウ　ローリング・ウェーブ計画法の説明の説明であり，本選択肢が正解です。
エ　要素分解の説明です。なお，WBS の最下位レベルの作業内容は，“ワークパッケージ”と呼ばれています。

答え　ウ

問題3

作業配分モデル

PM30-S2-07

過去のプロジェクトの開発実績から構築した作業配分モデルがある。システム要件定義からシステム内部設計までをモデルどおりに進めて 228 日で完了し，プログラム開発を開始した。現在，200 本のプログラムのうち 100 本のプログラム開発を完了し，残りの 100 本は未着手の状況である。プログラム開発以降もモデルどおりに進捗すると仮定するとき，プロジェクトの完了まで，あと何日掛かるか。ここで，プログラムの開発に掛かる工数及び期間は，全てのプログラムで同一であるものとする。

〔作業配分モデル〕

	システム要件定義	システム外部設計	システム内部設計	プログラム開発	システム結合	システムテスト
工数比	0.17	0.21	0.16	0.16	0.11	0.19
期間比	0.25	0.21	0.11	0.11	0.11	0.21

ア　140　　イ　150　　ウ　161　　エ　172

解説

問題文の条件にしたがって，計算します。

(1) 期間比

要求定義から内部設計までを 228 日で完了したとしていますので，要求定義(0.25) ＋外部設計(0.21)＋内部設計(0.11)＝ 0.57 を 228 日で完了しています。したがって，期間比の 1 は，228 ÷ 0.57 ＝ 400 日に相当します。

(2) プログラム開発の進捗率

200 本が全体のプログラム本数です。100 本が完成し，残り 100 本が未着手なので，プログラム開発の進捗率は半分だとわかります。期間比でいえば，0.11 ÷ 2 ＝ 0.055 です。

(3) 残りの日数

残りの工程の期間比は，プログラム開発(0.055)＋結合テスト(0.11)＋システムテスト(0.21)＝ 0.375 で，(1) より，期間比の 1 は 400 日に相当しますので，0.375 × 400 ＝ 150 日 が残りの日数になります。

答え　イ

問題4

アクティビティ所要期間の見積り

PM31-S2-08

あるシステムの設計から結合テストまでの作業について，開発工程ごとの見積工数を表 1 に，開発工程ごとの上級技術者と初級技術者の要員割当てを表 2 に示す。上級技術者は，初級技術者に比べて，プログラム作成・単体テストにおいて 2 倍の生産性を有する。表１の見積工数は，上級技術者の生産性を基に算出している。
全ての開発工程に対して，上級技術者を１人追加して割り当てると，この作業に要する期間は何か月短縮できるか。ここで，開発工程の期間は重複させないものとし，要員全員が１か月当たり１人月の工数を投入するものとする。

表1

開発工程	見積工数（人月）
設計	6
プログラム作成・単体テスト	12
結合テスト	12
合計	30

表2

開発工程	要員割当て（人）	
	上級技術者	初級技術者
設計	2	0
プログラム作成・単体テスト	2	2
結合テスト	2	0

ア　1　　イ　2　　ウ　3　　エ　4

解説

上級技術者は，初級技術者に比べて，プログラム作成・単体テストについて２倍の生産性を有します。したがって，表２において，プログラム作成・単体テストに，初級技術者を２名割り当てていることは，上級技術者を１名割り当てていることと同じです。

すべて上級技術者が割り当てられていると仮定し，表１および表２を使って計算すると，開発期間は，下記のようになります。

(1) 設計　6人月÷2名　＝3か月
(2) プログラム作成・単体テスト　12人月÷(2名＋1名)　＝4か月
(3) 結合テスト　12人月÷2名　＝6か月

合 計　13か月 … (a)

さらに，上級技術者を１名追加すると，開発期間は，下記のようになります。

(1) 設計　6人月÷3名　＝2か月
(2) プログラム作成・単体テスト　12人月÷（3名＋1名）　＝3か月
(3) 結合テスト　12人月÷3名　＝4か月

合 計　9か月 … (b)

上級技術者１名を追加して短縮される期間は，(a) − (b) ＝ 13 − 9 ＝ 4 か月であり，選択肢**エ**が正解です。

答え　エ

問題5

スケジュールの作成

AP21-A-50

プロジェクトのタイムマネジメントのために次のアローダイアグラムを作成した。クリティカルパスはどれか。

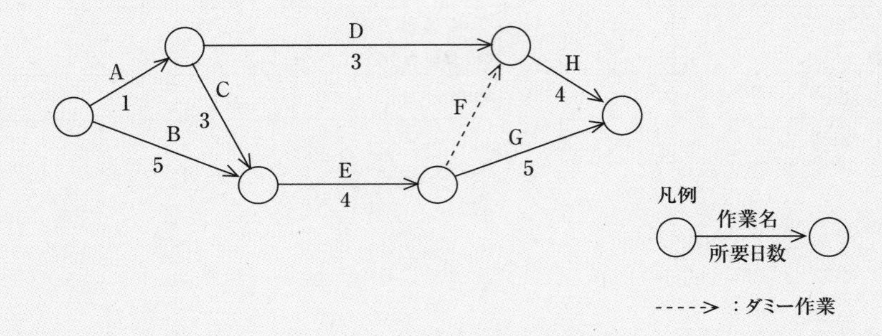

ア　A → C → E → G　　イ　A → D → H

ウ　B → E → F → H　　エ　B → E → G

解説

アローダイアグラムのクリティカルパスを見つける問題です。クリティカルパスは，全工程の中で，最長（最も時間のかかる）の経路であり，この経路上の作業が遅れると全体の完成日が遅れてしまう経路です。ダミー作業は，所要日数ゼロの作業です。

全経路の合計日数を計算すると次のようになります。

経路１…A：1 ＋ D：3 ＋ D：4　＝　8 日
経路２…A：1 ＋ C：3 ＋ E：4 ＋ G：5　＝ 13 日
経路３…A：1 ＋ C：3 ＋ E：4 ＋ F：0 ＋ H：4 ＝ 12 日
経路４…B：5 ＋ E：4 ＋ G：5　＝ 14 日
経路５…B：5 ＋ E：4 ＋ F：0 ＋ H：4　＝ 13 日

最も日数が多いのは，経路４の B → E → G であり，これがクリティカルパスに該当します。

答え　エ

問題6

アロー・ダイアグラム

PM30-S2-06

図1に示すプロジェクト活動について，作業Cの終了がこの計画から2日遅れたので，このままでは当初に計画した総所要日数で終了できなくなった。

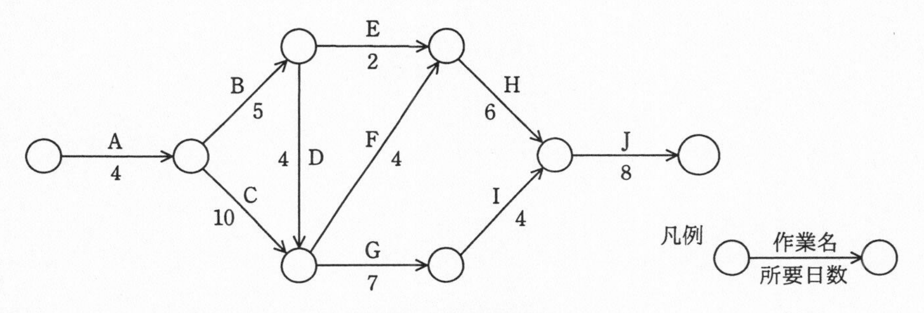

図1　プロジェクト活動（当初の計画）

作業を見直したところ，作業Iは作業Gの全てが完了していなくても開始できることが分かったので，ファストトラッキングを適用して，図2に示すように計画を変更した。

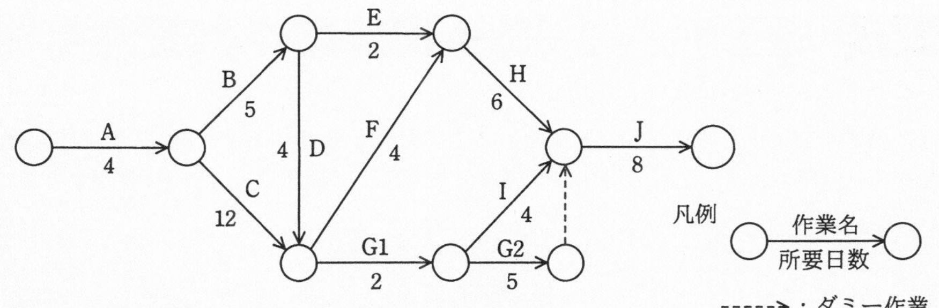

図2　プロジェクト活動（変更後の計画）

この計画変更によって，変更後の総所要日数はどのように変化するか。

ア　当初計画から4日減少する。　　イ　当初計画から2日減少する。
ウ　当初計画から1日増加する。　　エ　当初計画から2日増加する。

解説

本問の“当初の計画”のすべての経路の合計日数は，下記のように計算されます。

経路1…A：4＋B：5＋E：2＋H：6＋J：8　　＝25日

経路2…A：4＋B：5＋D：4＋F：4＋H：6＋J：8　　＝31日

経路３…Ａ：４＋Ｃ：10＋Ｆ：４＋Ｈ：６＋Ｊ：８　　　　　　＝32日
経路４…Ａ：４＋Ｃ：10＋Ｇ：７＋Ｉ：４＋Ｊ：８　　　　　　＝33日

上記より，経路４が最も多い合計日数となっているので，"当初の計画"の総所要日数は，33日（**1**）です。

"変更後の計画"のすべての経路の合計日数は，下記のように計算されます。経路５と経路６は，"当初の計画"から変わっていないので計算不要ですが，わかりやすさを狙って明示しました。

経路５…Ａ：４＋Ｂ：５＋Ｅ：２＋Ｈ：６＋Ｊ：８　　　　　　＝25日
経路６…Ａ：４＋Ｂ：５＋Ｄ：４＋Ｆ：４＋Ｈ：６＋Ｊ：８　　＝31日
経路７…Ａ：４＋Ｃ：12＋Ｆ：４＋Ｈ：６＋Ｊ：８　　　　　　＝34日
経路８…Ａ：４＋Ｃ：12＋Ｇ1：２＋Ｉ：４＋Ｊ：８　　　　　＝30日
経路９…Ａ：４＋Ｃ：12＋Ｇ1：２＋Ｇ2：５＋Ｊ：８　　　　＝31日

上記より，経路７が最も多い合計日数となっているので，"変更後の計画"の総所要日数は，34日（**2**）です。

変更後の総所要日数は，34日（**2**）－33日（**1**）＝１日　増加しているので，選択肢**ウ**が正解です。

答え　ウ

問題7

スケジュールの作成

PM25-S2-10

表はプロジェクトの作業リストである。作業Ｄの総余裕時間は何日か。ここで，各作業の依存関係は，全てプレシデンスダイアグラム法における終了―開始関係とする。

〔作業リスト〕

作業	先行作業	所要期間
A	－	4日
B	A	5日
C	B	3日
D	A	1日
E	C，D	2日

ア　0　　　イ　4　　　ウ　7　　　エ　14

解説

本問の〔作業リスト〕をアローダイアグラムに置き換えると，下図のようになります。

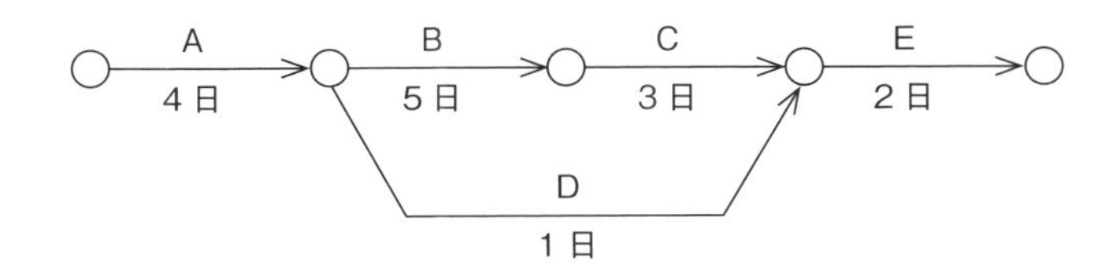

クリティカルパスは，A（4日）→B（5日）→C（3日）→E（2日）…14日です。したがって，作業Dは，遅くとも14日－2日（作業E）＝12日目に完了していなければなりません。

これに対し，作業Dが最も早く完了できるのは，A（4日）＋D（1日）＝5日目です。

12日目－5日目＝7日間が，作業Dの総余裕時間です。

答え　ウ

問題8

プレシデンスダイアグラム法

PM29-S2-10

四つのアクティビティA～Dによって実行する開発プロジェクトがある。図は，各アクティビティの依存関係をPDM（プレシデンスダイアグラム法）によって表している。各アクティビティの実行に当たっては，専門チームの支援が必要である。条件に従ってアクティビティを実行するとき，開発プロジェクトの最少の所要日数は何日か。

〔アクティビティの依存関係〕

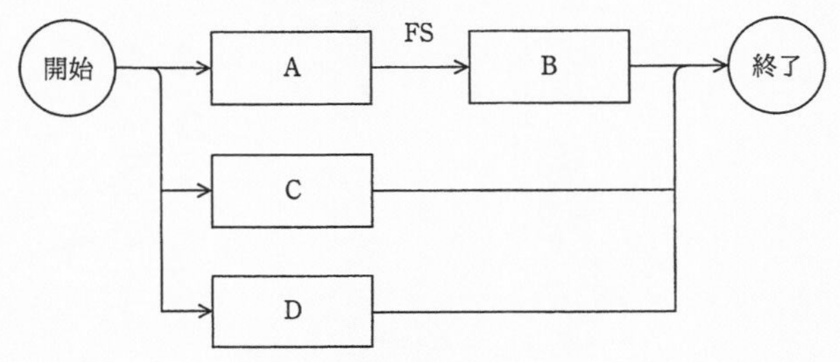

〔条件〕

・各アクティビティの所要日数及び実行に当たっての専門チームの支援期間は，次のとおりである。

アクティビティ名	所要日数（日）	専門チームの支援期間
A	10	実行する期間の最初の4日間
B	5	実行する期間の最初の2日間
C	10	実行する期間の最初の4日間
D	4	実行する期間の全て

・専門チームは，同時に複数のアクティビティの支援をすることはできない。
・専門チームは，各アクティビティを連続した日程で支援する。
・専門チーム以外の資源に各アクティビティ間の競合はない。

ア 15　　イ 16　　ウ 17　　エ 18

解説

本問は，試行錯誤を要する問題です。本問の条件にしたがって，幾つかのスケジュールを組んでみると，下図のような，各アクティビティを，A，C，B，Dの順で実行するスケジュールの所要日数が最少になります（1は専門チームが支援する期間を示します）。

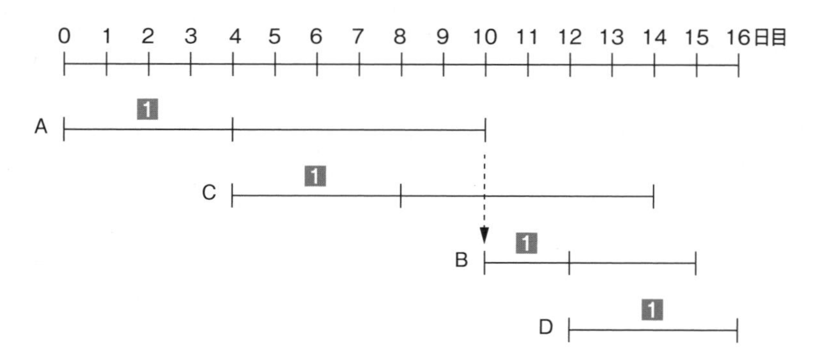

注：アクティビティBを8日目から開始したいのですが，アクティビティA，Bには，FS（Finish-Start）があるため，アクティビティAの終了日である10日目以降でないと，アクティビティBを開始できません。

上図より，開発プロジェクトの最少の所要日数は“16”であり，選択肢**イ**が正解です。

答え　イ

問題9

スケジュールの作成 PM02-A2-06

工程管理図表の特徴に関する記述のうち，ガントチャートのものはどれか。

ア　計画と実績の時間的推移を表現するのに適し，進み具合及びその傾向がよく分かり，プロジェクト全体の費用と進捗の管理に利用される。
イ　作業の順序や作業相互の関係を表現したり，重要作業を把握したりするのに適しており，プロジェクトの作業計画などに利用される。
ウ　作業の相互関係の把握には適さないが，作業計画に対する実績を把握するのに適しており，個人やグループの進捗管理に利用される。
エ　進捗管理上のマイルストーンを把握するのに適しており，プロジェクト全体の進捗管理などに利用される。

解説

ア　当選択肢は，EVM（Earned Value Management）のような説明です。ガントチャートでは，プロジェクト全体の費用の管理はできません。
イ　当選択肢は，アローダイアグラムのような説明です。ガントチャートは，作業の順序や作業相互の関係を表現するには，工夫を必要とし，それに適しません。
ウ　ガントチャートは，バーチャートとも呼ばれ，各作業の作業開始と終了に関する予定と実績を横棒（バー）で示す図表です。比較的分かりやすいので，システム開発の進捗管理によく使用されます。
エ　当選択肢は，マイルストーンチャートのような説明です。ガントチャート上に，マイルストーンを書けないこともないですが，“進捗管理上のマイルストーンを把握するのに適している”とは，言いづらいです。

答え　ウ

問題10

スケジュールの作成 PM31-S2-04

プロジェクトのスケジュール管理で使用する“クリティカルチェーン法”の実施例はどれか。

ア　限りある資源とプロジェクトの不確実性に対応するために，合流バッファとプロジェクトバッファを設ける。
イ　クリティカルパス上の作業に，生産性を向上させるための開発ツールを導入する。

ウ　クリティカルパス上の作業に，要員を追加投入する。
エ　クリティカルパス上の先行作業が終了する前に後続作業に着手し，並行して実施する。

解説

PMBOK 第 5 版では，クリティカルチェーン法は，下記のように説明されています。

> 6.6.2.3　クリティカル・チェーン法
> 　クリティカル・チェーン法は，スケジュール方法のひとつで，プロジェクト・チームが限られた資源やプロジェクトの不確実性に備え，プロジェクト・スケジュールの経路にバッファを置くことができる。（中略）
> 　クリティカル・チェーン法は，個々のアクティビティ所要期間に安全余裕を盛り込まず，論理的順序，資源の可用性，および統計的に求められたバッファを用いる。（中略）
> 　バッファのひとつは，下図に示すようにプロジェクト・バッファと呼ばれるもので，クリティカル・チェーン（＝クリティカル・パス）の最後尾に配置され，目標期日が遅れるのを防ぐためのものである。
> 　バッファのもうひとつの種類は，合流バッファと呼ばれるものでクリティカル・チェーン上ではないが，依存関係アクティビティの経路がクリティカル・チェーンと合流される個所に配置される。それにより合流バッファは，クリティカル・チェーンが合流経路からの影響で遅れることから保護される。（後略）

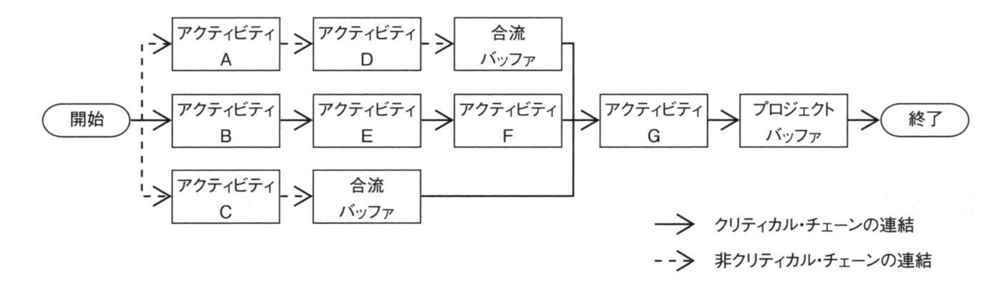

なお，PMBOK 第 6 版に，クリティカルチェーン法は，収録されていません。
ア　“クリティカルチェーン法”の実施例であり，本選択肢が正解です。
イ　本選択肢の説明に該当する特別な名称は，付けられていません。
ウ　“クラッシング”の実施例です。
エ　“ファスト・トラッキング”の実施例です。

答え　ア

問題11

スケジュールの作成

PM27-S2-07

クリティカルチェーン法におけるタスクのスケジューリングとバッファの設定方法のうち，適切なものはどれか。

ア　クリティカルパス上にないタスクのチェーンには，バッファを設定しない。
イ　クリティカルパス上の最後のタスクの終了期と納期の間に，プロジェクト全体で使用するバッファを設定する。
ウ　クリティカルパス上の全てのタスクに，バッファを設定する。
エ　なるべく前倒しでタスクを開始するように計画し，バッファを少しでも多く確保する。

解説

クリティカルチェーン法の説明は，2-5-4【2】を参照して下さい。

ア　クリティカルパス上にないタスクのチェーンには，基本的にバッファを設定しません。しかし，合流バッファを設定することがあるので，本選択肢は誤りです。
イ　クリティカルパス上の最後のタスクの終了期と納期の間に，プロジェクト全体で使用するプロジェクト・バッファを設定します。したがって，本選択肢が正解です。
ウ　クリティカルパス上の全てのタスクに，バッファを設定することはありません。
エ　なるべく前倒しでタスクを開始するように計画することが望ましいです。バッファは，少ないほうがよいです。

答え　イ

問題12

スケジュールの作成

PM25-S2-07

クリティカルチェーン法による進捗管理の方法のうち，適切なものはどれか。

ア　遅れが生じてプロジェクトバッファを消費し始めても，残量が安全区域にある間は特に対策を講じない。
イ　クリティカルチェーン上のタスクに遅れが生じた場合，速やかにクリティカルチェーンの見直しを行う。
ウ　個々のタスクの終了時だけに進捗報告を受けて，プロジェクトバッファを調整する。
エ　マイルストーンを細かく設定し，個々のタスクの遅れに対してすぐに対策を実施する。

解説

ア　クリティカルチェーン法は，プロジェクトスケジュールを限度のある資源に合わせて修正するスケジュールネットワーク分析技法です。この方法では，不確定要素をマネジメントするために，実際の作業を伴わないスケジュールアクティビティである所要期間バッファを追加します。
　バッファの１つは，クリティカルチェーン（資源によって制限されたクリティカルパス）の最後に配置され，プロジェクトバッファと呼ばれています。遅れが生じてプロジェクトバッファを消費し始めても，残量が安全区域にある間は特に対策を講じません。
イ　クリティカルチェーン上にない依存タスクのチェーンがクリティカルチェーンに流れ込む各点に，フィーディングバッファと呼ばれる追加のバッファを配置します。クリティカルチェーン上のタスクに遅れが生じた場合，フィーディングバッファもしくはプロジェクトバッファで吸収できる場合は，特に対策を講じません。
ウ　基本的に，プロジェクトバッファは調整されません。プロジェクトの不確定要素が大幅に変更になり，当初のプロジェクトバッファが意味をなさなくなった場合は，調整されます。
エ　クリティカルチェーン法では，基本的にマイルストーンを細かく設定するような進捗管理を行いません。

答え　ア

問題13

スケジュールの作成　PM29-S2-09

プロジェクトマネジメントにおけるクラッシングの例として，適切なものはどれか。

ア　クリティカルパス上の遅れているアクティビティに人員を増強した。
イ　コストを削減するために，これまで承認されていた残業を禁止した。
ウ　仕様の確定が大幅に遅れたので，プロジェクトの完了予定日を延期した。
エ　設計が終わったモジュールから順に並行してプログラム開発を実施するように，スケジュールを変更した。

解説

PMBOKは，クラッシングの例として，“残業の承認，資源の追加投入，またはクリティカルパス上のアクティビティの迅速な引渡しのための追加支出”を挙げています。

また，平成23年度 プロジェクトマネージャ午前II試験 問6は“クラッシングでは，メンバの時間外勤務を増やしたり，業務内容に精通したメンバを新たに増員したりする”としています。

上記の例に，類似しているのは，選択肢**ア**です。

答え　ア

問題14

重み付けマイルストーン法

PM31-S2-06

WBSを構成する個々のワークパッケージの進捗率を測定する方法のうち，ワークパッケージの期間が比較的長い作業に適した，重み付けマイルストーン法の説明はどれか。

ア　作業を開始したら50%，作業が完了したら100%というように，作業の“開始”と“完了”の2時点について，計上する進捗率を決めておく。

イ　設計書の作成作業において，“複雑な入出力に関する記述を終えたら70%とする”というように，計測者の主観で進捗率を決める。

ウ　設計書のレビューを完了したら60%，社内承認を得たら80%というように，あらかじめ設定した作業の区切りを過ぎるごとに計上する進捗率を決めておく。

エ　全部で10日間の作業のうち5日を経過したら50%というように，全作業期間に対する経過した作業期間の比で進捗率を決める。

解説

PMBOK第6版，JIS Q 21500:2018，応用情報技術者試験 シラバスVer.6.0のすべてに，“重み付けマイルストーン法”および“マイルストーン法”は，用語として掲載されていません。ただし，PMBOK第6版の用語集には，“マイルストーン”が“プロジェクト，プログラム，またはポートフォリオにおいて重要な意味を持つ時点やイベント”として定義されています。

選択肢**ウ**の“あらかじめ設定した作業の区切り”が，マイルストーンに該当するので，選択肢**ウ**が正解です。

なお，選択肢**ア・イ・エ**に，特別な名前はつけられていません。ただし，実務においては，選択肢**ア**の“作業を開始したら50%，作業が完了したら100%”を“50-50

ルール”と呼んでいることもあります。

答え　ウ

問題15

資源平準化

PM02-A2-08

PMBOKガイド第6版によれば，プロジェクト・スケジュール・マネジメントにおけるプロセス“スケジュールの作成”のツールと技法の特徴のうち，資源平準化の特徴はどれか。

ア　アクティビティの開始日と終了日を調整するので，クリティカル・パスが変わる原因になることが多い。
イ　アクティビティは，属しているフリー・フロート及びトータル・フロートの大きさの範囲内に限って遅らせることができる。
ウ　アクティビティを調整しても，クリティカル・パスが変わることはなく，完了日を遅らせるようなこともない。
エ　スケジュール・モデル内で，論理ネットワーク・パスにおけるスケジュールの柔軟性が評価できる。

解説

ア　**資源平準化**とは，資源の需要と供給のバランスを保つ目的で，資源の制約条件に基づき開始日と終了日を調整する技法であり，本選択肢が正解です。なお，資源平準化の典型例は，技能は高いが忙しいA氏のアクティビティを，技能は低いが暇なB氏とC氏に分担させることです。
イ　本選択肢の制約は，資源平準化には課せられません。
ウ　資源平準化を行うとクリティカル・パスが変わることが多いです。
エ　クリティカル・パス法の特徴です。

答え　ア

2-6 コスト・マネジメント

2-6-1 コストの見積り

“コストの見積り”プロセスは，“計画”プロセス群に属し，プロジェクト作業を完了させるために必要な資源の概算金額を算出するプロセスです。このプロセスのインプット・ツールと技法・アウトプットは，下記のとおりです。

インプット	ツールと技法	アウトプット
1. プロジェクトマネジメント計画書 ・コスト・マネジメント計画書 ・品質マネジメント計画書 ・スコープ・ベースライン 2. プロジェクト文書 ・プロジェクト・スケジュール （後略）	1. 専門家の判断 2. 類推見積り 3. パラメトリック見積り 4. ボトムアップ見積り 5. 三点見積り 6. データ分析 ・予備設定分析 （後略）	1. コスト見積り 2. 見積りの根拠 3. プロジェクト文書更新版

【1】パラメトリック見積り

パラメトリック見積りは，関連する過去のデータとその他の変数（例：ソースプログラムの行数）との統計的関係を用いて，**プロジェクト作業のコストを見積もる技法です**。当試験の午前Ⅱ問題では，下記のCOCOMO法とファンクションポイント法が出題されています。

①：COCOMO法

COCOMO法は，Boehm（ベーム）が考案したソフトウェア開発工数の見積技法であり，次の式を使用します。

見積工数＝（予想プログラムステップ数×開発生産性）^{指数倍率}×補正係数

COCOMO法は，下記の手順に従って，見積工数を算出します。

(i) 予想プログラムステップ数×開発生産性

まず，**予想プログラムステップ数**（JavaやC言語などのソースプログラムの行数）を見積もります。例えば，要件定義フェーズの時点では，今回開発するシステムと類似している開発済みシステムの実績プログラムステップ数を参考にして，今回開発する予想プログラムステップ数を見積もります。もし，プログラム構造設計フェーズが完了している時点であれば，プログラムごとの予想プログラムステップ数を見積もり，その総合計を今回開発するシステム全体の予想プログラムステップ数にします。予想プログラムステップ数の単位は，通常，kステップ（＝千ステップ）です。

次に，**開発生産性**（今回開発するシステムと類似している，開発済みのシステムの総投入人月数÷そのシステムのプログラムのステップ数，通常は，人月／kステップ）を調べ，上記の予想プログラムステップに乗算して，単純な過去の実績に基づく見積工数（人月）を算出します。

(ii) 指数倍率の適用

開発規模が大きくなると，開発メンバの数が増加し，それにつれて開発メンバ間で行われる連絡・相談・打合せ・会議時間・意識合せ・親睦などの間接時間が増加します。その間接時間の増加分は，開発規模の増加分よりも多くなるので，下図のように，**間接時間を含む開発工数は，開発規模に対し，下に凸な２次曲線**になります。

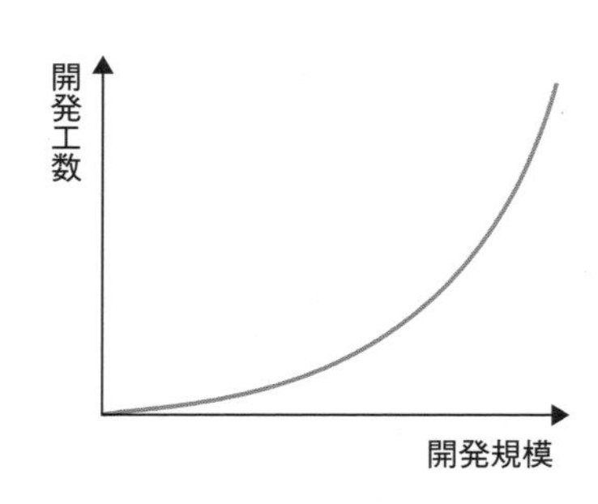

上図の傾向を見積工数に反映させるため，今回開発するシステムと類似している開発済みシステムの実績値を参考にして，**指数倍率**を設定し，上記(i)で算定した（予想プログラムステップ数×開発生産性）に指数として適用します。

(iii) 補正係数の適用

上記(i) (ii)で算定した見積工数は，過去の**実績平均値**に基づくものであり，当プロジェクトの特殊性は反映されていません。例えば，当プロジェクトは，新入社員のようなスキルが低い要員が多い，今回は過去平均よりも高い生産性を目標にする，今回は未知の新技術を使うので，過去平均よりも少し多めの開発工数になるだろう，といった特殊性です。このような当プロジェクトの特殊性を見積工数に反映させるために，**“補正係数”**と呼ばれる値を(ii)で算定した見積工数に乗じます。例えば，当試験の平成９年度 問１では，次表のような補正係数が出題されています（ただし，この問題では補正係数のことを変動率と呼んでいます）。

影響原因	生産性の基準と変動率（数字）		
	生産性低い	生産性中位	生産性高い
設計チームのスキル（C1）	チーム構成員スキルの平均：実務経験なし，または他の要員からの指導が必要 1.1	チーム構成員スキルの平均：実務経験があり，かつ独力で作業が可能 1.0	チーム構成員スキルの平均：複数の実務経験があり，かつ他の要員への指導が可能 0.9
プログラマチームのスキル（C2）	チーム構成員スキルの平均：実務経験なし，または他の要員からの指導が必要 1.1	チーム構成員スキルの平均：実務経験があり，かつ独力で作業が可能 1.0	チーム構成員スキルの平均：複数の実務経験があり，かつ他の要員への指導が可能 0.9
開発スケジュール（C3）	標準的な開発期間を20％以上増加した期間 1.1	標準的な開発期間の前後 20％以内の期間 1.0	標準的な開発期間を20％以上短縮した期間 0.9
設計技法の使用（C4）	初めての適用 1.1	他のプロジェクトで使用経験あり 1.0	過去の複数のプロジェクトで使用し実績あり 0.9
開発ツールの使用（C5）	初めての適用 1.1	他のプロジェクトで使用経験あり 1.0	過去の複数のプロジェクトで使用し実績あり 0.9
アプリケーションの複雑度（C6）	例外処理が多く，ロジックが複雑 1.1	中位程度の複雑さ 1.0	入出力中心の単純処理 0.9

注：補正係数のことを“変動係数”“努力係数”“安全係数”と呼ぶ場合もあります。意味は同じです。

上表に照らして，当プロジェクトの場合，どれに該当するかを考えます。例えば，設計チームのスキルが“実務経験なし，又は他の要員からの指導が必要”に該当するならば，C1 は 1.1 になります。残りもすべて同様に判定します（具体的には，問題文にヒントが記述されていますので，それに従って判定します）。C1 ～ C6 のすべての数値が決まったら，これをすべて掛け合わせます。例えば，C1 ＝ 1.1，C2 ＝ 1.1，C3 ＝ 1.1，C4 ＝ 0.9，C5 ＝ 1.0，C6 ＝ 0.9　の場合は，C1 × C2 × C3 × C4 × C5 × C6 ＝ 1.08　になり，補正係数は“1.08”です。この補正係数を，(ii)で算定した見積工数に乗じて，当プロジェクトの見積工数が算定されます。

計算例：

手順1：画面や帳票の数を勘案し，COBOLのコメント行を除外した有効プログラムステップ数を230 kステップと想定した。

手順2：過去平均の開発生産性の実績値は1.05人月／kステップ，指数倍率は1.1だった。

補正前の見積工数＝（1.05×230）$^{1.1}$ = 418人月（**1**）

手順3：上記の補正係数の表を当プロジェクトに当てはめると，C1 = 1.1，C2 = 1.1，C3 = 1.1，C4 = 0.9，C5 = 1.0，C6 = 0.9　だった。

補正係数 = C1×C2×C3×C4×C5×C6 = 1.078（**2**）

見積工数＝418人月（**1**）×1.078（**2**）= 450人月

②：ファンクションポイント法

ファンクションポイント法は，アルブレヒト（Albrecht）が考案したソフトウェア開発工数の見積技法であり，ファンクションポイント法は，下記の手順に従って，見積工数を算出します。

(i) 算定の基礎数値の決定

ファンクションポイント法は，見積工数を算定するための基礎数値として，下表の5つの数値を使うので，これらを最初に見積もります。

機能名称	説明
内部論理ファイル	当システムのテーブル数（ファイル数）
外部インタフェースファイル	当システムが，外部のシステムとデータ交換をするためのテーブル数（ファイル数）
外部入力	入力画面の数
外部出力	出力帳票の数
外部参照	参照画面の数

IFPUG（International Function Point Users Group）法は，ファンクションポイント法に属する見積り技法であり，下記のように，上記の5つの名称を"データファンクション"と"トランザクションファンクション"に分類し，それぞれに略称を設定しています **（当試験の午前II問題に出題されていますので，覚えてください）**。

データファンクション		
機能名称	英語略称	英語機能名称
内部論理ファイル	ILF	Internal Logical File
外部インタフェースファイル	EIF	External Interface File

注：データファンクション=○○ファイルと覚えます。

トランザクションファンクション		
機能名称	英語略称	英語機能名称
外部入力	EI	External Input
外部出力	EO	External Output
外部参照	EQ	External inQuiry

例えば，要件定義フェーズの時点では，今回開発するシステムと類似している開発済みシステムの内部論理ファイル数などを参考にして，今回開発するシステムの内部論理ファイル数などを見積もります。もし，外部設計フェーズが完了している時点であれば，ファイル設計書・画面設計書・帳票設計書などを見て，今回開発するシステム全体の内部論理ファイル数・外部入力数などを決定します。

また，内部論理ファイル数などの基礎数値は，複雑度“高”・“中”・“低”の3つに分類しなければなりません。したがって，最終的に，基礎数値は，下表のようにまとめられます。

【基礎数値表】

機能名称	複雑度		
	高	中	低
外部入力	6	4	3
外部出力	7	5	4
内部論理ファイル	15	10	7
外部インタフェースファイル	10	7	5
外部照会	6	4	3

(ii) ファンクションポイント数の算出

上記(i)で決定された基礎数値に，下表のような“**重み係数**”を乗じて，ファンクションポイント数を算出し，総合計します。

【重み係数表】

機能名称	複雑度		
	高	中	低
外部入力	15	10	5
外部出力	8	5	3
内部論理ファイル	7	6	5
外部インタフェースファイル	3	2	1
外部照会	5	4	3

注：当試験　平成８年度　午後Ｉ問１表１から引用しています。

【ファンクションポイント数合計表】

機能名称	複雑度			計
	高	中	低	
外部入力	15 × 6	10 × 4	5 × 3	145
外部出力	8 × 7	5 × 5	3 × 4	93
内部論理ファイル	7 × 15	6 × 10	5 × 7	200
外部インタフェースファイル	3 × 10	2 × 7	1 × 5	49
外部照会	5 × 6	4 × 4	3 × 3	55
ファンクション数合計				542

(iii) 補正係数の算出と適用

補正係数は，上記 COCOMO 法の補正係数と同じ意味であり，当プロジェクトの特殊性を加味するために，設定されます。例えば，当試験の平成 8 年度の午後Ⅰ 問 1 では，下表を用いて，補正係数を設定しています。

要因	影響度判定基準		
	0 点	5 点	10 点
C1. 分散処理	バッチタイプシステムである	単一ホストシステム又は単一クライアントサーバシステムである	複数のホストシステム又はクライアントサーバシステムが相互に関連をもってネットワーク上に分散している
C2. 応答性能	制約がない	一定の目標値がある	応答時間に強い制約がある
C3. エンドユーザの操作優位性	制約がない	一定の目標値がある	強い制約がある
C4. データベースバックアップ	対応は不要である	オンライン終了後にバックアップを行う	オンライン稼働中にもデータベースのバックアップを行う
C5. 再利用可能性	考慮は不要である	限定的に再利用を行う	広範囲に再利用を行う
C6. 開発の拠点	1か所で開発する	中心となる拠点があり，作業の一部を他の場所でも分担する	同等規模の拠点が複数あり，相互の連携のため密接な連絡が必要である
C7. 処理の複雑度	単純である	平均的である	複雑な計算やロジックがある

上表に照らして，当プロジェクトの場合，どれに該当するかを考え，影響度を決定します。例えば，分散処理が“単一ホストシステム又は単一クライアントサーバシステムである”に該当するならば，C1 は 5 点に該当します。残りもすべて同様に判定します（具体的には，問題文にヒントが記述されていますので，それに従って判定します)。C1 ～ C7 のすべての数値が決まったら，これらを合計します。例えば，C1 = 5，C2 = 5，C3 = 10，C4 = 5，C5 = 10，C6 = 0，C7 = 10　の場合は，C1 + C2 + C3 + C4 + C5 + C6 + C7 = 45 になり，影響度合計は“45”です。補正係数は，影響度合計× 0.01 + 0.65　で計算されるため，上記の場合，補正係数は，45 × 0.01 + 0.65 = 1.1 です。(ii)で計算されたファン

クションポイント数合計に補正係数を乗じて，補正係数適用後ファンクションポイント数合計が計算されます。上記の場合，542 × 1.1 = 596.2 ≒ 596 になります。

(iv) 見積工数の算出

過去の開発生産性の**実績平均**（人月／ファンクションポイント）を，(iii)で算出した補正係数適用後ファンクションポイント数合計に乗じ，見積工数を算出します。例えば，過去の開発生産性の実績平均を 0.8 人月／ポイントとすれば，上記の場合，下記のように計算されます。

見積工数 = 596 × 0.8 = 476.8 人月

ファンクションポイント法は，入力画面数などの基礎数値に基づいて開発工数を計算するので，内部設計工程以降の開発工数を見積もる技法と勘違いしやすいです。ファンクションポイント法は，基本的に，要件定義～総合テストまでの全工程の開発工数合計を見積もる技法です。

また，見積り時期も，外部設計が終了した後の時点にならないと計算できないような感じがしますが，要件定義工程の開始時点でも見積り可能です。ただし，要件定義工程の開始時点では，入力画面数などの基礎数値を正確に見積もるのは困難なので，概算的な見積工数しか得られません。ファンクションポイント法は，**要件定義工程の開始時点を含めていつでも実行可能であり，外部設計工程完了時点に近づくにつれて見積り精度が向上する**と理解してください。

著者から一言

COCOMO 法とファンクションポイント法の両方とも，見積工数（人月）を算出していますが，見積コスト（円）は算出されていません。母体組織の経理部門などが，今年の予定人月単価（円／人月）を算定している場合，見積工数（人月）×予定人月単価　を計算して見積コスト（円）を求めます。当試験において，このような計算をさせる問題はまず出題されませんので，見積コスト＝見積工数とみなしても，解答を検討する上では差し支えありません。

【2】三点見積り

三点見積りは，楽観値（最良のケースを想定した見積り値），最可能値（最も起こる可能性が高いケースを想定した見積り値：最頻値ともいいます），悲観値（最悪のケースを想定した見積り値）の 3 つを見積り，それを加重平均して見積り値を算出します。加重平均の式には，下記の 2 つがあります。

ベータ分析

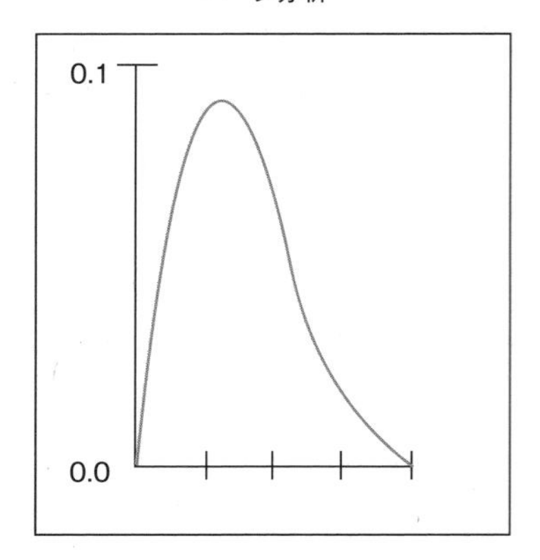

三角分析

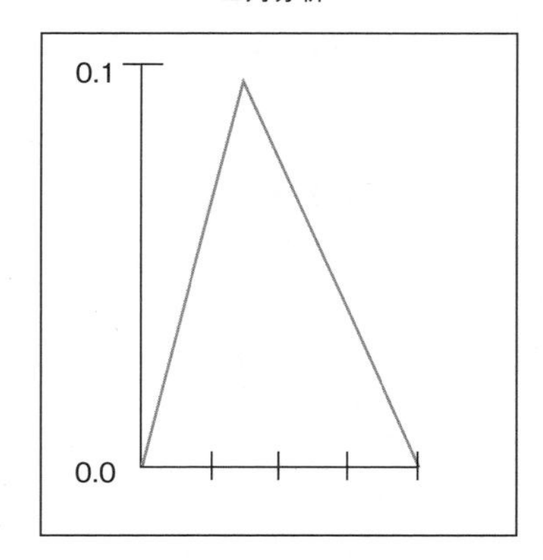

- ・ベータ分布の場合 …（楽観値＋最頻値× 4 ＋悲観値）÷ 6
- ・三角分布の場合 …（楽観値＋最頻値＋悲観値）÷ 3

例えば，ある作業の予定日数の楽観値：7 日，最頻値：8 日，悲観値：15 日，で，ベータ分布の場合を想定すると，見積日数は（7 ＋ 8 × 4 ＋ 15）÷ 6 ＝ 9 日　になります。

【3】予備設定分析

コストやスケジュールを計画するときに，リスクに備えて予備を設定することがあります。PMBOK には，下記の 2 つの予備があります。

①：コンティンジェンシー予備

プロジェクトの目的達成に影響を与える**既知の（＝予測できている）リスク**に対応する予算や期間の余裕のことです。したがって，コンティンジェンシー予備は，基本的に，対応すべき既知のリスクごとに設定されます。

②：マネジメント予備

スコープの範囲内での**未知の（＝予測不能な）リスク**に対応する予算や期間の余裕のことです。したがって，マネジメント予備が設定される場合，基本的に，プロジェクト全体で 1 つだけ設定されます。

2-6-2 コストのコントロール

“コストのコントロール”プロセスは，“監視・コントロール”プロセス群に属し，プロジェクト・コストを更新するためにプロジェクトの状況を監視し，コスト・ベースライン（時間軸ベースのプロジェクト予算の承認版）の変更をマネジメントするプロセスです。このプロセスのインプット・ツールと技法・アウトプットは，下記のとおりです。

インプット	ツールと技法	アウトプット
1. プロジェクトマネジメント計画書 ・コストベースライン 2. プロジェクト文書 3. プロジェクト資金要求事項 4. 作業パフォーマンス・データ 5. 組織のプロセス資産	1. 専門家の判断 2. データ分析 ・アーンド・バリュー分析 （後略） 3. 残作業効率指数 4. プロジェクトマネジメント情報システム	1. 作業パフォーマンス情報 2. コスト予測 3. 変更要求 4. プロジェクトマネジメント計画書更新版 5. プロジェクト文書更新版

【1】アーンドバリュー分析

アーンドバリュー分析は，アーンドバリュー・マネジメントで実施される分析手法です。アーンドバリュー・マネジメントは，下記の３つの金額を使って，スケジュール・マネジメントおよびコスト・マネジメントにおけるパフォーマンス管理をするための技法です。

①：PV，EV，AC

- **プランドバリュー**（PV：Planned Value）… スケジュールされた作業に割り当てられた認可済みの予算
- **アーンドバリュー**（EV：Earned Value）… 完了した作業量を，認可済みの予算で換算した金額
- **実コスト**（AC：Actual Cost）… 完了した作業のために支出された実際のコスト

上記３つの金額は，日別に設定・把握されるため，横軸をプロジェクト期間，縦軸を累積金額とした，あるプロジェクトの完了時点の例は，下図のように描かれます。

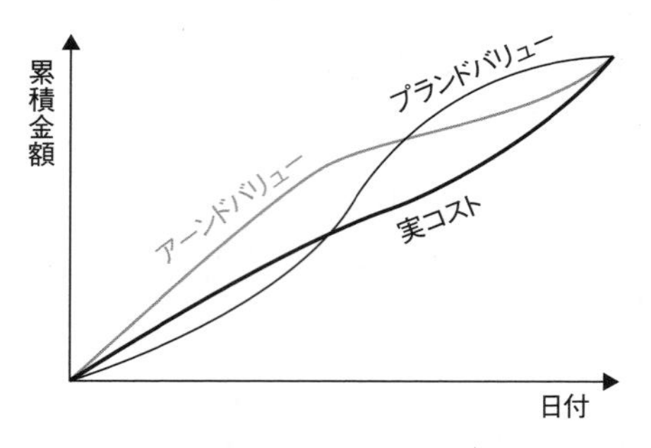

わかりやすさを狙って，単純な計算例を示します。

【計算例 1】

1 本の単価が 5 万円のプログラムを，10 本作るプロジェクトです。担当するプログラマは休日がなく，1 日目から 10 日目まで毎日 1 本ずつプログラムを作成する予定です。担当するプログラマの 1 日のコストは 4 万円です。1 日目は，1 本のプログラムを完成させました。しかし，2 日目と 3 日目は，2 日間で 1 本しか完成できませんでした。4 日目から 10 日目までは順調に，毎日 1 本ずつプログラムが完成しました。しかし，最後の 1 本は 11 ～ 12 日目を使って，やっと全てのプログラムが完成しました。

単位：万円

	日付											
	1	2	3	4	5	6	7	8	9	10	11	12
PV	5	5	5	5	5	5	5	5	5	5	－	－
	5	10	15	20	25	30	35	40	45	50	－	－
EV	5	2.5	2.5	5	5	5	5	5	5	5	2.5	2.5
	5	7.5	10	15	20	25	30	35	40	45	47.5	50
AC	4	4	4	4	4	4	4	4	4	4	4	4
	4	8	12	16	20	24	28	32	36	40	44	48

注：PV，EV，AC のすべてについて，上段は単日金額，下段は累積金額を示します。

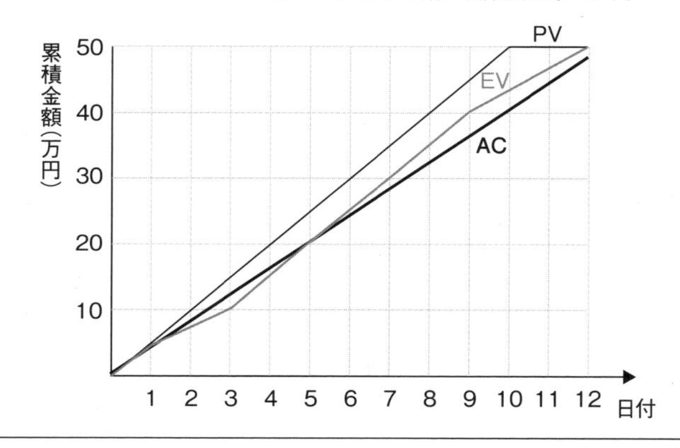

②：スケジュール差異とコスト差異

スケジュール差異（SV：Schedule Variance）とコスト差異（CV：Cost Variance）は，プランドバリュー（PV）・アーンドバリュー（EV）・実コスト（AC）を使って，コストとスケジュールの差異分析をする場合に用いられる指標です。各々，次の計算式で算出します。

- **スケジュール差異（SV）**… アーンドバリュー（EV）－ プランドバリュー（PV）
- **コスト差異（CV）**… アーンドバリュー（EV）－ 実コスト（AC）

わかりやすさを狙って，単純な計算例を示します。

【計算例 2】

1 本の単価が 1 万円のプログラムを，100 本作るプロジェクトです。差異を把握している日では，下図のような状況になっています。差異を把握している日のプランドバリュー（PV）＝ 75 万円，アーンドバリュー（EV）＝ 68 万円，実コスト（AC）＝ 82 万円です。

スケジュール差異 ＝ EV（68 万円）－ PV（75 万円）＝ △ 7 万円

コスト差異 ＝ EV（68 万円）－ AC（82 万円）＝ △ 14 万円

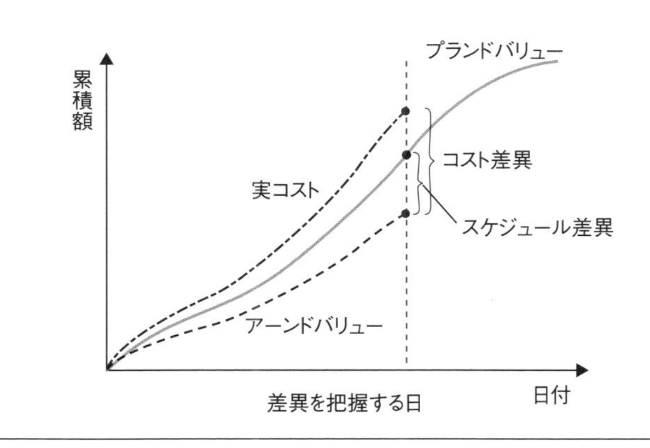

上記の計算例 2 を解釈すれば，「スケジュールは 7 万円，遅れており，コストは 14 万円，余分にかかっている。」という表現になり，スケジュール差異に奇妙な感じがしますが，そのまま受け止めてください（気になる方は，次のスケジュール効率指数を見てください）。スケジュール差異とコスト差異の見方を整理すれば，下表のようになります。

スケジュール差異の見方	
スケジュール差異 ＞ 0　の場合	スケジュールは予定よりも早く進行している
スケジュール差異 ＝ 0　の場合	スケジュールは予定どおりである
スケジュール差異 ＜ 0　の場合	スケジュールは予定よりも遅れている

コスト差異の見方	
コスト差異 ＞０　の場合	実コストは予算以内に納まっている
コスト差異 ＝０　の場合	実コストは予算どおりである
コスト差異 ＜０　の場合	実コストは予算を超過している

③：スケジュール効率指数とコスト効率指数

スケジュール効率指数（SPI：Schedule Performance Index）とコスト効率指数（CPI：Cost Performance Index ）は，スケジュール差異・コスト差異を金額ではなく，比率で表現したものです。各々，次の計算式で算出します。

- **スケジュール効率指数（SPI）**… アーンドバリュー（EV）÷ プランドバリュー（PV）
- **コスト効率指数（CPI）**… アーンドバリュー（EV）÷ 実コスト（AC）

スケジュール効率指数は，スケジュール差異の計算式の“ － ”を“ ÷ ”に代えたものと覚えるとよいでしょう。わかりやすさを狙って，単純な計算例を示します。

【計算例 3】

計算例 2 と同じ状況です。

スケジュール効率指数 ＝ EV（68 万円）÷ PV（75 万円）≒ 0.9067

コスト効率指数 ＝ EV（68 万円）÷ AC（82 万円）≒ 0.8293

上記の計算例 3 を解釈すれば，“スケジュールは（100 － 0.9067 × 100 ≒）9.33%，遅れており，コストは（100 － 0.8293 × 100 ≒）17.07%，余分にかかっている。”という表現になります。スケジュール効率指数とコスト効率指数の見方を整理すれば，下表のようになります。

スケジュール効率指数の見方	
スケジュール効率指数 ＞１　の場合	スケジュールは予定よりも早く進行している
スケジュール効率指数 ＝１　の場合	スケジュールは予定どおりである
スケジュール効率指数 ＜１　の場合	スケジュールは予定よりも遅れている
コスト効率指数の見方	
コスト効率指数 ＞１　の場合	実コストは予算以内に納まっている
コスト効率指数 ＝１　の場合	実コストは予算どおりである
コスト効率指数 ＜１　の場合	実コストは予算を超過している

④：今後のプロジェクトのコスト予測

上記のコスト効率指数などを使って，差異分析をしている現時点でのプロジェクトのコストの状況は把握されますが，今後のコストはどうなるのかが重要です。今後のプロジェクトのコスト予測をするために，専門用語を追加して説明します。

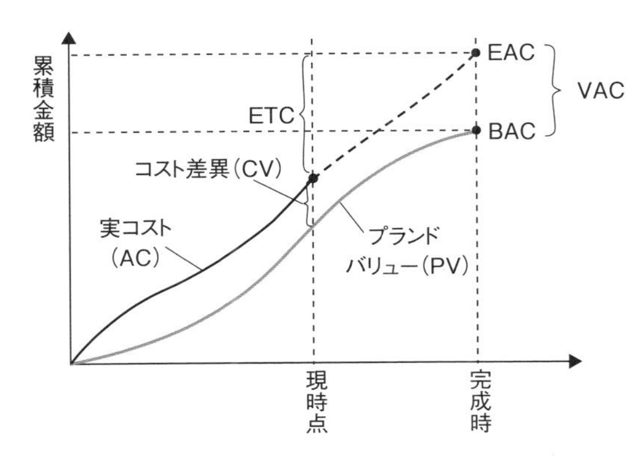

- **BAC**（Budget At Completion）… 完成時の総予算額であり，当初計画した完了時のプランドバリュー累計額です。
- **EAC**（Estimate At Completion）… 完成時の総コスト見積り額であり，現時点の実コスト（AC）＋ETC　で算定されます。
- **ETC**（Estimate To Completion）… 現時点から完成までに遂行すべき残作業のコスト見積り額です。その具体的な計算方法は，下記の説明を参照してください。
- **VAC**（Variance At Completion）… EAC － BAC です。VAC がプラスであれば“赤字”プロジェクトです。

今後のコスト予測とは，ETC を予測することと一致します。以下，4 つのケースに分けて，ETC の計算方法を説明します（以下の計算例は，すべて計算例 2 の状況を想定しています）。

(i) 現在のコスト差異は，すべて挽回できるケース

現在のコスト差異を挽回できるということは，現在のコスト差異は一時的なものにすぎず，EAC は計画時の BAC に一致する，と予測されるということです。

ETC の計算式	BAC － 現時点の AC
ETC の計算例	100 万円 － 80 万円 ＝ 20 万円

(ii) 現在のやり方を抜本的に変更するケース

現在のやり方を抜本的に見直すと，過去のデータは使えなくなり，今後のコストを再見積りするしかありません。

ETC の計算式	再見積りした金額
ETC の計算例	例えば，67 万円（見積り方法によってバラツキが出ます）

(iii) 現在のコスト差異の傾向が今後も続くと予想されるケース

現在のコスト差異の傾向が今後も続くことを“コスト効率指数（CPI）は今後も同じである”と解釈し，残作業（BAC －現時点の EV）を CPI で割り戻した金額を ETC とみなします。

ETC の計算式	（BAC －現時点の EV）÷ CPI
ETC の計算例	（100 万円 － 68 万円）÷ 0.8293 ≒ 38.6 万円

(iv) 現在のコスト差異とスケジュール差異の両方の傾向が今後も続くと予想されるケース

上記(iii)をさらに発展させ，現在のコスト差異とスケジュール差異の両方の傾向が今後も続くことを“CPI と SPI の両方が残作業に影響する”と解釈し，残作業（BAC －現時点の EV）を CPI × SPI で割り戻した金額を ETC とみなします。

ETC の計算式	（BAC －現時点の EV）÷（CPI×SPI）
ETC の計算例	（100 万円 － 68 万円）÷（0.8293×0.9067）≒ 42.6 万円

【2】残作業効率指数（TCPI）

残作業効率指数（TCPI：To-Complete-Performance-Index）は，残存資源を使用する上で必要なコストパフォーマンスの指標であり，残りの予算（BAC － EV）に対する未完了の作業を終了させるコスト（BAC － AC）の割合で表されます。

TCPI の計算式	（BAC －現時点の EV）÷（BAC －現時点の AC）
TCPI の計算例	（100 万円 － 68 万円）÷（100 万円 － 82 万円）≒ 1.78

上記の TCPI の計算例は，“【1】アーンドバリュー・マネジメントの計算例 2”の状況を想定しています。この計算例の残作業効率指数は 1.78 ですので，“今までの作業効率の 1.78 倍の効率で作業しなければならない”と解釈されます。1.78 倍は，一発逆転的な特別な工夫をしないかぎり達成不能な指標値であり，現実的ではありません。そこで，“【1】アーンドバリュー・マネジメントの計算例 2”のように，CPI ＜ 1 の場合，TCPI の計算式を“（BAC －現時点の EV）÷（BAC －現時点の AC）”から“（BAC －現時点の EV）÷（EAC －現時点の AC）”に変更します。

【CPI ＜ 1 の場合】

TCPI の計算式	(BAC －現時点の EV) ÷ (EAC －現時点の AC)
TCPI の計算例	(100 万円 － 68 万円) ÷ (124.6 万円－ 82 万円) ≒ 0.75

上記の TCPI の計算例は，“【1】アーンドバリュー・マネジメントの計算例 2”，かつ“(iv) 現在のコスト差異とスケジュール差異の両方の傾向が今後も続くと予想されるケース”の状況を想定しています。この場合，EAC ＝現時点の AC ＋ ETC ＝ 82 万円＋ 42.6 万円＝ 124.6 万円であり，残作業効率指数は 0.75 ですので，“今までの作業効率の 0.75 倍の効率で作業しなければならない”と解釈されます。0.75 倍は低い目標ですので，ゆっくり，作業をしてもよいと思われがちですが，困難な作業状況を踏まえ“気を引き締めて，作業に取り組もう”と思うべきでしょう。

2-6-3 問題の演習

問題 1

コストの見積り CM28-S-18

システム開発における工数の見積りに関する記述のうち，適切なものはどれか。

ア　COCOMO の使用には，自社における生産性に関する，蓄積されたデータが必要である。

イ　開発要員の技量は異なるので工数は参考にならないが，過去に開発したプログラムの規模は見積りの参考になる。

ウ　工数の見積りは，作業の進捗管理に有効であるが，ソフトウェアの品質管理には関係しない。

エ　ファンクションポイント法による見積りでは，プログラムステップ数を把握する必要がある。

解説

ア　COCOMO は，COnstructive COst MOdel の略であり，ベーム（Boehm）が提唱した見積りモデルです。いわゆるステップ換算法（プログラムの行数を基準にして工数を見積もる方法）であり，次の計算式で見積り工数を算定します。

見積工数＝（予想プログラムステップ数×開発生産性）^{指数倍率}×補正係数

見積工数は，本選択肢にある“自社における生産性・実績データ”に基づいて算出されるものです。

イ　開発要員の技量が大きく異なるのであれば，初級・中級・上級等のランクに分け，その開発生産性を算定し，見積りの参考にします。

ウ　工数の見積りは，作業の進捗管理に有効であり，また，ソフトウェアの品質管理にも有効です。工数の見積りをする場合には，品質要件も検討さざるを得ないからです。例えば，バグを極限までゼロに近づけるような高い品質を求める場合には，通常に比べて，見積り工数は大きくなります。

エ　ファンクションポイント法による見積りでは，画面や帳簿の数などを把握する必要があります。

答え　ア

問題2

コストの見積り

PM21-S2-03

ソフトウェアの開発規模見積りに利用されるファンクションポイント法の説明はどれか。

ア　WBS によって作業を洗い出し，過去の経験から求めた作業ごとの工数を積み上げて規模を見積もる。

イ　外部仕様から，そのシステムがもつ入力，出力や内部論理ファイルなどの５項目に該当する要素の数を求め，さらに複雑さを考慮した重みを掛けて求めた値を合計して規模を見積もる。

ウ　ソフトウェアの開発作業を標準作業に分解し，それらの標準作業ごとにあらかじめ決められた標準工数を割り当て，それらを合計して規模を見積もる。

エ　プログラム言語とプログラマのスキルから経験的に求めた標準的な生産性と，必要とされる手続の個数とを乗じて規模を見積もる。

解説

ア　ボトムアップ見積りの説明です。

イ　ファンクションポイント法は，見積り対象のシステムに含まれる機能（ファンクション）の数から，開発規模を見積もる手法です。

具体的には，次の手順によります。

（1）(a) 外部入力　(b) 外部出力　(c) 内部ファイル　(d) インタフェースファイル　(e) 外部照会　の５つの機能数を数え上げます。

（2）上記の (a) ～ (e) に対し，それぞれの標準ファンクションポイント数を乗じます。

（3）（2）の総計をとります。

（4）（3）の総計に対し，処理の複雑さ，新技術の採用，作業者のスキルなどの今回のプロジェクトに特有の事象を影響度として加味するための係数を乗じます。

(5) (4) で計算した数に，1ファンクションポイント当たりの標準工数を乗じて，開発規模を算出します。

ウ　特別な名称はありません。標準作業・標準工数を使用した見積りです。

エ　COCOMO（COnstructive COst MOdel）法の説明です。

答え　イ

問題3

コストの見積り

PM29-S2-13

ファンクションポイント法の一つであるIFPUG法では，機能を機能種別に従ってデータファンクションとトランザクションファンクションとに分類する。機能種別を適切に分類したものはどれか。

〔機能種別〕

EI：外部入力

EO：外部出力

ILF：内部論理ファイル

EIF：外部インタフェースファイル

EQ：外部照会

	データファンクション	トランザクションファンクション
ア	EI，EO，EQ	EIF，ILF
イ	EIF，EQ，ILF	EI，EO
ウ	EIF，ILF	EI，EO，EQ
エ	ILF	EI，EIF，EO，EQ

解説

ファンクションポイント法の一つであるIFPUG法とは，米国のInternational Function Point Users Group（IFPUG）が策定した見積り工数の計測技法です。

IFPUG法の主な計測手順は，以下のとおりです。

(1) 計測種別の決定

(2) 計測の範囲とアプリケーション境界の明確化

(3) データファンクションとトランザクションファンクションの計測調整要因の決定

(4) 未調整ファンクションポイントの計算

(5) 最終調整済みファンクションポイントの計算

本問は，上記の(3)の中のデータファンクションとトランザクションファンクションの計測をするために，その分類を問うています。

データファンクションとは，計測対象のアプリケーションがアクセスするファイルであり，EIF（External Interface File：外部インタフェースファイル）とILF（Internal Logical File：内部論理ファイル）です。

トランザクションファンクションとは，計測対象のアプリケーションの要素処理（ユーザの視点に立った最小の機能）であり，EI（External Input：外部入力）とEO（External Output：外部出力）とEQ（External inQuiry：外部参照）です。

したがって，選択肢**ウ**が正解です。

答え　ウ

問題4

コストの見積り

SW18-A-47

表は，あるシステム開発の工数を見積もるために調査した，サブシステムごとのファンクションポイント（FP）値と，そのサブシステムを開発するときの言語別の開発生産性（開発FP値／人月）を表したものである。サブシステムごとに最も生産性の高い言語を選んだ場合の開発工数は何人月か。

サブシステム別見積りFP値と言語別開発生産性

サブシステム	FP値	開発生産性（開発FP／人月）		
		BASIC	COBOL	RPG
入出庫処理	3,000	100	200	50
在庫照会処理	2,000	500	50	100
出荷分析処理	4,500	100	150	300
合　計	9,500			

RPG：Report Program Generator

ア　14　　　イ　34　　　ウ　79　　　エ　145

解説

問題文は，“サブシステムごとに最も生産性の高い言語を選んだ場合”という条件を付けているので，それにしたがって計算します。

(1) 入出庫処理

3,000 ÷ 200 (COBOL) = 15 人月

(2) 在庫照会処理

2,000 ÷ 500 (BASIC) = 4 人月

(3) 出荷分析処理

4,500 ÷ 300 (RPG) = 15 人月

合　計　34 人月

答え　イ

問題5

開発規模と開発生産性

PM02-A2-09

COCOMO には，システム開発の工数を見積もる式の一つに

開発工数＝ 3.0 ×（開発規模）$^{1.12}$

がある。開発規模と開発生産性（開発規模／開発工数）の関係を表したグラフはどれか。ここで，開発工数の単位は人月，開発規模の単位はキロ行である。

ア

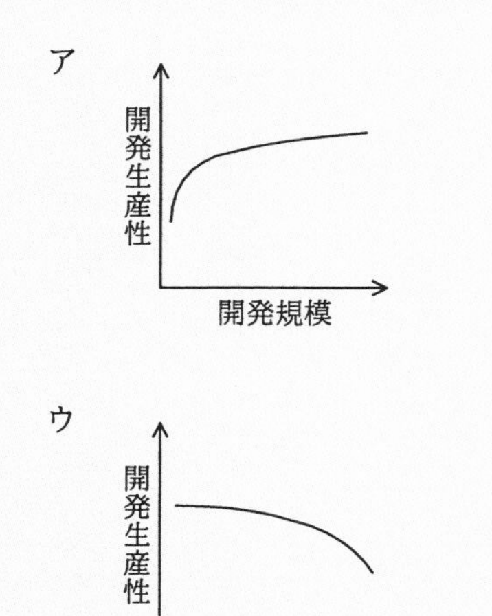

イ

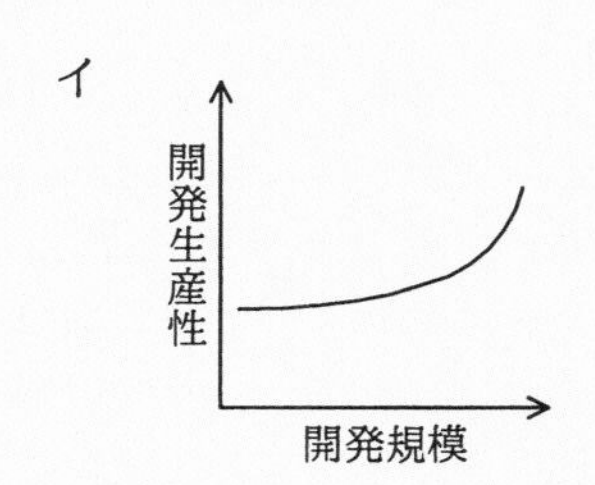

エ

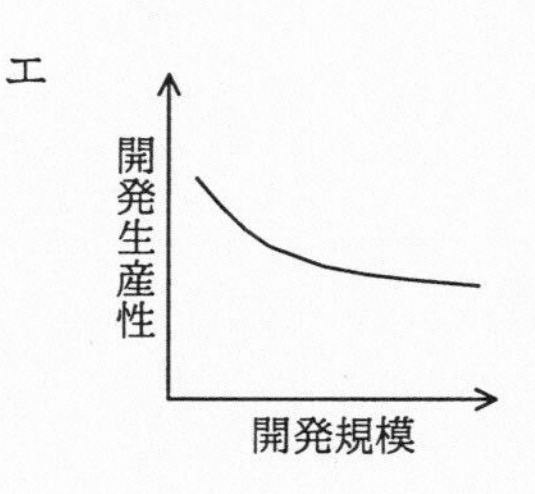

解説

開発規模が大きくなると，開発工数＝ 3.0 ×（開発規模）$^{1.12}$ の式より，その 1.12 乗してさらに 3.0 倍した分だけ，開発工数が大きくなります。したがって，開発規模が大きくなると，開発生産性（開発規模／開発工数）は，分子よりも分母の方が大きくなり，結果として小さくなります。つまり，両者は反比例の関係になります。

したがって，正解の候補は，選択肢**ウ**と**エ**に絞られます。

さらに，1.12 乗している分だけ，分母が大きくなる傾向が強くなり，開発規模が大きくなると急激に開発生産性は低下します。したがって，下に凸な選択肢**エ**が正解になります。

答え　エ

問題6

コストのコントロール

CM27-A-18

プロジェクト管理においてパフォーマンス測定に使用する EVM の管理対象の組みはどれか。

ア　コスト，スケジュール　　イ　コスト，リスク
ウ　スケジュール，品質　　エ　品質，リスク

解説

EVM（Earned Value Management）では，次の 3 つの金額が使われます。

(1) プランドバリュー：Planned Value　略称 PV
　与えられた期間内で割り当てられた承認済みの予算額
(2) アーンドバリュー：Earned Value　略称 EV
　作業が完了し，獲得した作業の価値
(3) 実コスト：Actual Cost　略称 AC
　実際に費やした作業の価値

上記の 3 つの金額を使って，コストとスケジュールの状況を把握します。

コストの状況 … コスト差異（ EV − AC ）

スケジュールの状況 … スケジュール差異（ EV − PV ）

上記の説明より，EVM の管理対象はコストとスケジュールであり，選択肢**ア**が正解です。

答え　ア

問題7

コストのコントロール

PM02-A2-05

プロジェクト期間の 80%を経過した時点での出来高が全体の 70%，発生したコストは 8,500 万円であった。完成時総予算は 1 億円であり，プランドバリューはプロジェクトの経過期間に比例する。このときの状況の説明のうち，正しいものはどれか。

ア　アーンドバリューは 8,500 万円である。
イ　コスト差異は－ 1,500 万円である。
ウ　実コストは 7,000 万円である。
エ　スケジュール差異は－ 500 万円である。

解説

EVM では，次の 3 つのコスト（金額）を使って，進捗管理・コスト管理を行います。

(1) プランドバリュー（PV）　Planned Value

本問では，“プロジェクト期間の 80% を経過した時点”，“プランドバリューはプロジェクトの経過期間に比例する”とされているので，PV ＝完成時総予算 1 億円× 80% ＝ 8,000 万円　と計算されます。

(2) アーンドバリュー（EV）　Earned Value

本問では，“進捗率が 70%”とされているので，EV ＝完成時総予算 1 億円× 70% ＝ 7,000 万円　と計算されます。

(3) 実コスト（AC）　Actual Cost

本問では，“発生したコストは 8,500 万円であった”とされているので，AC ＝ 8,500 万円　になります。

ア　上記の (2) より，アーンドバリューは 7,000 万円なので，間違っています。
イ　コスト差異は，EV － AC ＝ 7,000 － 8,500 ＝－ 1,500 万円となるので，正解です。
ウ　上記の (3) より，実コストは 8,500 万円なので，間違っています。
エ　スケジュール差異は，EV － PV ＝ 7,000 － 8,000 ＝－ 1,000 万円となるので，間違っています。

答え　イ

問題8

コストのコントロール

CM26-S-18

システム開発のプロジェクトにおいて，EVM を活用したパフォーマンス管理をしている。開発途中のある時点で CV（コスト差異）の値が正，SV（スケジュール差異）の値が負であるとき，プロジェクトはどのような状況か。

ア　開発コストが超過し，さらに進捗も遅れているので，双方について改善するための対策が必要である。

イ　開発コストと進捗がともに良好なので，今のパフォーマンスを維持すればよい。
ウ　開発コストは問題ないが，進捗に遅れが出ているので，遅れを改善するための対策が必要である。
エ　進捗は問題ないが，開発コストが超過しているので，コスト効率を改善するための対策が必要である。

解説

EVM での SV と CV の簡単な説明は，下記のとおりです。

SV（Schedule Variance：スケジュール差異）… 出来高から予算額を差し引いた金額であり，プラスならば進捗がよく，マイナスならば進捗が悪い。

CV（Cost Variance：コスト差異）… 出来高から実績コストを差し引いた金額であり，プラスならば利益が出ており，マイナスならば損失が発生している。

本問は，“CV の値が正，SV の値が負”の状況を想定しているので，利益は出ているが，進捗が遅れていると考えられます。したがって，選択肢**ウ**の“開発コストは問題ないが，進捗に遅れが出ている”が正しい説明です。

答え　ウ

問題9

コストのコントロール

PM29-S2-12

EVM を採用しているプロジェクトにおける，ある時点の CPI が 1.0 を下回っていた場合の対処として，適切なものはどれか。

ア　実コストが予算コストを下回っているので，CPI に基づいて完成時総コストを下方修正する。
イ　実コストを CPI で割った値を使って，完成時総コストを見積もり，予想値とする。
ウ　超過コストの原因を明確にし，CPI の改善策に取り組むとともに，CPI の値を監視する。
エ　プロジェクトの完成時には CPI が 1.0 となることを利用して，CPI が 1.0 となる完成時期を予測し，スケジュールを見直す。

解説

ア　本問に与えられた条件では，予算コストは不明であり，本選択肢の説明が妥当か否かはわかりません。

イ　実コストをCPIで割った値は，実コストの2乗÷アーンドバリューになり，意味不明な数値です。

ウ　EVMでのCPI（Cost Perfomance Index：コスト効率指数）は，アーンドバリュー ÷ 実コスト によって計算されます。本問は，CPIが1.0を下回っていた場合を想定しているので，下記の不等式が成立します。

　　アーンドバリュー < 実コスト

　上記は，コスト超過を示しており，良くない状態です。したがって，超過コストの原因を明確にし，CPIの改善策に取り組むとともに，CPIの値を監視すべきです。

エ　プロジェクトの完成時に，CPIが1.0となるとは限りません。1.0を超過する場合もあれば，下回る場合もあります。

答え　ウ

問題10

コストのコントロール　　PM28-S2-08

プロジェクトの進捗管理をEVM（Earned Value Management）で行っている。コストが超過せず，納期にも遅れないと予測されるプロジェクトの状況を表しているのはどれか。ここで，それぞれのプロジェクトの今後の開発生産性は現在までと変わらないものとする。

ア

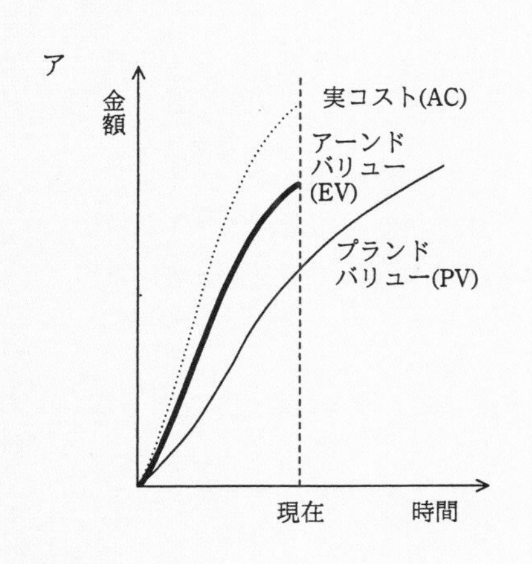

イ

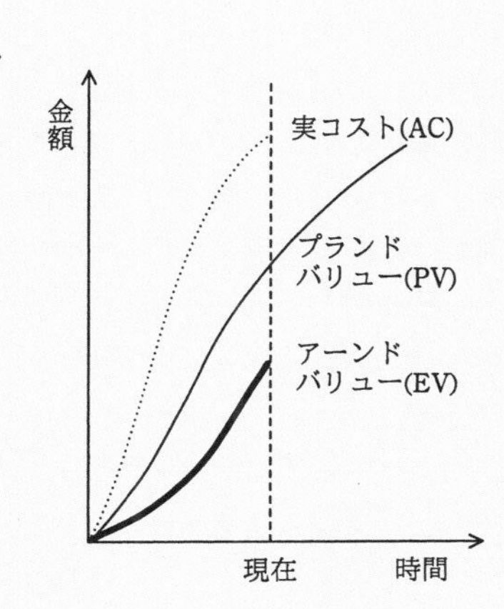

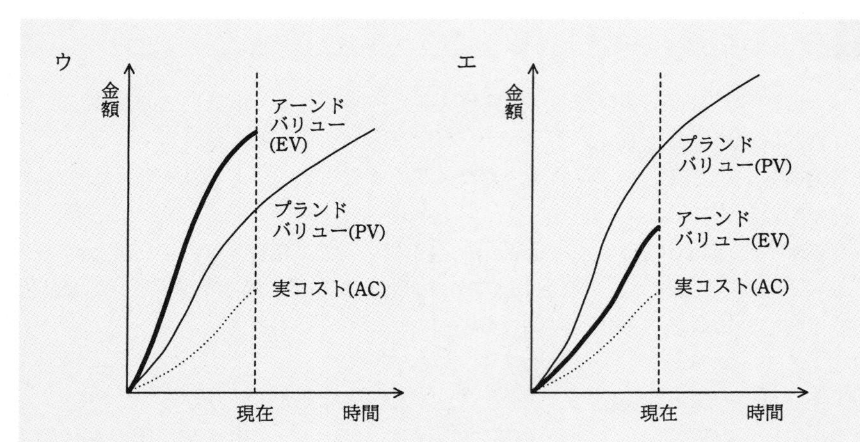

解説

EVM では，次の 3 つのコスト（金額）を使って，進捗管理を行います。

（1）プランドバリュー（PV） Planned Value

与えられた期間内で割り当てられた承認済みの予算額

例：1 本 20 万円のプログラムを 100 本作るプロジェクトがあり，現時点では，30 本作っている計画になっていれば，20 万円× 30 本＝ 600 万円がプランドバリューになります。

（2）アーンドバリュー　Earned Value

実際に完了した作業の価値

例：現時点では，実際には 28 本しか出来ていなければ，20 万円× 28 本＝ 560 万円が，アーンドバリューになります。

（3）実コスト　Actual Cost

与えられた期間で発生した実際コスト

例：現時点で，かかったコストが 640 万円ならば，それが実コストになります。

問題は，プロジェクトの開発の生産性は今までと変わらないことを前提にして，コストが超過せず，納期にも遅れが予想されないプロジェクトを問うています。

(a) コストが超過していないのは，アーンドバリュー　＞　実コスト　となっているものであり，

(b) 納期遅れが予想されないのは，アーンドバリュー　＞　プランドバリュー　となっているものです。

この 2 つの条件を満たしているものは，選択肢**ウ**です。

答え　ウ

問題11

コストのコントロール

SM25-A2-19

期間 10 日のプロジェクトを，5 日目の終了時にアーンドバリュー分析したところ，表のとおりであった。現在のコスト効率が今後も続く場合，完成時総コスト見積り（EAC）は何万円か。

管理項目	金額（万円）
完成時総予算（BAC）	100
プランドバリュー（PV）	50
アーンドバリュー（EV）	40
実コスト（AC）	60

ア　110　　イ　120　　ウ　135　　エ　150

解説

現在のコスト効率が今後も続く場合，EVM では以下の手順によって，完成時総コスト見積り（EAC：Estimate At Completion）を計算します。

(1) コスト効率指数（CPI：Cost Perfomance Index）
アーンドバリュー (EV) ÷ 実コスト (AC) ＝ 40 ÷ 60 ＝ 0.666... …(a)

(2) 完成までに獲得すべきアーンドバリュー
完成時総予算 (BAC) − アーンドバリュー (EV) ＝ 100 − 40 ＝ 60 …(b)

(3) 残作業コスト見積り（ETC：Estimate To Completion）
問題文は，“現在のコスト効率が今後も続く場合”としているので，
上記の (b) ÷ (a) ＝ 60 ÷ 0.666... ＝ 90

(4) 完成時総コスト見積り（EAC：Estimate At Completion）
実コスト (AC) ＋ ETC ＝ 60 ＋ 90 ＝ 150

答え　エ

2-7 品質マネジメント

2-7-1 品質マネジメントの計画

“品質マネジメントの計画”プロセスは，“計画”プロセス群に属し，プロジェクトおよびその成果物の品質要求事項または品質標準，あるいはその両方を定め，プロジェクトでの品質要求事項または品質標準，あるいはその両方を遵守するための方法を文書化するプロセスです。このプロセスのインプット・ツールと技法・アウトプットは，下記のとおりです。

インプット
1. プロジェクト憲章
2. プロジェクトマネジメント計画書
3. プロジェクト文書
4. 組織体の環境要因
5. 組織のプロセス資産

ツールと技法
1. 専門家の判断
2. データ収集
3. データ分析
・費用便益分析
・品質コスト
（後略）

アウトプット
1. 品質マネジメント計画書
2. 品質尺度
3. プロジェクトマネジメント計画書更新版
4. プロジェクト文書更新版

【1】ISO/IEC 9126（JIS X 0129-1：2003）

品質マネジメント計画プロセスのインプット情報の１つに，“組織体の環境要因”があります。その組織体の環境要因には，適用分野に特有の規則，標準，ガイドラインがあり，ISO/IEC 9126（JIS X 0129-1：2003）（以下，JIS X 0129と略します）は，品質マネジメントにおける，その一例です。JIS X 0129-1は，当試験の午前問題に，よく出題されています。

品質マネジメントプロセスでは，「JIS X 0129-1を参考にして，品質マネジメント計画書の定性的品質を記述する」といった使われ方が想定されます。

JIS X 0129-1は，下表のような６つの特性から構成され，それぞれの機能には副特性が配置されています。

特性	説　明
機能性	ソフトウェアが，指定された条件の下で利用されるときに，明示的及び暗示的必要性に合致する機能を提供するソフトウェア製品の能力 **副特性…合目的性，正確性，相互運用性，セキュリティ，機能性標準適合性**

特性	説　明
信頼性	指定された条件の下で利用するとき，指定された達成水準を維持するソフトウェア製品の能力 **副特性…成熟性，障害許容性，回復性，信頼性標準適合性**
使用性	指定された条件の下で利用するとき，理解，習得，利用でき，利用者にとって魅力的であるソフトウェア製品の能力 **副特性…理解性，習得性，運用性，魅力性，使用性標準適合性**
効率性	明示的な条件の下で，使用する資源の量に対比して適切な性能を提供するソフトウェア製品の能力 **副特性…時間効率性，資源効率性，効率性標準適合性**
保守性	修正のしやすさに関するソフトウェア製品の能力 **副特性…解析性，変更性，安定性，試験性，保守性標準適合性**
移植性	ある環境から他の環境に移すためのソフトウェア製品の能力 **副特性…環境適応性，設置性，共存性，置換性，移植性標準適合性**

【2】品質コスト

品質コストとは，要求事項への不適合を予防したり，プロダクトやサービスが要求事項に適合したかを評価したり，要求事項への不適合の結果として生じる手直しを行ったりすることによって，成果物の生成から廃棄までに発生するコストの総額のことです。品質コストは，下記の２つのコストに分類されます。

- **適合コスト** … 予防コストや評価コストのように，欠陥を回避するためにプロジェクト期間中に支出する金額
- **不適合コスト** … 内部不良コスト（プロジェクト内で発見された欠陥に対するコスト）や外部不良コスト（プロジェクト外で発見された欠陥に対するコスト）のように，発生した欠陥を修正するために，プロジェクト期間中および期間後に支出する金額

注：欠陥とは，誤りを意味する用語であり，バグ・エラー・間違い・不具合と同義語であると解釈して構いません。最近の午後Ｉ問題でよく使われています。

一般的に，同じ欠陥に対する不適合コストよりも，適合コストのほうが少なく済むと考えています。言いかえれば，適合コストを多めにすれば，不適合コストを抑制できるという良い結果に寄与します。

【3】品質マネジメント計画書

品質マネジメント計画書は，組織の品質方針を実施する方法を記述した計画書であり，プロジェクトに定められた品質要求事項を，メンバやチームがどのようにし

て達成するのかが記述されています。下記の品質尺度も含めて，品質に関するすべての計画事項が，品質マネジメント計画書に記述されます。

【4】品質尺度

品質尺度は，プロジェクトまたはプロダクトの属性と，品質コントロール・プロセスにおいて，その属性をどのように測定するかを，具体的に記述したものです。ソフトウェア開発においては，レビュー項目密度・レビュー摘出欠陥密度・テスト項目密度・テスト摘出欠陥密度のような品質尺度が使われ，当試験の午後Ｉ問題にも出題されています。本書では，レビュー項目密度などの詳細な説明は，下記の“2-7-2 品質のコントロール【5】”でされていますので，そちらを参照してください。

2-7-2 品質のコントロール

“品質のコントロール”プロセスは，“監視・コントロール”プロセス群に属し，パフォーマンスを査定し，プロジェクトのアウトプットが完全かつ正確で，顧客の期待を満たしていることを保証するために，品質のマネジメント活動の結果を監視し，記録するプロセスです。このプロセスのインプット・ツールと技法・アウトプットは，下記のとおりです。

インプット	ツールと技法	アウトプット
1. プロジェクトマネジメント計画書	1. データ収集	1. 品質コントロール測定結果
2. プロジェクト文書	・チェックシート	2. 検証済み成果物
・品質尺度	（中略）	3. 作業パフォーマンス情報
（中略）	2. データ分析	4. 変更要求
3. 承認済み変更要求	3. 検査	5. プロジェクトマネジメント計画書更新版
4. 成果物	（後略）	6. プロジェクト文書更新版
5. 作業パフォーマンス・データ		
（後略）		

上記のツールと技法の“3. 検査”とは，作業結果が文書化された標準に適合するかどうかを決定する試験のことです。検査はどの段階でも実施でき，例えば1つのアクティビティをプロジェクト期間の途中で検査できます。ソフトウェア開発においては，レビューおよび単体テストなどのテストが検査に該当します。レビュー・テストは，品質マネジメント計画プロセスにおいて計画され，品質コントロール・プロセスにおいて実施されます。しかし，本書では理解のしやすさを狙って，計画・監視・コントロールをまとめたレビュー・テストを以下で説明します。

【1】チェックシート

チェックシートは，QC 七つ道具の 1 つです。ここでは，チェックシートも含めた QC 七つ道具のすべてを説明します。QC 七つ道具は，元々，製造業における QC サークルで利用されることを前提にし，開発された手法です。QC 七つ道具は，ソフトウェア開発の品質管理に転用され，当試験の午前問題にもよく出題されます。また，キーワードとして，午後Ⅱ試験の論文にも書きやすい用語でもあります。

①：チェックシート

チェックリストとも呼ばれます。チェックすべき項目を質問形式で並べ，該当するか否かを記号でマークし，品質の状況を確認します。

②：ヒストグラム

右図のような，製品の大きさなどのバラツキがあるが，一定範囲内に納まっていなければならない管理項目の状況を図にしたものです。縦軸に度数（発生した数），横軸にバラツキがある管理項目の数の幅を設定します。通常は，中央値が大きく，両端にいくほど少なくなっていく形になり，データの中央値を " メジアン "，データの最頻値を " モード " といいます。

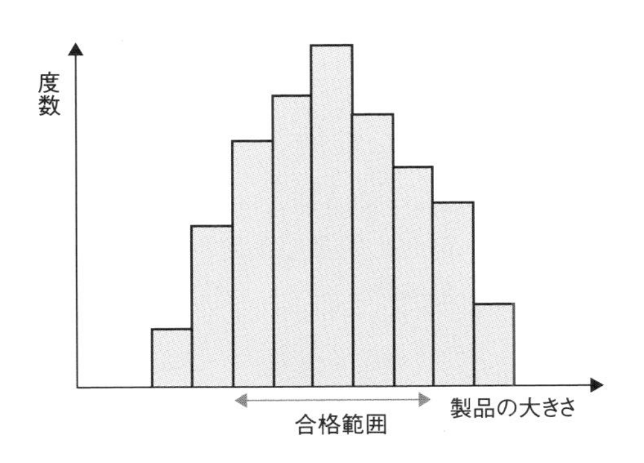

③：パレート図

右図のような，ある結果の主要な原因や傾向を作り出しているものを発見するため，標本となる数が多いものから順に並べた図です。パレート図を使って行う分析をパレート分析といい，パレート分析は，ABC 分析とも呼ばれます。上位の 80% の問題は，20% の原因によって発生するとされるので，この経験則を "80 対 20 の法則 " といいます。

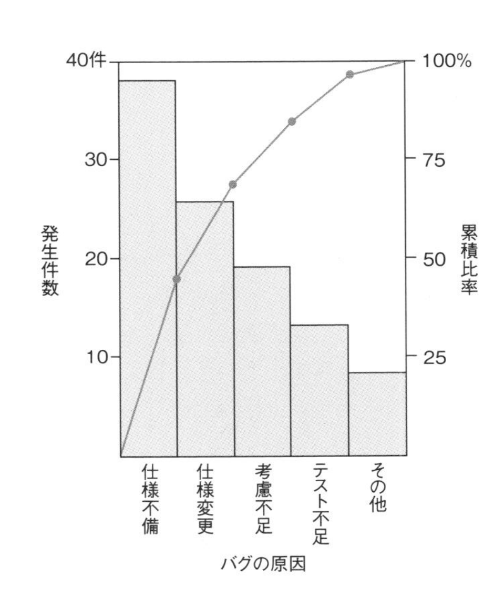

④：特性要因図

下図のような，特性（結果）と，この特性をもたらす原因の関係をまとめて図示したものです。魚の骨に似たような形になるので，“フィッシュボーンチャート”ともいいます。主要な原因を大きな骨（大骨：プログラマ，仕様書など）で示し，補助的な原因を小さな骨（小骨：勉強不足，テスト不足など）で示します。

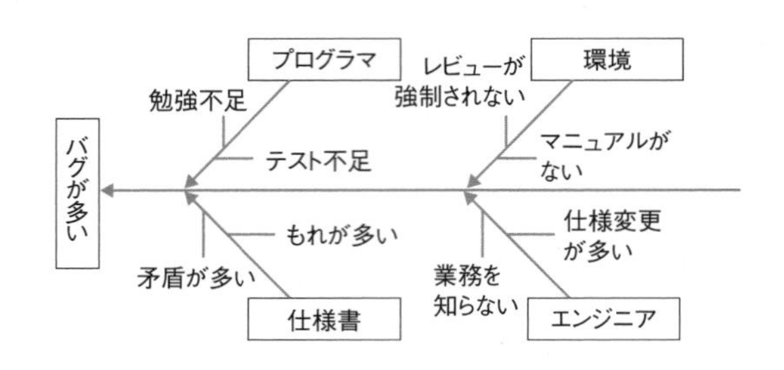

⑤：層別（グラフ）

品質データをいくつかの特徴となる基準で分類し，集計してみることを層別といいます。具体的には，品質データを分類したグラフを作り，品質データの主要な特徴は何かを把握します。どんなグラフを用いても構いませんが，下図は円グラフを使った例です。

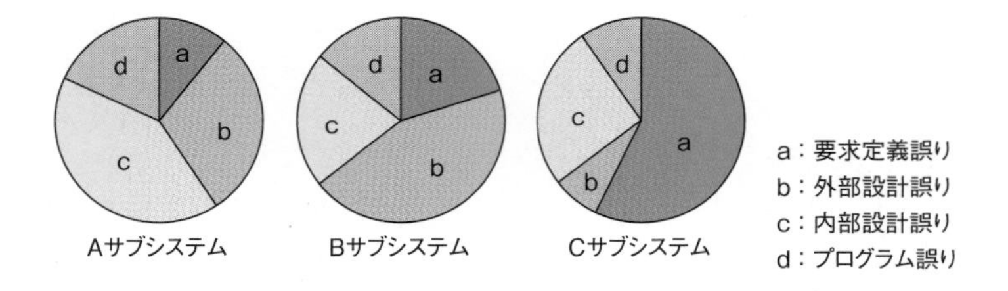

⑥：散布図

下図のような，データが二種類の要因によって決まる関係があり，その二種類の要因の関係を知るために，それぞれを縦軸と横軸にとり，1つのデータを点で示した図です。多数のデータを1点1点で示すので，点の濃淡でデータの傾向がわかります。左下から右上に青く塗りつぶされた感じならば，相関関係（正の相関）があり，左上から右下に青く塗りつぶされた感じならば，逆相関関係（負の相関）があります。

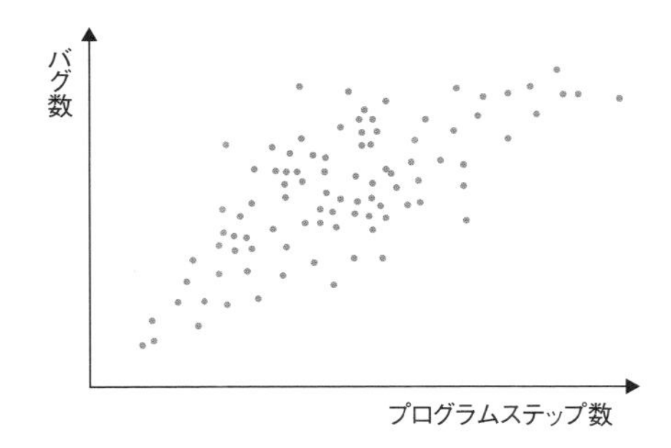

⑦：管理図

管理対象が時間とともにどのように変化したかの推移を示す折れ線グラフに，平均値を示す中心線（CL：Center Line），管理上限線（UCL：Upper Control Line，許容される上限値を示す線），管理下限線（LCL：Lower Control Line，許容される下限値を示す線）を書き加えた図です。管理対象が一般的原因の影響を受けているか，あるいは特殊な（もしくは異常な）原因の影響を受けているかを判断するために用いられます。

上記は，管理図の一種である $\bar{x}$-R 管理図の説明であり，このほかに，pn 管理図，u 管理図，c 管理図という管理図もあります。下図は，$\bar{x}$-R 管理図の例です。

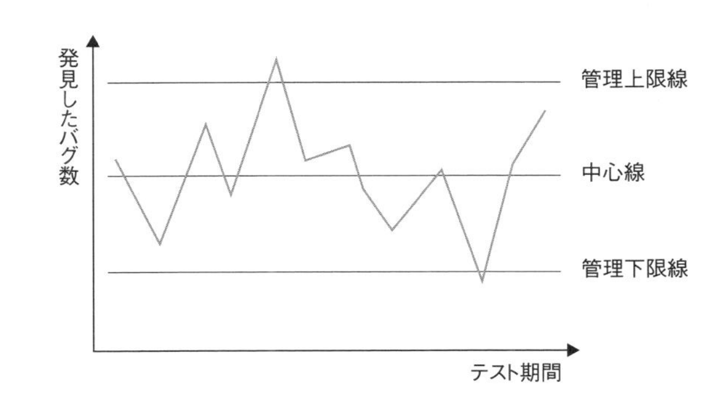

$\bar{x}$-R 管理図には，"7 の法則" という経験則があります。これは，$\bar{x}$-R 管理図上で，プロットされるデータが，7 回連続で中心線を上回ったか，もしくは下回った場合，何らかの異常が発生していると判定する法則です。

▶【2】レビュー

レビューは，デザインレビューとも呼ばれ，要件定義書からソースコード（ソースプログラム）などの書類となったあらゆる成果物の品質状況を検査する手法です。レビューは，プロジェクト期間のいつ実施しても構いませんが，当試験の午後問題が想定しているウォータフォールモデルでは，先行フェーズの欠陥を後続フェーズに混入させることが原則として許されていないため，**各フェーズの終了時に当該フェーズの成果物をレビューすることが重要**です。当試験では，レビュー手法として，ウォークスルー，インスペクション，ラウンドロビンの３つが出題されます。さらに理解を深めるために“効果が出にくいレビュー法”も含めて，４つのレビュー手法を以下，説明します。

①：ウォークスルー

ストラクチャードウォークスルーともいい，レビューを構造化する（＝明確にパターン化する）ことによって，レビューによって得られる効果を高めます。ウォークスルーは**開発者によって自主的に開催され，欠陥の摘出だけに焦点を絞る**ことに，その特徴があります（＝発見された欠陥を除去するための検討方法は，ウォークスルーの対象外になっています）。

ウォークスルーは，下記のように手順に従って進められます。なお，ウォークスルーは，下記④の“効果が出にくいレビュー法”を改良したものですので，ウォークスルーがわかりにくい場合には，先に下記④を読んでください。

（i）レビューミーティングの準備	
主催者	主催者は，特にいません。成果物を完成させた開発者が自主的にレビューミーティングを開催します。
出席者	レビューミーティングの出席者の選定は行われず，出席者は自発的にレビューミーティングに参加します。出席者数は３～４名であり，主に開発者が出席します。ユーザが実質的に作成した成果物（例えば要件定義書など）をレビュー対象にする場合には，ユーザも出席します。ウォークスルーの結果と人事評価（昇進や昇給など）を結び付けないために管理者（プロジェクトマネージャや出席者の上司など）は，原則として出席しません。
対象成果物	レビュー対象成果物は，要約されたものではなく成果物そのものとし，レビューミーティングの３～４日前に出席予定者に配布されます。出席予定者は，渡された成果物を見て，欠陥が潜んでいそうな箇所を把握しておいてから，レビューミーティングに出席します。
（ii）レビューミーティングの実施	
進め方	成果物の作成者が，例を挙げながら説明します。例えば，入力画面設計書のレビューでは，具体的な事例をいくつかあげ，一つ一つの事例ごとに，各項目に値を入力していくと，どのような動きをするのかを説明し，その妥当性を出席者に確認してもらいます。このような検証方法を“手によるシミュレーション”といい，下記のような進行状況になります。 設計者：　「では，私が設計しました出荷実績入力画面を説明します。最初に出荷日を入力します。例えば，2016年５月16日です。」 出席者Ａ：「お盆やお正月のような，祝祭日ではないが非営業日に該当する日は，出荷日として入力可能ですか？」 設計者：　「はい。現在の仕様では可能にしています。」 出席者Ａ：「私は，原材料の購買実績入力画面を設計しています。その入荷日の入力では，営業日チェックを実施しており，非営業日の入力を禁止にしています。」 設計者：　「了解です。この欠陥をレビュー欠陥摘出票に記述し，出荷実績業務の担当者に確認します。」
制限時間	欠陥の発見漏れをなくすために，集中力が落ちる長時間レビューを避けます。通常は，１～２時間程度で切り上げます。もし，時間が不足した場合には，翌日に続きを実施します。

欠陥の修正	レビューミーティング中は，欠陥の摘出に注力します。摘出された欠陥の修正や改善は，レビューミーティング中には行われません。摘出された欠陥を文書に記録し，成果物の作成者に渡します。
(iii) レビューミーティング後	
欠陥除去	レビューミーティング終了後に，成果物の作成者は摘出された欠陥の除去や改善方法を検討し，成果物を修正します。
責任	万一，レビューミーティングで発見できなかった欠陥が，後日，発見された場合，その責任は出席者全員の連帯責任にします。これは，レビューが，成果物の欠陥に関する責任追及の手段になることを回避するための措置です。

POINT　レビュー対象成果物は，ミーティング日の 2 ～ 3 日前に配布する

②：インスペクション

ウォークスルーの欠点は，開発者による自主活動を想定していることにあり，実施されないことが多いことです。そこで，インスペクションでは，やや管理を強化した以下の 3 点の改良を加えています（以下の説明以外は，ウォークスルーと同様です）。

(i) モデレータの選任

モデレータは，レビューミーティングを計画し，出席者を選定するレビューの実行責任者です。レビューミーティングの開催者であり，司会進行者でもあります。出席者の人事評価（昇進や昇給など）をしない第三者的な品質管理担当者のような方がモデレータを担当するのが望ましいです。

(ii) 発見したエラーの訂正状況把握と督促

ウォークスルーは，成果物作成者主導であり，エラー訂正は成果物作成者の責任で行います。もし，成果物作成者がレビューミーティングで指摘されたエラーの修正を忘れたら，エラーはそのまま残ってしまいます。これに対し，インスペクションでは，モデレータがエラー訂正の完了を成果物作成者に確認し，もし未了の場合は，訂正を督促します（訂正作業自体は，成果物作成者に任せます）。

(iii) レビュー結果データの収集分析とフィードバック

モデレータは，レビューミーティングの結果データ（成果物の機能・成果物作成者・実施時間数・摘出欠陥数・出席者など）を収集・分析します。特に，摘出された欠陥を分析し，欠陥の多い機能や作成者，もしくは欠陥が出やすい箇所を特定し，関係者にフィードバックします。それによって，成果物作成者に注意を促すと同時に，レビューミーティング時の欠陥摘出発見率の向上を図ります。

POINT　モデレータがインスペクションを主催し，その状況や結果を監視する

③：ラウンドロビン

ラウンドロビンは，回転木馬のように何らかのものが繰り返して回ることを意味します。例えば，ラウンドロビンをレビュー手法として利用する場合，出席しているにも関わらず全く発言しない者を出さないようにするために，レビューミーティング出席者に順番で発言させる方法が考えられます。これ以外にシステムアーキテクト試験の午前Ⅱ問題では，ラウンドロビンを“参加者全員が持ち回りでレビュー責任者を務めながらレビューを行うので，参加者全員の参画意欲が高まる”と説明しており，レビュー責任者を回す方法を具体例として挙げています。

④：効果が出にくいレビュー法

管理者が決めたシステム開発の節目になる時点（例えば，毎月末）で行われる管理者主体のレビューです。このレビュー方法の主な目的は，プロジェクトの状況把握とチームリーダやメンバへの管理者の指示の徹底，設定された期間と費用でプロジェクトを完成させるための方策の検討，プロジェクトの成果物に対する評価と欠陥に対する責任追及にあります。このレビュー方法は，下記のように手順に従って進められます。

（i）レビューミーティングの準備	
主催者	管理者（プロジェクトマネージャもしくはその上司）が主催者になります。
出席者	管理者が，出席者の選定を行いますが，チームリーダ，メンバの全員になるケースが多いです。
対象成果物	レビュー対象成果物は，要約されたものが多く，成果物以外に別途作成され，レビューミーティングの時に配布されます。
（ii）レビューミーティングの実施	
進め方	管理者あるいは管理者に選ばれた者が，進行係を担当します。ミーティングの進め方は特に決まっておらず，管理者が出席者に質問し，出席者がそれに回答する形式が進められることが多いです。ブレーンストーミングやKJ法などの問題解決型の手法が採用されることもあります。
制限時間	特に定められません。長時間になることが多く，朝から夕方まで1日中ずっとレビューということもあります。
欠陥の修正	ミーティングの内容は，欠陥の検出にとどまらず，その解決策や修正方法の検討に及びます。
（iii）レビューミーティング後	
欠陥除去	レビューミーティング終了後に，成果物の作成者はレビューミーティングにおいて指導された方法に従って，成果物を修正します。管理者は，欠陥の多い開発者の人事評価を下げます。そのため，開発者は，欠陥の存在を知っている場合，レビューミーティングで発見されないように，できるだけ隠そうとします。
責任	万一，レビューミーティングで発見できなかった欠陥が，後日，発見された場合，その責任は成果物の作成者が負います。

▶【3】テストフェーズ

システム開発プロジェクトで実施される主なテストは，単体テスト，結合テスト，システム（総合）テスト，運用テストの4つです。開発フェーズとテストフェーズは，下図のように対応しており，例えば，要件定義フェーズで作成された要件定義書は，運用テストフェーズで確認されます。

なお，テストフェーズの計画書は，対応する開発フェーズが終了した時点で作成されることが望ましいとされています。例えば，運用テスト計画書は，要件定義フェーズが終了した時点で作成するべきです（総合テストが終了した時点ではありません）。

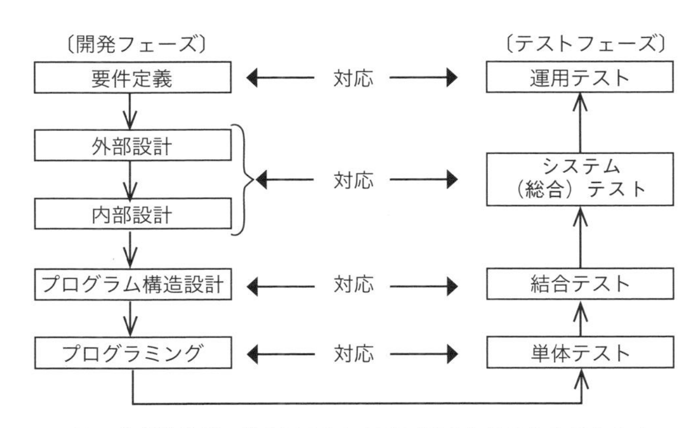

注：内部設計が，結合テストに対応づけられることもあります。

①：単体テスト

これは，モジュールもしくはプログラム（以下，プログラムと略します）単位のテストです。単体テストでは，ブラックボックステストとホワイトボックステストが併用されることが多いです（両テストの説明は後述の【4】テスト技法を参照してください）。もしプログラム単体では動作しない場合は，結合テストと同様にドライバやスタブを作成します。

②：結合テスト

これは，プログラム間の連係テストです。結合テストでは，プログラムが他のプログラムを呼び出した時に，両者が全体として正しく機能していることを確認します。結合テストでは，主にブラックボックステストが用いられます。

テスト対象プログラムが上位のプログラムから呼び出される場合，その上位のプログラムは“**ドライバ**”と呼ばれます。また，テスト対象プログラムが下位のプログラムに呼び出す場合，その下位のプログラムは“**スタブ**”と呼ばれます。ドライバ，スタブはともに，テスト用プログラムであり，テスト対象プログラムとは別に開発されます。

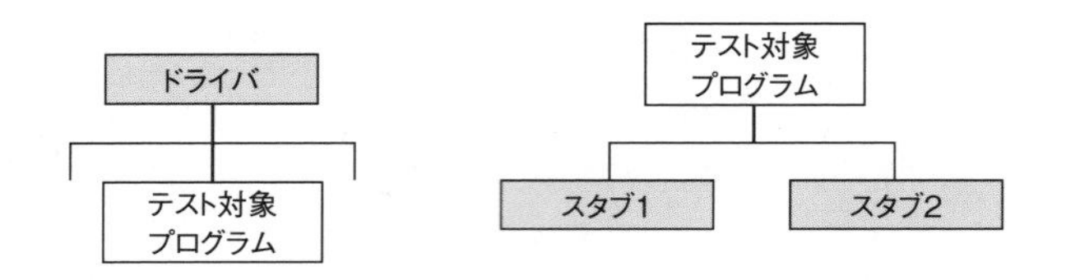

結合テストは，実施順序によって，ボトムアップテストとトップダウンテストに分けられます。ボトムアップテストでは下位のプログラムから上位のプログラムに向かって，トップダウンテストでは上位のプログラムから下位のプログラムに向かって，順次，結合テストが実施されます。

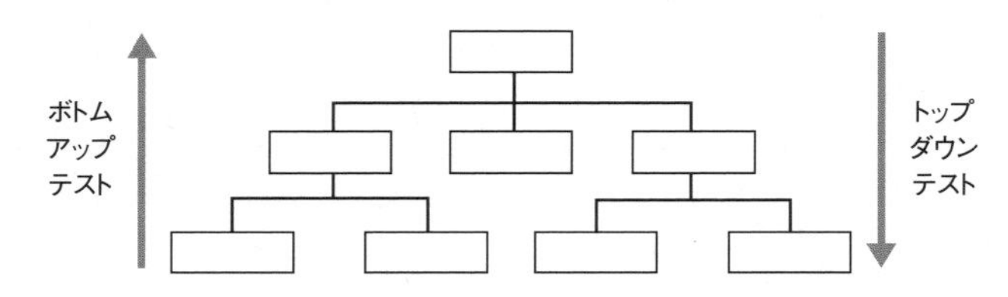

ボトムアップテストでは"ドライバ"が，トップダウンテストでは"スタブ"が使われます。ボトムアップテストとトップダウンテストを同時に並行して進める方法を**"サンドイッチテスト"**といいます。また，単体テストに合格した全プログラムを一度に結合してテストする方法を**"ビッグバンテスト"**といい，単体テストを省略して，いきなり全プログラムを一度に結合してテストする方法を**"一斉テスト"**といいます。

③：システム（総合）テスト

システムテストは，総合テストとも呼ばれるシステム全体のテストのことです。具体的には，システム開発者が本番稼働後の運用手順どおりに，最初から最後までを一通り動作させてテストします。また，開発したシステムと連係する他システム間のインタフェース，障害発生等の例外処理，ピーク時の性能などもテスト対象に含まれます。システムテストは，ほとんどの場合，ブラックボックステストによって実施されます。

④：運用テスト

運用テストは，システムテストと同様のことをシステム運用担当者が行い，開発されたシステムが実運用に耐えうるものであることを確認するテストです（単体～システムテストは，システム開発者が行うテストです）。特に，バックアップの所要時間，休日稼働，障害発生時の対応方法などを点検し，運用面での課題を洗い出します。

【4】テスト技法

テスト技法は，各テストフェーズで使われるテストのやり方であり，主なものは下記のとおりです。

①：ホワイトボックステスト

ホワイトボックステストは，プログラムのソースコードを見て，それに基づいてテストデータを作成するテスト方法です。下記のような手法があります。

技法名	説明
命令網羅	すべての命令を少なくとも 1 回は実行します
判定条件網羅	条件分岐の真と偽を少なくとも1回は実行します（分岐網羅ともいいます）
条件網羅	分岐ではなく，各条件の真偽を少なくとも1回は実行します。例えば，条件 A と条件 B の 2 つがあった場合，条件 A の真と偽，条件 B の真と偽をテストケースに含めます。その結果，すべての分岐を満たさなくなるかもしませんが，それは問われません
複数条件網羅	それぞれの判定における可能な組合せのすべてを実行します

②：ブラックボックステスト

ブラックボックステストは，プログラムのソースコードを見ずに，設計書や仕様書に基づいてテストデータを作成するテスト方法です。ブラックボックステストには，下記の(i)～(iii)のような手法があります。

(i) 同値分割

同値分割とは，テストデータとなる母集団全体を同値クラスに分析し，各同値クラスから代表的な値を選定してテストデータにするテスト技法です。同値クラスとは，条件判定において，同様な結果になる入力値の集合です。例えば，“2 以上 8 以下の整数は，有効である”という条件では，下記のような 3 つの同値クラスができます。

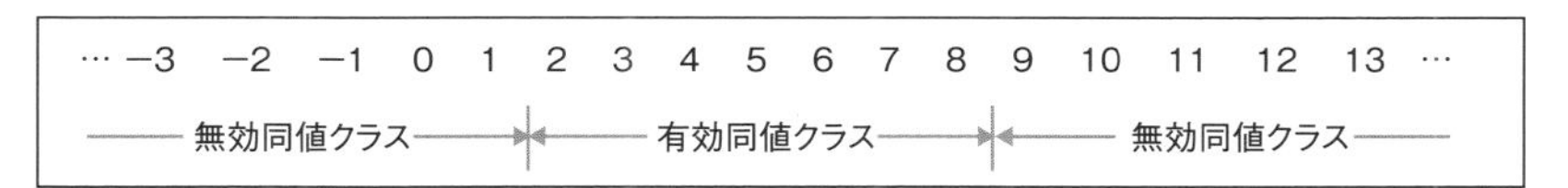

同値分割では，同値クラス内であれば，どの値をテストデータに選定してもよいので，例えば，0，4，11 のような 3 つの値を選定します。

(ii) 限界値分析

限界値分析によるテストデータ作成法では，同値分割と同様に，同値クラスを有効同値クラスと無効同値クラスにわけ，その境界（＝限界）になる値をテストデータに選定します。例えば，“2 以上 8 以下の整数は，有効である ” という条件では，下記のようなテストデータが選定されます。

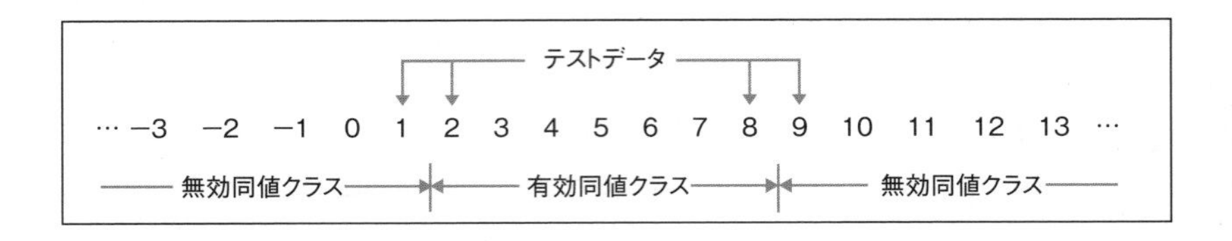

(iii) 原因・結果グラフ

原因・結果グラフは，複雑な条件が多数ある場合，テストケースの設定を容易にするためのグラフです。条件項目（原因）と所定動作（結果）とこれら要因項目間の論理関係が記述されます。例えば，“70 円を投入してボタンを押すと商品が出る ” という自動販売機に関する原因・結果グラフは，下記のような図です（右側にある図記号の説明を見るとわかりやすいです）。

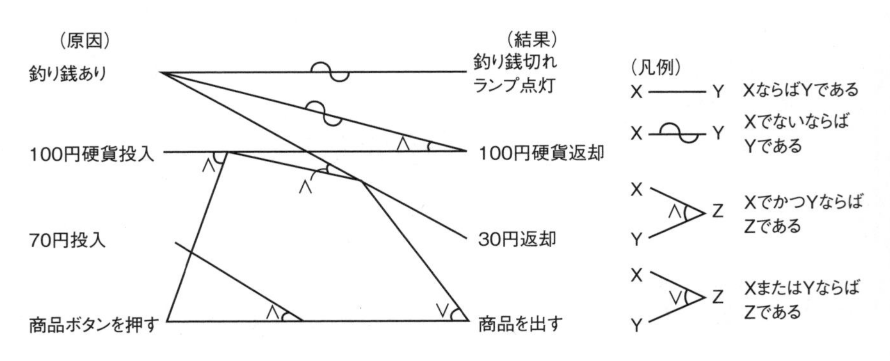

③：レグレッションテスト

システム開発中に仕様変更が発生し，プログラムを修正する場合，仕様変更した機能以外の機能が変更されていないことを確認するテストを“ レグレッションテスト ”といいます。退行テスト，回帰テスト，リグレッションテストともいいます（実務では，デグレードテストとか，デグレテストと呼んでいることが多いです）。当試験の午後 I 問題で，レグレッションテストに関連する設問がよく出題されますので，要注意です。

POINT　レグレッションテストは，変更箇所以外に変更がないことを確認するテスト

【5】レビューおよびテストの計画，実行，監視・コントロール

レビューとテストは，同様の計画，実行，監視・コントロールの手順を踏みますので，以下，“レビュー（テスト）”という表記方法を使って，レビューとテストに共通する手順を説明します（レビューだけに関する説明をする場合は，単にレビューと表記します）。

①：レビュー（テスト）計画

(i) 品質管理指標

レビュー（テスト）計画に必須の項目に，品質管理指標があります。品質管理指標は，PMBOK 第5版では，品質尺度（第2章 2-7-1【4】を参照のこと）とほぼ同じ意味であり，例えば下表のようなものが該当します。

工程名	定量的品質目標
要件定義 外部設計 内部設計 プログラム構造設計	・作成した定義書（設計書）の枚数 ・実施するレビュー時間 ・実施するレビュー項目数 ・摘出欠陥数 ・実施するレビュー時間数 ÷ プログラムステップ数(レビュー工数密度) ・実施するレビュー項目数 ÷ プログラムステップ数(レビュー項目密度) ・摘出欠陥数 ÷ 作成する定義書（設計書）の枚数 ・摘出欠陥数 ÷ プログラムステップ数（レビュー摘出欠陥密度）
プログラミング	・コメント（注釈）の行数 ・共通ルーチンのステップ数 ÷ 全ステップ数
テスト	・プログラムステップ数 ・実施テスト項目数 ・摘出欠陥数 ・実施するテスト項目数 ÷ プログラムステップ数（テスト項目密度） ・摘出欠陥数 ÷ プログラムステップ数（テスト摘出欠陥密度）
全工程	・仕様変更数

例えば，当試験の平成 21 年午後Ⅰ 問 4 の表 1 は，内部設計に関する品質管理指標として下表を掲載していますので参考にしてください。

品質管理指標	基準値	許容範囲
レビュー時間	3 時間／k ステップ	基準値以上
摘出欠陥数	4 件／k ステップ	基準値の ±30%の範囲

また，当試験の午後Ⅰ問題において，「定義書や設計書をレビューする場合に，誤字・脱字などの表記ルール違反の欠陥は，重要性が低いので，発見すれば記録・報告するが，摘出欠陥数としてはカウントしない」という旨の解答を求める設問が出題されていますので，要注意です。

当試験の平成23年　午後Ⅰ 問4の表1は，下表のような工程別欠陥摘出計画を掲載しています。

	要件定義	外部設計	内部設計	単体テスト	結合テスト	総合テスト
摘出欠陥密度（件／kステップ）	2.0	4.0	6.0	8.0	2.5	0.9

注：単体テストには，プログラミングが含まれています。

(ii) スケジュールなどを含むレビュー（テスト）計画立案

レビュー（テスト）計画は，品質マネジメント計画の一部として作成されます。具体的には，レビュー（テスト）フェーズ名ごとに，レビュー（テスト）期間，レビュー（テスト）実施者，レビュー（テスト）項目及びその数，用意するテストデータの作成方法や件数と正しい処理結果，テストデータの中に存在する例外データや異常データの例，レビュー（テスト）摘出欠陥予定数，採用するレビュー（テスト）技法，レビュー（テスト）するプログラムステップ数　などを立案し，計画書としてまとめます。

②：レビュー（テスト）の実行

(i) 品質実績データの記録

計画どおりにレビュー（テスト）を実施したら，レビューならば，レビュー対象成果物の名称および枚数，レビュー項目およびその数，実施日，出席者，実施時間，摘出した欠陥数，テストならば，テスト対象機能もしくは対象プログラム，テストしたプログラムの行数，実施者，テスト項目およびその数，使用したテストデータ，摘出した欠陥数，などを，レビュー（テスト）報告書として記録します。

また，レビュー（テスト）実施者は，摘出した1件の欠陥を，1枚の摘出欠陥記録票に記録します。その摘出欠陥記録票には，日付，起票者氏名，ドキュメント名もしくはプログラム名，件名，欠陥の発生状況，原因，原因分析者氏名，解決方法や是正措置，是正措置日，是正措置者氏名，是正措置確認者氏名などが記入されます。

さらに，摘出欠陥記録票は，その是正状況を把握するために，摘出欠陥管理表に転記されます。

③：レビュー（テスト）の監視・コントロール

(i) 差異分析と品質評価

品質マネジメント計画書に記述されている所定の日（例えば，要件定義工程の終了日から1週間前の日）に，プロジェクトの品質状況を評価します。その中で，レビュー（テスト）に関する差異分析を実施します。この差異分析では，品質管理指標とその実績を比較した下表のような差異分析表を作成します。その差異が設定された“しきい値（限界値）”や基準値の範囲を超えている場合には，その原因を分析し，必要があれば，是正措置を実行します。

【単体テスト工程の差異分析表】

評価項目	指標値 (a)	実績値 (b)	差異 (b) − (a)	しきい値
・k ステップ数	350k	387k	38k	−
・実施テスト項目数	700	734	34	−
・摘出欠陥数	455	417	△ 38	−
・実施テスト項目数 ÷k ステップ数	2.0	1.9	△ 0.1	△ 0.5
・摘出欠陥数 ÷k ステップ数	1.3	1.1	△ 0.2	△ 0.3

注：k ステップとは，千行単位のプログラムの行数のことです。

(ii) レビュー（テスト）工程品質管理図

当試験の午後 I 問題に，レビュー（テスト）工程品質管理図に関する設問が出題されることがあります。レビュー（テスト）工程品質管理図は，ソフトウェア開発における品質評価のために作成され，下図のような信頼性成長曲線と，後ほど説明するレビュー（テスト）消化曲線の両方が描かれます。

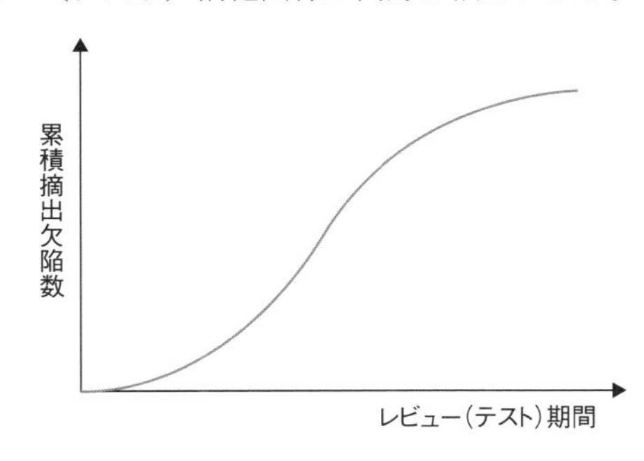

信頼性成長曲線は，ロジスティク曲線もしくはゴンペルツ曲線と呼ばれることもあり，横軸にレビュー（テスト）期間，縦軸に累積摘出欠陥数をとります。この曲線は上図のとおり，通常，ゆるいＳ字カーブを描くことが知られています。つまり，摘出される欠陥数は，初期で逓増し，後期で逓減する傾向があります。特に重要なのは，後期での逓減傾向です。上図を使って言いかえると，後期では，曲線がなだらかな水平になっています。曲線が水平に近くなるということは，レビュー（テスト）を続けても，欠陥が摘出されにくい状況にあることを示しています。この状況を“欠陥の摘出が収束傾向にある”ともいいます。

もし，信頼性成長曲線が下図のように，垂直方向に向かって曲がっている場合には，レビュー（テスト）の後期に至っても摘出欠陥数が逓減しておらず，下図の点線のように，レビュー（テスト）を継続すれば，欠陥がさらに摘出されると考えられます。プロジェクトマネージャは，予定したレビュー（テスト）項目のすべてを消化している時でも，下図のような信頼性成長曲線が描かれていれば，レビュー（テスト）テストを継続するなどの対策を講じなければなりません。

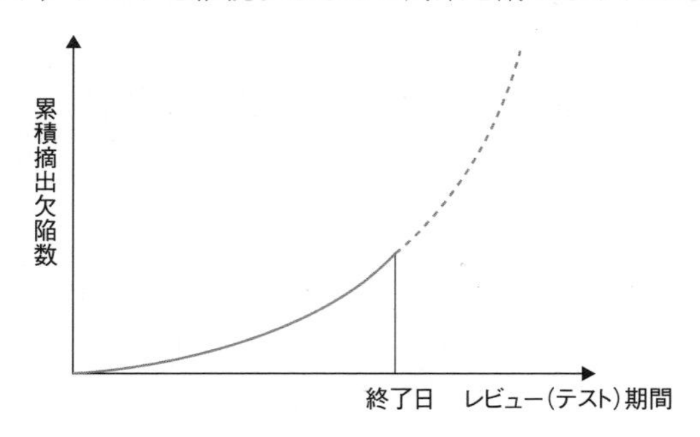

レビュー（テスト）の進捗状況の評価するための曲線が，下図のようなレビュー（テスト）消化曲線です。

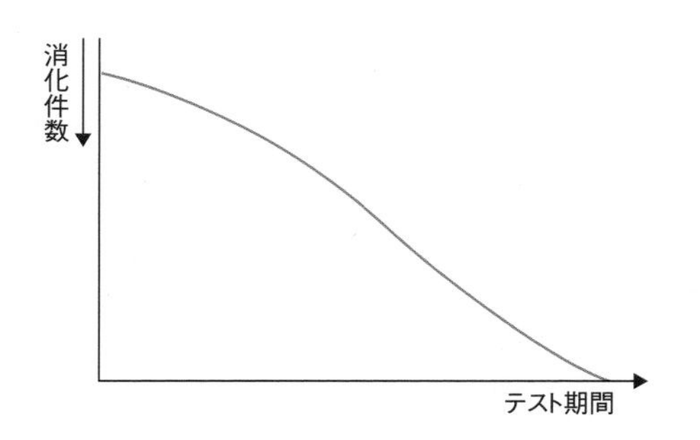

レビュー（テスト）が進むにつれて，未消化テスト項目数が減少していきます。レビュー（テスト）消化曲線がX軸線に接した時，未消化テスト項目数はゼロであり，すべてのテストが終了したことを意味します。上記の信頼性成長曲線とレビュー（テスト）消化曲線の両方を一緒に描くと，レビュー（テスト）工程品質管理図になります。下図のように，信頼性成長曲線とレビュー（テスト）消化曲線には，指標（予定）と実績の曲線を描くことができます。指標（予定）と実績の両方を描き，その差異を見ることによって，より深くレビュー（テスト）の品質状況を把握できます。

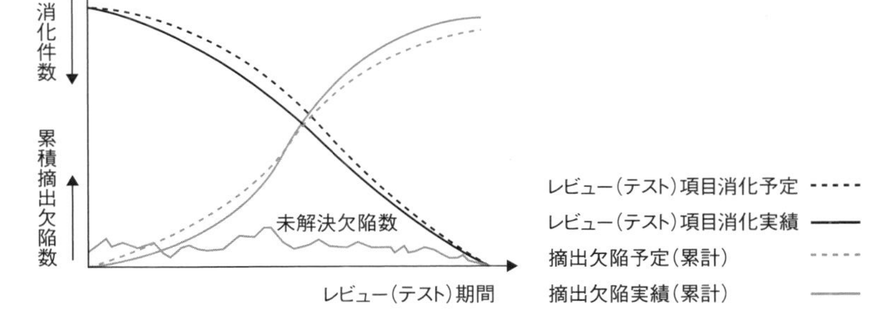

上図の未解決欠陥数は，摘出されたが原因不明の未修正の欠陥数のことであり，レビュー（テスト）工程品質管理図では，オプション的な取扱い（＝描かれることもあれば，描かれないこともある）になっています。プロジェクトマネージャは，レビュー（テスト）期間中の未解決欠陥数が，計画時に設定した数を超えていないことを確認します。もし，超えていたら，解決不能な欠陥が増加していることを意味し，品質状況が良くない傾向を示していると判断されます。

(iii) レビュー（テスト）工程品質管理図の例

レビュー（テスト）期間内のある評価時点での３つの例は，下記のとおりです。

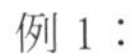
例１：

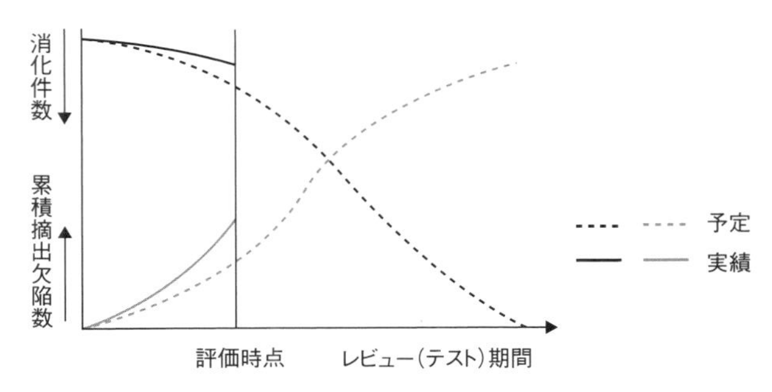

レビュー（テスト）の進捗が遅れており，欠陥が予定以上に多く摘出されています。

原因の例	対策の例
当工程において，仕様変更や仕様追加が発生し，レビュー（テスト）作業が困難になっており，仕様変更や仕様追加部分の欠陥が多数発生している	レビュー（テスト）対象成果物の仕様変更や仕様追加をした箇所を見直します
前工程のレビュー（テスト）が不足しており，前工程の欠陥が当工程に多数混入している	前工程に戻り，レビュー（テスト）対象成果物を修正し，前工程のレビュー（テスト）を再実行します

例２：

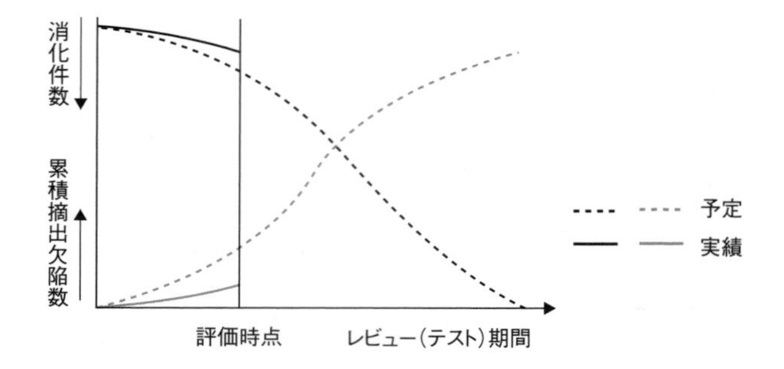

レビュー（テスト）の進捗は遅れていますが，欠陥の摘出は予定よりも少なくて済んでいます。

原因の例	対策の例
レビュー（テスト）を担当するメンバが不足している，もしくはレビュー（テスト）を担当するメンバがレビュー（テスト）に専念できない	レビュー（テスト）を担当するメンバを追加する，もしくはレビュー（テスト）を担当するメンバがレビュー（テスト）工数を確保します
レビュー（テスト）環境が整備されておらず，レビュー（テスト）効率が上がらない	レビュー（テスト）環境の未整備箇所を洗い出し，改良します

例３：

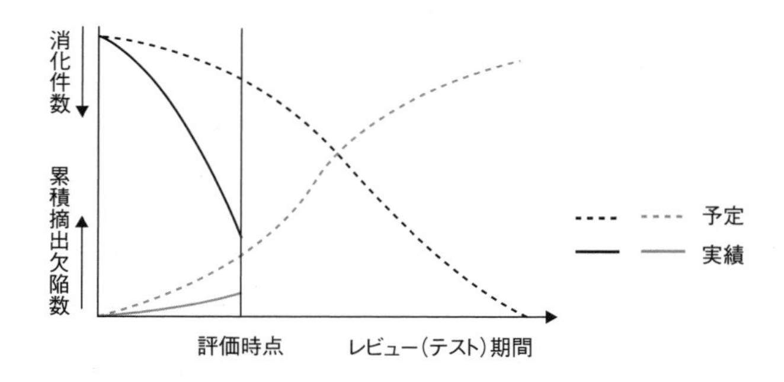

レビュー（テスト）項目の進捗は非常によく，欠陥の摘出も少ないので，品質が極めて良く状況のように見えますが，なぜそのような状況になったのかの調査・分析が必要です。

原因の例	対策の例
簡単な（＝誤りが少ない）レビュー（テスト）項目ばかりを選定しており，レビュー（テスト）項目の水準が低い	複雑で誤りを多く含んでいそうなレビュー（テスト）項目を追加し，そのレビュー（テスト）を実施します
レビュー（テスト）の結果が多少の誤りを含んでいても合格にしており，レビュー（テスト）の結果判定が適切に行われていない	レビュー（テスト）の結果判定を厳密に行うように指導し，そのように改まっているかを監視します

2-7-3 問題の演習

問題1

品質マネジメントの計画 AP23-A-46

表は，あるソフトウェアにおける品質特性の測定方法と受入れ可能な基準値を示している。a～cに入る品質特性の組合せはどれか。

品質特性	測定方法	受入れ可能な基準値
機能性	必須な要求仕様のうち，ソフトウェアで実現できた仕様の割合	100%
a	特定の機能の使い方を学ぶのに必要となる時間	10分未満
b	識別された類似の変更に対して変更が必要となるモジュール数	1モジュール
c	システムに処理を要求してから，応答が返ってくるまでの時間	5秒未満
信頼性	特定の運用期間中の停止時間	年間8時間以内
移植性	他のOS上で動作させるために再コンパイルが必要なモジュール数	6モジュール未満

	a	b	c
ア	効率性	使用性	保守性
イ	効率性	保守性	使用性
ウ	使用性	効率性	保守性
エ	使用性	保守性	効率性

解説

測定方法の説明から，下記のように品質特性を決定します。

a…“機能の使い方”から，“使用性”を選択します。

b…“変更が必要となる”から，“保守性”を選択します。

c…“要求してから,応答が返ってくるまでの時間”から“効率性”を選択します。

上記より，選択肢**エ**が正解です。

答え　エ

2 午前II 3 午後I 4 午後II 7 品質マネジメント

問題2

品質マネジメントの計画

PM24-S2-09

JIS X 0129-1 で定義されたソフトウェアの品質特性の説明のうち，適切なものはどれか。

ア 機能性とは，ソフトウェアが，指定された条件の下で利用されるときに，明示的及び暗示的必要性に合致する機能を提供するソフトウェア製品の能力のことである。

イ 効率性とは，指定された条件の下で利用するとき，理解，習得，利用でき，利用者にとって魅力的であるソフトウェア製品の能力のことである。

ウ 信頼性とは，明示的な条件の下で，使用する資源の量に対比して適切な性能を提供するソフトウェア製品の能力のことである。

エ 保守性とは，指定された条件の下で利用するとき，指定された達成水準を維持するソフトウェア製品の能力のことである。

解説

JIS で規定されるソフトウェアの品質特性（JIS X 0129-1）は，ISO/IEC 9126 を JIS 化したものです。

ISO/IEC 9126 が規定する品質特性は，次の 6 つです。

(1) 機能性…ソフトウェアがある目的を達成するために，必要な機能を実装している度合い

(2) 信頼性…実装している機能が，あらゆる条件の下で機能要件を満たして，必要な期間，正常動作し続けることができる度合い

(3) 使用性…ソフトウェアシステムの使いやすさ，使うことにかかる労力，使うことによって得られる結果の良し悪しの度合い

(4) 効率性…明示された条件におけるソフトウェアが持つ目的達成と，使用する資源量の度合い

(5) 保守性…改訂（訂正や環境適合のための改修等を含む）を行うために必要な労力の度合い

(6) 移植性…ソフトウェアをある環境から別の環境下に移した場合のソフトウェア能力の度合い

ア 機能性の説明です。

イ 使用性の説明です。

ウ 効率性の説明です。

エ 信頼性の説明です。

答え　ア

問題3

アクティビティ所要期間の見積り

PM23-S2-08

JIS X 0129-1 で規定されるソフトウェアの品質特性の定義のうち，“効率性”の定義はどれか。

ア　指定された条件の下で利用されるときに，明示的及び暗示的必要性に合致する機能を提供するソフトウェア製品の能力
イ　指定された条件の下で利用するとき，指定された達成水準を維持するソフトウェア製品の能力
ウ　修正のしやすさに関するソフトウェア製品の能力
エ　明示的な条件の下で，使用する資源の量に対比して適切な性能を提供するソフトウェア製品の能力

解説

ア　機能性の説明です。
イ　信頼性の説明です。
ウ　保守性の説明です。
エ　効率性の説明です。

答え　エ

問題4

品質マネジメントの計画

PM27-S2-14

品質の定量的評価の指標のうち，ソフトウェアの保守性の評価指標になるものはどれか。

ア　（最終成果物に含まれる誤りの件数）÷（最終成果物の量）
イ　（修正時間の合計）÷（修正件数）
ウ　（変更が必要となるソースコードの行数）÷（移植するソースコードの行数）
エ　（利用者からの改良要求件数）÷（出荷後の経過月数）

解説

ソフトウェアの品質特性（JIS X 0129-1）に沿って，解説します。

ア　信頼性の評価指標です。

イ　保守性は，ソフトウェアの改訂（訂正や環境適合のための改修等を含む）を行うために必要な労力の度合いの大小によって評価されます。当選択肢の“（修正時間の合計）÷（修正件数）”は，少ないほど，保守性が高いと評価できます。

ウ　移植性の評価指標です。

エ　使用性の評価指標です。

答え　イ

問題5

品質マネジメントの計画　SA26-A2-08

ソフトウェアの使用性を評価する指標の目標設定の例として，適切なものはどれか。

ア　ソフトウェアに障害が発生してから1時間以内に，利用者が使用できること

イ　利用者が使用したい機能の改善を，1週間以内に実装できること

ウ　利用者が使用したい機能を，100％提供できていること

エ　利用者が使用したいソフトウェアの使用方法を，1時間以内に習得できること

解説

本問は，ソフトウェアの品質特性（JIS X 0129-1）に関連した問題です。

ア　当選択肢は，“信頼性”に関する目標設定の例に該当します。

イ　当選択肢は，“保守性”に関する目標設定の例に該当します。

ウ　当選択肢は，“機能性”に関する目標設定の例に該当します。

エ　当選択肢は，“使用性”に関する目標設定の例に該当します。

答え　エ

問題6

品質マネジメントの計画　CM26-S-16

ソフトウェアの使用性を向上させる施策として，適切なものはどれか。

ア　オンラインヘルプを充実させ，利用方法を理解しやすくする。

イ　外部インタフェースを見直し，連携できる他システムを増やす。

ウ　機能を追加し，業務においてシステムが利用できる範囲を拡大する。
エ　ファイルを分散して配置し，障害によるシステム停止のリスクを減らす。

解説

ア　ソフトウェアの使用性は，“ソフトウェアの使いやすさ”を意味する用語です。本選択肢の説明にあるとおり，“オンラインヘルプを充実させ，利用方法を理解しやすく”すれば，使いやすくなると考えられます。

イとウ　“連携できる他システムを増やす”もしくは“機能を追加する”と複雑になり，使用性は低下します。

エ　“障害によるシステム停止のリスクを減らす”と信頼性は向上しますが，使用性は変わりません。

答え　ア

問題7

品質マネジメントの計画

PM27-S2-13

プロジェクトの品質コストを適合コストと不適合コストに分類するとき，適合コストに属するものはどれか。

ア　クレーム調査費　　イ　損害賠償費
ウ　品質保証教育訓練費　　エ　プログラム不具合修正費

解説

PMBOK 第5版の巻末にある用語集には，下記のような品質コストの説明があります。

> 品質コスト（COQ：Cost Of Quality）
> 品質を確保するために発生するコストを決定する方法。予防コストと評価コスト（適合コスト）には，要求事項（例：トレーニング，QC システムなど）への適合を確保するための品質計画，品質コントロール（QC），品質保証の各コストなどが含まれる。不良コスト（不適合コスト）には，プロダクト，組立部品，適合していないプロセスなどを手直しするためのコスト，保証作業と廃棄コスト，評判の失墜に関わるコストなどが含まれる。

上記より，選択肢**ウ**の“品質保証教育訓練費”が品質保証のコストとして，適合コストに含まれます。

なお，わかりにくい場合は，適合コスト＝“予防コスト”，不適合コスト＝“事後対応コスト”と覚えればよいでしょう。

答え　ウ

問題8

品質マネジメントの計画

PM28-S2-02 改

PMBOK におけるコスト見積りプロセスと品質マネジメント計画プロセスの両方で使用する共通のインプットはどれか。

ア　人的資源計画書　　　　　　イ　スコープベースライン
ウ　ステークホルダ登録簿　　　エ　品質尺度

解説

PMBOK 第5版におけるコスト見積りプロセスと品質マネジメント計画プロセスのインプットは，下記のとおりです。

コスト見積りプロセス	品質マネジメント計画プロセス
・コスト・マネジメント計画書	1 プロジェクトマネジメント計画書
・人的資源マネジメント計画書	・ステークホルダー登録簿
2 スコープ・ベースライン	・リスク登録簿
・プロジェクト・スケジュール	・要求事項文書
・リスク登録簿	・組織体の環境要因
・組織体の環境要因	・組織のプロセス資産
・組織のプロセス資産	

上記1のプロジェクトマネジメント計画書には，“2スコープ・ベースライン”，“スケジュール・ベースライン”，“コスト・ベースライン”，“その他のマネジメント計画書”が含まれています。

コスト見積りプロセスと品質マネジメント計画プロセスの両方で使用する共通のインプットは，上記2の“スコープ・ベースライン”，“リスク登録簿”，“組織体の環境要因”，“組織のプロセス資産”です。これらの中で，選択肢にあるインプットは，“スコープ・ベースライン”だけなので，選択肢**イ**が正解です。

なお，スコープ・ベースラインには，“プロジェクト・スコープ記述書”，“WBS（Work Breakdown Structure）”，“WBS 辞書”が含まれ，スコープ・ベースラインはこれらの３つの総称であると理解すればよいです。また，スコープ・ベースラインは，“アクティビティ定義プロセス”，“リスク特定プロセス”，“調達マネジメント計画プロセス”のインプットでもあり，様々な計画プロセスのインプットになっています。

答え　イ

問題9

品質マネジメントの計画

SD19-23

システムの一部に修正を加えたときに，修正部分がほかに悪影響を及ぼさずに正しい結果が得られることを検証するテストはどれか。

ア　機能テスト　　イ　結合テスト　　ウ　退行テスト　　エ　例外テスト

解説

ア　機能テストは，設計した機能が実装されているかをチェックするテストです。ただし，用語としてはあまり使われません。

イ　結合テストは，複数のモジュールもしくはプログラムを結合して，設計したとおりに動作するかを確認するテストです。

ウ　システムの一部に修正を加えたときに，修正部分が修正していない部分に，予想外の悪影響を及ぼすことがあります。実務では，“デグレ”とか“デグレーション”と呼んでいる場合が多いです。この悪影響がないことを確かめるテストを，当試験では退行テスト，レグレッションテストなどと呼んでいます。

エ　例外テストは，通常の運用時には発生しない例外的なケース（例えば，ネット障害が発生し，異常な入力データが送信されてきた場合）が起きた時に，開発したモジュールもしくはプログラムが，それに対処できるかを確認するテストです。

答え　ウ

問題10

品質のコントロール

SA25-A2-11

図は，テスト項目消化件数Xにおいて，目標のバグ累積件数に到達したことを示す。この図の状況の説明として，適切なものはどれか。

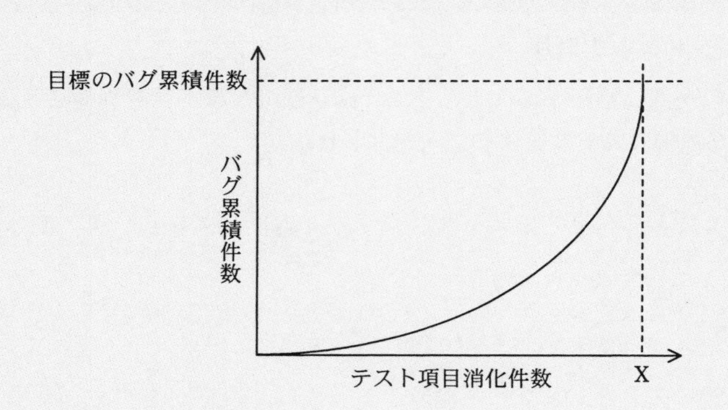

ア　テスト工程が順調に終了したことを示す。

イ　テスト前段階での机上チェックやシミュレーションが十分されていることを示す。

ウ　まだ多くのバグが内在している可能性があることを示す。

エ　目標のバグ累積件数が達成されたので，出荷してもよいことを示す。

解説

本問の図の横軸はテスト項目消化件数，縦軸はバグ累積件数です。例えば，Xの件数を200として，本問の図のX付近の各件数を示せば，下記のようになります。

日付	テスト項目消化件数	バグ累積件数	1日のバグ発見数
3月27日	120	312	42
3月28日	140	356	44
3月29日	160	402	46
3月30日	180	450	48
3月31日	200	500	50

上記の1日のバグ発見数は，少しずつ増えています。もし，4月1日以降もテストを続けたら，52，54，56，…のように，まだバグは発見されると予想されます。したがって，まだ多くのバグが内在している可能性があり，選択肢**ウ**が正解です。

答え　ウ

問題11

品質のコントロール AP21-S-45

デザインレビューの目的はどれか。

ア　成果物の問題点の早期発見を行う。
イ　設計プロセスとマネジメントプロセスに関する問題点の早期発見と是正を行う。
ウ　第三者機関による成果物のサンプリング検査で品質上の問題点の早期発見と是正を行う。
エ　第三者機関による全成果物の合否判定を行う。

解説

ア　デザインレビューは，設計工程で作成される仕様書や設計書などの成果物をチェックすることです。その目的は，仕様書や設計書などの成果物に潜むエラーの発見にあります。エラーを発見できれば，その後のエラーを修正する手戻り工数も削減できます。

イ　デザインレビューは，設計プロセスやマネジメントプロセスをチェックするのではなく，成果物をチェックします。

ウ・エ　第三者機関ではなく，成果物の作成者を含む開発者がデザインレビューを行います。要件定義書や外部設計書のレビューには，ユーザが実質的な開発者として参加することもあります。

第三者機関が参加するレビューもまれにありますが，第三者レビューとして，通常のレビューとは区別されます。

答え　ア

問題12

品質のコントロール SA26-A2-01

内部設計書のデザインレビューを実施する目的として，最も適切なものはどれか。

ア　外部設計書との一貫性の検証と要件定義の内容を満たしていることの確認
イ　設計記述規約の遵守性の評価と設計記述に関する標準化の見直し
ウ　要件定義の内容に関する妥当性の評価と外部設計指針の見直し
エ　論理データ設計で洗い出されたデータ項目の確認と物理データ構造の決定

解説

ア　内部設計は，外部設計の後に続く工程であり，内部設計書が，外部設計書と一貫性を持ち，要求定義が正しく反映されているかを，そのレビューで確認します。

イ　本選択肢がいう“設計記述規約の遵守性の評価と設計記述に関する標準化の見直し”は，外部設計・内部設計の両方のレビューに共通するものです。

ウ　本選択肢の説明は，外部設計書のレビュー目的です。

エ　本選択肢の説明は，内部設計書の物理データ設計の目的です。なお，論理データ設計は，外部設計の一部です。

答え　ア

問題13

品質のコントロール

SA26-A2-06

a ～ c の説明に対応するレビューの名称として，適切な組合せはどれか。

a　参加者全員が持ち回りでレビュー責任者を務めながらレビューを行うので，参加者全員の参画意欲が高まる。

b　レビュー対象物の作成者が説明者になり，入力データの値を仮定して，手続をステップごとに机上でシミュレーションしながらレビューを行う。

c　あらかじめ参加者の役割を決めておくとともに，進行役の議長を固定し，レビューの焦点を絞って迅速にレビュー対象を評価する。

	a	b	c
ア	インスペクション	ウォークスルー	ラウンドロビン
イ	ウォークスルー	インスペクション	ラウンドロビン
ウ	ラウンドロビン	インスペクション	ウォークスルー
エ	ラウンドロビン	ウォークスルー	インスペクション

解説

a，b，c をそれぞれ補足説明すると次のようになります。

a … ラウンドロビンは，回転木馬のように参加者全員が順々に発言するように仕組んだ方法です。参加しているにも関わらず一言も発言しない者を出さないようにするために考案されました。この方法を転用すると，本問の a のようにも使用できます。

b … ウォークスルーは，“手によるシミュレーション”と言われるように，レビュー対象物への入力を仮定して，その結果がどうなるべきなのかをシミュレーションする方法で進められます。開発者自らが自発的に開催する点に特徴があります。

c … インスペクションは，ウォークスルーの改良版であり，ウォークスルーの欠点である，自発的には開催されにくい点を改め，開催者であり，司会進行役である管理者（モデレータ）を設置します。管理者（モデレータ）は，参加者の役割を決めたり，レビューポイントを絞り込んだりして，レビュー効率を上げます。

答え　エ

問題14

品質のコントロール

SA25-A2-02

レビュー方法の一つであるインスペクションにおけるレビューアの行動のうち，作成者との関係に関して考慮すべきことはどれか。

ア　技術力があり熟練している作成者の作業成果物に対しては，課題や欠陥の指摘を控えるようにする。

イ　作成者が修正作業をしやすくするために，課題の抽出よりも欠陥の解決策や修正方法の検討に多くの時間を割く。

ウ　作成者を非難することは避け，作業成果物の内容に焦点を当てて課題や欠陥を指摘する。

エ　指摘された課題や欠陥の個数を記録し，作成者の能力評価の参考情報として採用できるようにする。

解説

ア　レビュー対象物が，技術力があり熟練している作成者の作業成果物であっても，課題や欠陥があれば遠慮せず指摘します。

イ　レビューミーティングでは課題や欠陥の抽出に集中し，欠陥の解決策や修正方法の検討は基本的にしません。欠陥の解決策や修正方法の検討は，レビューミーティング終了後に，成果物の作成者によって行われます。

ウ　作成者を非難しても，課題や欠陥は減りません。冷静にレビューミーティングを進めることが重要です。

エ　インスペクションの開催者であるモデレータは，課題や欠陥の発生傾向を知るために，指摘された課題や欠陥の個数を記録し，必要に応じて作成者の能力を評価することがあります。しかし，レビューアは，基本的にそれをしません。

答え　ウ

問題15

パレート図

PM30-A2-13

プロジェクトで発生している品質問題を解決するに当たって，図を作成して原因の傾向を分析したところ，発生した問題の80%以上が少数の原因で占められていることが判明した。作成した図はどれか。

ア　管理図　　イ　散布図　　ウ　特性要因図　　エ　パレート図

解説

ア　管理図は，管理対象が時間とともにどのように変化したかの推移を示す折れ線グラフに，平均値を示す管理線（中央線）と2本の管理限界線を書き加えたものです。

イ　散布図は，データが，二種類の要因によって決まる関係があり，その二種類の要因の関係を知るために，それぞれを縦軸と横軸にとり，1つのデータを1点で示したものです。たくさんのデータを1点1点で示すので，全体の濃淡で傾向がわかります。

ウ　特性要因図は，特性（結果）と，この結果をもたらす原因の関係をまとめて図示したものです。魚の骨に似たような形にまとめるので，フィッシュボーンチャートともいいます。主要な原因を大きな骨で示し，補助的な原因を小さな骨で示します。

エ　パレート図は，ある結果の主要な原因や傾向を作り出しているものを発見するため，標本となる数が多いものから順に並べた図です。本問の問題文は，"発生した問題の80%以上が少数の原因で占められていることが判明した"としているので，本選択肢のパレート図が正解です。

答え　エ

問題16

品質のコントロール PM26-S2-15

プロジェクトの状況を把握するために使用するパレート図の用途として，適切なものはどれか。

ア　工程の状態や品質の状況を時系列に表した図であり，工程が安定した状態にあるかどうかを判断するために用いる。
イ　項目別に層別して出現度数の大きさの順に並べるとともに累積和を示した図であり，主要な原因を識別するために用いる。
ウ　二つの特性を横軸と縦軸にとって測定値を打点した図であり，それらの相関を判断するために用いる。
エ　矢印付き大枝の先端に特性を，中枝，小枝に要因を表した図であり，どれがどれに影響しているかを分析するために用いる。

解説

ア　管理図の用途です。
イ　パレート図は，ある結果の主要な原因や傾向を作り出しているものを発見するため，標本となる数が多いものから順に並べた図です。
　パレート図を使えば，大きな原因がわかるので，それを優先して取組むべき重点テーマにすればよいでしょう。
ウ　散布図の用途です。
エ　特性要因図の用途です。

答え　イ

問題17

品質のコントロール CM26-A-29

分析対象としている問題に数多くの要因が関係し，それらが相互に絡み合っているとき，原因と結果，目的と手段といった関係を追求していくことによって，因果関係を明らかにし，解決の糸口をつかむための図はどれか。

ア　アローダイアグラム　　イ　パレート図
ウ　マトリックス図　　エ　連関図

解説

ア　アローダイアグラムは，プロジェクトの進捗管理で用いられ，各作業を矢印線，ある作業の後に他の作業が行われる場合に矢印線と矢印線の間に○印を書く図です。

イ　パレート図は，ある結果の主要な原因や傾向を作り出しているものを発見するため，標本となる数が多いものから順に並べた図です。

ウ　マトリックス図は，複雑な現象を 2 つの軸に整理し，表（マトリックス）の中に位置付け，問題を解決する図です。簡単にいえば，表にまとめる方法であり，日常的に用いられています。

エ　連関図は，問題点とその要因との間にある因果関係に着目し，それらを矢印でつないで表した図です。問題点が複雑にからみ合っている場合に，効果的な図法です。

答え　エ

問題18

品質のコントロール

AP24-A-54

プロジェクトの品質マネジメントにおいて，プロセスが安定しているかどうか，又はパフォーマンスが予測のとおりであるかどうかを判断するために用いるものであって，許容される上限と下限が設定されているものはどれか。

ア　管理図　　　　イ　実験計画法

ウ　流れ図　　　　エ　ベンチマーク

解説

ア　管理図は，管理対象が時間とともにどのように変化したかの推移を示す折れ線グラフに，平均値を示す管理線（中央線）と 2 本の管理限界線を書き加えたものです。本問の“許容される上限と下限”とは，管理限界線のことです。

イ　実験計画法とは，品質に影響する要因の中から，主要な要因とその程度を把握し，最適な実験（＝テスト）を行うための手法です。具体的には，直交法を使う場合が多いです。システムアーキテクト 平成 26 年 午前Ⅱ 問 9 を参照すると，イメージをつかみやすいです。

ウ　流れ図は，フローチャートのことであり，処理や業務の流れを記号を用いて，表した図です。

エ　ベンチマークは，典型的なプログラムを実行し，入出力や制御プログラムを含めたシステムの総合的な処理性能を測定することです。

答え　ア

問題19

品質のコントロール

ST21-A2-23

製造工程で部品の寸法を測定し，$\bar{x}$ 管理図で品質を管理している。(1)～(4) の社内標準によって，管理図中の点を異常と判定する場合，図に示した $\bar{x}$ 管理図で異常と判定すべき点は何個あるか。

ここで，管理限界線近くとは，中心線から管理限界線までの距離の２／３（図中の点線）以上離れた場所をいう。

〔社内標準〕異常と判定する基準

(1) 管理限界線の外側又は線上に現れる点

(2) 連続する３点中の２点以上が管理限界線近くに現れる場合の，管理限界線近くの点

(3) ６個以上の点が，連続して中心線の上側又は下側に現れる場合の，６点目以降の点

(4) ３個以上の点が，連続して上昇又は下降する場合の，３点目以降の点

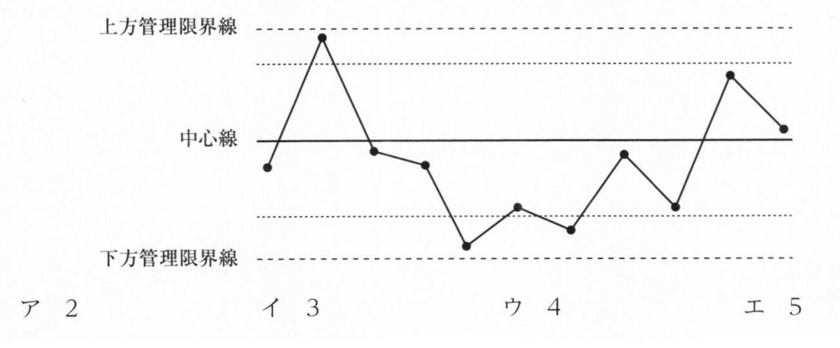

ア　2　　イ　3　　ウ　4　　エ　5

解説

〔社内標準〕異常と判定する基準の (1)～(4) に該当する点の数は，以下のとおりです。

(1) 該当なし

(2) 左端から５～７番目が，連続する３点中の２点以上が管理限界線近くに現れており，左端から５番目と７番目が管理限界線近くの点に該当するので，２個です。

(3) 左端から３～９番目が，６個以上の点が，連続して中心線の下側に現れる場合に該当し，左端から８番目と９番目が，６点目以降の点なので，２個です。

(4) 左端から３～５番目が，３個以上の点が，連続して下降する場合に該当し，左端から５番目が，３点目以降の点です。しかし，この左端から５番目は，すでに (2) でカウントしているので，０個になります。

合計は，(2)の2個＋(3)の2個＝4個になります。

答え　ウ

問題20

品質のコントロール

PM24-S2-08

"7の法則"を適用するとき，原因を調べるべき $\bar{X}$-R 管理図はどれか。ここで，UCLは上方管理限界，CLは中心線LCLは下方管理限界である。

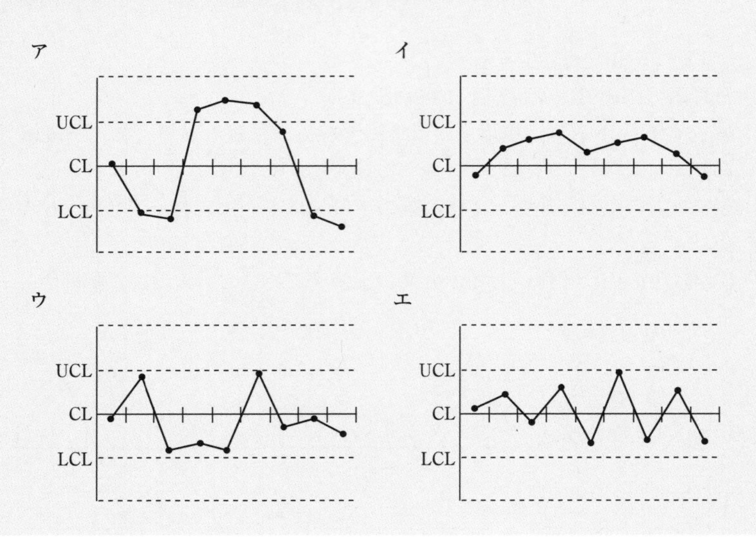

解説

$\bar{X}$-R 管理図とは，管理対象が時間とともにどのように変化したかの推移を示す折れ線グラフと，平均値を示す中心線（CL：Center Line），許容される上限値を示す上方管理限界線（UCL：Upper Control Line），許容される下限値を示す下方管理限界線（LCL：Lower Control Line）を示した図です。管理対象が一般的原因の影響を受けているか，あるいは特殊な（異常な）原因の影響を受けているかを判断するために用いられます。

$\bar{X}$-R 管理図における"7の法則（the Rule of Seven）"は，7回連続で中心線を上回ったか，もしくは下回ったケースを，何らかの異常が発生していると判定する法則です。

選択肢**イ**の図では，左から2個目の点から8個目の点は，連続して中心線を上回っているので，異常が発生していると考えられ，その原因を調査しなければなりません。

答え　イ

2-8 資源マネジメント

2-8-1 資源マネジメントの計画

“資源マネジメントの計画”プロセスは，“計画”プロセス群に属し，チームの資源および物的資源を見積もり，獲得し，マネジメントし，活用する方法を定義して，資源マネジメント計画書を作成するプロセスです。このプロセスのインプット・ツールと技法・アウトプットは，下記のとおりです。

インプット	ツールと技法	アウトプット
1. プロジェクト憲章	1. 専門家の判断	1. 資源マネジメント計画書
2. プロジェクトマネジメント計画書	2. データ表現	2. チーム憲章
3. プロジェクト文書	・階層構造図	3. プロジェクト文書更新版
4. 組織体の環境要因	・責任分担マトリックス	
5. 組織のプロセス資産	・テキスト形式	
	3. 組織論	
	4. 会議	

【1】プロジェクト組織の種類

プロジェクトは，ある特定の目的を達成するために一時的に組織化されるものであり，その目的が達成されればプロジェクトは終結され，メンバは解散します。言いかえると，メンバは，雇用契約を締結して所属している母体組織からプロジェクトに参画し，当該プロジェクトが終結した後に，母体組織に戻ります。

組織は一般的に下記のように分類され，当試験の午後問題が想定しているプロジェクト組織は，タスクフォース組織です。なお，当試験の午前Ｉ問題に，機能別組織やマトリックス組織が出題されたことがあります。

①：機能別組織

営業部・製造部・経理部・人事部といった機能別の部門を持っている組織を“機能別組織”といいます。通常の会社は，機能別組織に分類されます（職能別組織と呼ばれることもあります）。プロジェクト組織が機能別組織になっている場合，メンバは母体組織の組織形態である機能別組織に所属し，主に母体組織の業務をしています。メンバはプロジェクトの作業も行いますが，プロジェクトに参画している意識は希薄です。プロジェクトとしての明確な組織がない形態であると理解しても構いません。

②：事業部制組織

オーディオ事業部・家電事業部・通信機器事業部・ゲーム機事業部といった製品群や事業群に編成され，事業部内のことは事業部長が単独で意思決定する組織を“事業部制組織”といいます。プロジェクト組織が事業部制組織になっていることは，まずありえません。

③：マトリックス組織

組織の構成員が，職能別組織のある部門に所属しながら，事業部制組織のある事業部にも所属する組織を“マトリックス組織”といいます。プロジェクト組織がマトリックス組織になっている場合，メンバは母体組織の組織形態である機能別組織に所属し，かつ母体組織の業務をしながら，プロジェクトにも参画し，プロジェクト作業を兼務している形態です。メンバは，母体組織の上司と，プロジェクトマネージャの両方から指示を受けるので，その2つの指示が矛盾している場合には混乱します。

④：タスクフォース組織

組織の構成員は，母体組織の業務を遂行せず，具体的な特定の任務を遂行することに専任する組織（部隊やチーム）を“タスクフォース組織”といいます。タスクフォース組織は，プロジェクトにおいて，よく用いられる組織形態なので，プロジェクト型組織もしくはプロジェクト組織と呼ばれることもあります。

⑤：委員会組織

組織の構成員は，母体組織に所属しながら，委員会にも所属し，委員会の意思決定業務を担当する組織を“委員会組織”といいます。委員会は，意思決定だけを担当する機関であり，その意思決定結果は，通常，母体組織によって実行されます。プログラム作成を含むソフトウェア開発全体のプロジェクト組織として，委員会組織を採用することは難しいです。

当試験の平成22年度 午後Ⅰ 問2では，“経営会議の配下に管理部門を所管している担当役員を委員長とした委員会を設置し，開発工程の区切りの時期に部門間の調整が必要になった場合，委員会を開催する”とされており，プロジェクト外の臨時的な組織として委員会が出てくる程度で，重要性は低いです。

【2】動機付け理論

人的資源マネジメント上の要点の1つに，メンバのやる気（モラール）の維持・向上があります。メンバが最大限の熱意を持って作業をすれば，プロジェクト目標が高くても，乗り越えられる可能性は上がります。人間が目標を達成するための行動に駆り立てる要因を，動機といい，動機を向上させることを動機付け（モチベーション）と呼んでいます。下記に動機付けに関する有名な理論のいくつかを説明します。なお，動機付け理論は，当試験の午前Ⅱ問題として出題されており，当プロセスのインプット情報の組織体の環境要因の1つに位置付けられます。

①：テイラーの科学的管理法

テイラーは，ある製鉄所の生産性を向上させるために，諸作業の動作分析を行い，無駄な作業を排除した標準時間を設定しました。その標準時間に基づく標準生産量を達成した者には高い賃金を，達成できなかった者には低い賃金を支払う出来高制を採用しました。この，明確で理論的な科学的な裏付けを持つ出来高払い制度が，"出来高を上げると必ず賃金も上がる"という確信を労働者に植え付け，労働者の動機付けに寄与すると考える理論です。

②：メイヨーのホーソン実験

メイヨーは，ある通信機器メーカの"ホーソン"という名前の工場で作業環境に関する実験を行いました。そのため，その実験をホーソン実験と呼んでいます。ホーソン実験では，照明の位置や照度，休憩時間の間隔などの諸条件を変えて，作業効率がどのように変化するかの調査がなされました。最初は作業者にとって有利な条件（例えば，作業場の照明を明るくする）を与えて作業効率がどの程度向上するのかを測定しました。次に，作業者にとって不利な条件を与えた場合に，作業効率の低下を予想しましたが，不思議なことに作業効率は落ちませんでした。不思議に思った研究者たちが，そこを掘り下げていくと，実験を企画している研究者と，実験に協力している作業者の人間関係が作業効率の向上に役立っていることがわかりました。言いかえれば，この理論は，**上司と部下との人間関係やその配慮が，部下の動機付けに大きな影響を与える**と考える理論です。

③：ハーツバーグの動機付け・衛生理論

ハーツバーグは，人間のやる気（モラール）に関する要因を，下記の2つに分けました。

- **動機付け要因**…動機付けを促進する要因であり，例えば"仕事の達成感"，"重要な仕事を任せられている"といったもの

・**衛生要因**…不満を抑制する要因であり，“きれいな職場”，“福利厚生が充実”といったもの

この理論は，衛生要因を保ちつつ，動機付け要因を強化させると，強い動機付けがなされると考える理論です。

④：マグレガーのX理論とY理論

マグレガーは，労働に従事する人間の本性を，下記の2つの見方で示しました。

・**X理論**…人間は本来，怠け者であり，労働者は監視されないと，仕事を怠けてしまう者だとする見方

・**Y理論**…人間は本来，やる気を持っており，労働者は目標を設定すれば，自発的に仕事に取り組む者だとする見方

マグレガーは，Y理論に基づいた人的資源マネジメントが適切である，と考えました。

⑤：マズローの欲求5段階説

マズローは，人間の欲求には5つの段階あり，低次元な欲求が満たされれば，高次元の欲求が強くなっていく，としました。5つの欲求を，低次元な欲求から高次元な欲求への順番に並べると下記のようになります。

・生理的欲求 … 生命を維持する欲求。食欲，睡眠欲，性欲など

・安全・安定の欲求 … 安全に安定して暮らしたいとする欲求

・社会的な欲求 … 社会の一員として認められたいとする欲求

・自我の欲求 … 自分の能力や価値を他人から認められたいとする欲求

・自己実現の欲求 … 人間として自己の能力経験を充実・完成させたいとする欲求

マズローは，**“自我の欲求”もしくは“自己実現の欲求”を刺激する人的資源マネジメントが適切である**，と考えました。

【3】階層構造図とテキスト形式

階層構造図とテキスト形式は，チーム，メンバ，チームリーダの地位・役割・責任などを明確にした文書の一部であり，様々な形式のものがあります。ここでは，階層構造図の一例として“体制図”について説明します。なお，テキスト形式とは，“チーム，メンバなどの役割や責任などを文章で表現したもの”です。職位記述書や職務分掌規定は，このテキスト形式の一例であると考えて構いません。

体制図は，プロジェクト内のチームやプロジェクト外の利用部門などのステークホルダの関係を整理した図ですが，当試験では，体制図の様式や書き方に規則はありません。例えば，当試験の平成17年度　午後Ⅰ　問1では，変更管理の体制図として下図が示されています。

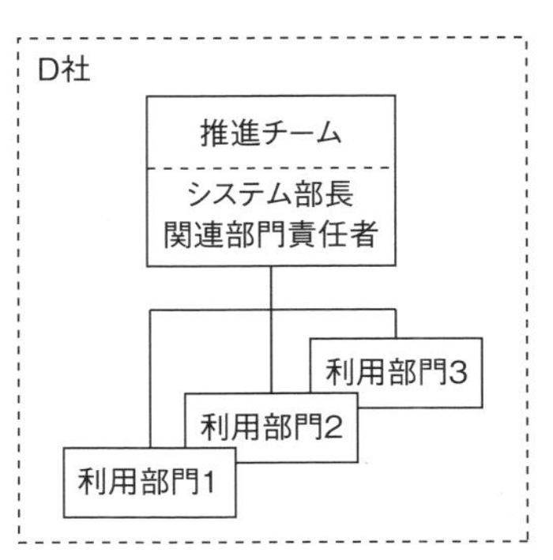

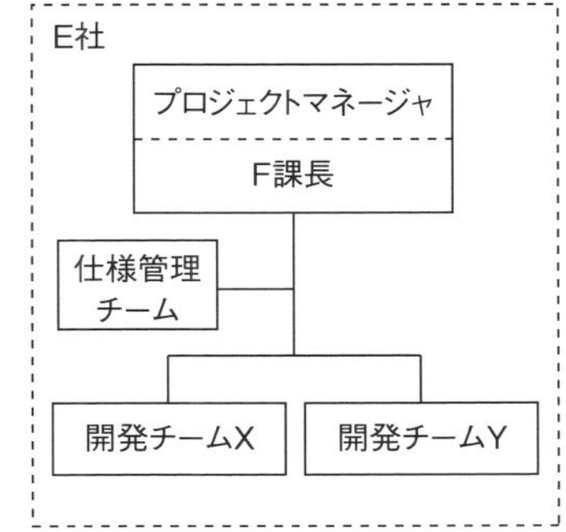

上左図は，新システムの利用部門１～３に所属する担当者が推進チームのメンバとなって，要件定義を行うことを示しています。上右図は，F 課長というプロジェクトマネージャの指揮の下に，開発チーム X と開発チーム Y が作業を行い，仕様管理を専門に行う支援チームとして“仕様管理チーム”が配置されていることを示しています。しかし，上記の説明は，本問の問題文を見ないとわかりません。体制図は，他の問題でも同様に取り扱われており，本試験の午後 I 問題を解く上では，問題文と体制図の両方を見て事実関係を把握しなければなりません。

【4】責任分担マトリックス

責任分担マトリックス（RAM：Responsibility Assignment Matrix）は，基本的にアクティビティとその担当メンバもしくはチームリーダを格子状に組合せた表です。下図の例では，横方向にメンバ，縦方向にワークパッケージをとっています。

上位レベルの責任分担マトリックスでは，メンバの代わりにチームを，アクティビティの代わりに，ワークパッケージやワークパッケージよりも上位の要素を配置することもあります。

アクティビティ	メンバ					
	斉藤	木村	新井	福田	牧原	中村
受注画面設計	○				△	
発注画面設計		○			△	
出荷画面設計			○			△
在庫転送画面設計				○		△

上表では，主担当メンバに○，補助担当メンバに△を付けています。上表の○や△のマークの使い方は，作成者が自由に決めて構いません。下表は，RACI をマークとして使った１例であり，**“RACI チャート”**と呼ばれています。

アクティビティ	メンバ					
	斉藤	木村	新井	福田	牧原	中村
受注画面設計	C	A	I	I	I	R
発注画面設計	R	I	I	C	C	A
出荷画面設計	A	–	R	–	R	I
在庫転送画面設計	I	I	C	R	A	C

RACIの意味は，下記のとおりです。

- R（Responsible）　… 実行責任
- A（Accountable）　… 説明責任
- C（Consult）　… 相談対応
- I（Inform）　… 情報提供

2-8-2 アクティビティ資源の見積り

“アクティビティ資源の見積り”プロセスは，“計画”プロセス群に属し，プロジェクト作業を実施するために必要な，チームの人的資源および物資，装置，サプライの種類と数量を見積もるプロセスです。このプロセスのインプット・ツールと技法・アウトプットは，下記のとおりです。

インプット	ツールと技法	アウトプット
1. プロジェクトマネジメント計画書	1. 専門家の判断	1. 資源要求事項
2. プロジェクト文書	2. ボトムアップ見積り	2. 見積りの根拠
・アクティビティ属性	3. 類推見積り	3. 資源ブレークダウン・ストラクチャー
・アクティビティ・リスト	4. パラメトリック見積り	4. プロジェクト文書更新版
・資源カレンダー	5. データ分析	
（中略）	6. プロジェクトマネジメント情報システム	
3. 組織体の環境要因	7. 会議	
4. 組織のプロセス資産		

【1】資源カレンダー

資源カレンダーは，資源を投入することができる可能な作業日およびシフトを示す日程表のことです。例えば，資源を人的資源であるメンバの稼働日に限定すれば，資源カレンダーは，各メンバの勤務予定日の一覧表になります。

【2】ボトムアップ見積り

ボトムアップ見積りは，WBS の下位のレベル構成要素単位の見積りを集計してプロジェクトの所要期間やコストを見積もる技法のことです。アクティビティを妥当な信頼性をもって見積もることができない場合は，アクティビティ内の作業をさらに要素分解します。各アクティビティの見積値を総合計すれば，プロジェクト全体の見積値になります。他の見積り技法と比較して，見積り精度が高いといわれています。

2-8-3 チームのマネジメント

“チームのマネジメント”プロセスは，“実行”プロセス群に属し，プロジェクト・パフォーマンスを最適化するために，チーム，メンバのパフォーマンスを追跡し，フィードバックを提供し，課題を解決し，さらにチーム変更をマネジメントするプロセスです。このプロセスのインプット・ツールと技法・アウトプットは，下記のとおりです。

インプット	ツールと技法	アウトプット
1. プロジェクトマネジメント計画書 2. プロジェクト文書 3. 作業パフォーマンス報告書 4. チームのパフォーマンス評価 （後略）	1. 人間関係とチームに関するスキル ・コンフリクト・マネジメント （後略）	1. 変更要求 2. プロジェクトマネジメント計画書更新版 3. プロジェクト文書更新版 4. 組織体の環境要因更新版

【1】コンフリクト・マネジメント

コンフリクトは，意見や利害などの衝突や対立を意味し，複数のメンバが参画しているプロジェクトにおいて避けることができない現象の 1 つです。コンフリクトの源には，資源不足，スケジュールの優先順位，個人の作業スタイルなどがあります。コンフリクトは，可能な限り，初期段階のうちに対処されるべきであり，ほとんどのものはチームリーダや他のメンバの直接的で協力的なアプローチによって，非公式に解決されるべきです。しかし，コンフリクトが激化してきた場合は，満足な解消へと導くように，プロジェクトマネージャが助力すべきです。コンフリクトの一般的な解消方法として，下記の 5 つがあります。

- **撤退や回避**…コンフリクトの状況から身を引かせ，コンフリクトの争点となっている問題点の解決を先送りにする方法
- **鎮静や適応**…コンフリクトが発生している両者が同意できる点を強調し，相手の立場を認め，調和した関係を作りあげる方法

- **妥協や和解**…コンフリクトの争点となっている問題点の一部のみを解決し，他の部分は未解決のまま棚上げにする方法
- **強制や指示**…コンフリクトが発生している両者のうち，一方のみが勝ち，他方は負ける解決策を採用する方法
- **協力や問題解決**…コンフリクトが発生している両者が，協調して積極的に話し合い，異なる観点や洞察を取り入れ，両者が納得する解決策を見出す方法

2-8-4 問題の演習

問題1

資源マネジメントの計画 PM22-S2-12

マグレガーのＹ理論の考え方はどれか。

ア　人間は自分の能力を他人から認められたいと欲求する。

イ　人間は条件次第では，責任を引き受けるだけでなく，自ら進んで責任を取ろうとする。

ウ　人間は何の脅威も受けることなく，安全に生きていきたいと欲求する。

エ　人間は本来自己中心的であり，組織の要求に対して無関心を装うことが多い。

解説

ア　マズローの欲求５段階説の“社会的な欲求”を説明したものです。

イ　マグレガーは，労働に従事する人間の本性を，次の２つの見方に分けました。

(1) Ｘ理論

人間は本来，怠け者であり，労働者は監視されないとさぼってしまうとする見方

(2) Ｙ理論

人間は本来，やる気をもっており，目標を設定すれば自発的に仕事に取り組む，とする見方

本選択肢は，“自ら進んで責任を取ろうとする”としているので，Ｙ理論に基づく考え方を示しています。

ウ　マズローの欲求５段階説の“安全・安定の欲求”を説明したものです。

エ　マグレガーのＸ理論に基づく考え方を示しています。

答え　イ

問題2

資源マネジメントの計画 PM24-S2-11

プロジェクトで必要な作業とメンバの関係を表したものはどれか。

ア　コロケーション　　イ　資源ヒストグラム
ウ　責任分担マトリックス　　エ　プロジェクト憲章

解説

本問の各選択肢は，PMBOKに記載されている用語です。PMBOKの第4版の用語集に準拠して各選択肢の用語を説明すれば，以下のようになります。

ア　コロケーション（Co-location）…コミュニケーション，作業の関連性，および生産性を向上させるために，プロジェクト・チーム・メンバーを互いに物理的に近い場所に配置するという組織の配置戦略です。

イ　資源ヒストグラム（Resource Histogram）…一定の期間に対して資源の作業が予定されている時間数が示す棒グラフです。

ウ　責任分担マトリックス（RAM：Responsibility Assignment Matrix）…プロジェクトの組織ブレークダウン・ストラクチャーとワーク・ブレークダウン・ストラクチャーを関連付けた図表で，プロジェクトの作業スコープの各要素を責任者やチームに確実に割り当てるための役に立ちます。

エ　プロジェクト憲章（Project Charter）…プロジェクトの存在を公式に認可する，プロジェクトのイニシエーターまたはスポンサーが発行する文書です。

答え　ウ

問題3

資源マネジメントの計画 PM31-S2-02

表はRACIチャートを用いた，あるプロジェクトの責任分担マトリックスである。設計アクティビティにおいて，説明責任をもつ要員は誰か。

アクティビティ	要員					
	阿部	伊藤	佐藤	鈴木	田中	野村
要件定義	R	A	I	I	I	R
設計	R	I	I	C	C	A
開発	A	−	R	−	R	I
テスト	I	I	C	R	A	C

ア　阿部　　　イ　伊藤と佐藤
ウ　鈴木と田中　　　エ　野村

解説

RACIチャートはPMBOKの用語であり，RACIは下記の頭文字です。

Responsible　… 実行責任
Accountable　… 説明責任
Consult　… 相談対応
Inform　… 情報提供

設計アクティビティに対して説明責任をもつ要員は，Aが記載されている“野村”です。

答え　エ

問題4

アクティビティ資源の見積り

PM28-S2-07

PMBOKによれば，アクティビティの所要期間を見積もる際の資源カレンダーの用途として，適切なものはどれか。

ア　アクティビティが必要とする資源の種類と量を特定する。
イ　アクティビティが必要とする資源を区分と類型別に階層表示し，必要な資源を明確にする。
ウ　アクティビティが必要とする資源を利用できる作業日及びシフトを取得する。
エ　過去のプロジェクトにおいて類似のアクティビティが必要とした資源の種類と量を取得する。

解説

資源カレンダーとは，各メンバが当プロジェクトのために作業できる期間を文書化したものです。例えば，Aさんは今週の月～水曜日に有給休暇を使って帰省するので，木・金曜日だけ当プロジェクトの作業を行う，といったものです。

したがって，選択肢**ウ**の“アクティビティが必要とする資源を利用できる作業日及びシフトを取得する”が，資源カレンダーの用途に該当し，選択肢**ウ**が正解です。

なお，資源を区分と類型別に階層表示したものを“資源ブレイクダウン・ストラクチャー”といい，選択肢**イ**は，その用途を示しています。

答え　ウ

問題5

アクティビティ資源の見積り

PM31-S2-09

工程別の生産性が次のとおりのとき，全体の生産性を表す式はどれか。

〔工程別の生産性〕

設計工程：X ステップ／人月

製造工程：Y ステップ／人月

試験工程：Z ステップ／人月

ア　$X + Y + Z$

イ　$\frac{X + Y + Z}{3}$

ウ　$\frac{1}{X}+\frac{1}{Y}+\frac{1}{Z}$

エ　$\frac{1}{\frac{1}{X}+\frac{1}{Y}+\frac{1}{Z}}$

解説

計算しやすい例を想定した方が考えやすいです。

計算例：1000 ステップ

設計工程：200 ステップ／人月

製造工程：500 ステップ／人月

試験工程：250 ステップ／人月

(1) 設計工程の必要人月数

1000 ÷ 200 ＝ 5 人月　… (A)

(2) 製造工程の必要人月数

1000 ÷ 500 ＝ 2 人月　… (B)

(3) 試験工程の必要人月数

1000 ÷ 250 ＝ 4 人月　… (C)

(A) ＋ (B) ＋ (C) ＝ 11 人月

(4) 全体の生産性

1000 ÷ 11 人月 ≒ 91 ステップ／人月

選択肢**ア・イ・ウ**は，上記の計算例に照らしてみると，どう見ても正解になりそうにありません。消去法から，選択肢**エ**が正解になります。

念のため，各選択肢の計算式を上記の例に当てはめると，下記になります。

ア　$200 + 500 + 250 = 950$

イ　$(200 + 500 + 250) \div 3 = 316$

ウ　$\frac{1}{200} + \frac{1}{500} + \frac{1}{250} = 0.11$

エ　$1 \div \left(\frac{1}{200} + \frac{1}{500} + \frac{1}{250}\right) \fallingdotseq 91$

また，同様に文字で考えてみます。全体のステップ数をWとすると，

(1) 設計工程の必要人月数　$W \div X = \frac{W}{X}$

(2) 製造工程の必要人月数　$W \div Y = \frac{W}{Y}$

(3) 試験工程の必要人月数　$W \div Z = \frac{W}{Z}$

全体の必要人月数　$\frac{W}{X} + \frac{W}{Y} + \frac{W}{Z} = W\left(\frac{1}{X} + \frac{1}{Y} + \frac{1}{Z}\right)$

(4) 全体の生産性　$\frac{W}{W\left(\frac{1}{X} + \frac{1}{Y} + \frac{1}{Z}\right)} = \frac{1}{\frac{1}{X} + \frac{1}{Y} + \frac{1}{Z}}$

答え　エ

問題6

資源マネジメントの計画

PM02-A2-04

プロジェクトマネジメントで使用する責任分担マトリックス（RAM）の一つに，RACIチャートがある。RACIチャートで示す4種類の役割及び責任の組合せのうち，適切なものはどれか。

ア　実行責任，情報提供，説明責任，相談対応
イ　実行責任，情報提供，説明責任，リスク管理
ウ　実行責任，情報提供，相談対応，リスク管理
エ　実行責任，説明責任，相談対応，リスク管理

解説

RACIチャートはPMBOKの用語であり，RACIは下記の頭文字です。

Responsible　… 実行責任

Accountable　… 説明責任
Consult　… 相談対応
Inform　… 情報提供

上記の 4 つが記述されているのは，選択肢**ア**です。

答え　ア

問題7

チームのマネジメント

PM24-S2-10

コンフリクトマネジメントを行う際の指針のうち，適切なものはどれか。

ア　コンフリクトの解決に当たっては，過去の経緯ではなく現在の課題に焦点を当てる。
イ　コンフリクトの解決に当たっては，個人の人間性に対して焦点を当てる。
ウ　コンフリクトは避けられるものであり，一切発生しないようにマネジメントする。
エ　コンフリクトは当事者間の課題であり，当事者だけで解決する。

解説

コンフリクトマネジメントは，PMBOK の用語です。PMBOK の第 4 版の 9.4.2“プロジェクト・チームのマネジメント：ツールと技法”の .3 に，コンフリクトマネジメントに関する解説があります。本問は，その中に記述されている，プロジェクトマネージャが認識すべきコンフリクトおよびコンフリクト・マネジメントにおける特徴に関する問題です。

なお，コンフリクト（conflict）は，“意見や利害などの衝突や対立”を意味します。

ア　コンフリクトの解決に当たっては，過去の経緯ではなく現在の課題に焦点を当てます。PMBOK の第 4 版の 9.4.2 は，下記の特徴も挙げています。

- コンフリクトは当然のことであり，従来とは異なる解決策を探す力となる。
- コンフリクトはチームとしての課題である。
- オープンであることが，コンフリクトの解決につながる。

イ　コンフリクトの解決に当たっては，個人の人間性に対してではなく，課題に焦点を当てます。
ウ　プロジェクトという環境では，コンフリクトは避けられないものです。
エ　コンフリクトはチームとしての課題です。

答え　ア

2-9 リスク・マネジメント

2-9-1 リスクの特定

“リスクの特定”プロセスは，“計画”プロセス群に属し，プロジェクトの全体リスクの要因だけでなく，プロジェクトの個別リスクの要因も特定し，それぞれの特性を文書化するプロセスです。このプロセスのインプット・ツールと技法・アウトプットは，下記のとおりです。

インプット	ツールと技法	アウトプット
1. プロジェクトマネジメント計画書	1. 専門家の判断	1. リスク登録簿
2. プロジェクト文書	2. データ収集	2. リスク報告書
3. 合意書	・ブレーンストーミング	3. プロジェクト文書更新版
4. 調達文書	・チェックリスト	
5. 組織体の環境要因	・インタビュー	
6. 組織のプロセス資産	3. データ分析	
	・SWOT 分析	
	・前提条件と制約条件の分析	
	（後略）	

【1】データ収集

リスクの特定プロセスで使用される情報技法のうち，当試験の午前問題として出題されている（もしくは出題されそうな）技法は，下記のとおりです（下記の③：デルファイ法は，PMBOK 第５版には掲載されており，同第６版には掲載されていませんが，出題頻度が高いので解説しています）。

①：ブレーンストーミング

ブレーンストーミングは，元々，アイデアの発想法として考案された技法ですが，これをリスク特定プロセスに適用すれば，“複数のメンバが自由にリスク案を出し合い，互いの発想の異質さを利用して，連想を行うことによってさらに多数のリスク案を生み出そうとする方法”といえます。

②：インタビュー

インタビューは，汎用的な調査方法であり，情報収集のために人に会って話をきくことです。これをリスク特定プロセスに適用すれば，“ステークホルダーなどに会って，リスクを聞く方法”といえます。

③：デルファイ法

デルファイ法は，元々，複雑な問題に関する専門家の見解の集約を図る方法として考案された技法ですが，これをリスク特定プロセスに適用すれば，“進行役が質問書を使って，あるリスクに対する見解を，専門家に対して聞く。専門家は，これに回答する。進行役は，専門家から入手した回答を他の専門家に配布し，さらにこれに対する見解を得る。この手順を数回繰り返すことによって，最終的なリスクに対する見解にまとめていく方法”といえます。

【2】SWOT 分析

SWOT 分析は，元々，企業の経営戦略を立てるために，自社の強み（Strength）と弱み（Weakness），機会（Opportunity）と脅威（Threat）を分析する手法です。SWOT 分析をリスク特定プロセスに適用すれば，“プロジェクト（もしくはプロジェクトの母体組織）の強みと弱みを把握し，次に把握された強みから生じる機会と弱みから生じる脅威を識別して，プロジェクトのリスクを特定する手法”といえます。

【3】リスク登録簿

リスク登録簿は，リスク特定プロセスの唯一のアウトプット情報であり，特定されたリスクと実行可能な対応策が一覧表のような形式で記録された文書です。

2-9-2 リスクの定性的分析

“リスクの定性的分析”プロセスは，“計画”プロセス群に属し，発生の可能性や影響のみならず，他の特性を評価することによって，さらなる分析や行動のためにプロジェクトの個別リスクに優先順位を付けるプロセスです。このプロセスのインプット・ツールと技法・アウトプットは，下記のとおりです。

インプット
1. プロジェクトマネジメント計画書
2. プロジェクト文書
・リスク登録簿
（中略）
3. 組織体の環境要因
4. 組織のプロセス資産

ツールと技法
1. 専門家の判断
2. データ収集
3. データ分析
・リスク発生確率・影響度査定
（中略）
6. データ表現
・発生確率・影響度マトリックス
（後略）

アウトプット
1. プロジェクト文書更新版
・リスク登録簿
（後略）

【1】リスク発生確率・影響度査定

リスク発生確率の査定は，“2-9-1　リスクの特定”プロセスで把握した個々のリスクの起こりやすさを調査し，3～5段階程度に分類された発生確率の1つに査定します。リスク影響度査定は，個々のリスクのスケジュール，コスト，品質，あるいはパフォーマンスなど，プロジェクト目標に対する影響を調査し，3～4段階程度に分類された影響度の1つに査定します。下表は当試験の平成21年 午後Ⅰ 問1 表2の一部であり，リスク発生確率・影響度査定がなされたリスク登録簿の例です。

【リスク登録簿】

項番	リスク	発生確率	影響度	対応の優先順位
1	新バージョンの機能仕様が把握できず設計が進まない。	高い	大	高優先
2	L社のプロジェクト管理能力が低く，スケジュールが遅れる。	高い	中	高優先
3	L社への技術移転が進まず，開発が遅れる。	普通	大	高優先
4	K社の合併によってプロジェクトが中断する。	低い	大	中優先
5	テレビ会議による週次レビューでの指示が正確に伝わらない。	普通	小	低優先

注：対応の優先順位は，下記の【2】で説明します。

【2】発生確率・影響度マトリックス

発生確率・影響度マトリックスは，リスクの優先順位の等級づけをするための表です。下表は当試験の平成21年 午後Ⅰ 問1 表1であり，発生確率・影響度マトリックスの例です。

影響度 / 発生確率		小	中	大
		0.20	0.40	0.80
高い	0.50	0.10	0.20	0.40
普通	0.30	0.06	0.12	0.24
低い	0.10	0.02	0.04	0.08

対応する優先順位

- ■：高優先（0.20, 0.40, 0.24）
- ▨：中優先（0.10, 0.12, 0.08）
- □：低優先（0.06, 0.02, 0.04）

上表の濃い網掛けがなされた {0.20, 0.24, 0.40} は“高優先”, 薄い網掛けがなされた {0.08, 0.10, 0.12} は“中優先”, 網掛けがなされていない {0.02, 0.04, 0.06} は“低優先”を意味しています。

例えば, 上記【1】リスク発生確率・影響度査定に掲載したリスク登録簿の項番 1 の“対応の優先順位”は, 上表の（発生確率＝高い＝0.50）と（影響度＝大＝0.80）が交差した 0.40（0.50 × 0.80 の計算結果）“高優先”に該当します。

このようにして, 個々のリスクの“対応の優先順位”を決め, 上記【1】リスク発生確率・影響度査定に掲載したリスク登録簿を更新します。

2-9-3 リスクの定量的分析

“リスクの定量的分析”プロセスは, “計画”プロセス群に属し, プロジェクトの個別の特定した個別リスクと, プロジェクト目標全体における他の不確実性要因が複合した影響を数量的に分析するプロセスです。このプロセスのインプット・ツールと技法・アウトプットは, 下記のとおりです。

インプット	ツールと技法	アウトプット
1. プロジェクトマネジメント計画書	1. 専門家の判断	1. プロジェクト文書更新版
2. プロジェクト文書	2. データ収集	
・リスク登録簿	（中略）	
（中略）	5. データ分析	
3. 組織体の環境要因	・感度分析	
4. 組織のプロセス資産	・ディシジョンツリー分析	
	（後略）	

【1】感度分析

感度分析は, プロジェクトに与える影響が大きいリスクを明確にするための分析であり, 複数のリスクの要素のうち, ある 1 つの要素だけのリスクの発生確率や影響度などが変化した場合（他の要素はすべて変化しないと仮定します）, プロジェクト目標の達成にどの程度の影響が発生するかを分析します。

【2】トルネード図

トルネード図は, 感度分析の代表的な表示方法であり, Y 軸に各種の不確実性が基準値を中心に配置され, X 軸に調査対象のアウトプットに対する不確実性の幅あるいは相関が示されます。トルネード図では, 不確実性要因が水平バーによって表され, 基準値からの変動幅の大きい順に縦に上から並べられます。したがって, トルネード（大竜巻）のように見えます（上記の説明および下図の図例は, PMBOK

第 5 版によるものです。第 6 版では，少し異なる説明や図例になっていますが，試験問題は，第 5 版で出題されていますので，ここではそれに倣っています）。

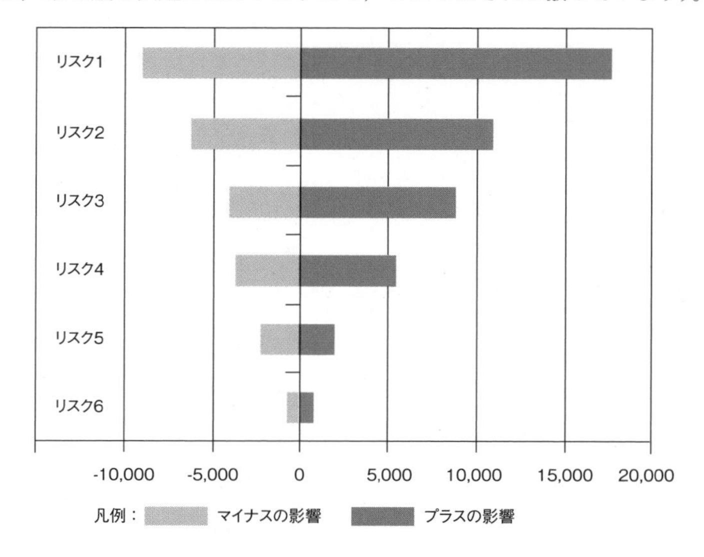

【3】ディシジョンツリー分析

ディシジョンツリー分析は，いくつかの行動の代替案の中から最良の選択肢を選択するために実施される分析であり，当試験では，その具体的な分析手法として，**期待金額価値分析**（EMV：Expected Monetary Value）がよく出題されます。期待金額価値分析は，将来発生するかどうかわからないシナリオにおいて，平均的な金額価値を算出するために期待値の考え方を適用した分析であり，下図のようなディシジョンツリーがよく使われます。

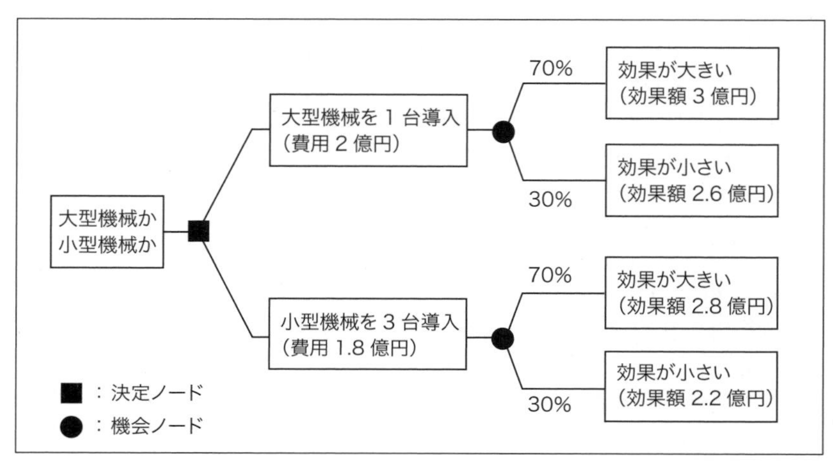

ディシジョンツリーは，決定ノードのいずれを選択すべきかの判定をするための図であり，上図は“大型機械と小型機械のどちらを導入すべきか”という意思決定に用いられる例です。上図の場合，下記のような計算をします。

・大型機械 1 台を導入する案

効果が大きいとした場合の期待効果額…	3 億円 × 70% ＝	2.1 億円
効果が小さいとした場合の期待効果額…	2.6 億円 × 30% ＝	0.78 億円
	合　計	2.88 億円

期待金額価値 ＝ 2.88 億円 － 2 億円 ＝ 0.88 億円 … (a)

・小型機械 3 台を導入する案

効果が大きいとした場合の期待効果額…	2.8 億円 × 70% ＝	1.96 億円
効果が小さいとした場合の期待効果額…	2.2 億円 × 30% ＝	0.66 億円
	合　計	2.62 億円

期待金額価値 ＝ 2.62 億円 － 1.8 億円 ＝ 0.82 億円 … (b)

上記より，0.88 億円 (a) ＞ 0.82 億円 (b)　なので，期待金額価値が大きい大型機械 1 台を導入する案を選択すると有利になると考えられます。

2-9-4 リスク対応の計画

“リスク対応の計画”プロセスは，“計画”プロセス群に属し，プロジェクトの全体リスクとプロジェクトの個別リスクに対処するために，選択肢の策定，戦略の選択，および対応処置へ合意するプロセスです。このプロセスのインプット・ツールと技法・アウトプットは，下記のとおりです。

インプット	ツールと技法	アウトプット
1. プロジェクトマネジメント計画書	1. 専門家の判断	1. 変更要求
2. プロジェクト文書	（中略）	2. プロジェクトマネジメント計画書更新版
・リスク登録簿	4. 脅威への戦略	3. プロジェクト文書更新版
（中略）	5. 好機への戦略	・リスク登録簿
3. 組織体の環境要因	（後略）	（後略）
4. 組織のプロセス資産		

【1】脅威への戦略

脅威への戦略とは，プロジェクト目標の達成を阻害するリスクへの対策であり，下記の 5 つがあります。これらの 5 つは，当試験の午前問題にしばしば出題されています。このうち4,5番目に説明する“受容”と“エスカレーション”は，下記の“【2】好機への戦略”の1つでもあります。

①：**回避**…リスクの原因を除去して，リスクそのものを無くしてしまう対策です。
　例：縮小されたスコープ，他社に委託されたソフトウェア開発の範囲

②：**軽減**…リスクが顕在化する確率を低下させる対策です。
　例：信頼性向上のための装置やシステムの二重化，上流工程でのプロトタイプの作成

③：**転嫁**…リスクを他の者に移転させる対策です。
　例：保険，契約履行保証，担保などの設定

④：**受容**…リスクをそのまま受け入れることです。
　例：コンティンジェンシー予備の設定

⑤：**エスカレーション**…脅威がプロジェクトの外部にあるか，その対応策がプロジェクトマネージャの権限の範囲を超えている場合に，その脅威の対応策の具体的な立案や実行などのすべてをプロジェクト外の誰かに移管することです。このエスカレーションはPMBOK第5版にはなく，第6版で追加された戦略です。特に，上記の③：転嫁との区別がしづらいので，当試験での取扱いが注目されます。
　例：“Aシステムを開発する”というプロジェクト目的に，“Bシステムを，Aシステムと並行して開発する”が追加された場合

【2】好機への戦略

好機への戦略とは，プロジェクト目標に良い影響を与える可能性があるリスクの対策のことであり，下記の5つがあります。“好機への戦略”という表現はわかりにくいと思いますが，PMBOKは，好機（チャンス）の拡大策もリスクに含めていると理解してください。4，5番目に説明する“受容”と“エスカレーション”は，上記の“(1)脅威への戦略”の1つでもあります。

①：**活用**…好機が確実に来るように，好機に関する不確実性を除去する対策です。
　例：優秀なメンバの要員調達，使用実績がある技術やツールの採用

②：**強化**…好機の発生確率やプラスの影響，またはその両方を増加させるための対策です。
　例：特定のアクティビティへの追加メンバの投入

③：**共有**…好機をとらえる能力が最も高い第三者に，好機の実行権限の一部または全部を割り当てる対策です。
　例：他社との共同開発，建設工事のジョイントベンチャー

④：**受容**…好機をそのまま受け入れることです。
　例：サーバなどのハードウェアの市販価格の下落

⑤：**エスカレーション**…好機がプロジェクトの外部にあるか，その対応策がプロジェクトマネージャの権限の範囲を超えている場合に，その好機への対応策の具体的な立案や実行などのすべてを，プロジェクト外の誰かに移管することです。

例：“当プロジェクトの開発対象システムであるAシステムと関連がない，Bシステムの開発が成功したら，Aシステムの開発予算を2億円増額する”という決定がなされた場合

2-9-5 問題の演習

問題1

リスクの特定 PM28-S2-13

プロジェクトのリスクを，デルファイ法を利用して抽出しているものはどれか。

ア　ステークホルダや経験豊富なプロジェクトマネージャといった専門家にインタビューし，回答を収集してリスクとしてまとめる。

イ　複数のお互いに関係がないステークホルダやプロジェクトマネージャにアンケートを行い，その結果を要約する。さらに，要約結果を用いてアンケートを行い，結果を要約することを繰り返してリスクをまとめる。

ウ　プロジェクトチームのメンバにPMOのメンバやステークホルダを複数名加え，一堂に会して会議をし，リスクに対する意見を出し合い，進行役がリスクとしてまとめる。

エ　プロジェクトを強み，弱み，好機，脅威のそれぞれの観点及びその組合せで分析し，リスクをまとめる。

解説

デルファイ法は，進行役が質問書を使って，ある問題に対する見解を専門家に対して聞きます。専門家は，これに回答します。進行役は，専門家から入手した回答を他の専門家に配布し，さらにこれに対する見解を得ます。この手順を数回繰り返すことによって，最終的な見解にまとめていく方法です。

選択肢**イ**の“結果を要約することを繰り返して”をヒントにして，選択肢**イ**を正解にします。なお，選択肢**エ**は，SWOT分析をプロジェクトのリスクの抽出に使った例です。

答え　イ

問題2

リスクの定性的分析 PM28-S2-14

PMBOK によれば，プロジェクトリスクマネジメントにおける定性的リスク分析で実施することのうち，適切なものはどれか。

ア　感度分析によって，プロジェクトに与える影響が大きいリスクを明確にする。
イ　定量的リスク分析の結果に基づいて，リスクの優先順位付けをする。
ウ　リスク対応計画に基づいて，発生するおそれがあるリスクを具体的に特定する。
エ　リスクの発生確率と影響度を査定した結果に基づいて，リスク登録簿を更新する。

解説

ア　当選択肢の記述は，正しいです。しかし，感度分析は，定量的リスク分析で使用される“ツールと技法”であり，その点が誤りです。
イ　基本的に，定性的リスク分析 → 定量的リスク分析 の順に実施するので，定量的リスク分析の結果に基づいて（定性的リスク分析を実施する）と読める当選択肢は誤りです。
ウ　発生するおそれがあるリスクを具体的に特定するプロセスは，“リスク特定”プロセスです。また，リスク特定プロセスは，リスク対応計画に基づいて実施しません（＝リスク特定プロセスのインプットにリスク対応計画は，入っていません）。
エ　そのとおりです。PMBOK 第5版の 11.3 において，定性的リスク分析は“リスクの発生確率と影響度の査定とその組合せによって，その後の分析や処置のためにリスクの優先順位付けを行うプロセスである”と定義されています。

答え　エ

問題3

リスクの定性的分析 PM30-S2-11

PMBOK のリスクマネジメントでは，定性的リスク分析でリスク対応計画の優先順位を設定し，定量的リスク分析で数値によるリスクの等級付けを行う。定性的リスク分析で使用されるものはどれか。

ア　感度分析
イ　期待金額価値分析
ウ　デシジョンツリー
エ　発生確率・影響度マトリックス

解説

PMBOK 第 5 版の定性的リスク分析は，以下のように説明されています。

> 11.3　定性的リスク分析
> 　定性的リスク分析は，リスクの発生確率と影響度の査定とその組合せを基に，その後の分析や処置のためにリスクの優先順位付けを行うプロセスである。

定性的リスク分析のインプット・ツールと技法・アウトプットは，以下のとおりです。

インプット	ツールと技法	アウトプット
1. リスク・マネジメント計画書	1. リスク発生確率・影響度査定	1. プロジェクト文書更新版
2. スコープ・ベースライン	2. 発生確率・影響度マトリックス	
3. リスク登録簿	3. リスク・データ品質査定	
4. 組織体の環境要因	4. リスク区分	
5. 組織のプロセス資産	5. リスク緊急度査定	
	6. 専門家の判断	

上記の“ツールと技法”の 2. より，発生確率・影響度マトリックスが正解です。このマトリックスは，リスクの優先順位を低・中・高に等級付けするための，リスクの発生確率と影響度の組合せを規定します。

発生確率・影響度マトリックスの図例は，平成 21 年度春期プロジェクトマネージャ 午後Ⅰ問 1 の表 1 を参照すればよいでしょう。

選択肢**ア**～**ウ**は，定量的リスク分析で使用される“ツールと技法”です。

答え　エ

問題4

リスクの定量的分析

PM02-A2-10

プロジェクトにどのツールを導入するかを, EMV（期待金額価値）を用いて検討する。デシジョンツリーが次の図のとき，ツール A を導入する EMV がツール B を導入する EMV を上回るのは，X が幾らより大きい場合か。

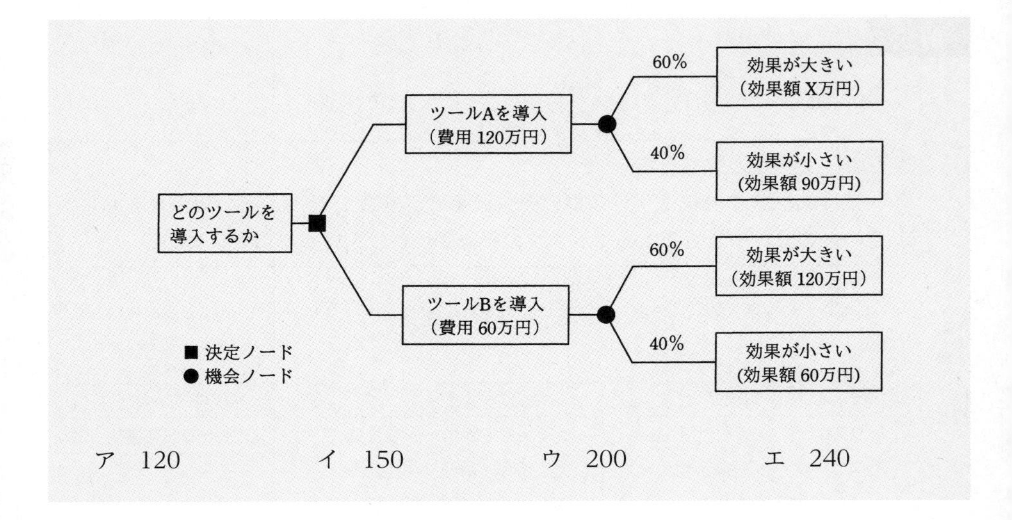

ア　120　　　イ　150　　　ウ　200　　　エ　240

解説

下記の手順によって，X の金額を算定します。

(1) ツール A を導入する場合

効果が大きいとした場合の期待効果額 … X 万円 × 60% = 0.6X 万円
効果が小さいとした場合の期待効果額 … 90 万円 × 40% = 36 万円

合計　0.6X + 36 万円

ツール A の費用は 120 万円なので，EMV は（0.6X + 36 万円）− 120 万円 = 0.6X − 84 万円 (**1**)

(2) ツール B を導入する場合

効果が大きいとした場合の期待効果額 … 120 万円 × 60% = 72 万円
効果が小さいとした場合の期待効果額 … 60 万円 × 40% = 24 万円

合計　96 万円

ツール B の費用は 60 万円なので，EMV は 96 万円 − 60 万円 = 36 万円 (**2**)

(3) ツール A とツール B のいずれを導入しても同じ EMV になる場合

0.6X − 84 万円 (**1**) = 36 万円 (**2**)　→　X = 200 万円

したがって，ツール A を導入すると有利になるのは，X が 200 万円よりも大きい場合です。

答え　ウ

問題5

リスクの定量的分析

PM26-S2-12

リスクマネジメントにおける EMV（期待金額価値）の算出式はどれか。

ア　リスク事象発生時の影響金額×リスク事象の発生確率
イ　リスク事象発生時の影響金額÷リスク事象の発生確率
ウ　リスク事象発生時の影響金額×リスク対応に掛かるコスト
エ　リスク事象発生時の影響金額÷リスク対応に掛かるコスト

解説

リスクマネジメントにおける EMV（Expected Monetary Value：期待金額価値）の算出方法は，下記のとおりです。

　リスク事象発生時の影響金額×リスク事象の発生確率

EMV の例は，下記のようなものです。

“地震は 10 年に 1 回の発生確率があり，もし発生した場合の影響金額は 50 億円である。したがって，1 年間の EMV は，1 ÷ 10 × 50 ＝ 5 億円である。”

答え　ア

問題6

リスクの定量的分析

PM31-S2-10

どのリスクがプロジェクトに対して最も影響が大きいかを判断するのに役立つ定量的リスク分析とモデル化の技法として，感度分析がある。感度分析の結果を示した次の図を何と呼ぶか。

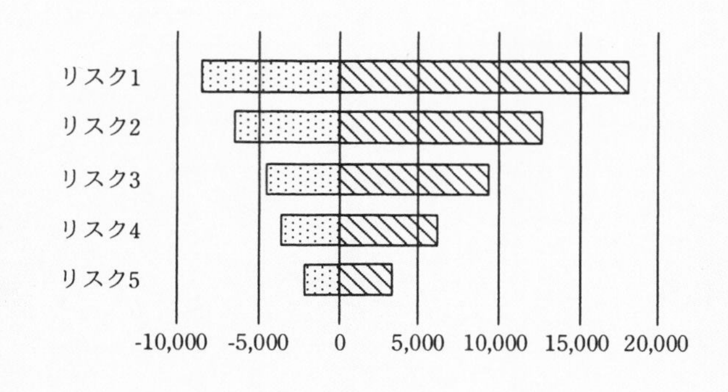

ア　確率分布
イ　デシジョンツリーダイアグラム
ウ　トルネード図
エ　リスクブレークダウンストラクチャ

解説

ア　確率分布の図例は，下図のとおりです。

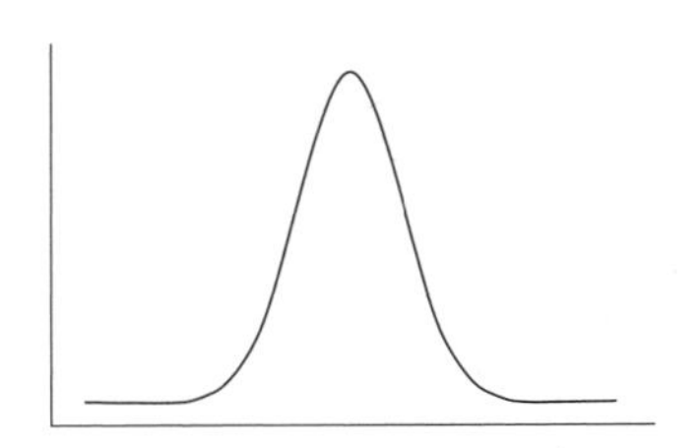

イ　デシジョンツリーダイアグラムの図例は，下図のとおりです。

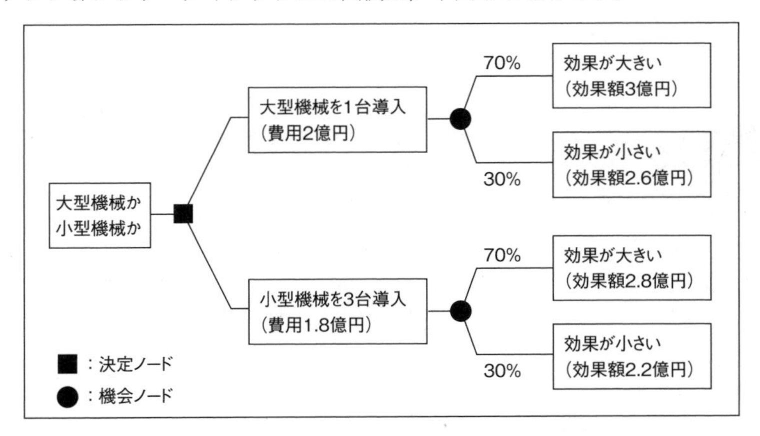

ウ　トルネード（tornado：大竜巻）のように見えるので，問題の図をトルネード図といい，本選択肢が正解です。

エ　リスクブレークダウンストラクチャの図例は，下図のとおりです。

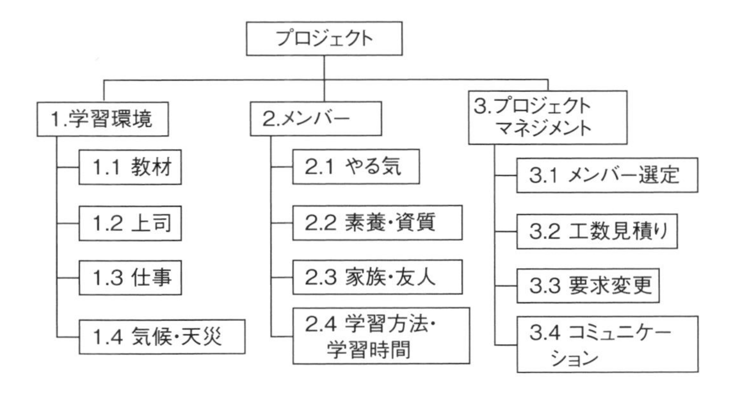

答え　ウ

問題7

リスク対応戦略

PM30-S2-10

PMBOK ガイド 第 5 版のプロジェクト・リスク・マネジメントにおけるリスク対応戦略に関する記述のうち，適切なものはどれか。

ア　強化は，マイナスのリスクに対して使用される戦略である。
イ　共有は，プラスのリスクとマイナスのリスクのどちらにも使用される戦略である。
ウ　受容は，プラスのリスクとマイナスのリスクのどちらにも使用される戦略である。
エ　転嫁は，プラスのリスクに対して使用される戦略である。

解説

ア　強化は，プラスのリスクに対して使用される戦略です。
イ　共有は，プラスのリスクに対して使用される戦略です。
ウ　受容は，リスクを受け入れる戦略です。もし，マイナスのリスクに対し受容を採用するということは，他に適当な対応戦略が見つけられなかったことを意味します。もし，プラスのリスクに対し受容を採用するということは，積極的にその利益を追求しようとはしないが，好機が実現したらその利益を享受することを意味します。

リスク対応戦略を簡単にまとめると，下表になります。

プラス	活用，共有，強化
マイナス	回避，転嫁，軽減
プラスとマイナス	受容

エ　転嫁は，マイナスのリスクに対して使用される戦略です。

答え　ウ

問題8

リスク対応戦略

PM02-A2-11

PMBOK ガイド第 6 版によれば，リスクにはプロジェクト目標にマイナスの影響を及ぼす“脅威”と，プラスの影響を及ぼす“好機”がある。リスクに対応する戦略のうち，“好機”に対する戦略である“強化”に該当するものはどれか。

ア　アクティビティを予定よりも早く終了させるために，計画よりも多くの資源を投入する。
イ　リスク共有のパートナーシップ，チーム，ジョイント・ベンチャーなどを形成する。
ウ　リスクに対処するために，時間，資金，資源の量などに関してコンティンジェンシー予備を設ける。
エ　リスクを定期的にレビューする以外の行動はとらず，リスクが顕在化したときにプロジェクト・チームが対処する。

解説

ア　“アクティビティを予定よりも早く終了させるために”という本選択肢の記述から，プラスの影響を及ぼす“好機”が来ていると判断されます。“計画よりも多くの資源を投入する”はクラッシングの説明であり，“強化”に該当し，本選択肢が正解です。

なお，もし本選択肢が“スケジュールの遅延を挽回するために，計画よりも多くの資源を投入する”というものであれば，不正解になります。

イ　“好機”に対する戦略である“共有”に該当します。

ウとエ　“脅威”に対する戦略である“受容”に該当します。

答え　ア

問題9

リスク対応の計画

PM31-S2-05

JIS Q 21500:2018（プロジェクトマネジメントの手引）によれば，対象群“リスク”の活動内容のうち，プロセス“リスクへの対応”で実施するものはどれか。

ア　プロジェクトの混乱を最小限にするために，リスク対応の有効性を評価しながらのリスク対応の進捗をレビューする。
イ　プロジェクトの目標への脅威を軽減するために，プロジェクトの予算及びスケジュールに資源と活動を投入することによって，リスクを扱う。
ウ　プロジェクトのライフサイクルを通じて，プロジェクトの目標に影響を与えることがあるリスク事象及びその特性の決定を繰り返す。
エ　リスクの優先順位を定めるために，各リスクの発生確率及びそのリスクが発生した場合にプロジェクトの目標に及ぼす結果を推定する。

解説

以下，JIS Q 21500:2018に基づいて解説します。

ア　本選択肢は，プロセス“リスクの管理”で実施するものです。

> 4.3.31 リスクの管理
> 　リスクの管理の目的は，リスクへの対応を実行するかどうか及びそれが期待する効果を上げられるかどうかを明らかにし，プロジェクトの混乱を最小限にすることである。
> 　これは，特定したリスクの追跡，新たなリスクの特定及び分析，コンティンジェンシ計画の発動条件の監視及びリスク対応の有効性を評価しながらのリスク対応の進捗をレビューすることによって達成する。（後略）

イ　本選択肢の“プロジェクトの目標への脅威を軽減するために”が，下記の❶の箇所に合致するので，本選択肢が正解です。

> 4.3.30 リスクへの対応
> 　リスクへの対応の目的は，❶プロジェクトの目標への機会を高めて脅威を軽減するために，選択肢を作成して対策を決定することである。
> 　このプロセスは，予算及びスケジュールに資源と活動とを投入することによってリスクを扱う。リスク対応は，そのリスクにとって適切であり，費用対効果が高く，タイムリで，プロジェクトの文脈から考えて現実的であり，関係する全ての当事者に理解され，そして適切な人員に割り当てられることが望ましい。（後略）

ウ　本選択肢は，プロセス“リスクの特定”で実施するものです。

> 4.3.28 リスクの特定
> 　リスクの特定の目的は，発生した場合にプロジェクトの目標にプラス又はマイナスの影響を与えることがある潜在的リスク事象及びその特性を決定することである。
> 　リスクの特定は，反復的なプロセスである，なぜならば，プロジェクトのライフサイクルを通じた進捗に従って新たなリスクを認識したり，リスクが変化したりすることがある。（後略）

エ　本選択肢は，プロセス“リスクの評価”で実施するものです。

> 4.3.29 リスクの評価
> 　リスクの評価の目的は，その後の処置のためにリスクを測定して，その優先順位を定めることである。
> 　このプロセスは，各リスクの発生確率及びそのリスクが発生した場合にプロジェクトの目標に及ぼす結果の推定を含む。リスクは，期間，主要なステークホルダのリスク許容度などほかの要因を考慮した評価に従って優先順位を定める。（後略）

答え　イ

③：発注先選定基準の作成

納入者候補の中から，納入者（＝発注先）を選定するための基準を作成します。これは，下記④の提案依頼書の等級付けや採点のために使用するものであり，下表（当試験の平成 21 年 午後Ⅰ 問 2 表 1）は，発注先選定基準の 1 例です。

内容点の評価基準　　単位：点

評価軸	評価項目		配点
要求仕様を正しく理解し，システム化の目的に即した，要求仕様を満足する内容が記述されているか。	システム化の目的との整合性	200	400
	要求仕様に対する充足度	200	
機能要件，及びシステム構成，性能・信頼性などの非機能要件への対応方法について，具体的かつ適切に記述されているか。	機能要件への対応方法	300	700
	非機能要件への対応方法	300	
	その他の有益な具体的提案	100	
提案内容を実行するための，作業項目，成果物，及びスケジュールが妥当であり，十分な体制が確保され，適切な手法で管理される計画となっているか。	作業計画	100	200
	体制	50	
	管理手法	50	
事務センタの業務に関する知識が豊富で，類似システムの開発経験があるか。また，開発作業を適切に遂行できる十分なスキルのある人材が豊富か。	業務知識	50	200
	開発経験	50	
	PM やリーダの保有資格やスキルレベル	100	
合計			1,500

④：提案依頼書（RFP：Request For Proposal）の作成と配布

提案依頼書は，納入者候補から提案書を作成してもらうために，購入者（＝発注元）が作成し，納入者候補に配布する依頼書です。提案依頼書には，＜提出する成果物名，成果物ごとの作成要件（要件定義の機能要件や非機能要件を含む），成果物の前提条件および制約条件，提案書に記載すべき事項（納入者候補会社の概要，予定している作業場所・作業方法・使用ツール，提案内容，見積金額と算定根拠），提案書の提出期限，提出方法，納入者選定結果の通知方法＞などが記述されます。

もし，提案依頼書を作成中に，疑問点や質問事項を思いついた場合には，**情報提供依頼書**（**RFI**：Request for Information）を作成し，納入者候補に送付して回答を得ます。

購入者は，提案依頼書を完成させると，下記⑤の入札説明会の開催日の 2 ～ 4 週間前ぐらいに，納入者候補に提案依頼書を送付します。

⑤：入札説明会の実施

購入者が，納入者候補からの提案依頼書に関する質問を聞き，その回答を行う入札説明会を開催します（購入者が，入札説明会において，提案依頼書の内容を説明することもあります)。入札説明会において，すべての納入者候補が他の納入者候補からの質問を聞くことができ，かつ当該質問に対する購入者からの回答を聞けるように，購入者が十分に配慮することが望まれます。また，入札説明会で出された質問と回答は，別途書類にして，すべての納入者候補に配布します。

⑥：提案書の入手と評価

購入者は，納入者候補から提案書を入手すると，上記③の発注先選定基準に従って，提案書を評価します。下表（当試験の平成 21 年 午後 I 問 2 表 2 改）は，提案書の評価結果の 1 例です。

	各評価軸の得点				内容点
	要求仕様の理解度	記述内容の具体性	計画の妥当性	経験・スキル	
X 社	380 点	600 点	150 点	180 点	1,310 点
Y 社	200 点	150 点	100 点	50 点	500 点
Z 社	370 点	300 点	100 点	160 点	930 点

提案書の評価結果を踏まえて納入者を決定し，納入者選定結果を納入者候補に通知します。

⑦：契約の締結

購入者は，納入者と提案書に基づいた契約書を作成して，契約を締結します。

【3】調達文書

調達文書は，購入者が納入者候補から何らかの情報を入手するための依頼書や，その依頼書を補完する書類のことです。上記“【2】標準的な調達手順”で説明した調達作業範囲記述書，提案依頼書，情報提供依頼書以外で，当試験の午前問題に出題されたことがある調達文書は，下記のとおりです。

- **見積依頼書**（RFQ：Request For Quotation）… 調達する物品やサービスなどの見積書の送付を依頼する書類
- **入札招請書**（IFB：Invitation For Bid）… 提案依頼書と同じ役割を持つ書類。ただし，適用分野によっては，より狭義な（もしくは，より特定の）意味を持つことがあります。

2-10-2 問題の演習

問題1

実費償還型契約 SA27-A2-16

システム開発におけるベンダとの契約方法のうち，実費償還型契約はどれか。

ア　委託業務の進行中に発生するリスクはベンダが負い，発注者は注文時に合意した価格を支払う。
イ　契約期間が長期にわたる場合などで，インフレ率や特定の商品コストの変化に応じて，あらかじめ取り決められた契約金額を調整する。
ウ　注文時に，目標とするコスト，利益，利益配分率，上限額を合意し，目標コストと実際に発生したコストの差異に基づいて利益を配分する。
エ　ベンダの役務や技術に対する報酬に加え，委託業務の遂行に要した費用の全てをベンダに支払う。

解説

以下，PMBOK 第 5 版に準拠して解説します。

ア　完全定額契約の説明です。
イ　経済価格調整付き定額契約の説明です。
ウ　インセンティブ・フィー付き定額契約の説明です。
エ　実費償還型契約の説明に該当するので，本選択肢が正解です。ただし，PMBOK 第 5 版では“実費償還契約”となっており，“型”は付けられていません。

答え　エ

問題2

外部調達における契約形態 PM24-S2-15

外部調達における契約形態のうち，請け負った作業に掛かったコストに加えて，契約時に合意したパフォーマンスの基準を達成した場合に受注者が所定の利益（フィー）を受け取る契約タイプはどれか。

ア　コストプラスインセンティブフィー契約
イ　コストプラス定額フィー契約
ウ　タイムアンドマテリアル契約
エ　定額インセンティブフィー契約

解説

本問の各選択肢は，PMBOKに記載されている用語です。PMBOKの第4版の用語集に準拠して各選択肢の用語を説明すれば，以下のようになります。なお，下記の説明に出てくる"実費償還契約"は，購入者が，実コストに納入者の利益相当分を加えた金額を，納入者に支払う契約です。

ア　コストプラスインセンティブフィー契約…実費償還契約の一種で，購入者は，納入者の償還対象コスト（これは契約で取り決める）を納入者に支払い，加えて契約時に合意したパフォーマンスの基準を達成した場合に，納入者が所定の利益（フィー）を受け取る契約です。

イ　コストプラス定額フィー契約…実費償還契約の一種で，購入者が納入者の償還対象コスト（これは契約で取り決める）と固定額の利益（フィー）を納入者に支払う契約です。

ウ　タイムアンドマテリアル契約…タイムアンドマテリアル契約は，単価は決めるが単価を乗ずる数量を大まかにしか決めない契約です。契約成立時点で計画の全体額が取り決められていないので，実費清算の契約内容に似ています。

エ　定額インセンティブフィー契約…購入者が納入者に決められた額（これは契約で取り決める）を支払い，納入者が所定のパフォーマンス基準を満たした場合，納入者が追加の報酬を受ける契約の一形態です。

答え　ア

問題3

コストプラスインセンティブフィー契約

PM02-A2-13

次の契約条件でコストプラスインセンティブフィー契約を締結した。完成時の実コストが8,000万円の場合，受注者のインセンティブフィーは何万円か。

〔契約条件〕

(1) 目標コスト
　9,000万円

(2) 目標コストで完成したときのインセンティブフィー
　1,000万円

(3) 実コストが目標コストを下回ったときのインセンティブフィー
　目標コストと実コストとの差額の70%を1,000万円に加えた額。

(4) 実コストが目標コストを上回ったときのインセンティブフィー
　実コストと目標コストとの差額の70%を1,000万円から減じた額。
　ただし，1,000万円から減じる額は，1,000万円を限度とする。

ア 700　　イ 1,000　　ウ 1,400　　エ 1,700

解説

問題文の条件に従って下記のように計算します。

(i) 問題文と〔契約条件〕(1)より
実コスト　8,000万円　＜　目標コスト9,000万円　になっています（**1**）。

(ii) 上記**1**は，〔契約条件〕(3)の“実コストが目標コストを下回ったとき”に該当していますので，
インセンティブフィー＝
（目標コスト9,000万円－実コスト8,000万円）×70%＋1,000万円
＝1,700万円

答え　エ

問題4

外部調達における契約形態

PM21-S2-11

要求仕様が明確になっていない場合，納入者側のリスクが最も高くなる契約形態はどれか。

ア　実費償還契約　　イ　タイムアンドマテリアル契約
ウ　単価契約　　エ　定額契約

解説

ア　実費償還契約は，購入者が，実コストに納入者の利益相当分を加えた金額を，納入者に支払う契約です。
イ　タイムアンドマテリアル契約は，単価は決めるが単価を乗ずる数量を正確には決めない契約です。契約成立時点で計画の全体額が取り決められていないので，実費清算の契約内容に似ています。
ウ　単価契約は，単価のみを決める契約です。
エ　定額契約は，明確に定義された成果物に対する一括固定金額を定める契約です。要求仕様が明確になっていない場合，納入者側のリスクが最も高くなります。

答え　エ

問題5

調達マネジメントの計画

AP23-A-65

“提案評価方法の決定”に始まる調達プロセスを，調達先との契約締結，調達先の選定，提案依頼書（RFP）の発行，提案評価に分類して順番に並べたとき，cに入るものはどれか。

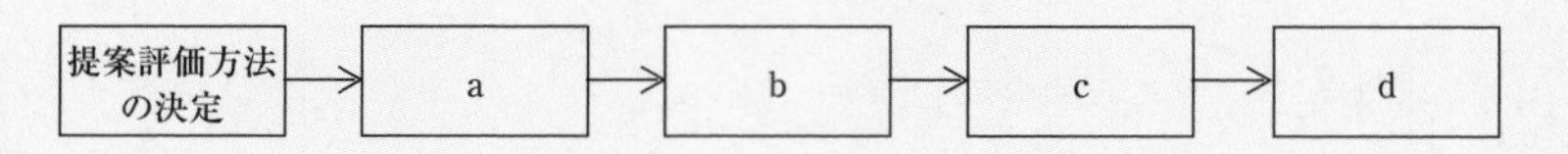

ア　調達先との契約締結　　　イ　調達先の選定
ウ　提案依頼書（RFP）の発行　　エ　提案評価

解説

本問の調達プロセスである“提案評価方法の決定”およびa～dを順番に並べると，以下のようになります。

(1) 提案評価方法の決定…入手した提案書を評価する際に用いる調達先選定基準を作成します。
(2) a：提案依頼書（RFP）の発行…提案依頼書を作成し，調達先候補会社に配布します。また提案依頼書の説明会を開催します。
(3) b：提案評価…提案書を入手し，調達先選定基準にしたがって評価します。
(4) c：調達先の選定…提案評価の結果，最も高得点だった会社を調達先に選定し，通知します。
(5) d：調達先との契約締結…調達先と契約を締結します。

答え　イ

問題6

提案依頼書（RFP）

PM23-S2-15

システム構築の提案依頼書（RFP）を作成する際の留意点のうち，適切なものはどれか。

ア　システムの機能要件は，広義にとらえることができる表現にする。
イ　システムを構築する費用は，供給者選定後に話合いで決める。
ウ　提案の評価項目を明示する。
エ　プロジェクトのマイルストーンは，供給者に提案してもらう。

解説

ア　システムの機能要件は，狭義にとらえることができる表現にします。

イ　システムを構築する見積費用は，提案書を評価して発注先を選定するための重要な項目です。見積費用を提案書に記載させるために，RFP の提案項目にそれを含めます。

ウ　システム構築の提案依頼書（RFP）を作成する際の留意点に，発注先選定基準の設定があります。提案書を入手した後になって，発注先選定基準を設定すると，公平もしくは適切な評価ができず，いわゆる“結論ありきの選定”，“選定理由後付けの選定”になりやすいです。

　発注先選定基準や提案の評価項目は，RFP には記載せず，購入者の内部資料に留めておくことが多いです。当選択肢の文には，どこに提案の評価項目を明示するのかは書かれていませんが，もし出題者が“RFP に明示する”と想定しているのであれば，積極的な提言であるといえます。PMBOK の“調達計画”プロセスのアウトプットの発注先選定基準の説明では，“選定基準は，調達を招請する文書（筆者注：RFP などの文書）の一部に含めることができる”としています。

エ　プロジェクトのマイルストーンは，原則として購入者が RFP に記載します。供給者は，RFP に沿った提案書を作成し，購入者に提示します。

答え　ウ

問題7

提案依頼書（RFP）　AP22-S-65

ベンダに対する提案依頼書（RFP）の提示に当たって留意すべきことはどれか。

ア　工程ごとの各種作業の完了時期は，ベンダに一任するよう提示する。
イ　情報提供依頼書（RFI）を提示したすべてのベンダに提示する。
ウ　プログラム仕様書を提案依頼書に添付して，ベンダに提示する。
エ　要件定義を機能要件，非機能要件にまとめて，ベンダに提示する。

解説

ア　工程ごとの各種作業の完了時期は，RFP に記載することが望ましいです。最低限，全作業の完了時期を，RFP に記載します。

イ　情報提供依頼書（RFI）は，発注者の要件を実現するために，現在の状況において利用可能な技術・製品，ベンダにおける導入実績など実現手段に関する情報提供をベンダに依頼する文書です。

情報提供依頼書（RFI）を提示したベンダから明快な回答が得られない等の時には，そのベンダに RFP を提示しない場合があります。

ウ　プログラムの作成を依頼する場合には，プログラム仕様書を提案依頼書に添付することがあります。しかし，そうしない場合も多いです。

エ　ベンダ選定は，下記の手順によって行われます。

(1) 発注元会社は，発注先候補のベンダに情報提供依頼書（RFI）を提示し，情報収集する。

(2) 発注元会社は，情報提供依頼書（RFI）を参考にして，提案依頼書（RFP）を作成し，発注先候補のベンダに提示する。

(3) 発注先候補のベンダは，提案書を作成し，発注元会社に提出する。

(4) 発注元会社は，提出された提案書を評価し，発注先のベンダを選定する。

発注元会社が，良質な提案書を入手するためには，要件定義を機能要件，非機能要件にまとめて，提案依頼書（RFP）に記載しなければなりません。

答え　エ

問題8

調達マネジメントの計画　PM27-S2-15

次の調達の要領で，ソフトウェア開発を外部に委託した。ほぼ計画どおりの日程で全工程を終了して受入れテストを実施したところ，委託した範囲の設計不良によるソフトウェアの欠陥が多数発見された。プロジェクト調達マネジメントの観点から，取得者が実施すべき再発防止の施策として，最も適切なものはどれか。

〔調達の要領〕

・委託の範囲はシステム開発の一部分であり，ソフトウェア方式設計からソフトウェア結合までを一括して発注する。

・前年度の実績評価を用いて，ソフトウェア開発の評点が最も高い供給者を選定する。

・毎月１回の進捗確認を実施して，進捗報告書に記載されたソフトウェア構成品目ごとの進捗を確認する。

・成果物は，委託した全工程が終了したときに一括して検査する。

ア　同じ供給者を選定しないように，当該供給者のソフトウェア開発の実績評価の評点を下げる。

イ　各開発工程の区切りで工程の成果物を提出させて検査し，品質に問題がある場合は原因を特定させて，是正させる。

ウ　進捗確認で，作成した設計書のページ数，作成したプログラムの行数，実施したテストケース数など，定量的な報告を求める。

エ　進捗確認の頻度を毎月1回から毎週1回に変更して，進捗をより短い周期で確認する。

解説

ア　本選択肢は，全く間違っている施策とは言えません。しかし，次のプロジェクトにおいて，他の供給者を選定した場合であっても，選択肢**イ**の施策をしない限り，今回のような設計不良が多発する可能性が高いです。したがって，消去法により，本選択肢は×になります。

イ　〔調達の要領〕の最終文に挙げられている“成果物は，委託した全工程が終了したときに一括して検査する”が，この事例の本質的な問題点であります。設計不良によるソフトウェアの欠陥は，設計が完了した直後に実施する“設計レビュー”で除去しなければなりません。したがって，本選択肢が正解です。

なお，本選択肢の“各開発工程の区切りで工程の成果物を提出させて検査すること”をフェーズ・ターミネーション・レビューと呼んでいることもあります。ウォータフォールモデルによって，システム開発を進める場合には，必須のレビューです。

ウ・エ　本選択肢は，進捗管理の施策であり，設計不良のような品質管理の施策ではありません。

答え　イ

問題9

調達作業範囲記述書

PM30-S2-15

PMBOKガイド第5版によれば，プロジェクト調達マネジメントにおける調達作業範囲記述書に記載すべき項目はどれか。

ア　プロジェクト完了後の調達品の運用サポートの内容

イ　プロジェクト全体のWBS

ウ　プロジェクト全体の予算

エ　プロジェクトのリスク

解説

PMBOKガイド第5版の“プロジェクト調達マネジメント”の“調達マネジメント

計画"プロセスのアウトプットにおいて,"調達作業範囲記述書"は,下記のように説明されています。

> 個々の調達のための作業範囲記述書(SOW)は,プロジェクト・スコープ・ベースラインに基づき作成し,当該契約に含めるスコープの部分だけを定義する。調達SOWには,納入候補がプロダクト,サービス,所産を供給する能力があるかどうかを判断できるような十分な詳細さで,調達品目に関わる事項を記述する。詳細さの程度は,調達品の性質,購入者のニーズ,予定する契約形態によって異なる。SOWには,仕様,必要量,品質レベル,パフォーマンス・データ,実施期間,作業場所,その他の要求事項などの情報を含める。
>
> 調達SOWは,明確,完全,簡潔に記述する。それには,パフォーマンス報告や1プロジェクト完了後の調達品の運用サポートなど,必要な付帯サービスに関する記述も含める。(後略)

選択肢**ア**は,上記の1プロジェクト完了後の調達品の運用サポートの箇所とほぼ一致しているので,正解です。

答え ア

2-11 ステークホルダー・マネジメント

2-11-1 ステークホルダーの特定

“ステークホルダーの特定”プロセスは，“立上げ”プロセス群に属し，プロジェクトのステークホルダーを定期的に特定し，プロジェクト成功への関心事，関与，相互依存，影響，および潜在的影響に関連する情報を分析し，文書化するプロセスです。このプロセスのインプット・ツールと技法・アウトプットは，下記のとおりです。

インプット	ツールと技法	アウトプット
1. プロジェクト憲章	1. 専門家の判断	1. ステークホルダー登録簿
2. ビジネス文書	2. データ収集	（後略）
3. プロジェクトマネジメント計画書	3. データ分析	
（後略）	4. データ表現	
	5. 会議	

【1】ステークホルダー登録簿

当プロセスによって特定されたステークホルダーに関する情報を記録する文書です。この文書には下記の情報が含まれますが，これらに限定されません。

①：識別情報 … 氏名，組織での職位，場所と連絡先の詳細，プロジェクトにおける役割

②：評価情報 … 主な要求事項，期待，プロジェクトの成果に影響を与える可能性，およびステークホルダーの関与度または影響度が最も高いプロジェクト・ライフサイクルのフェーズ

③：ステークホルダー分類 … 内部－外部，関与度－影響度－権力－関心度，上向き－下向き－外向き－横向き，またはプロジェクトマネージャが選択した他の分類モデル

2-11-2 ステークホルダー・エンゲージメントのマネジメント

“ステークホルダー・エンゲージメントのマネジメント”プロセスは，“実行”プ

ロセス群に属し，ステークホルダーのニーズや期待に応え，課題に対処し，ステークホルダーの適切な関与を促すためにステークホルダーとコミュニケーションをとり，協働するプロセスです。このプロセスのインプット・ツールと技法・アウトプットは，下記のとおりです。

インプット	ツールと技法	アウトプット
1. プロジェクトマネジメント計画書 （後略）	1. 専門家の判断 （後略）	1. 変更要求 （後略）

2-11-3 問題の演習

問題1

ステークホルダ PM25-S2-01

プロジェクトに関わるステークホルダの説明のうち，適切なものはどれか。

ア　組織の内部に属しており，組織の外部にいることはない。
イ　プロジェクトに直接参加し，間接的な関与に留まることはない。
ウ　プロジェクトの成果が，自らの利益になる者と不利益になる者がいる。
エ　プロジェクトマネージャのように，個人として特定できることが必要である。

解説

ア　ステークホルダーは，組織の内部と外部の両方にいます。

イ　ステークホルダーの中には，プロジェクトに参加せず，間接的な関与に留まる者もいます。その例は，株主です。

ウ　PMBOK の用語集では，ステークホルダーは“プロジェクトに積極的に参加しているかあるいは完了によって自らの利益がプラスまたはマイナスの影響を受ける，個人及び組織（例：顧客，スポンサー，母体組織，一般大衆）”とされています。
　この定義の中の“自らの利益がプラスまたはマイナスの影響を受ける”が当選択肢の説明に合致しています。

エ　ステークホルダーは，個人として特定できなくてもかまいません。例えば，新製品開発プロジェクトの場合の新製品購入予定者も，ステークホルダーに該当します。

答え　ウ

問題2

ステークホルダ

PM26-S2-05

PMBOK での定義におけるプロジェクトとステークホルダの関係のうち，適切なものはどれか。

ア　サプライヤは，プロジェクトが創造するプロダクトやサービスを使用する。
イ　スポンサは，契約に基づいてプロジェクトに必要な構成アイテムやサービスを提供する。
ウ　納入者は，プロジェクトに対して資金や現物などの財政的資源を提供する。
エ　プログラムマネージャは，関連するプロジェクトの調和がとれるように，個々のプロジェクトの支援や指導をする。

解説

PMBOK 第 4 版 第 2 章 2.3 は，ステークホルダーに関して，以下のような解説をしています。

ア　“顧客やユーザ”は，プロジェクトが創造するプロダクトやサービスを使用します。
イ　“納入者”は，契約に基づいてプロジェクトに必要な構成アイテムやサービスを提供します。納入者は，ベンダー・サプライヤー・コントラクターと呼ばれることもあります。
ウ　“スポンサー”は，プロジェクトに対して資金や現物などの財政的資源を提供します。
エ　“プログラムマネージャ”は，プロジェクトを個々にマネジメントすることでは得られない成果価値やコントロールを得るために，関連するプロジェクトの調和がとれるようにマネジメントする責任をもちます。
　なお，プログラムマネージャとプロジェクトマネージャは，語感が似ているので，混同しないように注意します。

答え　エ

問題3

ステークホルダー・エンゲージメントのマネジメント

PM31-S2-07

PMBOK ガイド第 6 版によれば，“ステークホルダー・エンゲージメントのマネジメント”で行う活動はどれか。

ア　交渉やコミュニケーションを通してステークホルダーの期待をマネジメントする。
イ　ステークホルダーの権限レベルとプロジェクト成果に関する懸念レベルに応じて，ステークホルダーを分類する。
ウ　ステークホルダーのリスク選好を決めるためのステークホルダー分析をする。
エ　プロジェクト・コミュニケーション活動のための適切な取組み方と計画を策定する。

解説

PMBOKガイド第6版13.3“ステークホルダー・エンゲージメントのマネジメント”プロセスには，下記のような説明があります。

> ステークホルダー・エンゲージメントのマネジメントには，次の活動が含まれる。
> - ステークホルダーをプロジェクトの適切な段階で関与させ，プロジェクトの成功へのステークホルダーの継続的なコミットメントを獲得し，確認し，または維持する。
> - 1 交渉やコミュニケーションを通してステークホルダーの期待をマネジメントする。
>
> （後略）

なお，“ステークホルダー・エンゲージメント・マネジメント”は，下記のプロセスから構成されます。

- ステークホルダーの特定（立上げ）
- ステークホルダー・エンゲージメントの計画（計画）
- ステークホルダー・エンゲージメントのマネジメント（実行）
- ステークホルダー・エンゲージメントの監視（監視・コントロール）

ア　本選択肢は上記1の箇所と一致しているので，本選択肢が正解です。
イ・ウ　“ステークホルダーの特定”プロセスで行う活動です。
エ　“コミュニケーション・マネジメントの計画”プロセスで行う活動です。

答え　ア

第3章

午後Ⅰ問題

SECTION 第3章 ▶ 午後Ⅰ問題

3-1 午後Ⅰ対策

3-1-1 午後Ⅰ対策全般

【1】午後Ⅰ問題の出題形式・試験時間など

午後Ⅰ試験では，3問の記述式問題が出題され，2問を選択して12:30～14:00の90分間で解答します。したがって，平均解答時間は，90分÷2問＝45分／問です。合格基準は，60点／100点です。

POINT 平均解答時間は，45分／問

【2】午後Ⅰ問題の出題分野別傾向

平成28～令和2年度の午後Ⅰ試験の出題分野別傾向は，下表のようにまとめられます。

年度	問	問見出し	設問	品質管理	進捗管理	組織要員管理	スコープ管理	調達管理	リスク管理	契約管理	変更管理	コスト管理	1ステ管理	その他
28	1	プロジェクトのリスク管理	1		○									
			2				☆		□					
			3						○					
	2	プロジェクトのコミュニケーション	1				○							
			2										○	
			3			☆							□	
	3	プロジェクトの進捗管理及びテスト計画	1		○									
			2		○									
			3	○										
29	1	製造実行システムの導入	1		○									
			2				○							
			3						○					
			4											○

29	2	サプライヤへの システム開発委託	1							○				
			2							○				
			3							○				
			4	△				△						
	3	単体テストの見直し及び 成果物の品質向上	1	△	△									
			2	○										
			3	○										
			4	○										
30	1	SaaS を利用した 営業支援システム	1									○		
			2				☆		☆			☆		
			3		☆		☆					☆		
	2	設計・製造工程での 品質確保と品質管理指標	1	○										
			2	△	△									
			3	□								☆		
	3	コミュニケーション・ マネジメント計画	1										○	
			2										○	
			3			☆		☆						☆
31	1	コンタクトセンタにおける サービス利用のための移行	1						○					
			2	☆	☆									☆
			3	△	△									
	2	IoT を活用した 工事管理システムの構築	1										○	
			2		△		△							
			3				☆							□
			4										○	
	3	プロジェクトの 定量的なマネジメント	1	△	△									
			2	☆	☆	☆								
			3		□								☆	
2	1	デジタルトランスフォーメーション推進における プロジェクトの立上げ	1											○
			2			○								
			3		○									
	2	ソフトウェア企業における システム開発 プロジェクトチーム	1											○
			2			△								△
			3			△							▽	▽
	3	SaaS を利用した 人材管理システム導入	1						△					△
			2			△								△
			3						△					△
合　計				9	9	4	4	1	5	3	0	2	6	7
構成比率（%）				18	18	8	8	2	10	6	0	4	12	14

注 1：上表の“1ステ管理”は，“ステークホルダー管理およびコミュニケーション管理”の略称です。また，品質管理などは，著者の独自分類によるもので，情報処理技術者試験センターの出題範囲に準拠していません。品質管理などの意味は，“第 2 章 2-2-4【3】知識エリア”を参照してください（契約管理だけは，“第 2 章 2-2-5 契約に関する知識”を参照してください）。

注 2：○= 100%，△= 50%，◇= 75%，▽= 25%，□= 66%，☆= 33% を示しています。

POINT 品質管理と進捗管理がよく出題されている

【3】午後Ⅰ問題の出題形式別傾向

午後Ⅰ問題は，出題形式によって，下記の4つにも分類できます。

①：字数制限付き記述 … 理由・課題・問題点などを15～40字程度で解答します。

②：空欄補充 … 問題文や図表の一部が空欄になっており，字句・用語・数値などをそこに補充する形式で解答します。

③：計算問題 … 問題の条件に従って計算した結果や計算式を解答します。

④：番号選択 … 問題に設定された複数の番号や記号の中から，正しい番号や記号を選択し解答します。

平成24～令和2年度の午後Ⅰ試験の設問を上記の出題形式別に分類すると，その傾向は下表のようにまとめられます。

【出題形式分類】

	H24	H25	H26	H27	H28	H29	H30	H31	R2	合計	構成比率
字数制限付き記述	30	20	20	24	16	23	15	21	21	190	88%
空欄補充	7	1	1	0	5	1	6	0	2	23	11%
計算問題	0	0	0	0	1	0	2	0	0	3	1%
番号選択	0	0	0	0	1	0	0	0	0	1	0%
合計	37	21	21	24	23	24	23	21	23	217	100%

注：各問題がどの出題形式に属するかについては，著者の独自の見解に基づいています。

POINT 設問のほとんどは，字数制限付き記述問題である

3-1-2 午後Ⅰ問題へのアプローチ

本番での午後Ⅰ問題に対するアプローチを確認しておきましょう。大まかな解答手順と1問当たりの時間数は，下表のとおりです。

(1) 問題の選択と下読み	5分
⇩	
(2) 問題用紙への解答メモ記入	15分
⇩	
(3) 解答用紙への解答記入	20分
⇩	
(4) 解答の見直しと微修正	5分

【1】問題の選択と下読み

3問の中から2問を選択し，解答します。最初に問題を選択する時間が必要です。慎重に時間をかけて問題を選択したいところですが，それでは迷っているうちに時間はどんどん過ぎていき，肝心の解答を考える時間が減ってしまいます。選択時間の目安は，1分です。

3問の難易度は，あまり変わりません。したがって，進捗管理なのか品質管理なのかといった問題のテーマによって，素早く問題を選択します。そして，問題を選択したら，必ず解答用紙の選択欄の問題番号に○を付けます。○をつけないと，問1～2を選択したものとみなされます。

POINT　問題選択は1分で終えて，解答用紙の選択欄に○印をつける

問題の選択が終ったら，各問題の下読みに移ります。下読みとは，問題の概要をつかむためにサッーと読み流すことであり，設問を意識せず読みます。

先に設問を見てから，問題文を読んだ方がよいとする人もいますが，筆者はこの方法を勧めません。設問を見て，それを頭に入れた上で問題文を読むことは，多くの人にとって難しいと思われます。問題文を読んでいる最中に，設問が頭から消えてしまうでしょう。やはり，下読みを先にする方が，原則的な方法だと思われます。

下読みにかける時間は，5分程度です。ただし，さっと読み流すといっても，読むだけではありません。重要と思われる部分に鉛筆で下線を引きながら読みます。重要部分とは，次のようなところです。

【用語定義がしてある部分】 例：これまでに数回，機能を追加する開発（以下，追加開発という）
【問題点や，不都合な状況が記述されている部分】 例：各リーダと配下の担当者の残業時間が多いという問題点をつかんだ。
【疑問や謎を感じてしまう部分】 例：このヒアリングでは，出席者に自由に発言をするよう促したが，各リーダの発言が大半を占めた。→なぜ，リーダ以外の出席者は発言しないのだろう？

これらの重要部分は，設問で問われている可能性が強いです。そこで設問文を読んだとき，重要箇所がすぐにわかるようにするために下線を引きます。また，疑問点には“？”，ビックリした点には“！”などを記しておくとよいでしょう。

POINT　重要部分に下線を引きながら，5分程度で下読み

この重要箇所に下線を引き，疑問点を記入した例を下記に挙げます。

R 課長から，“相談にはいつでも応じます。ところで今回の追加開発では，開発途中でサービス提供部門から仕様変更要求が発生するかもしれません。”と話があった。また，S 主任から，“報告や連絡についての改善点があれば，提案をお願いします。”と話があった。

どんな相談？
仕様変更要求は
いつ頃発生するの？
ということは
“改善の余地あり”
ということだな？

【2】問題用紙への解答メモ記入

下読みが済んだら，各設問を読みます。設問は複数あるので，設問 1 から順々に読み進めます。ほとんどの設問には制約条件が付けられているので，それに下線を引きながら，確認していきます。例えば，下記のような感じです。

D 課長が，E 社システムを利用してプロトタイプを構築することによって，利用部門が精度の高い要件定義を行えると考えた理由を，20 字以内で述べよ。

POINT 設問文にも下線を引いて，条件を確認する

さて，これで解答準備が完了したので，解答用紙のマス目に字を埋めていく受験者が多いでしょう。しかし，筆者は，このような解答手順を勧めません。

【お勧めしない解答手順】
設問 1 を読み，解答を考え，答えを解答用紙に書く
設問 2 を読み，解答を考え，答えを解答用紙に書く
設問 3 を読み，解答を考え，答えを解答用紙に書く

筆者が行う解答手順は，次のとおりです。

【お勧めする解答手順】
設問 1 を読み，解答を考え，簡単なメモを設問 1 の下に書く
設問 2 を読み，解答を考え，簡単なメモを設問 2 の下に書く
設問 3 を読み，解答を考え，簡単なメモを設問 3 の下に書く
易しい設問の順に，簡単なメモを見ながら答えを解答用紙に書く

この簡単なメモ書きは，問題文との関連を示す参照番号でもかまいません。下読みをした際に，下線を引いた箇所がヒントに該当していれば，そこに例えば①と書き，設問の下にも①と書きます。そうすれば，「この設問のヒントは，問題文の下線部①なのだな」とわかります。

メモ（＝解答の要旨）がとれなかった場合は，“？”を書いておきます。また制限時間を決めておくと，難しい設問に遭遇した場合，すぐ次の設問に移れる利点があります。制限時間の目安は，15分です。上記のように，設問が3つあれば，1設問当たり5分です。5分経っても，ヒントが分からない場合は“？”を書いて，次の設問に進みます。

POINT 15分間で解答メモを設問文の下に。難しい設問は後回し

解答のメモ書きを作成している段階で考えてほしい事項に，出題のパターンがあります。各設問は，次の3つのパターンに分類できます。

A	解答探索型 （出題比率25%程度）	問題文の中に解答が書いてある設問で，問題文の読解力が問われている。
B	ヒント＋記述型 （出題比率45%程度）	問題文の中に解答に関係するヒントが書いてあり，問題文の読解力と多少の記述力が問われている。
C	記憶＋記述型 （出題比率30%程度）	問題文の中には解答に関係することが書かれておらず，自分の記憶の中から解答を考え出し記述する。

ポイントは，上記3パターンの出題比率です。最も多いのが出題比率45%程度のヒント＋記述型パターンです。最も少ないのが出題比率25%程度の解答探索型パターンです。この2パターンの合計で出題比率の70%程度を占めています。したがって，受験者は設問を読み終えたら，まず問題文の中から解答になりそうな部分を探さねばなりません。「解答はどこかに隠されているはずだ。」という態度で丹念に問題文を追っかけます。

もし，解答になる箇所が見つからない場合は，迷うことになります。探し方が悪いのか，当設問が出題比率30%程度の記憶＋記述型パターンなのかが分からないからです。時間の許す限り，探し続けますが，どうしても見つからない場合は仕方なく，記憶＋記述型パターンの設問だと解釈し，自分が知っている範囲の解答をまとめます。このぐらいの慎重さがあって構いません。解答やヒントが見つからないからといって，簡単に記憶＋記述型パターンの設問と決め付けてはいけません。その理由は，**午後Ⅰ試験が基本的に読解力を試す試験**だからです。記憶力を試す試験は午前Ⅰ・午前Ⅱ試験です。問題文の中から，解答になるヒントを探すときのコツを幾つか紹介しておきます。

【問題文からヒントを探すコツ】
①：問題文の最初の部分，表や図の注書きなど，見落としている部分はないか？
②：どの設問の解答作成にも使用していない図や表はないか？
③：自分が下線を引いた箇所が当設問に関係がないか？

POINT ヒントは，問題文中のどこかにあるものと思って探す

解答のメモ書きを作成している時に，「しまった。この問は難しすぎる。他の問を選択すべきだった。」と思うことがあるでしょう。解答時間は，1 問当たり 45 分しかないことを思い出してください。もし，他の問題に変更しようと思った時点が，問題に取り掛かってから 20 分経過後であれば，やめた方がよいでしょう。他の問題が 45 分－ 20 分＝ 25 分で解けるとは思えないからです。他の問題の難易度も似たようなものであり，今取り組んでいる問題と大差ないと考えてください。

POINT 問題の選択を途中で変えない

解答メモが一応完成しましたら，次に自分にとっての難易度を番号（1,2,3,…）で，各設問の先頭に書きます。これは，解答用紙に解答を記入する順番を決めるために行います。易しいと思うものから順番に解答をまとめていけば，最も解答の記入時間が少なくてすみます。

POINT 自分にとっての難易度を，各設問の先頭に記入する

【3】解答用紙への解答記入

いよいよ，解答用紙に解答を記入する時点にやってきました。解答メモを見ながら，字数制限内に解答表現をまとめていきます。午後Ｉ問題のほとんどは，字数制限付きになっているので，その対処方法を考えてみましょう。

昔話で恐縮ですが，平成 6 年度まで“特種情報処理技術者試験”という試験がありました。その試験では，設問に字数制限がありませんでした。試験結果を見ると，解答した文字数が多いほど合格率が高い傾向がありました。出題者と採点者は，字数を多く書いた受験者が有利になってしまうことに気づき，現在のような字数制限が行われるようになったそうです。したがって，字数は多めに書いたほうが採点上有利になるので“40 字以内で述べよ”という設問なら，解答をできる限り 40 字に近づけるように努力してください。

字数制限の上限まで書くコツは，**メモ書きでは多めに書いて，書かなくても意味が**

通じる文字を削除することです。例えば，次のような設問が出題されたとしましょう。

> **設問１**　Ｂ課長はＣ主任に，至急利用部門と調整するように指示をした。その内容を40字以内で述べよ。

解答を考えて，まず長めにメモ書きします。

> 【解答のメモ書き】
> 利用部門が仕様変更票に変更要求仕様と提供希望時期を記載し，システム部に提出する。システム部は見積費用と提供時期を回答し，両部門が合意する

上記のメモ書きで68字であり，40字をはるかに超過しています。そこで，書いても書かなくても同じ意味になるムダな表現（上記の下線部）を削除します。

> 【不要な文字を削除】
> 仕様変更票に変更要求仕様と提供時期を記載し提出する。システム部は見積費用と提供時期を回答し，合意する

これで，50字になりました。40字以内に収めるために，文章表現を少し変えて完成させます。

> 【最終的な解答例】
> システム部門と利用部門は，仕様変更票の内容に合意し，見積費用と提供時期を確定する（40字）

試験場で上記のような推敲している時間はないから，解答を思いついたら，すぐに解答用紙を埋めるべきであると考えている受験者や講師がいます。筆者は，上記の方法がすべての受験者に向いているとは思ってはいません。**自分に向いているかいないか試してみてください**。ポイントは，メモ書きをいかにサラッと素早く書けるかです。

もし，上記の方法が向いていないと思う受験者は，逆に短い字数から制限字数まで文字を増やす練習をしなければなりません。その目安は，制限字数の80%以上です。40字以内ならば，40×80%＝32字以上を書くべきです。

POINT　字数制限付き記述問題は，長めに書いて字数を調整する

①：難しい設問への対処

易しいものから順に解答していますので，最初のうちは調子よく進んでいきます。

しかし，徐々に難しい設問になってくると，解答用紙が埋まらなくなります。こんな状況において思い出してほしいことは **“午後Ⅰ問題の採点には部分点あり”** です。試験センターは配点割合を２問×50点としているだけで各設問の配点を公表していないので本当はよくわかりませんが，仮にある設問が20点満点としましょう。その採点結果は，０点か20点かのどちらか１つではなく，0,1,2,3,…,19,20点と全部あります。したがって，難しい設問の場合は，満点ではなく部分点を狙うのが正攻法です。０点を避けるのだと考えても差し支えありません。

では，どうすれば部分点がとりやすいのでしょうか？　その答えは，解答字数にあります。午後Ⅰ問題の採点は，基本的に“加点法”です。「解答ポイントＡがあれば，５点，解答ポイントＢがあればさらに４点，解答ポイントＣもあれば満点」といった具合です。したがって，解答字数が多ければ多いほど，いずれかの解答ポイントにひっかかりやすくなり，部分点を貰える確率が上がります。

では，どうすれば解答字数を多くできるのでしょうか？　この答えには，下記の２つの典型例があります。

解答を思いついているが，２つ以上あり，どちらにしようか迷っている場合 →どちらかに絞らず，思いついているものを全部書きます。
解答を全く思いつかない場合 →考えても無駄なので，問題文から最も解答に近そうな部分を書き写します。

このようにして，最後に残った難しい設問は“あてずっぽう”でもいいから，とにかく解答を埋めます。“当たらずとも遠からじ”の解答になり，部分点がもらえることを期待します。空白の解答は100%ゼロ点なので，部分点の可能性に賭けるのです。

POINT　難しい設問は部分点を狙って，特に字数を多めに書く努力をする

②：勝手な想定をした解答は０点

ときどき，“もし，○○があれば”とか“△△であったとすると”といった，問題文に記載されていない状態や状況を想定し，解答する受験者がいます。他に適当な解答も思いつかなかったため，仕方がなかったのかしれません，点数は必ず０点になります。

採点者は，設問文と問題文にしたがった解答を求めていますので，受験者が勝手に想定した状況を踏まえた解答を用意していません。受験者が様々な想定した上の解答を採点するには手間がかかりすぎ，平等な採点が難しいからです。また“問題を作るのは作問者であり，受験者ではない”という発想が，採点者にあることも見逃せません。

ただし，受験者は，問題文に書かれていない状況や前提を想定して解答しなければならないことが多いので矛盾があります。この矛盾は「もし，○○があれば，××を設計する」のうち下線部のところを書かず，その後の“××を設計する”だけ書いて解決します。この解答方法に慣れないうちは，なんとなく正確さに欠ける気がして奇妙な感じがします。しかし何度か問題演習をしていると，苦にならなくなるので“慣れの問題”です。

POINT “もし，○○があれば”を解答に書かない

③：設問文に合致する解答表現

字数制限付き記述問題は，設問内に解答の書き方の指示がつきます。例えば“～，ある目的を達成するためである。その目的を20字以内で述べよ。”といったものです。この場合当然ですが，目的らしく書き，原因や対策を書いてはいけません。この例の一番簡単な書き方は，“目的は，○○である”と主語に“目的”を入れるか，もしくは“○○する目的”といった表記法です。

“目的”という文字がなくても“○○すること”だけでも文意は通じます。しかし，この場合は○○の部分だけで目的らしくしなければならないので，やや難しくなります。例えば“生産計画に反映させること”といった具合です。主語に“目的”を入れる方法では“目的は生産計画に反映させることである”とすればよいでしょう（ただし，字数制限によってこの表記ができない場合があります）。

この“目的”を解答させるパターン以外によくある問題例と解答のまとめ方を例示します。

設問文	解答例
○○の原因について述べよ ○○の理由について述べよ	□□があるから □□があるので
○○によって生じるリスクを述べよ	□□ができないこと □□を行えなくなる可能性があること
○○氏に依頼すべき内容を述べよ	□□を△△にすること □□を増強（もしくは）抑制すること □□を新設（もしくは）廃止すること
○○に対応すべき課題を述べよ	□□を△△にすること □□を△△までに完了させること
○○の目的を述べよ	□□を△△まで短縮（削減）すること □□を確保すること □□を防止すること
○○に関して考慮すべき事項を述べよ	□□を遵守する　□□に留意する □□を検討する　□□を確認する などのどんな表現でもOKです

解答表現が整ったら，いよいよ解答用紙に記入します。もし，解答字数が制限字数を超過したら，“，”，“。”，“という”，“のような”といった不要な字句を削除します。

また，部門名・チーム名・書類名・氏名・システム名などの名称を解答に書く場合，完全に問題文で使われている名称に一致させなければなりません。例えば“経営会議資料”いう名称が問題文で使われている場合，“経営者会議資料”や“経営会議書類”を解答に書いても部分点はもらえません。“似ているのだから，少しぐらい違っていても良いのでは？”と考える受験者もいるでしょう。しかし，“幹部会議資料”・“経営協議資料”・“経営計画資料”・“経済会議資料”などの類似した名称ではなく，“経営会議資料”が正解だと考えている採点者の立場からすれば，“会議資料”という解答には部分点をつけられないのです。

POINT 部門名などの名称を書く場合，問題文に完全に一致させる

【4】解答の見直しと微修正

1 問 45 分の制限時間が近づくと，解答完了のめどがつきます。ここで，解答を見直します。この時点での注意点は，書いた解答を消さないことです。自分の書いた解答に自信がないと，見直中に記入した解答を消してしまいがちになります。部分点がもらえるかもしれないので，自信のない解答でもそのままにしておきます。

元々，筆者は解答の見直しは否定的な見解を持っています。見直す時間は少ないし，見直しをして見直し前よりも解答がよくなる受験者は限られていると考えているからです。誇張すれば“解答の見直しは不要”とも思っています。もし，修正すべき点を思い付いたのであれば，全部を消すのではなく，部分的に消して修正します。

解答の見直しをしてほしい点は，文章表現の整理です。例えば「新システムの業務プロセスを理解するポイントをM社の業務部門に伝える」という解答を「理解すべき新システムの業務プロセスのポイントを，M社の業務部門に伝える」に直します。採点者が，採点しやすい解答表現に修正するのです。

POINT 見直しは，“てにをは”等の解答表現の微修正に留める

①：苦し紛れの解答

解答を全く思いつかない設問であっても，空白のままはよくありません。苦し紛れのような解答であっても，字を埋める努力をします。ただし，字数を埋めても正解にならない解答もあります。例えば，次の問題と解答を考えてみます。

×オールマイティすぎる解答例
設問　進捗が遅れているAチームに対する対策を述べよ。
解答　優秀なSEやプログラマをメンバとして参画させる。

進捗遅れでも，品質不良でも，どんな問題でも優秀なメンバをチームに投入すれば解決できます。したがって，このようないわゆる“オールマイティな”解答は正解になりえません。また，次のような解答もダメな例です。

×観点がずれている解答例
設問　品質が悪いAチームに対する対策を述べよ。
解答　設計技法としてUMLを採用し，リファクタリングを強化する。

プロジェクトマネージャ試験では，オブジェクト指向・DFDなどの開発技法採否，販売単価の改定，利益率の向上，運用業務の改善などの業務設計などのプロジェクト管理に直接関連しない解答は基本的に要求されません。また，スイッチングハブの設定変更やデータベースのパフォーマンスチューニングといったネットワークスペシャリストもしくはデータベーススペシャリストに要求される解答も書きません。

POINT オールマイティな解答やプロジェクト管理に関係のない解答を書かない

3-1-3 解答をまとめるアプローチ例

具体的に過去に出題された午後I問題を例にしながら，解答に至るまでのアプローチをトレースしてみます。まず，問題文を見ましょう。下線は，著者が注意すべきポイントと思い引いた部分です。また，脇注にある説明文は，その時の著者が思いついたことです（本問の解答に直結しないものも含まれています）。A，B，C等の記号は，解説用に後から付けたものです。

もし，次ページ以降のように，受験者が，A，B，C等の記号を記入するのであれば，下線を引き終わり，設問を考えながら，記入するとよいでしょう。また，次ページ以降には，記号としてγやδを使っていますが，ア，イ，ウ，エなどを使っても，もちろん構いません。

プロジェクトマネージャ　平成27年 午後I 問1

問1　生産管理システムを導入するプロジェクトの，ステークホルダマネジメントに関する次の記述を読んで，設問1～3に答えよ。

H社は製薬企業である。米国市場へ進出するために，米国の大手製薬企業X社と提携し，その傘下に入った。

米国市場へ製品を輸出するためには，米国の医薬品業界の基準に適合した生産管理システムを導入する必要がある。そのため，X社から，X社グループ標準の生産管理システム（以下，X社標準システムという）を導入することを求められた。H社の経営陣は，X社標準システムの導入を決定した。

X社は，H社がX社標準システムを導入するに当たって，X社標準システムに詳しい米国人コンサルタントのY氏をアドバイザとして派遣することを約束したが，システム導入はあくまでもH社が中心となって進めることが前提となっている。X社は，H社が守るべき条件として，次の項目を指定している。

- X社標準システムの導入作業は，X社が提示するX社標準システム導入手順のテンプレート（以下，テンプレートという）に沿って実施し，進捗状況について定期的にX社に報告すること。
- X社標準システムの稼働開始の前提として，H社が，X社標準システムを利用して基準を満たす製造プロセス（以下，X社標準業務プロセスという）を実行できるかどうかを，導入作業終了後，稼働開始までにX社の監査員が監査し，指摘事項があれば対応すること。

A

1(2)のヒントα

X社標準システムでは，製造の記録及び承認の履歴を，電子的に追跡できることが前提となっている。H社のこれまでのシステム（以下，現システムという）は，生産計画の策定から実施，結果の収集などを行うことはできるが，紙での記録が中心で，作業工程の履歴を紙に記録し，管理者が確認をしたという記録をシステムに入力する手順になっている。したがって，X社標準システムの導入においては，システムの導入と並行して，従来のH社の業務手順をX社標準業務プロセスに沿って見直す必要がある。

B

H社は，X社標準業務プロセス及びX社標準システムの導入の統括責任者として製造部門のI部長を任命し，その配下に業務見直しのための委員会（以下，見直し委員会という）とシステム導入のためのプロジェクトを設置した。また，見直し委員会の委員長はI部長が兼務し，現システムの業務の主担当者である製造部門のJ課長がリーダとして参加する。見直し委員会のメンバは，X社標準システムの利用者となるH社の製造プロセスに関わる部門の実務担当者（以下，H社利用部門という）

で構成される。プロジェクトのプロジェクトマネージャ（PM）は，システム部のＫ氏が担当し，見直し委員会にもメンバとして参加する。

Ｈ社のシステム部は，システムの開発・運用の企画・計画を主な業務とし，現システムを含む実際のシステム開発・運用業務の多くは情報子会社のＴ社に委託している。Ｋ氏は，Ｘ社標準システム稼働後の運用業務についてもＴ社に担当してもらう方針で，導入作業への協力を依頼した。Ｔ社は，自社が開発に関わっていないＸ社標準システムの導入作業及び運用業務に協力することに抵抗感をもっていたが，Ｋ氏に強く依頼されて，最終的には応じることになった。今回のプロジェクトとステークホルダの関係を図１に示す。

3(4)のヒント

Ｔ社はイヤイヤ協力するね

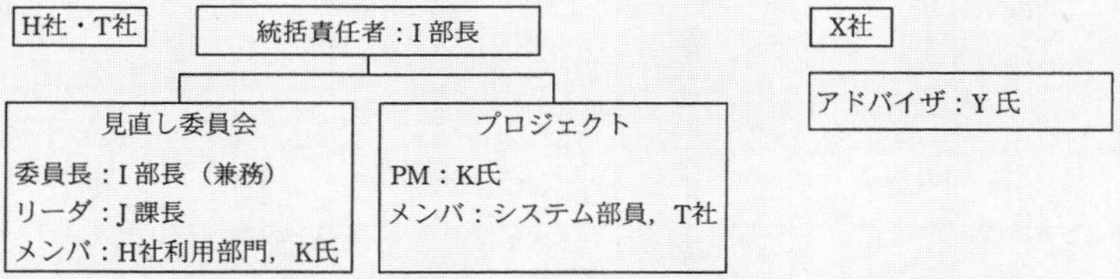

H社・T社

統括責任者：I部長

見直し委員会
委員長：I部長（兼務）
リーダ：J課長
メンバ：H社利用部門，K氏

プロジェクト
PM：K氏
メンバ：システム部員，T社

X社

アドバイザ：Y氏

図１　プロジェクトとステークホルダの関係

〔プロジェクト計画策定〕

Ｋ氏は，プロジェクト計画を策定するために，Ｘ社から提示されたテンプレートを検証した。Ｘ社のテンプレートは，Ｘ社標準システムを導入するための作業項目を中心に記述されているが，導入する側の作業については，全ての作業が記述されているわけではなかった。Ｋ氏は，Ｈ社としての業務の継続性を確保するための重要な作業を新たなWBS項目として追加する必要があると考えた。

全ての作業が記述されていないのはマズイ

C

また，Ｋ氏は，Ｘ社が指定した条件を勘案すると，Ｘ社に実施可能な時期と所要日数を確認すべき重要な作業項目があると考えた。

D

Ｋ氏は，Ｘ社に確認を行った上で，テンプレートのWBSに，新たに洗い出したWBS項目及びマイルストーンを追加し，それらを時間軸上に展開し，プロジェクトの全体スケジュールを策定した。Ｋ氏は，このスケジュールを関連するステークホルダに示し，同意を得た上で，プロジェクトを開始した。

〔ステークホルダの現状〕

Ｋ氏は，今回のプロジェクトには多くのステークホルダが関わっており，各ステークホルダとプロジェクトとの一体感を形成し，適切にマネジメントすることが重要な成功要因になると考え，ステークホルダの状況を把握することをＩ部長に提案し，了承を得た。

Ｋ氏は，今回のプロジェクトに関わるステークホルダの現状を関与度

（プロジェクトへの積極的な関与の度合い）と影響度（プロジェクトの計画策定や遂行に変更を生じさせる能力）の観点で分析することとし，各ステークホルダに対するヒアリングを行った。また，K氏自身の関与度と影響度の分析も追記し，表1の状況を把握し，これらを基に図2にまとめた。

この状況から，K氏は現状の体制の問題点を，次のように考えた。

・ステークホルダとプロジェクトとの一体感が形成されていない点
・プロジェクトを推進する上で重要な，図2のある領域に属するステークホルダが存在しない点
・影響度が高いステークホルダの関与度が低く，バランスが悪い点

K氏は，これらの問題点に対し，早急な対策が必要だと考えた。

表1　ステークホルダの関与度と影響度の分析

ステークホルダ（記号）	関与度の分析	影響度の分析
I部長（I）	低：見直し委員会のリードはJ課長に全て任せ，報告を受ける形での関与を予定している。	高：X社標準業務プロセス及びX社標準システム導入の統括責任者であり，影響度は高い。米国市場への進出のためのX社との提携を，H社として必須の戦略と捉えている。
J課長（J）	中：見直し委員会には参加するが，現システムの業務の主担当者であることから，積極的にX社標準業務プロセスに沿って現状のプロセスを変えていくという姿勢には至っていない。	高：I部長の指名によって見直し委員会のリーダを担当している。
H社利用部門（H）	低：X社標準システム導入の目的などの説明をまだ受けていない。	中：最終的に利用する立場であり，一定の影響度をもつ。
T社（T）	低：自社の担当範囲をできるだけ少なくし，決められたことだけ実施するという姿勢がみられる。	中：現システムについては詳しいが，X社標準システムについては内容を理解していない。
X社（X）	低：“H社主導で進める”前提から，プロジェクトには直接は関与してこない。	高：H社のシステムスキルに対する不安感から，進捗状況の報告の他に様々な報告を要求してくる。
Y氏（Y）	中：“H社主導で進める”というX社の姿勢を反映して，直接関与しないが，アドバイザの立場で関与している。	中：X社標準システムのノウハウをもち，一定の影響度をもつ。
K氏（K）	高：戦略的なシステム導入でのプロジェクトのPMであり，積極的に関わっていく決意である。	中：プロジェクトのPMであるが，見直し委員会はメンバとしての参加であり，影響度は高いとはいえない。

3(3)のヒント θ

3(5)のヒント Σ

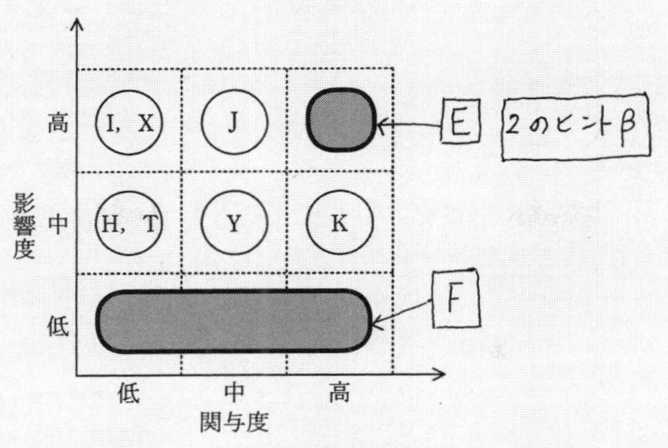

図２　ステークホルダの現状

〔ステークホルダの望ましい状態〕

Ｋ氏は，表１及び図２をＩ部長に報告し，対策を協議した。その結果，次の方針で対応することで合意した。

・ステークホルダとプロジェクトとの一体感を形成する対策を取る。 3(1)のヒントγ
・キーパーソンによる，プロジェクトを推進する組織体を設置する。 3(2)のヒントδ
・ステークホルダについて，関与度と影響度のバランスを取りながらプロジェクトを進めていける関係を築く。具体的には図３の状態を目指すことを基本方針とする。

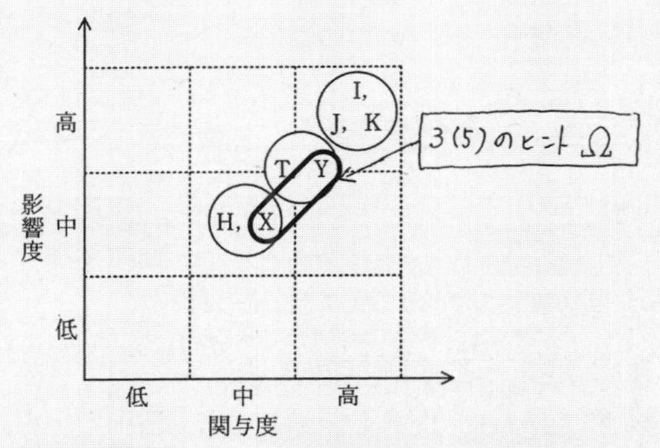

図３　ステークホルダの望ましい状態

Ｋ氏は，この方針に沿って次のような対策を考えた。

対策①：Ｉ部長から見直し委員会及びプロジェクトに対し，Ｘ社とＨ社との提携の意義と，Ｘ社標準システム導入の必要性を直接語ってもらう。

対策②：Ｉ部長，Ｊ課長及びＫ氏によるPMO（プロジェクトマネジメントオフィス）を組織し，定期的に情報共有し，問題点の協議を行う。

対策③：見直し委員会でH社利用部門に対し，X社標準システムのメリットだけではなく，デメリットも併せて正しく伝えた上で，協力を要請する。

対策④：T社に対して運命共同体と認識していることを伝えて，導入後の運用を担当する視点から積極的に参加するように働きかける。

対策⑤：X社に対し，Y氏をプロジェクトのX社アドバイザ兼現地責任者として指名するよう提案する。

設問1 〔プロジェクト計画策定〕について，(1)，(2)に答えよ。

(1) K氏が考えた，H社としての業務の継続性を確保するための重要な作業とは何か。20字以内で述べよ。 C, ?

(2) K氏が考えた，X社の指定した条件を勘案すると，X社に実施可能な時期と所要日数を確認すべき重要な作業項目とは何か。15字以内で述べよ。 D, A, α

設問2 〔ステークホルダの現状〕で，K氏が，現状の体制の問題点として考えた，プロジェクトを推進する上で重要な，図2のある領域に属するステークホルダが存在しない点とは，どのような状態を指すのか。35字以内で述べよ。 E, F, β

設問3 〔ステークホルダの望ましい状態〕について，(1)～(5)に答えよ。

(1) K氏が，対策①で期待した効果は何か。30字以内で述べよ。 γ

(2) K氏が，対策②で組織したPMOに期待した役割は何か。25字以内で述べよ。 δ

(3) K氏が，対策③で，見直し委員会でH社利用部門に対し，X社標準システムのメリットだけでなく，デメリットも併せて伝える必要があると考えた理由は何か。25字以内で述べよ。 B, θ

(4) K氏が，対策④で，T社について運命共同体であると認識している背景は何か。40字以内で述べよ。 φ

(5) K氏が，対策⑤をX社に提案する狙いは何か。30字以内で述べよ。 Σ, Ω

【1】各設問の検討と解答メモ書き記入

このように，下線を引きながら下読みを完了したら，次は各設問に対するメモ書きを作成します。

設問 1(1)：

> **設問 1**　❶〔プロジェクト計画策定〕について，(1)，(2) に答えよ。
> (1) K 氏が考えた，❷H 社としての業務の継続性を確保するための重要な作業とは何か。20 字以内で述べよ。

まず，上記❶の下線より，設問 1 には〔プロジェクト計画策定〕という見出しが付いているので，そこから，上記❷の下線部の文言を探すと，問題文 "C" の箇所（下記の点線枠内）が見つかりますので，設問 1(1) の横に "C" と記入します。

> X 社のテンプレートは，X 社標準システムを導入するための作業項目を中心に記述されているが，導入する側の作業については，全ての作業が記述されているわけではなかった。K 氏は，❷H 社としての業務の継続性を確保するための重要な作業を新たな WBS 項目として追加する必要があると考えた。

上記 2 箇所の❷の下線部の一致を確認し，ヒントをその付近に探しますが，見つかりません。そこで，設問 1(1) の横に " ？ " と記入し，一旦，保留します（いきなり難問に当たりましたので，くじけそうになりますが，最初の設問の難易度は高いことが多いので，気にせず，次の設問に移ります）。

設問 1(2)：

> (2) K 氏が考えた，❶X 社の指定した条件を勘案すると，X 社に実施可能な時期と所要日数を確認すべき重要な作業項目とは何か。15 字以内で述べよ。

設問 1(1) と同様に，〔プロジェクト計画策定〕という見出しから始まる問題文の中から，上記❶の下線部の文言を探すと，問題文 "D" の箇所（下記の点線枠内）が見つかりますので，設問 1(2) の横に "D" と記入します。

> また，K 氏は，❶X 社が指定した条件を勘案すると，X 社に実施可能な時期と所要日数を確認すべき重要な作業項目があると考えた。

上記 2 箇所の❶の下線部の一部である "X 社が指定した条件 " とは何かを把握していませんので，それを問題文から探すと，問題文の冒頭の "A" の箇所（下記の点線枠内）に，それが見つかります。設問 1(2) の横に "A" と記入します。

X社は，H社が守るべき条件として，次の項目を指定している。
・X社標準システムの導入作業は，X社が提示するX社標準システム導入手順のテンプレート（以下，テンプレートという）に沿って実施し，進捗状況について定期的にX社に報告すること。
・X社標準システムの稼働開始の前提として，H社が，X社標準システムを利用して基準を満たす製造プロセス（以下，X社標準業務プロセスという）を実行できるかどうかを，導入作業終了後，稼働開始までに❷X社の監査員が監査し，指摘事項があれば対応すること。

本設問文は，“X社に実施可能な時期と所要日数を確認すべき，【X社が実施する】重要な作業項目とは何か”のように【　】内の語句を補うとわかりやすくなります。“A”の引用箇所のうち，X社が実施する作業項目は，上記❷の下線部だけです（上記❷の下線部以外は，H社が実施する作業です）。そこで，問題文の上記❷の下線部の箇所に，“1(2)のヒントα”と記入し，設問1(2)の横に“α”と記入します。

設問2：

〔ステークホルダの現状〕で，K氏が，現状の体制の問題点として考えた，❶プロジェクトを推進する上で重要な，図2のある領域に属するステークホルダが存在しない点とは，どのような状態を指すのか。35字以内で述べよ。

上記❶の下線部に該当する領域は，問題文の“E”と“F”の箇所（下左図の“図2　ステークホルダの現状”の｛影響度，関与度｝が｛高，高｝，｛低，低｝，｛低，中｝，｛低，高｝の4領域）です。設問2の横に“D，E”と記入します。

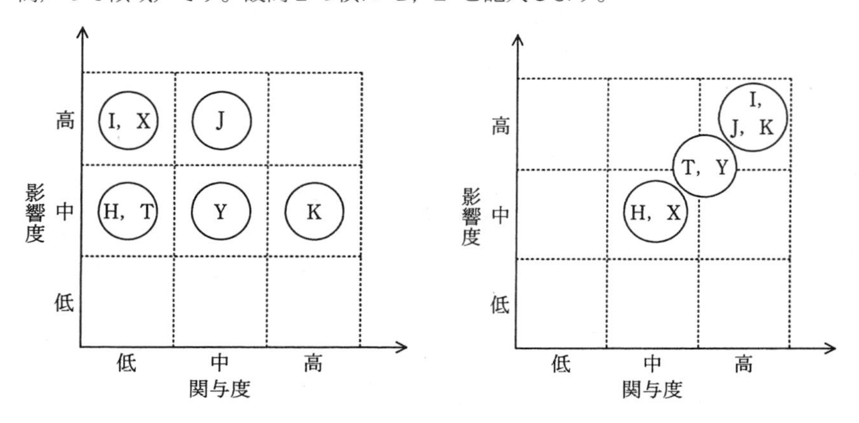

本設問のヒントを探すと，上右図の“図3　ステークホルダの望ましい状態”が見つかり，望ましい状態とは，影響度＝高，関与度＝高の領域にステークホルダがで

きるだけ集中している状態だとわかります。そこで，図２の“E”の箇所に，“２のヒントβ”と記入し，設問２の横に“β”と記入します。

設問 3（1）：

K 氏が，対策①で期待した効果は何か。30 字以内で述べよ。

上記の対策①は，下記のとおりです。

I 部長から見直し委員会及びプロジェクトに対し，X 社と H 社との提携の意義と，X 社標準システム導入の必要性を直接語ってもらう。

本設問は，上記の対策①で期待した効果を問うていますので，それを問題文中から探すと，問題文の図３の上に，下記の点線枠内の文言が見つかります。そこで，下記の箇所に“3（1）のヒントγ”と記入します。

ステークホルダとプロジェクトとの一体感を形成する対策を取る。

上記が本設問のヒントですので，設問３（1）の横に“γ”と記入します。

設問 3（2）：

K 氏が，対策②で組織した PMO に期待した役割は何か。25 字以内で述べよ。

上記の対策②は，下記のとおりです。

I 部長，J 課長及び K 氏による PMO（プロジェクトマネジメントオフィス）を組織し，定期的に情報共有し，問題点の協議を行う。

本設問は，上記の対策②で組織した PMO に期待した効果を問うていますので，それを問題文中から探すと，問題文の図３の上に，下記の点線枠内の文言が見つかります。そこで，下記の箇所に“3（2）のヒントδ”と記入します。

キーパーソンによる，プロジェクトを推進する組織体を設置する。

I 部長，J 課長及び K 氏はキーパーソンであり，PMO は組織なので，上記が本設問のヒントに該当します。そこで，設問３（2）の横に“δ”と記入します。

設問 3(3)：

> K 氏が，対策③で，見直し委員会で H 社利用部門に対し，X 社標準システムのメリットだけでなく，デメリットも併せて伝える必要があると考えた理由は何か。25 字以内で述べよ。

上記の対策③は，下記のとおりです。

> 見直し委員会で H 社利用部門に対し, X 社標準システムのメリットだけではなく，デメリットも併せて正しく伝えた上で，協力を要請する。

上記のうち, X 社標準システムのデメリットを問題文から探すと, 下記の冒頭の "B" の箇所（下記の点線枠内）に，それが見つかります。設問 3(3) の横に "B" と記入します。

> X 社標準システムでは，製造の記録及び承認の履歴を，電子的に追跡できることが前提となっている。H 社のこれまでのシステム（以下，現システムという）は，生産計画の策定から実施，結果の収集などを行うことはできるが，紙での記録が中心で，作業工程の履歴を紙に記録し，管理者が確認をしたという記録をシステムに入力する手順になっている。したがって，**1** X 社標準システムの導入においては，システムの導入と並行して，従来の H 社の業務手順を X 社標準業務プロセスに沿って見直す必要がある。

特に，上記**1**の下線部の " システムの導入と並行して，従来の H 社の業務手順を X 社標準業務プロセスに沿って見直さねばならないこと " が X 社標準システムのデメリットだと考えられます。しかし, 上記**1**の下線部は, デメリットそのものであり, 本設問が問うているデメリットも併せて伝える必要があると考えた理由とは異なっています。そこで，少し観点を変えて，H 社利用部門の状況を示す箇所を探すと，表 1 に下記の点線枠内の文言が見つかります。下記の箇所に "3(3) のヒント θ " と記入します。

> 関与度ー低：X 社標準システム導入の目的などの説明をまだ受けていない。

上記のような関与度が " 低 " の状況を少なくとも " 中 " にすることが，デメリットも併せて伝える必要があると考えた理由だと考えられるので, 設問 3(3) の横に " θ " と記入します。

設問 3（4）：

K 氏が，対策④で，T 社について運命共同体であると認識している背景は何か。40 字以内で述べよ。

上記の対策④は，下記のとおりです。

T 社に対して運命共同体と認識していることを伝えて，**1** 導入後の運用を担当する視点から積極的に参加するように働きかける。

上記**1**の下線部が第 1 ヒントになっていると考えられるので，問題文の中から，第 2 ヒントを探します。すると，図 1 の上に，下記の点線枠内の文言が見つかります。下記の箇所に“3（4）のヒント φ ”と記入します。

K 氏は，X 社標準システム稼働後の運用業務についても T 社に担当してもらう方針で，導入作業への協力を依頼した。

そこで，設問 3（4）の横に“ φ ”と記入します。

設問 3（5）：

K 氏が，対策⑤を X 社に提案する狙いは何か。30 字以内で述べよ。

上記の対策⑤は，下記のとおりです。

X 社に対し，Y 氏をプロジェクトの X 社アドバイザ兼現地責任者として指名するよう提案する。

X 社と Y 氏が，第 1 のヒントになっていると考えられるので，表 1 の X 社と Y 氏の行を抽出すると，下表のようになります。そこで，下表の箇所に“3（5）のヒント Σ ”と，また設問 3（5）の横に“ Σ ”と記入します。

	関与度の分析	影響度の分析
X 社	低：“H 社主導で進める”前提から，プロジェクトには直接は関与してこない。	高：H 社のシステムスキルに対する不安感から，進捗状況の報告の他に様々な報告を要求してくる。
Y 氏	中：“H 社主導で進める”という X 社の姿勢を反映して，直接関与しないが，アドバイザの立場で関与している。	中：X 社標準システムのノウハウをもち，一定の影響度をもつ。

上表に対し，“図 3　ステークホルダの望ましい状態”においては，X 社の｛関与度＝中，影響度＝中｝，Y 氏の｛関与度＝高，影響度＝中と高の境目｝ですので，X

社の関与度，およびY氏の関与度と影響度が不足しています。これが第2のヒントになっていると考えられるので，図3の該当箇所に“3(5)のヒントΩ”と，また設問3(5)の横に“Ω”と記入します。

【2】難易度の検討と解答の作成

ここまでで，一応ヒントが出揃ったので，難易度を考えます。そして解答の優先順位を易しいもの順に設定します。例えば，下表のようなものです（解答の優先順位は，筆者が勝手に決めたものですから，参考程度に見てください）。

設問番号	メモ書き	解答への優先順位
設問1(1)	“C”，“?”	8
(2)	“D”，“A”，“α”	5
設問2	“E”，“F”，“β”	1
設問3(1)	“γ”	2
(2)	“δ”	3
(3)	“B”，“θ”	6
(4)	“φ”	4
(5)	“Σ”，“Ω”	7

後は，解答用紙への記入作業を開始します。本来は，解答への優先順位に従って解答を記入しますが，ここでは解説を読みやすくするために設問の順に説明します。

設問1(1)：

K氏が考えた，H社としての業務の継続性を確保するための重要な作業とは何か。20字以内で述べよ。

問題文“C”の箇所を再掲すると下記になります。

X社のテンプレートは，X社標準システムを導入するための作業項目を中心に記述されているが，❶導入する側の作業については，全ての作業が記述されているわけではなかった。K氏は，❷H社としての業務の継続性を確保するための重要な作業を新たなWBS項目として追加する必要があると考えた。

上記❶の下線部と❷の下線部の間に“そこで”を補って解釈し，本設問のヒントは上記❶の下線部であると考えます。したがって，上記❶と❷の下線部を使って，本設問の解答を考えれば，<新システムの利用者であるH社としての業務の継続性を確保するための重要な作業で，かつX社標準システムを導入する側の作業>となります。これを解答として書き直せば，下記のようになります。

【解答のメモ書き】
　X 社標準システムを導入するために必要な現システムからの移行作業（31 字）

上記では，制限字数を 11 字超えていますので余分な文字を削除し，下記のようにまとめます。

【完成】
　X 社標準システムを導入するための移行作業（20 字）

設問 1(2)：

K 氏が考えた，X 社の指定した条件を勘案すると，X 社に実施可能な時期と所要日数を確認すべき重要な作業項目とは何か。15 字以内で述べよ。

“1(2)のヒント α ”の近辺を再掲すると下記になります。

・X 社標準システムの稼働開始の前提として，H 社が，X 社標準システムを利用して基準を満たす製造プロセス（以下，X 社標準業務プロセスという）を実行できるかどうかを，導入作業終了後，稼働開始までに❶X 社の監査員が監査し，指摘事項があれば対応すること。

上記❶の下線部が，本設問のヒントに該当するので，解答を丁寧に書けば，下記のようになります。

【解答のメモ書き】
　X 社の監査員が監査し，H 社に指摘事項を報告する作業（25 字）

上記では，制限字数を 10 字超えていますので余分な文字を削除し，下記のようにまとめます。

【完成】
　X 社の監査員が実施する監査（13 字）

設問 2：

〔ステークホルダの現状〕で，K 氏が，現状の体制の問題点として考えた，プロジェクトを推進する上で重要な，図 2 のある領域に属するステークホルダが存在しない点とは，どのような状態を指すのか。35 字以内で述べよ。

本設問のヒントは，“図 2　ステークホルダの現状”にある“2 のヒント β”の影響度＝高，関与度＝高の領域にステークホルダが存在しないことであり，望ましい状態は，そこにステークホルダが多数存在することです。これを解答として書き直せば，下記のようになります。

【解答のメモ書き】
現状では，図 2 の｛影響度＝高，関与度＝高｝の領域に，ステークホルダが存在していないこと（43 字）

上記では，制限字数を 8 字超えていますので余分な文字を削除し，下記のようにまとめます。

【完成】
影響度が高く，かつ関与度も高いステークホルダが存在していない状態”（32 字）

設問 3（1）：

K 氏が，対策①で期待した効果は何か。30 字以内で述べよ。

“3（1）のヒント γ”を再掲すると下記になります。

ステークホルダとプロジェクトとの一体感を形成する対策を取る。

上記を，ほぼそのまま解答にすると下記のようになります。

【解答のメモ書き】
ステークホルダとプロジェクトとの一体感を形成すること（26 字）

上記は，制限字数を下回っていますので，上記で解答は完成です。

設問 3（2）：

K 氏が，対策②で組織した PMO に期待した役割は何か。25 字以内で述べよ。

“3 (2) のヒント δ ” を再掲すると下記になります。

キーパーソンによる，プロジェクトを推進する組織体を設置する。

上記を少し具体化して，解答にすると下記のようになります。

【解答のメモ書き】
キーパーソンが PMO に集まって，プロジェクト・チーム全体の士気を高め，プロジェクトを推進すること（48 字）

やはり上記では 23 字も超過したので，不要な部分を削除し，下記のように完成させます。

【完成】
キーパーソンが集まって，プロジェクトを推進すること（25 字）

設問 3 (3)：

K 氏が，対策③で，見直し委員会で H 社利用部門に対し，X 社標準システムのメリットだけでなく，デメリットも併せて伝える必要があると考えた理由は何か。25 字以内で述べよ。

“3 (3) のヒント θ ” を再掲すると下記になります。

関与度ー低：X 社標準システム導入の目的などの説明をまだ受けていない。

上記に，デメリットを含めた表現を加えて，解答にすると下記のようになります。

【解答のメモ書き】
X 社標準システムが想定する X 社標準業務プロセスに沿って，H 社の業務手順を見直さねばならないデメリットも含めた，X 社標準システム導入の目的などを十分に説明し，H 社利用部門の過度な期待や不安を取り除き，当プロジェクトへの関与度を上げたいから（118 字）

上記では，制限字数をはるかに超過してしまったので，問われていないデメリットの表現を上記から削除します。

【メモ書きの改良版】
H 社利用部門の過度な期待や不安を取り除き，当プロジェクトへの関与度を上げたいから（40 字）

上記から，なくても文意が通じる“H 社利用部門の”と“当プロジェクトへの”を削除し，下記のように完成させます。

【完成】
過度な期待や不安を取り除き，関与度を上げたいから（24 字）

設問 3(4)：

K 氏が，対策④で，T 社について運命共同体であると認識している背景は何か。40 字以内で述べよ。

“3(4) のヒント φ”を再掲すると下記になります。

K 氏は，X 社標準システム稼働後の運用業務についても T 社に担当してもらう方針で，導入作業への協力を依頼した。

上記をほぼそのまま解答にすると，下記のようになります。

【解答のメモ書き】
X 社標準システム稼働後の運用業務についても T 社に担当してもらうこと（33 字）

上記の文字数は，制限字数以内ですが，文章表現を整えて下記のように完成させます。

【完成】
T 社が，X 社標準システム稼働後の運用業務を担当すること（27 字）

設問 3(5)：

K 氏が，対策⑤を X 社に提案する狙いは何か。30 字以内で述べよ。

“3(5) のヒント Σ”を再掲すると下記になります。

	関与度の分析	影響度の分析
X 社	低：“H 社主導で進める”前提から，プロジェクトには直接は関与してこない。	高：H 社のシステムスキルに対する不安感から，進捗状況の報告の他に様々な報告を要求してくる。
Y 氏	中：“H 社主導で進める”という X 社の姿勢を反映して，直接関与しないが，アドバイザの立場で関与している。	中：X 社標準システムのノウハウをもち，一定の影響度をもつ。

図 3 の“3(5)のヒントΩ”も参考にしつつ，“X 社に提案する狙い”として，解答にすると下記のようになります。

【解答のメモ書き】
X 社の関与度を“低”（現状）から“中”（望ましい状況）に変更し，Y 氏の関与度と影響度の両方を“中”（現状）から，“中”と“高”の中間（望ましい状況）に変更すること（81 字）

上記では明らかに字数が多すぎるので，文意を変えずに文字数を大幅に圧縮すると，下記の解答になります。

【完成】
X 社の関与度，および Y 氏の関与度と影響度を向上させること（28 字）

3-1-4 午後 I 問題の演習方法

午後 I 試験問題を自学するには，いくつかのコツがあるので，順を追って説明します。

【1】時間を計って演習する

午後 I 試験は，約 45 分で 1 問を解かねばなりません。そのため，演習においても時間を正確に計ります。時間を計らず 1 問を 2 時間かけて解けたとしても，演習によって得られる効果は少ないです。時間を測るには，料理用のキッチンタイマやスマートフォンの“目覚まし機能”を使い，**45 分後に鳴るようにセットしてから演習を始めればよいでしょう**。

もし，45 分を過ぎてすべての解答が完成していない場合，完成した部分にマークを付けてから演習を続行します。さらに，解答が完了した時の経過時間を解答用紙に付記します。こうしておけば，採点後の自己評価が正確になります。

【2】筆記用具と解答用紙を用意する

午後Ⅰ試験の解答は，記述しなければなりません。演習においても当然に記述練習が必要です。ところが，受験者の中には午前問題と同じように，バスや電車の中で午後Ⅰ問題を演習する人がいます。バスや電車に揺られながら問題集を読み，漠然と答えを考え，解答例と解説を読みます。そして，自分の解答が問題集の解答例と似ていれば，納得して演習を終ります。

これでは，できたような気にはなっても，本番の試験では解答を書けません。面倒でも鉛筆（シャープペンシル）や消しゴムなどの筆記用具と解答用紙を用意して，**机に向かって演習しなければ効果が少ないです。**

【3】問題文を速読しようとする

午後Ⅰ問題は，問題ページ数が多いので，パッパッと読んでポイントをつかまねばなりません。しかし，あせって読み進めると，上滑りな読み方になるので，まずは冷静になります。その上で，できるだけ速く読もうと意識します。例えば，45分ではなく40分で解答する演習をしてみます。意識して速く読もうと努力し，その結果を測定していると，徐々に読むスピードは上がっていきます。その場合，要旨のみ追う“斜め読み”になってしまいますが，それで構いません。

この速く読もうとする努力が重要な点は，**適度な“緊張感”**にあります。ゴルフに喩えてみましょう。最終ホールのグリーン上で，最後のパットするゴルファーがいます。カップまで2メートルあり，入るか入らないか微妙な距離です。入れば優勝，外せばプレーオフ。緊張感が高まる一瞬です。こんな状況でも冷静なパットができるようにするため，プロゴルファーは緊張感が高まった状況を常に想定して練習します。漫然と練習していては“いざ”という時に役に立たないと知っているからです。

速く読もうとすれば，読み落としや読み間違いをしやすい状態になります。そんな状況においても，読み落としや読み間違いをしない読解力こそが，本試験で必要な実力です。

【4】解けなかった設問は，再チャレンジする

午後Ⅰ問題の中で解けなかった設問を繰り返して演習します（この2回目以降の演習では時間の測定は基本的に不要です）。自分が間違えやすいポイントを理解し，改善することが合格への早道です。下記の手順にしたがって，問題演習を進めてください。

①：過去問を解答し，自己採点する。

②：間違えた設問は，解答・解説を読んで，十分納得する。

③：間違えた設問だけを，再度チャレンジする。

④：上記②と③を繰り返し，最初に解答した設問数の 20%を切ったら終了する。

30 個の設問を演習する例

	第 1 回目	第 2 回目	第 3 回目
30 問	→ ○ 14 問 × 16 問	→ ○ 7 問 × 9 問	→ ○ 5 問 × 4 問（30 問 ×20%未満となった）

この表のように，最初に解き始めた 30 問の 20% である（30 × 20% ＝）6 問を下回る設問数になるまで，間違いが減ったら終了です。自分の弱点は，解けそうで解けなかった第 2 回目の 7 問と第 3 回目の 5 問です。ここを試験直前に見直せば弱点補強となり，合格可能性は確実にアップします。

3-2 進捗管理

3-2-1 プロジェクトの進捗管理

問題

平成 26 年　問 2

001 　プロジェクトの進捗管理に関する次の記述を読んで，設問１～４に答えよ。
002
003 　Ｐ社は大手インターネット通販会社である。業容の拡大を目指し，ファッシ
004 ョンを専門に扱う EC サイトを運営しているＥ社に，先月資本参加した。Ｐ社は，
005 来年度以降にＥ社を子会社化することになっている。子会社化に当たって，Ｅ
006 社のシステム担当部門のマネジメント能力を把握し，最終的にはＰ社の標準の
007 プロジェクトマネジメント体系に合わせるために，情報システム部のＱ課長を
008 Ｅ社に出向させた。
009
010 〔プロセス改善の方針〕
011 　着任したＱ課長は，Ｅ社のシステム担当役員に現況についてのヒアリングを
012 行った。
013 ・Ｅ社の情報システム部には二つの開発課がある。２人の課長は，異なる IT 企
014 　業からの中途採用者であり，それぞれが異なったやり方でプロジェクトをマ
015 　ネジメントしている。
016 ・各開発課とも７～８名の規模で，ノウハウを共有しながらプロジェクトを進
017 　めている。チームワークが良く，開発の効率も悪くはない。ただし，明確に
018 　規定されたプロセスはなく，その時々の判断で開発を進めている。新規にメ
019 　ンバが参加する際には，その課の開発の進め方を習得するまでに時間が掛か
020 　っている。
021 ・２人の課長は，これまでの成功体験に自信を持っている。統制がとれたプロ
022 　セスよりも，ノウハウの共有によるスピーディな対応を好む傾向がある。
023 ・進捗の遅れや品質に関する問題は時々発生している。今後，より大規模な開
024 　発案件に対応するためには，プロジェクトマネジメントの改善が必要である。
025 　Ｑ課長は，このヒアリング結果から，Ｐ社の確立したプロセスにいきなり統
026 一するのではなく，次の方針で進めていく方が現状のＥ社にはよいと考え，Ｐ

社経営層及びＥ社経営層に提案をして，承認を得た。
・各課長のマネジメントについて，問題点を具体的に指摘し，気付きを与える。
・その気付きを契機に，明確に規定されたプロセスに基づく開発を行うことの必要性を，少しずつ納得してもらう。

Ｑ課長は，まず，２人の課長のうちＦ課長が担当する基幹システムの追加開発プロジェクトに，アドバイザとして参加した。

〔進捗管理表の様式〕

Ｆ課長が担当するプロジェクトは，外部設計の中盤に差し掛かっていた。Ｆ課長は，表計算ソフトを用いて，図１のような進捗管理表を作成し，使用していた。

（凡例）■：親アクティビティ　■：子アクティビティ
評価対象日

アクティビティNo.	アクティビティ	担当者	計画工数（人日）	開始予定日	終了予定日	所要日数（日）	進捗率（%）	4月 1 月	2 火	3 水	4 木	5 金	8 月	9 火	10 水	11 木	12 金
3-1-1	A機能　外部設計		30.6	04/01	04/12	10	38.6										
3-1-1-1	A-1機能　外部設計	G主任	5.0	04/01	04/05	5	60.0										
3-1-1-2	A-2機能　外部設計	G主任	5.0	04/08	04/12	5	0.0										
3-1-1-3	A-3機能　外部設計	ア氏，イ氏	20.0	04/01	04/12	10	45.0										
3-1-1-4	A-3機能　中間レビュー	G主任	0.3	04/03	04/03	1	100.0										
3-1-1-5	A-3機能　最終レビュー	G主任	0.3	04/11	04/11	1	0.0										
3-1-2	B機能　外部設計		24.2	04/01	04/12	10	61.4										
3-1-2-1	B-1機能　外部設計	ウ氏	7.4	04/01	04/10	8	60.0										
3-1-2-2	B-1機能　中間レビュー	G主任	0.3	04/03	04/03	1	100.0										
3-1-2-3	B-1機能　最終レビュー	G主任	0.3	04/09	04/09	1	0.0										
3-1-2-4	B-2機能　外部設計	エ氏	10.0	04/01	04/12	10	60.0										
3-1-2-5	B-2機能　中間レビュー	G主任	0.3	04/03	04/03	1	100.0										
3-1-2-6	B-2機能　最終レビュー	G主任	0.3	04/11	04/11	1	0.0										
3-1-2-7	B-3機能　外部設計	オ氏	5.0	04/03	04/09	5	80.0										
3-1-2-8	B-3機能　中間レビュー	ウ氏	0.3	04/04	04/04	1	100.0										
3-1-2-9	B-3機能　最終レビュー	ウ氏	0.3	04/08	04/08	1	0.0										

注記　──→ は実績を表す。

図１　Ｆ課長が使用していた進捗管理表（一部）

Ｆ課長へのヒアリングでは，この進捗管理表を用いて，次のように進捗を管理しているとのことだった。
・各アクティビティの所要日数は，開始予定日から終了予定日までの営業日の作業日数を集計したものである。
・設計書などの成果物を作成するアクティビティの進捗率は，70%を成果物作成の予定量に対する実績量から算出し，30%をレビュー指摘への対応状況から算出する。予定量の見通しが変更になった場合は，適宜見直す。

・進捗率に従って実績線を矢印で表示し，評価対象日における進み・遅れを折れ線（以下，イナズマ線という）で表示する。
・レビューのアクティビティの進捗率は，実施完了前は0%とし，実施完了で100%とする。
・親アクティビティの進捗率は, 子アクティビティの進捗率から次のように求める。

親アクティビティの進捗率

$$=\{(X_1 \times Y_1)+(X_2 \times Y_2)+ \dots +(X_n \times Y_n)\}\div(X_1 + X_2 + \dots + X_n)$$

X_i：子アクティビティ i の所要日数　（$1 \leqq i \leqq n$）

Y_j：子アクティビティ j の進捗率　（$1 \leqq j \leqq n$）

n：子アクティビティの数

Q課長は，現在の親アクティビティの進捗率の計算方法では，進捗率が正しく計算されないことを指摘し，計算方法を修正すべきだと助言した。

またQ課長は，子アクティビティを持たない，成果物を作成するアクティビティについて，①実績線・イナズマ線は，計画について，ある前提を想定して，進み・遅れを示しているが，それを理解しているかどうかをF課長に質問した。F課長はその特性を理解しつつ，進捗評価をしているということだった。

〔アクティビティに対するリソース割当て〕

次にQ課長は，今後のアクティビティと，アクティビティに対するリソース割当ての状況を細かく確認した。その結果，次の事実を確認した。
・プロジェクトのリーダであるG主任が，クリティカルパス上のアクティビティの約7割，レビューのアクティビティの約7割を担当している。
・上記以外のアクティビティの担当者や時期は，適切に設定されている。
・G主任の稼働計画は，長時間の残業を前提にしている。その他のメンバの稼働計画は，残業なしを前提としている。

この事実について確認すると，F課長からは次のような回答があった。
・G主任の経験と能力は，他のメンバと比較して高いので，このような形でアサインすることが最も効率よく，品質面でも安心できる。
・過去のプロジェクトでもG主任に作業を集中させて成功してきた。開発の途中で遅れが発生したことは何度もあったが，最後にはつじつまを合わせてくれた。今回も遅れが発生しているが，リカバリできると考えている。

Q課長は，既にG主任の担当アクティビティに遅れが発生していること，G主任の稼働計画は余裕がないことから，F課長に対して“G主任に対するアクティビティの割当てには，②プロジェクト全体のスケジュールに関わるリスクと，③多くの成果物の品質に関わるリスクがあるので，見直しが必要ではないか”

と助言した。それに対しF課長は“確かに，過去のケースと比べてG主任の作業の遅れ発生時期が早く，G主任のレビューもいつもより丁寧さに欠けている気がする”ということで，Q課長の助言を受け入れ，G主任の担当アクティビティのうち，他のメンバに担当させることができるものを選定して，負荷を分散した。 097 098 099 100

101

〔外部設計の遅延対策〕 102

外部設計が終盤に差し掛かった頃，あるメンバ2名が担当するアクティビティの設計書の最終レビューで問題が検出され，大きな手戻りが発生することが判明した。このアクティビティには，当該メンバ2名が担当する後続アクティビティがあり，このままでは外部設計の完了期限を守れなくなる。F課長は次の対策を立案し，Q課長に相談に来た。 103 104 105 106 107

・他のメンバの作業を調整して，問題が発生したアクティビティに工数を割り振り，手戻りによる遅れを最小限にとどめる。これは，プロジェクト内で調整できる。 108 109 110
・問題が発生したアクティビティには“多数のQ&A表に散在している細かな仕様を，設計書に反映する作業”が残っている。この作業を省略し，後の工程で設計書とQ&A表を見比べて作業を行うことにすれば,遅れは5日で収まる。最終的な反映作業は，テストと並行して行うドキュメント整理期間に実施する。 111 112 113 114
・問題が発生したアクティビティの後続アクティビティについて，5日分のクラッシングを行うために，もう一方の開発課から緊急で要員を調達することを承諾してもらっている。 115 116 117
・クラッシングに充てる応援要員の人数は，2名が妥当だと考えている。過去の同種のアクティビティの生産性と応援要員の候補者のスキルを考慮して，作業に必要な工数を算出した。さらに，仕様の理解やチームのノウハウの習得に要する応援要員の初期の立上げ工数，教育やレビューを行う受入側の工数を織り込んで，スケジュール上に展開して，確認した。 118 119 120 121 122

Q課長は，問題が発生したアクティビティの設計書に関する対策には，後の工程で生産性や品質の低下につながる問題があるので,“更にコストは掛かるが,Q&A表に散在している細かな仕様を設計書に反映すべきである”と助言した。 123 124 125

また，クラッシングに関する工数の計算には，人員増に伴うコミュニケーションパス増加の観点が欠けていることもあり，再考が必要であることを指摘した。 126 127

設問1 〔プロセス改善の方針〕について，Q課長がP社の確立したプロセスにいきなり統一しなかったのは，どのような問題を引き起こすことを恐れたからか。25字以内で述べよ。

設問2 〔進捗管理表の様式〕について，(1)，(2) に答えよ。

(1) Q 課長は，親アクティビティの進捗率の計算方法をどのように修正するように助言したのか。25 字以内で具体的に述べよ。

(2) 本文中の下線①について，想定されている，ある前提とは何か。30 字以内で述べよ。

設問3 〔アクティビティに対するリソース割当て〕について，Q 課長が想定した本文中の下線②，下線③のリスクを，理由を含めて，それぞれ 40 字以内で述べよ。

下線②

下線③

設問4 〔外部設計の遅延対策〕について，Q 課長が，Q&A 表に散在している細かな仕様を設計書に反映すべきであると助言した背景にある，後の工程で生産性や品質の低下につながる問題とは何か。40 字以内で述べよ。

試験センターによる出題趣旨・講評

【出題趣旨】

プロジェクトマネージャ（PM）は，システム開発プロジェクトにおいて，スケジュール計画を立案し，プロジェクトの進捗状況を適切に評価して，問題，課題及びリスクがある場合には，適切な対策を講じる必要がある。

本問では，インターネット通販企業におけるシステム開発プロジェクトの進捗管理を題材に，進捗管理計画の立案，進捗状況の評価，問題発生時の対応について，PM としての実践的な能力を問う。

【採点講評】

問２では，進捗管理，資源管理，リスク管理の実務的な側面について出題した。進捗遅れとなり，プロジェクト全体に関わるリスクを抱えることになったプロジェクトのリーダについて，そのリスクを特定する設問に対する正答率は高かった。

設問１では，"標準的なプロジェクトマネジメント体系に合わせる"というアドバイザの最終目的を明確に意識して解答してほしかったが，そこまで言及していない解答が多かった。

設問２(1)は，親アクティビティの進捗率を算出するための加重平均の計算に，子アクティビティの計画工数ではなく所要日数を用いている事例を示して，正しい計算の方法を問うた。これに対し，"子アクティビティを単純平均にする"といった，親アクティビティの進捗率を正確に算出できない解答が散見されたのは残念だった。定量的な進捗の把握について，基礎をしっかりと再確認してほしい。

試験センターによる解答例

設問1
- プロセス導入の効果が十分に得られないこと
- プロセスが正しく定着しないこと

設問2
(1) X_i には所要日数ではなく計画工数を用いる。
(2) アクティビティの成果が，日ごとに一定に増加すること

設問3
下線②：クリティカルパス上のアクティビティの遅れで，プロジェクト全体が遅れる。
下線③：レビューが不十分となることで，他の作業者の成果物の品質低下につながる。

設問4
- Q&A 表に散在している仕様を見落としたり，仕様の把握に時間が掛かること
- Q&A 表に散在している仕様の見落としや，手戻りが発生すること

○ 著者の解答例

設問1　2人の課長が統一プロセスを実施しないこと（20字）
（別解）
・統一プロセスの長所を理解せず，途中で放棄すること（24字）
・統一プロセスが否定され，独自の手法が実行されること（25字）

設問2　（1）所要日数の代わりに計画工数を使って同様に算出する（24字）
（2）アクティビティは，作業期間内に均等の作業負荷で実行されること（30字）

設問3　下線②：クリティカルパス上のアクティビティの遅延による，プロジェクト全体の遅延リスク（38字）
下線③：G主任のレビュー担当時間の不足によって，レビュー対象成果物の品質が低下するリスク（40字）

設問4　Q&A表に散在している細かな仕様が内部設計書に盛り込まれず，品質不良になること（39字）

解説

設問１

問題文〔プロセス改善の方針〕箇条書第３項目，第４項目と次の段落（021 ～ 027 行目）は，下記のとおりです。

> ・２人の課長は，これまでの成功体験に自信を持っている。統制がとれたプロセスよりも，ノウハウの共有によるスピーディな対応を好む傾向がある。
> ・進捗の遅れや品質に関する問題は時々発生している。今後，より大規模な開発案件に対応するためには，プロジェクトマネジメントの改善が必要である。
> Q 課長は，このヒアリング結果から，P 社の確立したプロセスにいきなり統一するのではなく，次の方針で進めていく方が現状の E 社にはよいと考え，P 社経営層及び E 社経営層に提案をして，承認を得た。

本設問は，上記の実線の下線部を引用して作られており，本設問のヒントは上記の点線の下線部です。２人の課長は，これまで実施してきた独自のプロジェクトマネジメント手法に自信を持っているため，P 社が確立したプロセスへの統一に抵抗するはずです。そこで，Q 課長は P 社が確立したプロセスにいきなり統一するのではなく，準備期間を設けようとしたのです。

本設問は，“Q 課長が P 社の確立したプロセスにいきなり統一しなかったのは，どのような問題を引き起こすことを恐れたからか”を問うています。この問題を具体的に記述しようとしてもヒントがないので，おおざっぱな表現にならざるを得ません。解答は，“2 人の課長が統一プロセスを実施しないこと”のようになります。この解答例以外に，“統一プロセスの長所を理解せず，途中で放棄すること”，“統一プロセスが否定され，独自の手法が実行されること”などの別解も考えられます。

設問２

【1】

問題文〔進捗管理表の様式〕の箇条書最後の項目（066 ～ 071 行目）は，下記のとおりであり，親アクティビティの進捗率の計算式を示しています。

> ・親アクティビティの進捗率は，子アクティビティの進捗率から次のように求める。
> 親アクティビティの進捗率
> $= \{(X_1 \times Y_1) + (X_2 \times Y_2) + \ldots + (X_n \times Y_n)\} \div (X_1 + X_2 + \ldots + X_n)$
> X_i：子アクティビティ i の所要日数（$1 \leqq i \leqq n$）
> Y_j：子アクティビティ j の進捗率　（$1 \leqq j \leqq n$）
> n：子アクティビティの数

“図1　F課長が使用していた進捗管理表（一部）”のうち，アクティビティNo.3-1-1に関連する部分（042～045行目）は，下図です。

アクティビティNo.	アクティビティ	担当者	計画工数（人日）	開始予定日	終了予定日	所要日数（日）	進捗率（%）
3-1-1	A機能　外部設計		30.6	04/01	04/12	10	38.6
3-1-1-1	A-1機能　外部設計	G主任	5.0	04/01	04/05	5	60.0
3-1-1-2	A-2機能　外部設計	G主任	5.0	04/08	04/12	5	0.0
3-1-1-3	A-3機能　外部設計	ア氏，イ氏	20.0	04/01	04/12	10	45.0
3-1-1-4	A-3機能　中間レビュー	G主任	0.3	04/03	04/03	1	100.0
3-1-1-5	A-3機能　最終レビュー	G主任	0.3	04/11	04/11	1	0.0

アクティビティNo.3-1-1の進捗率は，下記のように計算されています。

3-1-1-1の所要日数5日×60.0%＋
3-1-1-2の所要日数5日×0.0%＋
3-1-1-3の所要日数10日×45.0%＋
3-1-1-4の所要日数1日×100.0%＋
3-1-1-5の所要日数1日×0.0%＝8.5・・・・(a)
3-1-1-1の所要日数5日＋
3-1-1-2の所要日数5日＋
3-1-1-3の所要日数10日＋
3-1-1-4の所要日数1日＋
3-1-1-5の所要日数1日＝22・・・・(b)

(a)÷(b)　×100≒38.6363…%

“進捗率は成果物作成の予定量に対する実績量”と〔進捗管理表の様式〕箇条書第2項目（059～060行目）に記されています。しかし，F課長は進捗率を所要日数に対する経過日数として計算しようとしています。この計算方法では，3-1-1-3のような2人で作業を担当する場合，進捗率が正しく計算されません。正しくは，所要日数の代わりに計画工数を使って進捗率を算定すればよいです。解答は，“所要日数の代わりに計画工数を使って同様に算出する”のようにまとめられます。

【2】

本文中の下線①を含む文（074～077行目）は，下記のとおりです。

また Q 課長は，子アクティビティを持たない，成果物を作成するアクティビティについて，①実績線・イナズマ線は，計画について，ある前提を想定して，進み・遅れを示しているが，それを理解しているかどうかを F 課長に質問した。F 課長はその特性を理解しつつ，進捗評価をしているということだった。

図 1 に示されているイナズマ線の一部は，下図の太線です。

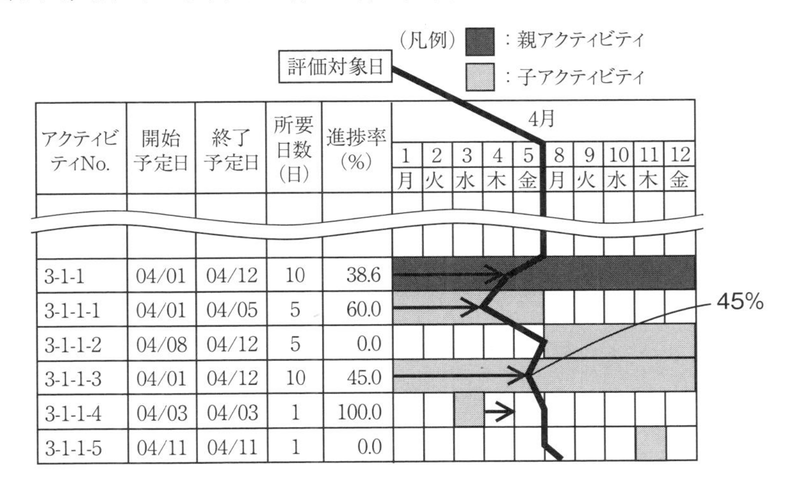

アクティビティNo.	開始予定日	終了予定日	所要日数（日）	進捗率（%）
3-1-1	04/01	04/12	10	38.6
3-1-1-1	04/01	04/05	5	60.0
3-1-1-2	04/08	04/12	5	0.0
3-1-1-3	04/01	04/12	10	45.0
3-1-1-4	04/03	04/03	1	100.0
3-1-1-5	04/11	04/11	1	0.0

例えば，上図の 3-1-1-3 のアクティビティを考えてみます。作業期間は，04/01 ～ 04/12 の 10 日間，進捗率は 45.0% なので，04/01 から 10 日 × 0.45 ＝ 4.5 日だけ経過した 04/05 の真ん中にイナズマ線を結ぶ点を置いています。

イナズマ線の表記法は常識的な計算に基づいているので，特別な前提は想定されていないように思えます。そこで発想を変えて，この常識的な計算は，各アクティビティが作業期間の中で均等の負荷を持って実行されていることに気付かねばなりません。

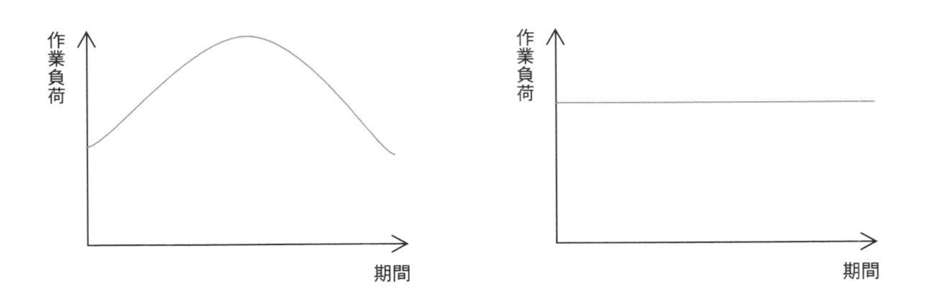

実際のアクティビティの作業負荷は上左図のように変化するはずですが，イナズマ線はアクティビティの作業負荷が上右図のように均等であることを想定して描かれています。解答は，“ アクティビティは，作業期間内に均等の作業負荷で実行され

ること”のようにまとめられます。

なお，試験センターの解答例は，“アクティビティの成果が，日ごとに一定に増加すること”となっています。しかし，この解答には，“アクティビティの作業期間内において”のような限定表現がないので，アクティビティの成果が全プロジェクト期間において継続的に増加するようにも読めてしまいます。“アクティビティの成果が，作業期間内において一定に増加すること”といった表現のほうが望ましいと思われます。

設問３

本文中の下線②，③を含む文（093 ～ 097 行目）は，下記のとおりです。

> Q 課長は，既に G 主任の担当アクティビティに遅れが発生していること，G 主任の稼働計画は余裕がないことから，F 課長に対して“G 主任に対するアクティビティの割当てには，②プロジェクト全体のスケジュールに関わるリスクと，③多くの成果物の品質に関わるリスクがあるので，見直しが必要ではないか”と助言した。

上記の下線②，③には，プロジェクトの３大リスクである Q（品質）C（コスト）D（スケジュール）が表現されています。したがって，結論となるリスクは，下線②の“スケジュールが遅延するリスク”，下線③の“品質が低下するリスク”です。

これらのリスクの原因を，問題文中から探してみると，問題文〔アクティビティに対するリソース割当て〕箇条書第１項目，第２項目（082 ～ 084 行目）が見つかります。

> ・**1** プロジェクトのリーダである G 主任が，クリティカルパス上のアクティビティの約７割，**2** レビューのアクティビティの約７割を担当している。
> ・**3** 上記以外のアクティビティの担当者や時期は，適切に設定されている。

上記の下線**3**より，リスクは下線**1**と下線**2**以外にはないと判断できます。下線**1**は，スケジュールに関連するリスクを示しており，下線②のヒントになっています。クリティカルパスは，プロジェクトの開始から終了までの作業の中で，最も時間がかかる一連の作業群（経路）です。したがって，クリティカルパス上の作業が遅延すると，プロジェクト全体のスケジュールも遅延します。下線②のリスクの解答は，“クリティカルパス上のアクティビティの遅延による，プロジェクト全体の遅延リスク”のようにまとめられます。

下線**2**は，品質に関連するリスクを示しており，下線③のヒントになっています。レビューは，設計書や仕様書のような書類に内在する欠陥の除去を目的とするアクティビティです。したがって，下線③のリスクの解答は，“G 主任のレビュー担当時間の不足によって，レビュー対象成果物の品質が低下するリスク”のようにまとめられます。

設問４

問題文〔外部設計の遅延対策〕の最後から２文目（123 ～ 125 行目）は下記のとおりであり，その下線**2**が本設問の引用箇所になっています。

> Ｑ課長は，**1** 問題が発生したアクティビティの設計書に関する対策には，**2** 後の工程で生産性や品質の低下につながる問題があるので，“更にコストは掛かるが，Q&A 表に散在している細かな仕様を設計書に反映すべきである”と助言した。

上記の点線の下線部の対策の要点は，下記の問題文〔外部設計の遅延対策〕箇条書第２項目，第３項目（111 ～ 117 行目）に記述されています。

> ・問題が発生したアクティビティには“多数のQ&A表に散在している細かな仕様を，設計書に反映する作業”が残っている。**3** この作業を省略し，後の工程で設計書とQ&A表を見比べて作業を行うことにすれば，遅れは５日で収まる。最終的な反映作業は，テストと並行して行うドキュメント整理期間に実施する。
> ・問題が発生したアクティビティの後続アクティビティについて，**3** ５日分のクラッシングを行うために，もう一方の開発課から緊急で要員を調達することを承諾してもらっている。

上記の２箇所の下線**3**より，下線**1**の対策は“多数の Q&A 表に散在している細かな仕様を，設計書に反映する作業”を省略したものです。したがって，本設問は，“多数の Q&A 表に散在している細かな仕様を，設計書に反映する作業を省略した場合に，後の工程で生産性や品質の低下につながる問題とは何か”を問うていると言い替えられます。

多数の Q&A 表に散在している細かな仕様を設計書に反映しないと，後の工程のドキュメント（＝内部設計書）に細かな仕様が盛り込まれない可能性が強くなります。したがって，解答は“Q&A 表に散在している細かな仕様が内部設計書に盛り込まれず，品質不良になること”のようにまとめられます。

3-2-2 設計ドキュメント管理システム

問題

平成 25 年　問 1

設計ドキュメント管理システムの開発プロジェクトに関する次の記述を読んで，設問 1 ～ 3 に答えよ。

K 社は，大型製造装置の設計から施工・保守までを請け負うエンジニアリング企業である。K 社の売上の多くは，海外の顧客によるもので占められており，建設現場は各国に点在している。大型製造装置の建設では，多くの設計ドキュメントを顧客，現場事務所，設計協力会社と本社との間で共有し，業務を進める必要がある。K 社は，図 1 に示す，自社で開発した，設計ドキュメントの保管，作成状況の管理をするための設計ドキュメント管理システム（以下，EDMS という）を利用し，これまで業務を進めてきたが，社外から EDMS へ直接アクセスできないので，次のような問題が顕在化していた。

- 顧客から設計担当者に対して，電子メールで設計の進捗状況の確認が行われ，その対応のための工数が掛かっている。
- 現場事務所へは，1 日 1 回のバッチ処理で設計ドキュメントをコピーしているので，現場事務所の担当者が最新の設計ドキュメントを参照できない。
- 設計協力会社からは，設計ドキュメントを電子メールで登録担当者宛てに送信してもらい，登録担当者が EDMS に登録している。登録にタイムラグがあり，設計担当者のレビューをタイムリに実施できない。

これらの問題を解決するため，図 2 に示す，新しい EDMS（以下，新 EDMS という）を開発することにした。

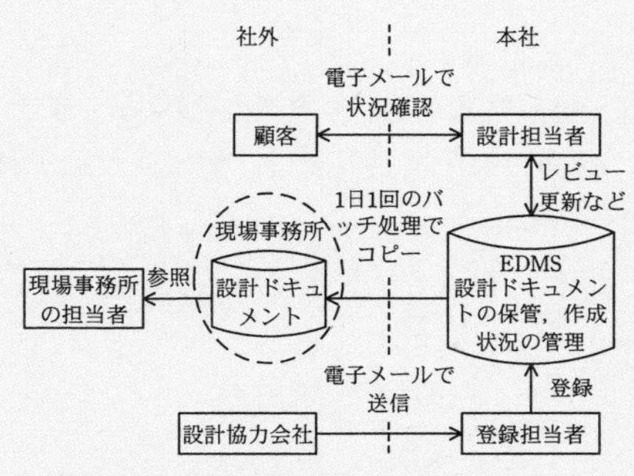

図 1　現在の EDMS の利用形態

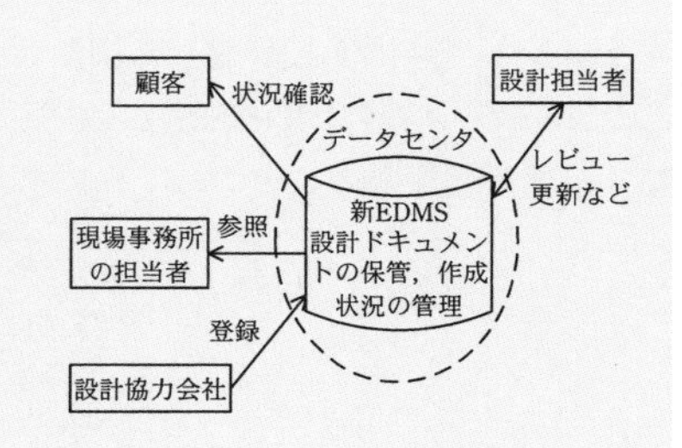

図 2　新 EDMS の利用形態

設計ドキュメントには，顧客の機密情報を含むドキュメント類も含まれるので，取扱いには十分に注意する必要がある。電子化してサーバに保管する際には，サーバの管理状況を明確に把握する必要がある。サーバの運用を委託する場合は，定期的な管理レポートを顧客が要求する形で報告し，顧客が要求する場合には，サーバの管理について監査を行うことが，顧客との契約条件となる場合がある。新 EDMS の開発に当たって，システムの一部の運用を委託する場合には，これらの要求事項を満たす必要がある。開発プロジェクトは今年４月１日から開始することとし，K 社は情報システム部のＬ氏をプロジェクトマネージャ（PM）に任命した。

〔プロジェクト計画〕

Ｌ氏は，検討の基本となる案（以下，基本案という）を作成した。必要な作業項目，作業に掛かる期間などを表１に示す一覧表にまとめ，作業の流れを図３に示す作業工程図にまとめた。

表１　作業項目の一覧表

記号	作業項目	所要期間（月）	先行作業項目の記号	作業内容
A	基盤設計	2	−	データセンタのサーバやネットワーク基盤の仕様決定
B	ハードウェア調達	2	A	仕様に適応したデータセンタのハードウェアの調達
C	ハードウェア設置・設定	2	B	データセンタのハードウェアの設置，顧客要求に沿った基本ソフトウェアの設定
D	現場事務所環境整備	4	A	仕様に適応した現場事務所の PC やネットワーク環境の整備
E	外部設計	1	−	アプリケーションプログラムの外部設計
F	内部設計	2	E	アプリケーションプログラムの内部設計
G	製造・テスト	2	C，F	アプリケーションプログラムの製造とテスト
H	結合テスト	2	D，G	現場事務所環境も含めた結合テスト
I	総合テスト	1	H	実運用を想定した総合テスト
J	教育・移行	1	I	利用者，運用担当者への教育，移行

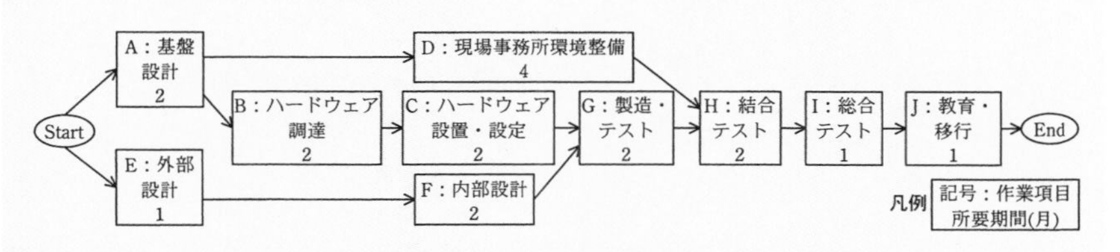

図３　作業工程図

基本案の前提は次のとおりである。
・EDMSは，K社の業務に合わせて様々な機能が組み込まれているが，新EDMSの開発では，既存の仕様を利用することによって，開発工数は少なく済むと想定する。
・サーバ類はデータセンタに集中設置し，現場事務所にはサーバを置かず，クライアント環境の整備だけで対応できる仕様とする。
・データセンタと各現場事務所の間は，専用線でそれぞれ1対1に接続する構成を想定する。
・開発工程のうち，製造・テストはハードウェアの設置・設定の後に本番サーバ環境で行い，現場事務所環境を含めた結合テストは現場事務所環境整備の後に行う。

〔クラウドサービス利用の検討〕

L氏は，事業部門及び現場事務所統括部門の責任者を含めて基本案についてのレビュー会議を開催した。その結果，この基本案は，前提を含めて次の点で再検討する必要があるとの指摘を受けた。

①事業部門の責任者の指摘：グローバル対応はK社の急務である。今年4月1日に開始して，遅くとも，新しい海外顧客向け大型製造装置の設計が開始される，来年1月初めから利用できるようにしてほしい。

②現場事務所統括部門の責任者の指摘：データセンタと各現場事務所の間を専用線でそれぞれ1対1に接続する構成は，システムの専任者がいない現場事務所には負担となる。グローバルに接続拠点がある安全なネットワークなどの利用を検討してほしい。

L氏は，①の要望への対応として，記号A，B，C，G，H，I，Jの一連の作業の工程短縮を検討することにした。クラウドコンピューティングサービス（以下，クラウドサービスという）を利用することによって短縮できる可能性があることから，クラウドサービスの利用を検討することにした。

L氏は，②の要望への対応として，クラウドサービス提供企業の中から，ある条件を付け加えて選定を行い，ヒアリングを実施した。

各社のクラウドサービスの比較結果は表2のとおりである。

③　E（1）＋F（2）＋G（2）＋H（2）＋I（1）＋J（1）＝9か月

上記の中で，最も長い期間のルートは12か月の②であり，これがクリティカルパスに該当します。L氏が，工程を短縮するに当たって，記号A，B，C，G，H，I，Jの一連の作業を短縮すべき対象として選んだのは，これらの作業が②のクリティカルパス上にあるからです。

解答は，"選んだ作業がクリティカルパス上にあるから"のようにまとめればよいです。

【2】

本設問は，"表2　各社のクラウドサービスの比較表"の上，2文目（095～096行目）の下記の実線の下線部を引用して作られています。

> L氏は，②の要望への対応として，クラウドサービス提供企業の中から，ある条件を付け加えて選定を行い，ヒアリングを実施した。

上記の点線の下線部は，本設問の第1のヒントであり，下記の箇所（087～090行目）です。

> ②現場事務所統括部門の責任者の指摘：データセンタと各現場事務所の間を専用線でそれぞれ1対1に接続する構成は，システムの専任者がいない現場事務所には負担となる。グローバルに接続拠点がある安全なネットワークなどの利用を検討してほしい。

上記の実線の下線部が，本設問の第2のヒントであり，解答は"グローバルに接続拠点がある安全なネットワークを利用できること"のようにまとめられます。

設問2

【1】

空欄a：

当空欄の前（118行目）は，下記のとおりです。

> ・X社のクラウドサービスを利用した場合は，Bの作業が不要となり（後略）

Bの作業が不要になると，図3は下図のようになります。

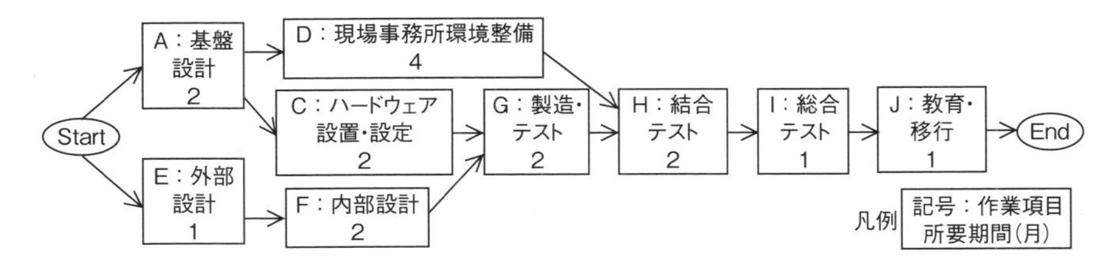

上図に示された各作業項目の所要日数を，プロジェクトの開始から終了までの3つのルートごとに集計すると，以下のようになります（カッコ内の数値は所要期間の月数です）。

① A（2）＋D（4）＋H（2）＋I（1）＋J（1）＝10か月
② A（2）＋C（2）＋G（2）＋H（2）＋I（1）＋J（1）＝10か月
③ E（1）＋F（2）＋G（2）＋H（2）＋I（1）＋J（1）＝9か月

上記の中で，最も長い期間のルートは10か月の①と②であり，空欄aは“10”になります。

空欄b：

当空欄の前（120～121行目）は，下記のとおりです。

> ・Y社のクラウドサービスを利用した場合は，Bの作業が不要となり，C，Dの作業期間が半減するので（後略）

上記の下線部に従うと，図3は下図のようになります。

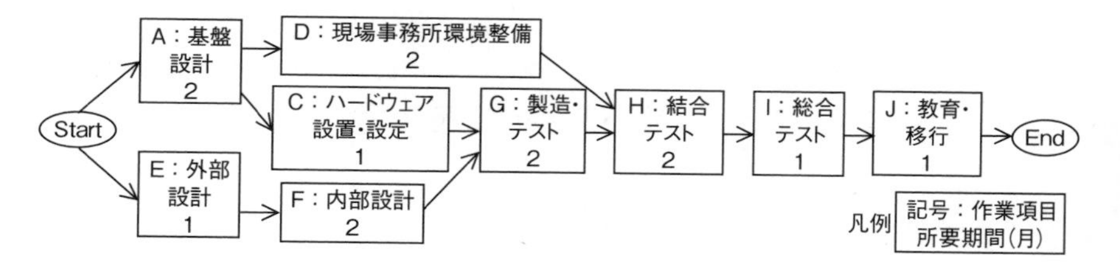

上図に示された各作業項目の所要日数を，プロジェクトの開始から終了までの3つのルートごとに集計すると，以下のようになります（カッコ内の数値は所要期間の月数です）。

① A（2）＋D（2）＋H（2）＋I（1）＋J（1）＝8か月
② A（2）＋C（1）＋G（2）＋H（2）＋I（1）＋J（1）＝9か月
③ E（1）＋F（2）＋G（2）＋H（2）＋I（1）＋J（1）＝9か月

上記の中で，最も長い期間のルートは9か月の②と③であり，空欄bは“9”になります。

空欄c：

当空欄の前（122～125行目）は，下記のとおりです。

・Z 社のクラウドサービスを利用した場合は，Bの作業が不要となり，C，D，G，Hの期間が半減する。一方，Eの作業については，Z 社のアプリケーションソフトウェアの機能を確認した上で設計を進めることになるので，2 倍の期間を想定する。（後略）

上記の下線部に従うと，図 3 は下図のように書き直されます。

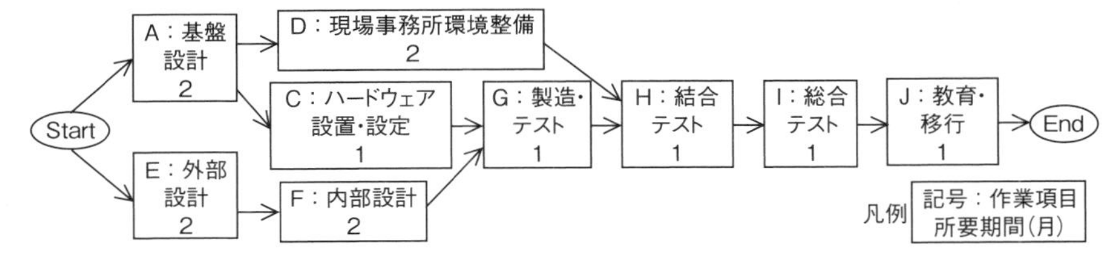

上図に示された各作業項目の所要日数を，プロジェクトの開始から終了までの 3 つのルートごとに集計すると，以下のようになります（カッコ内の数値は所要期間の月数です）。

① A（2）＋D（2）＋H（1）＋I（1）＋J（1）＝7 か月
② A（2）＋C（1）＋G（1）＋H（1）＋I（1）＋J（1）＝7 か月
③ E（2）＋F（2）＋G（1）＋H（1）＋I（1）＋J（1）＝8 か月

上記の中で，最も長い期間のルートは 8 か月の③であり，空欄 c は "8" になります。

【2】

"表 2　各社のクラウドサービスの比較表" のうち，Z 社のクラウドサービスの形態は SaaS であり，アプリケーションソフトウェアは○（＝提供する）になっています。言い換えれば，Z 社のアプリケーションソフトウェアは，ソフトウェアパッケージのように定型化されたソフトウェアです。

"図 3　作業工程図" の後の 2 文目（069 ～ 071 行目）は，下記のとおりです。

・EDMS は，K 社の業務に合わせて様々な機能が組み込まれているが，新 EDMS の開発では，既存の仕様を利用することによって，開発工数は少なく済むと想定する。

上記の下線部のとおり，新 EDMS は K 社の業務に合わせた既存の仕様を利用して開発されます。したがって，Z 社のアプリケーションソフトウェアは，K 社の業務に合わせてカスタマイズされなければなりません。また，E の作業は外部設計であるので，いわゆるフィットギャップ分析を行って，機能設計・画面設計・帳票設計などの変更点を特定する必要があります。

本問はリスクを問うているが，プロジェクトの 3 大リスクは Q（品質）C（コスト）D（納期）です。空欄 c を含む文の 1 文前（123 ～ 125 行目）は，下記のとおりです。

> 一方，Ｅの作業については，Ｚ社のアプリケーションソフトウェアの機能を確認した上で設計を進めることになるので，２倍の期間を想定する。その結果，開発期間は［c：8］か月となる。

上記は開発期間の増加を指摘しているので，本問が想定しているリスクはD（納期）に限定されます。したがって，解答は“K社の業務に合わせるカスタマイズ規模が膨らみ，設計が遅れる”のようにまとめられます。

設問３

【1】

問題文〔クラウドサービス利用の検討〕①の２文目（084～086行目）は，下記のとおりです。

> 今年４月１日に開始して，遅くとも（中略）来年１月初めから利用できるようにしてほしい。

上記より，開発期間は4月1日から12月31日までの9か月です。しかし，空欄aより，X社のクラウドサービスを利用した場合の開発期間は10か月であり，1か月長いです。したがって，解答は“開発期間が1か月長く，来年1月初めから利用開始ができない”のようにまとめられます。

【2】

“表2　各社のクラウドサービスの比較表”のサーバ運用の行（109行目）を見ると，Y社とZ社の欄は，それぞれY社とZ社になっており，サーバ運用はY社またはZ社に委託する必要があります。

本設問のヒントは，下記の“図2　新EDMSの利用形態”の後の3文目（034～035行目）です。

> サーバの運用を委託する場合は，定期的な管理レポートを顧客が要求する形で報告し（後略）

解答は，上記の下線部を使って，“定期的な管理レポートをK社の顧客が要求する形で作成し，提供できること”のようにまとめられます。

【3】

“表2　各社のクラウドサービスの比較表”の監査の受入れのZ社の欄（110行目）を見ると，“不可”になっています。

本設問のヒントは，下記の“図2　新EDMSの利用形態”の後の3文目（035～036行目）です。

（前略）顧客が要求する場合には，サーバの管理について監査を行うことが，顧客との契約条件となる場合がある。

解答は，上記の下線部を使って，“サーバの管理についての監査を行えないから”のようにまとめられます。

Coffee Break

計画重視のプロジェクトマネジメント

優秀なプロジェクトマネージャには，いろいろなタイプがあります。

・「俺についてこい！」といった親分肌のプロジェクトマネージャ
・「皆がんばってください」といった感じの面倒見のいいプロジェクトマネージャ
・「こらぁ！　しっかりせんか！」といった怖いが責任感のあるプロジェクトマネージャ

しかし，これらのプロジェクトマネージャは，午後Ⅰ問題にはひとりも登場してきません。午後Ⅰ問題のプロジェクトマネージャは，常にクールであり，お芝居の「黒子」に見えるほど大人しい人物として描かれています。時間制限の関係から問題文の分量を抑えなければならないといった理由もありますが，これには「試験制度の大枠」が深く関係しています。

当試験制度の大枠のおもなものは，次の3つです。

①試験日は1日以内であり，2日を超えられない
②書類試験だけであり，面接試験は実施できない
③客観的でかつ，公平な試験でなければならない

プロジェクトマネージャの優秀さは，その人格によって大きく左右される面があります。しかし，上記の②から，この面を評価できません。そうなると，受験者の知識を重視する評価にならざるを得ません。

また，試験が想定しているプロジェクトマネージャは，プロジェクトマネジメントのみを実行する者であり，いわゆる「プレイングマネージャ」を想定していません。そのため，想定しているプロジェクトは比較的大規模になり，100人月以上である場合がほとんどです。プロジェクトメンバは10人を超え，2チーム以上に分割されます。そうなると，メンバの足並みを揃えた活動が重要になり，「計画を正確に策定し，それをしっかりやらせるプロジェクトマネージャが優秀である」とする試験傾向が強くなるのです。PMBOKでも，計画がもっとも重視されるので，その意味では一致しています。

筆者は，論文対策講座において，「計画を策定した」とか「計画に従って，○○させた」といった文言を，1か所は書くように指導しています。

3-2-3 EVMによるプロジェクト管理

問題

平成24年 問3

EVMによるプロジェクト管理に関する次の記述を読んで，設問1～4に答えよ。

L社は，中堅の製造業である。最近のインターネット取引の増加に対応するために，販売管理システムを再構築することにした。販売管理システムは，営業部と情報システム部が協力して開発を行い，プロジェクトマネージャは情報システム部のM課長が担当する。開発期間は1年間とし，翌年の4月1日から稼働開始することを経営会議で決定した。

これまでのL社のシステム開発プロジェクトでは，当初目標とした稼働開始日から大幅に遅延して稼働する例が繰り返されていた。このため，経営層からは，"今回の販売管理システム開発プロジェクトにおいては，プロジェクト管理を徹底すること。特に，プロジェクトの完了予定日が，目標とする稼働開始日に対して遅れていないことを常に確認してプロジェクトを遂行し，目標とする稼働開始日を厳守するように"との指示が出されている。

〔プロジェクト管理の見直し〕

M課長は，これまでにL社で実施されたシステム開発プロジェクトの中で，目標とした稼働開始日から遅延したプロジェクトの記録を調査し，その原因を分析した。その結果，L社で行われたプロジェクト管理には次のような問題点があることが分かった。

・進捗管理は，開発担当者が自分で見積もった進捗率に基づいて行われており，客観的な基準による進捗の把握が行われていない。
・システム開発に対する利用部門の参加意識が低く，工程ごとの成果物の確認が，確実には行われていないので，テスト段階で仕様変更が多発する。

M課長は，これらの問題点を解消するために，次の方針でプロジェクトを進めることにした。

・客観的な基準によって進捗を把握するために，EVM（Earned Value Management）を採用する。
・要件定義はプロトタイピングを用いて実施し，早い段階から利用部門に参加してもらう。

M課長は，この方針を採用することで，経営層の指示事項にも対応できると判断した。

〔WBS の策定〕

M 課長は，EVM を実施するために，販売管理システム開発プロジェクトの WBS（Work Breakdown Structure）を次の手順で策定した。

まず，今回のプロジェクトで行う作業を“漏れなく，重複なく”洗い出して，工程別に WBS を策定した。その上で，直接的な開発作業ではないが，プロジェクトを成功裡に進めるために必要となる一連の業務を [a] として WBS に加え，図 1 に示すレベル 1 の WBS を策定した。

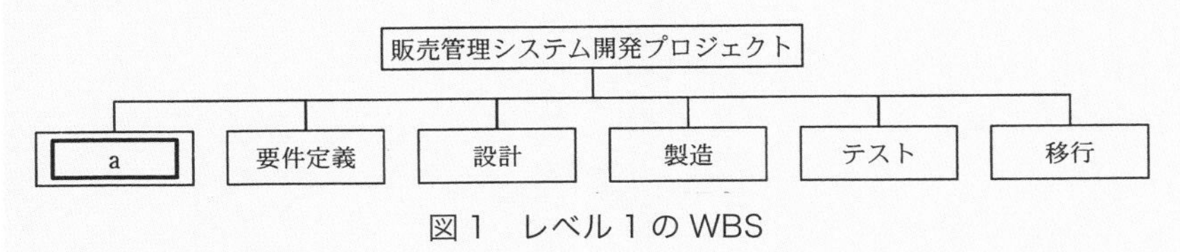

図 1　レベル 1 の WBS

さらに，M 課長は，工程ごとに必要となる成果物を洗い出し，次にそれらの成果物の構成要素となる要素成果物を洗い出した。その上で，それらの構造を明らかにするために，階層構造の形で表現し，文書化した。その際に，上位の成果物が全ての要素成果物を含んでいるか，また，下位の要素成果物で上位の成果物を確実に作成することができるかを確認しながら進め，最下位の要素成果物をワークパッケージ（WP）として設定した。

〔EVM の導入〕

M 課長は，今回のプロジェクトでは，プロジェクト管理を徹底することが求められていることから，EVM による計画と実績の対比を週次で行うことにした。

M 課長は，まず，進捗測定のベースラインとなるプランドバリュー（PV）を設定することにした。そのため，先に設定した WP ごとに，必要なタスクを洗い出した。各タスクは，所要期間が 1 週間以内で収まるように細分化した。その上で，各タスクの予算，スケジュールを策定して，PV を定めた。

アーンドバリュー（EV）については，途中計上は行わず，タスクの完了時に EV を全て計上することにした。M 課長はタスクの完了判定基準を明確に定め，第三者による確認を受けて，タスクを完了することにした。

次に M 課長は，PV に対応した実コスト（AC）の集計が適切に行えるかどうかを確認した。M 課長は，今回の開発コストは社員の人件費が全てであることから，社員の作業時間の管理に焦点を当てて確認することにした。L 社の情報システム部の作業時間管理のシステムは，各担当者が担当するプロジェクトの工程ごとに，作業時間を毎日入力し，工程別に日次で集計する仕様になっており，工程単位の管理しかできない。このことから，M 課長は，現状の仕様では

EVMには適さないと判断し，作業時間管理の仕組みを変更するように，情報システム部長の承認を得た上で，作業時間管理のシステム担当者へ依頼した。作業時間管理のシステム担当者からは，販売管理システムのプロジェクト開始までに対応するとの回答を得た。
　M課長は，これらをEVMガイドラインとしてまとめた。M課長は，EVMガイドラインについて情報システム部長の承認を得て，プロジェクトメンバに説明した上でプロジェクトを開始した。

〔EVMの実施〕
　プロジェクトが開始され，設計工程の中盤に差し掛かっている。設計工程において，M課長は，週次でEVMのレポートを確認し，詳細な内容を把握するために，定例のミーティングを継続して行っている。設計工程は，基本設計と詳細設計に大別され，これまでに基本設計は計画どおりに完了している。詳細設計以降の作業は，帳票チーム，内部処理チーム，データベースチーム（以下，DBチームという）に分けて行っている。各チームの成果物の整合性については，全チームリーダの参加する定例ミーティングの場で，必要に応じて確認している。詳細設計が開始され，第1週の進捗を確認するための定例ミーティングで，M課長はプロジェクト全体のSPI（Schedule Performance Index），CPI（Cost Performance Index）が悪化している状況を把握し，各チームの状況を詳しくヒアリングした。その結果は次のとおりであった。
・帳票チーム：あるWPについて，第1週から参加予定の要員が着任できず着手が遅れていた。翌週に着任し，作業を開始している。同じ単価のサポート要員を一時的に追加することで，WPは予定どおりに完了し，総時間も予定範囲内に収まる見込みである。
・内部処理チーム：要員は予定どおり参加し，タスクも予定どおり完了しており，問題は発生していない。
・DBチーム：あるWPについて，要員は予定どおり参加し，設計作業は予定どおり進み，完了判定基準を満たしている。ただし，第1週のタスクの完了を確認する第三者が病気で休んでしまい，確認が終了していないため，タスクは完了していない。
　なお，各チームとも，その他のWPについては，第1週で完了予定のタスクは全て完了しており，第1週末で仕掛り中のタスクはなかった。
　M課長は，このヒアリングの結果を受け，第1週におけるプロジェクト全体のSPI，CPIが悪化している原因を理解した。また，M課長は，今後のチーム運営については，次の観点から個別に指示を出した。
・帳票チーム：作業時間管理の観点

・DB チーム：タスク進捗面の対応策の観点

設問１ 〔プロジェクト管理の見直し〕について，(1)，(2) に答えよ。

(1) M 課長が，EVM を採用することで，経営層の指示事項にも対応できると判断した理由は何か。30 字以内で述べよ。

(2) M 課長が，要件定義への利用部門の参加において，要件定義をプロトタイピングを用いて実施し，早い段階から利用部門に参加してもらうようにした目的は何か。25 字以内で述べよ。

設問２ 〔WBS の策定〕について，(1)，(2) に答えよ。

(1) M 課長は，EVM を実施するために，なぜプロジェクトの WBS を活用することにしたのか。30 字以内で述べよ。

(2) 本文中の [a] に入れる適切な字句を答えよ。

a

設問３ 〔EVM の導入〕について，(1)～(3) に答えよ。

(1) M 課長が，各タスクを，所要期間を 1 週間以内で収まるように細分化した理由は何か。30 字以内で述べよ。

(2) M 課長が，タスクの完了判定基準を明確に定め，第三者による確認を義務付けた目的は何か。20 字以内で述べよ。

(3) M課長は，作業時間管理の仕組みをどのように修正するように依頼したのか。25字以内で述べよ。

設問4 〔EVMの実施〕について，(1)，(2)に答えよ。

(1) M課長が，ヒアリングを実施して把握した各チームの状況において，第1週におけるプロジェクト全体のSPI，CPIが悪化している原因となっているチームはどれか。SPI，CPIごとにそれぞれチーム名を全て答えよ。

SPI

CPI

(2) M課長が，今後のチーム運営について出した個別の指示とは何か。帳票チーム，DBチームごとにそれぞれ25字以内で述べよ。

帳票チーム

DBチーム

試験センターによる出題趣旨・講評

【出題趣旨】

プロジェクトマネージャ（PM）は，プロジェクトの遂行に当たって，プロジェクト管理の方針を明確に定め，それが確実に実施できることを確認した上でプロジェクトに適用し，プロジェクトを適切に管理することが求められる。

本問では，プロジェクト管理の基礎能力として，EVM（Earned Value Management）に関する基本的な知識を問うとともに，その前提である，WBS の作り方や実績集計の必要要件などに対する理解度を確認し，PM としてのプロジェクト管理の実務能力を問う。

【採点講評】

問 3 では，プロジェクト管理の基礎能力として，EVM（Earned Value Management）に関する基本的な知識，及びその前提である，WBS（Work Breakdown Structure）の作り方について出題した。正答率は高かった。

設問 2(1) では，“作業を漏れなく，重複なく洗い出すため”いう WBS そのものの特性を答えた解答が多かった。EVM は WBS のワークパッケージ（WP）ごとにコストとスケジュールを積み上げて計画を設定し，WP ごとに実績と計画を対比して管理することが前提で，そのために WBS の策定が不可欠となっていることを理解してもらいたい。

設問 2(2) では，“進捗管理”という個別の管理項目を解答する例が見られた。プロジェクトの管理に関する全ての作業を，プロジェクト管理として，WBS のレベル 1 の項目として設定することが，WBS がプロジェクト作業全体を網羅する上で重要な考え方であることを理解してもらいたい。

設問 4(2) の帳票チームに対する指示として，“要員管理”，“着任時期の管理”などと誤って解答した受験者が多かった。追加要員がいても，WP が予定どおり完了し，その総時間が予定範囲内に収まれば，WP が完了した時点で SPI，CPI に影響しないということを理解してもらいたい。

▶ 試験センターによる解答例

設問1

（1）・完了予定日を明確に把握して進められるから
・早い段階で進捗の遅れを把握できるから

（2）・利用部門のニーズを早く的確に把握するため
・利用部門のプロジェクトへの参加意識を高めるため

設問2

（1）・コストとスケジュールをWBS（又はWP）単位に設定できるから
・実績と予想をWBS（又はWP）単位に比較する必要があるから

(2) a：・プロジェクト管理　・プロジェクトマネジメント

設問3

（1）タスクが完了したかどうかで週次の進捗が把握できるから

（2）客観的な進捗管理を確実に行うため

（3）工程別の管理からタスク（又はWBS又はWP）単位の管理に変更する。

設問4

（1）SPI：帳票チーム，DBチーム　CPI：DBチーム

（2）帳票チーム：総時間が予定範囲を超えないようにする。
DBチーム：遅れの影響を調査しリカバリプランを策定する。

○ 著者の解答例

設問1

（1）完了予定日と目標とする稼働開始日の差を常に確認できるから（28字）

（2）利用部門による正確な要件定義を早期に確定させるため（25字）

設問2

（1）EVMによる計画と実績の対比の算定基礎を明確化するため（27字）

（2）a：プロジェクト管理

設問3

（1）進捗測定のための計画と実績の対比を週次で行いたいから（26字）

（2）客観的な基準による進捗の把握を行うため（19字）

（3）実コストの把握を工程単位からタスク単位に変更する（24字）

設問4

（1）SPI：帳票チーム，DBチーム　CPI：DBチーム

（2）帳票チーム：WPを予定通りに完了し，総時間を予定範囲内に収める（25字）
DBチーム：病欠している第三者の復帰予定の確認と対策立案をする（25字）

解説

設問 1

【1】

本設問は，下記の〔プロジェクト管理の見直し〕の最終文（031 ～ 032 行目）を引用して作られています。

> M 課長は，この方針を採用することで，経営層の指示事項にも対応できると判断した。

しかし，この付近にヒントが見つからないので，本設問のキーワードである“経営層の指示事項”を，問題文から探します。そうすると，下記の箇所が見つかります。

> このため，経営層からは，“今回の販売管理システム開発プロジェクトにおいては，プロジェクト管理を徹底すること。特に，プロジェクトの完了予定日が，目標とする稼働開始日に対して遅れていないことを常に確認してプロジェクトを遂行し，目標とする稼働開始日を厳守するように”との指示が出されている。

上記は，問題文の冒頭第 2 段落の 2 文目（010 ～ 014 行目）であり，その下線部がヒントになっています。解答は，“完了予定日と目標とする稼働開始日の差を常に確認できるから”のようにします。

なお，EVM（Earned Value Management）がわからない読者は，本書の第 2 章 2-6-2【1】EVM を参照してください。

【2】

本設問は，問題文中にヒントのない，知識を要求される問題です。プロトタイピングは，上流工程において一部のプログラムを試作し，操作性や画面の配置などを，利用者に実体験させ，設計仕様の確定を早期化する手法です。

したがって，要件定義工程においてプロトタイピングを実施する目的は“正確な要件定義の早期確定”にあります。解答は，“利用部門による正確な要件定義を早期に確定させるため”のようにまとめます。

なお，プロトタイピングに関する設問は，比較的よく出題されています。例えば，平成 21 年度 午後 I 問 2 設問 1 は，空欄に入れる適切な字句を，プロトタイピングを外部設計において行うようにしたことを踏まえて解答させています。

また，試験センターの解答例の 1 つに“利用部門のプロジェクトへの参加意識を高めるため”とあります。これは，〔プロジェクト管理の見直し〕の前半の箇条書第 2 項目“システム開発に対する利用部門の参加意識が低く，工程ごとの成果物の確認が，確実には行われていないので，テスト段階で仕様変更が多発する”をヒントに使った解答例です。“プロトタイピング→利用部門の参加意識を高める”という解答パターンが再度，出題されるかもしれないので，要注意な解答例です。

設問２

【1】

WBS（Work Breakdown Structure）は，プロジェクト計画を立案する際に，スコープ定義（スコープ記述書）から作成されます。これは，“図１　レベル１のWBS”のように，最上位の四角形の中にプロジェクト名を入れ，その下にレベル１のプロジェクトが行うべき作業項目を配置します。さらに，レベル１の各作業項目を詳細化して，レベル2，レベル3，レベル4，レベル5，…を作ります。最下位の作業項目は，ワークパッケージ（WP）と呼ばれます。WBSは，スコープ定義と同様に，原則として必ず作成されます。

これに対し，EVMは，プロジェクト管理に必須の技法ではありません。EVMを使わないプロジェクトもあり得ます。PMBOK第4版のEVMは，WBSが作成されていることを前提にされています。例えば，本問にも出てくるプランドバリューは“アクティビティまたはワーク・ブレークダウン・ストラクチャーの構成要素について，その遂行すべき作業に割り当てられた認可済みの予算のことである”と定義されています。

したがって，本設問がいう“EVMを実施するために，なぜプロジェクトのWBSを活用することにしたのか”と問われれば，“EVMにはWBSが必須だから”といった妙な解答になってしまいます。

次は，〔EVMの導入〕の１～３文目（054～059行目）です。

> Ｍ課長は，今回のプロジェクトでは，プロジェクト管理を徹底することが求められていることから，EVMによる計画と実績の対比を週次で行うことにした。
> Ｍ課長は，まず，進捗測定のベースラインとなるプランドバリュー（PV）を設定することにした。そのため，先に設定したWPごとに，必要なタスクを洗い出した。各タスクは，所要期間が１週間以内で収まるように細分化した。その上で，各タスクの予算，スケジュールを策定して，PVを定めた。

上記の文でも，PMBOKを意識しているのか，ワークパッケージからタスク（PMBOKではアクティビティと呼んでいる）を洗い出して，プランドバリューを定めています。そこで，上記の下線部をヒントにして“EVMによる計画と実績の対比の算定基礎を明確化するため”という解答にまとめます。

なお，試験センターの解答例は，“コストとスケジュールをWBS（又はWP）単位に設定できるから”と“実績と予想をWBS（又はWP）単位に比較する必要があるから”であり，筆者の解答とはかけ離れています。しかし，試験センターの解答例を導き出すヒントは問題文中になく，ほとんどの受験者は思いつけないだろうと思われます。したがって，これにこだわらない解答にしました。

【2】

本設問のヒントは，空欄 a の前の“直接的な開発作業ではないが，プロジェクトを成功裡に進めるために必要となる一連の業務”（037 ～ 038 行目）です。したがって，解答は“プロジェクト管理”です。

設問３

【1】

本設問は，下記の〔EVM の導入〕の第２段落の３文目（058 行目）を引用して作られています。

> 各タスクは，所要期間が１週間以内で収まるように細分化した。

本設問のヒントは，下記の〔EVM の導入〕の１文目（054 ～ 058 行目）です。

> M 課長は，今回のプロジェクトでは，プロジェクト管理を徹底することが求められていることから，EVM による計画と実績の対比を週次で行うことにした。

上記の下線部を使って，解答は“EVM による計画と実績の対比を週次で行いたいから”としたいところですが，これでは設問２(1)と重複解になっていると解釈される可能性があります。そこで，若干表現を変更し，“進捗測定のための計画と実績の対比を週次で行いたいから”といった解答にします。

【2】

本設問は，次の〔EVM の導入〕の第３段落の２文目（061 ～ 062 行目）を引用して作られています。

> M 課長はタスクの完了判定基準を明確に定め，第三者による確認を受けて，タスクを完了することにした。

本設問のヒントは，下記の〔プロジェクト管理の見直し〕の前半の箇条書第１項目（020 ～ 021 行目）です。

> ・進捗管理は，開発担当者が自分で見積もった進捗率に基づいて行われており，客観的な基準による進捗の把握が行われていない。

つまり，L社で行われていたプロジェクト管理では，開発担当者が自分で見積もった進捗率に基づいて行われていました。これは適切ではないので，タスクの完了判定基準を明確に定め，第三者による確認を受けて，タスクを完了することにしたのです。

解答は，上記の下線部をヒントにして“客観的な基準による進捗の把握を行うため”のようにします。

【3】

本設問は，下記の〔EVMの導入〕の第4段落の4文目（068～070行目）の実線の下線部を引用して作られています。

> このことから，M課長は，現状の仕様ではEVMには適さないと判断し，作業時間管理の仕組みを変更するように，情報システム部長の承認を得た上で，作業時間管理のシステム担当者へ依頼した。

上記の点線の下線部を第1のヒントにして，現在の仕様を確認すると，下記の〔EVMの導入〕の第4段落の3文目（065～068行目）にそれが記述されています。

> L社の情報システム部の作業時間管理のシステムは，各担当者が担当するプロジェクトの工程ごとに，作業時間を毎日入力し，工程別に日次で集計する仕様になっており，工程単位の管理しかできない。

〔EVMの導入〕の第2段落の3文目（058行目）と第3段落の1文目（060～061行目）にあるとおり，プランドバリューとアーンドバリューの両方とも，タスク単位に設定・計上されます。これに対し，上記の下線部より，作業時間管理のシステムでは，実コストは工程単位で把握されています。これでは，プランドバリューおよびアーンドバリューと実コストを比較できません。そこで，M課長は，作業時間管理の仕組みを修正するように依頼したのです。解答は，“実コストの把握を工程単位からタスク単位に変更する”のようにまとめます。

設問4

【1】

SPI（Schedule Performance Index）はアーンドバリュー÷プランドバリュー，CPI（Cost Performance Index）はアーンドバリュー÷実コストによって計算されます。

〔EVMの実施〕の帳票チームの状況は，下記のように記述されています（089～092行目）。

> あるWPについて，第1週から参加予定の要員が着任できず着手が遅れていた。翌週に着任し，作業を開始している。同じ単価のサポート要員を一時的に追加することで，WPは予定どおりに完了し，総時間も予定範囲内に収まる見込みである。

上記の下線部より，アーンドバリューと実コストは予定よりも少ないです。プランドバリューに変化はありません。したがって，SPIは悪化しているが，CPIは予定どおりです。

〔EVMの実施〕の内部処理チームの状況（093～094行目）は，下記のように記述されています。

> 要員は予定どおり参加し，タスクも予定どおり完了しており，問題は発生していない。

上記の下線部より，アーンドバリューと実コストは予定どおりです。プランドバリューに変化はありません。したがって，SPIとCPIの両方とも予定どおりです。

〔EVMの実施〕のDBチームの状況（095～098行目）は，下記のように記述されています。

> あるWPについて，要員は予定どおり参加し，設計作業は予定どおり進み，完了判定基準を満たしている。ただし，第1週のタスクの完了を確認する第三者が病気で休んでしまい，確認が終了していないため，タスクは完了していない。

上記の下線部より，アーンドバリューは予定よりも少なく，実コストは予定どおりです。プランドバリューに変化はありません。したがって，SPIとCPIの両方とも悪化しています。

【2】

本設問は，下記の〔EVMの実施〕の最終段落の第2文目（102～103行目）を引用して作られています。

> また，M課長は，今後のチーム運営については，次の観点から個別に指示を出した。

上記の下線部は，設問文にはない箇所であり，ヒントになっています。その観点は，下記の〔EVMの実施〕の最終段落の箇条書き（104～105行目）に次のように記述されています。

> ・帳票チーム：作業時間管理の観点
> ・DBチーム：タスク進捗面の対応策の観点

〔EVM の実施〕の帳票チームの状況（089 ～ 092 行目）は，下記のように記述されています（再掲）。

> あるWPについて，第1週から参加予定の要員が着任できず着手が遅れていた。翌週に着任し，作業を開始している。同じ単価のサポート要員を一時的に追加することで，WPは予定どおりに完了し，総時間も予定範囲内に収まる見込みである。

作業時間管理の観点からは，上記の下線部がリスクであり，“WP を予定通りに完了し，総時間を予定範囲内に収める”のような解答をまとめます。

〔EVM の実施〕の DB チームの状況（095 ～ 098 行目）は，下記のように記述されています（再掲）。

> あるWPについて，要員は予定どおり参加し，設計作業は予定どおり進み，完了判定基準を満たしている。ただし，第1週のタスクの完了を確認する第三者が病気で休んでしまい，確認が終了していないため，タスクは完了していない。

タスク進捗面の対応策の観点からは，上記の下線部がリスクであり，“病欠している第三者の復帰予定の確認と対策立案をする”のような解答をまとめます。

3-3 品質管理

3-3-1 組込みシステム開発の結合テスト計画

問題

平成24年 問4

組込みシステム開発の結合テスト計画に関する次の記述を読んで，設問1～3に答えよ。

電機メーカのJ社は，スマートフォン市場でのシェア拡大のために，新製品の開発を進めている。新製品には，スマートフォンの基本機能を備えたOSを採用し，J社が独自に開発したアプリケーションプログラムを搭載する。

開発プロジェクトのプロジェクトマネージャには，ソフトウェア開発部門のK課長が任命されている。アプリケーションプログラムの開発は，機能別に編成された開発チームが担当する。結合テスト以降のテストは，専任のテストチームが担当する。

アプリケーションプログラムの開発は，現在，プログラム製造・単体テストが始まったところであり，K課長は結合テスト計画の作成に着手した。結合テストでは，実機を用いて，各機能を連携させてテストを行う。結合テストの障害管理票の基本的な処理フローを，図1に示す。障害の改修完了予定日は，開発チームが障害解析を完了した時点で設定する。当初設定した改修完了予定日に改修が間に合わない場合，当該開発チームは他チームに，改修完了予定日の見直しを通知する。

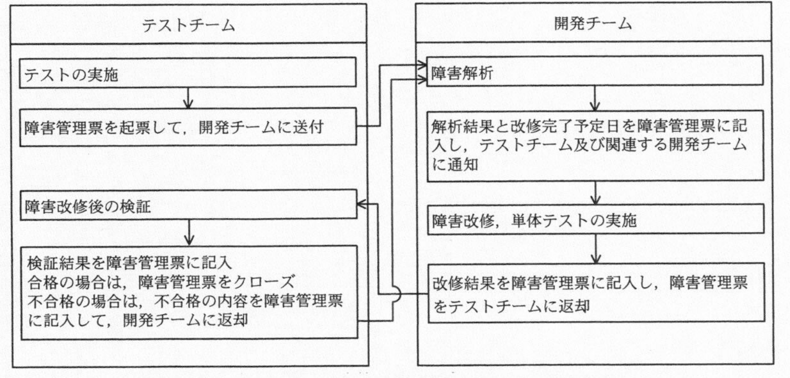

図1　結合テストの障害管理票の基本的な処理フロー

〔意見交換ミーティングの実施〕

K課長は，結合テストの終了が計画よりも大幅に遅れてしまった過去の事例を分析した結果，結合テストを計画どおり終了させるには，障害の多発や障害改修の難航などの理由によって工程完了期日に遅れてしまうおそれがある開発チーム（以下，遅延チームという）への対処が重要だと考えていた。そこで，全チームのチームリーダと主力メンバを招集して，遅延チームに関する問題点，体験について意見交換を行った。ミーティングでは，次のような意見が出された。

(1) 遅延チームにかつて所属していたメンバの意見

・遅延を解消するために，他チームから応援メンバを入れて対応することがあった。しかし，応援メンバは開発する機能についての経験や知識がないので，応援メンバを受け入れても，<u>①チームの生産性はすぐには向上せず，むしろ，一時的には低下する</u>ことがある。そこで，工程の後半では，応援メンバを受け入れるよりも，現在の要員1人当たりの作業量を増やして対応したいと申し出ることが多かった。しかし，1人当たりの作業量を増やすと作業品質が下がり，結果として生産性が低下した。

・改修すべき障害が累積してくると，工程完了期日までに全ての障害を改修しなければならないというプレッシャーから，余裕のない改修完了予定日を設定してしまう。その結果，要員が焦って，改修ミス，デグレードを発生させ，当初設定した改修完了予定日に間に合わなくなることが多かった。

・当初設定した改修完了予定日に間に合わなくなったケースでは，遅れる可能性について，かなり前から察知していることが多かった。しかし，“改修完了予定日に間に合わせたい”，“他チームに迷惑を掛けたくない”という思いから改修完了予定日の直前まで頑張って，それでも間に合わない場合に見直しを連絡していた。

・他チームに依頼したい作業はいろいろあった。しかし，既に障害が多発して迷惑を掛けている他チームに，更に作業を依頼するのは気が引けて，ためらうことが多かった。

(2) 遅延チームの影響を受けたことがあるメンバの意見

・遅延チームの障害改修が改修完了予定日までに完了しないと，自チームのテスト計画が変更になり，大きな影響があった。直前になってから間に合わないという連絡が来るので，計画の見直しがスムーズにいかないことが多かった。

・改修ミス，デグレード，当初設定した改修完了予定日に対する遅れなどに対して，遅延チームについ厳しいコメントをしてしまうことがあった。遅延チームのモチベーションを下げてしまったかもしれない。

〔結合テストの方針〕

K課長は，過去の事例の分析とミーティングでのメンバの意見を踏まえて，今回の結合テストでは次の方針を徹底することにし，各チームに周知した。

- 障害改修に当たっては，②プロジェクト全体への影響を考慮した改修順序を計画する。また，適切な改修完了予定日を設定した上で，当初設定した改修完了予定日を確実に守る。
- 当初設定した改修完了予定日に遅れることが明らかになった場合には，③プロジェクト全体への影響を最小限にするように，適切に対処する。
- ある開発チームが遅延チームとなった場合，プロジェクト全体に影響が広がらないように，プロジェクトとして［ a ］を最優先する。
- 遅延チームは，必要であれば応援メンバを積極的に受け入れる。また，他チームに依頼できる作業があれば積極的に提案する。
- 遅延チーム以外の開発チーム，テストチームは，遅延チームに対して協力的な態度で接し，批判的な態度をとらないようにする。

〔結合テストの管理指標〕

K課長は結合テストにおいて，テスト項目と障害の数を開発チーム別に集計できるように，テスト項目と障害の数についてのチーム別の集計ルールを設定した。その上で，開発チーム別に，横軸にテスト実施率，縦軸に累積の障害摘出数をとったグラフを作成し，障害の発生状況を監視する。最終的に，グラフの軌跡が④ある傾向を示すことを確認する。

また，開発チームに関する管理指標を表1のように定義して，遅延チームが発生する予兆の検知や，遅延チームの進捗遅れの影響を評価する。

表1　結合テストでの開発チームに関する管理指標

管理指標No.	名称	計算式	単位
1	開発チーム別の結合テスト完了までの残障害見込数	開発チーム別の現在の状況から推計した結合テスト完了までの総障害見込数－開発チーム別の改修済障害数	件
2	開発チーム別の［ b ］	開発チーム別の［ c ］÷開発チーム別の改修済障害数	人時／件
3	開発チーム別の当初設定した［ d ］	開発チーム別の当初設定した［ e ］÷開発チーム別の改修済障害数×100	％
4	開発チーム別の不合格・デグレード発生率	開発チーム別の改修済障害のうち，テスト不合格やデグレードが検出された障害数÷開発チーム別の改修済障害数×100	％

- 管理指標No.［ f ］で，開発チームの障害改修の作業品質を確認する。

・管理指標 No.3 で，開発チームが改修完了予定日を適切に設定しているか，当初設定した改修完了予定日を守れているかを評価する。 097 098
・管理指標 No.1，管理指標 No.[g]，及び開発チーム別の今後に計画されている作業工数から，残障害見込数と改修能力のアンバランスを起因として遅延チームになりそうな開発チームがないかを監視する。管理指標 No.[g]と開発チーム別の今後に計画されている作業工数から求めた改修可能な障害数が，管理指標 No.1 よりも少ない場合は，応援メンバの投入などの具体的な対策を実施する。 099 100 101 102 103 104

設問1 〔意見交換ミーティングの実施〕について，本文中の下線①の事象はなぜ起こるのか。30 字以内で述べよ。

設問2 〔結合テストの方針〕について，(1)～(3) に答えよ。

(1) 本文中の下線②の改修順序として，具体的にはどのような障害を優先して改修すべきか。20 字以内で述べよ。

(2) 本文中の下線③で適切に対処するとしているのは，どのような対処か。20 字以内で述べよ。

(3) 本文中の[a]に入れる適切な字句を，15 字以内で述べよ。

設問3 〔結合テストの管理指標〕について，(1)～(5) に答えよ。

(1) 本文中の下線④のある傾向とは，どのような傾向か。15 字以内で述べよ。

(2) 表 1 中の[b]に入れる適切な字句を，15 字以内で述べよ。

(3) 表1中の[c]，[d]に入れる適切な字句を，25 字以内で述べよ。

c

d

(4) 表 1 中の e に入れる適切な字句を，25 字以内で答えよ。

(5) 本文中の f ，g に入れる管理指標 No. を答えよ。

f g

試験センターによる出題趣旨・講評

【出題趣旨】

プロジェクトマネージャ（PM）は，プロジェクトの状態を示す正しいデータを収集し，内容を適切に把握しながら，計画の実行に支障を来す兆しや現象がないかを監視する必要がある。そのために，プロジェクトの特性に合ったデータ，メトリクスの選定が重要である。

本問では，組込みシステム開発の結合テスト計画を題材に，データ，メトリクスの活用について，PM としての実践的な能力を問う。

【採点講評】

問 4 では，組込みシステム開発における結合テスト計画について出題した。プロジェクトの状態を適切に把握するためのデータ，メトリクスの基本は，おおむね正しく理解されていた。

設問 2（3）では，工程完了期日に遅れてしまうおそれがある開発チームが発生したときに，プロジェクトとして何を最優先するかを問うたが，“工程完了期日を守る”という誤った解答が多かった。設問で求めていた，工程完了期日に遅れてしまうおそれが明らかになったとき，具体的に最優先で実施すべきことを，踏み込んで解答してほしかった。

設問 3 では，具体的なメトリクスの名称やその計算式，データの読取り方を問うたが，“累積の障害摘出数”の意図で“障害摘出数”を，また“工数”の意図で“時間”を用いたのではないかと推測される解答が多かった。データやメトリクスの活用において単位を誤ると，プロジェクトの状況を見誤ることにもつながる。適切な単位や計算式を用いてデータを収集し，評価する能力を身に付けてほしい。

なお，進捗や遵守など，PMとして日常的に用いる言葉の誤字が非常に多かった。今後の改善を期待する。

試験センターによる解答例

設問1

・投入直後は応援メンバの立上げの負荷が掛かるから
・応援メンバにプロジェクトの情報を伝える時間が必要になるから

設問2

(1) ・他チームへの影響が大きな障害
　・他チームのテストが進まなくなる障害
(2) ・見通しの変化を速やかに通知すること
(3) a：遅延チームの進捗の早期回復

設問3

(1) 障害の摘出が収束する傾向
(2) b：・障害の改修能力　・1件当たり障害改修工数
(3) c：改修済障害の改修に要した総工数
　d：・改修完了予定日に対する遵守率　・改修完了予定日に対する遅延率
(4) e：dを“改修完了予定日に対する遵守率”と解答した場合
　・改修完了予定日を遵守した改修済の障害数
　dを“改修完了予定日に対する遅延率”と解答した場合
　・改修完了予定日に遅延した改修済の障害数
(5) f：4，g：2

著者の解答例

設問1

応援メンバの担当機能やチーム内の役割等の習得時間が必要だから（30字）

設問2

(1) 他チームのテストに大きな影響を与える障害（20字）
(2) 直ちに遅れている状況を他チームに通知する（20字）
(3) a：遅延チームの遅れを挽回する支援（15字）

設問3

(1) テスト終盤で水平に近くなる傾向（15字）
(2) b：改修能力
(3) c：障害を改修した時間数の合計（人時）（17字）
　d：改修完了予定日の遵守率（11字）
(4) e：改修完了予定日内に改修を完了した障害数（19字）
(5) f：4，g：2

解説

設問1

下線①を含む1文（036～038行目）は，下記のとおりです。

> しかし，応援メンバは開発する機能についての経験や知識がないので，応援メンバを受け入れても，①チームの生産性はすぐには向上せず，むしろ，一時的には低下することがある。

本設問のヒントは，前記の点線の下線部です。応援メンバは，参画するプロジェクトの過去の経緯や，チーム内の他のメンバの個性や役割分担などの知識がないので，それを習得する時間が必要になります。したがって，解答は，“応援メンバの担当機能やチーム内の役割等の習得時間が必要だから”のようにまとめます。

設問2

【1】

本設問の第1のヒントは，下記の〔結合テストの方針〕の1文目（063～064行目）の下線部です。

> K課長は，過去の事例の分析とミーティングでのメンバの意見を踏まえて，今回の結合テストでは次の方針を徹底することにし，各チームに周知した。

そこで，〔意見交換ミーティングの実施〕の中から，プロジェクトの影響を考慮し，先に改修しなければならない障害を探します。第2のヒントは，下記の〔意見交換ミーティングの実施〕(2) 遅延チームの影響を受けたことがあるメンバの意見の箇条書第1項目の1文目（055～056行目）です。

> ・遅延チームの障害改修が改修完了予定日までに完了しないと，自チームのテスト計画が変更になり，大きな影響があった。

解答は，上記の文を使って，“他チームのテストに大きな影響を与える障害”のようにまとめます。

なお，“クリティカルパス上にあるテスト項目の障害”とか“他の機能が参照する共通機能の障害”といった他チームとの関連を考慮しない解答は，点数の少ない部分点しかもらえないと思われます。一般論ではなく“過去の事例の分析とミーティングでのメンバの意見を踏まえた”解答にすべきです。

【2】

下線③を含む1文（068～069行目）は，下記のとおりです。

・当初設定した改修完了予定日に遅れることが明らかになった場合には，③プロジェクト全体への影響を最小限にするように，適切に対処する。

そこで，上記の点線の下線部に該当する記述を〔意見交換ミーティングの実施〕の中から探します。以下，見つかった記述を順番に示します。
〔意見交換ミーティングの実施〕(1) 遅延チームにかつて所属していたメンバの意見の箇条書第 3 項目の 1 文目
“当初設定した改修完了予定日に間に合わなくなったケースでは，遅れる可能性について，かなり前から察知していることが多かった”

〔意見交換ミーティングの実施〕(1) 遅延チームにかつて所属していたメンバの意見の箇条書第 3 項目の 2 文目
“（前略）改修完了予定日の直前まで頑張って，それでも間に合わない場合に見直しを連絡していた”

〔意見交換ミーティングの実施〕(2) 遅延チームの影響を受けたことがあるメンバの意見の箇条書第 1 項目の 2 文目
“直前になってから間に合わないという連絡が来るので，計画の見直しがスムーズにいかないことが多かった”

上記の過去の分析結果に基づき，解答は“直ちに遅れている状況を他チームに通知する”のようにまとめます。

【3】

当設問のヒントは，下記の〔意見交換ミーティングの実施〕の 1 文目（028 ～ 031 行目）の下線部です。

K 課長は，結合テストの終了が計画よりも大幅に遅れてしまった過去の事例を分析した結果，結合テストを計画どおり終了させるには，障害の多発や障害改修の難航などの理由によって工程完了期日に遅れてしまうおそれがある開発チーム（以下，遅延チームという）への対処が重要だと考えていた。

空欄 a の前のように，“ある開発チームが遅延チームとなった場合”に限定すると，“プロジェクト全体に影響が広がらないように”その遅延チームへの対処が重要だと K 課長は考えました。その対処を，具体的に“遅延チームの遅れを挽回する支援”のようにまとめれば解答になります。

なお，この解答は，J 社プロジェクトに限定された K 課長の考え方であって，PMBOK のような一般的なプロジェクト管理ノウハウから導き出されたものではありません。したがって，知識問題の解答例にはならないので注意が必要です。

設問3

【1】

下線④を含む文とその前の1文（080～082行目）は，下記のとおりです。

> その上で，開発チーム別に，横軸にテスト実施率，縦軸に累積の障害摘出数をとったグラフを作成し，障害の発生状況を監視する。最終的に，グラフの軌跡が④ある傾向を示すことを確認する。

上記の点線の下線部のグラフは，信頼性成長曲線（ゴンペルツ曲線，ロジスティック曲線）と呼ばれ，右のような図になります。

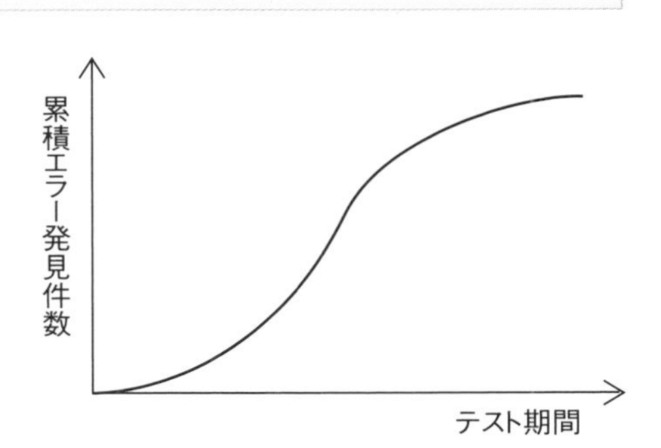

上記の点線の下線部内での“横軸にテスト実施率，縦軸に累積の障害摘出数”は，図では“横軸にテスト期間，縦軸に累積エラー発見件数”となっていますが同じ意味です（信頼性成長曲線の詳細な説明は，本書の第2章2-7-2【5】を参照してください）。

下線④の“ある傾向”とは，右図のテスト終盤において曲線がなだらかな水平に近くなる傾向を指しています。これは，テスト終盤において，テストを続けても累積エラー発見件数がほとんど増えず，エラーが発見されにくくなっている状況を表しています（この状況を“エラーが収束傾向にある”ともいいます）。エラーが発見されにくくなっているのですから，品質が確保されていると判断し，テストを終了します。解答は，“テスト終盤で水平に近くなる傾向”のようにまとめます。

【2】～【5】

空欄b～gは，相互に関連しており，空欄b，c，d，…の順に解説するのが難しいので，以下，順番を変えて解説します。

空欄f

この空欄の後は，“開発チームの障害改修の作業品質を確認する”となっているので，これに該当する管理指標No.を検討します。

空欄fの次の文は，“管理指標No.3で，開発チームが改修完了予定日を適切に設定しているか，当初設定した改修完了予定日を守れているかを評価する”となっているので，管理指標No.3は正解の候補ではありません。

空欄 f の後の 2 文目は，"管理指標 No.1（中略）から，残障害見込数と改修能力のアンバランスを起因として遅延チームになりそうな開発チームがないかを監視する"となっているので，管理指標 No.1 は正解の候補ではありません。

管理指標 No.2 の単位は，表 1 より，人時／件であり，作業効率（1 件当たりに必要な人時）を示す指標です。空欄 f は，上記の下線部の"作業品質の確認"に該当しないので消去法により，管理指標 No."4" が正解です。

空欄 g

上記の空欄 f の検討から残っている候補は，管理指標 No."2" だけであり，これが空欄 g の正解です。

空欄 b

1 つ目の空欄 g を含む文（099 ～ 101 行目）は，次のとおりです。

> ・管理指標 No.1，管理指標 No.2（空欄 g），及び開発チーム別の今後に計画されている作業工数から，残障害見込数と改修能力のアンバランスを起因として遅延チームになりそうな開発チームがないかを監視する。

上記の実線の下線部の"残障害見込数"は，管理指標 No.1 の名称である"開発チーム別の結合テスト完了までの残障害見込数"の一部です。上記の点線の下線部に着目すると，管理指標 No.2 の名称の一部である空欄 b は，"改修能力"に特定されます。試験センターの解答例では，"障害の改修能力"と"障害の"を付けていますが，なくても意味が通じるので"改修効率"でも正解になります。

空欄 c

空欄 b は上記の解説より，"改修能力"です。管理指標 No.2 の単位は，"人時／件"であり，空欄 c の後は"÷開発チーム別の改修済障害数"なので，空欄 c は"障害を改修した時間数の合計（人時）"です。

空欄 d

空欄 f の次の文（097 ～ 098 行目）は，下記のとおりです。

> ・管理指標 No.3 で，開発チームが改修完了予定日を適切に設定しているか，当初設定した改修完了予定日を守れているかを評価する。

上記の下線部より，空欄 d は"改修完了予定日の遵守率"です。

空欄 e

空欄 d は上記の解説より，"改修完了予定日の遵守率"です。空欄 e の後は"÷開発チーム別の改修済障害数× 100"（分母）なので，"改修完了予定日の遵守率"を表す分子である空欄 e は，"改修完了予定日内に改修を完了した障害数"になります。

3-3-2 設計・製造工程での品質確保と品質管理指標

問題

平成 30 年　問 2

システム開発プロジェクトの品質管理に関する次の記述を読んで，設問 1 ～ 3 に答えよ。

K 社は SI 企業である。K 社の L 課長は，これまで多くのシステム開発プロジェクトを経験したプロジェクトマネージャ（PM）で，先日も生命保険会社の新商品に対応したスマートフォンのアプリケーションソフトウェアの開発（以下，前回開発という）を完了したばかりである。

K 社の品質管理部門では，品質管理基準（以下，K 社基準という）として，工程ごとに，レビュー指摘密度，摘出欠陥密度などの指標に関する基準値を規定している。L 課長も K 社基準に従った品質管理を行ってきた。前回開発においても，各工程の“開発プロセスの品質”（以下，プロセス品質という）と，各工程完了段階での“成果物の品質”（以下，プロダクト品質という）は，定量評価においては K 社基準に照らして基準値内の実績であり，定性評価を含めて，全工程を通じておおむね安定的に推移した。稼働後にも欠陥は発見されていない。

しかし，新たなサービスを市場に適切に問い続けていきたいという顧客のニーズに応えるためには，第 1 段階として設計・製造工程で品質を確保する活動を進め，第 2 段階として設計そのものをより良質にしていく必要があると考えていた。そこで L 課長はまず，前回開発の実績値を基にして，設計・製造工程で品質を確保する活動に資する新しい品質管理指標の可能性について検討することにした。

〔L 課長の認識〕

L 課長は，前回開発を含む過去のプロジェクトの経験や社内の事例から，品質管理について，次のような認識をもっていた。

・最終的なプロダクト品質は，“設計工程における成果物から，その成果物に内包される欠陥を全て除去した品質”（以下，設計限界品質という）で，おおむねその水準が決まる。製造工程とテスト工程においても設計の修正は行われるが，そのほとんどは設計の欠陥の修正にとどまり，より良質な設計への改善につながるケースはまれである。つまり，①テスト工程からでは，最終的なプロダクト品質を大きく向上させることはできない。この設計限界品質が低い場合には，システムのライフサイクル全体に悪影響を及ぼすことがある。したがって，設計限界品質そのものを高めることが，本質的に重要である。

・K社の過去の事例を分析すると，全工程を通算した総摘出欠陥数は，開発規模と難易度が同等であれば近似する値となっている。ただし，設計工程での欠陥の摘出が不十分な場合には，開発の終盤で苦戦し，納期遅れとなったり，納期遅れを計画外のコスト投入でリカバリするような状況が発生したりしていた。これは，設計工程完了時点で，設計限界品質と実際のプロダクト品質との差が大きい状況であった，と言い換えることができる。
・現在のK社基準に規定されている工程ごとの摘出欠陥密度の基準値には，複数の工程で混入した欠陥が混ざっている。そのため，②工程ごとの摘出欠陥密度だけを見て評価すると，ある状況の下では品質に対する判断を誤り，品質低下の兆候を見逃すリスクがある。

〔新しい品質管理指標〕

L課長は，新しい品質管理指標を検討するに当たって，次のように考えた。
・欠陥は，混入した工程で全て摘出することが理想である。特に設計・製造の各工程で，十分に欠陥を摘出せずに後工程に進むと，後工程の工数を増大させる要因となり，最終的にプロジェクトに悪影響を及ぼす可能性がある。
・テスト工程は，工程が進むにつれ，それよりも前の工程と比較して制約が厳しくなっていく要素があるので，仮に予算，人員及びテスト環境に一定の余裕があったとしても，③製造工程までに混入した欠陥の摘出・修正ができなくなるリスクが高まる。したがって，テスト工程よりも前の工程でプロダクト品質を確保するための指標を検討すべきである。
・今回の検討では，設計限界品質そのものを高めるという最終目標の前段階として，テスト工程よりも前の工程において，設計限界品質に対する到達度を測定する指標を検討する。
・指標を考えるに当たって，当初はモデルを単純にするために，基本設計よりも前の工程やテスト工程で混入する欠陥及び稼働後に発見される欠陥は，対象外とする。
・まず，設計・製造の各工程について，自工程で混入させた欠陥を自工程でどれだけ摘出したか，という観点で“自工程混入欠陥摘出率”の指標を設ける。
・次に，設計・製造の各工程において，基本設計工程から自工程までの工程群で混入させた欠陥を，自工程完了までにどれだけ摘出したか，という観点で“既工程混入欠陥摘出率”の指標を設ける。この指標は，自工程までの工程群の，品質の作り込み状況を判断するための指標となる。
・これら二つの指標は，④テスト工程を含む全工程が完了しないと確定しないパラメタを含んでいる。したがって，各工程完了時点でこれらの指標を用いて評価する際には，そのパラメタが正しいと仮定した上での評価となる点に，注意が必要となる。L課長は，検討した新しい品質管理指標を，表1のとおりに整理した。

表1　L課長が検討した新しい品質管理指標

指標	内容	詳細設計工程の場合の計算例	
		分子（単位：件）	分母（単位：件）
(a)自工程混入欠陥摘出率（%）	自工程で混入させた欠陥を，自工程でどれだけ摘出したか。	詳細設計工程で混入させた欠陥のうち，詳細設計工程で摘出した欠陥数	詳細設計工程で混入させた欠陥数
(b)既工程混入欠陥摘出率（%）	基本設計工程から自工程までの工程群で混入させた欠陥を，自工程完了までにどれだけ摘出したか。	基本設計及び詳細設計の工程で混入させた欠陥のうち，基本設計及び詳細設計の工程で摘出した欠陥数	基本設計及び詳細設計の工程で混入させた欠陥数

〔前回開発の欠陥の摘出状況〕

L課長は，前回開発における工程ごとの欠陥の摘出状況を，表2のとおりに整理した。

表2　前回開発における工程ごとの欠陥の摘出状況

		摘出工程ごとの欠陥数（件）						混入工程ごとの総欠陥数（件）
		基本設計	詳細設計	製造	単体テスト	結合テスト	総合テスト	
混入工程ごとの欠陥数（件）	基本設計	61	18	8	3	7	12	109
	詳細設計	－	101	9	8	71	3	192
	製造	－	－	143	131	11	0	285
摘出工程ごとの総欠陥数（件）		61	119	160	142	89	15	586
(a)自工程混入欠陥摘出率（%）		56.0	52.6	（イ）				
(b)既工程混入欠陥摘出率（%）		56.0	59.8	（ロ）				

L課長はまず，基本設計，詳細設計及び製造の各工程で混入した欠陥のうち，自工程で摘出できなかった欠陥について，摘出工程を精査した。特に，テスト工程まで摘出が遅れて，対処のコストを要した欠陥について，予防のコストを掛けていればテスト工程よりも前の工程で摘出できたのではないか，という⑤品質コストの観点からの精査を行った。その結果は，一部の欠陥を除いて，品質コストに関する大きな問題はないという評価であった。次に，テスト工程で摘出することがスケジュールに与えた影響を評価した。これら二つの評価結果を総合して，これらの欠陥がテスト工程で摘出されたことには大きな問題はなかったと判断した。

その上でL課長は，過去の事例から，表3に示すα群，β群に該当するプロジェクトを抽出した。

表3　L課長が抽出したプロジェクト群の特性

分類	K社基準でのプロセス品質とプロダクト品質の評価	最終的なプロダクト品質	進捗の状況
α群	全工程を通じて，おおむね安定的に推移	良好	全工程を通じて順調
β群	テストの一部の工程で欠陥の摘出が多いが，その他の工程は良好，又は，若干の課題があるものの良好	良好，又は，若干の課題があるものの良好	テスト工程で多くの欠陥が摘出されて納期遅れが発生，又は，多くの欠陥への対処に計画外のコストを投入してリカバリ

L課長は，これら二つのプロジェクト群に対して，前回開発と同様に新しい品質管理指標による定量分析を行い，[a]を確認した。分析の結果によってL課長は，新しい品質管理指標の有効性に自信を深めることができたので，この活動を更に進めていこうと考えた。そこでL課長は，次の二つの条件を満たすプロジェクトを抽出し，これらのプロジェクトにおける新しい品質管理指標の定量分析の結果から，次回の開発における新しい品質管理指標の目標値を設定した。

・α群に含まれる
・開発規模と難易度が，次回の開発と同等である

そして新しい品質管理指標が，設計・製造工程で品質を確保するという目的に対して有効に機能するかどうかを，次回の開発において検証することにした。

105 106 107 108 109 110 111 112 113 114 115 116 117 118 119 120 121 122 123 124 125

設問1　〔L課長の認識〕について，(1)，(2)に答えよ。

(1) 本文中の下線①について，L課長の認識では，テストとはプロダクト品質をどのようにする活動だと考えているのか。20字以内で述べよ。

(2) 本文中の下線②について，品質に対する判断を誤るようなある状況とはどのような状況か。35字以内で述べよ。

設問2　〔新しい品質管理指標〕について，(1)，(2)に答えよ。

(1) 本文中の下線③について，L課長はなぜ，製造工程までに混入した欠陥の摘出・修正ができなくなるリスクが高まると考えたのか。35字以内で述べよ。

(2) 本文中の下線④について，テスト工程を含む全工程が完了しないと確定しないパラメタとは何か。15字以内で述べよ。

設問3 〔前回開発の欠陥の摘出状況〕について，(1)，(3)に答えよ。

(1) 表2中の（イ），（ロ）に入れる適切な数値を求めよ。答えは百分率の小数第2位を四捨五入して小数第1位まで求め，99.9%の形式で答えよ。

イ　　　　ロ

(2) 本文中の下線⑤について，テスト工程まで摘出が遅れても，品質コストに関する大きな問題がないと判断されるのは，どのようなケースか。30字以内で述べよ。

(3) 本文中の［ a ］に当てはまる，L課長が確認した内容を35字以内で具体的に述べよ。

試験センターによる出題趣旨・講評

【出題趣旨】

システム開発プロジェクトにおいて，プロジェクトマネージャ（PM）は，適切な品質管理計画を立案し，実践した上で，実績を適切に分析・評価して，得られた成果や知見をその後のプロジェクトや，組織の他のプロジェクトに活用することが求められる。

本問では，設計工程での品質確保を目指す組織のプロジェクトを題材に，PMの品質管理に関する実践的な能力を問う。

【採点講評】

問2では，混入工程に着目した定量的品質管理について出題した。

定量的品質管理において，品質状況を正しく把握するためには，どの工程で誤りを混入させたのかという観点での分析が重要である。改めて，定量的品質管理の基本を，しっかり理解しておいてほしい。

設問 2(1)では，予算，人員及びテスト環境に一定の余裕があったとしても，欠陥の摘出・修正ができなくなるリスクに関し，テスト工程が，前の工程と比較して制約が厳しくなっていく要素について問うた。本問の PM が設計・製造工程において“設計限界品質”への到達度を高めようとした背景を読み取って，テスト工程における時間の制約を意識して解答してほしかった。時間は，他の資源と比較して調達の難しい資源である。PM はそのことを強く意識しておいてほしい。

なお，設問 3(1)について，計算や四捨五入のミスが多かったのは，残念であった。PM は，ステークホルダに対して，正確な情報を提供していく責務がある。数値には慎重に対応してほしい。

試験センターによる解答例

設問1
(1) 設計限界品質に近づける活動
(2) 自工程よりも前の工程群での欠陥摘出が不十分だった状況

設問2
(1) ・テスト工程は納期に近く，時間の余裕が少ないから
・テスト工程は時間の制約で，手戻りをリカバリする余裕が少ないから
(2) ・混入工程ごとの総欠陥数
・指標における分母

設問3
(1) イ：50.2　ロ：58.0
(2) 対処のコストが，予防のコスト以下であったケース
(3) a：・α群に関する新しい品質管理指標の数値が，β群よりも高いこと
・両群について，新しい品質管理指標の結果に有意な差があること

著者の解答例

設問1
(1) 設計限界品質にまで引き上げるための活動（19 字）
(2) 前工程以前で混入した欠陥が，前工程以前で摘出されずに多数残っている状況（35 字）

設問2
(1) 納期までの期間が短く，欠陥の摘出・修正に費やす日数の余裕が少ないから（34 字）
(2) 混入工程ごとの総欠陥数（11 字）

設問3
(1) イ：50.2　ロ：58.0
(2) 当該欠陥の対処のコストが，予防のコストを下回っていたケース（29 字）
(3) 新しい品質管理指標はβ群よりα群が良く，次プロジェクトから使えること（34 字）

解説

設問１

【1】

問題文冒頭の第二段落の３文目（010 ～ 012 行目）は，下記のとおりです。

> 前回開発においても，各工程の“開発プロセスの品質”（以下，プロセス品質という）と，**1** 各工程完了段階での“成果物の品質”（以下，プロダクト品質という）は（後略）

問題文〔Ｌ課長の認識〕の１～４文目（023 ～ 030 行目）は，下記のとおりです。

> Ｌ課長は，前回開発を含む過去のプロジェクトの経験や社内の事例から，品質管理について，次のような認識をもっていた。
> ・**2** 最終的なプロダクト品質は，“設計工程における成果物から，その成果物に内包される欠陥を全て除去した品質”（以下，設計限界品質という）で，おおむねその水準が決まる。**3** 製造工程とテスト工程においても設計の修正は行われるが，そのほとんどは設計の欠陥の修正にとどまり，より良質な設計への改善につながるケースはまれである。つまり，①テスト工程からでは，最終的なプロダクト品質を大きく向上させることはできない。

上記**1**の下線部のとおり，プロダクト品質とは，各工程完了段階での“成果物の品質”ですので，上記**2**の下線部内の“最終的なプロダクト品質”は，全工程完了時点（＝テスト工程を終了した時点）での“成果物の品質”であると考えられます。したがって，テスト工程を終了した時点で，その成果物に内包される欠陥が除去されずに少し残っているケースは下左図，その欠陥が完全に除去されているケースは，下右図のようになります。

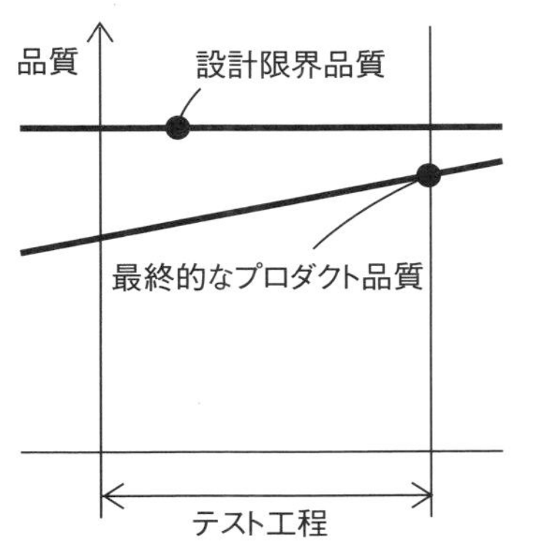

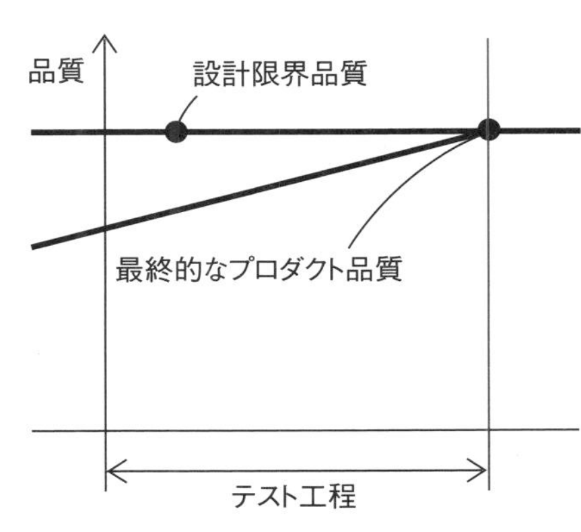

上図も考慮して，①の下線部は“テスト工程において実施されるテストではプロ

ダクト品質を向上できるが，設計限界品質を上回るような，プロダクト品質の向上はできず，最終的なプロダクト品質は，設計限界品質を下回ることがほとんどである”と解釈できます。

したがって，解答は（テストとはプロダクト品質を）“設計限界品質にまで引き上げるための活動”（19字）のようにまとめられます。

なお，上記❸の下線部は，本設問のヒントにはならない記述ですが，その中でいわれている“まれなケース”（製造工程とテスト工程において，良質な設計につながる改善が行われたケース）の例を図示すれば，下図になります。

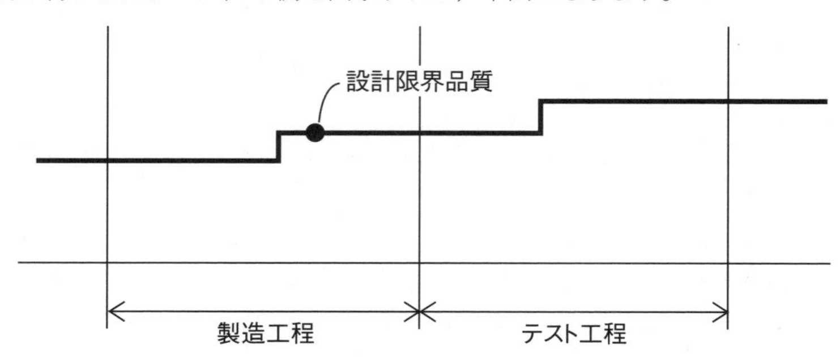

【2】

下線②の文と，その1文前の文（039～042行目）は，下記のとおりです。

> 現在のK社基準に規定されている工程ごとの摘出欠陥密度の基準値には，❶複数の工程で混入した欠陥が混ざっている。そのため，②工程ごとの摘出欠陥密度だけを見て評価すると，ある状況の下では品質に対する判断を誤り，品質低下の兆候を見逃すリスクがある。

問題文〔新しい品質管理指標〕の2文目（046～048行目）は，下記のとおりです。

> ❷欠陥は，混入した工程で全て摘出することが理想である。❸特に設計・製造の各工程で，十分に欠陥を摘出せずに後工程に進むと，後工程の工数を増大させる要因となり，最終的にプロジェクトに悪影響を及ぼす可能性がある。

上記❶と❷の下線部を整理すれば，“欠陥は，混入した工程で全て摘出することが理想である。しかし，K社の現状では，前工程で混入した欠陥が，前工程で全て摘出されず，前工程の欠陥と自工程の欠陥が混ざっている”のようにまとめられます。

したがって，前工程以前で混入した欠陥が，前工程以前で摘出されずに多数残っている状況において，自工程の作業を開始し，自工程の摘出欠陥密度だけを見て評価すると，品質が良いように錯覚してしまいます。この錯覚が，下線②内の“品質低下の兆候を見逃すリスク”を引き起こします。そこで，解答（下線②に記述された，品質に対する判断を誤るような状況）は，“前工程以前で混入した欠陥が，前工程以前で摘出されずに多数残っている状況"（35 字）のようにまとめられます。

なお，試験センターの解答例は，上記3の下線部を使って，"自工程よりも前の工程群での欠陥摘出が不十分だった状況"となっています。

設問２

【1】

問題文〔L 課長の認識〕の 8 文目（034 ～ 037 行目）は，下記のとおりです。

> ただし，1設計工程での欠陥の摘出が不十分な場合には，開発の終盤で苦戦し，納期遅れとなったり，納期遅れを計画外のコスト投入でリカバリするような状況が発生したりしていた。

下線③を含む文（049 ～ 052 行目）は，下記のとおりです。

> 2テスト工程は，工程が進むにつれ，それよりも前の工程と比較して制約が厳しくなっていく要素があるので，3仮に予算，人員及びテスト環境に一定の余裕があったとしても，③製造工程までに混入した欠陥の摘出・修正ができなくなるリスクが高まる。

下線③は，上記2・3の下線部からの文節のつながりから，"テスト工程においては，製造工程までに混入した欠陥の摘出・修正ができなくなるリスクが高まる"と解釈されます。上記1の下線部のように，設計工程での欠陥の摘出が不十分な場合には，開発の終盤であるテスト工程において，その欠陥の摘出・修正に手間取り，納期遅れになるリスクが高まります。上記2の下線部内の"前の工程と比較して制約が厳しくなっていく要素"は，"納期までの期間が短いという時間的な制約"を意味していると解釈できます。

したがって，解答（L 課長が，製造工程までに混入した欠陥の摘出・修正ができなくなるリスクが高まると考えた理由）は，上記3の下線部内の"余裕"を使って，"納期までの期間が短く，欠陥の摘出・修正に費やす日数の余裕が少ないから"（34 字）のようにまとめられます。

【2】

下線④を含む文と，それから上へ 1 ～ 3 文目（060 ～ 067 行目）は，下記のとおりです。

> ・まず，設計・製造の各工程について，1自工程で混入させた欠陥を自工程でどれだけ摘出したか，という観点で"自工程混入欠陥摘出率"の指標を設ける。
> ・次に，設計・製造の各工程において，2基本設計工程から自工程までの工程群

で混入させた欠陥を，自工程完了までにどれだけ摘出したか，という観点で“既工程混入欠陥摘出率”の指標を設ける。この指標は，自工程までの工程群の，品質の作り込み状況を判断するための指標となる。

・❸これら二つの指標は，④テスト工程を含む全工程が完了しないと確定しないパラメタを含んでいる。

上記❸の下線部の“二つの指標”とは，上記❶の下線部の“自工程混入欠陥摘出率”と，上記❷の下線部の“既工程混入欠陥摘出率”です。しかし，この“二つの指標”の計算式は，上記❶と❷の下線部には明示されていないので，表1（072～094行目）なども見て探しますが，問題文中には見つかりません。

表2（085～094行目）は，下表のとおりです。

		摘出工程ごとの欠陥数（件）						❹ 混入工程ごとの総欠陥数（件）
		基本設計	詳細設計	製造	単体テスト	結合テスト	総合テスト	
混入工程ごとの欠陥数（件）	基本設計	61 ❺	18 ❺	8	3	7	12	109 ❻
	詳細設計	－	101 ❺❼	9	8	71	3	192 ❽
	製造	－	－	143	131	11	0	285
摘出工程ごとの総欠陥数（件）		61	119	160	142	89	15	586
(a)自工程混入欠陥摘出率（%）		56.0	52.6 ❾	(イ)				
(b)既工程混入欠陥摘出率（%）		56.0	59.8 ❿	(ロ)				

上記❾の“52.6%”は，詳細設計工程の“自工程混入欠陥摘出率”であり，詳細設計工程で混入させた欠陥のうち，詳細設計工程で摘出した欠陥数（101件：❼）÷詳細設計工程で混入させた総欠陥数（192件：❽）×100＝52.6041…の小数点以下2桁目を四捨五入した数値です。

また，上記❿の“59.8%”は，詳細設計工程の“既工程混入欠陥摘出率”であり，基本設計及び詳細設計の工程で混入させた欠陥のうち，基本設計及び詳細設計の工程で摘出した欠陥数（61＋18＋101＝180件：❺）÷基本設計及び詳細設計の工程で混入させた総欠陥数（109＋192＝301件：❻＋❽）×100＝59.8006…の小数点以下2桁目を四捨五入した数値です。

以上の説明より，上記❸の下線部の“二つの指標”（“自工程混入欠陥摘出率”と“既工程混入欠陥摘出率”）の両方に共通している，テスト工程を含む全工程が完了しないと確定しないパラメタは，上記❹の“混入工程ごとの総欠陥数”（11字）です。

なお，試験センターは，“指標における分母”を別解にしています。

設問3

【1】

設問2【2】で説明した計算式に従って，（イ）（ロ）を下記のように算定します。表2（085～094行目）は，下表のとおりです。

		摘出工程ごとの欠陥数（件）						混入工程ごとの総欠陥数（件）
		基本設計	詳細設計	製造	単体テスト	結合テスト	総合テスト	
混入工程ごとの欠陥数（件）	基本設計	61	18	8	3	7	12	109
	詳細設計	−	101	9	8	71	3	192
	製造	−	−	143 **1**	131	11	0	285 **2**
摘出工程ごとの総欠陥数（件）		61	119	160 **3**	142	89	15	586 **4**
(a)自工程混入欠陥摘出率（%）		56.0	52.6	（イ）				
(b)既工程混入欠陥摘出率（%）		56.0	59.8	（ロ）				

（イ）：製造工程の“自工程混入欠陥摘出率”

製造工程で混入させた欠陥のうち，製造工程で摘出した欠陥数（143件：**1**）÷製造工程で混入させた総欠陥数（285件：**2**）×100＝50.1754…→（小数点以下2桁目を四捨五入）→50.2%

（ロ）：製造工程の“既工程混入欠陥摘出率”

基本設計・詳細設計・製造の工程で混入させた欠陥のうち，基本設計・詳細設計・製造の工程で摘出した欠陥数（61＋119＋160＝340件：**3**）÷基本設計・詳細設計・製造の工程で混入させた総欠陥数（586件：**4**）×100＝58.0204…→（小数点以下2桁目を四捨五入）→58.0%

【2】

本設問文は，下記のとおりです。

> 本文中の下線⑤について，**1** テスト工程まで摘出が遅れても，品質コストに関する大きな問題がないと判断されるのは，どのようなケースか。30字以内で述べよ。

下線⑤を含む文と，それから上へ1文目（095～099行目）は，下記のとおりです。

> L課長はまず，**2** 基本設計，詳細設計及び製造の各工程で混入した欠陥のうち，自工程で摘出できなかった欠陥について，摘出工程を精査した。特に，**3** テスト工程まで摘出が遅れて，対処のコストを要した欠陥について，予防のコストを掛けていればテスト工程よりも前の工程で摘出できたのではないか，という⑤品質コストの観点からの精査を行った。

上記❶の下線部は，上記❷の下線部を引用すれば，＜基本設計，詳細設計及び製造の各工程で混入した欠陥のうち，自工程で摘出できなかった欠陥を，テスト工程で摘出しても，品質コストに関する大きな問題がない＞のように解釈できます。

下線⑤内の“品質コストの観点”は，上記❸の下線部のことを指しています。したがって，下線⑤の精査を行った結果，品質コストに関する大きな問題があると判断されるケースは，上記❸の下線部をヒントにして＜当該欠陥について，その対処のコストよりも，予防のコストを掛けていた。しかし，テスト工程よりも前の工程で，その欠陥を摘出できなかった＞のケースです。

解答（テスト工程まで摘出が遅れても，品質コストに関する大きな問題がないと判断されるケース）は，“当該欠陥の対処のコストが，予防のコストを下回っていたケース”（29 字）のようにまとめられます。

【3】

表 3 から上へ 1 文目・表 3・表 3 から下へ 1 ～ 2 文目（104 ～ 118 行目）は，下記のとおりです。

その上でＬ課長は，過去の事例から，表 3 に示す α 群，β 群に該当するプロジェクトを抽出した。

表 3　Ｌ課長が抽出したプロジェクト群の特性

分類	K 社基準でのプロセス品質とプロダクト品質の評価	最終的なプロダクト品質	進捗の状況
α群	全工程を通じて，おおむね安定的に推移	良好	全工程を通じて順調
β群	テストの一部の工程で欠陥の摘出が多いが，その他の工程は良好，又は，若干の課題があるものの良好	良好，又は，若干の課題があるものの良好	テスト工程で多くの欠陥が摘出されて納期遅れが発生，又は，多くの欠陥への対処に計画外のコストを投入してリカバリ

Ｌ課長は，これら二つのプロジェクト群に対して，前回開発と同様に❶新しい品質管理指標による定量分析を行い，［　a　］を確認した。❷分析の結果によってＬ課長は，新しい品質管理指標の有効性に自信を深めることができたので，この活動を更に進めていこうと考えた。

上記 α 群と β 群を見ると，明らかに α 群のほうが，品質が良いです。したがって，上記❶の下線部のように，“新しい品質管理指標による定量分析”を，α 群と β 群の両方に適用すれば，α 群の新しい品質管理指標”が β 群のそれよりも良いはずです。上記❷の下線部より，L 課長は予想どおりの結果に満足しており，“新しい品質管理指標は十分に使える”と判断したでしょう。

したがって，空欄 a には“新しい品質管理指標は β 群より α 群が良く，次プロジェクトから使えること”（34 字）のような解答が入ります。

3-3-3 単体テストの見直し及び成果物の品質向上

問題

平成 29 年　問 3

単体テストの見直し及び成果物の品質向上に関する次の記述を読んで，設問1～4に答えよ。

卸売業 D 社は，仕入れ，在庫，販売及び請求の管理業務に使用する基幹系システムを 10 年前に自社の情報システム部で開発し，その後は半年サイクルで，継続的に情報システム部で改修を行っている。今回の改修内容は，機能 F の管理項目の追加，機能 G のユーザビリティ向上に係るインタフェース仕様の改訂，及び機能 H の帳票様式の変更である。長期にわたり本システムを担当している情報システム部の E 課長が，今回の改修案件もプロジェクトマネージャ（PM）に任命された。E 課長は機能ごとにチームを割り当ててプロジェクトを進めることにした。

本システムは，長年の改修を経て，プログラム及びデータ構造が複雑になってきており，設計・製造の難易度が高まっている。また，改修においては過去に作成したモジュールを活用することが多いので，テストによってバグが摘出された際には，他のモジュールにも類似バグが内在しているかどうかを調査する必要があることも多い。さらに，タイミング誤りなどのバグが摘出された場合にはプログラムが異常終了してしまい，後続のテストが実行できない場合もある。そこで，スケジュールにはリスクに応じた余裕日数を含め，必要な期間を確保している。

〔設計方法〕

D 社はウォータフォールモデルの開発方式を基本としている。

外部設計工程では，担当者が既存の外部設計書を改訂したり，外部設計書を新たに作成したりする。チームリーダが外部設計書をレビューした後，チーム横断的に調整した機能間のインタフェース仕様などを含め，外部設計書の最終確認を PM が行う。その後，利用部門から外部設計書の承認を受ける。外部設計工程の各作業を行う際には，長年の改修実績や経験から，内部仕様に係る内容や内部設計時の考慮事項に関するコメントが出ることがある。その場合，それぞれのタイミングの議事録にこれらのコメントを記録した上で，外部設計書の承認時に内部設計工程への申し送り事項一覧として整理している。

内部設計工程では，担当者がまず影響調査を行う。その際，外部設計書の改訂箇所及び新規作成箇所を参照し，過去の類似改修案件での知見も生かして，外部設計書と内部設計書の対応関係を確認した上で，既存の内部設計書の改訂箇所及び新規作成箇所を特定する。次に，内部設計工程への申し送り事項一覧を参照しつつ，内部仕様を検討して，既存の内部設計書を改訂したり，内部設計書を新たに作成したりする。改訂又は新たに作成した内部設計書については，チームリーダが改訂内容及び新規作成内容をレビューし，PM が最終確認を行う。

〔製造及びテスト方式〕

D 社では，単体テスト，結合テスト，総合テストに対して，それぞれテスト計画とテストケースを作成し，テストを行う。単体テスト計画と単体テストケースは，製造時にプログラム仕様を作成したタイミングで，プログラム仕様に基づき作成する。結合テスト計画は，内部設計工程で作成し，結合テストケースは，単体テスト完了後に，内部設計書に基づき作成する。

各テストでは作成した全てのテストケースを実施してバグを摘出し，バグ内容の確認・修正を行い，さらに類似バグの調査・修正を行った上で，バグが摘出されたテストケースの再実施を通じてバグが修正されたことを確認する。この過程において，テストの効率を高めるために，①ある種のバグが摘出された場合は，テストケースの実施を一時的に中断し，バグ内容の確認・修正などを行うことにしている。

なお，バグの内容及び修正方法によっては，バグが摘出されなかったテストケースを再実施したり，場合によってはテストケースを追加したりすることもある。また，製造時やバグへの対応時に，設計内容の誤りが発見される場合も少なくないので，その場合は構成管理プロセスに従って迅速に内部設計書や外部設計書を修正することを徹底させている。

〔今回の改修案件における単体テストの実施方針〕

D 社では，最近の改修案件において，単体テストで摘出されるべきバグが結合テストで摘出される，D 社内でバグの見逃しと呼ぶ現象が増えてきていた。E 課長は，バグの見逃しの増加を問題と捉えて，単体テストのやり方を見直すことにした。

これまでの単体テストケースの多くは，プログラムの内部構造に基づきテストケースを作成する［ a ］テストを採用していた。その上で，利用者の視点でプログラムの外部から見た入出力に基づきテストケースを作成する［ b ］テストも採用していた。また，改修箇所が他の箇所に影響していないかどうかを確認するためのテストケースも作成してきた。

E 課長は，今回の改修案件では，改修箇所の他の箇所への影響確認を行うテストを充実させる必要があると考えて，テストケースを追加作成することにした。また，今回の単体テストの見直しの成果を評価するために，結合テスト完了後にある分析を行うことにした。

〔単体テストの実施〕

E 課長はこのようにテストケースを追加作成した単体テストを実施し，テスト実施状況を機能単位で管理した。

テスト実施期間は，テストの効率と，過去の同レベルの難易度・規模の改修案件のバグ密度の実績に基づき，ある条件を考慮してバグ密度の管理目標を設定し，そこから実働 16 日間とした。初めの 12 日間で，ある種のバグは摘出後すぐに修正しながら，作成した全てのテストケースを実施し，残りの 4 日間で残り全てのバグの修正，類似バグの調査・修正，及び再テストを実施するスケジュールであった。初めの 12 日間のバグ修正件数の管理目標は 70 ～ 90 件であり，結合テスト開始に対する余裕日数は 3 日間あった。

テスト開始後 12 日間経過した時点で，作成した全てのテストケースが実施された。その時点での機能 F の単体テストの品質状況は表 1 に示すとおりであった。

表 1　機能 F の単体テストの品質状況

摘出バグ件数（件）	180
うち，修正済みバグ件数（件）	80
テスト対象ステップ数（k ステップ）	12
バグ密度の管理目標（下限～上限）（件／k ステップ）	8～12

E 課長は，初めの 12 日間はスケジュールどおりに実施できたが，表 1 の結果から，今後遅延リスクが顕在化して，機能 F の単体テストがスケジュールどおりには完了しない可能性が高いと考えた。一方，機能 G，機能 H の単体テストはスケジュールどおりに完了する見込みであった。

そこで，機能 F で発生しているバグの内容を確認したところ，バグを作り込んだ原因が明確であり，局所的であると判断できることから，品質状況には問題がなかったので，遅延リスクについて詳細に分析した。その結果，摘出されたバグの修正は平易であるので個々の修正工数は大きくないが，再テストに要する工数が大きいので，テストの効率を考えると，実施に 6 日間掛かる見込みであることが分かった。

これらから，E 課長は遅延リスク対応策として，機能 F の単体テスト期間を 2 日間延長することにした。

〔成果物の品質向上〕

その後，単体テストは見直した計画どおりに完了した。E 課長は今後の改修案件において成果物の品質向上に向けた対処をするために，外部設計工程から単体テストまでの作業及び成果物について詳細に分析を行ったところ，次に示す結果が明らかになった。 105 106 107

分析結果1：内部設計工程において，既存の内部設計書の改訂箇所及び新規作成箇所の特定に漏れが発生していた。 108 109

分析結果2：内部設計工程において，外部設計工程で出た内部仕様に係る内容や内部設計時の考慮事項に関するコメントは適切に取り込まれていた。 110 111 112

分析結果3：改訂及び新たに作成した外部設計書，内部設計書について，記載の誤り，定義内容の誤り，相互の不整合は少なかった。 113 114

分析結果4：処理の論理的誤り，データ定義の誤り，インタフェース仕様の実装誤りなどの製造不良は少なかった。 115 116

これらの分析結果から，E課長は，今後の改修案件の内部設計工程において追加のレビューを行い，成果物の品質向上を図ることにした。 117 118

119 120

設問1 〔製造及びテスト方式〕について，(1)，(2)に答えよ。

(1) 結合テストケースを内部設計工程ではなく，単体テスト完了後に作成する意図は何か。45字以内で述べよ。

(2) 本文中の下線①について，どのようなバグが摘出された場合に，テストケースの実施を一時的に中断し，バグ内容の確認・修正などを行っているのか。20字以内で述べよ。

設問2 〔今回の改修案件における単体テストの実施方針〕について，(1)～(3)に答えよ。

(1) E課長はバグの見逃しの増加をなぜ問題と捉えたのか。25字以内で述べよ。

(2) 本文中の [a], [b] に入れる適切な字句を答えよ。

a [ ] b [ ]

(3) E 課長は結合テスト完了後にどのような分析を行い，どのように単体テストの見直しの成果を評価しようとしたのか。分析対象を 15 字以内で述べよ。また，期待した評価結果を 20 字以内で述べよ。

分析対象

評価結果

設問 3 〔単体テストの実施〕について，(1)，(2) に答えよ。

(1) バグ密度の管理目標を設定する際に考慮した条件は何か。25 字以内で述べよ。

(2) E 課長がテスト開始後 12 日間経過した時点で，表 1 の結果から今後遅延リスクが顕在化する可能性が高いと考えた根拠は何か。35 字以内で述べよ。

設問 4 〔成果物の品質向上〕について，成果物の品質向上を図るために，今後の改修案件の内部設計工程においてどのようなレビューを追加するのか。30 字以内で述べよ。

▶ 試験センターによる出題趣旨・講評

【出題趣旨】

プロジェクトマネージャ（PM）は，テストを通じてソフトウェアの品質を確認するとともに，摘出したバグの分析を通じて摘出状況の妥当性を確認したり，バグが発生した原因を作業及び成果物から推定したりして，成果物の品質を向上するための対策を採る必要がある。

本問では，システムの改修案件の単体テストを題材に，単体テストの見直し及びテスト後の作業及び成果物分析を通じた成果物の品質向上策の立案について，PMとしての実践的な能力を問う。

【採点講評】

問3では，単体テストを題材に，テスト効率を維持しながらも，早いタイミングでバグを摘出し，成果物の品質を高める方法について出題した。

設問2(1)は，正答率が低かった。ウォータフォールモデルの開発における後工程でのバグ摘出時の手戻りに着目して解答してほしかったが，類似バグやプログラムの異常終了を起こすバグに着目した解答や，改修箇所の他の箇所への影響確認を行うテストの不足に着目した解答が散見された。本問では想定し得る様々なバグを取り上げているが，バグを作りこむ要因，その発見方法，影響などについて理解しておいてほしい。

設問3(1)は，正答率が低かった。テストケースの追加作成によってバグ摘出が増えることを解答してほしかったが，逆にバグ摘出が減少することを想定した解答が多かった。成果物の品質を高めるには，適切な工程で適切な量のバグを摘出することが重要であることを認識してほしい。

▶ 試験センターによる解答例

設問1

(1) 内部設計後に発見した設計内容の誤りを修正した内部設計書を利用して手戻りを減らすため

(2) 後続のテストが実行できないバグ

設問2

(1) 手戻りが増え，テストの効率が下がるから

(2) a：ホワイトボックス
b：ブラックボックス

(3) 分析対象：バグの見逃しと呼ぶ現象
評価結果：過去の改修案件よりも減っている。

設問3

(1) 単位ステップ数当たりのテストケースの追加量

(2) 摘出バグ密度がバグ密度の管理目標の上限を超えているから

設問4

外部設計書と内部設計書の対応関係の確認状況

著者の解答例

設問1
(1) 内部設計書の誤りを除去した後に結合テストケースを作成して，その作成工数を削減すること（42字）
(2) 後続のテストが実行できないバグ（15字）

設問2
(1) 単体テストを再実施するリスクが高まるから（20字）
結合テスト期間が超過し，スケジュールが遅延するから（25字）
(2) a：ホワイトボックス
b：ブラックボックス
(3) 分析対象：バグの見逃しと呼ぶ現象（11字）
※別解：バグの見逃し（6字）
評価結果：最近の改修案件よりも発生件数が少なくなる（20字）

設問3
(1) 追加したテストケースの目標摘出バグ件数とステップ数（25字）
(2) 摘出バグ件数の実績件数が，その管理目標値の上限を36件超過しているから（35字）

設問4
外部設計書と内部設計書の対応関係を確認した手順等のレビュー（29字）

解説

設問 1

【1】

問題文〔製造及びテスト方式〕の3文目（043～044行目）は，下記のとおりです。

> 結合テスト計画は，内部設計工程で作成し，1 結合テストケースは，単体テスト完了後に，1 内部設計書に基づき作成する。

上記は，本設問の背景となる状況の説明文です。また，問題文〔製造及びテスト方式〕の最後文（053～055行目）は，下記のとおりです。

> また，2 製造時やバグへの対応時に，設計内容の誤りが発見される場合も少なくないので，その場合は構成管理プロセスに従って迅速に3 内部設計書や外部設計書を修正することを徹底させている。

結合テストケースを内部設計工程（単体テスト完了後ではありません）で作成す

る場合の状況を，上記2箇所の❶・❷・❸の下線部を使って説明すれば，下記のようになります。

①：内部設計工程で内部設計書に基づいて，結合テストケースを作成する。
↓
②：製造（＝プログラミング）時や単体テストで発見されたバグに対応している時に，内部設計書の誤りが多数発見される。
↓
③：②で発見された内部設計書の誤りを修正する。
↓
④：③で行った内部設計書の修正箇所に基づいて，①の結合テストケースを修正する。

上記のような状況では，結合テストケースの修正工数が多くかかり，効率的ではありません。したがって，結合テストケースを単体テスト完了後に作成する意図（解答）は，“内部設計書の誤りを除去した後に結合テストケースを作成して，その作成工数を削減すること”（42字）のようにまとめられます。

上記❷の下線部を使って“製造時やバグへの対応時に，内部設計内容の誤りが発見される場合も少なくないから”（38字）という別解が考えられます。しかし，これでは，“結合テストケースを単体テスト完了後に作成する理由”を問う設問に対する解答になってしまうので，“意図”らしい表現ではありません。したがって，この解答例は別解にはなりません。

なお，余談ですが，本問のような積極的な意図がないかぎり，結合テストケースはプログラム構造設計（内部設計工程を含めることもあります）で作成されます（この詳細な説明は，本書 第2章 2-7-2【3】を参照してください）。

【2】

下線①を含む文（047～050行目）は，下記のとおりです。

この過程において，❶テストの効率を高めるために，①ある種のバグが摘出された場合は，❷テストケースの実施を一時的に中断し，バグ内容の確認・修正などを行うことにしている。

問題文の冒頭の最終文から上へ1～4文目（012～019行目）は，下記のとおりです。

本システムは，長年の改修を経て，プログラム及びデータ構造が複雑になってきており，設計・製造の難易度が高まっている。また，❸改修においては過去に作成したモジュールを活用することが多いので，テストによってバグが摘出された際には，他のモジュールにも類似バグが内在しているかどうかを調査する必要があることも多い。4 さらに，タイミング誤りなどのバグが摘出された場合にはプログラムが異常終了してしまい，後続のテストが実行できない場合もある。そこで，スケジュールにはリスクに応じた余裕日数を含め，必要な期間を確保している。

下線①のバグは，上記2の下線部にあるように，“他のテストケースの実施を一時的に中断”してでも優先的に対応しなければならないものです。したがって，上記4の下線部を使って，解答は“後続のテストが実行できないバグ”（15字）のようにまとめられます。

なお，上記1の下線部を使った“テスト効率を低下させるバグ”とか，問題文を使わない“本システムの品質に大きな影響を与えるバグ”といった解答はゼロ点ではありませんが，10～20点程度の部分点に留まるでしょう。また，上記3の下線部を使って，“他に類似バグがある可能性が高いバグ”というような解答が考えられます。しかし，この解答では，他のテストケースの実施を一時的に中断する理由に乏しく（＝他のテストケースを実施しながら，類似バグを探せる），別解にはなりません。

設問２

【1】

問題文〔今回の改修案件における単体テストの実施方針〕の1～2文目（058～061行目）は，下記のとおりです。

D社では，1 最近の改修案件において，2 単体テストで摘出されるべきバグが結合テストで摘出される，D社内でバグの見逃しと呼ぶ現象が増えてきていた。3 E課長は，バグの見逃しの増加を問題と捉えて，単体テストのやり方を見直すことにした。

本設問文は，上記3の下線部を引用して作られており，上記2の下線部を使ってわかりやすく書き直すと，＜E課長は，単体テストで摘出されるべきバグが結合テストで摘出される，D社内で“バグの見逃し”と呼ぶ現象が増えてきていたことを問題と捉えて＞になります。

本設問で重要な点は，上記1の下線部が“最近の改修案件”となっており，“今回の改修案件”になっていないことです。具体的な“最近の改修案件”の説明は，問題文にないので，本設問は一般論として解答します。

試験センターの解答例は“手戻りが増え，テストの効率が下がるから”（19字）ですが，上記2の下線部による不都合な点を書けばOKです。例えば，“単体テストを再実施するリスクが高まるから”（20字）や“結合テスト期間が超過し，スケジュールが遅延するから”（25字）です。

【2】

空欄a・空欄bを含む文（062～066行目）は，下記のとおりです。

> これまでの単体テストケースの多くは，❶プログラムの内部構造に基づきテストケースを作成する［ a ］テストを採用していた。その上で，❷利用者の視点でプログラムの外部から見た入出力に基づきテストケースを作成する［ b ］テストも採用していた。また，改修箇所が他の箇所に影響していないかどうかを確認するためのテストケースも作成してきた。

上記❶の下線部をヒントにして，空欄aには“ホワイトボックス”が入ります。上記❷の下線部をヒントにして，空欄bには“ブラックボックス”が入ります。

なお，ホワイトボックステスト・ブラックボックスの説明は，第2章2-7-2【4】を参照してください。

【3】

問題文〔今回の改修案件における単体テストの実施方針〕の1～2文目（058～061行目）は，下記のとおりです。

> D社では，❶最近の改修案件において，単体テストで摘出されるべきバグが結合テストで摘出される，❷D社内でバグの見逃しと呼ぶ現象が増えてきていた。E課長は，バグの見逃しの増加を問題と捉えて，単体テストのやり方を見直すことにした。

分析対象：

単体テストを見直す契機となったのは，上記❷の下線部ですので，分析対象（解答）は“バグの見逃しと呼ぶ現象”（11字）です（単に“バグの見逃し”でも構いません）。

期待した評価結果：

本設問のヒントは特にありません。したがって，単に“良くなる”でも構わないとも考えられますが，20字以内という字数制限に対して短すぎます。そこで，上記❶の下線部を使って，“最近の改修案件よりも発生件数が少なくなる”（20字）といった解答にまとめます。

なお，“発生件数がゼロになる”という別解も考えられますが，問題文にはそれを根拠立てるヒントがなく，極端な解答であり，避けるべきです。

設問3

【1】

問題文〔単体テストの実施〕の1～2文目（073～077行目）は，下記のとおりです。

> E課長はこのように❶テストケースを追加作成した単体テストを実施し，テスト実施状況を機能単位で管理した。
> テスト実施期間は，❷テストの効率と，過去の同レベルの難易度・規模の改修案件のバグ密度の実績に基づき，❸ある条件を考慮してバグ密度の管理目標を設定し，そこから実働16日間とした。

本設問は，上記❸の下線部を引用して作られており，上記❷の下線部は，バグ密度の管理目標を設定する際に考慮済みですので，これらは解答の候補には該当しません。また，上記❷の下線部は，過去の実績平均に基づくものであり，上記❶の下線部に示される今回のプロジェクトの特殊性が加味されていません。したがって，解答の主旨は，上記❶の下線部です。表1は，下表のとおりです。

摘出バグ件数（件）	180
うち，修正済みバグ件数（件）	80
テスト対象ステップ数（kステップ）	12
❹バグ密度の管理目標（下限～上限）（件／kステップ）	8～12

上記❸の下線部内の"バグ密度の管理目標"は，上記❹の"件／kステップ"で設定されますので，バグ密度の管理目標を設定する際に考慮した条件（解答）は，上記❶の下線部と上記❹を使って，"追加したテストケースの目標摘出バグ件数とステップ数"（25字）のようにまとめられます。

【2】

問題文〔単体テストの実施〕の2文目から最終文まで（075～102行目）は，下記のとおりです。

> テスト実施期間は，（中略）実働❶16日間とした。❷初めの12日間で，ある種のバグは摘出後すぐに修正しながら，作成した全てのテストケースを実施し，❸残りの4日間で残り全てのバグの修正，類似バグの調査・修正，及び再テストを実施するスケジュールであった。❷初めの12日間の❿バグ修正件数の管理目標は70～90件であり，結合テスト開始に対する余裕日数は❹3日間あった。
> ❷テスト開始後12日間経過した時点で，作成した全てのテストケースが実施された。その時点での機能Fの単体テストの品質状況は表1に示すとおりであ

った。

表１　機能Ｆの単体テストの品質状況

摘出バグ件数（件）	[11] 180
うち，修正済みバグ件数（件）	[12] 80
テスト対象ステップ数（k ステップ）	[13] 12
[14] バグ密度の管理目標（下限～上限）（件／k ステップ）	[15] 8 ～12

Ｅ課長は，[2] 初めの 12 日間はスケジュールどおりに実施できたが，表１の結果から，今後遅延リスクが顕在化して，機能Ｆの単体テストがスケジュールどおりには完了しない可能性が高いと考えた。（中略）

そこで，機能Ｆで発生しているバグの内容を確認したところ，バグを作り込んだ原因が明確であり，局所的であると判断できることから，品質状況には問題がなかったので，遅延リスクについて詳細に分析した。その結果，[16] 摘出されたバグの修正は平易であるので個々の修正工数は大きくないが，再テストに要する工数が大きいので，テストの効率を考えると，実施に [6] 6 日間掛かる見込みであることが分かった。

これらから，Ｅ課長は遅延リスク対応策として，機能Ｆの単体テスト期間を [5] 2 日間延長することにした。

上記をスケジュールとして図にすると下図になります。また，下図には，上記[1]・[2]・[3]・[4]・[5]・[6]の下線部の日数を，下図に[1]・[2]・[3]・[4]・[5]・[6]として追記し，対応づけています。

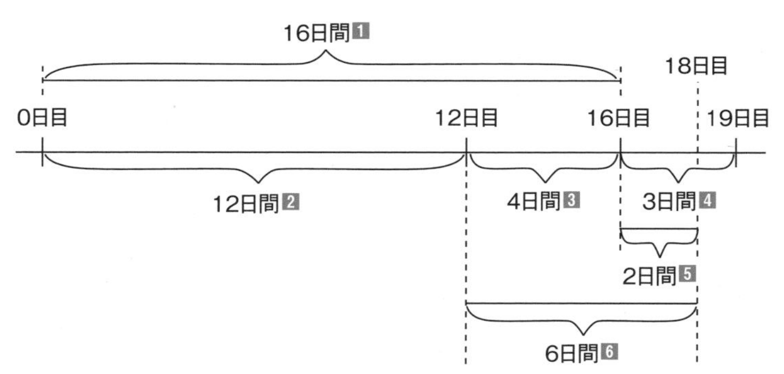

上記表１の[12]の "80" は，上記問題文の[10]の下線部の範囲内であり，問題ありません。しかし，摘出バグ件数の目標値の上限が，12 件／k ステップ（[15]）× 12k ステップ（[13]）＝ 144 件であるのに対し，その実績値は，180 件（[11]）であり，180 － 144 ＝ 36 件超過しており，目標値の 36 ÷ 144 × 100 ＝ 25% 増しになっています。これが計画時点では，あと 4 日間（[3]）で終わるべきスケジュールが，6 日

間（6）になり，2日間（5）延長された理由です。したがって，解答は“摘出バグ件数の実績件数が，その管理目標値の上限を36件超過しているから”（35字）のようにまとめられます。

なお，上記16の下線部を使って，17“摘出済み未修正バクの修正後の再テストに要する工数が大きいから”（30字）という解答は，具体的にあり，別解になりそうです。しかし，表1は“この表を使って解答してください”という作問者の要望を暗に示しています。したがって，表1の数値を使っていない上記の17の解答では，大幅減点になると思われます。

設問4

問題文〔成果物の品質向上〕の分析結果1～4（108～116行目）は，下記のとおりです。

> 分析結果1：内部設計工程において，1既存の内部設計書の改訂箇所及び新規作成箇所の特定に漏れが発生していた。
> 分析結果2：内部設計工程において，外部設計工程で出た内部仕様に係る内容や内部設計時の考慮事項に関するコメントは2適切に取り込まれていた。
> 分析結果3：改訂及び新たに作成した外部設計書，内部設計書について，2記載の誤り，定義内容の誤り，相互の不整合は少なかった。
> 分析結果4：処理の論理的誤り，データ定義の誤り，インタフェース仕様の実装誤りなどの2製造不良は少なかった。

上記3箇所の2の下線部は，すべて良い分析結果です。上記1の下線部のみが，悪い分析結果であり，これが第1のヒントになっています。問題文〔設計方法〕の8文目（031～034行目）は，下記のとおりです。

> その際，外部設計書の改訂箇所及び新規作成箇所を参照し，過去の類似改修案件での知見も生かして，3外部設計書と内部設計書の対応関係を確認した上で，4既存の内部設計書の改訂箇所及び新規作成箇所を特定する。

上記1の下線部は，上記4の下線部と対応していますので，上記3の下線部を使い，解答は“外部設計書と内部設計書の対応関係を確認した手順等のレビュー”（29字）のようにまとめられます。

書かないで論文がうまくなる方法

なんだか怪しい表題です。理論的に説明できますので，しばらくお付き合い願います。

読者の皆さんは，本書を読んでいるのですから，「読む」のは苦労していません。テレビやラジオを聴くのも問題なく行えます。「読む・聴く」は，人間にとってインプットであり，簡単です。これに対し，「話す・書く」は，アウトプットに該当します。これは「読む・聴く」に比較すると難しいです。

とはいっても，「話す」は雑談も含めて何の苦労もなく毎日しています。アウトプットのうち，「話す」は簡単で，「書く」は難しい。「話す」と「書く」では何が違うのでしょうか？

話しているときは「さっき言い忘れたけど」とか，「ごめん，言い間違えた。前言撤回！」ができます。「書く」とき，特に論文を書くときは，この臨機応変さが制約されます。理路整然と順序だてて書かねばなりません。ここが，「話す」と「書く」の違いです。

「話す」の中でも，3分間スピーチを考えると，その点がよくわかります。「3分間スピーチをお願いします」と言われたら，ほとんどのかたはイヤな気分になるでしょう。3分間スピーチは，人前で理路整然と順序だてて話さなければならないからです。

書かないで論文がうまくなる方法は，この3分間スピーチです。もう少し正確にいえば，3分間スピーチに似たトレーニングです。

食事をするとき，同僚とか家族とかに3分間スピーチをします。といっても，「今から，3分間スピーチするよ」と宣言するのではありません。要するに，「今から3分間であるテーマについて理路整然と説明しよう」と決心してから話し始めるのです。最初のうちは，30秒ぐらいで挫折してしまうかもしれません。しかし，気にしないで毎日やっていれば，だんだんにうまくなっていきます。

どうしてうまくなったのかといえば，頭の中で話を整理する時間が短くなり，整理された話の長さが3分になったからです。この3分間スピーチトレーニングを毎日3か月もすれば，論文もかなり書きやすくなるはずです。

ただし，この方法を一生懸命やりすぎると，食事を味わいにくくなり，消化不良気味になる欠点があります。「ほどほど」が重要です。

3-4 組織要員管理

3-4-1 EUCからWebアプリケーションシステムへの移行

問題

平成22年 問2

001 会計業務においてEUCからWebアプリケーションシステムへ移行するプロ
002 ジェクトに関する次の記述を読んで，設問1～5に答えよ。
003
004 〔業務監査室の指摘〕
005 J社は，製造業であり，株式を上場している。昨年，内部統制への対応を実
006 施した際,業務監査室から,エンドユーザコンピューティングで実施する業務(以
007 下，EUC業務という）のリスクについて指摘を受けた。EUC業務とは，会計
008 システムからデータを抽出し，表計算ソフトを使って分析したり，加工した結
009 果を用いて報告書を作成したり，会計システムへ入力したりする業務のことで
010 ある。指摘の内容は，“EUC業務で使用するプログラムには，だれでもアクセ
011 スできるので,承認を得ない変更が行われたり,改ざんが行われたりするような,
012 財務諸表に影響を与えるリスクが存在しており，改善する必要がある”とのこ
013 とであった。この指摘を受け，J社の会計部門である経理部のすべてのEUC業
014 務を洗い出し，財務諸表に与える影響度を“大”“中”“小”に分類した。影響度
015 の“大”のものは，緊急に改善が必要とされ，特定の業務担当者しかアクセス
016 できない専用のファイルサーバで運用するなどの対応を実施した。しかし，業
017 務監査室からは，この対応を実施した後も業務担当者がマクロや計算式を直接
018 修正しており，リスクがまだ完全には解消されていないとの指摘を受けた。そ
019 こで，業務監査室長，経理部長と情報システム部長の三者で検討した結果,
020 EUC業務のリスク対策として，EUCからWebアプリケーションシステムへ移
021 行するプロジェクトを立ち上げることになった。プロジェクトマネージャ(PM)
022 には情報システム部のS氏が任命された。また，経営会議で，“既に今年度に
023 入ってから3か月が経過しており，早急にプロジェクトを進めて今年度中に移
024 行を完了し，来年度の業務処理はWebアプリケーションで行うように”との指
025 示が出された。
026

〔状況把握〕 027

S 氏は，各部へのヒアリングを行い，次のような状況を把握した。 028

・経理部長からは，“内部統制への対応の際に，承認の履歴を残すために業務プロセスの多くの部分に文書による承認業務を入れた結果，業務効率が低下した。EUC から Web アプリケーションシステムへ移行するプロジェクトにおいて，業務効率の向上も併せて実現するために，EUC 業務のすべてをワークフロー機能を備えた Web アプリケーションシステムへ移行したい”との要求が出ている。 029–034

・情報システム部長の見解としては，“昨年実施した EUC 業務の分類を基に情報システム部で検討した結果では，EUC 業務は幅が広く，作成している報告書の数も多いことから，EUC 業務のすべてを今年度中に移行することは難しい”という判断であった。 035–038

・情報システム部長は経理部長に対し，“財務諸表に与える影響度から優先順位を決めて，必要なものだけを今年度中に移行したい”と申し入れたが，経理部長からは，“業務効率も重要であり，すべてを今年度中に移行してほしい”と重ねて要求されている。 039–042

043

S 氏は，現在の状況から判断して，次の対策が必要であると考えた。 044

①プロジェクトの目的と目標を明確に定めたプロジェクト憲章を経営会議で決定してもらった上で，キックオフミーティングを早急に実施し，ステークホルダ全員に対して周知徹底する。 045–047

②経営会議の配下に，図に示す管理部門を所管している担当役員を委員長とした委員会を設置し，開発工程の区切りの時期と部門間の調整が必要となった場合に，委員会を開催する。 048–050

S 氏は，情報システム部長を通してこれらを経営会議に諮り，承認を得た。 051

052–059

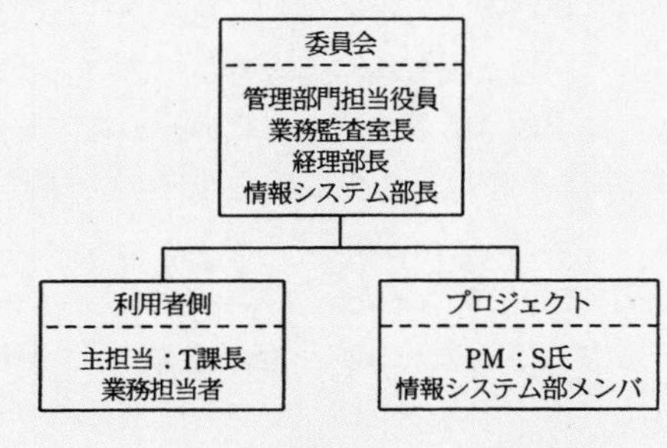

図　移行に向けた体制 060

061

〔プロジェクト計画の策定〕 062

　キックオフミーティングの実施を受けて，S 氏は，プロジェクト計画を策定することにした。今年度末までの残り時間が少なくなっていることから，早急にプロジェクトのスコープを確定する必要があると考え，業務監査室長，経理部長と協議を行った。両者に対し，現在の状況を説明して対象範囲の絞込みを打診したところ，業務監査室長からは，業務担当者への教育を徹底し，かつ，ある範囲の EUC 業務をすべて含めるようにとの条件付で，また，経理部長からは，対象範囲から除外する部分については，来年度に別プロジェクトとして実施するようにとの条件付で，それぞれの了承を得られた。その結果を受け，昨年実施した EUC 業務の分類を基にして，財務諸表に与える影響の大きさと，それぞれの EUC 業務の移行に必要な［ a ］を考慮した上で，今年度中に開発可能な範囲に絞り込んだプロジェクト計画を策定し，委員会の開催を依頼した。委員会において，S 氏の提案したプロジェクト計画が承認された。 063–074

075

〔利用者レビュー〕 076

　プロジェクト計画の承認を受けて，S 氏は，情報システム部のメンバとともに，経理部の要件のヒアリングを開始した。経理部の T 課長をはじめとした業務担当者は，経理部の IT 化を進めてきたのは自分たちであるとの自負が強く，EUC から Web アプリケーションへ移行することに抵抗感をもっていた。それでも T 課長自身は，内部統制対応の重要性は認識しており，業務担当者の説得に努めてくれたが，業務担当者は“業務内容を会計知識のない人間に説明しても分からないし，従来のやり方を変えたら業務の正確性も保証できない”の一点張りであり，協力を得るのは難しかった。S 氏は，T 課長の協力によって，EUC プログラムのソースコードを分析し，要件を把握して，外部設計書の作成までを完了した。 077–086

　その後，外部設計書の利用者レビューにおいて，業務担当者からは，些細な変更点についても受け入れられないとの意見が出された。情報システム部のメンバからは，“今年度末までにプロジェクトを完了するためには，期間はぎりぎりになっている。外部設計書の作成が完了したものについては，利用者レビューの結果を待たずに次の工程に入りたい”との意見が出ている。S 氏は，たとえスケジュールが最優先のプロジェクトであっても，業務担当者の姿勢を考慮すると，利用者レビューの結果を待たずに進めるのにはリスクがあることを説明し，利用者側の合意を得てから次の工程に進むように指示を出した。S 氏は，このままでは外部設計工程を完了できないと判断し，外部設計書承認の最終期限を，委員会の場においてトップダウンで確定してもらう必要があると考えた。 087–096

〔委員会開催〕

S 氏は，委員会の開催を要請した。委員会において，業務監査室長から EUC 業務のリスク対策の重要性を改めて説明してもらい，管理部門担当役員から，プロジェクト完了に向けて各部が一致協力して対応するようにとの指示を出してもらった。その上で協議を行った結果，委員会開催の目的であった［ b ］を確定してもらうことについては，経理部長の同意を得ることができた。ただし，外部設計工程を完了した段階で，スケジュールの見直しを行い，余裕があれば，計画段階で対象範囲から除外した EUC 業務のうち，業務効率向上に効果の大きいものについては，制約の許す限り移行範囲に組み込んでほしいとの要望が出された。S 氏は，追加要求については，委員会の中で変更管理プロセスを設けて，［ c ］と追加開発に必要となる工数のバランスを考慮して，対応の可否を決定することを提案し，了承を得た。

097
098
099
100
101
102
103
104
105
106
107
108

設問 1 〔業務監査室の指摘〕について，業務担当者がマクロや計算式を直接修正しているために，解消されないリスクとは何か。30 字以内で述べよ。

設問 2 〔状況把握〕について，(1)～(3) に答えよ。

(1) S 氏が，①，②の対策が必要であると考える根拠となった，現在の状況とは何か。25 字以内で述べよ。

(2) S 氏が，役員が加わった委員会を設置した目的は何か。30 字以内で述べよ。

(3) S 氏が，キックオフミーティングを早急に実施し，ステークホルダ全員に徹底したプロジェクトの目標とは何か。20 字以内で述べよ。

設問 3 〔プロジェクト計画の策定〕について，(1)，(2) に答えよ。

(1) 業務監査室長から移行対象に含めるようにと条件の付いた，ある範囲のEUC業務とは何か答えよ。

(2) 本文中の［ a ］に入れる適切な字句を答えよ。

設問4 〔利用者レビュー〕について，(1)，(2)に答えよ。

(1) S氏が考慮した，業務担当者の姿勢とは何か。30字以内で述べよ。

(2) S氏が，レビュー結果を待たずに次の工程を先行することで想定したリスクは何か。30字以内で述べよ。

設問5 〔委員会開催〕について，(1)，(2)に答えよ。

(1) 本文中の［ b ］に入れる適切な字句を，20字以内で答えよ。

(2) 本文中の［ c ］に入れる適切な字句を答えよ。

▶ 試験センターによる出題趣旨・講評

【出題趣旨】

プロジェクトの実行においては，スコープ，スケジュール，コスト，品質間の様々なトレードオフの判断を求められる。プロジェクトマネージャ（PM）は，適切なコミュニケーションと利害調整を行いつつ，プロジェクトの目的・目標に照らして，これらのトレードオフの何を優先するかを，時には自分で判断し，時にはステークホルダに判断を迫る必要がある。

本問では，プロジェクト遂行体制をどのように形成するか，ステークホルダ間の異なる要求をどのように調整するか，プロジェクト管理の仕組みをどのように組み込んでいくかなどの観点で，プロジェクトをどのように運営するかを問うことで，PM としての総合的な能力を評価する。

【採点講評】

問 2 では，システム開発プロジェクトにおけるプロジェクト運営の実践力について出題した。プロジェクトにかかわる部門間のコンフリクトを解消するためのエスカレーションの意義や，承認を待たずに次工程を開始することのリスクなどについては，おおむね理解されていた。

設問 1 では，プロジェクト発足のきっかけとなる業務上のリスクを理解しているかどうかについて問うたが，漠然とした記述の解答が多かった。だれによるどのような行為がリスクとなるのかを具体的に記述してほしかった。

設問 3(1) では，納期に厳しい制約のあるプロジェクトにおけるスコープの調整について問うたが，スコープを調整する方向ではなく，顧客の当初の要求をそのまま記述している解答が多かった。ステークホルダの要求をどのように調整するかは，プロジェクトマネージャ（PM）としての重要な能力であり，時には第三者を通して説得することも必要となることを理解してほしい。

設問 5 では，プロジェクトの運営組織をいかに機能させるかについて問うた。PM は，プロジェクト目標の達成に責任をもち，場合によっては，自ら解決のシナリオを描いて，ステークホルダ間の調整を図らなければならないことを理解してほしい。

試験センターによる解答例

設問1 承認を得ない変更や改ざんが業務担当者によって行われる。

設問2
(1)・情報システム部と経理部の意識が合っていない。
　・各部の目的意識が合っていない。
(2)・部門間の調整の権限をもった調整機関とするため
　・管理部門担当役員の支援を受けてプロジェクトを進めるため
(3) 今年度中に移行を完了すること

設問3
(1) 影響度の"大"のもの
(2)・開発期間　・開発工数

設問4
(1) 従来の業務手順を変えたくないという姿勢
(2)・利用者の承認を得られず手戻りとなる。
　・手戻りが発生してスケジュールが遅れる。

設問5
(1) 外部設計書承認の最終期限
(2) 業務効率向上による効果

著者の解答例

設問1 業務担当者が承認を得ないでプログラム変更や改ざんを行うリスク（30字）

設問2
(1) 情報システム部長と経理部長の意見が対立している状況（25字）
(2) 経理部と情報システム部門の意見調整をし，意思決定を行うため（29字）
(3) 今年度中に移行を完了すること（14字）

設問3
(1) 財務諸表に与える影響度が"大"の業務
(2) 開発工数　別解：開発規模，開発量，作業工数，見積工数

設問4
(1) 従来のやり方を変えようとせず，協力しようとしない頑固な姿勢（29字）
(2) 次工程に入って未発見の欠陥が残留し，品質が劣化するリスク（28字）
別解：・次工程に入って発見された欠陥の修正によってコストが増加する（29字）
　・次工程に入って発見された欠陥の修正によって納期が遅延する（28字）

設問5
(1) 外部設計書承認の最終期限（12字）
(2) 業務効率が向上する効果

解説

設問1

問題文〔業務監査室の指摘〕の3～6文目（010～018行目）は，下記のとおりです。

> 指摘の内容は，“EUC業務で使用するプログラムには，だれでもアクセスできるので，❶承認を得ない変更が行われたり，改ざんが行われたりするような，財務諸表に影響を与えるリスクが存在しており，改善する必要がある”とのことであった。この指摘を受け，J社の会計部門である経理部のすべてのEUC業務を洗い出し，財務諸表に与える影響度を“大”“中”“小”に分類した。影響度の“大”のものは，緊急に改善が必要とされ，❷特定の業務担当者しかアクセスできない専用のファイルサーバで運用するなどの対応を実施した。しかし，業務監査室からは，この対応を実施した後も❸業務担当者がマクロや計算式を直接修正しており，リスクがまだ完全には解消されていないとの指摘を受けた。

本設問は，上記❸の下線部を引用して作られています。上記❷の下線部に記述されている対応は，実施された想定になっているため，“誰でも自由にEUC業務で使用するプログラムにアクセスできるリスク”は，解答の候補から外れます。しかし，特定の業務担当者はEUC業務で使用するプログラムにアクセスできるので，上記❸の下線部の“業務担当者がマクロや計算式を直接修正しており，リスクがまだ完全には解消されていない”という記述につながります。

本設問のヒントは上記❶の下線部であり，業務担当者が承認を得ないまま，不正な意図を持って，EUC業務で使用するプログラムを変更，改ざんするリスクは，解消されていません。したがって，解答は，“業務担当者が承認を得ないでプログラム変更や改ざんを行うリスク”（30字）のようにまとめられます。

設問2

【1】

“図　移行に向けた体制”の上にある①，②の対策と①から上へ1～2文目の文（039～050行目）は，下記のとおりです。

> ・❶情報システム部長は経理部長に対し，“財務諸表に与える影響度から優先順位を決めて，必要なものだけを今年度中に移行したい”と申し入れたが，経理部長からは，“業務効率も重要であり，すべてを今年度中に移行してほしい”と重ねて要求されている。
>
> S氏は，❷現在の状況から判断して，次の対策が必要であると考えた。
>
> ①プロジェクトの目的と目標を明確に定めたプロジェクト憲章を経営会議で決定

してもらった上で，キックオフミーティングを早急に実施し，ステークホルダ全員に対して周知徹底する。
②経営会議の配下に，図に示す管理部門を所管している担当役員を委員長とした委員会を設置し，開発工程の区切りの時期と部門間の調整が必要となった場合に，委員会を開催する。

本設問は，上記2の下線部を引用してつくられており，上記①，②の逆を表現した下記が，本設問のヒントになります。

①3プロジェクトの目的と目標を明確に定めたプロジェクト憲章は，決定されていない。また，キックオフミーティングも実施していない。
②3委員会は設置されていない。また，開発工程の区切りの時期と4部門間の調整が必要となりそうである。

上記の①3または②3と同じ意味を持つ記述を問題文〔状況把握〕の中から探すと，上記4の下線部が上記1の下線部の内容と合致していることに気づきます。つまり，情報システム部長と経理部長の意見は対立しており，この現在の状況を放置しておけば，両者の議論は平行線をたどるだけであり，解決しそうにありません。そこで，S氏は，両者を調整する委員会を設置し，開催することが必要であると考えたと解釈します。

したがって，解答は“情報システム部長と経理部長の意見が対立している状況”(25字）のようにまとめられます。

【2】

“図　移行に向けた体制”の上にある②の対策（048～050行目）は，下記のとおりです。

②経営会議の配下に，1図に示す管理部門を所管している担当役員を委員長とした委員会を設置し，開発工程の区切りの時期と2部門間の調整が必要となった場合に，委員会を開催する。

上記1の下線部の委員会の体制図である“図　移行に向けた体制”は，下図のとおりです。

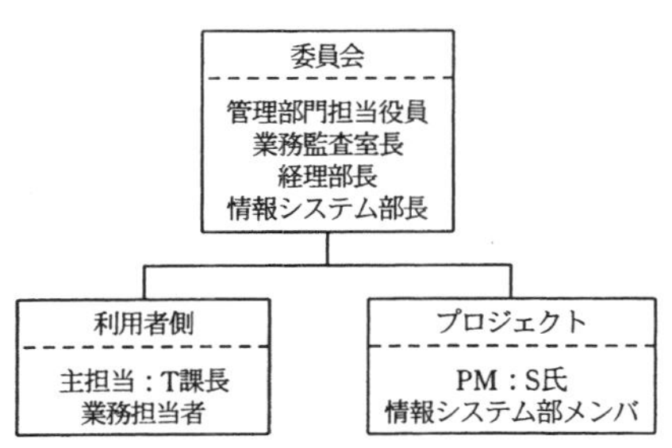

上図から，管理部門担当役員は，経理部長と情報システム部長の上司です。設問2(1)の解説で検討したように，情報システム部長と経理部長の意見は対立しており，両者だけでの解決は困難と思われます。そこで，情報システム部長と経理部長を統括する管理部門担当役員を委員長にした委員会を設置し，情報システム部長と経理部長の意見調整をしようとしたと考えられます。解答は，上記2の下線部を使って"経理部と情報システム部門の意見調整をし，意思決定を行うため"（29字）のようにまとめられます。

【3】

"図　移行に向けた体制"の上にある①の対策（045～047行目）は，下記のとおりです。

> ①1プロジェクトの目的と目標を明確に定めたプロジェクト憲章を経営会議で決定してもらった上で，キックオフミーティングを早急に実施し，ステークホルダ全員に対して周知徹底する。

上記1の下線部より，プロジェクトの目標は，経営会議において決定されます。問題文〔業務監査室の指摘〕の最終文（022～025行目）は，下記のとおりです。

> また，経営会議で，"既に今年度に入ってから3か月が経過しており，2早急にプロジェクトを進めて今年度中に移行を完了し，来年度の業務処理はWebアプリケーションで行うように"との指示が出された。

上記は，経営会議が出した指示（目標）であり，問題文の中に，上記以外で経営会議が出した指示（目標）はありません。したがって，上記2の下線部を使って，解答は"今年度中に移行を完了すること"（14字）のようにまとめられます。

設問３

【1】

問題文〔プロジェクト計画の策定〕の3～4文目（066～074行目）は，下記のとおりです。

> 両者に対し，現在の状況を説明して対象範囲の絞込みを打診したところ，1業務監査室長からは，業務担当者への教育を徹底し，かつ，ある範囲のEUC業務をすべて含めるようにとの条件付で，また，経理部長からは，対象範囲から除外する部分については，来年度に別プロジェクトとして実施するようにとの条件付で，それぞれの了承を得られた。その結果を受け，昨年実施した2EUC業務の分類

を基にして，財務諸表に与える影響の大きさと，それぞれのEUC業務の移行に必要な［ a ］を考慮した上で，今年度中に開発可能な範囲に絞り込んだプロジェクト計画を策定し，委員会の開催を依頼した。

本設問は，上記1の下線部の一部を引用して作られた問題です。この“ある範囲のEUC業務”の弱いヒントは，上記2の下線部の“財務諸表に与える影響の大きさ”です。その“財務諸表に与える影響の大きさ”の内容は，下記の問題文〔業務監査室の指摘〕の5～6文目（013～015行目）に示されています。

この指摘を受け，J社の会計部門である経理部のすべてのEUC業務を洗い出し，財務諸表に与える影響度を“大”“中”“小”に分類した。影響度の“大”のものは，緊急に改善が必要とされ，（後略）

上記より，EUC業務は，財務諸表に与える影響度によって，“大”“中”“小”に分類され，影響度の“大”のものは緊急に改善が必要なので，すべてシステム開発の対象範囲にふくめなければなりません。したがって，“ある範囲のEUC業務”（解答）は，“財務諸表に与える影響度が“大”の業務”のようにまとめられます（本設問には字数制限はありません）。

【2】

空欄aを含む文（070～074行目）は，下記のとおりです。

その結果を受け，昨年実施したEUC業務の分類を基にして，財務諸表に与える影響の大きさと，それぞれのEUC業務の移行に必要な［ a ］を考慮した上で，1今年度中に開発可能な範囲に絞り込んだプロジェクト計画を策定し，委員会の開催を依頼した。

上記1の下線部は，空欄aを考慮した上で実行できるので，空欄aは開発可能な範囲を絞り込むために必要な“何か”であり，本設問の第1ヒントになっています。問題文〔状況把握〕の最後から2文目（035～038行目）は，下記のとおりです。

・情報システム部長の見解としては，“昨年実施したEUC業務の分類を基に情報システム部で検討した結果では，EUC業務は幅が広く，作成している報告書の数も多いことから，EUC業務のすべてを今年度中に移行することは難しい（後略）

上記は，情報システム部が，EUC業務のすべてをWebアプリケーションに移行させる開発工数を持っていないことを示しており，本設問の第2ヒントになっています。

したがって，空欄aには“開発工数”が入ります。また，空欄aの別解には，“開発規模”・“開発量”・“作業工数”・“見積工数”などが考えられます。

設問4

【1】

問題文〔利用者レビュー〕の3,5文目（082～088行目）は，下記のとおりです。

> (前略)業務担当者は“業務内容を会計知識のない人間に説明しても分からないし，1従来のやり方を変えたら業務の正確性も保証できない”の一点張りであり，1協力を得るのは難しかった。(中略)
> その後，外部設計書の利用者レビューにおいて，業務担当者からは，些細な変更点についても受け入れられないとの意見が出された。

本設問が問う“業務担当者の姿勢”とは，上記のような他人の意見に耳を傾けない頑固な姿勢です。したがって，解答は上記2箇所の1の下線部を使って，“従来のやり方を変えようとせず，協力しようとしない頑固な姿勢”（29字）のようにまとめられます。

【2】

問題文〔利用者レビュー〕の5文目（087～088行目）は，下記のとおりです。

> その後，外部設計書の利用者レビューにおいて，業務担当者からは，些細な変更点についても受け入れられないとの意見が出された。

上記のとおり，業務担当者は些細な変更点についても受け入れないので，利用者（＝業務担当者）レビューの結果を待たずに次の工程に入り，次の工程で利用者レビューの結果を受け取り，欠陥が発見された場合，些細な変更についても外部設計書を修正しなければなりません。この“外部設計書の修正”のような前工程の成果物と次工程で作成途中の成果物を，次工程において修正する作業を“手戻り”といいます。そこで，試験センターの解答例は，“利用者の承認を得られず手戻りとなる”または“手戻りが発生してスケジュールが遅れる”とされています。

著者は，本設問の別解を“リスク”に関連付けて考えました。設問でリスクを問われたら，Q（Quality：品質）C（Cost：コスト）D（Delivery：納期もしくはスケジュール）をヒントにすると，解答を思い付きやすくなります。リスクの多くは，QCDに関連するからです。

本設問の場合，QCDのいずれかに解答を絞って表現しなければならないような条件がないので，解答表現にQCDのどれを織り込んでも構いません。そこで，例えば，Qで解答をまとめるならば“次工程に入って未発見の欠陥が残留し，品質が劣化するリスク”，Cで解答をまとめるならば“次工程に入って発見された欠陥の修正によってコストが増加するリスク”，Dで解答をまとめるならば“次工程に入って発見された欠陥の修正によって納期が遅延するリスク”，のような解答になります。

設問5

【1】

空欄bを含む文（101〜102行目）は，下記のとおりです。

> その上で協議を行った結果，❶委員会開催の目的であった[b]を❷確定してもらうことについては，経理部長の同意を得ることができた。

本設問のヒントは，上記❶の下線部であり，空欄bには“委員会開催の目的”が入ります。そこで，“委員会開催の目的”を探すと，下記の問題文〔利用者レビュー〕の最終文（094〜096行目）が見つかります。

> S氏は，このままでは外部設計工程を完了できないと判断し，❸外部設計書承認の最終期限を，委員会の場においてトップダウンで❷確定してもらう必要があると考えた。

上記2箇所の❷の下線部の一致を確認し，上記❸の下線部より，空欄bには，“外部設計書承認の最終期限”（12字）が入ります。

【2】

空欄cを含む文とその1文前の文（102〜108行目）は，下記のとおりです。

> ただし，外部設計工程を完了した段階で，スケジュールの見直しを行い，余裕があれば，計画段階で対象範囲から除外したEUC業務のうち，❶業務効率向上に効果の大きいものについては，制約の許す限り移行範囲に組み込んでほしいとの要望が出された。S氏は，追加要求については，委員会の中で変更管理プロセスを設けて，[c]と追加開発に必要となる工数のバランスを考慮して，対応の可否を決定することを提案し，了承を得た。

解答を導くために，上記を整理すると＜“計画段階で対象範囲から除外したEUC業務のうち，業務効率向上に効果の大きいものについては，制約の許す限り移行範囲に組み込んでほしい”という追加要求については，委員会の中で変更管理プロセスを設けて，“空欄c”と追加開発に必要となる工数のバランスを考慮して，対応の可否が決定された＞となります。空欄cには，上記❶の下線部を使って，“業務効率が向上する効果”のような字句を入れると適切な表現になります（本設問には字数制限はありません）。

3-4-2 プロジェクトの立て直し

問題

平成 24 年　問 2

プロジェクトの立て直しに関する次の記述を読んで，設問 1 ～ 3 に答えよ。

R 社は，中堅の SI 企業である。先ごろ，中堅の製造業の H 社から，経営管理システムの開発を受注した。R 社社長が友人である H 社社長からシステム化の相談を受けたのがきっかけであった。

プロジェクトの開始に当たって，R 社社長は，若手の S 氏をプロジェクトマネージャ（PM）に任命し，社内から優秀なメンバを集めてプロジェクトを進めることにした。要件定義，外部設計及び総合テストは委任契約，内部設計から結合テストまでは請負契約を締結することになっている。来年 1 月から開始するプロジェクトのスケジュールを図 1 に示す。

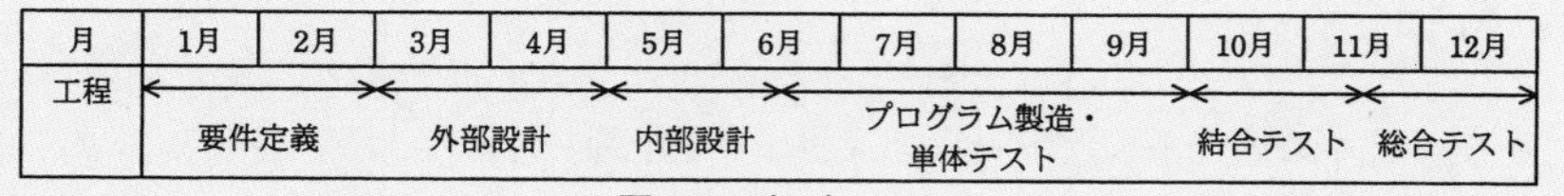

図 1　スケジュール

要件定義及び外部設計終了の際には，両社社長及び H 社の各部門の責任者を交えたステアリングコミッティを開催して，要求事項が反映されているかどうかの確認と，次工程以降の開発計画の承認，契約内容について見直しが必要かどうかの協議を行うことになっている。稼働開始時期については，当初は H 社社長から“来年 1 月にプロジェクトを開始し，1 年後の再来年の 1 月に稼働開始したい”という要求が寄せられたが，外部設計が完了した段階で協議することで合意されていた。その後，プロジェクトの開始に当たって，R 社社長が H 社社長を訪問したときに，R 社社長が S 氏の反対を抑える形で，“プロジェクト開始から 1 年後の稼働開始を目指す”ことを口頭ではあるが約束している。

プロジェクトは 1 月に予定どおり開始され，要件定義の作業は，H 社社長の要求を確認している段階では順調に進んでいた。しかし，各部門の要求を洗い出す段階になると要求が収束せず，S 氏の手に余る状況となり，ついに着手から 1 か月半を経過した時点で，S 氏が体調不良を訴え，PM を交代することとなった。R 社は，事態を打開するために，ベテランの T 氏を新たな PM として選任し，プロジェクトの立て直しを図ることにした。

〔プロジェクトの状況把握〕

T 氏は，プロジェクトの状況を把握するために，これまでの議事録や中間成果物の確認を行い，その結果を，次のように整理した。

(1) H 社のシステム化の状況と経営管理システムの範囲

・H 社には会計用ソフトウェアパッケージなど幾つかのシステムは導入されているものの，システム間の連携はとられていない。そのため，各部門の業務担当者は，月初に PC で前月分のデータを集計し，業務管理レポートとして取りまとめ，経営管理部に報告すると同時に，部門運営の資料として活用している。

・経営管理部の I 部長は，業務管理レポートの中から必要な数値を取りまとめて経営管理レポートとして H 社社長に報告している。経営管理レポートを最終的に H 社社長が見るのは翌月の後半になっている。

・H 社の経営管理システムは，全社の運営のための経営管理レポートと，部門運営のための業務管理レポートを対象とする。

(2) 経営管理レポートの要件定義の状況

・H 社社長は，厳しい経営環境の中で，自社の経営状況を 1 日でも早く把握したいと考えており，I 部長に対して，“経営管理システム稼働後は，経営管理レポートを翌月 5 営業日以内に提出するように”という指示を出している。

・H 社社長の要求する経営管理レポートのデータ項目の洗い出しは完了し，H 社社長の承認も得ている。また，各データ項目がどのシステムから提供されているかについての調査も完了し，既存システムとの連携によって必要なデータを集計するデータフローの定義も完了している。

(3) 業務管理レポートの要件定義の状況

・各部門の業務管理レポートは，経営管理部へ報告されると同時に，各部門の運営のための資料となっている。そのため，業務管理レポートは，各部門独自の管理項目を含んでおり，集計方法や表示形式も，各部門の業務担当者ごとに異なる。システム化の要求内容も確認するたびに範囲が拡大している。

T 氏は，このプロジェクトには目標が決まっている範囲と，決まっていない範囲があると感じた。また，目標が決まっている範囲の作業については，現在の工程の作業として，適切に進められてきたと評価する一方，目標が決まっていない範囲については，状況を改善するために，早急に対策を講じる必要性を感じた。

〔関係者へのヒアリング〕

T 氏は，先に把握したプロジェクトの状況を踏まえて，各関係者にヒアリングを行い，次のように整理した。

・H社社長：経営状況の早期把握が，プロジェクト開始から１年後に実現することに最大の関心をもっている。
・I部長：“経営管理システム稼働後は，経営管理レポートを翌月５営業日以内に提出するように”というH社社長の指示の達成を最優先に考えている。
・各部門の業務担当者：経営管理部から“経営管理システムに対する要求を出すように”との依頼を受けて，関係する各部門の業務担当者が依頼に対応している。H社の業務管理レポートの項目は，経営管理部で必要とする項目以外は，各部門の業務担当者の判断に任されているので，様々な要求が出ている。
・R社チームメンバ：社長同士の付き合いに気を使うあまり，H社の業務担当者の要求に全て対応している。

T氏はこの分析から，経営管理システムの要件が収束しない原因を理解した。T氏は，プロジェクト管理の観点から，実装範囲の優先順位を明確にしたプロジェクト運営方針を策定し，プロジェクトを進める必要があると考えた。そのため，R社社長とも事前に相談した上で，H社社長に対して，今後のプロジェクトの運営方針の骨子を次のとおり説明し，プロジェクトの関係者全員に徹底してもらうように依頼した。
・開発のチーム体制を，経営管理レポートを担当するチームと，業務管理レポートを担当するチームに分ける。
・経営管理レポートはH社社長の要求どおり，プロジェクト開始から１年後の翌年１月の稼働開始を目指す。
・業務管理レポートについては，要件が定義できた時点で改めて開発計画を策定することにして，当面は，要求事項の取りまとめを優先して進める。
・業務管理レポートを担当するチームは，業務担当者の要求を聞く際には，必ず要求の実現による業務上の効果と，優先順位を確認し，要求と併せて記録する。

H社社長は状況を理解し，運営方針の骨子を了承するとともに，臨時のステアリングコミッティを開催し，プロジェクトの関係者全員を招集して説明を行うことにした。

〔ステアリングコミッティ〕

ステアリングコミッティにおいて，T氏は，“プロジェクト開始から１年後に稼働開始するというH社社長の要求を実現するのであれば，この運営方針で進める必要がある。”と前置きした上で，先に両社社長に説明して了承を得た運営方針を提案した。さらに，その前提として，業務担当者の要求を取りまとめるために，H社に対して，体制面である対策をとるよう提案した。また，T氏は，業務管理レポートについては，要件が定義できた時点で改めて開発費用や期間を見積もって開発を進めることを提案した。T氏は，この運営方針で進めることが，H社社長の要求を満たし，H社業務担当者の要求を効果的に実現するための最善の方法であることを説明した。T氏の提案は，両社社長及び各部門の責任者の同意を得て，ステアリングコミッティの決定事項として承認された。 105 106 107 108

設問1 〔プロジェクトの状況把握〕について，(1)～(3)に答えよ。

(1) T氏が感じた，このプロジェクトで目標が決まっている範囲の，目標とは何を指すか。30字以内で述べよ。

(2) T氏が"目標が決まっている範囲の作業については，現在の工程の作業として，適切に進められてきた"と評価した作業とは何か。30字以内で述べよ。

(3) T氏が，早急に対策を講じる必要性を感じた，目標が決まっていない範囲の改善すべき状況とは，具体的にどのような状況のことか。30字以内で述べよ。

設問2 〔関係者へのヒアリング〕について，(1)～(4)に答えよ。

(1) T氏が分析結果から理解した，経営管理システムの要件が収束しない原因とは何か。40字以内で述べよ。

(2) T氏が，プロジェクト運営方針についてR社社長と事前に相談した理由とは何か。35字以内で述べよ。

(3) T氏はなぜ，H社社長の要求する経営管理レポートの部分と，業務担当者の要求する業務管理レポートの部分に分けて進めることにしたのか。30字以内で述べよ。

(4) T氏が，業務管理レポートを担当するチームに，業務担当者の要求を聞く際には，業務上の効果と，優先順位を確認させた理由は何か。30字以内で述べよ。

設問3 T氏が，H社社長の要求を実現する運営方針の前提として，H社に提案した体制面の対策とは何か。30字以内で述べよ。

試験センターによる出題趣旨・講評

【出題趣旨】

プロジェクトの立て直しのために，プロジェクトの途中で新たなプロジェクトマネージャ（PM）が任命されることがある。そのような場合，PMは，プロジェクト全体の状況を把握し，問題点を洗い出し，その原因を特定し，実行可能なプロジェクト計画を早急に策定する必要がある。その際に，表面的な問題点ではなく，真の原因を掘り下げ，その対策を盛り込むことが重要である。また，関係者に対し，適切にコミュニケーションをとり，協力を得ることも重要である。

本問では，プロジェクトの立て直しという状況の中で，これらの観点をどのように実践するか，PMとしての総合的な能力を問う。

【採点講評】

問2では，プロジェクトの立て直しに際し，プロジェクトマネージャ（PM）は，いかに正しく状況を把握し問題点を洗い出すか，関係者との協力関係をどう築き，解決の方針をどう設定し，対応策の提案をどう行うかなどについて出題した。全体として，正答率は高かった。

設問2(2)では，“社長同士の友人関係に気を使ったから”という人間関係からの解答が見られた。企業のトップが約束した内容を修正する方針を出すのであるから，事前の了承を得る必要がある点を理解してほしかった。また，“R 社社長から説得してもらうため” という PM の責任を放棄するような解答も見られた。PM はプロジェクトの全責任をもち，自ら行動するという意識を，常にもってもらいたい。

設問 2(3) では，“2 チームのスケジュールが異なるから” というスケジュールの課題として捉えた解答が見られた。最も重要なステークホルダである H 社社長の要求に絞って約束を実現するための対策として捉えて解答してもらいたい。

設問 3 では，単純に “2 チームに分ける” という解答が散見された。業務管理レポートの要件定義が各部門の業務担当者任せで，収束していないことがこのプロジェクトの問題点であるので，その対策として取りまとめる責任者を選任してもらう必要があることを理解してもらいたい。

試験センターによる解答例

設問1
(1) 経営管理レポートを翌月 5 営業日以内に提出すること
(2) 経営管理レポートのデータ項目の洗い出しと H 社社長の承認
(3) システム化の要求内容を確認するたびに範囲が拡大していること

設問2
(1) 業務管理レポートの項目が各部門の業務担当者の判断に任されているから
(2) プロジェクト開始から 1 年後に稼働開始する約束が一部守られないから
(3) H 社社長の要求を来年 1 月までに完了させたいから
(4) 業務管理レポートの要件を収束させる根拠とするから

設問3
業務担当者の要求を取りまとめる責任者を決めてもらう。

著者の解答例

設問1
(1) 経営管理レポートを翌月 5 営業日以内に提出すること（24 字）
(2) 経営管理レポートのデータ項目の洗い出しの完了と H 社社長の承認（30 字）
(3) 業務担当者ごとに集計方法等が異なり，要求範囲も拡大している（29 字）

設問2
(1) 経営管理部の必要項目以外の業務管理レポートの項目は，業務担当者が決められるから（39 字）
(2) このままでは，R 社社長が H 社社長にした約束を遵守できない状況になるから（35 字）
(3) H 社社長の要求どおり，経営管理レポートを 1 年後に稼働させるため（30 字）
(4) 業務上の効果が少なく，低い優先順位の要求を除外したいから（28 字）

設問3
業務担当者の要求を取りまとめる代表者を選任し，要求を確定する（30 字）

解説

設問１

【1】

本設問は，〔プロジェクトの状況把握〕の最終段落の１文目（060 ～ 061 行目）にある下記の文のうち，下線部を引用して作られています。

> Ｔ氏は，このプロジェクトには目標が決まっている範囲と，決まっていない範囲があると感じた。

プロジェクトの目標は，基本的にプロジェクトのスポンサーが決定し，プロジェクト憲章（プロジェクト概要書）に記載されます。本問の場合，明快な記述はありませんが，本プロジェクトに財政的資源を提供しているＨ社社長が，本プロジェクトのスポンサーです。そこで，問題文中からＨ社社長の発言に注目し，プロジェクト目標を探します。

〔プロジェクトの状況把握〕(2)の１文目（048 ～ 050 行目）は，下記のとおりです。

> ・Ｈ社社長は，厳しい経営環境の中で，自社の経営状況を１日でも早く把握したいと考えており，Ｉ部長に対して，“経営管理システム稼働後は，経営管理レポートを翌月５営業日以内に提出するように”という指示を出している。

上記の下線部が本設問のヒントであり，“経営管理レポートを翌月５営業日以内に提出すること”といった解答にまとめます。

【2】

本設問は，〔プロジェクトの状況把握〕の最後文である次の文（061 ～ 064 行目）のうち，下線部を引用して作られています。

> また，目標が決まっている範囲の作業については，現在の工程の作業として，適切に進められてきたと評価する一方，目標が決まっていない範囲については，状況を改善するために，早急に対策を講じる必要性を感じた。

〔プロジェクトの状況把握〕の直前の段落２文目には，“着手から１か月半を経過した時点で”とあり，“図１　スケジュール”においてその時点は要件定義フェーズに該当しています。したがって，上記の下線部のうち，“現在の工程の作業”とは，要件定義の作業です。そこで，問題文中から要件定義作業が良好に進められていることを表現している箇所を探します。

〔プロジェクトの状況把握〕(2)の箇条書第２項目１文目（051 ～ 052 行目）は，下記のとおりです。

・H 社社長の要求する経営管理レポートのデータ項目の洗い出しは完了し，H 社社長の承認も得ている。

上記の下線部が本設問のヒントであり，“経営管理レポートのデータ項目の洗い出しの完了とH 社社長の承認”といった解答にまとめます。

【3】

本設問は，〔プロジェクトの状況把握〕の最後文である下記の文（061 ～ 064 行目　再掲）のうち，下線部を引用して作られています。

また，目標が決まっている範囲の作業については，現在の工程の作業として，適切に進められてきたと評価する一方，目標が決まっていない範囲については，状況を改善するために，早急に対策を講じる必要性を感じた。

〔プロジェクトの状況把握〕(1) の箇条書第 3 項目は“H 社の経営管理システムは，全社の運営のための経営管理レポートと，部門運営のための業務管理レポートを対象とする”となっており，目標が決まっている範囲は上記の解説【1】【2】で検討したように“経営管理レポート”であるので，本設問が問う目標が決まっていない範囲は“業務管理レポート”です。

〔プロジェクトの状況把握〕(3) の 2 ～ 3 文目（057 ～ 059 行目）は，下記のとおりです。

そのため，業務管理レポートは，各部門独自の管理項目を含んでおり，集計方法や表示形式も，各部門の業務担当者ごとに異なる。システム化の要求内容も確認するたびに範囲が拡大している。

上記の下線部が本設問のヒントであり，“業務担当者ごとに集計方法等が異なり，要求範囲も拡大している”といった解答にまとめます。

設問 2

【1】

本設問は，〔関係者へのヒアリング〕の前半の箇条書の直後の文にある次の文（079 行目）から作られています。

T 氏はこの分析から，経営管理システムの要件が収束しない原因を理解した。

上記の下線部は，“この分析から”になっているので，ヒントは〔関係者へのヒアリング〕の前半の箇条書第 1 ～第 4 項目に隠されています。

〔関係者へのヒアリング〕の前半の箇条書第 3 項目，2 文目（075 ～ 076 行目）は，下記のとおりです。

> H社の業務管理レポートの項目は，経営管理部で必要とする項目以外は，各部門の業務担当者の判断に任されているので，様々な要求が出ている。

上記の点線の下線部のとおり，"様々な要求が出ている"ので要件が収束しないと考え，上記の実線の下線部をヒントにします。解答は，これを40字以内にまとめ，"経営管理部の必要項目以外の業務管理レポートの項目は，業務担当者が決められるから"のようにします。

なお，〔関係者へのヒアリング〕の前半の箇条書第4項目"R社チームメンバ：社長同士の付き合いに気を使うあまり，H社の業務担当者の要求に全て対応している"をヒントにして，"R社チームメンバが，H社の業務担当者の要求に全て対応しているから"といった解答をまとめた受験者もいるでしょう。しかし，問題文の第2段落の2文目は"要件定義，外部設計及び総合テストは委任契約，内部設計から結合テストまでは請負契約を締結することになっている"となっており，R社は，要件定義書の完成責任を負っていないので，正解になるとは考えにくいです。したがって，筆者は別解にしませんでした。

【2】

設問2(1)の解説で検討したように，T氏は，経営管理システムの要件が収束しない原因を把握し，このままでは業務管理レポートの要件定義が完了されないと判断したはずです。そこで，〔関係者へのヒアリング〕後半の箇条書第3項目"業務管理レポートについては，要件が定義できた時点で改めて開発計画を策定することにして，当面は，要求事項の取りまとめを優先して進める"のように，業務管理レポートの要件定義及び開発計画を，本プロジェクトからいったん切り離すプロジェクトスコープの大幅な変更を決断しました。

"図1　スケジュール"の下，3文目（023～025行目）は以下のとおりです。

> その後，プロジェクトの開始に当たって，R社社長がH社社長を訪問したときに，R社社長がS氏の反対を抑える形で，"プロジェクト開始から1年後の稼働開始を目指す"ことを口頭ではあるが約束している。

上記のように，R社社長はH社社長にプロジェクト開始から1年後の稼働開始を約束しています。これは，プロジェクト開始時の約束なので，業務管理レポートも含んだ経営管理システムの全部の1年後の稼働開始です。T氏は，1年後の稼働開始を優先するため，業務管理レポートをプロジェクトスコープから切り離す相談を事前にR社社長にしたのだと考えられます。

解答は，"このままでは，R社社長がH社社長にした約束を遵守できない状況になるから"のようにまとめます。

【3】

設問 2(2)の解説で検討したように，このままでは，業務管理レポートのシステム化要求内容の範囲が拡大し，1 年後の稼働開始は困難です。そこで，T 氏は要件定義が確定している経営管理レポートの部分だけを当初の計画どおりに進めようと考えました。

〔関係者へのヒアリング〕の後半の箇条書第 2 項目（087 ～ 088 行目）は，以下のとおりです。

> ・経営管理レポートは H 社社長の要求どおり，プロジェクト開始から 1 年後の翌年 1 月の稼働開始を目指す。

解答は，上記をヒントにして，“H 社社長の要求どおり，経営管理レポートを 1 年後に稼働させるため”のようにまとめます。

【4】

本設問は,〔関係者へのヒアリング〕の後半の箇条書第 4 項目にある下記の文（091 ～ 093 行目）から作られています。

> ・業務管理レポートを担当するチームは，業務担当者の要求を聞く際には，必ず要求の実現による業務上の効果と，優先順位を確認し，要求と併せて記録する。

上記のようにすれば，〔関係者へのヒアリング〕の前半の箇条書第 4 項目 “R 社チームメンバ：社長同士の付き合いに気を使うあまり，H 社の業務担当者の要求に全て対応している”現状と比較して，拡大しているシステム化要求の範囲のうち，縮小できる部分を特定する根拠が得られます。

解答は，“業務上の効果が少なく，低い優先順位の要求を除外したいから”のようにまとめます。

設問3

本設問は,〔ステアリングコミッティ〕の 2 文目にある下記の文（102 ～ 103 行目）から作られています。

> さらに，その前提として，業務担当者の要求を取りまとめるために，H 社に対して，体制面である対策をとるよう提案した。

上記の下線部は，本設問文にない箇所であり，これがヒントになっています。本設問がいう“体制面の対策”とは，要員の追加や削除・チームの新設や分割や統合・チームリーダの入れ替えなどの人に関する対策であり，本設問では“要求を取りまとめる代表者の選任”が考えられます。

2 午前II
3 午後I
4 午後II

4 組織要員管理

したがって，“業務担当者の要求を取りまとめる代表者を選任し，要求を確定する”のような解答にします。

なお，“体制面”という“人や組織に関する何らかの事柄”を表す用語は，平成24年の問1設問3(2)でも使われており，午後I試験の問題によく出てくるので覚えておくとよいでしょう。

Coffee Break

三段論法練習

論文は，論理的に書かれなければなりません。「論理的に書く」とは，どんなことを指すのでしょうか？　ここでは，もっともシンプルな論理表現法である三段論法を取り上げてみます。三段論法の具体例を，下記に挙げます。

第一段　夕陽が赤い日の翌日は，晴れだ。
第二段　今日の夕陽は，真っ赤である。
第三段　したがって，明日は晴天である。

この例のように，三段論法は，3つの文を書いて，論理的な結論を誘導します。3つの文の役割は，大前提，小前提，結論です。

第一段　○○である。(大前提：ルールがくることが多い。事実のこともある。)
第二段　△△である。(小前提：事実がくることが多い。ルールのこともある。)
第三段　したがって，××である。(結論)

三段論法による文章が論理的に読めるのは，第二段と第三段の間に読み手にとってほどよいギャップがあるときです。

第一段　外部設計工程は，遅れていた。
第二段　設計メンバの不足が原因だった。
⇕ ギャップ
第三段　したがって，私は，設計メンバを追加した。

上記の例では，ギャップが小さいため，平板な感じがします。もし，第三段を「したがって，私は設計メンバに頑張れと励ました」とすれば，ギャップが大きすぎて読み手は，疑問を感じるでしょう。

第三段を「したがって，私は設計メンバの追加を検討したが困難だとわかったので，外部設計のスケジュールを1週間延長する計画変更をした」と長くすれば，読み手の納得感を得られやすいです。

試験に合格する論文に仕上げるためには，このギャップをできるだけ小さくします。試験委員は，当たり前のことを当たり前にやるプロジェクトマネージャを優秀と解釈しますし，ワクワクドキドキ感のある論文を期待していないからです。書き手が「この文章はつまらないなあ」と感じる程度でちょうどよいのです。ただし，第三段の「したがって」は重要なキーワードなので，論文に入れたい一言です。

3-5 スコープ管理

3-5-1 人材管理システムの構築

問題

平成 26 年　問 1

人材管理システムの構築に関する次の記述を読んで，設問１～４に答えよ。

Ｊ社は建設業である。来年４月１日に職能資格制度を改定することが決まっている。その改定に間に合うように，新たに人材管理システム（以下，新人材管理システムという）を構築するプロジェクト（以下，新人材管理プロジェクトという）を立ち上げることにした。新人材管理システムは，現状の業務上の問題点を解決するために，既存の社員情報システム，業務経歴システム及び研修管理システムを統合し，社員の業務経歴やスキルに関する情報を一元管理することを目的としている。

新人材管理システムのシステム化計画は，人事部が策定して，経営会議へ上程した。経営会議では，計画を承認するとともに，“営業活動にも貢献できる人材管理システムとするよう，営業部門の要求も取り込むように。”との指示があった。

新人材管理プロジェクトのプロジェクトマネージャ（PM）には，情報システム部のＫ氏が任命された。職能資格制度の改定に合わせて，来年４月１日からの稼働開始が制約条件となっている。スケジュールを図１に示す。

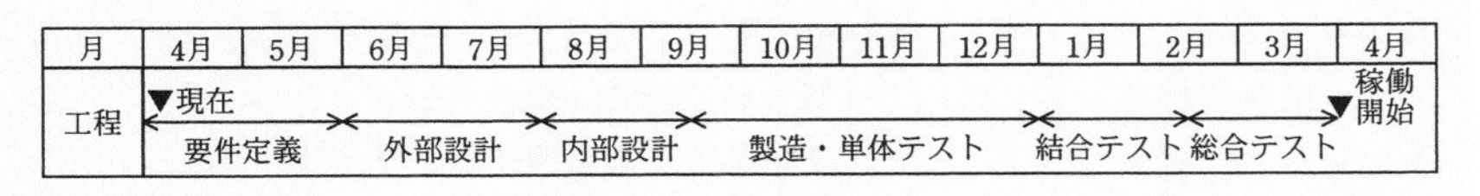

月
4月
5月
6月
7月
8月
9月
10月
11月
12月
1月
2月
3月
4月
工程
▼現在
稼働開始▼
要件定義
外部設計
内部設計
製造・単体テスト
結合テスト
総合テスト

図１　スケジュール

〔スコープマネジメント〕

新人材管理システムの要件定義を開始するに当たって，人事部Ｌ部長を委員長とする要求検討委員会を設置して要求を整理することになった。経営会議での指示を受け，人事部以外に営業部門のＭ部長をメンバに加えることにした。

Ｋ氏は，要求検討委員会に参加し，人事部と営業部門の要求を確認することにした。 027 028

委員会の冒頭に，新人材管理システムのシステム化計画をまとめた人事部のＮ課長から，新人材管理システムの開発範囲は，人材に関する情報を一元的に管理する仕組みの構築であることが説明された。これに対し，営業部門からは“営業活動における問題点も解決できるよう，過去の類似案件の経験者や，必要な公的資格保有者を迅速に把握できるようにしてほしい。案件を受注した後の要員の稼働状況を確認する機能も追加してほしい。”などの要求が出された。Ｋ氏は，開発期間の制約もあり，全ての要求を来年４月１日までに実現することはできない旨を説明し，要求を集約することを求めた。しかしながら，その場では要求を集約することはできなかったので，Ｋ氏が，要求を集約する案をまとめ，次回の要求検討委員会で報告することになった。 029 030 031 032 033 034 035 036 037 038

Ｋ氏は，要求の集約方法を検討するに当たって，改めて要求の背景となる<u>①現状の業務上の問題点を一覧表にまとめ，関係部門の要求がどの問題点に起因しているかを整理すべきだと考えた</u>。 039 040 041

042

〔人事部へのヒアリング〕 043

Ｋ氏は，まず，既存のシステムの状況と現状の業務上の問題点を，人事部の担当者にヒアリングした。概要は次のとおりであった。 044 045

・社員情報システム：全社員の所属，役職職能資格などの情報を管理している。辞令の情報を基に人事部がデータを社員情報システムに入力し，マスタのデータベースとして他のシステムに情報を配信している。 046 047 048

・業務経歴システム：社員が，現在までに担当した案件の名称と従事した期間，業務内容，担当した技術分野などの情報を管理している。表計算ソフトを用いて作成された業務経歴記入シートによって社員から報告されたデータを，人事部で業務経歴システムに取り込んでいる。業務内容，担当した技術分野の記入方法は社員に任されていて，統一されていない。 049 050 051 052 053

・研修管理システム：社員が受講した研修や取得した公的資格などの情報を管理している。表計算ソフトを用いて作成された研修・公的資格記入シートによって社員から報告されたデータを，人事部で研修管理システムに取り込んでいる。研修や公的資格の名称の記入方法が統一されていないので，同一の研修や公的資格が異なる表記で登録されている場合がある。 054 055 056 057 058

・各記入シートは，表計算ソフトで作成したテンプレートに，社員が必要な情報を記入する形式であり，社員からは，記入の手間が掛かり，かつ，記入しづらいので改善してほしいとの要望が多数寄せられている。 059 060 061

次にＫ氏が，人事部のＮ課長にヒアリングを行ったところ，現状の業務上の問題点は次の２点であった。 062 063

・社員からの報告が期末にまとまって上がってくることが多く，人事部での取込み作業が期末に集中して，負荷が高くなっている。 064 065

・人材に関するデータが複数のシステムに分散しているので，各部門からの問合せに対して個々のシステムから情報を集めなければならず，さらに，内容の確認に時間が掛かるので，問合せに対応できない場合が多い。 066 067 068

Ｎ課長は，“現状の各記入シートの記入内容はそのままで，社員がシステムに直接入力することによって人事部での取込み作業がなくなる。また，各部門からの問合せにも新人材管理システムを検索するだけで対応できるので，短時間で対応できるようになる。これらのことを目指したシステム化計画である。”という考えであった。 069 070 071 072 073

Ｋ氏は，人事部へのヒアリング結果から，現在，要求検討委員会に参加していないステークホルダの要望を仕様に反映させる必要があると考えた。また，この対応とは別に，Ｎ課長の考えでは，目指していることを十分に実現できないリスクがあり，対策の必要があると感じた。 074 075 076 077

078

〔営業部門へのヒアリング〕 079

Ｋ氏は，次に，営業部門のＭ部長にヒアリングした。概要は次のとおりであった。 080 081

・営業活動の際に，対象案件と類似した案件の経験者や，必要な公的資格保有者がどの程度いるかを人事部に問い合わせても，確認に時間が掛かると断られる場合が多く，必要な人材情報を把握できないことが業務上の大きな問題点である。 082 083 084 085

・類似案件の経験者や必要な公的資格保有者の情報を迅速に入手できるようにしてほしい。 086 087

・人事部だけでなく，営業部員もシステムに直接アクセスし，必要な情報を入手できる仕組みにしてほしい。 088 089

・さらに，案件を受注した後の要員の稼働状況をグラフ形式で確認できる機能を追加してほしい。 090 091

Ｋ氏は，営業部門の要求には，現状の業務上の問題点に関する要求と，できれば実現したい要求が混在していると感じた。そして，現状の業務上の問題点に関する要求については，人事部の要求と解決の方向性は一致しており，②この範囲で合意することは可能ではないかと考えた。 092 093 094 095

096

〔プロジェクト遂行方針〕 097

ヒアリングの結果を踏まえ，K氏は第2回の要求検討委員会において，要求を集約するに当たって，次の方針を提案した。 098 099

- 新人材管理システムの開発範囲は，現状の業務上の問題点を解決することに重点を置き，職能資格制度改定への対応，人材に関する情報を一元的に管理する仕組みの構築，及び人材関連情報の項目と記入方法の整理とする。 100 101 102
- 仕様検討の進め方として，業務経歴システムや研修管理システムへの改善要望を多く出している社員にプロトタイプを使ってもらい，意見を把握する。 103 104
- 受注後の要員の稼働状況のグラフ化は今回の開発範囲に含めず，情報の一元管理が完了した後に改めて検討する。 105 106
- 営業部員がシステムに直接アクセスする仕組みは新人材管理システム特有のリスクがあるので，③システムに直接アクセスする仕組みは導入せず，人事部で対応することとし，迅速な情報提供を行える機能の検討を実施する。 107 108 109

これらの方針は要求検討委員会で承認され，要件定義が本格的に開始された。 110

設問1 〔スコープマネジメント〕について，本文中の下線①の狙いは何か。30字以内で述べよ。

設問2 〔人事部へのヒアリング〕について，(1)，(2)に答えよ。

(1) K氏が，仕様に反映させる必要があると考えた，要求検討委員会に参加していないステークホルダの要望とは何か。35字以内で述べよ。

(2) K氏は，N課長の考えでは，目指していることを十分に実現できないリスクがあると感じたが，そのリスクとは何か。また，必要な対策とは何か。それぞれ20字以内で述べよ。

リスク

対策

設問３　〔営業部門へのヒアリング〕について，(1)，(2) に答えよ。

(1) K 氏は，営業部門の要求には，現状の業務上の問題点に関する要求と，できれば実現したい要求が混在していると感じたが，現状の業務上の問題点に関する要求とは何か。40 字以内で述べよ。

(2) K 氏が，本文中の下線②のように考えた理由は何か。30 字以内で具体的に述べよ。

設問４　〔プロジェクト遂行方針〕について，(1)，(2) に答えよ。

(1) K 氏が，業務経歴システムや研修管理システムへの改善要望を多く出している社員にプロトタイプを使ってもらい，意見を把握することにした目的は何か。30 字以内で述べよ。

(2) K 氏が，本文中の下線③のように営業部員がシステムに直接アクセスする仕組みを導入しなかった，新人材管理システム特有のリスクとは何か。15 字以内で具体的に述べよ。

試験センターによる出題趣旨・講評

【出題趣旨】

プロジェクトマネージャ（PM）は，システム開発プロジェクトにおいて，ステークホルダを適切に認識し，その要求事項を把握し，計画に反映していく必要がある。

本問では，ステークホルダの様々な要求を洗い出し，時間の制約の中で，どのように全体のスコープを定義していくかを問うことで，プロジェクトマネジメントの実務的な能力を評価する。また，人材情報を扱うシステム特有のリスク対応として，個人情報の取扱いに関する知識を問うことで，リスクマネジメントの実務能力を評価する。

【採点講評】

問1では，人材管理システムの構築を例にとり，複数のステークホルダの様々な要求に対し，どのように応えるか，全体のスコープをどのように定義していくかなどについて出題した。全体的に正答率は高かった。

設問1では，ステークホルダの要求の背後にある問題点を理解し，その影響度から要求の優先順位を把握する点を解答してほしかったが，単に"要求を整理するため"という表面的な解答が多かった。また，要求と要件を混同している解答も多かった。

設問3(2)では，人事部，営業部門の要求がともに人材情報を迅速に把握したいという点で一致していることを理解し，具体的に説明してほしかった。プロジェクトマネージャ（PM）は，ステークホルダの要求に対してどのように応えるか説明し，理解を得て協力してもらうことが大切であることに留意し，常に，具体的，論理的に説明する習慣を身に付けてほしい。

試験センターによる解答例

設問1　起因する問題点の影響度から要求の優先順位を付ける。

設問2
（1）各記入シートが記入しづらいので改善してほしいという社員の要望
（2）リスク：記入内容が統一されず確認に時間が掛かる。
　　対策：・各項目の記入方法を統一する。
　　　　　・人材関連情報の項目と記入方法を整理する。

設問3
（1）類似案件の経験者や必要な公的資格保有者の情報を迅速に入手できること
（2）・人材情報を迅速に提供する仕組みの構築では一致しているから
　　・人材情報を迅速に把握する要求では一致しているから

設問4
（1）操作性に関する要望を仕様に反映させるため
（2）人材情報が漏えいすること

著者の解答例

設問1 解決の優先度が高い要求とその背景にある問題点の抽出（25 字）

設問2
(1) 記入シートへの記入に手間が掛かり，かつ記入しづらいという社員からの要望（35 字）
(2) リスク：記入内容が不統一で，問合せに対応できない（20 字）
必要な対策：記入内容を整理し，コード体系を制定する（19 字）

設問3
(1) 類似案件の経験者や必要な公的資格保有者の情報を迅速に入手できるようにすること（38 字）
(2) 人材情報の問合せに対し，短時間で対応する点で一致しているから（30 字）

設問4
(1) 新システムの画面に関する操作性の設計方針を確定させるため（28 字）
(2) 社員の業務経歴等の漏えい（12 字）

解説

設問 1

本文中の下線①を含む文とその 1 ～ 2 文前の文（034 ～ 041 行目）は，下記のとおりです。

> K 氏は，開発期間の制約もあり，全ての要求を来年 4 月 1 日までに実現することはできない旨を説明し，要求を集約することを求めた。しかしながら，その場では要求を集約することはできなかったので，K 氏が，要求を集約する案をまとめ，次回の要求検討委員会で報告することになった。
> 　K 氏は，要求の集約方法を検討するに当たって，改めて要求の背景となる①現状の業務上の問題点を一覧表にまとめ，関係部門の要求がどの問題点に起因しているかを整理すべきだと考えた。

本設問のヒントは，上記の点線の下線部であり，営業部門から出されたすべての要求は稼働予定日までには実現できないので，K 氏は実現できる範囲の要求を絞り込もうとしたのです。したがって，下線①の狙いである解答は，“解決の優先度が高い要求とその背景にある問題点の抽出”のようにまとめられます。

なお，下線①のうち，“関係部門の要求がどの問題点に起因しているかを整理すべき”とする箇所は，問題点の分類基準を記述しているにすぎず，解答をまとめる上での重要性は低いです。したがって，著者の解答例にはその箇所を含めていません。

設問 2

【1】

問題文〔人事部へのヒアリング〕の最後から 2 文目（074 ～ 075 行目）は，下記のとおりです。

> K 氏は，人事部へのヒアリング結果から，現在，要求検討委員会に参加していないステークホルダの要望を仕様に反映させる必要があると考えた。

上記に記述があって，本設問文に記述がない箇所は，上記の下線部です。したがって，本設問のヒントは，人事部へのヒアリング結果にあると考えられます。問題文〔人事部へのヒアリング〕箇条書第 4 項目（059 ～ 061 行目）は，下記のとおりです。

> ・各記入シートは，表計算ソフトで作成したテンプレートに，社員が必要な情報を記入する形式であり，社員からは，記入の手間が掛かり，かつ，記入しづらいので改善してほしいとの要望が多数寄せられている。

本設問のヒントは，上記の下線部であり，解答は“記入シートへの記入に手間が掛かり，かつ記入しづらいという社員からの要望”のようにまとめられます。

なお，問題文の人事部へのヒアリング結果の中で，“要望”という字句は，上記の下線部の1か所しかないので，本設問の難易度は低いと考えられます。ただし，本設問文がいう“要求検討委員会に参加していないステークホルダ”にこだわると解答例をまとめづらくなります。要求検討委員会のメンバは，問題文〔スコープマネジメント〕の1～2文目から，人事部に所属している社員と営業部門のM部長です。上記の下線部の社員とは，J社の社員のすべてを指しているので，人事部の社員も含んでいます。したがって，厳密に考えると，解答例には“記入シートへの記入に手間が掛かり，かつ記入しづらいという人事部に所属しない社員からの要望”のように，点線の下線部を追加しなければなりません。しかし，この解答例では，本設問の制限字数である35字を超えてしまうので，適切な解答例とはいえません。そこで，著者の解答例では，この点線の下線部を省略し，あいまいな記述としています。

【2】

問題文〔人事部へのヒアリング〕箇条書第2項目の最終文（052～053行目）と箇条書第3項目の最終文（057～058行目）は，下記のとおりです。

> 業務内容，担当した技術分野の記入方法は社員に任されていて統一されていない。
>
> 研修や公的資格の名称の記入方法が統一されていないので，同一の研修や公的資格が異なる表記で登録されている場合がある。

上記に対し，問題文〔人事部へのヒアリング〕第9段落の1文目（069～070行目）は，下記のようになっています。

> N課長は，“現状の各記入シートの記入内容はそのままで，社員がシステムに直接入力することによって人事部での取込み作業がなくなる。

上記の点線の下線部から，上記の実線の下線部のリスクは解消されないので，これが本設問のヒントになっています。リスクの解答は“記入内容が不統一で，問合せに対応できない”，必要な対策の解答は“記入内容を整理し，コード体系を制定する”のようにまとめられます。

設問3

【1】

問題文〔営業部門へのヒアリング〕に記述されている要求は，箇条書第2項目～第4項目（086～091行目）にあり，それぞれに番号を付けると，下記のようになります。

①	・類似案件の経験者や必要な公的資格保有者の情報を迅速に入手できるようにしてほしい。
②	・人事部だけでなく，営業部員もシステムに直接アクセスし，必要な情報を入手できる仕組みにしてほしい。
③	・さらに，案件を受注した後の要員の稼働状況をグラフ形式で確認できる機能を追加してほしい。

①は“現状の業務上の問題点に関する要求”であり，③は“できれば実現したい要求”であることは明らかです。

問題文〔営業部門へのヒアリング〕の箇条書第1項目（082～085行目）は，下記のとおりです。

> ・営業活動の際に，対象案件と類似した案件の経験者や，必要な公的資格保有者がどの程度いるかを人事部に問い合わせても，確認に時間が掛かると断られる場合が多く，必要な人材情報を把握できないことが業務上の大きな問題点である。

上記の下線部より，業務上の問題点は“必要な人材情報を把握できないこと”であると考えられます。②は“必要な人材情報を把握できないこと”に該当していないので，“できれば実現したい要求”に分類されます。したがって，解答は①だけを使って，“類似案件の経験者や必要な公的資格保有者の情報を迅速に入手できるようにすること”のようにまとめられます。

【2】

本文中の下線②を含む文（093～095行目）は，下記のとおりです。

> そして，現状の業務上の問題点に関する要求については，人事部の要求と解決の方向性は一致しており，②この範囲で合意することは可能ではないかと考えた。

下記の問題文〔人事部へのヒアリング〕第9段落（069～073行目）は，上記の点線の下線部の具体的内容を示しています。

> N課長は，“現状の各記入シートの記入内容はそのままで，社員がシステムに直接入力することによって人事部での取込み作業がなくなる。また，各部門からの問合せにも新人材管理システムを検索するだけで対応できるので，短時間で対応できるようになる。これらのことを目指したシステム化計画である。”という考えであった。

上記の二重線の下線部が，設問３(1)の解答例である“類似案件の経験者や必要な公的資格保有者の情報を迅速に入手できるようにすること”に合致しており，本設問のヒントになっています。解答は，“人材情報の問合せに対し，短時間で対応する点で一致しているから”のようにまとめられます。

設問４

【1】

本設問には，ヒントがありません。本設問は，プロトタイプを使って意見を把握した目的を問うています。解答は，“新システムの画面に関する操作性の設計方針を確定させるため”のようにまとめられます。

なお，プロトタイプの目的を問う設問は，何度も出題されています。“操作性”というキーワードを覚えておくとよいです。

【2】

本文中の下線③を含む文（107 ～ 109 行目）は，下記のとおりです。

・営業部員がシステムに直接アクセスする仕組みは新人材管理システム特有のリスクがあるので，③システムに直接アクセスする仕組みは導入せず，人事部で対応することとし，迅速な情報提供を行える機能の検討を実施する。

本設問には，ヒントがありません。本設問が問うている“新人材管理システム特有のリスク”の本質は，人事情報の秘匿性にあります。人事情報には，社員の氏名・住所・家族構成・趣味・業務経歴などの秘密にしなければならない情報が多数あります。人事情報が漏えいすれば，基本的に個人情報保護法違反にもなります。解答は，“社員の業務経歴等の漏えい”のようにまとめられます。

なお，本問では，本設問と設問２(2)においてリスクが問われています。しかし，両設問ともにプロジェクトの３大リスクである“Q（品質）C（コスト）D（納期）”を題材にしていません。珍しいので，今後の出題傾向に注目したいです。

3-5-2 ソフトウェアパッケージの導入

問題

平成 27 年　問 2

ソフトウェアパッケージの導入に関する次の記述を読んで，設問 1 ～ 4 に答えよ。

D 社は衣料品メーカであり，国内にある 2 か所の倉庫から全国の量販店に商品を配送している。昨今，競合環境が厳しくなっていることから，既存 2 倉庫を廃止して 1 か所の新倉庫に統合し，業務の効率向上を図ることを決定した。これまでは自社で開発した倉庫管理システムを既存 2 倉庫で使用していた。しかし，倉庫ごとに業務プロセスの変更があり，その都度改修を行ってきたので，既存 2 倉庫でシステムの仕様に差異が発生し，メンテナンスにも支障を来していた。D 社では，今まで業務システムを自社開発しており，ソフトウェアパッケージの導入経験はなかったが，これを機に新倉庫には倉庫管理用ソフトウェアパッケージ（以下，倉庫管理パッケージという）を導入することにし，次のシステム化の方針を役員会で決定した。

・1 年後に新倉庫の操業を開始する。
・既存 2 倉庫の業務プロセスを基に，業務の統合と効率向上の観点から新業務プロセス案を定義する。
・新業務プロセス案の機能に対して，適合率が最も高い倉庫管理パッケージを選定する。
・倉庫管理パッケージの標準機能及び標準プロセスに合わせて，新業務プロセス案を見直し，新倉庫の業務プロセスを決定する。決定に当たっては，業務の効率向上の観点で十分に評価する。
・倉庫管理パッケージに装備されていない機能，及び装備されていてもそのままでは運用上支障があり利用できない機能については，追加開発を行う。追加開発の工数は，プロジェクトの予算の制約に基づき上限を設定する。
・無線ハンディ端末を使用してリアルタイムに在庫の動きを把握する現在の方式を踏襲する。

〔倉庫管理パッケージの選定〕

システム化の方針を受け，倉庫管理パッケージ選定委員会（以下，委員会という）が組織された。また，倉庫管理パッケージ導入プロジェクトのプロジェクトマネージャ（PM）には，情報システム部の E 課長が任命された。委員会は，業務の効率向上の推進役である経営企画部が中心となり，E 課長，新倉庫の管理者及び既存 2 倉庫のキーパーソンで構成された。

委員会による検討を経て，新業務プロセス案が定義された。新業務プロセス案は，業務の効率向上の観点から既存２倉庫の業務プロセスの差異を吸収するだけでなく，業務プロセスの見直しも多数実施した。既存２倉庫のキーパーソンは，定義された新業務プロセス案の大枠には合意したものの，“既存業務プロセスからの変更が多く，現場がついてこられるか不安だ。”とのことであった。この点は業務プロセス設計の段階で再評価することとなった。

この新業務プロセス案と複数のベンダから提案された倉庫管理パッケージとの機能の適合率を調査し，検討を行った結果，適合率が最も高くベストプラクティスとして業界での評価も高いＭ社倉庫管理パッケージ(以下, MWS という)を選定した。

Ｅ課長は，倉庫管理パッケージ選定の過程で MWS の機能については十分に確認できたが，性能や運用面については今後確認が必要だと感じた。過去にＤ社では無線ハンディ端末を導入した際，稼働直前の総合テストで性能に関する問題が発見され，稼働が遅れたことがあったからである。またＥ課長は，プロジェクトの開始に向けてＭ社へ支援を依頼した。その際，Ｄ社のこれまでの開発の実績を踏まえて，MWS の製品知識に詳しいメンバだけでなく，①MWS 導入のプロジェクト管理の知識と経験を有するメンバの人選も依頼した。

MWS の追加開発では，Ｄ社が現在使用している開発言語及び開発環境が利用できる。また，Ｄ社要員のスキルで十分に対応が可能であり，要員の調達のめども立っている。さらに, Ｍ社に委託した場合よりもコストが削減できるので，追加開発は自社で行う方針とした。そして，予算の制約から追加開発の上限となる工数を設定し，自社要員の投入可能工数を算出した。

〔プロジェクト計画〕

委員会での検討は３か月で完了し，倉庫管理パッケージ導入プロジェクトが立ち上がった。Ｅ課長は，Ｍ社メンバの支援を受け，プロジェクト計画を立案した。MWS 導入スケジュールは図１のとおりである。

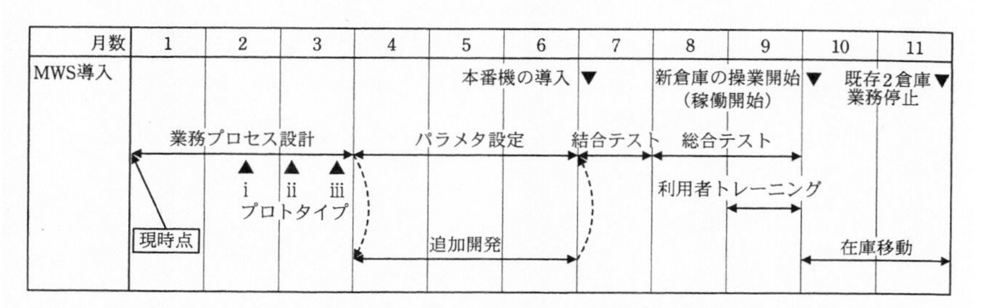

図１　MWS 導入スケジュール

スケジュールにある各工程の作業内容は，次のとおりである。 069
(1) 業務プロセス設計：MWS の標準機能及び標準プロセスに合わせて，新業務プロセス案を見直す。見直しに当たっては，M 社のデモンストレーション環境でプロトタイプを 3 段階に分けて作成し，新倉庫の業務プロセスを確定させる。それによって，追加開発の要件も確定する。 070 071 072 073
(2) パラメタ設定：業務プロセス設計で作成したプロトタイプを基に，開発機で詳細なパラメタを設定し，機能単位に動作テストを実施する。 074 075
(3) 追加開発：業務プロセス設計で確定した追加開発の要件を基に，追加開発するプログラムの基本設計から単体テストまでを実施する。 076 077
(4) 結合テスト：機能単位の動作テストが完了した MWS と，単体テストが完了した追加開発分のプログラムとを，開発機で結合してテストする。 078 079
(5) 総合テスト：業務プロセス設計で定義した業務プロセスの観点から，新倉庫の倉庫管理システムを本番機で総合的にテストする。また，性能や運用面の検証，及びキーパーソンを含めた既存 2 倉庫の要員から成る利用部門による検証を行う。 080 081 082 083
(6) 利用者トレーニング：利用部門に対する，新しい業務プロセスに沿った操作トレーニングを行う。 084 085
(7) 在庫移動：既存 2 倉庫から在庫品を移動する。在庫データの移行は行わず，新倉庫で入庫処理を行うことによって在庫データを蓄積する方式とする。 086 087

E 課長はスケジュール作成に当たって，M 社から提案された標準的なスケジュール案に対して次の変更を行っている。 088 089

- 利用者トレーニングは総合テストの完了後に行うことが標準であったが，新倉庫の操業開始時期の制約があり，総合テストと並行して実施する。 090 091
- M 社のデモンストレーション環境はプロトタイプ作成の期間だけの提供が標準であったが，業務プロセス設計工程の完了以降も利用できるよう M 社に依頼し，プロトタイプを利用部門に公開し，事前に操作してもらうことにした。利用者トレーニングに備えて，既存 2 倉庫のキーパーソンから新倉庫の業務プロセスについてドキュメントを基に説明してもらう計画だが，それだけでは利用者トレーニングがスムーズに進まないリスクがあると考えたからである。 092 093 094 095 096 097
- 本番機の導入は総合テストからが標準であったが，過去の経験から②ある作業の一部を結合テスト工程で実施するために，結合テスト工程から導入し，利用できるようにした。 098 099 100

101

〔プロジェクト体制〕 102

プロジェクトの体制は，業務プロセス設計チーム，MWS 導入チーム，追加開発チームの 3 チーム編成とした。 103 104

業務プロセス設計チームは，新倉庫の管理者と既存2倉庫のキーパーソンを中心に構成した。E課長は，③新業務プロセス案を定義したときのキーパーソンの反応から，業務プロセスの設計を行う過程で作業の進捗が滞ってしまうリスクがあると考えた。そこで，M社のメンバと相談し，D社と企業規模や業務内容が似通っており，MWSの標準機能及び標準プロセスに合わせて業務プロセスを変更し，成果を出している企業の倉庫へ見学に行き，その倉庫の管理者や実務リーダとディスカッションができるよう企画した。

MWS導入チームは情報システム部のメンバで構成した。このチームは，業務プロセス設計チームと共同で業務プロセス設計を行った後，パラメタの設定作業と動作テストを行う。

追加開発チームも情報システム部のメンバで構成した。チームの本格的な立ち上げは業務プロセス設計終了後であるが，チームリーダのF主任については，業務プロセス設計の段階から参加できるよう調整した。

〔プロトタイプと追加開発〕

E課長は，プロトタイプを3段階に分け，それぞれ次の目的で作成することにした。

・プロトタイプⅰ：MWSの標準機能及び標準プロセスに合わせて定義された業務プロセスを，プロトタイプを作成して確認し，課題を抽出する。

・プロトタイプⅱ：プロトタイプⅰで抽出された課題に対応し，さらに，画面の操作方法や表示形式，イレギュラ処理などの動作を確認する。同時に，追加開発の候補を洗い出し，概算の工数見積りを行う。このとき，見積工数が投入可能工数を超過した場合，④M社メンバの支援を受け，システム化の方針に沿って再検討する。

・プロトタイプⅲ：最終的な業務プロセスと追加開発の範囲を確定する。

E課長は，業務プロセス設計工程を完了するには，追加開発が投入可能工数以内に収まることはもちろんだが，それだけでなく，新しく定義された業務プロセスが，⑤システム化の方針に適合していることが重要であると考えた。そこで，業務プロセス設計チームの立ち上げ時に，この点を徹底することにした。

設問1 〔倉庫管理パッケージの選定〕について，E課長が，本文中の下線①の依頼をした理由を，40字以内で述べよ。

設問2 〔プロジェクト計画〕について，(1)，(2) に答えよ。

(1) E 課長は，プロトタイプを公開し，事前に操作してもらうことによって利用部門に何を期待したか。35 字以内で述べよ。

(2) 課長が，本文中の下線②で実施しようと計画した作業とは何か。10 字以内で答えよ。

設問3 〔プロジェクト体制〕について，(1)～(3) に答えよ。

(1) E 課長が，本文中の下線③のリスクがあると考えた理由を，40 字以内で述べよ。

(2) E 課長は，MWS を使っている倉庫を見学することによってどのような効果を狙ったのか。40 字以内で述べよ。

(3) E 課長が F 主任を業務プロセス設計の段階から参加できるよう調整した理由は何か。35 字以内で述べよ。

設問4 〔プロトタイプと追加開発〕について，(1)，(2) に答えよ。

(1) 本文中の下線④について，E 課長はどのような内容の再検討を行うつもりか。30 字以内で述べよ。

(2) 本文中の下線⑤について，システム化の方針に適合しているとは具体的にどのようなことか。20 字以内で述べよ。

試験センターによる出題趣旨・講評

【出題趣旨】

プロジェクトマネージャ（PM）は，プロジェクトの目的を踏まえ，自社の状況やステークホルダの特性を考慮してプロジェクトの計画立案やリスクへの対応を行う必要がある。

本問では，倉庫管理用ソフトウェアパッケージの導入におけるソフトウェアパッケージの選定からプロジェクト計画の立案までを題材に，与えられた条件の下でのプロジェクト計画の立案，リスクの認識及び対応について，PM としての実践的な能力を問う。

【採点講評】

問 2 では，システム化の方針に沿ったプロジェクト計画の立案や，リスクを認識しどのように対応するかといった実務的な側面について出題した。全体として，正答率は低かった。

設問 1 では，自社のこれまでの状況からプロジェクトマネージャとしてプロジェクトを遂行する上で何が課題なのかを考えて解答してほしかったが，過去に発生した問題の対応だけに着目している解答が目立った。

設問 2(1) では，業務プロセス設計工程の完了以降にプロトタイプを利用部門に公開する目的について問うたが，プロトタイプの目的そのものの解答や業務プロセス設計への利用部門からのフィードバックに関する解答が散見された。利用者トレーニングが前倒しで実施されることから，スムーズに進まないリスクへの対策であることを読み取って解答してほしかった。

設問 4(1) では，追加開発の見積工数が投入予定工数を超過した場合の対応について問うた。“追加開発の候補に優先順位を付ける”などの一般論的な解答が目立ち，正答率も低かった。“M 社メンバの支援を受ける”ことで何を狙ったのかを考えて解答してほしかった。

▶ 試験センターによる解答例

設問1 D社はソフトウェアパッケージの導入経験がないから

設問2
(1) MWS導入による新しい業務プロセスへの理解を深めてもらうこと
(2) ・性能の検証　・非機能要件の検証

設問3
(1) キーパーソンが，業務プロセスの変更が現場に受け入れられるか不安を抱いているから
(2) MWSの標準機能及び標準プロセスで業務が運用できることを確認すること
(3) ・追加開発の要件を把握させ，追加開発チームをスムーズに立ち上げたいから
・追加開発の要件を把握させ，工数を見積もらせたいから

設問4
(1) ・MWSの標準機能を使って実現できないかどうかを検討する。
・MWSの標準機能に合わせるように業務プロセスを見直す。
(2) 業務の効率向上が図られていること

○ 著者の解答例

設問1 D社には，MWSを含むソフトウェアパッケージの導入経験がないから（32字）

設問2
(1) MWSの理解を深め，利用者トレーニングをスムーズに進めること（30字）
(2) 性能に関するテスト（9字）

設問3
(1) キーパーソンが“多くの既存業務プロセスの変更への現場対応”に不安を感じているから（40字）
(2) MWSを実務に適用するための要点を知り，業務プロセス設計作業を円滑に実行すること（40字）
(3) 追加開発の要件の背景や前提条件を知り，追加開発を確実に進行させるため（34字）

設問4
(1) 新業務プロセスを，できるだけMWSの標準機能に沿うように見直す（31字）
(2) 業務効率の向上が十分に見込まれること（18字）

解説

設問 1

下線①を含む文（047 ～ 049 行目）は，下記のとおりです。

> その際，**1** D 社のこれまでの開発の実績を踏まえて，MWS の製品知識に詳しいメンバだけでなく，①MWS 導入のプロジェクト管理の知識と経験を有するメンバの人選も依頼した。

本設問の第 1 ヒントは，上記**1**の下線部であり，それを示している第 2 ヒントは，下記の問題文の冒頭 5 文目（009 ～ 010 行目）です。

> D 社では，今まで業務システムを自社開発しており，**2** ソフトウェアパッケージの導入経験はなかったが，（後略）

下線部①の依頼をした理由（解答）は，上記**2**の下線部を使って“D 社には，MWS を含むソフトウェアパッケージの導入経験がないから”（32 字）のようにまとめられます。

設問 2

【1】

下線②から上へ 1 ～ 2 文目（092 ～ 097 行目）は，下記のとおりです。

> ・M 社のデモンストレーション環境はプロトタイプ作成の期間だけの提供が標準であったが，**1** 業務プロセス設計工程の完了以降も利用できるよう M 社に依頼し，**2** プロトタイプを利用部門に公開し，事前に操作してもらうことにした。利用者トレーニングに備えて，既存 2 倉庫のキーパーソンから新倉庫の業務プロセスについてドキュメントを基に説明してもらう計画だが，**3** それだけでは利用者トレーニングがスムーズに進まないリスクがあると考えたからである。

本設問は，上記**2**の下線部を引用して作られており，そのヒントは，上記**3**の下線部です。ややわかりにくいので，補足説明をすると，本設問がいう“利用部門によるプロトタイプの事前操作”は，上記**1**の下線部より，下図の太い矢印線の区間で実施されるものです。

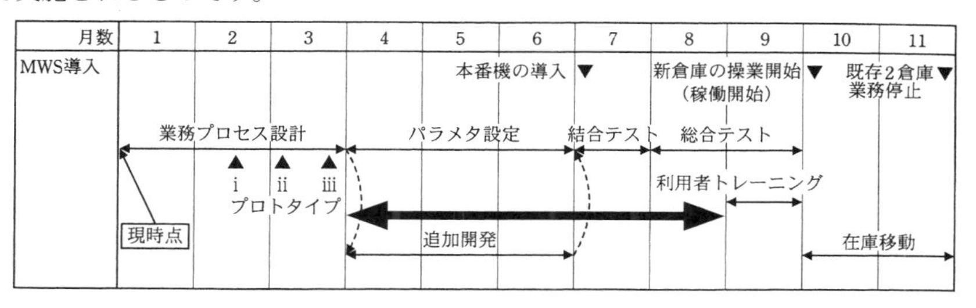

プロトタイプを公開し，事前に操作してもらうことによって利用部門に期待したこと（解答）は，上記3の下線部を使って“MWS の理解を深め，利用者トレーニングをスムーズに進めること”（30 字）のようにまとめられます。

著者から一言

本設問に関する試験センターの採点講評は，“プロトタイプの目的そのものの解答や業務プロセス設計への利用部門からのフィードバックに関する解答が散見された”としています。採点講評が指摘する誤答は“MWS の操作性を実感させ，早期に業務プロセス設計を確定させるため”といった業務プロセス設計内でのプロトタイプの操作を想定したもの（上図の 3 つの▲）だったと思われます。しかし，本設問は，業務プロセス設計工程の完了以降のプロトタイプの操作を想定しているので，採点講評が指摘する誤答は，いわゆる“早とちり”だったと考えられます。

【2】

下線②を含む文（098 ～ 100 行目）は，下記のとおりです。

> ・本番機の導入は総合テストからが標準であったが，1過去の経験から②ある作業の一部を結合テスト工程で実施するために，結合テスト工程から導入し，利用できるようにした。

上記1の下線部は，本設問のヒントであり，下記の下線①から上へ 2 文目の文を指しています。

> 過去に D 社では無線ハンディ端末を導入した際，稼働直前の総合テストで2性能に関する問題が発見され，稼働が遅れたことがあったからである。

上記2の下線部を使って，E 課長が下線②で実施しようと計画した作業（解答）は，“性能に関するテスト”（9 字）のようにまとめられます。

設問3

【1】

下線③を含む文とその 1 文前の文（105 ～ 108 行目）は，下記のとおりです。

> 業務プロセス設計チームは，新倉庫の管理者と既存 2 倉庫のキーパーソンを中心に構成した。E 課長は，③新業務プロセス案を定義したときのキーパーソンの反応から，業務プロセスの設計を行う過程で作業の進捗が滞ってしまうリスクがあると考えた。

上記より，下線③の中の“キーパーソン”とは，既存 2 倉庫のキーパーソンであり，その反応は，下記の問題文〔倉庫管理パッケージの選定〕の 6 文目（035 ～ 037 行目）の内容を指しています。

> 既存 2 倉庫のキーパーソンは，定義された新業務プロセス案の大枠には合意したものの，“❶既存業務プロセスからの変更が多く，現場がついてこられるか不安だ。”とのことであった。

上記❶の下線部を使って，E 課長が考えた下線③のリスクがあると考えた理由（解答）は，“キーパーソンが“多くの既存業務プロセスの変更への現場対応”に不安を感じているから”（40 字）のようにまとめられます。

【2】

本設問文の“MWS を使っている倉庫を見学すること”は，下記の下線③から下へ 1 文目（108 ～ 111 行目）を引用して作られています。

> ❶そこで，M 社のメンバと相談し，D 社と企業規模や業務内容が似通っており，MWS の標準機能及び標準プロセスに合わせて業務プロセスを変更し，成果を出している企業の倉庫へ見学に行き，その倉庫の管理者や実務リーダとディスカッションができるよう企画した。

上記の文は，下線③の次の文ですので，上記❶の下線部は，“業務プロセスの設計を行う過程で作業の進捗が滞ってしまうリスクがあると考えられたため”と読み替えられます。したがって，上記のようにすれば，そのリスクを低減できる効果が期待されます。E 課長が MWS を使っている倉庫を見学することによって狙った効果（解答）は，“MWS を実務に適用するための要点を知り，業務プロセス設計作業を円滑に実行すること”（40 字）のようにまとめられます。

【3】

問題文〔プロジェクト体制〕の最終文とその 1 文前の文（115 ～ 117 行目）は，下記のとおりです。

> ❶追加開発チームも情報システム部のメンバで構成した。❷チームの本格的な立ち上げは業務プロセス設計終了後であるが，❸チームリーダの F 主任については，業務プロセス設計の段階から参加できるよう調整した。

上記❸の下線部が，本設問の引用箇所です。上記❷の下線部のチームは，文章の流れから，上記❶の下線部の追加開発チームを指しています。そこで，上記の 2 文目を“追加開発チームの本格的な立ち上げは業務プロセス設計終了後であり，本来，追加開発チームリーダの F 主任も業務プロセス設計終了後に，追加開発チームに参加するはずだった。しかし，追加開発を確実に進行させるため，E 課長は，F 主任を業務プロセス設計の段階から参加できるよう調整した”のように補って解釈します。

問題文〔プロジェクト計画〕(3)（076 ～ 077 行目）は，下記のとおりです。

> 追加開発：4 業務プロセス設計で確定した追加開発の要件を基に，追加開発するプログラムの基本設計から単体テストまでを実施する。

E 課長がF 主任を業務プロセス設計の段階から参加できるよう調整した理由(解答)は，上記4の下線部を使って，“追加開発の要件の背景や前提条件を知り，追加開発を確実に進行させるため”（34 字）のようにまとめられます。

なお，試験センターは解答例を 2 つ挙げており，その 1 つは“追加開発の要件を把握させ，工数を見積もらせたいから”です。これは，下記の問題文〔倉庫管理パッケージの選定〕の最終文とその 1 文前の文（052 ～ 054 行目）に基づいて作られています。

> さらに，M 社に委託した場合よりもコストが削減できるので，追加開発は自社で行う方針とした。そして，予算の制約から追加開発の上限となる工数を設定し，自社要員の投入可能工数を算出した。

著者から一言

本設問のような“あるメンバやチームリーダを，本来参画させるべき工程よりも，前の工程から参画させ，本来参画させるべき工程での作業の準備をさせる”というプロジェクトマネジメント上の施策は，しばしば出題されていますので，覚えておくとよいでしょう。

設問4

問題文の冒頭 5 文目（010 ～ 012 行目）は，下記のとおりです。

> （前略）これを機に新倉庫には倉庫管理用ソフトウェアパッケージ（以下，倉庫管理パッケージという）を導入することにし，1 次のシステム化の方針を役員会で決定した。

上記1の下線部より，システム化の方針は，問題文の冒頭 6 ～ 13 文目（013 ～ 025 行目）に記述されています。

【1】

下線④を含む文（126 ～ 129 行目）は，下記のとおりです。

> 同時に，**1**追加開発の候補を洗い出し，概算の工数見積りを行う。このとき，見積工数が投入可能工数を超過した場合，④M社メンバの支援を受け，システム化の方針に沿って再検討する。

下記の問題文の冒頭 9 文目（018 ～ 019 行目）が，上記の下線④内の“システム化の方針”の内容を示しています。

> **2**倉庫管理パッケージの標準機能及び標準プロセスに合わせて，新業務プロセス案を見直し，新倉庫の業務プロセスを決定する。

下線④は，上記**1**の下線部より，追加開発の規模を縮小する方向での再検討です。また，上記**2**の下線部より，倉庫管理パッケージの標準機能及び標準プロセスに合わせることによって，追加開発の規模の縮小が実現できます。したがって，E 課長が行った再検討の内容（解答）は，“新業務プロセスを，できるだけ MWS の標準機能に沿うように見直す”（31 字）のようにまとめられます。

【2】

下線⑤を含む文（131 ～ 133 行目）は，下記のとおりです。

> E 課長は，業務プロセス設計工程を完了するには，追加開発が投入可能工数以内に収まることはもちろんだが，それだけでなく，新しく定義された業務プロセスが，⑤システム化の方針に適合していることが重要であると考えた。

問題文の冒頭 9 ～ 10 文目（018 ～ 020 行目）は，下記のとおりです。

> 倉庫管理パッケージの標準機能及び標準プロセスに合わせて，新業務プロセス案を見直し，新倉庫の業務プロセスを決定する。**1**決定に当たっては，業務の効率向上の観点で十分に評価する。

上記**1**の下線部が，下線⑤内の“システム化の方針”を示しており，システム化の方針に適合していること（解答）は，“業務効率の向上が十分に見込まれること”（18 字）のようにまとめられます。

SECTION 第3章 ▶ 午後I問題

3-6 リスク管理

3-6-1 プロジェクトのリスク管理

問題

平成21年　問1

　プロジェクトのリスク管理に関する次の記述を読んで，設問1～3に答えよ。

　C社は，首都圏に拠点を置く，中堅のSI企業である。医薬品業界に強みをもち，製薬会社の生産管理システムの多くを，C社が構築している。

　K社は，地方の製薬会社である。競争の激化から，大手企業との合併のうわさも出ている。K社の生産管理システムは，構築後10年以上が経過し，改修を繰り返してきた結果，保守を継続していくことが難しい状況になっている。このためK社は，新しい生産管理システムの構築と保守をC社に依頼することにした。要件定義と外部設計及び総合テストは実費償還による委任契約を，内部設計から結合テストまでは定額による請負契約を，保守についても請負契約を締結することにしている。

〔K社プロジェクトの状況〕

　C社は，K社の生産管理システム構築プロジェクト（以下，K社プロジェクトという）の準備を開始した。

　C社は地方の拠点をもっていない。K社との保守契約では，障害時に一定時間以内に現場へ到着することが求められる。そこで，K社の近隣に位置するL社と協力してK社プロジェクトを遂行することにした。L社は小規模なSI企業であり，技術力はあるが，大規模システムの開発経験が少ないので，プロジェクト管理能力に不安がある。

　C社のK社プロジェクトのプロジェクトマネージャ（PM）はD氏である。D氏は営業担当者とともにK社を訪問し，K社プロジェクトの要件を確認した。その結果，D氏は，これまでC社が構築してきた生産管理システムの経験で十分に対応が可能であると判断した。また，K社の画面・レポートの要件にも特殊性はなく，要件定義に関するリスクは小さいと判断した。

　C社からK社，L社へは交通手段が限られており，出張には多くの時間と費用が掛かる。要件定義から外部設計まではK社に集まって実施し，内部設計から結合テストまでは分担してC社，L社にそれぞれ持ち帰って実施する予定である。内部設計以降もL社との定期的な進捗会議及び成果物レビュー会議の実施が必要となるので，D氏は，出張に掛かる時間と費用の削減を目的として，テレビ会議システムを積極的に利用することにした。

C社は，P社製の生産管理用のソフトウェアパッケージの現在普及しているバージョン（以下，現バージョンという）をベースとして，顧客要件に合わせて機能や画面を追加する開発方法をとっている。P社は，先月から大幅に機能を強化したバージョン（以下，新バージョンという）の提供を開始したが，C社は新バージョンでの開発経験はまだない。K社は，システムの稼働開始後にバージョンアップ作業を改めて行うことは避けたいとして，K社プロジェクトでは新バージョンを適用するように，C社に要求している。

〔リスク分析〕

D氏は，K社プロジェクトの計画策定に当たって，リスクの分析を行うことにした。表1に示すC社のプロジェクト管理規程のリスク評価マトリックスでは，発生確率と影響度の積が，0.20以上は高優先，0.08以上0.20未満は中優先，0.08未満は低優先として必要な対応を行うこととしている。D氏は，リスクを洗い出して，表2に示すリスク管理表を作成した。

表1　リスク評価マトリックス

影響度／発生確率		小	中	大
		0.20	0.40	0.80
高い	0.50	0.10	0.20	0.40
普通	0.30	0.06	0.12	0.24
低い	0.10	0.02	0.04	0.08

（凡例）
- ：高優先（0.20，0.40，0.24）
- ：中優先（0.10，0.12，0.08）
- ：低優先（0.06，0.02，0.04）

表2 リスク管理表

項番	リスク	発生確率	影響度	対応の優先順位	予防処置	コンティンジェンシプラン発動の契機	コンティンジェンシプラン
1	新バージョンの機能仕様が把握できず設計が進まない。	高い	大	高優先	[a]。	K社があくまでも新バージョンの適用を要求する。	P社に新バージョンの分かる要員の支援を依頼する。
2	L社のプロジェクト管理能力が低く，スケジュールが遅れる。	高い	中	高優先	C社のプロジェクト管理のノウハウを提供する。	L社の進捗が遅れる。	指導・監視のためにC社の要員を配置する。
3	L社への技術移転が進まず，開発が遅れる。	普通	大	高優先	プロジェクトの初期に教育を徹底し，プロジェクト期間を通してフォローする。	設計・開発段階のL社の生産性が目標に達しない。	技術移転の専任者を派遣する。
4	K社の合併によってプロジェクトが中断する。	低い	大	中優先	[b]。	K社からプロジェクト中断の指示がある。	掛かった費用の回収をK社と交渉する。
5	テレビ会議による週次レビューでの指示が正確に伝わらない。	普通	小	低優先	L社の成果物をネットワーク上の共通ファイルサーバに保管し，双方で確認できるようにする。	週次レビューでの指示が繰り返され，成果物への反映が遅れる。	L社に出向いて会議を行う。

〔予防処置〕

リスク分析の結果に基づき，D氏は，対応の優先順位の高い順に対応策を検討することにした。各リスクに対して，事前に予防処置を講じることによって，リスクを回避又は軽減することに注力することにした。

新バージョンの機能仕様が把握できず設計が進まないリスクへの予防処置としては，[a]ことで対応することにした。K社に対し，新バージョンが市場に出て間もないことから発生する品質面のリスク要因と，C社に新バージョンの開発経験がないことから発生するプロジェクト体制面でのリスク要因を説明して説得に当たり，その結果，K社もC社の方針に同意した。

L社のプロジェクト管理能力が低く，スケジュールが遅れるリスクへの予防処置としては，C社のプロジェクト管理のノウハウを提供して対応することにした。

L社への技術移転が進まないリスクへの予防処置としては，プロジェクトの初期に教育を徹底し，プロジェクト期間を通してフォローすることで対応することにした。

中優先であるK社の合併によってプロジェクトが中断するリスクへの予防処置としては，発生確率も低いことから，万が一起きた場合に必要となる請負契約部分の費用の回収方法に焦点を絞り，[b]ことで対応することにし，K社もこの提案に同意した。

低優先となるテレビ会議による週次レビューでの指示が正確に伝わらないリスクへの予防処置としては，①L社の成果物をネットワーク上の共通ファイル

062
063
064
065
066
067
068
069
070
071
072
073
074
075
076
077
078
079
080
081
082
083
084
085
086
087
088
089
090
091
092
093
094
095
096
097

サーバに保管し，双方で確認できるようにすることにした。 098

C 社のプロジェクト管理規程では，計画策定時に想定したリスクに対応するための予備費（以下，コンティンジェンシ予備という）はプロジェクトの予算に含まれ，PM の判断で使用できる。一方，計画策定時に想定していないリスクに対応するための予備費（以下，マネジメント予備という）はプロジェクトの予算に含まれず，その使用には，事業部長の承認を得る必要がある。 099 100 101 102 103

D 氏は，対応策の検討結果を踏まえて，リスクが現実化した場合の具体的な対応計画であるコンティンジェンシプランの見直しを行った。その結果, D 氏は，予防処置によって，コンティンジェンシプランの必要がなくなった二つのリスクを除いて，コンティンジェンシ予備を設定した。また，D 氏は，マネジメント予備の確保を，上司である事業部長に申請した。D 氏は，プロジェクト予算の承認を得て，K 社プロジェクトを開始した。 104 105 106 107 108 109

110

〔リスクの監視コントロール〕 111

内部設計の開始からしばらくして，L 社の進捗が遅れ始めた。D 氏が原因を分析した結果，テレビ会議での指示が正確に伝わっていない点，L 社がプロジェクト管理に不慣れな点，L 社への技術移転が遅れている点の 3 点の複合的な影響であることが分かった。D 氏は，影響はまだ軽微であるが，技術移転の遅れへの対応は早めに実行する必要があると，リスク管理表から判断した。 112 113 114 117 118

内部設計が半ばに差し掛かった段階で，C 社のほかのプロジェクトで緊急事態が発生し，K 社プロジェクトの要員の 1 人を応援に出さなければならなくなった。D 氏は，交代要員を早めに配置し，K 社プロジェクトの仕様の理解と，異動する要員との引継ぎを行わせることにした。②D 氏は，この対応を実行するには，コストへの影響が出るので事業部長の承認を得る必要があると判断した。 119 120 121 122 123

設問 1 〔リスク分析〕について，表 2 中の [a]，[b] に入れる予防処置は何か。それぞれ 30 字以内で述べよ。

a

b

設問２　〔予防処置〕について，(1)～(3) に答えよ。

(1) 新バージョンを使うことで発生する，品質面とプロジェクト体制面のリスク要因とは何か。それぞれ 30 字以内で述べよ。

品質面

プロジェクト体制面

(2) 本文中の下線①について，D 氏が，L 社の成果物をネットワーク上の共通ファイルサーバに保管し，双方で確認できるようにしたリスク管理上の目的は何か。30 字以内で述べよ。

(3) D 氏が，予防処置によって，コンティンジェンシプランの必要がなくなったと判断した二つのリスクとは，どのリスクか。表 2 の項番で答えよ。

設問３　〔リスクの監視コントロール〕について，(1)～(3) に答えよ。

(1) D 氏はなぜ，影響が軽微な段階でも，技術移転の遅れへの対応は早めに実行する必要があると，リスク管理表から判断したのか。20 字以内で述べよ。

(2) D 氏が実行することにした技術移転の遅れへの対応とは何か。20 字以内で述べよ。

(3) 本文中の下線②について，D 氏は，なぜ，事業部長の承認を得る必要があると判断したのか。30 字以内で述べよ。

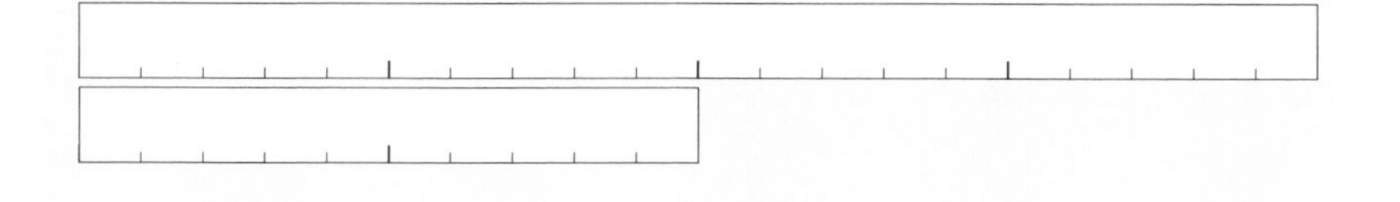

▶ 試験センターによる出題趣旨・講評

【出題趣旨】

システム開発のプロジェクト遂行においては，最初にリスクを適切に識別し，発生確率と影響度を分析する。次に対応の優先順位を決め，対応策を策定し，それらを含めた計画・予算の設定を行う。これらは，プロジェクトを円滑に推進する上で必須の活動である。

本問では，プロジェクトマネージャが，プロジェクト遂行に当たり，理解しておかなければならないリスク対応計画策定の手順と，リスク対応活動の実践力を問う。

【採点講評】

問1では，リスク対応計画策定時の，予防処置及びリスク対応活動の実践力について出題した。予防処置の具体的な内容を問う設問1や，リスク管理表からリスク対応活動の優先順位を判断する設問3の正答率は高かったが，プロジェクトの置かれた状況からリスク要因を探り出す設問2(1)や，予防処置の目的を解答する設問2(2)の正答率は低かった。

設問2(1)のプロジェクト体制面のリスク要因への解答として，“新バージョンの開発経験はまだない”などのように，本文中の記述をそのまま引用している記述や，“進捗が遅れる”，“コストが増加する”という，結果として起こる現象の記述が目立った。“プロジェクト体制面のリスク要因は何か”という題意に沿った解答をしてほしかった。

設問2(2)では，“双方が同じ資料で確認する”，“言葉で伝わりにくい部分を埋める”などの一般論的な解答が目立った。成果物を共通ファイルサーバに置くという予防措置のリスク管理上の目的を，本文の状況を前提として，具体的に解答してほしかった。

▶ 試験センターによる解答例

設問1

a：現バージョンで開発することでＫ社を説得する

b：・中断時の費用精算方法を事前に合意して契約に盛り込む

・中止するまでに掛かった費用を支払う旨を契約に明記する

設問2

(1) 品質面：・洗い出されていない初期の不具合が発生する。

・機能仕様の理解が不十分で設計不具合が発生する。

プロジェクト体制面：

・新バージョンでの開発を経験した要員を確保できない。

・新バージョンの機能が分かる要員を確保できない。

(2) レビューの指摘が正確に反映されているかを確認するため

(3) 1と4

設問3

(1) リスクの影響度が大きいから

(2) 技術移転の専任者をＬ社へ派遣する。

(3) ・マネジメント予備の使用が必要だから

・計画時に想定していないコストだから

・Ｋ社プロジェクトの予算外のコストだから

○ 著者の解答例

設問1

a：現バージョンをベースにした開発方針の採用をＫ社に説得すること（30字）

b：Ｋ社が中断時点までの全費用をＣ社に支払う旨を契約書に追加する（30字）

設問2

(1) 品質面：新バージョンに欠陥が残っており，正常に動作をしないリスク（28字）

プロジェクト体制面：新バージョンを熟知した要員を確保できないリスク（23字）

(2) 週次レビューでの指示が正確に伝わっていることを確認するため（29字）

(3) 1と4

設問3

(1) 教育に時間を要し，効果の確実性が低いから（20字）

(2) 技術移転の専任者をＬ社に派遣する（16字）

(3) Ｄ氏が実行する対応は，マネジメント予備の充当に該当するから（29字）

解説

設問 1

a：

問題文〔予防処置〕にある空欄aを含む文と，その次の文（081 ～ 085 行目）は，下記のとおりです。

> 新バージョンの機能仕様が把握できず設計が進まないリスクへの予防処置としては，[a]ことで対応することにした。K 社に対し，1 新バージョンが市場に出て間もないことから発生する品質面のリスク要因と，C 社に新バージョンの開発経験がないことから発生するプロジェクト体制面でのリスク要因を説明して説得に当たり，その結果，K 社も C 社の方針に同意した。

上記1の下線部の状況が本設問のヒントになっており，解答は“現バージョンをベースにした開発方針の採用を K 社に説得すること”（30 字）のようにまとめられます。

なお，“表 2　リスク管理表”の空欄aの右横に記載されている“コンティンジェンシプラン発動の契機”（065 行目）は，下記のとおりです。

> K 社があくまでも新バージョンの適用を要求する。

上記の“あくまでも”という表現も，空欄aのヒントになっています。すなわち，上記は，“C 社が現バージョンをベースにした開発方針の採用を K 社に説得しても，あくまでも K 社が新バージョンを適用した開発を要求する”ケースを想定していると考えられます。

b：

問題文〔予防処置〕にある空欄bを含む文（092 ～ 095 行目）は，下記のとおりです。

> 中優先である K 社の合併によってプロジェクトが中断するリスクへの予防処置としては，発生確率も低いことから，1 万が一起きた場合に必要となる請負契約部分の費用の回収方法に焦点を絞り，[b]ことで対応することにし，K 社もこの提案に同意した。

本設問のヒントは上記1の下線部であり，プロジェクトが中断した場合，その時点までの請負契約部分の費用は全額 K 社が C 社に支払う旨の条項を契約書に追加すれば，本件に関わる C 社のリスクは基本的にゼロになります。したがって，解答は“K 社が中断時点までの全費用を C 社に支払う旨を契約書に追加する”（30 字）のようにまとめられます。

なお，この請負契約部分の費用は，問題文冒頭から第5文目（009～010行目）“要件定義と外部設計及び総合テストは実費償還による委任契約を，内部設計から結合テストまでは定額による請負契約を，保守についても請負契約を締結することにしている。”から，内部設計から結合テストまでの間で，プロジェクトが中断した時点までに発生した費用になります。

設問2

【1】

問題文〔予防処置〕にある空欄aを含む文と，その次の文（081～085行目）は，下記のとおりです。

> 新バージョンの機能仕様が把握できず設計が進まないリスクへの予防処置としては，［ a ］ことで対応することにした。K社に対し，❶新バージョンが市場に出て間もないことから発生する品質面のリスク要因と，❷C社に新バージョンの開発経験がないことから発生するプロジェクト体制面でのリスク要因を説明して説得に当たり，その結果，K社もC社の方針に同意した。

品質面：

上記❶の下線部が本設問のヒントになっており，解答は“新バージョンに欠陥が残っており，正常に動作をしないリスク”（28字）のようにまとめられます。

プロジェクト体制面：

上記❷の下線部が本設問の第1ヒントになっています。体制面とは，チーム・チームリーダ・メンバ・その他のステークホルダなどの人的資源や人員配置の問題に関連することを表わしている用語です。第2ヒントは，下記の“表2　リスク管理表”の空欄aの右2つ横に記載されている“コンティンジェンシプラン”（065行目）です。

> P社に新バージョンの分かる要員の支援を依頼する。

上記は，C社には新バージョンの分かる要員がいないことを間接的に示しています。したがって，解答は“新バージョンを熟知した要員を確保できないリスク”（23字）のようにまとめられます。

著者から一言

本設問に関する試験センターの採点講評には，誤答として“新バージョンの開発経験はまだない”・“進捗が遅れる”・“コストが増加する”が挙げられています。どの誤答も，人的資源や要員に関連がありません。採点者はその点を見逃していないことを，この採点講評が示しています。

【2】

下線①を含む文（096 ～ 098 行目）は，下記のとおりです。

> **1** 低優先となるテレビ会議による週次レビューでの指示が正確に伝わらないリスクへの予防処置としては，①L 社の成果物をネットワーク上の共通ファイルサーバに保管し，双方で確認できるようにすることにした。

下線①を行う目的は，上記**1**の下線部に示されており，これが本設問のヒントになっています。解答は，“週次レビューでの指示が正確に伝わっていることを確認するため”（29 字）のようにまとめられます。

【3】

問題文〔予防処置〕にある空欄 a を含む文と，その次の文（081 ～ 085 行目）は，下記のとおりです。

> 新バージョンの機能仕様が把握できず設計が進まないリスクへの予防処置としては，[a]ことで対応することにした。K 社に対し，新バージョンが市場に出て間もないことから発生する品質面のリスク要因と，C 社に新バージョンの開発経験がないことから発生するプロジェクト体制面でのリスク要因を説明して説得に当たり，**1** その結果，K 社も C 社の方針に同意した。

上記**1**の下線部より，予防措置である空欄 a（設問 1 の解答より，“現バージョンをベースにした開発方針の採用を K 社に説得すること”）は，K 社も同意しているので，表 2 の項番 1 のコンティンジェンシプラン発動の契機である“K 社があくまでも新バージョンの適用を要求する”は，あり得なくなります。

問題文〔予防処置〕にある空欄 b を含む文（092 ～ 095 行目）は，下記のとおりです。

> 中優先である K 社の合併によってプロジェクトが中断するリスクへの予防処置としては，発生確率も低いことから，万が一起きた場合に必要となる請負契約部分の費用の回収方法に焦点を絞り，[b]ことで対応することにし，**2** K 社もこの提案に同意した。

上記**2**の下線部より，予防措置である空欄 b（設問 1 の解答より，“K 社が中断時点までの全費用を C 社に支払う旨を契約書に追加する”）は，K 社も同意しているので，表 2 の項番 4 のコンティンジェンシプラン発動の契機である“K 社からプロジェクト中断の指示がある”が発生しても，そのリスクは契約書に追加された条項によって，K 社に転嫁されます。

上記の検討より，コンティンジェンシプランの必要がなくなったと判断される二つのリスクは，項番 1 と 4 です。

設問3

【1】

表 2　リスク管理表の項番 3（069 ～ 070 行目）の一部は，下記のとおりです。

リスク	影響度	予防処置
❶L 社への技術移転が進まず，開発が遅れる。	❷大	❸プロジェクトの初期に教育を徹底し，プロジェクト期間を通じてフォローする。

本設問文にある“技術移転の遅れ”に該当するリスクは，上記❶の下線部であり，本設問のヒントは上記❸の下線部です。すなわち,“L 社への技術移転が進まない場合，技術者を養成しなければならず，プロジェクトの初期に記述者教育を徹底し，プロジェクト期間を通じてフォローする必要がある”と解釈され，解答は“教育に時間を要し，効果の確実性が低いから”（20 字）のようにまとめられます。

なお，試験センターは，上記❷の影響度をヒントにして“リスクの影響度が大きいから”を解答例にしていますが，著者はもう少し踏み込んだ内容の解答にしています。

【2】

表 2　リスク管理表の項番 3（069 ～ 070 行目）の一部は，下記のとおりです。

リスク	コンティンジェシプラン
L 社への技術移転が進まず，開発が遅れる。	❶技術移転の専任者を派遣する。

表 2 に，本設問が問うている“技術移転の遅れへの対応”は，直接的には書かれていません。そこで，上記❶の下線部を“技術移転が進まないリスクに対するコンティンジェンシプラン”と解釈し，これをヒントにします。解答は“技術移転の専任者を L 社に派遣する”（16 字）のようにまとめられます。

【3】

下線②の文と，その 1 ～ 2 文前の文（119 ～ 123 行目）は，下記のとおりです。

1 内部設計が半ばに差し掛かった段階で，C社のほかのプロジェクトで緊急事態が発生し，K社プロジェクトの要員の1人を応援に出さなければならなくなった。D氏は，交代要員を早めに配置し，K社プロジェクトの仕様の理解と，異動する要員との引継ぎを行わせることにした。②D氏は，この対応を実行するには，コストへの影響が出るので事業部長の承認を得る必要があると判断した。

また，下線①から下へ1，2文（099～103行目）目は，下記のとおりです。

C社のプロジェクト管理規程では，2 計画策定時に想定したリスクに対応するための予備費（以下，コンティンジェンシ予備という）はプロジェクトの予算に含まれ，PMの判断で使用できる。一方，3 計画策定時に想定していないリスクに対応するための予備費（以下，マネジメント予備という）はプロジェクトの予算に含まれず，4 その使用には，事業部長の承認を得る必要がある。

下線②で，D氏が対応しなければならないと考える状況は，上記1の下線部であり，これは"表2 リスク管理表"のリスクとして記述されていません。したがって，上記1の下線部のリスクは，計画策定時に想定されたリスクではなく，上記2の下線部に記述されているコンティンジェンシ予備を使えません。

そこで，上記1の下線部のリスクは，上記3の下線部に記述されているマネジメント予備を使うことになります。また，上記4の下線部より，マネジメント予備を使用するには，事業部長の承認が必要であり，これが下線②に記述されている"事業部長の承認を得る必要がある"と同じ意味になっています。したがって，D氏が事業部長の承認を得る必要があると判断した理由（解答）は"D氏が実行する対応は，マネジメント予備の充当に該当するから"（29字）のようにまとめられます。

3-6-2 システムの再構築

問題

平成 23 年　問 3

システムの再構築に関する次の記述を読んで，設問 1 ～ 3 に答えよ。

金融機関の A 社は，約 16 か月後の来年 6 月末に到来するハードウェア保守期限に合わせて，メインフレームで稼働している審査システム（以下，現行システムという）をサーバ環境で稼働するシステム（以下，新システムという）に再構築している。

新システムの構築は，表 1 に示すとおり 1 次開発と 2 次開発に分かれており，いずれもシステム部が開発を担当している。1 次開発分は 10 月に，2 次開発分は来年 4 月にそれぞれ稼働を開始する予定であり，システム部の B 課長がプロジェクトマネージャを担当している。1 次開発は内部設計まで順調に進み，3 月からプログラム製造・単体テストに着手したところである。また，新システムの構築に伴う，サーバ環境における通信，データベース関連などの機能を提供するソフトウェア（以下，ミドルソフトという）の開発は，別プロジェクトとして技術部が進めている。

表 1　新システムの構築方法

分類	構築方法
1 次開発	・データ入力，マスタファイルの更新などのオンライン処理用の業務プログラムを開発する。 ・入力項目は変えず，現行システムよりも入力画面の操作性を向上させる。 ・オンライン処理の結果は，現行システムのバッチ処理に，現在のインタフェースを変えずに引き継がれるようにする。 なお，来年 7 月の審査基準の改定に向けての対応は，今年の 10 月以降に別途行う。
2 次開発	・1 次開発とは別チームで，集計，帳票出力などのバッチ処理用の業務プログラムを開発する。 ・既存帳票の改善，帳票の新設を行う。それに伴い，1 次開発で開発したオンライン処理用の業務プログラムに対して修正を行う。

〔新システム構築のスケジュール〕

昨年の 10 月から今年の 10 月までの，新システム構築のスケジュールは図 1 のとおりである。新システムの構築は，次の考え方に従って進めている。

(1) 1 次開発

・外部設計を 1 月に開始し，4 月末にプログラム製造・単体テストを完了させる。
　5 月からの結合テストではミドルソフトを使用して，業務プログラム（以下，業務 AP という）の機能確認を行う。
・総合テストでは，新システムの業務 AP の機能確認に加えて，現行システムの数日分のオンライン処理の入力データ全件を新システムに入力して現行システムのバッチ処理に引き継ぎ，現行システムのバッチ処理とのインタフェースに問題がないことを確認する。
・1 日当たり数千件に及ぶ現行システムの入力データ数日分をすべて新システムに手入力すると，総合テストで混乱が生じるおそれがある。それを避けるために，現行システムの入力データを新システム用の入力データに変換するツールを開発する。
・①現行システムのオンライン処理用の業務 AP については，昨年 12 月末に機能追加を凍結しその後の機能追加は新システムの稼働後に対応することによって，現行システムから提供される機能との関連で懸念されるリスクを軽減する。
(2) 2 次開発
・新規に開発するバッチ処理用の業務 AP と，1 次開発に対する修正が大半となるオンライン処理用の業務 AP については，結合テストの開始までは別スケジュールで作業を進める。
・②オンライン処理用の業務 AP について，2 次開発のプログラム製造・単体テストと 1 次開発の結合テストの時期が重なると 1 次開発の品質の状況によっては 2 次開発での混乱が生じるおそれがある。その点を考慮して，2 次開発のプログラム製造・単体テストは，1 次開発の結合テスト完了後の 7 月に開始する。

分類＼年月	昨年 10	昨年 11	昨年 12	今年 1	今年 2	今年 3	今年 4	今年 5	今年 6	今年 7	今年 8	今年 9	今年 10
1次開発	（オンライン処理用の業務AP）要件定義			外部設計・内部設計		現在 / プログラム製造・単体テスト	1次開発でのミドルソフトの使用開始 / 結合テスト			総合テスト		運用テスト	稼働開始
2次開発	（オンライン処理用の業務AP）要件定義					外部設計・内部設計				プログラム製造・単体テスト			結合テスト
	（バッチ処理用の業務AP）要件定義					外部設計・内部設計				プログラム製造・単体テスト			結合テスト

図 1　新システム構築のスケジュール

〔ミドルソフトの不具合の発生〕
1 次開発は順調に進んでいたが，3 月下旬にミドルソフトの開発において不具合が発生し，1 次開発の結合テスト開始までに対応できない事態となった。B

課長が技術部に状況を確認したところ，次のことが判明した。 069
・不具合は，出力要求を行っている端末の台数が5台以上になると印刷処理の性能が急激に悪化するというものである。排他処理のロジック全般への影響を確認する必要があるので，対応が完了するのは6月中旬になる。 070–072
・この不具合を除けば，当初の予定どおり，5月から業務APでミドルソフトを使用しても問題はない見込みである。 073–074

来年7月の審査基準の改定に向けて，オンライン処理用の業務APの大幅な修正が必要であり，その対応には少なくとも8か月掛かる見込みである。ミドルソフトの不具合の発生を受けて1次開発の稼働開始を遅らせると，審査基準の改定への対応スケジュールに影響する。そこで，B課長は次の考え方に従って，1次開発の結合テスト及び総合テストを進めることにした。 075–079
・ミドルソフトの開発状況と不具合の内容からすると，4月末時点のミドルソフトを使用しても，テストの実施方法を工夫すれば1次開発の業務APの機能確認を進める上での影響は少ないと考えられるので，結合テストは予定どおり5月に開始する。 080–083
・ミドルソフトの不具合への対応が完了する6月中旬にミドルソフトを入れ替えると，結合テストで混乱が生じるおそれがあるので，結合テストではミドルソフトを入れ替えないことにする。一方で，不具合への対応が完了したミドルソフトを使用して業務APの機能確認を行う必要がある。そこで，結合テストとは別に，6月中旬から6月末までに結合テスト2を設定してこの機能確認を行う。また，総合テストの環境を使用して結合テスト2を行うことによって，総合テストが円滑に進められるようにする。 084–090

091

〔現行システムの障害の多発〕 092

4月の第2週に入ったとき，現行システムの保守担当の責任者から，“昨年12月末の凍結直前に追加した機能のうち，4月に初めて稼働した機能について，仕様の不備に伴う障害が多発している。原因分析，類似障害の有無の調査は済んでおり，対応のめどは立っている”という連絡があった。これまで，現行システムで障害が多発することはなかったので，現行システムの障害については，現行システムから提供される障害対応の修正仕様を基に，1次開発の結合テストの後半にまとめて対応する方針であった。B課長は急きょ，状況を確認し，対応方針を次のように見直すことにした。 093–100
・障害が多発している機能について1次開発との関連を調べた結果，結合テストの後半にまとめて対応した場合に，結合テストに関するリスクが懸念された。そのリスクを軽減するために，結合テストの初期の段階で障害対応の取込みを行う。 101–104

・修正作業量が想定していたよりも多いので，障害対応の取込み結果を効率よく確認したい。そのために，障害対応の修正仕様に加えて，ある情報の提供を現行システムの保守担当の責任者に依頼する。 105 106 107

設問1〔新システム構築のスケジュール〕について，(1)～(3)に答えよ。

(1) 現行システムの入力データ数日分をすべて新システムに手入力した場合，総合テストでどのような混乱が生じることをB課長はおそれたのか。20字以内で述べよ。

(2) 本文中の下線①における，現行システムから提供される機能との関連で懸念されるリスクの内容を，20字以内で述べよ。

(3) 本文中の下線②における，1次開発の品質の状況によっては生じるおそれがある2次開発での混乱とはどのようなものか。30字以内で述べよ。

設問2〔ミドルソフトの不具合の発生〕について，(1)～(3)に答えよ。

(1) テストの実施方法をどのように工夫すれば，1次開発の業務APの機能確認を進める上での影響は少ないとB課長は考えたのか。30字以内で述べよ。

(2) B課長は，結合テストでどのような混乱が生じることをおそれて，結合テストではミドルソフトを入れ替えないことにしたのか。20字以内で述べよ。

(3) 総合テストの環境を使用して結合テスト2を行うことによって，総合テストが円滑に進められる理由を，30字以内で述べよ。

設問３ 〔現行システムの障害の多発〕について，(1)～(3) に答えよ。

(1) B 課長が結合テストに関するリスクを懸念したのは，障害が多発している機能について 1 次開発とどのような関連があることが分かったからか。20 字以内で述べよ。

(2) 現行システムの障害について，結合テストの後半にまとめて対応した場合に懸念される結合テストに関するリスクを，20 字以内で述べよ。

(3) B 課長は，障害対応の取込み結果を効率よく確認するために，どのような情報の提供を現行システムの保守担当の責任者に依頼することにしたのか。20 字以内で述べよ。

試験センターによる出題趣旨・講評

【出題趣旨】

システムの再構築を行う場合，プロジェクトマネージャ（PM）は，関連するシステムの開発状況，稼働状況などを十分に考慮した上で，プロジェクトの計画立案，プロジェクトの実行管理・運営を行う必要がある。

本問では，ハードウェアの保守期限の到来に伴うシステムの再構築を題材にして，稼働中のシステム及び並行して開発を行っている関連するプロジェクトの進捗状況などに基づいた開発スケジュールの見直し，品質確保の方法，リスクの軽減方法などについて，作業効率の向上，障害対応などの多角的な観点から，PM としての実践的な能力を問う。

【採点講評】

問 3 では，システムの再構築における，プロジェクトの計画立案，プロジェクトの実行管理・運営について出題した。1 次開発，2 次開発，及び別プロジェクトで進めているミドルソフトの開発についての相互の関連，留意事項などについてはおおむね正しく理解されていた。

設問 1 (2) では，現行システムにおける機能追加の凍結について問うたが，二重開発に伴う作業量の増加などに着目した解答が多かった。設問で求めていた，現行システムから提供される機能との関連から懸念されるリスクを深く分析した上で，解答してほしかった。

設問 2 (3) では，総合テストが円滑に進められる理由を問うていたにもかかわらず，結合テストにおけるメリットを記述した誤った解答が多く見受けられた。テスト環境と各テストの関連を把握し，最適なテスト計画を立案できる能力を身に付けてほしい。

試験センターによる解答例

設問1
(1)・総合テストが予定どおりに進まない
・入力ミスによる手戻りが発生する。
(2)・現行機能との仕様の相違が発生する。
・現行機能が保証できない。
(3)・１次開発の障害に対応するための手戻りが多発する。
・仕様変更が発生し，単体テストのやり直しが必要となる。

設問2
(1)・5台以上の端末から同時に出力要求を行わない。
・5台以上の端末を同時に使用しない。
(2)・障害の原因の切分けが難しくなること
・ミドルソフトに関する不具合の発生
(3)・総合テストの環境の不具合が事前に摘出できるから
・総合テストの環境の設定内容の妥当性を事前に確認できるから

設問3
(1)・１次開発の仕様に大きな影響があること
・１次開発への取込みの工数が大きいこと
(2)・結合テストの完了の遅延
・手戻りの発生による進捗の遅延
・デグレードの発生による品質の劣化
(3)・修正結果の確認用データの仕様
・修正結果の確認用のテストケース

著者の解答例

設問1
(1) 誤った入力データが多く，バグ摘出が難しい（20字）
(2) 仕様変更が多発し，品質不良になるリスク（19字）
(3) １次開発のバグを修正しつつ，製造・単体テストを行う必要がある（30字）

設問2
(1) テスト時に，同時に出力要求を行う端末台数を5台以上にしない（29字）
(2) ミドルソフトのバグによる新たな不具合発生（20字）
(3) テスト要員が総合テストの環境に慣れ，変更等が容易になるから（29字）

設問3
(1) 仕様の不備の修正工数が予想よりも大きい（19字）
(2) 結合テストが遅れ，6月末に完了しない（18字）
(3) 修正後のテストで使ったテストデータなど（19字）

解説

設問1

【1】

問題文〔新システム構築のスケジュール〕(1) の 3 ～ 5 文目 (034 ～ 041 行目) は，以下のとおりです。

> ・総合テストでは，新システムの業務 AP の機能確認に加えて，現行システムの数日分のオンライン処理の入力データ全件を新システムに入力して現行システムのバッチ処理に引き継ぎ，現行システムのバッチ処理とのインタフェースに問題がないことを確認する。
> ・1日当たり数千件に及ぶ現行システムの入力データ数日分をすべて新システムに手入力すると，総合テストで混乱が生じるおそれがある。それを避けるために，現行システムの入力データを新システム用の入力データに変換するツールを開発する。

本設問文は，上記の実線の下線部を引用して作られています。1 日当たり数千件×数日分なのでざっと 25,000 件の入力データがあり，これを何日かけて入力するかは記述されていませんが，上記の点線の下線部のとおり変換ツールまで開発しなければならない状況なので大変な作業なのでしょう。したがって，本設問を過去の設問で問われてきた表現に置き換えれば，“B 課長が認識したリスクは何か？”になります。

プロジェクトの 3 大リスクは，Q（Quality：品質），C（Cost：コスト），D（Delivery：納期・スケジュール）なので，解答の要旨は，以下のようになります。

①品質 …間違ったデータを入力してしまう。
②コスト…実績コストが予算を超過してしまう。
③納期・スケジュール… 予定よりも作業が遅れてしまう。

一般にリスクを解答としてまとめる場合，コストよりも品質またはスケジュールのほうが表現しやすいので，ここでは品質の解答例を“誤った入力データが多く，バグ摘出が難しい”のようにまとめます。

【2】

問題文の下線①（042 ～ 044 行目）は，ややわかりにくいので，文を補足すれば，以下のようになります（筆者が補足した文には点線の下線をつけています）。

> ・①現行システムのオンライン処理用の業務 AP については，昨年 12 月末までは機能追加を実施し，その追加した機能を新システムにも反映する。昨年 12 月末以降は機能追加を凍結し，その後の機能追加は新システムの稼働後に対応することによって，現行システムから提供される機能との関連で懸念されるリスクを軽減する。

念のため，図 1 に上記の点線を追加したものの一部を示せば下図になります。

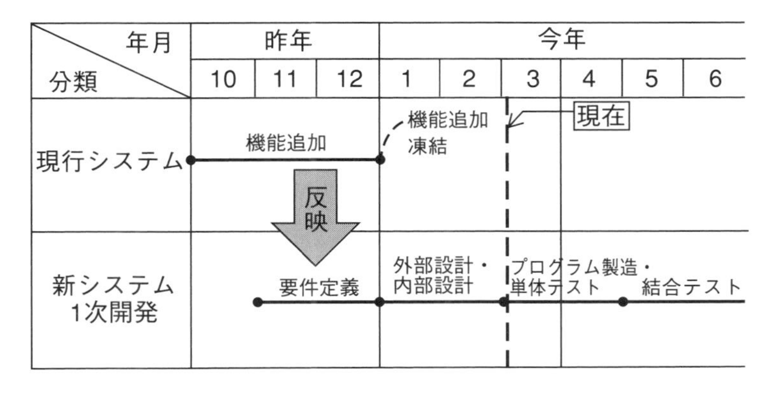

本問解決の糸口を思いつくためには，昨年 12 月末以降も現行システムの機能追加を実施し，その追加した機能を新システムにも反映するケースを想定します。その場合，とくに今年の 1 月および 2 月に実施された外部設計・内部設計は，現行システムの機能追加による仕様変更が発生するだろうし，それ以降も同様です。

本設問はリスクを問うているので，品質，コスト，納期・スケジュールの観点から解答を考えます。ただし，本設問は“現行システムから提供される機能との関連で懸念されるリスク”という条件をつけているので，問われているリスクは品質面のリスクだと解釈して解答をまとめればよいです。したがって，“仕様変更が多発し，品質不良になるリスク”のような解答になります。

なお，試験センターの解答例は“現行機能との仕様の相違が発生する”，“現行機能が保証できない”です。これは，設問文にある“現行システムから提供される機能との関連で懸念されるリスク”を“現行システムから提供される機能が，新システムから提供される機能に引き継がれない場合に生じるリスク”と解釈した解答例です。やや強引な解釈と思えるので，筆者の解答例にはこの主旨の別解をつけませんでした。

【3】

古い問題で申し訳ありませんが，平成 20 年のプロジェクトマネージャ試験 午後Ⅰ問 2“表　既存機能活用の検討結果”は，以下のようになっています（一部を省略しています）。

パターン	内容
パターンⅠ	定期案件で改修中のプログラムに，新商品で必要な機能を追加・修正する
パターンⅡ	定期案件で改修着手前のプログラムのコピーを作成し，新商品用に書き換える

「B 課長（プロジェクトマネージャ）がパターンⅡが優れていると考えた理由は何か？」という設問に対し，試験センターの解答例は“開発するプログラムが別々になるので，相互の影響が少なく開発ができるから”（他にも別解はある）となっています。したがって，“プログラムに機能追加する場合は，プログラムをコピーしてから，そのコピーしたプログラムに機能追加すべきである”という見解が，問題作成者の基本的な考え方だと解釈できます。

本問の“表 1　新システムの構築方法”2 次開発の 2，3 文目は“既存帳票の改善，帳票の新設を行う。それに伴い，1 次開発で開発したオンライン処理用の業務プログラムに対して修正を行う”となっており，この下線部を見ると，1 次開発で開発したプログラムをコピーせず，直接それに対して修正を行うように読めます。

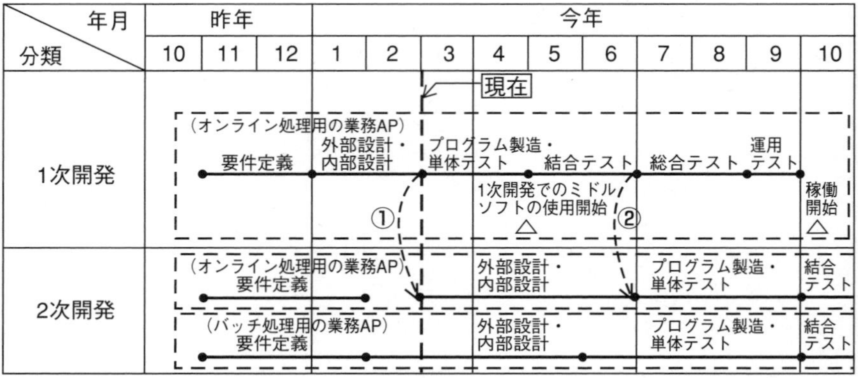

分類＼年月	昨年 10	昨年 11	昨年 12	今年 1	今年 2	今年 3	今年 4	今年 5	今年 6	今年 7	今年 8	今年 9	今年 10
1次開発	（オンライン処理用の業務AP）要件定義			外部設計・内部設計		現在 プログラム製造・単体テスト	1次開発でのミドルソフトの使用開始 △	結合テスト		総合テスト		運用テスト	稼働開始 △
2次開発	（オンライン処理用の業務AP）要件定義				①		外部設計・内部設計		②	プログラム製造・単体テスト			結合テスト
2次開発	（バッチ処理用の業務AP）要件定義						外部設計・内部設計			プログラム製造・単体テスト			結合テスト

しかし，上図に示した“図 1　新システム構築のスケジュール”の太い点線の矢印線は，①は外部設計書・内部設計書をコピー，②はプログラムのコピーを表しているように見えます。問題文に，プログラムをコピーしているような文はないので迷ってしまいます。

そこで，当設問の解説の冒頭に示した平成 20 年のプロジェクトマネージャ試験午後Ⅰ問 2 の解答例を参考にして，プログラムをコピーしているのだと解釈します。そうすれば，下線②は以下のように書き直せます。

> ②オンライン処理用の業務 AP は，1 次開発の結合テストが終了した時点で，2 時開発用にコピーする。しかし，もし，1 次開発の結合テスト前に，業務 AP を 2 次開発用にコピーし，2 次開発のプログラム製造・単体テストと 1 次開発の結合テストを並行して行うと，1 次開発の結合テストで発見された不具合を，コピーした 2 次開発の業務 AP にも修正しなければならず，混乱が生じるおそれがある。

したがって，解答は“1 次開発のバグを修正しつつ，製造・単体テストを行う必要がある”のようにします。

設問２

【1】

本設問のヒントは，以下に示す問題文〔ミドルソフトの不具合の発生〕の３～５文目（070 ～ 074 行目）にあります。

- 不具合は，出力要求を行っている端末の台数が５台以上になると印刷処理の性能が急激に悪化するというものである。排他処理のロジック全般への影響を確認する必要があるので，対応が完了するのは６月中旬になる。
- この不具合を除けば，当初の予定どおり，５月から業務 AP でミドルソフトを使用しても問題はない見込みである。

上記の下線部より，“テスト時に，同時に出力要求を行う端末台数を５台以上にしない”といった解答にします。

【2】

本設問のヒントは，以下に示す問題文〔ミドルソフトの不具合の発生〕の最後から４文目（084 ～ 086 行目）にあります。

- ミドルソフトの不具合への対応が完了する６月中旬にミドルソフトを入れ替えると，結合テストで混乱が生じるおそれがあるので，結合テストではミドルソフトを入れ替えないことにする。

上記の下線部の“対応”が何を意味するのか微妙な点はありますが，“ミドルソフトのプログラムを修正したが，十分なテストはなされていない”と解釈します。そのように解釈しないと解答が導けないからであり，いつもそのように解釈すべきであるといった試験上のノウハウには該当しないので注意してください。

したがって，解答は“ミドルソフトのバグによる新たな不具合発生”のようになります。

【3】

本設問のヒントはとくにありません。総合テストの環境を使用して結合テスト２を行えば，結合テスト２は総合テストのリハーサルになります。したがって，リハーサルをすれば本番は円滑に進められるので，そのあたりを情報システム開発プロジェクトの用語を使って理由らしく書けばよいです。

例えば，“テスト要員が総合テストの環境に慣れ，変更等が容易になるから”といったものが解答例になります。

設問3

【1】

本設問のヒントは，以下に示す問題文〔現行システムの障害の多発〕の1文目（093～095行目）にあります。

> 4月の第2週に入ったとき，現行システムの保守担当の責任者から，“昨年12月末の凍結直前に追加した機能のうち，4月に初めて稼働した機能について，仕様の不備に伴う障害が多発している。

問題文の下線①より，12月末の凍結直前に追加した機能の仕様は1次開発に引き継がれているので，1次開発の仕様にも不備が混入していると考えられます。また，図1を見ると，4月の第2週は1次開発プログラム製造・単体テストの終盤です。したがって，その不備がある仕様はプログラムにも反映されているから，1次開発の外部設計書・内部設計書・プログラムを修正しなければなりません。B課長は，1次開発との関連を調べた結果，その修正工数が大きくなると判断して急きょ対応方針を見直したのです。

解答は，“仕様の不備の修正工数が予想よりも大きい”のようにまとめればよいです。

【2】

本設問のヒントは，以下に示す問題文〔現行システムの障害の多発〕の最後から3，4文目（101～104行目）にあります。

> ・障害が多発している機能について1次開発との関連を調べた結果，結合テストの後半にまとめて対応した場合に，結合テストに関するリスクが懸念された。そのリスクを軽減するために，結合テストの初期の段階で障害対応の取込みを行う。

上記の下線部をわかりやすく書き直せば，“結合テストの後半にまとめて対応した場合に，結合テストが遅れるリスクが懸念された。結合テストが遅れるリスクを軽減するために，結合テストの初期の段階で障害対応の取込みを行う”になります。したがって，解答は“結合テストが遅れ，6月末に完了しない”のようになります。

【3】

本設問のヒントは，以下に示す“表1　新システムの構築方法”1次開発の3文目（020～021行目）です。

> ・オンライン処理の結果は，現行システムのバッチ処理に，現在のインタフェースを変えずに引き継がれるようにする。

上記より，現行システムの仕様の不備を修正した後に行われるテストのテストデータやテスト仕様書は，そのまま 1 次開発の障害対応後のテストに使えそうです。ただし，現行システムはメインフレームで稼働しますが，新システムはサーバ環境で稼働します。メインフレームのテストデータをサーバ環境に移行させるためには，EBCDIC コードを ASCII コードやシフト JIS コードに変換するといった特別な処理を行わなければなりません。しかし，一からテストデータやテスト仕様書を作るよりも，現行システムのテストに使われたものを流用するほうが手っ取り早いと考えられます。

したがって，解答は“修正後のテストで使ったテストデータなど”のようになります。

Coffee Break

論文の上達は非科学的？

筆者は,「論文練習は水泳や自転車の練習とよく似ている」と思っています。おそらく，あなたは泳げるでしょうし，自転車にも乗れるでしょう。しかし，今となっては，泳げなかった，自転車に乗れなかった「昔の自分」を思い出せないし，どうやって泳げるようになったのか，自転車に乗れるようになったのかの説明もできないでしょう。

あなたは，マニュアルを見てから，自転車の練習をはじめたでしょうか？そんなことはないでしょう。とりあえず，自転車にまたがり，見よう見まねで手足を動かしたはずです。そのうち，なんとなく乗れるようになった。まったく非科学的な現象です。

論文練習も，自転車の練習と同じく，試行錯誤法的な部分がたぶんにあります。とりあえず書いてみます，直すべき点を見つけます。書き方を修正します。そんな練習の連続になるので,「こんな調子で大丈夫かな？」と心配になります。

難しいのは，最初の「とりあえず書いてみる」です。子供は，自転車でもピアノでも上達が早いです。この「とりあえず」がスーッとできるからです。大人は，いろいろな理屈を考えすぎたり，なにせ練習しているのだから下手なのはわかっているはずなのに,「どうして私は下手なんだろう？」と悩んだりして，練習をスーッとはできません。練習量が子供よりも少なくなってしまいます。

この点を踏まえて，論文練習をする際には,「どうして，私は下手なんだろう？」と原因を追究するよりは，「いいのよ。いいのよ。練習していれば，私だってうまくなるのよ」と自分を信じ，とりあえず前進してください。そのうちに，自然と本当にうまくなっていきます。論文練習とは，そんなものなのです。

3-6-3 コンタクトセンタにおけるサービス利用のための移行

問題

平成 31 年　問 1

コンタクトセンタにおけるサービス利用のための移行に関する次の記述を読んで，設問 1 〜 3 に答えよ。

E 社は，コンタクトセンタのシステム構築を得意としてきた SI 事業者である。近年では次世代型コンタクトセンタサービス（以下，E 社サービスという）を立ち上げて，コンタクトセンタをもつ企業向けにサービスを提供し，事業を拡大している。

E 社は，通信販売事業者の M 社から，E 社サービスへの移行案件を受注することになった。

〔M 社のコンタクトセンタの概要〕

M 社は，TV ショッピングやカタログ通販などの注文受付や顧客からの問合せ対応の窓口として，コンタクトセンタを設置し，全国各拠点に合計約 1,000 名のオペレータを配置している。原則として，窓口は 24 時間 365 日の営業となっている。M 社の売上は年々拡大していて，コンタクトセンタへの注文や問合せも増加し，オペレータの負荷が高まっている。当面は，オペレータの増員で対処するが，増員にも限界があり，M 社の経営層は，新しい技術を活用してオペレータの負荷を軽減したいと考えている。加えて，現在，M 社データセンタに設置しているコンタクトセンタのシステムは，ハードウェアが老朽化しており，保守期限が 8 か月後の来年 2 月に迫っている。そこで，M 社は，現在のコンタクトセンタのシステムから, E 社サービスに移行するプロジェクト（以下, M 社プロジェクトという）を立ち上げることにした。

M 社プロジェクトのスケジュールは，今年 7 月から約半年間であり，全窓口を休業することを公表済みの元日に，全国各拠点同時に E 社サービスに移行する。M 社プロジェクトの責任者は，M 社システム部の N 氏である。E 社は，経験豊富な F 課長をプロジェクトマネージャ（PM）に任命した。

〔E 社サービスと M 社の状況〕

F 課長は，図 1 に示す E 社サービスへの移行概要について，N 氏に説明した。

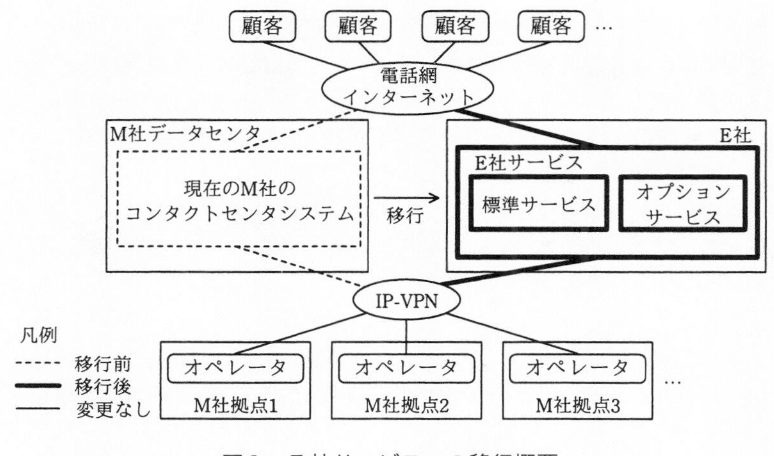

図１　E 社サービスへの移行概要

E 社サービスは，コンタクトセンタの業務を行うために必要な基本機能を提供する標準サービスと，自動対応機能などを提供するオプションサービスから構成される。M 社のコンタクトセンタの業務は，E 社サービスの標準サービスで問題なく対応できる。

自動対応機能とは，顧客が Web サイトやスマートフォン用アプリケーションプログラムから入力した問合せに対して，オペレータを介さず自動的に回答するものである。具体的には，問合せに対して，コンタクトセンタの過去の応対履歴データを基に作成した問合せ回答シナリオから回答を選択し，自動対応する。回答を選択できなかった場合は，オペレータに通知して，オペレータによる対応に切り替える。

問合せに対して自動対応機能で回答する割合（以下，自動回答率という）が高まれば，オペレータの負荷軽減という導入効果につながる。ただし，導入効果については，自動対応機能の導入後に，オペレータの負荷の分析と自動回答率の実績値を併せて評価する必要がある。自動回答率については，他社の事例などを参考に目標値を設定し，その目標値の達成に向けての作業を行う。

自動対応機能の導入前の準備作業として，回答の選択に必要な問合せ回答シナリオの登録や，回答を選択する処理を制御するパラメタの設定などを行う必要がある。自動回答率の目標値の達成に向けて，登録する問合せ回答シナリオや設定するパラメタを変更し，過去の応対履歴データを用いて自動回答率を計測する作業を繰り返すという，実証実験的な進め方になる。

自動対応機能を導入する企業は，準備作業を実施するための体制を作り，作業を行う期間を設ける必要がある。これらの対応が不十分だと，想定した準備作業の期間内に自動回答率の目標値が達成できなくなる。その場合は，準備作業の進捗状況を踏まえて，自動対応機能の導入時期や自動回答率の目標値を見直す判断が必要である。E 社には自動対応機能の導入を支援する部門がある。目標値は，導入企業である M 社が E 社の支援を受けて決定するが，目標達成に向けて両社が協力することが重要である。

F 課長が N 氏にこれらの説明をした後，１週間の質疑応答の期間を経て，F 課長は N 氏から，M 社としてオペレータの負荷を軽減するために自動対応機能を導入する，という回答を受けた。

〔M 社プロジェクトの移行条件〕

F 課長は，N 氏から M 社プロジェクトの移行条件について M 社の希望を確認した。

(1) E 社サービスへの移行の作業について
- 移行作業は，元日の 0 時～ 24 時に完了させること。
- M 社における過去のシステム移行で，移行リハーサルを実施した際，作業手順と移行時間の見積りに不備があった。その後の修正確認と再見積りも不十分で，本番の移行作業が混乱したことがあったので，同様の問題の再発を避けること。

(2) 標準サービスへの移行について
- 標準サービスへの移行については，現在提供している応対のサービスレベルを維持し，標準サービス開始日から全国各拠点の全てのオペレータが戸惑うことなく操作できること。

(3) 自動対応機能の導入について
- 自動対応機能は，標準サービスへの移行時期に合わせて導入し，標準サービス開始日にサービスを開始すること。
- E 社の支援を受け，M 社がサービス開始時の自動回答率の目標値を決める。
- M 社内で，N 氏の下で自動対応機能の導入前の準備作業を実施する体制を作る。この体制が効果的に機能するよう，E 社が支援すること。

F 課長は，M 社プロジェクトの移行計画の作成に当たり，改めて M 社の考えを確認するために，N 氏にヒアリングした。①特に，自動対応機能のサービス開始時期を設定した背景やサービス開始時の自動回答率の目標値の決め方について詳しく確認したところ，N 氏から次のような回答を得た。

- 標準サービスへの移行が最優先であり，これを確実に実施することが前提である。
- 自動対応機能は，できるだけ早くサービスを開始するよう経営層から指示されているが，新しい技術ということもあり，慎重に進めることも併せて指示されている。

・自動対応機能のサービス開始時期やサービス開始時の自動回答率の目標値は，M社プロジェクトの進捗状況も踏まえて，N氏が最終的に判断するよう経営層から指示されている。　105 106 107

108

F課長は，これらの回答を踏まえて，移行条件への対応を具体的に検討することにした。　109 110

111

〔M社プロジェクトの移行条件への対応〕　112

F課長は，M社プロジェクトの移行条件に対し，E社として次の対応をM社に提案した。　113 114

(1) E社サービスへの移行の作業について　115
- データセンタ側と各拠点の作業手順書を作成し，作業時間を見積もる。　116
- M社における過去のシステム移行時の状況を踏まえて，②移行リハーサルを2回実施する。　117 118

(2) 標準サービスへの移行について　120
- 全国各拠点の全てのオペレータが，標準サービス開始日から戸惑うことなく操作できるようになるための訓練を実施する。標準サービス開始までに全てのオペレータの訓練を完了させるために，③M社専用の終日利用可能な標準サービス用の訓練環境を準備する。　121 122 123 124
- 期限までに訓練が完了するように，M社にオペレータの訓練スケジュールを作成してもらう。　125 126

(3) 自動対応機能の導入について　127
- 自動対応機能の導入を支援するE社の要員（以下，支援要員という）を，M社プロジェクトに参加させて，M社と導入の準備作業を進める。　128 129
- 自動対応機能の導入に関して，E社の支援を受けてM社が決めたサービス開始時の自動回答率の目標値を，M社プロジェクトの品質の目標とする。　130 131
- 自動対応機能のサービス開始時期は，標準サービス開始日と同じ日を目標とする。　132 133
- 目標を達成できないリスクもあるので，その対策についてはM社とともに引き続き検討する。　134 135

136

〔自動対応機能導入のリスク対応計画〕　137

M社の自動対応機能の導入を進める体制に，支援要員が参加して，準備作業を開始した。F課長は，④自動対応機能専用の検証環境を標準サービス用の訓練環境とは別に用意した。この環境は，検証作業が完了した時点で標準サービス用の訓練環境と統合する。　138 139 140 141

F課長は，要員を含む資源や作業工程などを適切にマネジメントしたとしても，導入前の準備作業の期間内に自動回答率の目標値が達成できない場合があり得ると考えた。⑤そこでF課長は，N氏に，この場合の対応としてスケジュールに関する対応策と品質に関する対応策を説明した。これらの対応策を実施するかどうかは両社で協議して決定することになったので，これに基づきリスク対応計画を作成することにした。 142 143 144 145 146 147

設問1 〔M社プロジェクトの移行条件〕について，本文中の下線①でF課長がN氏に，特に自動対応機能の導入について詳しく確認したのはなぜか。25字以内で述べよ。

設問2 〔M社プロジェクトの移行条件への対応〕について，(1)，(2)に答えよ。

(1) 本文中の下線②について，M社における過去のシステム移行時の状況を踏まえて，F課長が1回目の移行リハーサルで検証することは何か。30字以内で述べよ。また，移行リハーサルの2回目を設定した目的は何か。35字以内で述べよ。

検証すること

設定した目的

(2) 本文中の下線③について，訓練環境に求められる要件は何か。35字以内で述べよ。

設問3 〔自動対応機能導入のリスク対応計画〕について，(1)，(2)に答えよ。

(1) 本文中の下線④について，標準サービス用の訓練環境とは別の環境を用意して検証作業を行う狙いは何か。40 字以内で述べよ。

(2) 本文中の下線⑤について，スケジュールに関する対応策は何か。また，品質に関する対応策は何か。それぞれ 25 字以内で述べよ。

スケジュールに関する対応策

品質に関する対応策

試験センターによる出題趣旨・講評

【出題趣旨】

プロジェクトマネージャ（PM）は，個別に開発したシステムからサービスの利用への移行に際し，サービス仕様と顧客の要件を把握した上で，確実にプロジェクトマネジメントを行う必要がある。その際，新機能の導入に関しても主導的な役割が期待される。

本問では，通信販売事業者が持つコンタクトセンタのサービスへの移行プロジェクトを題材として，移行計画の立案，新機能の導入時のリスクへの対応について，PM としての実践的な能力を問う。

【採点講評】

問 1 では，次世代型コンタクトセンタサービスへの移行プロジェクトを題材に，移行計画の立案，新機能の導入時のリスクへの対応について出題した。全体として正答率は高く，おおむね理解されていた。

設問 2(2) は，正答率が低かった。M 社専用かつ終日利用可能という要件以外に，M 社プロジェクトの移行条件を実現するために，機能面，構成面での訓練環境に求められる要件をプロジェクトマネージャ（PM）の視点で解答してほしかった。

設問 3(1) は，正答率が低かった。このプロジェクトでは標準サービスへの移行が最優先であることから，検証作業は標準サービスの訓練に影響を及ぼさずに実施する必要があることを読み取ってほしかった。

▶ 試験センターによる解答例

設問1 リスクを特定し，今後の対応を計画するため

設問2 (1) 検証すること：作業手順及び移行時間の見積りが適切であること
設定した目的：1回目の移行リハーサルで検出された不備の修正結果を確認するため
(2) 全てのオペレータが担当業務の全てについて操作できること

設問3 (1) 検証作業が，オペレータの標準サービスの訓練に影響を与えないようにするため
(2) スケジュールに関する対応策：自動対応機能の導入時期を遅らせる。
品質に関する対応策：サービス開始時の自動回答率の目標値を見直す。

○ 著者の解答例

設問1 自動回答率の，妥当な目標値の設定にリスクがあるから（25字）

設問2 (1) 検証すること：作業手順と移行時間の見積りに不備がないこと（21字）
設定した目的：1回目の移行リハーサルの不備の修正と，再見積りの妥当性を確認するため（34字）
(2) 全てのオペレータについて，担当する業務の操作が完全に網羅されていること（35字）

設問3 (1) 自動対応機能の検証作業による性能面の影響を，標準サービスの訓練に与えたくないから（40字）
(2) スケジュールに関する対応策：自動対応機能のサービス開始時期を遅らせる（20字）
品質に関する対応策：サービス開始時の自動回答率の目標値を下げる（21字）

解説

設問1

本設問文は，下記のとおりです。

〔M 社プロジェクトの移行条件〕について，本文中の下線①で F 課長が N 氏に，**1** 特に自動対応機能の導入について詳しく確認したのはなぜか。25 字以内で述べよ。

下線①（098 ～ 100 行目）は，下記のとおりです。

①特に，自動対応機能のサービス開始時期を設定した背景やサービス開始時の自動回答率の目標値の決め方について詳しく確認したところ

上記**1**の下線部は，具体的には，上記の下線①の“自動対応機能のサービス開始時期を設定した背景やサービス開始時の自動回答率の目標値の決め方”です。

問題文〔E 社サービスと M 社の状況〕の 7 ～ 14 文目（057 ～ 071 行目）は，下記のとおりです。

問合せに対して自動対応機能で回答する割合（以下，自動回答率という）が高まれば，オペレータの負荷軽減という導入効果につながる。**2** ただし，導入効果については，自動対応機能の導入後に，オペレータの負荷の分析と自動回答率の実績値を併せて評価する必要がある。自動回答率については，他社の事例などを参考に目標値を設定し，その目標値の達成に向けての作業を行う。

自動対応機能の導入前の準備作業として，回答の選択に必要な問合せ回答シナリオの登録や，回答を選択する処理を制御するパラメタの設定などを行う必要がある。自動回答率の目標値の達成に向けて，登録する問合せ回答シナリオや設定するパラメタを変更し，**2** 過去の応対履歴データを用いて自動回答率を計測する作業を繰り返すという，実証実験的な進め方になる。

自動対応機能を導入する企業は，準備作業を実施するための体制を作り，作業を行う期間を設ける必要がある。**2** これらの対応が不十分だと，想定した準備作業の期間内に自動回答率の目標値が達成できなくなる。その場合は，準備作業の進捗状況を踏まえて，自動対応機能の導入時期や自動回答率の目標値を見直す判断が必要である。

上記の引用箇所全体が，“自動回答率”という一つの用語に関する説明としては，異例に長く，上記 3 箇所の**2**の下線部は，いずれも，自動回答率の妥当な目標値設定の困難さを示しています。したがって，プロジェクトマネジメントの観点からは，妥当な自動回答率の目標値設定には，多大なリスクがあると考えられます。したが

って，F 課長がN 氏に，特に自動対応機能の導入について詳しく確認した理由（解答）は，“自動回答率の，妥当な目標値の設定にリスクがあるから”（25 字）のようにまとめられます。

下線①を含む文から，問題文〔M 社プロジェクトの移行条件〕の最終文（098 ～ 110 行目）までは，下記のとおりです。

> ①特に，自動対応機能のサービス開始時期を設定した背景やサービス開始時の自動回答率の目標値の決め方について詳しく確認したところ，3 N 氏から次のような回答を得た。
>
> 4
> - 標準サービスへの移行が最優先であり，これを確実に実施することが前提である。
> - 自動対応機能は，できるだけ早くサービスを開始するよう経営層から指示されているが，新しい技術ということもあり，慎重に進めることも併せて指示されている。
> - 自動対応機能のサービス開始時期やサービス開始時の自動回答率の目標値は，M 社プロジェクトの進捗状況も踏まえて，N 氏が最終的に判断するよう経営層から指示されている。
>
> 5 F 課長は，これらの回答を踏まえて，移行条件への対応を具体的に検討することにした。

試験センターの解答例は“リスクを特定し，6 今後の対応を計画するため”であり，この6の下線部は，上記3の下線部（＝4の箇所）と5の下線部を踏まえた抽象的なものになっています。上記4・5の下線部は，下線①との関連性が低いので，著者の解答例には含めていません。

設問2

【1】

本設問文は，下記のとおりです。

> 本文中の下線②について，M 社における過去のシステム移行時の状況を踏まえて，1 F 課長が 1 回目の移行リハーサルで検証することは何か。30 字以内で述べよ。また，2 移行リハーサルの 2 回目を設定した目的は何か。35 字以内で述べよ。

下線②を含む文（117 ～ 118 行目）は，下記のとおりです。

> 3 M 社における過去のシステム移行時の状況を踏まえて，②移行リハーサルを 2 回実施する。

上記3の下線部が，本設問の第１ヒントであり，それを具体的に示している第2ヒントが，下記の問題文〔M社プロジェクトの移行条件〕(1)の2～3文目（083～086行目）です。

> M社における過去のシステム移行で，4移行リハーサルを実施した際，作業手順と移行時間の見積りに不備があった。5その後の修正確認と再見積りも不十分で，本番の移行作業が混乱したことがあったので，同様の問題の再発を避けること。

上記1の下線部の設問のヒントが，上記4の下線部であり，F課長が1回目の移行リハーサルで検証すること（解答）は，"作業手順と移行時間の見積りに不備がないこと"（21字）のようにまとめられます。

上記2の下線部の設問のヒントが，上記5の下線部であり，移行リハーサルの2回目を設定した目的（解答）は，"1回目の移行リハーサルの不備の修正と，再見積りの妥当性を確認するため"（34字）のようにまとめられます。

【2】

本設問文は，下記のとおりです。

> 本文中の下線③について，訓練環境に求められる要件は何か。35字以内で述べよ。

下線③を含む文と，その1文前の文（121～124行目）は，下記のとおりです。

> 1全国各拠点の全てのオペレータが，標準サービス開始日から戸惑うことなく操作できるようになるための訓練を実施する。標準サービス開始までに全てのオペレータの訓練を完了させるために，③M社専用の終日利用可能な標準サービス用の訓練環境を準備する。

上記1の下線部が，本設問のヒントです。したがって，訓練環境に求められる要件（解答）は，"全てのオペレータが，標準サービス開始日から戸惑うことなく操作できること"のようにまとめられそうですが，これでは訓練環境の要件になっていないので，オペレータが，標準サービス開始日から1～2か月目に，戸惑う可能性があることを考えます。それは，訓練環境では経験しなかった，本番環境で初めて遭遇する状況です。したがって，訓練環境に求められる要件は，"全てのオペレータについて，担当する業務の操作が完全に網羅されていること"（35字）のようにまとめられます。

著者から一言

試験センターの採点講評は，“正答率が低かった。❷M社専用かつ終日利用可能という要件以外に，M社プロジェクトの移行条件を実現するために，❸機能面，構成面での訓練環境に求められる要件をプロジェクトマネージャ（PM）の視点で解答してほしかった”としています。

上記❷の下線部は，下線③に記述されていることなので，当然ですが，設問文および設問が直接引用している箇所は，正解にならないことを再度，確認したいです。また，上記❸の下線部の直接のヒントは，上記❶の下線部内の“戸惑うことなく”であり，このフレーズを使った設問が次年度以降に出題されるかもしれないので要注意です。また，念のため，試験委員（出題者）が想定しているリスクを繰り返しますと，“訓練環境が提供する機能が，本番環境の機能の一部しかないケースがあるので，プロジェクトマネージャは，その点に注意せよ”ということです。

設問3

【1】

本設問文は，下記のとおりです。

> 本文中の下線④について，標準サービス用の訓練環境とは別の環境を用意して検証作業を行う狙いは何か。40字以内で述べよ。

下線④を含む文と，その1文後の文（139～141行目）は，下記のとおりです。

> F課長は，④自動対応機能専用の検証環境を標準サービス用の訓練環境とは別に用意した。この環境は，❶検証作業が完了した時点で標準サービス用の訓練環境と統合する。

上記❶の下線部は，“自動対応機能の検証作業”と補って解釈でき，これが第1ヒントです。問題文〔M社プロジェクトの移行条件への対応〕の最後から上へ2文目（132～133行目）は，下記のとおりです。

> ❷自動対応機能のサービス開始時期は，標準サービス開始日と同じ日を目標とする。

上記❷の下線部より，“自動対応機能の検証作業”は，標準サービス用機能の検証作業と並行して実施されると考えられ，これが第2ヒントです。問題文〔E社サービスとM社の状況〕の10～11文目（062～066行目）は，下記のとおりです。

> 自動対応機能の導入前の準備作業として，❸回答の選択に必要な問合せ回答シナリオの登録や，回答を選択する処理を制御するパラメタの設定などを行う必要

がある。自動回答率の目標値の達成に向けて，登録する問合せ回答シナリオや設定するパラメタを変更し，過去の応対履歴データを用いて自動回答率を計測する作業を繰り返すという，実証実験的な進め方になる。

上記3の下線部が，具体的な“自動対応機能の検証作業”であり，自動対応機能を検証すると，その検証環境には大きな負荷が掛かると考えられます。したがって，標準サービス用の訓練環境とは別の環境を用意して検証作業を行う狙い（解答）は，“自動対応機能の検証作業による性能面の影響を，標準サービスの訓練に与えたくないから”（40字）のようにまとめられます。

著者から一言

試験センターの採点講評は，“正答率が低かった。4このプロジェクトでは標準サービスへの移行が最優先であることから，検証作業は標準サービスの訓練に影響を及ぼさずに実施する必要があることを読み取ってほしかった”としています。問題文〔M社プロジェクトの移行条件〕の最後から上へ4文目（101行目）には，“標準サービスへの移行が最優先であり，これを確実に実施することが前提である”という記述があり，上記4の下線部は妥当な指摘といえますが，上記3の下線部の最後を“過去の応対履歴データを用いて自動回答率を計測する作業を繰り返すという，実証実験的でかつ，（その検証環境に多大な負荷の掛かる）進め方になる”というようにしないと，正答率は上がらないでしょう。この設問のような問題を，次年度以降に作問するのは困難と思われますので，受験者は気にしなくても大丈夫です。

【2】

本設問文は，下記のとおりです。

本文中の下線⑤について，1スケジュールに関する対応策は何か。また，2品質に関する対応策は何か。それぞれ25字以内で述べよ。

下線⑤と，その1文前の文（142～145行目）は，下記のとおりです。

3F課長は，要員を含む資源や作業工程などを適切にマネジメントしたとしても，導入前の準備作業の期間内に自動回答率の目標値が達成できない場合があり得ると考えた。⑤そこでF課長はN氏にこの場合の対応としてスケジュールに関する対応策と品質に関する対応策を説明した。

下線⑤の最初に“そこで”がありますので，上記3の下線部が，本設問の第1ヒントです。上記3の下線部を踏まえると，下線⑤は“F課長はN氏に，（導入前の準備作業の期間内に自動回答率の目標値が達成できない）場合の対応として，スケジュールに関する対応策と品質に関する対応策を説明した”のように補って解釈できます。

問題文〔E社サービスとM社の状況〕の12～14文目（067～071行目）は，下記のとおりです。

> 自動対応機能を導入する企業は，準備作業を実施するための体制を作り，作業を行う期間を設ける必要がある。これらの対応が不十分だと，想定した準備作業の期間内に自動回答率の目標値が達成できなくなる。その場合は，準備作業の進捗状況を踏まえて，4自動対応機能の導入時期や5自動回答率の目標値を見直す判断が必要である。

問題文〔M社プロジェクトの移行条件〕の最後から上へ2～3文目（102～107行目）は，下記のとおりです。

> ・自動対応機能は，4できるだけ早くサービスを開始するよう経営層から指示されているが，新しい技術ということもあり，4慎重に進めることも併せて指示されている。
> ・4自動対応機能のサービス開始時期や5サービス開始時の自動回答率の目標値は，M社プロジェクトの進捗状況も踏まえて，6N氏が最終的に判断するよう経営層から指示されている。

スケジュールに関する対応策：

上記1の下線部の設問に対するヒントは，上記の4箇所の4の下線部と6の下線部であり，スケジュールに関する対応策（解答）は，“自動対応機能のサービス開始時期を遅らせる”（20字）のようにまとめられます。

品質に関する対応策：

上記2の下線部の設問に対するヒントは，上記の2箇所の5の下線部と6の下線部であり，品質に関する対応策（解答）は，“サービス開始時の自動回答率の目標値を下げる”（21字）のようにまとめられます。

3-7 その他

3-7-1 IoTを活用した工事管理システムの構築

問題

平成31年 問2

IoTを活用した工事管理システムの構築に関する次の記述を読んで，設問1～4に答えよ。

G社は，中堅の土木工事業の企業である。最近は，東南アジア諸国の経済発展に伴い，海外における道路，ダムなどの公共のインフラストラクチャ（以下，公共インフラという）構築のための工事の受注が増えている。G社は，厳しい環境での工事遂行力の高さを強みにして業容を拡大してきたが，最近では受注競争が激化しており，他社に対する競争力の強化が必要となっている。G社の経営陣は，この状況に対応するために，工事遂行力の更なる強化を目的として，IoTを活用した工事管理システム（以下，G社工事管理システムという）を構築することを決定した。

G社工事管理システムは，遠隔地の工事において，現場の進捗状況を可視化し，それを，現場，本社，顧客オフィス（以下，各拠点という）間でタイムリに共有することで，工事関係者間の認識の違いを無くし，確実に工事を遂行することを目的としている。

〔顧客の状況〕

G社は，X国において，来年4月に開始する工事（以下，X国新工事という）を受注した。X国は，現在国を挙げて近代化を進めており，公共インフラの構築が急務となっている。そのため，X国の工事では，納期に遅れた場合には多額の損害賠償金を支払わなければならない，という契約が慣例となっている。

G社は，X国の公共インフラの構築に早くから参入し，複数の工事を受注している。X国の工事現場は山間部などの遠隔地が多く，高い工事遂行力が必要である。最近は，近代化を加速したいX国の方針によって，工事期間の短縮を求められている。

G社は，X国新工事に対し，G社工事管理システムを適用して従来よりも短い期間で完了させることを提案し，受注に至っている。したがって，G社工事管理システム構築プロジェクト（以下，G社プロジェクトという）を来年3月末までの10か月で完了させることが必達である。G社プロジェクトのプロジェクトマネージヤ（PM）には，システム部のH課長が任命された。

〔G社工事管理システムの概要〕

G社工事管理システムでは，次に示す機能を実装する。

- ドローンに装着したデバイスによって工事現場を撮影して，収集した画像データをIaaS上のサーバに蓄積する機能
- 建設機械に取り付けたデバイスによって稼働状況データを収集して，IaaS上のサーバに蓄積する機能
- IaaS上のサーバに蓄積されたデータを分析して，工事進捗レポートを作成する機能
- 通信機能付きタブレット端末に，各拠点のニーズに沿った情報を迅速に提供する機能
- 問題が発生した場合に各拠点間で対応策を協議するための，タブレット端末のWeb会議機能
- 対応策をタブレット端末上の工事図面に表示し，現場へ正確にフィードバックする機能

〔WBSの作成〕

H課長は，G社プロジェクトのスコープを定義することから始めた。H課長は，まず，G社工事管理システムを構成する全ての要素を拾い出した。それにプロジェクトマネジメントの要素を加え，図1に示すWBSを作成した。

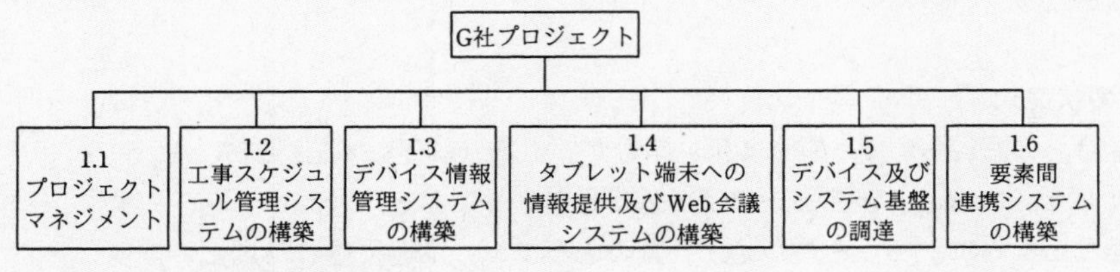

図1　G社プロジェクトのWBS

次に，H課長は，<u>①これらの六つの要素に関わる作業を全て完了すれば，G社プロジェクトは確実に完了しているといえる関係であることを確認した。</u>

〔プロジェクトマネジメントの要素のリスクへの対応〕 062

H課長は，プロジェクトマネジメントの要素について，リスクを特定し，評価した。H課長は，今回のプロジェクトの経緯から，②G社プロジェクトが遅延するリスクがG社に非常に大きな影響を与えると考えた。その対応策として，プロジェクトマネジメントオフィス（PMO）を設置し，G社プロジェクトの要素全体の進捗状況の監視を強化することにした。PMOの設置に当たっては，③図1から確認できるG社プロジェクトの特性を考慮した人選を行った。 063 064 065 066 067 068

069

〔他の要素のリスクへの対応〕 070

図1のプロジェクトマネジメントの要素以外の他の要素については，次のようにリスクを特定し，評価して対応を行った。 071 072

・工事スケジュール管理システムの構築：リスクとしては，工事スケジュール管理システムを新規開発した場合，開発スケジュールが遅延することが想定される。H課長は，工事スケジュール管理機能の仕様に合ったソフトウェアパッケージが数多く販売されていることを確認した。そこで，開発スケジュールが遅延するリスクを回避するために，工事スケジュール管理システムは新規開発せず，工事スケジュール管理機能を備えたソフトウェアパッケージを採用することにした。ただし，その採用に当たっては，④G社プロジェクトの要求事項を満たす機能を備えたものを選定する必要があると考えた。 073 074 075 076 077 078 079 080
・デバイス情報管理システムの構築：リスク源としては，新技術に対応するための技術習得に必要な期間の長期化が想定される。H課長は，G社工事管理システムを確実に来年4月から稼働させることがG社にとって最重要であり，⑤G社の競争力強化の方向性から判断して，ドローンなどの新技術への対応をG社で内製化する必要はないと考え，デバイスベンダからアプリケーションプログラムも含めて調達することにした。また，日本における法規制の状況から考えて，⑥新技術への対応に対する別の観点のリスクを回避するために，事前にX国の関係機関に確認することがあると判断した。確認の結果，下線⑥の観点についてのリスクはないことの確証を得た。 081 082 083 084 085 086 087 088 089
・タブレット端末への情報提供及びWeb会議システムの構築：リスク源としては，各拠点のニーズの把握に手間取ることが想定される。ただし，各拠点のニーズは相互に影響する可能性は少なく，プロジェクト全体のスケジュールへの影響は小さいと考えた。 090 091 092 093
・デバイス及びシステム基盤の調達：要求に合うデバイスやIaaSのサービスが調達できないことがリスク源であるが，X国でも最近は急速なIT化が進み，既に多くの企業が多様なデバイスやIaaSのサービスを提供している。選択肢 094 095 096

は広く，リスクは軽減できると考えた。

・要素間連携システムの構築：個別の要素内での連携機能は既に確認しているが，システム全体として要求機能を実現できないというリスクが想定される。これに対しては，早い段階から各ベンダを交えた連携テストによる検証を繰り返し実施することで，リスクは軽減できると考えた。

〔IoT を活用したプロジェクトの特性〕

H課長は，これまでの結果を踏まえ，表１に示すG社プロジェクトのステークホルダの一覧表を作成した。

表１　G社プロジェクトのステークホルダの一覧表

識別番号	要素	ステークホルダ
1.1	プロジェクトマネジメント	G 社 PMO
1.2	工事スケジュール管理システムの構築	ソフトウェアパッケージベンダ
1.3	デバイス情報管理システムの構築	デバイスベンダ
1.4	タブレット端末への情報提供及び Web 会議システムの構築	タブレット端末ベンダ，G 社システム部
1.5	デバイス及びシステム基盤の調達	デバイスベンダ，IaaS ベンダ
1.6	要素間連携システムの構築	G 社システム部，各ベンダ

H課長は，表１を参照し，⑦ IoT を活用したシステム開発プロジェクトの場合，従来のシステム開発プロジェクトと比較して，マネジメントを難しくする特性があると考えた。

設問１　〔WBS の作成〕について，H課長が，本文中の下線①の確認を行ったのはなぜか。30 字以内で述べよ。

設問２　〔プロジェクトマネジメントの要素のリスクへの対応〕について，(1)，(2) に答えよ。

(1) 本文中の下線②について，H課長が考えた，G社プロジェクトが遅延するリスクがG社に与える非常に大きな影響とは，具体的に何を指すか。35 字以内で述べよ。

(2) 本文中の下線③について，H課長が，G社プロジェクトの特性を考慮して行った人選とはどのような人選か。30字以内で述べよ。

設問3 〔他の要素のリスクへの対応〕について，(1)～(3)に答えよ。

(1) 本文中の下線④について，H課長が工事スケジュール管理機能以外にソフトウェアパッケージが備えるべきと考えた，G社プロジェクトの要求事項を満たす機能とは何か。35字以内で述べよ。

(2) 本文中の下線⑤について，H課長が，G社の競争力強化の方向性から，G社で内製化する必要はないと判断した理由は何か。30字以内で述べよ。

(3) 本文中の下線⑥について，H課長が新技術への対応に対する別の観点のリスクを回避したいと考え，事前にX国の関係機関に確認したことは何か。30字以内で述べよ。

設問4 〔IoTを活用したプロジェクトの特性〕について，H課長が本文中の下線⑦で考えた，従来のシステム開発プロジェクトと比較して，IoTを活用したシステム開発プロジェクトのマネジメントを難しくする特性とは何か。35字以内で述べよ。

試験センターによる出題趣旨・講評

【出題趣旨】

IoTを活用したシステム開発プロジェクトでは，プロジェクトマネージャ（PM）は従来のシステム開発工程のマネジメントだけではなく，広範なステークホルダの統率や広範なステークホルダとの調整，組織の戦略を達成するためのプロジェクト組織を横断したマネジメントを役割として担うことが求められる。

本問では，IoTを活用したプロジェクトを題材として，WBSの作成，リスクマネジメントに関する実践的な能力を問うとともに，IoTを活用したプロジェクトで要求される新たなPMの役割について理解しているかどうかを問う。

【採点講評】

問2では，IoTを活用した工事管理システムの構築プロジェクトの計画作成について出題した。全体として正答率は高く，おおむね理解されていた。

設問1は，“納期に遅れると損害賠償金を請求されるから”など，スコープの定義のプロセスの範囲を逸脱した解答が散見された。WBSを作成する際の基本的なルールである“100パーセントルール”を理解して，正しく解答してほしかった。

設問2(2)は，正答率が低かった。“X国工事経験者”という誤った解答が多く，X国新工事のPMOと混同している受験者も多かった。G社プロジェクトの進捗状況を確認するためのPMOの要員を選定するに当たって，WBSから確認できるG社プロジェクトの特性を考慮した上で，各要素の内容を理解し，進捗状況を把握できる要員が求められる点を，十分に理解してほしかった。

試験センターによる解答例

設問1 プロジェクトの要素に抜けがないことを確認するため

設問2
(1) X国新工事の完了が納期に間に合わず損害賠償金を請求されること
(2) 各要素の内容を理解して進捗状況を把握できる人材を選ぶ

設問3
(1) 画像データや稼働状況データを分析してレポートする機能
(2) ドローンの要素技術はG社の競争力強化の源泉ではないから
(3) X国でドローンの飛行に法的な制約があるかどうか

設問4 多岐にわたる分野のステークホルダの統率や調整が必要になること

著者の解答例

設問1 G社プロジェクトの全要素が網羅されていることを検証するため（29字）

設問2 (1) X国新工事が納期遅れになり，多額の損害賠償金の支払義務が生じること（33字）
(2) 各要素の進捗状況を把握できる，システム開発・構築経験者（27字）

設問3 (1) 画像データや稼働状況データを分析して，工事進捗レポートを作成する機能（34字）
(2) ドローンなどへの対応は，G社の工事遂行力向上に直結しないから（30字）
(3) ドローンの飛行に関する法的な規制が，X国にあるのかの確認（28字）

設問4 多数のステークホルダが存在するため，それらとの交渉や調整に手間取ること（35字）

解説

設問1

本設問文は，下記のとおりです。

> 〔WBSの作成〕について，H課長が，本文中の下線①の確認を行ったのはなぜか。30字以内で述べよ。

問題文〔WBSの作成〕の1～4文目（048～061行目）は，下記のとおりです。

> H課長は，G社プロジェクトのスコープを定義することから始めた。H課長は，まず，**1** G社工事管理システムを構成する全ての要素を拾い出した。それにプロジェクトマネジメントの要素を加え，図1に示すWBSを作成した。
> 次に，H課長は，①これらの六つの要素に関わる作業を全て完了すれば，G社プロジェクトは確実に完了しているといえる関係であることを確認した。

上記**1**の下線部が，本設問のヒントであり，H課長が本文中の下線①の確認を行った理由（解答）は，“G社プロジェクトの全要素が網羅されていることを検証するため”（29字）のようにまとめられます。

著者から一言

試験センターの採点講評は，<❷“納期に遅れると損害賠償金を請求されるから”など，スコープの定義のプロセスの範囲を逸脱した解答が散見された。WBSを作成する際の基本的なルールである❸“100パーセントルール”を理解して，正しく解答してほしかった>としています。上記❷の下線部の誤答例は，設問2(1)と重複解になってしまうので，設問2(1)の解答を書いている時に，気がついてほしいです。また，上記❸の下線部の“100パーセントルール”は，PMBOKの用語であり，プロジェクトの要素が100%（＝すべて），WBSに盛り込まれていることをいうルールです。

設問2

【1】

本設問文は，下記のとおりです。

> 本文中の下線②について，H課長が考えた，G社プロジェクトが遅延するリスクがG社に与える非常に大きな影響とは，具体的に何を指すか。35字以内で述べよ。

下線②を含む文（064～065行目）は，下記のとおりです。

> H課長は，今回のプロジェクトの経緯から，②G社プロジェクトが遅延するリスクがG社に非常に大きな影響を与えると考えた。

下線②内の“非常に大きな影響”とは，下記の問題文〔顧客の状況〕の1～8文目（018～029行目）内の❶の下線部です。

> G社は，X国において，来年4月に開始する工事（以下，X国新工事という）を受注した。X国は，現在国を挙げて近代化を進めており，公共インフラの構築が急務となっている。そのため，❶X国の工事では，納期に遅れた場合には多額の損害賠償金を支払わなければならない，という契約が慣例となっている。
> （中略）
> G社は，X国新工事に対し，G社工事管理システムを適用して従来よりも短い期間で完了させることを提案し，受注に至っている。したがって，G社工事管理システム構築プロジェクト（以下，G社プロジェクトという）を来年3月末までの10か月で完了させることが必達である。

上記❶の下線部より，G社プロジェクトが遅延するリスクがG社に与える非常に大きな影響（解答）は，“X国新工事が納期遅れになり，多額の損害賠償金の支払義務が生じること”（33字）のようにまとめられます。

【2】

本設問文は，下記のとおりです。

本文中の下線③について，H課長が，**2**G社プロジェクトの特性を考慮して行った人選とはどのような人選か。30字以内で述べよ。

下線③を含む文と，その1文前の文（065～068行目）は，下記のとおりです。

その対応策として，プロジェクトマネジメントオフィス（PMO）を設置し，**3**G社プロジェクトの要素全体の進捗状況の監視を強化することにした。PMOの設置に当たっては，③図1から確認できるG社プロジェクトの特性を考慮した人選を行った。

上記**3**の下線部が，本設問のヒントであり，H課長がG社プロジェクトの特性を考慮して行った人選（解答）は，“各要素の進捗状況を把握できる，システム開発・構築経験者”（27字）のようにまとめられます。

著者から一言

試験センターの採点講評は，<正答率が低かった。“X国工事経験者”という誤った解答が多く，X国新工事のPMOと混同している受験者も多かった。G社プロジェクトの進捗状況を確認するためのPMOの要員を選定するに当たって，WBSから確認できるG社プロジェクトを考慮した上で，各要素の内容を理解し，進捗状況を把握できる要員が求められる点を，十分に理解してほしかった>としています。この採点講評を読んでも，まだピンとこない読者のために，これを解説してみます。①：G社プロジェクトは，G社工事管理システム構築プロジェクトのことであり，X国新工事は含まれていません（これは，図1のWBSを見ても明らかです）。②：X国新工事は，G社工事管理システムを利用する工事であり，G社工事管理システムが予定通り稼働しないと納期遅れになる可能性が高いという点で，G社工事管理システム構築プロジェクトの成否に間接的に影響を受けます。③：図1の“1.1 プロジェクトマネジメント”以外の“1.2 工事スケジュール管理システムの構築”～“1.6 要素間連携システムの構築”は，いずれも，ビルや橋などの建築物とは異なり，基本的に成果物の製造から完成に至る状況を目視することができず，進捗状況の把握が困難です。これが，上記**2**の下線部の“G社プロジェクトの特性”に該当します。④：したがって，図1のWBSの各要素の内容を理解し，進捗状況を把握できる要員が求められました。

設問3

【1】

本設問文は，下記のとおりです。

> 本文中の下線④について，H課長が工事スケジュール管理機能以外にソフトウェアパッケージが備えるべきと考えた，G社プロジェクトの要求事項を満たす機能とは何か。35字以内で述べよ。

下線④を含む文と，その1文前の文（076～080行目）は，下記のとおりです。

> そこで，開発スケジュールが遅延するリスクを回避するために，工事スケジュール管理システムは新規開発せず，工事スケジュール管理機能を備えたソフトウェアパッケージを採用することにした。ただし，その採用に当たっては，④G社プロジェクトの要求事項を満たす機能を備えたものを選定する必要があると考えた。

問題文〔G社工事管理システムの概要〕（033～045行目）は，下記のとおりです。

> G社工事管理システムでは，次に示す機能を実装する。
> - 1ドローンに装着したデバイスによって工事現場を撮影して，収集した画像データを2IaaS上のサーバに蓄積する機能
> - 1建設機械に取り付けたデバイスによって稼働状況データを収集して，2IaaS上のサーバに蓄積する機能
> - 2IaaS上のサーバに蓄積された3データを分析して，工事進捗レポートを作成する機能
> - 4通信機能付きタブレット端末に，各拠点のニーズに沿った情報を迅速に提供する機能
> - 4問題が発生した場合に各拠点間で対応策を協議するための，タブレット端末のWeb会議機能
> - 4対応策をタブレット端末上の工事図面に表示し，現場へ正確にフィードバックする機能

上記の1234の各下線部を，図1の“1.1 プロジェクトマネジメント ”以外の要素に割り当てると，下表のように整理されます。

図1の要素	上記の下線部
1．2　工事スケジュール管理システムの構築	3
1．3　デバイス情報管理システムの構築	1
1．4　タブレット端末への情報提供及びWeb会議システムの構築	4
1．5　デバイス及びシステム基盤の調達	2
1．6　要素間連携システムの構築	1と2など

上記3の下線部の“データ”とは，上記の2箇所の1の下線部の“工事現場を撮影して収集した画像データ”と“建設機械の稼働状況データ”です。したがって，上記3の下線部より，H課長が工事スケジュール管理機能以外にソフトウェアパッケージが備えるべきと考えた，G社プロジェクトの要求事項を満たす機能（解答）は，“画像データや稼働状況データを分析して，工事進捗レポートを作成する機能”（34字）のようにまとめられます。

【2】

本設問文は，下記のとおりです。

> 本文中の下線⑤について，H課長が，G社の競争力強化の方向性から，G社で内製化する必要はないと判断した理由は何か。30字以内で述べよ。

下線⑤を含む文と，その1文前の文（081～086行目）は，下記のとおりです。

> ・デバイス情報管理システムの構築：リスク源としては，新技術に対応するための技術習得に必要な期間の長期化が想定される。H課長は，G社工事管理システムを確実に来年4月から稼働させることがG社にとって最重要であり，⑤G社の競争力強化の方向性から判断してドローンなどの新技術への対応をG社で内製化する必要はないと考え，デバイスベンダからアプリケーションプログラムも含めて調達することにした。

問題文の冒頭2～3文目（006～011行目）は，下記のとおりです。

> G社は，厳しい環境での工事遂行力の高さを強みにして業容を拡大してきたが，最近では受注競争が激化しており，1他社に対する競争力の強化が必要となっている。G社の経営陣は，この状況に対応するために，工事遂行力の更なる強化を目的として，IoTを活用した工事管理システム（以下，G社工事管理システムという）を構築することを決定した。

下線⑤の“G社の競争力強化の方向性”は，上記1の下線部内の“工事遂行力の更なる強化”です。ドローンなどの新技術への対応は，“工事遂行力の更なる強化”には繋がらず，これが本設問のヒントです。したがって，H課長が，G社の競争力強化の方向性から，G社で内製化する必要はないと判断した理由（解答）は，“ドローンなどへの対応は，G社の工事遂行力向上に直結しないから”（30字）のようにまとめられます。

【3】

本設問文は，下記のとおりです。

本文中の下線⑥について，H課長が新技術への対応に対する別の観点のリスクを回避したいと考え，事前にX国の関係機関に確認したことは何か。30字以内で述べよ。

下線⑥を含む文（086～088行目）は，下記のとおりです。

また，1日本における法規制の状況から考えて，⑥新技術への対応に対する別の観点のリスクを回避するために，2事前にX国の関係機関に確認することがあると判断した。

問題文〔G社工事管理システムの概要〕の1～2文目（033～037行目）は，下記のとおりです。

G社工事管理システムでは，次に示す機能を実装する。
・3ドローンに装着したデバイスによって工事現場を撮影して，収集した画像データをIaaS上のサーバに蓄積する機能
・4建設機械に取り付けたデバイスによって稼働状況データを収集して，IaaS上のサーバに蓄積する機能

下線⑥の“新技術”とは，上記3と4の下線部を指しています。しかし，上記4の下線部の“建設機械に取り付けたデバイスによって稼働状況データを収集する”技術には，上記1の下線部に記述されているような“日本における法規則”はありません。

したがって，本設問のヒントは，上記3の下線部であり，日本において，ドローンは，例えば，空港周辺・人家の密集地帯・道路の上空などでは，管轄の行政機関から許可を得ないと飛行できません。そのため，上記2の下線部に記述されているように，日本と同様のドローン飛行規制がX国にあるのかを確認しなければなりません。そこで，H課長が新技術への対応に対する別の観点のリスクを回避したいと考え，事前にX国の関係機関に確認したこと（解答）は，“ドローンの飛行に関する法的な規制が，X国にあるのかの確認”（28字）のようにまとめられます。

設問4

本設問文は，下記のとおりです。

〔IoTを活用したプロジェクトの特性〕について，H課長が本文中の下線⑦で考えた，従来のシステム開発プロジェクトと比較して，IoTを活用したシステム開発プロジェクトのマネジメントを難しくする特性とは何か。35字以内で述べよ。

表1（106～114行目）は，下表のとおりです。

識別番号	要素	ステークホルダ
1.1	プロジェクトマネジメント	G社PMO
1.2	工事スケジュール管理システムの構築	ソフトウェアパッケージベンダ
1.3	デバイス情報管理システムの構築	デバイスベンダ
1.4	タブレット端末への情報提供及びWeb会議システムの構築	タブレット端末ベンダ，G社システム部
1.5	デバイス及びシステム基盤の調達	デバイスベンダ，IaaSベンダ
1.6	要素間連携システムの構築	G社システム部，各ベンダ

1

下線⑦を含む文（116～118行目）は，下記のとおりです。

H課長は，2表1を参照し，⑦IoTを活用したシステム開発プロジェクトの場合，従来のシステム開発プロジェクトと比較して，マネジメントを難しくする特性があると考えた。

上記2の下線部は，本設問文に含まれておらず，第1ヒントになっています。1の破線の枠線内が，図1にはない，表1の強調箇所であり，第2ヒントです。G社プロジェクトのステークホルダは，従来のシステム開発プロジェクトと比較して，G社PMO・ソフトウェアパッケージベンダなど多数存在しており，これがG社プロジェクトの特性の一つです。したがって，IoTを活用したシステム開発プロジェクトのマネジメントを難しくする特性（解答）は，“多数のステークホルダが存在するため，それらとの交渉や調整に手間取ること”（35字）のようにまとめられます。

3-7-2 サプライヤへのシステム開発委託

問題

平成 29 年　問 2

サプライヤへのシステム開発委託に関する次の記述を読んで，設問 1 ～ 4 に答えよ。

X 社は，中堅のソフトウェア企業である。X 社では，保険会社が自動車保険の加入者に提供するロードサービスに関するコールセンタシステム（以下，CC システムという）の開発を受託している。ロードサービスは，消費者が保険を選択する際の重要なポイントの一つである。したがって，保険会社としてはサービスの改善が欠かせず，CC システムにおいても，機能追加・改修の依頼が断続的に発生している。

今回，CC システムについて X 社が新たに受注した改修案件（以下，新案件という）は，開発期間 6 か月の請負契約であり，予算に不足はないものの，新機能の提供時期が決まっており，スケジュールの面では大きな手戻りを許す余裕はない。新案件のプロジェクトマネージャ（PM）は，X 社の Y 課長である。Y 課長は CC システムの初期開発から PM として携わっており，これまでの実績から社内外の信頼を得ている。

〔サプライヤの選定〕

Y 課長は，これまでにも CC システムの開発に携わってきた社内の主要メンバを，新案件の開発メンバとして確保した。さらに，これまでの開発と同様，一部の機能をサプライヤに委託するために，かつて CC システムの開発を委託した主要サプライヤ 2 社に打診した。しかし，両社とも“現在の受託案件で手一杯なので対応できない。”とのことで，断られてしまった。そこで，Y 課長が X 社の調達部長に相談したところ，A 社を推薦された。A 社に関する説明は，次のとおりであった。

・A 社は，社員 100 名弱のソフトウェア企業で，X 社とは昨年から取引を開始した。
・A 社とは，これまでに五つの案件で派遣契約を締結しており，どの案件でも X 社内での評価は高かった。
・A 社の役員からは，“他社では請負契約での実績があり，今後は X 社とも請負契約で受託させてほしい。”と聞いている。調達部も A 社の請負契約での遂行能力を把握したいので，Y 課長に評価を依頼したい。

Y 課長は，A 社が担当した五つの案件の開発記録を確認するとともに，社内

の関係者にヒアリングを実施して，次の事実を確認した。 033
・各案件とも，A 社は X 社の標準プロセス・標準品質管理指標にのっとって，外部設計，内部設計，製造，テストの実作業を担当した。X 社の標準プロセスに不慣れなことから軽微な作業ミスはあったが，指摘後に同じ作業ミスを繰り返すことはなかった。 034–037
・A 社が担当した機能の開発の難易度は全て標準的であり，成果物の品質は良好であった。また，レビューは，自席で随時行う対面レビューも含めて X 社メンバがレビューアとなって実施した。それらのレビューで摘出された欠陥の件数と，その欠陥内容の定性分析の結果は，各工程の品質目標に対して妥当であった。 038–042
・A 社には，派遣契約における外部設計，内部設計，製造，テストの実作業能力が十分にあった。 043–044

Y 課長は，①A 社がサプライヤとして請負契約で受託できることが確認できれば，今後は派遣契約ではなく請負契約を中心としていくことで，X 社にとってメリットが得られると考えた。そこで A 社に対し，次の条件を提示し，受諾の意向を打診した。 045–048
・開発の難易度は，過去に A 社が担当した案件と同等である。 049
・外部設計はこれまでどおり派遣契約とし，内部設計から単体テストまでを請負契約，結合テストを準委任契約とする。 050–051

A 社からは，外部設計の派遣契約において要求されたスキルをもったエンジニアが参加可能であり，内部設計以降の契約も受諾する意向がある旨の回答を得たので，Y 課長は外部設計に関する派遣契約を締結した。A 社から派遣されたエンジニア 2 名は，X 社の案件での従事経験をもっていた。 052–055

056

〔請負契約の交渉開始〕 057

外部設計が順調に進みだしたところで，Y 課長は内部設計から単体テストまでの請負契約について A 社と交渉を開始することにした。発注の対象は，外部設計で A 社のエンジニアが担当している機能 J である。 058–060

交渉窓口は，請負契約において A 社の責任者となる予定の B 主任であった。A 社の役員からは，“B 主任は若いが，当社内では実力のあるリーダである。もし何か問題があれば，単刀直入に指摘してほしい。”という挨拶があった。 061–063

交渉に当たって Y 課長は，次に示す工程完了条件，定例会議の設定，瑕疵（かし）担保責任などを明確に記載した RFP を作成した。 064–065
・各工程の完了時点において，要求した機能要件・非機能要件を満たした成果物一式がそろっていること。 066–067
・品質管理基準を定め，X 社と合意すること。各工程において，その品質管理 068

基準に従った品質管理を実施し，状況を報告すること。工程の完了時点では品質評価を行い，成果物の品質に問題がないことを確認すること。この確認結果を報告し，X 社の承認を得ること。 069 070 071

・ソースコードの品質確認については，A 社メンバによるレビューに加えて，静的解析ツールによる診断も行うこと。製造及び単体テストの工程完了時点において，静的解析ツールによって修正が必要とされた問題点が，全て対処されていること。 072 073 074 075

Y 課長は，B 主任にこの RFP を説明した後，X 社の希望として“今回の契約に関しては，②新案件の制約条件と，A 社との関係において考慮すべき点があることから，進捗及び品質の確認を A 社で丁寧に実施してもらい，かつ，X 社としてもそれを十分に確認できるような開発条件で合意したい。”と伝え，提案を依頼した。 076 077 078 079 080

081

〔開発条件の調整〕 082

Y 課長は，B 主任が提案してきた開発条件を精査した。各工程において，成果物を作成するアクティビティは，適切な粒度に詳細化されており，進捗率の把握方法も適切であった。成果物の品質を確認するアクティビティについては，③ RFP に記載した製造以降の工程で必要となる作業が組み込まれているかどうかは，明確に読み取れなかった。B 主任に確認したところ，その観点も入っているということだったので，Y 課長は成果物の品質を確認するアクティビティの進捗率の把握方法について，工程単位にその点も明記するように改善を依頼した。 083 084 085 086 087 088 089 090

品質管理基準については，例えばレビューであれば自席で随時行う対面レビューを含めて記録するなど，X 社の標準プロセスと同等のプロセスを採用するということだったので，X 社の標準品質管理指標と同じ値を採用するという提案内容に合意した。 091 092 093 094

さらに，B 主任を責任者とする体制は適切に組まれていて，その他の開発条件についても X 社の要求を満たしており，提案の請負金額も妥当であった。 095 096

これらの精査結果から，Y 課長は合意できる提案内容と判断した。 097

請負契約の最終的な契約締結の前に，Y 課長は B 主任に，“結合テストでは準委任契約を締結する予定であるが，結合テスト期間中には，準委任契約に基づく委託作業の他に，④今回の請負契約に基づく活動を無償で実施していただく必要がある。その認識で合っているか。”と確認した。この点について，両者の認識は合っていたので，内部設計から単体テストまでの請負契約を締結した。 098 099 100 101 102

Y 課長は，内部設計以降，機能 J に関する X 社のリーダとして Z 主任を増員することにした。Z 主任は過去 2 回，A 社に派遣契約で依頼した案件のリーダ 103 104

を担当した経験があり，今回参加しているA社のエンジニアとも面識があった。このことからY課長は，Z主任の着任に当たって，“これまでの経験を生かして，しっかりコミュニケーションをとってほしい。ただし，⑤今回の契約形態では，発注側として注意すべきことがあるので，その点は十分に意識して行動してほしい。”と伝えた。

〔内部設計の状況〕

内部設計を開始してから2週間が経過したとき，Y課長はZ主任から，A社の品質状況に関する報告について，次のような疑問点があるとの報告を受けた。

・レビュー対象とした設計書のページ数に対して，レビュー時間，レビューによる欠陥の摘出数が，基準値を大きく下回っている。
・A社の進捗報告における品質状況に関する記載は“品質が良好なので，レビューは短時間で終了し，摘出した欠陥も少なかった。品質には問題なし。”となっている。

Y課長は，Z主任とともにレビュー報告書と内部設計書を精査して，成果物とプロセスの品質を評価した。その結果，成果物の品質については妥当な水準にあるものの，品質状況に関する報告の内容については疑問が残るので確認が必要と判断した。

B主任にヒアリングをしたところ，“品質状況に関する報告にも書いたとおり，優秀なメンバが担当したので成果物の品質がもともと高く，指摘はあまり出ていないと聞いている。その結果，レビューが短時間で終わっているようである。”という回答であった。しかし，Y課長は⑥サプライヤの選定時に確認していた事実から，B主任のこの回答は実態と異なる可能性もあると考えた。さらに，B主任の回答が伝聞調であることにも懸念を抱き，B主任自らが，現場で実際に起こっていることを再度確認し，報告をしてほしいと要求した。

2日後，B主任から報告された確認結果の内容は，次のようなものであった。

・現場では自席において随時，対面レビューをしていて，そこで指摘されたことを適宜，内部設計書に反映している。
・これらの対面レビューは，ごく一部しかレビューの実績として記録されていない。

Y課長は，B主任のこの報告について，実態が正しく詳細に報告されたことは評価した。一方で，B主任には，これが⑦A社のマネジメント面の問題であるという認識が不足していると感じた。Y課長は，このことをA社の役員に伝えて，今後のA社の改善状況を確認した上で，請負契約の遂行能力を評価しようと考えた。

設問1 〔サプライヤの選定〕について，本文中の下線①で，X 社が得られるメリットを，25 字以内で述べよ。

設問2 〔請負契約の交渉開始〕について，Y 課長が本文中の下線②のように考える背景となった新案件の制約条件を，30 字以内で述べよ。また，A 社との関係において考慮すべき点を，25 字以内で述べよ。

新案件の制約条件

考慮すべき点

設問3 〔開発条件の調整〕について，(1)～(3) に答えよ。

(1) 本文中の下線③について，製造以降の工程で必要となる作業を，30 字以内で述べよ。

(2) 本文中の下線④について，今回の請負契約に基づく活動とは何か。15 字以内で述べよ。

(3) 本文中の下線⑤について，発注側として注意すべきことを，30 字以内で述べよ。

142
143
144
145
146
147
148
149
150
151
152
153
154
155
156
157
158
159
160
161
162
163
164
165
166
167
168
169
170
171
172
173
174
175
176

設問 4 〔内部設計の状況〕について，(1)，(2) に答えよ。 177

(1) 本文中の下線⑥について，Y 課長が確認していた事実とは何か。45 字以内で述べよ。 178 179

180 181 182 183 184

(2) 本文中の下線⑦について，Y 課長が感じた A 社のマネジメント面の問題を，35 字以内で述べよ。 185 186

187 188 189

試験センターによる出題趣旨・講評

【出題趣旨】

プロジェクトマネージャ（PM）は，サプライヤにシステム開発を委託するに当たって，契約形態を意識した上で確実に契約が履行されるように，進捗管理・品質管理などの開発条件に関して，契約交渉を行う必要がある。また，プロジェクト開始後は，契約にのっとって適切にサプライヤをマネジメントする必要がある。

本問では，請負契約での委託実績がないサプライヤに委託を試みるプロジェクトを題材として，調達における PM としての実践的な能力を問う。

【採点講評】

問 2 では，サプライヤへのシステム開発委託について出題した。派遣契約での実績しかないサプライヤに対して，請負契約で委託する際に注意すべき点については，おおむね理解されており，全体として，正答率は高かった。

設問 3(2) では，問われている内容が瑕疵（かし）担保責任に基づく活動であることは理解されているようだったが，結合テストで摘出された欠陥に全て無償で対応するという主旨の解答が散見された。瑕疵担保責任の対象は，請負契約で委託した範囲の成果物であることを意識して，正しく解答してほしかった。

設問 3(3) では，委託先のメンバに対する指揮命令権がないことは理解されていた。しかし，委託先の責任者には指揮命令してよいとの誤解があると思われる解答が散見された。請負契約及び準委任契約において，発注側には指揮命令権がないという原則について，正しく理解しておいてほしい。

試験センターによる解答例

設問1　X社の完成責任の負荷が軽減されること

設問2　新案件の制約条件：スケジュールに大きな手戻りを許す余裕がないこと
考慮すべき点　：A社の請負契約の遂行能力が把握できていないこと

設問3　(1) 静的解析ツールによって修正が必要とされた問題点への対処
(2) A社の瑕疵(かし)に対する修復
(3) 直接に依頼をできるのは，B主任に対してだけであること

設問4　(1) A社が担当した機能のレビューでは，適切な量と内容の欠陥が摘出されていたこと
(2) 合意したプロセスにのっとるようにマネジメントされていないこと

著者の解答例

設問1
- X社の成果物完成責任をA社に負わせられること（22字）
- X社が，A社から成果物を納期どおりに入手できること（25字）

設問2　新案件の制約条件：スケジュール面では大きな手戻りを許す余裕がないこと（25字）
考慮すべき点　：X社はA社と初めて請負契約を締結すること（20字）

設問3　(1) 静的解析ツールによって修正が必要とされた全問題点への対処（28字）
(2) A社納品物に残存する欠陥の修正（15字）
(3) Z主任は，A社の作業者に対し，直接，作業の指示をできないこと（30字）

設問4　(1) A社は対面レビューを実施し，摘出欠陥件数と，その欠陥内容の定性分析の結果が妥当であること（44字）
(2) B主任は，X社の標準プロセスと同等のプロセスを実行させていないこと（33字）

解説

設問1

下線①を含む文（045 ～ 047 行目）は，下記のとおりです。

> Y 課長は，<u>① A 社がサプライヤとして請負契約で受託できることが確認できれば，今後は派遣契約ではなく請負契約を中心としていくことで，X 社にとってメリットが得られる</u>と考えた。

本設問文（142 ～ 143 行目）には，上記①の下線部の " 派遣契約ではなく " が含まれておらず，その点が本設問のヒントになっています。つまり，本設問は，下表のような請負契約と派遣契約との差を踏まえた上で，請負契約のメリットを解答に記述しなければなりません（下表は，第 2 章 2-2-5【4】にある表の一部です）。

	請負契約	派遣契約
契約の概要	受注者が発注者に対し，成果物の完成を約束し，引き受ける	雇用している労働者を派遣先事業者に派遣し，その指揮の下に労働に従事させる
成果物の引渡し❶	あり	なし
未完成責任❷	あり	原則なし
納期遅れ責任❶	あり	原則なし

上記❷の " 未完成責任 " を使うと，解答は "X 社の成果物完成責任を A 社に負わせられること "（22 字）のようにまとめられます。また，上記 2 箇所の❶を使うと，解答は "X 社が，A 社から成果物を納期どおりに入手できること "（25 字）のようにまとめられます。

設問2

下線②を含む文（076 ～ 080 行目）は，下記のとおりです。

> Y 課長は，B 主任にこの RFP を説明した後，X 社の希望として " 今回の契約に関しては，<u>②新案件の制約条件と，❶ A 社との関係において考慮すべき点があることから，進捗及び品質の確認を A 社で丁寧に実施してもらい，かつ，X 社としてもそれを十分に確認できるような開発条件で合意したい</u>。" と伝え，提案を依頼した。

新案件の制約条件：

本設問文の 1 文目（148 ～ 149 行目）は，下記のとおりです。

> 〔請負契約の交渉開始〕について，Y 課長が本文中の下線②のように考える背景となった❷新案件の制約条件を，30 字以内で述べよ。

上記2の下線部にある制約条件とは，“プロジェクトまたはプロセスの実行に影響を及ぼす制限要素”のことであり，その代表例は，納期・スケジュールマイルストーン・予算です。問題文の冒頭の4文目（010～013行目）は，下記のとおりです。

> 今回，CCシステムについてX社が新たに受注した改修案件（以下，新案件という）は，開発期間6か月の請負契約であり，予算に不足はないものの，3新機能の提供時期が決まっており，スケジュールの面では大きな手戻りを許す余裕はない。

上記3の下線部が，上記2の下線部に該当するので，解答は“スケジュール面では大きな手戻りを許す余裕がないこと”（25字）のようにまとめられます。

なお，余談ですが，プロジェクトマネジメントにおける前提条件とは“計画を立てるにあたって，証拠や実証なしに真実，現実，あるいは確実であるとみなした要因”であり，代表例は“本プロジェクトに必須の要員の調達”，“発注したサーバが，予定日に納品されること”です。制約条件と一緒に覚えておくと，便利です。

考慮すべき点：

本設問を検討する上で，上記1は，“A社との関係において，4X社が進捗及び品質の確認をしづらい事情（＝考慮すべき点）があることから，進捗及び品質の確認をA社で丁寧に実施してもらい，かつ，X社としてもそれを十分に確認できるような開発条件で合意したい”と解釈しなければなりません。問題文〔サプライヤの選定〕の6～8文目（027～031行目）は，下記のとおりです。

> ・5A社とは，これまでに五つの案件で派遣契約を締結しており，どの案件でもX社内での評価は高かった。
> ・A社の役員からは，“他社では請負契約での実績があり，5今後はX社とも請負契約で受託させてほしい。”と聞いている。6調達部もA社の請負契約での遂行能力を把握したいので，Y課長に評価を依頼したい。

上記2箇所の5の下線部および設問1は，X社はA社と初めて請負契約を締結することを示しています。請負契約では特約を付けない限り，“発注者は受注者に対し，完成前の成果物の納品を要求できない”，“プロジェクトの途中での進捗・品質状況の報告を義務化できない”ので，それが上記4の下線部に該当します。したがって，本設問の解答は“X社はA社と初めて請負契約を締結すること”（20字）のようにまとめられます。

なお，試験センターの解答例は，上記6の下線部を使って，“A社の請負契約の遂行能力が把握できないこと”となっています。本設問が問う“考慮すべき点”や“留意すべき点”・“配慮すべき点”は，幅広い解答を求めていますので，様々な別解が考えられます。

3-7-3 コミュニケーション・マネジメント計画

問題

平成 30 年　問 3

情報システム刷新プロジェクトのコミュニケーションに関する次の記述を読んで，設問 1 ～ 3 に答えよ。

A 社は中堅の SI ベンダであり，本社は東京にある。A 社は，東京近郊にある中堅不動産会社の P 社から現行の CRM システムを刷新するプロジェクト（以下，CRM プロジェクトという）を受注することが決まり，契約締結に向けて準備をしている。P 社では，現行の CRM システムが間もなく保守期限を迎えることもあり，P 社社長の意向によって，最先端の CRM システムに刷新し，顧客の拡大を図る方針が打ち出されていた。

〔CRM プロジェクトの体制〕

A 社は，CRM プロジェクトのプロジェクトマネージャ（PM）としてソリューション部の B 課長を任命した。A 社は，過去に P 社の現行の CRM システムの構築を手掛けたが，P 社とのコミュニケーションで苦労した経験があり，稼働後の保守ではコミュニケーション面の改善にも留意してきた。A 社社長から B 課長に対しては，前回の反省とこれまでの経験を生かして CRM プロジェクトを進めるように指示があった。

一方で，A 社は，地方のシステム会社 X 社を昨年子会社にしたばかりであり，CRM プロジェクトにおいて X 社の活用を計画している。これまで X 社は，A 社から提示された仕様書に基づく製造やテストの工程を主な業務範囲としていたので，業務を進める中で A 社の顧客との接点はなかった。A 社社長には，今後の X 社の業務範囲拡大に向けて設計工程から参加してもらいたい，CRM プロジェクトではその先駆けとなる取組みをしてほしい，という意向があった。B 課長は，A 社社長の意向を受け，X 社に再委託することについての P 社の了解を得て，X 社に設計工程の業務の一部を委託することにした。この方針を受け，X 社は経験豊富な Y 主任を X 社側の責任者として選任した。

P 社では，総務部が統括して情報システムの要件を取りまとめ，SI ベンダに発注することが通例になっている。CRM プロジェクトにおいては，総務部の Q 部長がプロジェクト統括責任者となり，プロジェクト責任者には総務部情報システム担当の R 氏が選任された。利用部門からは，業務要件の確定などの目的で，営業部の S 部長が利用部門責任者となり，利用部門担当者には営業部の T 氏が選任された。

〔ステークホルダ登録簿の作成〕

B課長は，CRMプロジェクトの計画策定に当たり，現行のCRMシステム構築時のPMにヒアリングし，次の問題があったことを確認した。

・P社のプロジェクト責任者と合意した事項について，しばしばP社社長から見直し依頼があり，スケジュールが遅延した。この原因は，P社側のプロジェクト体制において，P社社長への報告経路や報告の会議体が不明確で，プロジェクトの状況が適切に報告されていなかったことであると考えられた。

・会議の参加者に不足があり，会議後に結論が覆されたことがあった。

B課長は，CRMプロジェクトの推進において，これらの問題を再発させないよう，ステークホルダマネジメントの観点から事前に対策を検討することにした。そこでB課長は，①CRMプロジェクトに関わるP社のステークホルダを特定し，その特性を表1の主要なステークホルダ登録簿（P社分）に整理した。

表1　主要なステークホルダ登録簿（P社分）

ステークホルダ	部門	役割	影響度	CRMプロジェクトに対する姿勢
P社社長	－	最終意思決定者	高	支持する
Q部長	総務部	プロジェクト統括責任者	高	支持する
R氏	総務部	プロジェクト責任者	中	支持する
S部長	営業部	利用部門責任者	高	抵抗あり
T氏	営業部	利用部門担当者	低	支持も抵抗もしない

P社のステークホルダについての情報は次のとおりである。

・P社社長のCRMプロジェクトに懸ける思いは強く，CRMプロジェクトの状況には関心が高い。また，Q部長をはじめとするCRMプロジェクトのメンバには期待を懸けている。

・Q部長は，次期役員候補であり，P社社長から全幅の信頼を得ている。Q部長は，CRMプロジェクトにおいて，プロジェクト統括責任者として最先端のCRMシステム導入を成功させ，社内外にアピールしたいと思っている。R氏やB課長が，CRMプロジェクトの進捗状況や課題対応状況を適宜Q部長に報告することで，P社社長の意向を踏まえた判断やP社社長に報告する際のアドバイスが期待できる。

・R氏は，責任感と使命感が強い人物であるが，中途入社ということもあってP社社長に直接報告した経験が少ない。しかし，プロジェクト責任者としてCRMプロジェクトの状況などをP社社長に報告する立場なので，②R氏からP社社長への報告に際してはP社社長の思いや関心に応える内容になって

いるかどうかを，必ず事前にR氏からQ部長に確認してもらうのがよいとB課長は考えた。 069 070
・S部長は，昔ながらの営業気質をもっており，最先端のCRMシステムを導入してもそれだけでは売上が向上するわけがないと考えている。しかし，最先端のCRMシステムの業務要件を確定するためには，利用部門責任者であるS部長の承認は必須である。
・T氏は，営業部で3年間経験を積んでいるが，最先端のCRMシステムの業務要件を独力で定義できるまでには至っておらず，S部長の営業としての見識や経験に基づく支援が必要だとB課長は考えている。

B課長はこれらの情報を分析した結果，P社社長，Q部長及びS部長の3名は，しっかりとしたコミュニケーションマネジメント計画を作成する上で重要な人物であると認識した。

〔コミュニケーションマネジメント計画の作成〕

B課長はR氏に対して，表1の記載内容を基に作成したA社とP社のステークホルダに関わるコミュニケーションマネジメント計画案を説明した。

・ステアリングコミッティ

重要方針の意思決定が必要な時点で開催する。P社社長，Q部長及びS部長に出席してもらい，A社とP社で協議してきた重要事項について，R氏からP社社長に報告してもらう。A社側からも［ a ］が出席することによって，意思決定の内容を最終合意する。

・全体会議

CRMプロジェクト内での意思の統一と情報共有を図るために，P社の総務部及び営業部のCRMプロジェクト関係者全員並びにB課長が出席し，月次で開催する。特にS部長には，事前打合せの時間を取ってもらい，③最先端のCRMシステムが有する機能の利点や日々の営業業務への効果などを説明する。

・進捗会議

CRMプロジェクトの進捗や課題をA社とP社間で協議し，共有する。B課長，R氏及びT氏が出席し，週次で開催する。

R氏はB課長の考えを理解し，P社の各ステークホルダと調整を行うことにした。

〔X社の業務範囲の拡大〕

B課長は，X社に委託する業務範囲を拡大するための検討を行った。そこでB課長は，X社を訪問し，Y主任にヒアリングして状況を確認した。

・X社は，これまで地場の取引先の比較的小規模なシステム開発や保守を中心に行ってきた。また，複数のメンバでチームを組んでプロジェクトを遂行した経験が少ない。
・X 社のメンバは，個人の技術スキルは高く，技術面の勉強会も活発に行われているが，プロジェクト管理の重要性に関する意識が希薄であり，プロジェクト管理ルールが浸透していない。
・Y 主任は，X 社が業務範囲を拡大するためには，プロジェクト管理ルールに従って業務を遂行するとともに，チームとして業務を進める上でプロジェクト管理に関する理解を深めることが必要だと思っている。

B 課長は，これらの状況を改善して X 社の業務範囲を拡大するためには，Y 主任が推進役となって X 社メンバの［ b ］に関する意識を変えることが重要であると考えた。そこで，Y 主任と協議して次の対応策を取ることを合意した。
・CRM プロジェクト向けのプロジェクト管理ルールを X 社内で規定し，X 社からの報告事項，報告時期及び報告方法を B 課長と Y 主任の間で合意する。Y 主任は X 社メンバに周知する。
・プロジェクト管理ルールを X 社メンバに定着させるために，Y 主任はルールの遵守状況を定期的に確認する。ルールがある程度定着してきたら，Y 主任は④ X 社としてプロジェクト管理に関する理解を深める活動を検討する。

さらに，B 課長は，X 社には設計工程において，顧客とレビューを繰り返しながら仕様を確定していくという経験が少なく，設計工程の進め方がイメージできていない，という状況も確認した。そこで，設計工程の業務にも対応できるように，X 社には，P 社の了解を得た上で，⑤設計工程からある対応をしてもらうことを提案した。

これらの検討の結果に基づき，B 課長は P 社及び X 社との契約内容を整理することにした。

設問 1 〔ステークホルダ登録簿の作成〕について，(1)～(3) に答えよ。

(1) 本文中の下線①について，B 課長が，現行の CRM システム構築時の問題を再発させないために，ステークホルダ登録簿（P 社分）を作成してステークホルダの特性を整理した狙いは何か。30 字以内で述べよ。

(2) 本文中の下線②について，R 氏から P 社社長への報告に際しては必ず事前にこのような対応をしてもらうことで B 課長が防ぎたかったことは何か。40 字以内で述べよ。

(3) B 課長が，S 部長について，しっかりとしたコミュニケーションマネジメント計画を作成する上で重要な人物であると考えた理由は何か。35 字以内で述べよ。

設問２ 〔コミュニケーションマネジメント計画の作成〕について，(1)，(2) に答えよ。

(1) 本文中の [a] に入れる適切な字句を答えよ。

a

(2) 本文中の下線③について，B 課長が S 部長に，このような対応を行う狙いは何か。40 字以内で述べよ。

設問３ 〔X 社の業務範囲の拡大〕について，(1)～(3) に答えよ。

(1) 本文中の [b] に入れる適切な字句を答えよ。

b

(2) 本文中の下線④について，Y 主任が検討するプロジェクト管理に関する理解を深める活動とは何か。35 字以内で述べよ。

(3) 本文中の下線⑤について，B 課長が提案した設計工程からのある対応とは何か。30 字以内で述べよ。

141 142 143 144 145 146 147 148 149 150 151 152 153 154 155 156 157 158 159 160 161 162 163 164 165 166 167 168 169 170 171 172 173 174 175 176

▶ 試験センターによる出題趣旨・講評

【出題趣旨】

プロジェクトマネージャ（PM）は，プロジェクトを計画どおりに進めるためにステークホルダを正しく把握し，その特性に基づいたコミュニケーションマネジメント計画を策定する必要がある。

本問では，コミュニケーションを密にするべきステークホルダが存在する状況下での情報システム刷新プロジェクトを題材として，ステークホルダのプロジェクトへの関わり方や，子会社の業務範囲拡大に向けたプロジェクト内部のマネジメント計画の改善について，PM としての実践的な能力を問う。

【採点講評】

問 3 では，CRM システム刷新プロジェクトを題材に，ステークホルダの把握，コミュニケーションマネジメント計画の策定，及び子会社の業務範囲拡大に向けたプロジェクト内部のマネジメント計画の改善について出題した。全体として正答率は高く，おおむね理解されていた。

設問 3(2) は正答率が低かった。X 社における課題である“チームを組んでプロジェクトを遂行した経験が少ない”という点を踏まえて，解答してほしかった。

設問 3(3) も正答率が低かった。X 社が設計工程の進め方のイメージができていないことを考慮せずに，直接 P 社と X 社とで設計工程の作業を行う旨の誤った解答が散見された。

▶ 試験センターによる解答例

設問1

(1) ・主要なステークホルダに対して適切な対応を取ること
　・P 社社長への報告経路や報告の会議体を整備すること

(2) P 社社長の知りたいことを適切に報告できず，見直し依頼が発生すること

(3) ・プロジェクトに対する姿勢に抵抗があるが，影響度は高いから
　・T 氏だけでは業務要件を定義できず，S 部長の支援が必要だから

設問2

(1) a：A 社社長

(2) 最先端の CRM システムの機能や効果を理解して，協力してもらうため

設問3

(1) b：プロジェクト管理の重要性

(2) ・プロジェクトにおけるチーム活動の重要性についての勉強会の開催
　・複数メンバでプロジェクトチームを組むことによる業務の遂行

(3) 顧客と A 社とのレビューに Y 主任も同席してもらうこと

著者の解答例

設問1

(1) ・P 社社長への報告経路や報告の会議体を明確にすること（25 字）
・会議の参加者を適切に選任し，会議後に結論が覆されなくすること（30 字）
・報告経路や報告の会議体の明確化と，適切な会議の参加者の選任（29 字）

(2) P 社社長への報告が適切になされず，見直し依頼が出され，スケジュールが遅延すること（40 字）

(3) CRM プロジェクトに対する姿勢は“抵抗あり”で，影響度が“高”だから（34 字）

設問2

(1) a：A 社社長

(2) 最先端の CRM システムの長所を理解させて，その姿勢を“支持する”に変えるため（38 字）

設問3

(1) b：プロジェクト管理の重要性

(2) 複数のメンバがチームを組んで協力しながら，業務を遂行する経験を積むこと（35 字）

(3) Y 主任を，P 社と A 社が共同で行う設計レビューに参加させること（30 字）

解説

設問 1

【1】

本設問文（130 ～ 132 行目）は，下記のとおりです。

> 本文中の下線①について，B 課長が，❶現行の CRM システム構築時の問題を再発させないために，ステークホルダ登録簿（P 社分）を作成してステークホルダの特性を整理した狙いは何か。30 字以内で述べよ。

問題文〔ステークホルダ登録簿の作成〕の 1 文目から表 1 までの部分（034 ～ 044 行目）は，下記のとおりです。

> B 課長は，CRM プロジェクトの計画策定に当たり，現行の CRM システム構築時の PM にヒアリングし，❷次の問題があったことを確認した。
>
> ・❸P 社のプロジェクト責任者と合意した事項について，しばしば P 社社長から見直し依頼があり，スケジュールが遅延した。この原因は，P 社側のプロジェクト体制において，P 社社長への報告経路や報告の会議体が不明確で，プロジェクトの状況が適切に報告されていなかったことであると考えられた。
>
> ・❹会議の参加者に不足があり，会議後に結論が覆されたことがあった。
>
> B 課長は，CRM プロジェクトの推進において，これらの問題を再発させないよう，ステークホルダマネジメントの観点から事前に対策を検討することにした。そこで B 課長は，①CRM プロジェクトに関わる P 社のステークホルダを特定し，その特性を表 1 の主要なステークホルダ登録簿（P 社分）に整理した。

上記❶の下線部内の“問題”は，上記❷の下線部の“問題”と同じであり，具体的には，上記❸と❹の下線部のことです。したがって，上記❸の下線部を使えば，解答（ステークホルダ登録簿（P 社分）を作成してステークホルダの特性を整理した狙い）は，“P 社社長への報告経路や報告の会議体を明確にすること”（25 字）のようにまとめられます。

また，上記❹の下線部を使えば，別解は“会議の参加者を適切に選任し，会議後に結論が覆されなくすること”（30 字）のようにまとめられます。さらに，上記❸と❹の下線部の両方を使えば，“報告経路や報告の会議体の明確化と，適切な会議の参加者の選任”（29 字）でも構いません。

著者から一言

試験センターの解答例は，“P 社社長への報告経路や報告の会議体を整備すること”，“5 主要なステークホルダに対して適切な対応を取ること”の 2 つです。この5の下線部の解答例は，やや抽象的な（もしくは一般論的）解答になっています。本設問の出題ポイントは，設問 1【2】の出題ポイントと，かなり類似しているので，上記5の下線部の解答例は，“重複解答を避けるための特例措置的な解答である”と思われます。

【2】

本設問文（136 ～ 138 行目）は，下記のとおりです。

> 本文中の下線②について，R 氏から P 社社長への報告に際しては必ず1事前にこのような対応をしてもらうことで2B 課長が防ぎたかったことは何か。40 字以内で述べよ。

下線②を含む文と，それから上へ 1 文目（065 ～ 070 行目）は，下記のとおりです。

> R 氏は，責任感と使命感が強い人物であるが，中途入社ということもあって P 社社長に直接報告した経験が少ない。しかし，プロジェクト責任者として CRM プロジェクトの状況などを P 社社長に報告する立場なので，②R 氏から P 社社長への報告に際しては P 社社長の思いや関心に応える内容になっているかどうかを必ず事前に R 氏から Q 部長に確認してもらうのがよいと B 課長は考えた。

上記1の下線部の“事前の対応”とは，下線部②内の“事前に R 氏から Q 部長に確認してもらう”ことです。表 1 から下へ 6 文目（061 ～ 064 行目）は，下記のとおりです。

> R 氏や B 課長が，CRM プロジェクトの進捗状況や課題対応状況を適宜 Q 部長に報告することで，3P 社社長の意向を踏まえた判断や P 社社長に報告する際のアドバイスが期待できる。

上記3の下線部は，上記1の下線部の“事前の対応”を，R 氏に依頼した理由であり，上記2のヒントではありません。

問題文〔ステークホルダ登録簿の作成〕の 2 ～ 3 文目（036 ～ 039 行目）は，下記のとおりです。

> 4P 社のプロジェクト責任者と合意した事項について，しばしば P 社社長から見直し依頼があり，スケジュールが遅延した。この原因は，P 社側のプロジェクト体制において，P 社社長への報告経路や報告の会議体が不明確で，5プロジェクトの状況が適切に報告されていなかったことであると考えられた。

上記1の下線部の“事前の対応”をR氏がQ部長に行うと，上記3の下線部より，上記5の下線部がいう“P社社長へのプロジェクトの状況が適切に報告されていなかったこと”が防げ，それに付随して発生する，上記4の下線部がいう“P社社長から見直し依頼があり，スケジュールが遅延すること”も防げます。

したがって，解答（R氏からP社社長への報告に際しては必ず事前にこのような対応をしてもらうことでB課長が防ぎたかったこと）は“P社社長への報告が適切になされず，見直し依頼が出され，スケジュールが遅延すること”（40字）のようにまとめられます。

【3】

本設問文（144～145行目）は，下記のとおりです。

> B課長が，S部長について，しっかりとしたコミュニケーションマネジメント計画を作成する上で重要な人物であると考えた理由は何か。35字以内で述べよ。

問題文〔ステークホルダ登録簿の作成〕の最終文（078～080行目）は，下記のとおりです。

> 1B課長はこれらの情報を分析した結果，P社社長，Q部長及び1S部長の3名は，しっかりとしたコミュニケーションマネジメント計画を作成する上で重要な人物であると認識した。

本設問文は，上記の一部を引用して作られており，上記2箇所の1の下線部より，本設問のヒントは，問題文〔ステークホルダ登録簿の作成〕の中に記述されていると考えられます。表1のS部長の行（051行目）は，下表のとおりです。

ステークホルダ	部門	役割	影響度	CRMプロジェクトに対する姿勢
S部長	営業部	利用部門責任者	2高	3抵抗あり

表1から下へ9～10文目（071～074行目）は，下記のとおりです。

> S部長は，4昔ながらの営業気質をもっており，最先端のCRMシステムを導入してもそれだけでは売上が向上するわけがないと考えている。しかし，最先端のCRMシステムの業務要件を確定するためには，5利用部門責任者であるS部長の承認は必須である。

上記5の下線部より，S部長のCRMプロジェクトへの影響度は，上記2の“高”になります。また，上記4の下線部より，S部長のCRMプロジェクトに対する姿勢は，上記3の“抵抗あり”になります。この2つのS部長に関する事情は，S部長がCRMプロジェクトの成功を阻む“大きな阻害要因”になり得ることを示しています。

したがって，解答（しっかりとしたコミュニケーションマネジメント計画を作成する上で，S 部長は重要な人物である，と考えられる理由）は，“CRM プロジェクトに対する姿勢は“抵抗あり”で，影響度が“高”だから”（34 字）のようにまとめられます。

設問2

【1】

空欄 a を含む文と，そこから上へ 1 ～ 2 文目（086 ～ 089 行目）は，下記のとおりです。

> 重要方針の意思決定が必要な時点で開催する。❶P 社社長，Q 部長及び S 部長に出席してもらい，A 社と P 社で協議してきた重要事項について，R 氏から P 社社長に報告してもらう。❷A 社側からも [a] が出席することによって，❸意思決定の内容を最終合意する。

A 社と P 社で協議してきた重要事項について，“意思決定の内容を最終合意”（上記❸の下線部）するためには，A 社と P 社の最終意思決定者の出席が必要です。P 社からは，“P 社社長”（上記❶の下線部）が出席しますので，当然，A 社からは“A 社社長”が出席しなければならないでしょう。したがって，空欄 a には“A 社社長”が入ります。

【2】

本設問文（156 ～ 157 行目）は，下記のとおりです。

> 本文中の下線③について，B 課長が S 部長に，このような対応を行う狙いは何か。40 字以内で述べよ。

問題文〔コミュニケーションマネジメント計画の作成〕の“全体会議”（091 ～ 094 行目）は，下記のとおりです。

> CRM プロジェクト内での意思の統一と情報共有を図るために，P 社の総務部及び営業部の CRM プロジェクト関係者全員並びに B 課長が出席し，月次で開催する。❶特に S 部長には，事前打合せの時間を取ってもらい，③最先端の CRM システムが有する機能の利点や日々の営業業務への効果などを説明する。

設問 1【3】の著者の解答（しっかりとしたコミュニケーションマネジメント計画を作成する上で，S 部長は重要な人物である，と考えられる理由）は，“❷CRM プロジェクトに対する姿勢は“抵抗あり”で，影響度が“高”だから”（34 字）です（その根拠などについては，設問 1【3】の解説を参照してください）。本設問は，そのコミュニケーションマネジメント計画の“全体会議”に関する出題です。上記**1**の下線部の“S 部長”は，上記**2**の下線部のとおり，“CRM プロジェクトに対する姿勢は“抵抗あり”で，影響度が“高””というステークホルダです。したがって，S 部長の CRM プロジェクトに対する姿勢を“抵抗あり”から“支持する”に変える施策が必要であり，下線③がその施策に該当します。

解答（B 課長が S 部長に，このような対応を行う狙い）は“最先端の CRM システムの長所を理解させて，その姿勢を“支持する”に変えるため”（38 字）のようにまとめられます。

設問 3

【1】

問題文〔X 社の業務範囲の拡大〕の 5 文目（106 ～ 108 行目）と，空欄 b を含む文（112 ～ 114 行目）は，下記のとおりです。

> ・**1**X 社のメンバは，個人の技術スキルは高く，技術面の勉強会も活発に行われているが，**1**プロジェクト管理の重要性に関する意識が希薄であり，プロジェクト管理ルールが浸透していない。
> (中略)
> B 課長は，これらの状況を改善して X 社の業務範囲を拡大するためには，Y 主任が推進役となって X 社メンバの [b] に関する意識を変えることが重要であると考えた。

上記 2 箇所の**1**の下線部のとおり，“X 社のメンバは，プロジェクト管理の重要性に関する意識”が希薄です。そこで，“X 社のメンバは，プロジェクト管理の重要性に関する意識”を変えなければなりません。したがって，空欄 b には“プロジェクト管理の重要性”が入ります。

【2】

本設問文（166 ～ 167 行目）は，下記のとおりです。

> 本文中の下線④について，Y 主任が検討するプロジェクト管理に関する理解を深める活動とは何か。35 字以内で述べよ。

問題文〔X 社の業務範囲の拡大〕の 3 ～ 4 文目（103 ～ 105 行目），6 文目（109 ～ 111 行目），下線④を含む文とそれから上へ 1 文目（118 ～ 120 行目）は，下記のとおりです。

> ・X社は，これまで地場の取引先の比較的小規模なシステム開発や保守を中心に行ってきた。また，1 複数のメンバでチームを組んでプロジェクトを遂行した経験が少ない。
> （中略）
> ・Y主任は，X社が業務範囲を拡大するためには，プロジェクト管理ルールに従って業務を遂行するとともに，2 チームとして業務を進める上でプロジェクト管理に関する理解を深めることが必要だと思っている。
> （中略）
> ・プロジェクト管理ルールをX社メンバに定着させるために，Y主任はルールの遵守状況を定期的に確認する。ルールがある程度定着してきたら，Y主任は④X社としてプロジェクト管理に関する理解を深める活動を検討する。

上記1の下線部のように，X社は，複数のメンバでチームを組んでプロジェクトを遂行した経験が少ないです。そこで，上記2の下線部のように，Y主任は，チームとして業務を進めることを，X社に経験させる必要がある，と考えています。

したがって，解答（Y主任が検討するプロジェクト管理に関する理解を深める活動）は“複数のメンバがチームを組んで協力しながら，業務を遂行する経験を積むこと”（35字）のようにまとめられます。

【3】

本設問文（171～172行目）は，下記のとおりです。

> 本文中の下線⑤について，B課長が提案した設計工程からのある対応とは何か。30字以内で述べよ。

問題文〔CRMプロジェクトの体制〕の第二段落（018～026行目）は，下記のとおりです。

> 一方で，A社は，地方のシステム会社X社を昨年子会社にしたばかりであり，CRMプロジェクトにおいてX社の活用を計画している。これまでX社は，A社から提示された仕様書に基づく製造やテストの工程を主な業務範囲としていたので，業務を進める中でA社の顧客との接点はなかった。A社社長には，1 今後のX社の業務範囲拡大に向けて設計工程から参加してもらいたい，CRMプロジェクトではその先駆けとなる取組みをしてほしい，という意向があった。B課長は，A社社長の意向を受け，1 X社に再委託することについてのP社の了解を得て，X社に設計工程の業務の一部を委託することにした。この方針を受け，X社は経験豊富なY主任をX社側の責任者として選任した。

上記２箇所の**1**の下線部がいうＰ社・Ａ社・Ｘ社の契約関係を図で示せば，下図になります。

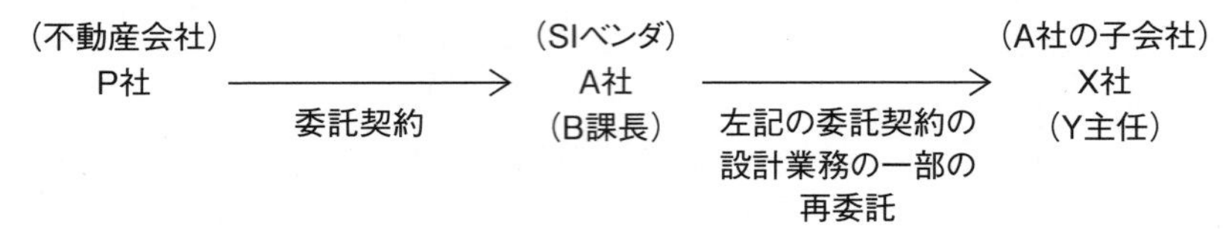

問題文〔Ｘ社の業務範囲の拡大〕の１～２文目（101 ～ 102 行目）は，下記のとおりです。

> Ｂ課長は，**2**Ｘ社に委託する業務範囲を拡大するための検討を行った。そこでＢ課長は，Ｘ社を訪問し，Ｙ主任にヒアリングして状況を確認した。

上記２箇所の**1**の下線部の事情を踏まえて，Ｂ課長は，Ｘ社に委託する業務範囲を拡大するための検討を行う（上記**2**の下線部）際に，本設問が問う下線⑤の対応を，Ｘ社に提案しています。

下線⑤を含む文とそれから上へ１文目（121 ～ 125 行目）は，下記のとおりです。

> さらに，**3**Ｂ課長は，Ｘ社には設計工程において，顧客とレビューを繰り返しながら仕様を確定していくという経験が少なく，設計工程の進め方がイメージできていない，という状況も確認した。そこで，設計工程の業務にも対応できるように，Ｘ社には，Ｐ社の了解を得た上で，⑤設計工程からある対応をしてもらうことを提案した。

上記**3**の下線部は，（Ｂ課長は，Ｘ社には，設計工程において，顧客とレビューを繰り返しながら仕様を確定していくという経験が少なく，Ｙ主任は，設計工程の進め方がイメージできていない，という状況も確認した。そこで，Ｂ課長は，今後，Ｙ主任が，CRM プロジェクト以外のプロジェクトでの設計工程の業務にも対応できるように），また下線⑤は（CRM プロジェクトの設計工程からある対応）と補って解釈されます。

したがって，解答（Ｂ課長が提案した設計工程からのある対応）は，上記**3**の下線部を使って，“Ｙ主任を，Ｐ社とＡ社が共同で行う設計レビューに参加させること”（30 字）のようにまとめられます。

なお，Ｙ主任は，オブザーバ（傍聴者）もしくはＢ課長の補助者のような，明確な役割が与えられない微妙な立場で，Ｐ社とＡ社が共同で行う設計レビューに臨むことになります。

3-7-4 SaaS を利用した人材管理システムの導入

問題

令和２年　問３

SaaS を利用した人材管理システム導入プロジェクトに関する次の記述を読んで，設問１～３に答えよ。

R 社は，中堅の旅行会社である。同業他社と比較して離職率が高く，経験ある社員のノウハウを生かしたサービスを提供できていないことが経営課題である。“R 社では自身の成長が期待できない”という退職理由が一番多かったことから，人材を戦略的に活用できる経営（以下，人材戦略経営という）の実現に向けて，人材管理制度を大幅に見直すことにした。

R 社の人材管理制度は，人材情報管理業務，人事評価業務及び教育研修業務の３業務で運用しており，現在は表計算ソフトを用いた手作業で業務を行っている。運用には人事部，各部の部長及び課長が関与し，一般社員も被評価者として関与している。人材情報のうち，キャリア形成に必要となる業務経験などの管理はできていない。また，透明性のある人事評価や，スキル標準の定義，教育研修の正確な受講管理も行えていない。

〔人材管理システムの導入計画〕

R 社は一刻も早く離職率を低下させるために，人材管理制度を見直した上で，制度の運用に使う人材管理システムを導入する計画を９月末に次のとおり決定した。

- 人材戦略経営の実現に向けて，スピード感をもって，できるところから取り組むために，計画の第１段階では人事評価の透明性の確保を目標とし，１年半後には社員が“人事評価の透明性が高まった”と認知できる状態とすることを目指す。その後，第２段階では，スキル標準を定義した上で，社員のキャリア形成を推進することを目標とし，３年半後の達成を目指す。そのために早急に人材管理制度を見直した上で人材管理システムを導入し，各社員の所属部署，職種，職位，目標・実績・達成度，業務経験，受講した研修などの人材情報の一元管理と正確なデータ分析を可能とする。
- 人材管理システムとしては，迅速に導入でき，人材戦略経営を実現するシステムとして定評がある A 社の SaaS を利用する。A 社の SaaS は，今後の R 社の人材管理制度を実現する上で優れており，標準機能で多様な業務プロセスが実現できる。
- 標準機能を十分に活用して，費用対効果を高める。具体的には，見直した人材管理制度に沿って，標準機能で構成される標準モデルを参考に３業務の新たな業務プロセスを定義する。その上で，社員に新たな人材管理制度と，３業務の業務プロセスを周知徹底する。

・１年半後の第１段階の目標達成に向けて，評価サイクルの開始タイミングである半年後の来年４月に人材管理システムを必ず稼働させる。新たな人材管理制度及び業務プロセスによって人材情報を登録，更新した後，２年後に人材管理システムで利用する標準機能の範囲を拡大して稼働させ，３年半後の第２段階の目標達成を目指す。

人材管理システム導入プロジェクトが立ち上げられ，プロジェクトマネージャ（PM）として情報システム部のＳ課長が任命された。Ｓ課長は，標準機能を十分に活用することが，費用対効果を高めるだけでなく，人材戦略経営の実現に重要となると考えた。Ｓ課長は，プロジェクト計画の作成に取り掛かり，Ａ社の SaaS の利用方法の検討を開始した。

〔Ａ社の SaaS の利用方法〕

Ａ社の SaaS は，利用する標準機能の選択範囲及び利用者数に応じて課金される。標準機能はパラメタ設定だけで迅速に利用可能であるが，カスタマイズをすると時間が掛かる上に追加費用が必要となる。Ａ社の SaaS は，標準機能が半年に一度拡張，改善される点に特長がある。Ｓ課長は，人材戦略経営を実現するためにはこの特長を生かし，拡張，改善される標準機能を利用し続けることが重要であると考えた。拡張，改善される標準機能を迅速かつ追加コストなしで利用可能とするためには，Ａ社の SaaS の標準データ項目それぞれの仕様（以下，標準データ項目仕様という）に従ってデータを登録する必要がある。

Ｓ課長は，次に示す対応を行うことで費用対効果を高めることができると考えた。

・それぞれの段階で利用する標準機能の選択に際し，十分な効果の創出が期待できるか否かを判断基準の一つとする。
・カスタマイズを最小化する。
・第２段階の目標達成に対して必要な準備を，第１段階から着実に進める。

ここで，効果の創出が期待できる標準機能を中心に選択し，カスタマイズを最小化して人材管理システムを導入することは，費用対効果を高めることに加え，第１段階でのあるリスクの軽減にも寄与すると考えた。

Ｓ課長は，IT ストラテジストに依頼し，表１のとおり，標準機能それぞれがどのような効果を創出できるのかを取りまとめた。

表１　標準機能及び効果

業務	標準機能	効果
人材情報管理	人材情報一元管理	人材情報の一元管理による業務効率改善
人事評価	目標・実績・達成度管理	目標・実績・達成度の経年履歴の可視化，達成度判定の透明性向上
	キャリア形成	経年の業務経験及び所属部署に基づくキャリア形成の可視化
教育研修	研修受講管理	研修受講状況の把握及び適切なタイミングでの受講指示
	研修アンケート管理	研修受講結果の可視化
	スキル認定	経年の業務経験及び研修受講結果に基づくスキル標準に沿った保有スキルの可視化

表計算ソフトで管理している各社員の人材情報データ（以下，現データという）の多くは標準データ項目仕様と異なる。また，現データでは標準データ項目に該当するデータの全てを管理しているわけではない。S 課長は，標準データ項目仕様に従って A 社の SaaS に現データを移行又は新規登録して，人材管理システムの人材情報データを整備することにした。

さらに，S 課長はキャリア形成機能及びスキル認定機能は，第 1 段階では効果の創出が難しいと考えた。そこで，スキル認定機能は第 1 段階の利用対象外とする一方，キャリア形成機能は第 1 段階から部分的に利用し，毎年の業務経験に関するデータを蓄積することにした。

〔プロジェクト体制及び要件定義の作業方法〕

S 課長は，目標達成のためには，人事評価を行う立場の利用者が，人材管理制度を理解した上で，第 1 段階の業務プロセスの定義に自らの立場を踏まえて主体的に取り組むこと，及び社員の人材管理に対するニーズをかなえることが重要であると考えた。そこで，S 課長は，プロジェクトのメンバとして情報システム部，人事部に加え，人事評価を行う立場の利用者である各部の部長及び課長の代表者を選任することにした。

一方，カスタマイズを最小化するために，S 課長は利用者要求事項の大部分を標準機能で実現できる範囲に収めたいと考えた。第 1 段階の要件定義の作業では，まず A 社に依頼して，第 2 段階で利用する予定の機能も含めた，標準機能で構成される標準モデルをそのまま用いたデモンストレーションを実施し，標準機能のままでも多様な業務プロセスが実現できることをメンバに理解させることにした。次に，標準モデルを参考に R 社の組織・職種などを考慮して第 1 段階で利用する機能を標準機能で実現したプロトタイプを作成し，利用者それぞれの立場を踏まえた，かつ，社員の人材管理に対するニーズを考慮した利用者要求事項を洗い出すことにした。

〔会議におけるコミュニケーション方法〕

R 社の従来のプロジェクトでは，会議資料を電子メールに添付して共有していた。メンバによっては多数の電子メールをさばききれず，確認漏れや古い資料を見ての回答が多数発生し，認識齟齬（そご）のままプロジェクトが進み，手戻りが生じることもあった。今回のプロジェクトはメンバが増えたことから，より多くの情報共有や意見交換をする状況が発生する。S 課長はより正確にコミュニケーションができるようにしたいと考え，B 社のビジネス向けチャットツールを使うことにした。

S 課長は検討テーマごとにチャットルームを用意し，表 2 に示す運用ルールを定めて，より正確なコミュニケーションを促すことにした。また，チャットルームのログを要件定義の作業の成果物に追加することにした。

表 2　B 社のビジネス向けチャットツールの運用ルール

実施タイミング	実施内容
会議開催 2 日前まで	・会議主催者が，討議資料を当該テーマのチャットルームに投稿する。 ・討議資料の内容を変更する場合は，会議主催者が変更履歴付きで上書き更新する。
会議開催当日	・会議開催時刻前までに，欠席者は意見をチャットルームに投稿する。 ・会議主催者は，討議資料を説明後，欠席者の意見を読み上げる。
会議開催翌日から 3 日後まで	・会議主催者が，議事録をチャットルームに投稿する。議事録には討議内容及び討議結果に加え，欠席者からの意見への対応を明示する。 ・議事録に対する意見があるメンバは意見をチャットルームに投稿する。
会議開催 4 日後から 5 日後まで	・①会議主催者は，議事録閲覧の有無を確認し，閲覧していないメンバに閲覧を促すプッシュ通知をする。 ・議事録に対する意見を踏まえ，必要に応じて会議主催者が変更履歴付きで議事録を上書き更新する。

以上の整理を含め，S 課長はプロジェクト計画を完成させた。

設問 1　〔A 社の SaaS の利用方法〕について，(1)～(3) に答えよ。

(1) 効果の創出が期待できる標準機能を中心に選択し，カスタマイズを最小化して人材管理システムを導入することは，費用対効果を高めることに加え，第 1 段階でのどのようなリスクの軽減に寄与すると S 課長は考えたか。30 字以内で述べよ。

(2) S 課長が，標準データ項目仕様に従って A 社の SaaS に現データを移行又は新規登録して，人材管理システムの人材情報データを整備することにした狙いは何か。30字以内で述べよ。

(3) S課長が，キャリア形成機能を第1段階から部分的に利用し，毎年の業務経験に関するデータを蓄積することにした狙いは何か。35字以内で述べよ。

設問2 〔プロジェクト体制及び要件定義の作業方法〕について，(1)，(2)に答えよ。

(1) S課長は，人事評価を行う立場の利用者が自らの立場を踏まえて，第1段階の業務プロセスの定義に主体的に取り組むことが重要であると考えたが，各部の部長及び課長の代表者にはどのような役割を果たすことを期待してプロジェクトのメンバとして選任することにしたのか。30字以内で述べよ。

(2) S課長は，メンバが標準機能のままでも多様な業務プロセスが実現できることを理解することで，どのような効果を狙えると考えたか。35字以内で述べよ。

設問3 〔会議におけるコミュニケーション方法〕について，(1)，(2)に答えよ。

(1) 表2中の下線①に示したように，会議主催者が議事録を閲覧していないメンバに閲覧を促すプッシュ通知をすることによって，どのようなリスクを軽減できるか。25字以内で述べよ。

(2) S課長は，なぜチャットルームのログを要件定義の作業の成果物に追加することにしたのか。その理由を25字以内で述べよ。

試験センターによる出題趣旨・講評

【出題趣旨】

プロジェクトマネージャ（PM）は，プロジェクト計画の作成に当たり，プロジェクトの要求事項を収集し，将来のリスクがプロジェクトに与える影響を考慮し，全体調整を図った上で，一貫性のある実行可能な計画とする必要がある。

本問では，SaaSを利用した人材管理システムを導入するプロジェクトを題材として，SaaSの特徴を踏まえて拡張性を生かした導入方法，データ整備方法，デモンストレーションやプロトタイプを有効活用した要件定義の方法，プロジェクトのメンバが正確にコミュニケーションする手段について，PMとしてのプロジェクト計画作成の実践的な能力を問う。

【採点講評】

問3では，SaaSを利用する人材管理システム導入のプロジェクト計画の作成について出題した。全体として正答率は高かった。

設問1(2)は正答率が平均的であったが，カスタマイズの最小化による導入コスト削減・導入期間短縮だけに着目した解答が散見された。SaaSの特徴を生かして人材戦略経営を実現するために，プロジェクトマネージャが拡張，改善される標準機能を利用し続けることが重要であると考えた点に着目して解答してほしかった。

設問3(2)は，正答率が低かった。チャットルームのログに含まれる情報を記載するだけで，その必要性に関する説明がない解答が多かった。要件定義作業においては討議結果の根拠を明確にすることが重要であり，プロジェクトマネージャがそのために必要な資料を成果物にしようと考えた点を理解してほしかった。

試験センターによる解答例

設問1
(1) 人材管理システムの稼働が来年4月から遅延するリスク
(2) 拡張，改善される標準機能を利用し続けるため
(3) 第2段階で経年情報を使ってキャリア形成の可視化を行うため

設問2
(1) ・人事評価業務の運用ができるかどうかを確認する役割
・人材管理システムに対する利用者要求事項を提示する役割
(2) 利用者要求事項の大部分を標準機能で実現できる範囲に収める効果

設問3
(1) 認識齟齬のまま進みて戻りが生じるリスク
(2) 討議結果の根拠となる意見の記載があるから

著者の解答例

設問1
(1) 人材管理システムを来年4月までに稼働できないリスク（25字）
(2) 半年に一度拡張，改善される標準機能を利用し続けるため（26字）
(3) 第2段階での，経年の業務経験等に基づくキャリア形成の可視化を行うため（34字）

設問2
(1) 高い透明性を持つ人事評価が，実現可能か否かを判定する役割（28字）
(2) 利用者要求事項の大部分を，標準機能で実現できる範囲に収められる効果（33字）

設問3
(1) 認識齟齬のまま開発工程が進み，手戻りが生じるリスク（25字）
(2) 要件がどのメンバのものかを追跡可能にしたいから（23字）

解説

設問1

【1】

本設問文は，下記のとおりです。

> 効果の創出が期待できる標準機能を中心に選択し，カスタマイズを最小化して人材管理システムを導入することは，費用対効果を高めることに加え，1第1段階でのどのようなリスクの軽減に寄与するとS課長は考えたか。30字以内で述べよ

問題文〔A社のSaaSの利用方法〕の10文目（062～064行目）は，下記のとおりです。

> ここで，効果の創出が期待できる標準機能を中心に選択し，カスタマイズを最小化して人材管理システムを導入することは，費用対効果を高めることに加え，第1段階でのあるリスクの軽減にも寄与すると考えた。

上記の文の省略されている主語は，“S課長”です。また，上記の文が本設問文の引用箇所ですが，上記の文を含め，その前後に本設問文のヒントはありません。

問題文〔人材管理システムの導入計画〕の10文目（036～037行目）は，下記のとおりです。

> 1年半後の2第1段階の目標達成に向けて，評価サイクルの開始タイミングである半年後の3来年4月に人材管理システムを必ず稼働させる。

上記2の下線部が，上記1の下線部に対応しており，上記3の下線部が，本設問のヒントになっています（この例のように，ヒントに，“必ず”のような強調表現が含まれていることがありますので，強調表現に着目してください）。したがって，上記3の下線部を使って，解答は“人材管理システムを来年4月までに稼働できないリスク”（25字）のようにまとめられます。

著者から一言

情報システム開発の3大リスクは，Q（Quality：品質：例→バグが多い），C（Cost：コスト：例→開発費が予算を超過した），D（Delivery：進捗：例→スケジュールが遅延している）です（よく“QCD”と略された表現が使われます）。本設問は，Deliveryのリスクを問う設問になっています。

【2】

本設問文は，下記のとおりです。

> S 課長が，❶標準データ項目仕様に従って A 社の SaaS に現データを移行又は新規登録して，人材管理システムの人材情報データを整備することにした❷狙いは何か。30 字以内で述べよ。

表 1 から下へ 3 文目（081 ～ 083 行目）は，下記のとおりです。

> S 課長は，標準データ項目仕様に従って A 社の SaaS に現データを移行又は新規登録して，人材管理システムの人材情報データを整備することにした。

上記の文が本設問文の引用箇所ですが，上記の文を含め，その前後に，本設問文のヒントはありません。問題文〔A 社の SaaS の利用方法〕の 3 ～ 8 文目（050 ～ 060 行目）は，下記のとおりです。

> A 社の SaaS は，❸標準機能が半年に一度拡張，改善される点に特長がある。❹S 課長は，人材戦略経営を実現するためにはこの特長を生かし，拡張，改善される標準機能を利用し続けることが重要であると考えた。❺拡張，改善される標準機能を迅速かつ追加コストなしで利用可能とするためには，❻A 社の SaaS の標準データ項目それぞれの仕様（以下，標準データ項目仕様という）に従ってデータを登録する必要がある。
>
> 　S 課長は，次に示す対応を行うことで費用対効果を高めることができると考えた。
>
> ・それぞれの段階で利用する標準機能の選択に際し，十分な効果の創出が期待できるか否かを判断基準の一つとする。
>
> ・❼カスタマイズを最小化する。

上記❻の下線部が，上記❶の下線部に対応しており，上記❺の下線部の末尾は“ため”になっているので，上記❷の下線部の“狙い”に該当していると考え，上記❺の下線部を本設問のヒントであると判断した受験者もいるでしょう（例えば，“標準機能を迅速かつ追加コストなしで利用可能にすること”（26 字）といった解答をした受験者です）。

しかし，上記❹の下線部は，“S 課長は，（中略）重要であると考えた”となっているので，上記❺の下線部よりも鮮明に，S 課長の狙いを示しており，本設問のヒントになっています。したがって，上記❸と❹の下線部を使って，解答は“半年に一度拡張,改善される標準機能を利用し続けるため”（26 字）のようにまとめられます。

著者から一言

本設問について，試験センターの採点講評は，“8 カスタマイズの最小化による導入コスト削減・導入期間短縮だけに着目した解答が散見された。SaaS の特長を生かして人材戦略経営を実現するために，プロジェクトマネージャが拡張，改善される標準機能を利用し続けることが重要であると考えた点に着目して解答してほしかった”としています。上記8の下線部の解答をした受験者は，上記7の下線部をヒントにしたと思われます。

本問から学べるヒントの見つけるための着眼点の一つに，上記4の下線部にある**“～が重要であると考えた”のような強調表現を見逃すな**，ということが挙げられます。

【3】

本設問文は，下記のとおりです。

> S 課長が，1 キャリア形成機能を第 1 段階から部分的に利用し，毎年の業務経験に関するデータを蓄積することにした狙いは何か。35 字以内で述べよ。

問題文〔プロジェクト体制及び要件定義の作業方法〕から上へ 1 ～ 2 文目（084 ～ 087 行目）は，下記のとおりです。

> さらに，S 課長はキャリア形成機能及びスキル認定機能は，第 1 段階では効果の創出が難しいと考えた。そこで，2 スキル認定機能は第 1 段階の利用対象外とする一方，3 キャリア形成機能は第 1 段階から部分的に利用し，毎年の業務経験に関するデータを蓄積することにした。

上記3の下線部が，上記1の下線部の引用箇所ですが，上記3の下線部の前後に，本設問文のヒントはありません。問題文〔人材管理システムの導入計画〕の 2 ～ 3 文目（020 ～ 024 行目）は，下記のとおりです。

> 人材戦略経営の実現に向けて，スピード感をもって，できるところから取り組むために，計画の第 1 段階では人事評価の透明性の確保を目標とし，1 年半後には社員が“人事評価の透明性が高まった”と認知できる状態とすることを目指す。その後，4 第 2 段階では，スキル標準を定義した上で，5 社員のキャリア形成を推進することを目標とし，3 年半後の達成を目指す。

表 1 の“キャリア形成”機能と“スキル認定”機能の，“効果”欄は，下表のとおりです。

標準機能	効果
キャリア形成	6 経年の業務経験及び所属部署に基づくキャリア形成の可視化
スキル認定	経年の業務経験及び研修受講結果に基づく7 スキル標準に沿った保有スキルの可視化

上記2の下線部が“スキル認定機能は第1段階の利用対象外とする”としているのは，上記4の下線部に記述されているように“スキル標準は第2段階で定義する”ことになっているので，上記7の下線部の“スキル標準に沿った保有スキルの可視化”を，第1段階においては出来ないからです。

それに対し，上記3の下線部が“キャリア形成機能は第1段階から部分的に利用し，毎年の業務経験に関するデータを蓄積することにした”としているのは，“毎年の業務経験に関するデータを蓄積すれば”，上記6の下線部のように，“経年の業務経験及び所属部署に基づくキャリア形成の可視化”が出来るからです。したがって，上記4と5と6の下線部をヒントとし，解答は“第2段階での，経年の業務経験等に基づくキャリア形成の可視化を行うため”（34字）のようにまとめられます。

設問2

【1】

本設問文は，下記のとおりです。

> S課長は，1 人事評価を行う立場の利用者が自らの立場を踏まえて，第1段階の業務プロセスの定義に主体的に取り組むことが重要であると考えたが，2 各部の部長及び課長の代表者にはどのような役割を果たすことを期待してプロジェクトのメンバとして選任することにしたのか。30字以内で述べよ。

問題文〔プロジェクト体制及び要件定義の作業方法〕の1～2文目（090～095行目）は，下記のとおりです。

> S課長は，目標達成のためには，3 人事評価を行う立場の利用者が，人材管理制度を理解した上で，第1段階の業務プロセスの定義に自らの立場を踏まえて主体的に取り組むこと，及び社員の人材管理に対するニーズをかなえることが重要であると考えた。そこで，S課長は，4 プロジェクトのメンバとして情報システム部，人事部に加え，5 人事評価を行う立場の利用者である 4 各部の部長及び課長の代表者を選任することにした。

上記3の下線部が上記1の下線部の，また，上記2つの4の下線部が上記2の下線部の引用箇所であり，上記5の下線部の“人事評価”が，本設問の第1ヒントです。

問題文〔人材管理システムの導入計画〕の2文目（020～023行目）は，下記のとおりです。

人材戦略経営の実現に向けて，スピード感をもって，できるところから取り組むために，計画の第1段階では人事評価の透明性の確保を目標とし，1年半後には6社員が"人事評価の透明性が高まった"と認知できる状態とすることを目指す。

上記6の下線部が，本設問の第2ヒントであり，解答は"高い透明性を持つ人事評価が，実現可能か否かを判定する役割"（28字）のようにまとめられます。

なお，試験センターは，別解として，"人材管理システムに対する利用者要求事項を提示する役割"を挙げています。この別解は，下記の問題文〔プロジェクト体制及び要件定義の作業方法〕の最終文（101～104行目）を使って作られていると考えられますが，下記の文は，主語の省略が多く，上記6の下線部と比較して，的確な解答表現が難しいので，著者の別解にはしていません。

次に，標準モデルを参考にR社の組織・職種などを考慮して第1段階で利用する機能を標準機能で実現したプロトタイプを作成し，利用者それぞれの立場を踏まえた，かつ，社員の人材管理に対するニーズを考慮した利用者要求事項を洗い出すことにした。

【2】

本設問文は，下記のとおりです。

S課長は，1メンバが標準機能のままでも多様な業務プロセスが実現できることを理解することで，どのような効果を狙えると考えたか。35字以内で述べよ。

問題文〔プロジェクト体制及び要件定義の作業方法〕の3～4文目（096～101行目）は，下記のとおりです。

一方，カスタマイズを最小化するために，S課長は2利用者要求事項の大部分を標準機能で実現できる範囲に収めたいと考えた。3第1段階の要件定義の作業では，まずA社に依頼して，第2段階で利用する予定の機能も含めた，標準機能で構成される標準モデルをそのまま用いたデモンストレーションを実施し，4標準機能のままでも多様な業務プロセスが実現できることをメンバに理解させることにした。

上記4の下線部が，上記1の下線部の引用箇所であり，上記3の下線部を"そこで，S課長は，第1段階の要件定義の作業では"と補って解釈し，上記2の下線部が本設問のヒントであると判定します。したがって，上記2の下線部を使って，解答は"利用者要求事項の大部分を，標準機能で実現できる範囲に収められる効果"（33字）

のようにまとめられます。

設問3

【1】

本設問文は，下記のとおりです。

> 表2中の下線①に示したように，会議主催者が議事録を閲覧していないメンバに閲覧を促すプッシュ通知をすることによって，どのようなリスクを軽減できるか。25字以内で述べよ。

“表2　B社のビジネス向けチャットツールの運用ルール”内にある下線①（125～126行目）は，下記のとおりです。

> 会議主催者は，議事録閲覧の有無を確認し，閲覧していないメンバに閲覧を促すプッシュ通知をする。

上記の文およびその前後にはヒントがありません。問題文〔会議におけるコミュニケーション方法〕の2～4文目（107～112行目）は，下記のとおりです。

> **1** メンバによっては多数の電子メールをさばききれず，確認漏れや古い資料を見ての回答が多数発生し，**2** 認識齟齬（そご）のままプロジェクトが進み，手戻りが生じることもあった。今回のプロジェクトはメンバが増えたことから，より多くの情報共有や意見交換をする状況が発生する。S課長はより正確にコミュニケーションができるようにしたいと考え，B社のビジネス向けチャットツールを使うことにした。

上記**1**の下線部は，B社のビジネス向けチャットツールを運用している状況下において，“多数の電子メールをさばききれず，確認漏れや古い資料を見ての回答をしてしまうようなメンバは，多数の議事録のうち，その一部しか閲覧できず，議事録の確認漏れが発生”する可能性があります。したがって，上記**2**の下線部が本設問のヒントであり，それを使って，解答は“認識齟齬のまま開発工程が進み，手戻りが生じるリスク”（25字）のようにまとめられます。

【2】

本設問文は，下記のとおりです。

> S課長は，なぜチャットルームのログを要件定義の作業の成果物に追加することにしたのか。その理由を25字以内で述べよ。

表２から上へ１文目（114 ～ 115 行目）は，下記のとおりです。

また，チャットルームのログを要件定義の作業の成果物に追加することにした。

上記の文およびすべての問題文にはヒントがありません。また，上記の文の先頭に記述されている“チャットルームのログ”が何なのかの説明も，問題文には示されていません（表２内の“変更履歴”が，“ログ”であるとも考えられますが，そうならば同じ用語を使うはずです）。

そこで例えば，下記の“共通フレーム 2013”の“2.2 要件定義プロセス”の“成果”を念頭において，解答を考えます。

要件定義プロセスの実施に成功すると次の状態になる。
a）サービスに要求されている特性及びサービスの利用場面が指定されている。
b）システムソリューション上の制約条件が定義されている。
c）要件がどの利害関係者のものか，及びどのニーズに対応しているかが追跡可能である。
d）システム要件を定義するための根拠が定義されている。
e）サービスの適合の妥当性を確認するための根拠が定義されている。
f）サービス又は製品を供給するための交渉及び合意の根拠が提供されている。

上記の c）をヒントにし，解答は“要件がどのメンバのものかを追跡可能にしたいから”（23 字）のようにまとめられます。なお，試験センターの解答例は，上記 d）～ f）を使って，“討議結果の根拠となる意見の記載があるから”のようにまとめられています。

著者から一言

本設問について，試験センターの採点講評は，“正答率が低かった。チャットルームのログに含まれる情報を記載するだけで，その必要性に関する説明がない解答が多かった。1 要件定義作業においては討議結果の根拠を明確にすることが重要であり，プロジェクトマネージャがそのために必要な資料を成果物にしようと考えた点を理解してほしかった”としています。上記1の下線部が，再度出題されるかもしれないので，要注意です。

3-7-5 プロジェクトの定量的なマネジメント

問題

平成31年　問3

プロジェクトの定量的なマネジメントに関する次の記述を読んで，設問1～3に答えよ。

R社は，首都圏から3時間ほどの地方都市を本拠地としているソフトウェア企業である。これまでの主要顧客は地元の製造業であったが，今後は首都圏の新規顧客の獲得を目指している。首都圏の大手SI企業でプロジェクトマネージャ（PM）としての経験を積んだS課長は，UターンでR社に入社した。入社に当たって，経営陣から，次のような説明を受けた。

- R社には職人気質のエンジニアが多く，組織の価値観として品質重視が浸透している。この組織としての強みは，今後も大切にしていく。
- プロジェクトマネジメントは，顧客ごとの要求に合わせて実施しているが，社内でマネジメントの標準として制定しているものはない。最近になって，プロジェクトが佳境に入ったところで進捗遅れが発覚して，顧客から苦情を受けるといったことが徐々に増えてきている。その中には，進捗遅れのリカバリ策に具体的な裏付けが不足していた，というものもある。これらは，社内にマネジメントの標準がなく，組織に定量的なマネジメントが根付いていないことが原因だと考えている。
- R社が首都圏の新規顧客のニアショアのパートナとして信頼を獲得するには，これまでのやり方では限界があるので，定量的な管理手法を取り入れたマネジメントの標準（以下，R社標準という）を制定して社内に浸透させたい。S課長には，そのリーダとなってほしい。

S課長がPMとして最初に担当するのは，首都圏の顧客であるSI企業のA社から受注した販売管理システムの開発プロジェクトである。これは若手のT主任がA社に常駐し，複数のプロジェクトに参加する中で信頼を獲得して，A社からは初めてシステム開発をニアショアとして受注したものである。A社は，請負契約での開発を確実に遂行できる委託先を求めており，R社経営陣もこのプロジェクトに注目している。プロジェクトチームの構成員（以下，チームメンバという）は7名，開発期間は7か月である。プロジェクトチームのリーダのT主任は，対象となるシステムや開発内容についての十分な理解がある。見積りの前提となるスコープも適切な内容で，R社がA社と合意した受注金額にはリスクを考慮した予備費が含まれていた。S課長は，R社標準の試案を作成して，このプロジェクトで初めて適用することにした。

〔R社のスケジュール及び品質に関するマネジメントの状況〕 033

S課長は，過去に発生した進捗遅れに関する記録を確認した。またT主任にも丁寧にヒアリングを行って，R社のスケジュール及び品質に関するマネジメントの状況について，次のように認識した。 034 035 036

・WBSは作成されており，個々の"活動（アクティビティ）"にまで階層的に分割されていたが，活動の粒度にはばらつきがあった。 037 038
・活動ごとに成果物が定義され，その作業量が見積もられていた。過去のプロジェクトの実績を基にした見積りで，これまで大きな見積りの誤りはなかった。 039 040
・成果物を作成する活動は，成果物の品質の確認も含めて，その活動の中で実施するように階層的に分割されていた。 041 042
・進捗状況は，週2回の進捗会議で，活動ごとに報告されていた。設計工程から製造工程までは，担当者が自己評価した成果物の出来高が報告されていた。 043 044
・レビューにおける欠陥の摘出件数，テストにおけるテスト項目数及び欠陥の摘出件数の計画値は，過去のプロジェクトの実績と，PMのこれまでの経験で決めていた。 045 046 047
・レビュー及びテストにおける欠陥への対処は，完了まで適切に管理されていた。 048 049

首都圏の顧客のニアショアのパートナとして信頼を獲得するためには，品質を確保し，納期を遵守することが必達目標である。S課長は，この目標を確実に達成するためには，スケジュール及び品質に関するプロセスの改善が必要だと認識した。ただし，T主任の"R社標準の試案の適用に当たり，チームメンバの理解はおおむね得られるはずだが，導入に当たって少なからず抵抗や反発もあると思う"という意見を受け入れて，改善に優先度をつけることにした。具体的には，今回適用するR社標準の試案では，<u>①品質に関するプロセスの改善は最小限にとどめて，スケジュールに関するプロセスの改善を優先することにした</u>。 050 051 052 053 054 055 056 057 058

059

〔進捗遅れの原因分析〕 060

S課長はT主任とともに，過去に発生した進捗遅れの原因分析を行い，次のような認識を得た。 061 062

・担当者は進捗遅れを認識しているが，回復が可能だと判断し，予定どおりと報告してくるケースがある。これは，R社の多くのエンジニアが，"遅れはエンジニアとして恥ずかしいことであり，自らの努力でリカバリする責任がある"と考えているからである。結果として，期限に間に合うこともあるが，思いどおりにリカバリできないこともある。 063 064 065 066 067
・担当者が認識する品質と実際の品質との間にギャップがあると，進捗は正し 068

く評価されない。このような場合，個々の成果物に対する初回のレビューで進捗への影響が明らかになる。初回のレビューの実施時期は，レビューイの判断で決定している。品質のギャップを検出する時期が遅くなると，リカバリは難しくなる。

・チームメンバがクリティカルパス上の活動を認識していないので，該当の活動に関する問題の検知と対応が遅れ，マイルストーンに間に合わなくなることがある。

S課長は，進捗遅れの原因分析の結果から，次のような改善方針を考えた。

・成果物の出来高を客観的に評価することを定着させ，評価結果を事実として共有することの意義を組織に浸透させる。
・R社のエンジニアは自分の仕事への自負と責任感が強いので，②その特長を生かしつつR社標準の試案を浸透させる方針とし，現状を徐々に改善していく。
・品質に関するプロセスでは，③レビューについて，すぐに改善できることを実施し，根本的な原因に対しては時間を掛けて対応する。
・クリティカルパス上の活動を識別し，重点的に監視する。

S課長は，T主任とはR社標準を制定することの意義と，プロセスの改善方針について，十分に認識を共有できたと感じた。そこで④R社標準の試案をチームメンバにスムーズに浸透させるために，“チームメンバと十分に議論をして，R社標準の試案を具体的に提案してほしい”とT主任に指示した。その議論に先だって，スケジュールの管理についてはEVM（Earned Value Management）に基づく進捗データの指標の設定や計測方法を参考にするよう助言した。

〔T主任の提案〕

T主任が提案してきたR社標準の試案は，次のとおりであった。

・週２回の進捗会議で，各自が，成果物の出来高実績，担当部分のSPI（Schedule Performance Index）及び今後の見通しを報告する。
・T主任は会議後に，プロジェクト全体の出来高実績とSPIを算出し，プロジェクトの状況や課題を分析して，チームメンバにフィードバックする。進捗遅れが発生した際は，遅れという事象やその原因に焦点を当てて，プロジェクトチーム全体としての対処や，チームメンバ間の調整を検討し，関係するチームメンバを集めて協議を行う。
・活動の階層的な分割について，基本的な考え方は従来どおりとするが，更に細かく成果物の章単位などに分割して，活動の粒度が１週間以内の作業になるようにする。
・成果物を作成する活動の進捗率は，表１に従って算出する。

表1　成果物を作成する活動の進捗率の算出方法（案）

成果物	単位	進捗率の算出方法
テスト仕様書兼成績書を除くドキュメント類	ページ数	担当者が作成済のページ数／計画ページ数
プログラム	行数	担当者がコーディング済の行数／計画行数
テスト仕様書兼成績書	テスト項目数	担当者が作成済，実施済又は検証済のテスト項目数／計画テスト項目数

注記　進捗率の算出に用いる分母は，計画見直しの段階で更新し，完成の段階で実績値に置き換える。

S課長は，R社のスケジュール及び品質に関するマネジメントの状況や過去に発生した進捗遅れの原因と，提案されたR社標準の試案を照らし合わせ，次の見直しを行うことでT主任と合意した。

・進捗率の算出方法について，品質の観点を加えて見直しを行う。
・進捗会議の場を有効活用するために，各自の成果物の出来高実績，担当部分の SPI 及び今後の見通しの報告は会議前に実施する。それを受けてT主任は，プロジェクトの状況や課題を会議前に分析する。進捗会議では，その内容を共有する。遅れを認識しているチームメンバは，リカバリ策を検討して会議に臨む。
・プロジェクト全体の遅れにつながる問題の予兆を検知するために，⑤チームメンバ別以外のある切り口での SPI を算出して，重点的に監視する。

S課長とT主任は今回のプロジェクトで，R社標準の試案の有効性をチームメンバが体感し，“R社標準は自分たちのためになる管理手法である”と認識してもらう，という目標を共有した。

設問1 〔R社のスケジュール及び品質に関するマネジメントの状況〕の本文中の下線①について，S課長はなぜ，品質に関するプロセスの改善は最小限にとどめることにしたのか。また，なぜスケジュールに関するプロセスの改善を優先することにしたのか。それぞれ，30 字以内で述べよ。

品質に関するプロセスの改善を最小限にとどめる理由

スケジュールに関するプロセスの改善を優先する理由

設問２ 〔進捗遅れの原因分析〕について，（1）～（3）に答えよ。

（1）本文中の下線②について，このＳ課長のＲ社標準の試案に基づく方針では，進捗の遅れが発生した場合に，具体的にどのような対応を促すのか。35 字以内で述べよ。

（2）本文中の下線③について，すぐに改善できることとは具体的に何か。35 字以内で述べよ。

（3）本文中の下線④について，Ｓ課長がＲ社標準の試案をチームメンバにスムーズに浸透させるために，Ｔ主任にチームメンバと十分に議論をして試案を具体的に提案するよう指示したのは，どのような効果を期待したからか。40 字以内で述べよ。

設問３ 〔Ｔ主任の提案〕について，（1）～（3）に答えよ。

（1）Ｓ課長とＴ主任は，進捗率の算出方法をどのように見直すことにしたのか。"テスト仕様書兼成績書を除くドキュメント類"の進捗率の算出方法について，表１における進捗率の算出方法欄に倣って 30 字以内で答えよ。

（2）Ｓ課長とＴ主任は，プロジェクトの状況や課題の分析を会議前に実施することによって，進捗会議をどのような場として有効活用することにしたのか。30 字以内で述べよ。

(3) 本文中の下線⑤について，S課長とT主任は，どのような切り口のSPIを重点的に監視することにしたのか。25字以内で述べよ。 177 178

179 180 181

試験センターによる出題趣旨・講評

【出題趣旨】

プロジェクトマネージヤ（PM）は，システム開発プロジェクトの実施に当たり，スケジュールを適切に管理する必要がある。スケジュールの管理においては，関連する品質やリスクなど多様な要素を視野に入れて正確に状況を把握すること，問題の早期発見に努めること，ステークホルダと共有するための十分な客観性を担保することが重要であり，定量化への取組はその基礎となる。

本問では，請負契約でのシステム開発プロジェクトを題材に，定量的な管理手法を取り入れたマネジメントの標準の立案と導入について，PMとしての実践的な能力を問う。

【採点講評】

問3では，プロジェクトの定量的なマネジメントについて出題した。全体として正答率は高く，おおむね理解されていた。

設問1は，正答率が高かった。品質にも課題はあるものの組織の価値観の効用が期待できるので，経営課題であるスケジュールの改善を優先して取り組む，という状況について，おおむね理解されていた。

設問2(2)は，正答率が高かった。成果物の作成過程における早期レビューの重要性，スケジュールと品質の両面への効果について，おおむね理解されていた。

設問3(2)は，正答率が高かった。進捗会議の場を有効活用するために会議前に行うべきこと，会議で行うべきことがよく理解されていた。

試験センターによる解答例

設問1
品質に関するプロセスの改善を最小限にとどめる理由：品質重視の価値観が，組織の強みとなっているから
スケジュールに関するプロセスの改善を優先する理由：進捗遅れの予防と，リカバリ策の具体化が優先課題だから

設問2
(1) ・担当者自身に，具体的な裏付けのあるリカバリ策を提案してもらう。
・担当者自身に，遅延リカバリの進捗状況を定量的に報告してもらう。
(2) ・初回のレビューの実施時期を，成果物作成の初期段階に計画すること
・初回のレビューの実施時期を，あらかじめ決めておくこと
(3) チームメンバが自ら改善策の検討を行うことで，実行の意欲が高まること

設問3
(1) ・レビュアがレビュー済のページ数／計画ページ数
・担当者がレビュー指摘対応済のページ数／計画ページ数
(2) ・分析の結果を共有し，適切なリカバリ策を合意する場
・課題をプロジェクトチーム全体として共有し，調整を行う場
(3) クリティカルパス上の活動群のSPI

著者の解答例

設問1
品質に関するプロセスの改善を最小限にとどめる理由：品質重視が浸透している，組織としての強みを大切にしたいから（29字）
スケジュールに関するプロセスの改善を優先する理由：進捗遅れの早期発見と裏付けのあるリカバリ策の策定が重要だから（30字）

設問2
(1) エンジニアに，進捗遅れをリカバリする対応策を，自主的に提示させる（32字）
(2) プロジェクトマネージャが初回のレビューの実施時期を計画すること（31字）
(3) チームメンバの目的意識を高め，R社標準の試案の導入時の抵抗や反発を減らすこと（38字）

設問3
(1) レビュー実施者がレビュー済のページ数／計画ページ数（25字）
(2) その時の状況や課題を共有し，提案されたリカバリ策を協議する場（30字）
(3) クリティカルパス上にある未完了の全活動のSPI（23字）

解説

設問1

本設問文（128 ～ 131 行目）は，下記のとおりです。

〔R 社のスケジュール及び品質に関するマネジメントの状況〕の本文中の下線①について，**1** S 課長はなぜ，品質に関するプロセスの改善は最小限にとどめることにしたのか。また，**2** なぜスケジュールに関するプロセスの改善を優先することにしたのか。それぞれ，30 字以内で述べよ。

下線①を含む文（056 ～ 058 行目）は，下記のとおりです。

具体的には，今回適用する R 社標準の試案では，①品質に関するプロセスの改善は最小限にとどめて，スケジュールに関するプロセスの改善を優先することにした。

問題文の冒頭 5 ～ 9 文目（009 ～ 017 行目）は，下記のとおりです。

- **3** R 社には職人気質のエンジニアが多く，組織の価値観として品質重視が浸透している。この組織としての強みは，今後も大切にしていく。
- プロジェクトマネジメントは，顧客ごとの要求に合わせて実施しているが，**4** 社内でマネジメントの標準として制定しているものはない。最近になって，プロジェクトが佳境に入ったところで進捗遅れが発覚して，顧客から苦情を受けるといったことが徐々に増えてきている。その中には，進捗遅れのリカバリ策に具体的な裏付けが不足していた，というものもある。これらは，社内にマネジメントの標準がなく，組織に定量的なマネジメントが根付いていないことが原因だと考えている。

品質に関するプロセスの改善を最小限にとどめる理由：

上記**3**の下線部内の“この組織としての強みは，今後も大切にしていく”が，上記**1**の下線部の設問に対するヒントです。したがって，品質に関するプロセスの改善を最小限にとどめる理由（解答）は，“品質重視が浸透している，組織としての強みを大切にしたいから”（29 字）のようにまとめられます。

スケジュールに関するプロセスの改善を優先する理由：

上記**4**の下線部内の“これらは，社内にマネジメントの標準がなく，組織に定量的なマネジメントが根付いていないことが原因”が，上記**2**の下線部の設問に対するヒントです。したがって，スケジュールに関するプロセスの改善を優先する理由（解答）は，“進捗遅れの早期発見と裏付けのあるリカバリ策の策定が重要だから”（30

字）のようにまとめられます。

設問２

【1】

本設問文（142 ～ 144 行目）は，下記のとおりです。

> 本文中の下線②について，このＳ課長のＲ社標準の試案に基づく方針では，進捗の遅れが発生した場合に，具体的にどのような対応を促すのか。35 字以内で述べよ。

下線②を含む文（079 ～ 081 行目）は，下記のとおりです。

> 1 Ｒ社のエンジニアは自分の仕事への自負と責任感が強いので，②その特長を生かしつつＲ社標準の試案を浸透させる方針とし，現状を徐々に改善していく。

下線②内の“その特徴”とは，上記1の下線部のことであり，下記の問題文〔進捗遅れの原因分析〕の２～３文目（063 ～ 066 行目）内にある3の下線部が，その具体例です。

> 2 担当者は進捗遅れを認識しているが，回復が可能だと判断し，予定どおりと報告してくるケースがある。これは，3 Ｒ社の多くのエンジニアが，“遅れはエンジニアとして恥ずかしいことであり，自らの努力でリカバリする責任がある”と考えているからである。

したがって，進捗の遅れが発生した場合の具体的な対応（解答）は，“エンジニアに，進捗遅れをリカバリする対応策を，自主的に提示させる”（32 字）のようにまとめられます。

なお，試験センターは，一つ目の解答例として，上記2の下線部をヒントにして，“担当者自身に，遅延リカバリの進捗状況を定量的に報告してもらう”を挙げ，二つ目の解答例として，設問１の解説内で引用した4の下線部をヒントにして，“担当者自身に，具体的な裏付けのあるリカバリ案を提案してもらう”を挙げています。

【2】

本設問文（149 ～ 150 行目）は，下記のとおりです。

> 本文中の下線③について，すぐに改善できることとは具体的に何か。35 字以内で述べよ。

下線③を含む文（082 ～ 083 行目）は，下記のとおりです。

> 品質に関するプロセスでは，③レビューについて，すぐに改善できることを実施し，根本的な原因に対しては時間を掛けて対応する。

問題文〔進捗遅れの原因分析〕の 5 ～ 8 文目（068 ～ 072 行目）は，下記のとおりです。

> 担当者が認識する品質と実際の品質との間にギャップがあると，進捗は正しく評価されない。このような場合，個々の成果物に対する初回のレビューで進捗への影響が明らかになる。❶初回のレビューの実施時期は，レビューイの判断で決定している。❷品質のギャップを検出する時期が遅くなると，リカバリは難しくなる。

上記❷の下線部のように，品質のギャップを検出する時期が遅くなると，リカバリは難しくなるので，品質のギャップを検出する時期を早めなければなりません。品質のギャップは，レビューによって検出されますが，上記❶の下線部のように，初回のレビューの実施時期は，レビューイの判断で決定されているので，その時期が早まるかどうかはレビューイによるため未定です。したがって，レビューについて，すぐに改善できること（解答）は，“プロジェクトマネージャが初回のレビューの実施時期を計画すること”（31 字）のようにまとめられます。

なお，試験センターは，初回のレビューの実施時期を早めることを具体化した“初回のレビュー実施時期を，成果物作成の初期段階に計画すること”という別解を挙げています。

著者から一言

レビューイとは，レビューを受ける成果物の作成者のことです。それに対し，レビューアは，レビューを行う者のことです。

【3】

本設問文（155 ～ 158 行目）は，下記のとおりです。

> 本文中の下線④について，S 課長が R 社標準の試案をチームメンバにスムーズに浸透させるために，T 主任にチームメンバと十分に議論をして試案を具体的に提案するよう指示したのは，どのような効果を期待したからか。40 字以内で述べよ。

下線④を含む文と，その 1 文前の文（085 ～ 088 行目）は，下記のとおりです。

S課長は，T主任とはR社標準を制定することの意義と，プロセスの改善方針について，十分に認識を共有できたと感じた。そこで④R社標準の試案をチームメンバにスムーズに浸透させるために"チームメンバと十分に議論をしてR社標準の試案を具体的に提案してほしい"とT主任に指示した。

問題文〔R社のスケジュール及び品質に関するマネジメントの状況〕の最終文から上へ2文目（053～055行目）は，下記のとおりです。

ただし，T主任の"R社標準の試案の適用に当たり，1チームメンバの理解はおおむね得られるはずだが，導入に当たって少なからず抵抗や反発もあると思う"という意見を受け入れて，改善に優先度をつけることにした。

上記1の下線部が，本設問のヒントであり，S課長がR社標準の試案をチームメンバにスムーズに浸透させるために，T主任にチームメンバと十分に議論をして試案を具体的に提案するよう指示して，期待した効果（解答）は，"チームメンバの目的意識を高め，R社標準の試案の導入時の抵抗や反発を減らすこと"（38字）のようにまとめられます。

設問3

【1】

本設問文（164～166行目）は，下記のとおりです。

S課長とT主任は，進捗率の算出方法をどのように見直すことにしたのか。1"テスト仕様書兼成績書を除くドキュメント類"の進捗率の算出方法について，表1における進捗率の算出方法欄に倣って30字以内で答えよ。

表1（105～111行目）は，下記のとおりです。上記1の下線部は，下記の2の箇所のことです。

成果物	単位	進捗率の算出方法
テスト仕様書兼成績書を除くドキュメント類	ページ数	担当者が作成済のページ数／計画ページ数 (2)
プログラム	行数	担当者がコーディング済の行数／計画行数
テスト仕様書兼成績書	テスト項目数	担当者が作成済，実施済又は検証済のテスト項目数／計画テスト項目数

注記　進捗率の算出に用いる分母は，計画見直しの段階で更新し，完成の段階で実績値に置き換える。

表1から下へ2文目（116行目）は，下記のとおりです。

> 進捗率の算出方法について，❸品質の観点を加えて見直しを行う。

上記❸の下線部が，本設問のヒントであり，下記の問題文〔R社のスケジュール及び品質に関するマネジメントの状況〕の6文目（041～042行目）内の❹の下線部を加味して，“成果物の品質の確認（＝レビュー）の観点を加えて見直しを行う”のように補って解釈できます。

> 成果物を作成する活動は，❹成果物の品質の確認も含めて，その活動の中で実施するように階層的に分割されていた。

したがって，“テスト仕様書兼成績書を除くドキュメント類”の進捗率の算出方法（解答）は，“レビュー実施者がレビュー済のページ数／計画ページ数”（25字）のようにまとめられます。

なお，試験センターは，レビュー後に実施されるレビューの指摘事項を修正したページを進捗率の算定に織り込んだ，“担当者がレビュー指摘対応済のページ数／計画ページ数”という別解を挙げています。

【2】

本設問文（170～172行目）は，下記のとおりです。

> S課長とT主任は，❶プロジェクトの状況や課題の分析を会議前に実施することによって，進捗会議をどのような場として有効活用することにしたのか。30字以内で述べよ。

表1から下へ3～5文目（117～121行目）は，下記のとおりです。

> 進捗会議の場を有効活用するために，各自の成果物の出来高実績，担当部分のSPI及び今後の見通しの報告は会議前に実施する。それを受けてT主任は，❷プロジェクトの状況や課題を会議前に分析する。❸進捗会議では，その内容を共有する。遅れを認識しているチームメンバは，リカバリ策を検討して会議に臨む。

上記❶の下線部は，上記❷の下線部を引用して作られており，上記❸の下線部が，本設問のヒントです。したがって，進捗会議を何かの場として有効活用する方法（解答）は，“その時の状況や課題を共有し，提案されたリカバリ策を協議する場”（30字）のようにまとめられます。

なお，試験センターは，“分析の結果を共有し，適切なリカバリ策を合意する場”，“課題をプロジェクトチーム全体として共有し，調整を行う場”という2つの解答例を挙げています。

【3】

本設問文（177 ～ 178 行目）は，下記のとおりです。

> 本文中の下線⑤について，S 課長と T 主任は，どのような切り口の SPI を❶重点的に監視することにしたのか。25 字以内で述べよ。

下線⑤を含む文（122 ～ 123 行目）は，下記のとおりです。

> プロジェクト全体の遅れにつながる問題の予兆を検知するために，⑤チームメンバ別以外のある切り口での SPI を算出して，重点的に監視する。

問題文〔進捗遅れの原因分析〕9 文目（073 ～ 075 行目）と 13 文目（084 行目）は，下記のとおりです。

> ・❷チームメンバがクリティカルパス上の活動を認識していないので，該当の活動に関する問題の検知と対応が遅れ，マイルストーンに間に合わなくなることがある。
> ・❷クリティカルパス上の活動を識別し，❸重点的に監視する。

上記❸の下線部が，上記❶の下線部に対応しており，上記 2 箇所の❷の下線部が，本設問のヒントです。したがって，重点的に監視することにした SPI の切り口（解答）は，“クリティカルパス上にある未完了の全活動の SPI”（23 字）のようにまとめられます。

3-7-6 製造実行システムの導入

問題

平成 29 年　問 1

製造実行システム導入プロジェクトの計画作成に関する次の記述を読んで，設問 1 ～ 4 に答えよ。

T 社は，製造業向けのソリューションを得意とする SI 企業である。最近では，製造装置に複数設置されている制御装置から測定データを集約して製造工程を見える化し，生産計画と密接に連携しながら製造を進めるための製造実行システム（MES：Manufacturing Execution System）の導入が増えている。T 社は，MES 導入の実績が多く，顧客からの問合せも増えてきている。

年明け早々に，T 社は，中堅の食品メーカの K 社から，MES 導入の相談を受けた。K 社では，来年 6 月に，海外への製品の輸出を開始することが経営上の最重要課題であり，そのために製造装置を増設する工事（以下，増設工事という）を計画している。その増設工事に合わせて，増設する製造装置に対して MES を導入するプロジェクト（以下，MES プロジェクトという）を実施したいとのことであった。

増設工事の期間は今年 4 月から 8 か月を予定しており，その後，製造装置の試運転を行い，来年 4 月には商用運転を開始する予定である。

MES プロジェクトのスケジュールは，今年 4 月から開始し，製造装置の試運転の間に MES のテストを完了し，製造装置の商用運転からは MES を稼働する計画である。K 社の製品は数百種類に及び，いかに効率よくテストを行うかが課題となる。来年 6 月の製品輸出開始に向けて，このスケジュールは必達である。

K 社の製造装置の増設，MES プロジェクトの統括責任者は製造部門の L 部長である。

T 社は，経験豊富な U 課長を相談の窓口担当者とした。

〔MES の各機能の概要〕

U 課長は，K 社の経営上の最重要課題を確認して，海外のパートナ企業である W 社製のソフトウェアパッケージ（以下，W 社パッケージという）を導入するのがよいと判断した。そして L 部長に対し，W 社パッケージを前提に，図 1 に示す MES の構成図と，MES の機能の概要を次のとおり説明した。

・基本機能　：生産計画に基づき，製造の手順を決定し，作業員に対する作業指示を出し，実施された作業履歴を記録する。また，履歴管理機能のデータ収集条件の設定を行う。

・履歴管理機能：制御装置から測定データを抽出し，項目と時間軸をそろえた履歴データとして蓄積する。
・分析機能　　：生産計画を最適化するためにAI（人工知能）を活用した分析を行う。履歴データから関連性が高いデータ群を抽出したり，時系列分析によって製造プロセスの異常を発見したりする。このとき，一定期間の履歴データがそろっていること，履歴データのどの項目を使ってどのような分析をするかという生産計画最適化の基準が明確になっていることが，AI活用の前提となる。

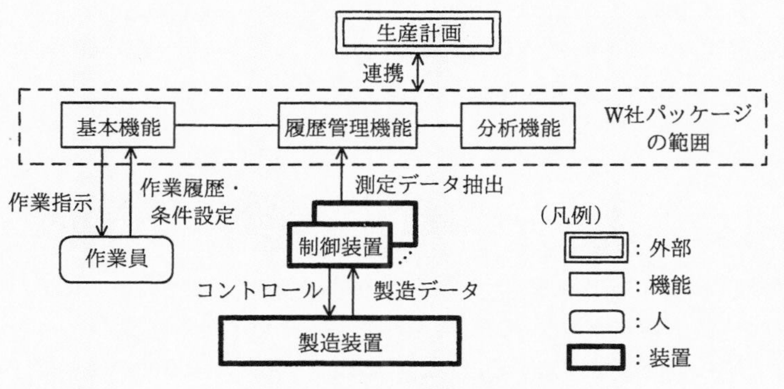

図1　MESの構成図

W社パッケージは世界各国で導入実績があり，国際的な機関から，製造管理及び品質管理に関する基準（GMP：Good Manufacturing Practice）の要求を満たしたMESとして認証を受けている。

K社の製品を海外へ輸出する場合，MESを含めた製造プロセスがGMPの要求を満たしているという認証を求められる場合があるが，W社パッケージをそのまま適用すれば，MESについては改めて認証を受ける必要はない。W社パッケージの機能を変更した場合や，MESを独自に構築した場合は，MESがGMPの要求を満たしているという認証を改めて受ける必要がある。その場合，認証を受けるための期間を追加で見込む必要があることから，スケジュールが長期化する。

L部長はこれらの説明に納得し，W社パッケージをそのまま適用する方針を前提にMES導入の支援をT社に依頼することにした。U課長はT社のプロジェクトマネージャ（PM）に任命された。

〔プロジェクト計画〕

U 課長は，図 2 に示す概略スケジュールを策定した。

月	4	5	6	7	8	9	10	11	12	1	2	3	4月以降
製造装置の増設	増設工事								試運転				商用運転 ▽ 輸出開始 (6月)
MESプロジェクト	ワークショップ												
	要件定義												
				パラメタ設計			パラメタ検証		全体テスト		運用テスト		
					パラメタ実装								

注記　破線矢印はスケジュールの同期を示す。

図 2 概略スケジュール

各作業の概要は次のとおりである。

・ワークショップでは，W 社パッケージの標準プロセスと現在の業務手順との違いを机上で確認し，差異一覧としてまとめる。

・要件定義では，MES の全体構成，生産計画との連携や制御装置とのインタフェース仕様の確定，W 社パッケージで実装するスコープの確定を行う。

・パラメタ設計では，差異を解消するために，W 社パッケージの標準プロセスのパラメタの設定をどのように変更するかを定義する。

・パラメタ実装では，定義したパラメタを W 社パッケージ上に実装する。

・パラメタ検証では，パラメタ設計での定義が W 社パッケージに正しく実装されたかどうかを検証する。

・全体テストでは，試運転期間中に，製造装置を実際に使って作業指示が適切に出せること，制御装置の測定データの抽出が正しく行えることを確認する。

・運用テストでは，試運転期間中に，変更した業務手順の確認も含めて，商用運転を想定した運用が実現できることを作業員が実際に確認する。

MES プロジェクトも増設工事も，作業期間の余裕はなく，どちらかのスケジュールに遅延が発生すると，4 月の商用運転開始に影響を与えることになる。

U 課長は，L 部長に対する要望事項を次のとおりまとめた。

・<u>①ワークショップでの確認の精度を高め，MES プロジェクトを予定期間で終了するためには，製品ごとに異なる複雑な製造プロセスを理解している作業員が，一定期間集中してワークショップに参加するようにしてほしい。</u>

・要件定義や進捗確認の定例ミーティングには，増設工事側の担当者も参加するようにしてほしい。

・生産計画最適化の基準となる KPI（Key Performance Indicator）を決めて，

早急に提出してほしい。

〔リスク対応計画〕

U 課長からの作業の概要と要望事項の説明に対し，L 部長から次の回答があった。

- K 社の作業員は全員，既存の製造プロセスを担当しており，ワークショップに集中させることは難しい。ワークショップ，パラメタ設計，パラメタ実装の段階は，できる限り T 社だけで実施してほしい。
- 増設工事側の担当者を要件定義や進捗確認の全ミーティングに参加させるのは難しい。必要な確認項目を限定してほしい。
- 生産計画最適化の基準となる KPI については，検討の方向性はまだ決まっていない。履歴データも今回増設する製造装置から収集を開始する。

この回答を受けて，U 課長は計画を見直し，L 部長に次の提案を行った。

- ワークショップで行う W 社パッケージの標準プロセスと現在の業務手順との違いの確認は，要件定義におけるスコープ確定の前提にもなるので，K 社が主体となって実施することが大切であり，そのためにもワークショップへの参加は不可欠である。仮にこれらを T 社だけで作業する場合には，既存の手順書を丹念に読み解き，不明な点は前提を置いて要件の確定をすることになり，検証段階での確認工数が増えることが想定される。また，T 社だけがリソースを増員しても，K 社の役割を代替することはできない。②K 社がどの程度工数を投入可能かによってプロジェクトのスコープを確定したい。
- 要件定義や進捗確認のミーティングでの増設工事側との確認事項は，増設工事から MES プロジェクトが影響を受ける，仕様の確認とマイルストーンの状況の確認に限定してよいが，定期的な協議が不可欠である。
- ③MES プロジェクトには，リソース及びスケジュールに関する二つのリスク源があり，スコープを，期限までに確実に完了させる部分と，来期以降へ先送りする部分とに分割する必要がある。スコープの分割は要件定義で検討して確定したい。そのために，まずワークショップ及び要件定義の契約を締結して進め，次に要件定義を終了した段階でその後の工程の見積りを行い，改めて契約を締結した上で進める形としたい。

L 部長はこの提案に同意し，要件定義を進めることにした。

〔要件定義〕

ワークショップ及び要件定義が進んだので，U 課長は，MES プロジェクトのスコープを確定するミーティングを実施して，次の提案を行った。

- GMP の認証を受ける期間的な余裕がないので，W 社パッケージをそのまま

適用する。 141
・基本機能と履歴管理機能については今回の開発対象として必須である。 142
・④分析機能は，AI 活用の前提が整っていないので，リリースを先送りするこ 143
とが妥当である。 144

その結果，L 部長の承認を得たので，K 社及び T 社は，これらの決定事項に 145
基づき，MES プロジェクトを進めることにした。 146

設問 1 〔MES の各機能の概要〕について，U 課長が，K 社の最重要課題を確認して，W 社パッケージをそのまま適用するのがよいと判断した理由は何か。30 字以内で述べよ。

設問 2 〔プロジェクト計画〕について，U 課長が，本文中の下線①のように考えた理由は何か。40 字以内で述べよ。

設問 3 〔リスク対応計画〕について，(1)，(2)に答えよ。

(1) U 課長が，本文中の下線②の提案をした理由は何か。40 字以内で述べよ。

(2) U 課長が，本文中の下線③のように考えた，リソース及びスケジュールに関するリスク源とは何か。それぞれ 25 字以内で述べよ。

リソース

スケジュール

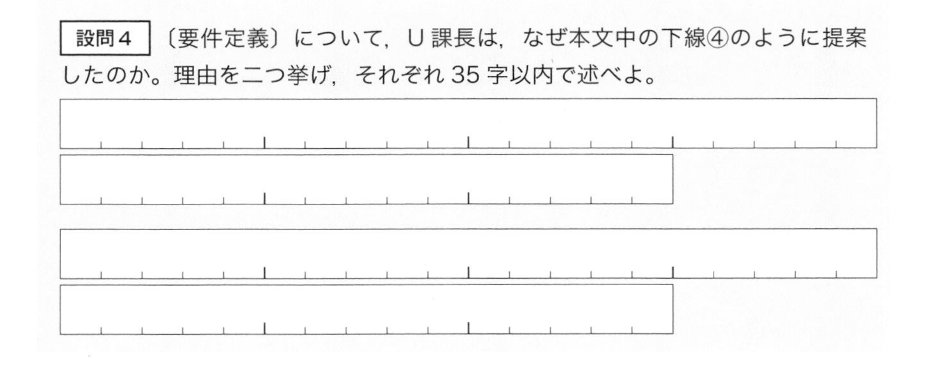

設問4 〔要件定義〕について，U課長は，なぜ本文中の下線④のように提案したのか。理由を二つ挙げ，それぞれ35字以内で述べよ。

試験センターによる出題趣旨・講評

【出題趣旨】

プロジェクトマネージャ（PM）は，プロジェクトに関わる様々なマネジメントの視点をもち，マネジメント項目間のトレードオフや，プロジェクトの外部との依存関係を把握し，適切にマネジメントする必要がある。

本問では，多くのステークホルダが存在するプロジェクトの計画策定において，スコープ，ステークホルダ，リスク，スケジュールなどのマネジメント項目間のトレードオフを把握し，プロジェクト計画を策定し，合意形成を行うといった，PMとしての実践的な能力を問う。

【採点講評】

問1では，プロジェクトの計画作成について出題した。全体としては正答率が高く，おおむね理解されていた。

設問2は正答率が低かった。ワークショップでは，W社パッケージの標準プロセスと現在の業務手順との違いを差異一覧にまとめることになっており，その精度を高めることで後工程での手戻りを防ぐという意図を理解してほしかった。

設問3(1)は，正答率が低かった。“K社の投入工数によってスコープが変わる”という設問の内容をそのまま記述した解答や，“MESプロジェクトのスケジュールに余裕がない”という一般論的な解答も多かった。スコープ確定の前提となるワークショップは，K社が主体となって実施することが大切であり，K社の投入工数のようなT社では調整できない外部リスク要因を，事前に排除したいという意図を理解してほしかった。

試験センターによる解答例

設問1

・GMP の認証に要するスケジュールリスクを軽減できるから
・GMP の認証が不要で，期間を短縮できるから

設問2

現状の製造プロセスが MES で正しく運用できることを確認する必要があるから

設問3

（1）T 社で調整できない要因でスコープが確定できないリスクを回避したいから
（2）リソース　　：ワークショップへの K 社作業員の参加の程度
　　スケジュール：増設工事が予定どおり 8 か月で終わるかどうか

設問4

・生産計画最適化の基準について検討の方向性が決まっていないから
・分析するために必要な期間の履歴データが蓄積されていないから

著者の解答例

設問1

GMP の認証が不要になり，スケジュールの短期化に寄与するから（30 字）

設問2

W 社パッケージの標準プロセスと現在の業務手順の違いを机上で確認する必要があるから（40 字）

設問3

（1）K 社作業員のワークショップ参加は不可欠であり，T 社が K 社の役割を代替できないから（40 字）
（2）リソース　　：K 社作業員全員のワークショップへの集中が難しいこと（25 字）
　　スケジュール：作業期間の余裕はなく増設工事の遅れも許されないこと（25 字）

設問4

・履歴データの収集は本番稼働後に開始され，一定期間分がそろっていないため（35 字）
・生産計画最適化の基準となる KPI は，検討の方向性でさえも未定だから（33 字）

解説

設問 1

問題文〔MES の各機能の概要〕の 1 文目（026 ～ 028 行目）は，下記のとおりです。

> U 課長は，**1** K 社の経営上の最重要課題を確認して，海外のパートナ企業である W 社製のソフトウェアパッケージ（以下，W 社パッケージという）を導入するのがよいと判断した。

上記**1**の下線部は，下記の問題文冒頭 5 文目（010 ～ 012 行目）**2**の下線部に示されています。

> **2** K 社では，来年 6 月に，海外への製品の輸出を開始することが経営上の最重要課題であり，そのために製造装置を増設する工事（以下，増設工事という）を計画している。

さらに，上記**2**の下線部内の“来年 6 月の海外への製品輸出開始”は，本プロジェクトの制約条件として，下記の問題文 冒頭の 8 ～ 9 文目（017 ～ 020 行目）**3**の下線部に説明されています。

> MES プロジェクトのスケジュールは，今年 4 月から開始し，製造装置の試運転の間に MES のテストを完了し，製造装置の商用運転からは MES を稼働する計画である。K 社の製品は数百種類に及び，いかに効率よくテストを行うかが課題となる。**3** 来年 6 月の製品輸出開始に向けて，このスケジュールは必達である。

上記**3**の下線部をヒントにして，解答は“来年 6 月の製品輸出開始に向けて，スケジュールが必達だから”（28 字）のようにまとめられますが，これでは不十分な解答です（100 点満点で 40 点程度と思われます）。図 1 から下へ 2 ～ 4 文目（057 ～ 063 行目）は，下記のとおりです。

> K 社の製品を海外へ輸出する場合，MES を含めた製造プロセスが GMP の要求を満たしているという認証を求められる場合があるが，**4** W 社パッケージをそのまま適用すれば，MES については改めて認証を受ける必要はない。**5** W 社パッケージの機能を変更した場合や，MES を独自に構築した場合は，**5** MES が GMP の要求を満たしているという認証を改めて受ける必要がある。その場合，認証を受けるための期間を追加で見込む必要があることから，スケジュールが長期化する。

上記2箇所の5の下線部が，上記3の下線部に反します。したがって，上記3と4と5の下線部を使って，解答は“GMPの認証が不要になり，スケジュールの短期化に寄与するから”（30字）のようにまとめられます。なお，〔要件定義〕の2文目（140～141行目）は，下記のとおりです。

> GMPの認証を受ける期間的な余裕がないので，W社パッケージをそのまま適用する。

上記も，本設問のヒントの一部になっています。

設問2

下線①を含む文（099～101行目）は，下記のとおりです。

> ①ワークショップでの確認の精度を高め，MESプロジェクトを予定期間で終了するためには，製品ごとに異なる複雑な製造プロセスを理解している作業員が，一定期間集中してワークショップに参加するようにしてほしい。

下線①内の“ワークショップ”での作業の概要は，下記の図2から下へ2文目(083～084行目）に示されています。

> ワークショップでは，W社パッケージの標準プロセスと現在の業務手順との違いを机上で確認し，差異一覧としてまとめる。

上記をヒントにして，解答は“W社パッケージの標準プロセスと現在の業務手順の違いを机上で確認する必要があるから”（40字）のようにまとめられます。なお，試験センターの解答例は，“現状の製造プロセスがMESで正しく運用できることを確認する必要があるから”であり，著者の解答例をさらに進め，下線①の目的のようにまとめられています。ただし，著者の解答例でも合格点に達していますので，解答例の差を気にしなくても構いません。

設問3

【1】

問題文〔リスク対応計画〕の3文目（111～112行目）は，下記のとおりです。

> ワークショップ，パラメタ設計，パラメタ実装の段階は，できる限りT社だけで実施してほしい。

上記は，U課長からの作業の概要と要望事項の説明に対するL部長からの回答の一部であり，これに対し，U 課長は計画を見直し，L 部長に下記を含む提案を行います。下線②を含む文および，その前の 1 ～ 3 文目（118 ～ 125 行目）は，下記のとおりです。

> ワークショップで行う W 社パッケージの標準プロセスと現在の業務手順との違いの確認は，要件定義におけるスコープ確定の前提にもなるので，K 社が主体となって実施することが大切であり，そのためにも1ワークショップへの参加は不可欠である。仮にこれらを T 社だけで作業する場合には，既存の手順書を丹念に読み解き，不明な点は前提を置いて要件の確定をすることになり，検証段階での確認工数が増えることが想定される。また，1T 社だけがリソースを増員しても，K 社の役割を代替することはできない。②K 社がどの程度工数を投入可能かによってプロジェクトのスコープを確定したい。

上記1の下線部をヒントにして，解答は“K 社作業員のワークショップ参加は不可欠であり，T 社が K 社の役割を代替できないから”（40 字）のようにまとめられます。

【2】

リソースのリスク源：

問題文〔リスク対応計画〕の 2 ～ 4 文目（110 ～ 114 行目）は，下記のとおりです。

> ・1K 社の作業員は全員，既存の製造プロセスを担当しており，ワークショップに集中させることは難しい。(中略)
> ・2増設工事側の担当者を要件定義や進捗確認の全ミーティングに参加させるのは難しい。

上記1と2の下線部が，本プロジェクトのリスク源であり，本設問の正解の候補です。下線③を含む文（129 ～ 131 行目）は，下記のとおりです。

> ③MES プロジェクトには，リソース及びスケジュールに関する二つのリスク源があり，3スコープを，期限までに確実に完了させる部分と，来期以降へ先送りする部分とに分割する必要がある。

上記3の下線部より，本設問が問うリスク源は，スコープを期限までに確実に完了させる部分と，来期以降へ先送りする部分とに分割しなければならないほど重大なものです。したがって，上記1の下線部が正解であり，解答は“K 社作業員全員のワークショップへの集中が難しいこと”（25 字）のようにまとめられます。

スケジュールのリスク源：
図2から下へ9文目（096～097行目）は，下記のとおりです。

> MESプロジェクトも増設工事も，作業期間の余裕はなく，どちらかのスケジュールに遅延が発生すると，4月の商用運転開始に影響を与えることになる。

上記が，本設問が問う“スケジュールのリスク源”のヒントであり，解答は“作業期間の余裕はなく増設工事の遅れも許されないこと”（25字）のようにまとめられます。

設問4

下線④を含む文（143～144行目）は，下記のとおりです。

> ④分析機能は，AI活用の前提が整っていないので，リリースを先送りすることが妥当である。

上記の“AI活用の前提”は，下記の問題文〔MESの各機能の概要〕分析機能の3文目（038～041行目）に示されています。

> このとき，❶一定期間の履歴データがそろっていること，❷履歴データのどの項目を使ってどのような分析をするかという生産計画最適化の基準が明確になっていることが，AI活用の前提となる。

下記の問題文〔リスク対応計画〕の7～8文目（115～116行目）は，下記のとおりです。

> ❸生産計画最適化の基準となるKPIについては，検討の方向性はまだ決まっていない。❹履歴データも今回増設する製造装置から収集を開始する。

上記❶の下線部は，上記❹の下線部によって否定されています。したがって，解答の1つ目は，それらを使って“履歴データの収集は本番稼働後に開始され，一定期間分がそろっていないため”（35字）のようにまとめられます。
また，上記❷の下線部は，上記❸の下線部によって否定されています。したがって，解答の2つ目は，”生産計画最適化の基準となるKPIは，検討の方向性でさえも未定だから”（33字）のようにまとめられます。

第4章

午後Ⅱ問題

SECTION 第4章 ▶ 午後Ⅱ問題

4-1 午後Ⅱ対策

4-1-1 午後Ⅱ対策全般

【1】午後Ⅱ問題の出題形式・試験時間など

午後Ⅱ（論述式）問題は2問出題され，1問を選択して解答します（平成25年度までは，3問出題されていました）。解答時間は120分，解答形式は，“論述の対象とするプロジェクトの概要”という用紙（本書のサポートサイトからダウンロードできます）への記入と，2,200字～3,600字の論文です。

POINT 午後Ⅱ（論述式）問題は，字数との戦いになる

2,800字の論文を2時間で完成させるには，1字当たり約2.6秒（単純平均）のスピードで書き続けなければなりません。こんなペースで2時間ずっと書き続けるのですから，頭も疲れますし，手も痛くなります。ぶっつけ本番では，手が痛くなる前にまず字数が埋まりません。受験に向けた練習方法を説明する前に，出題傾向を確認します。

【2】午後Ⅱ問題の出題分野別傾向

平成24～令和2年の午後Ⅱ問題を出題分野別に分類すると，下表になります。

年度	問	問見出し	品質管理	進捗管理	組織要員管理	スコープ管理	調達管理	リスク管理	コスト管理	変更管理	1ステ管理	その他
24	1	要件定義のマネジメント				○						
	2	スコープのマネジメント								○		
	3	利害の調整									○	
25	1	情報セキュリティの確保										○
	2	トレードオフの解消		△					△			
	3	工程の完了評価	△		△							
26	1	工数の見積りとコントロール							○			
	2	要員のマネジメント			○							

年度	問	問見出し	品質管理	進捗管理	組織要員管理	スコープ管理	調達管理	リスク管理	コスト管理	変更管理	1ステ管理	その他
27	1	サプライヤの管理					○					
	2	品質の評価，分析	○									
28	1	他の情報システムの成果物を再利用した情報システムの構築										○
	2	プロジェクトの実行中におけるリスクのコントロール						○				
29	1	信頼関係の構築・維持									○	
	2	品質管理	○									
30	1	非機能要件に関する関係部門との連携				○						
	2	本稼働間近で発見された問題への対応		△								△
31	1	システム開発プロジェクトにおけるコスト超過の防止							○			
	2	助言や他のプロジェクトの知見などを活用した問題の迅速な解決										○
2	1	未経験の技術やサービスを利用するシステム開発プロジェクト										○
	2	システム開発プロジェクトにおけるリスクのマネジメント						○				
合　計			2.5	1	1.5	2	1	2	2.5	1	2	4.5
構成比率（%）			12.5	5	7.5	10	5	10	12.5	5	10	22.5

注 1：上表の“1ステ管理”は，“ステークホルダー管理”の略称です。
注 2：各出題分野は，著者の独自分類によるもので，試験センターの出題範囲に準拠していません。
注 3：○＝ 100%，△＝ 50% を示しています。

POINT　品質管理とコスト管理の問題が，比較的よく出題されている

【3】練習する問題選択のポイント

受験者が，どの分野の問題を選択して準備するかは重要なポイントです。試験場で 2 問のうち，どちらの問題を選択するのかに迷う受験者はほとんどの場合，試験の準備不足です。テーマを絞って論文練習をしていれば，得意な分野と不得意な分野がわかっているので，得意な分野の問題を選択するだけです。

受験準備の段階で，どの分野の問題を選択すべきかといえば，①：頻出分野である　②：受験者がよく知っている　③：学習するのに抵抗感が少ない　に合致するものです。

筆者の過去の経験からいえば，組織要員管理を選択する受験者と組織要員管理以外を選択する受験者に大別されます。組織要員管理には，専門用語や鉄則のような強い技法が少なく，その分，文章の表現の良否が合格・不合格に直結しやすいです。そこで，文章表現に熟達している受験者が組織要員管理の問題を選択する傾向が強くあります。

組織要員管理を選択するか否かに関わらず，最初は，一つの分野の問題だけを集中的に練習し，“その分野の論文は書ける”と思ってから，次の分野の問題の練習に移るのが，合格しやすい練習方法です。

POINT　最低限２つ，なるべく３つの練習する分野を特定する

4-1-2 問題のスタイル

午後Ⅱ（論述式）問題は，スタイルが決まっています。次の例は，プロジェクトマネージャ試験 平成10年 問1（一部改題）ですが，現在の問題もこれとほぼ同じスタイルで出題されています。

問1　システムテスト工程の進め方について　←表題

（問題文）

システムテスト工程では，システムが運用可能なレベルにあることを確認するために，システムの機能や性能，操作性などについて総合的なテストが行われる。このテスト工程においては，テスト対象のシステムの品質が予想外に低い，計画したテストの手順・方法がうまく機能しない，テストツールが十分でない，必要なテスト環境が確保できない，などの要因から，計画どおりにテストを進めることが困難になることがある。

このような問題を乗り越えて，予定期間内に必要なテストを消化するためには，プロジェクトマネージャは，テスト順序の組替え，テスト方法の変更，テスト環境の強化などの施策をタイムリに実施する必要がある。

また，施策の実施が後手後手にならないようにするには，問題点の早期発見が重要である。これには，システムの品質やテストの進捗状況を正確に把握するためのデータの収集や分析などについての工夫も必要となる。

あなたの経験に基づいて，設問ア～ウに従って論述せよ。

（設問文）

設問ア　あなたが携わった情報システム開発プロジェクトの特徴と，システムテスト工程で直面した課題を，800字以内で述べよ。

設問イ	設問アで述べた課題に対し，あなたが実施した施策について，あなたの工夫を含めて，800 字以上 1,600 字以内で具体的に述べよ。
設問ウ	設問イで述べた施策・工夫について，あなたはどのように評価しているのか，また今後どのように改善したいと考えているのか，600 字以上 1,200 字以内で具体的に述べよ。

設問文

上記のように，最初に“○○について”という表題があり，問題文，設問文（設問ア・設問イ・設問ウ）の順になっています。このスタイルは現在に至るまで一貫しており，今後も変わることはないと考えられます。

4-1-3 解答字数と解答時間の配分

午後Ⅱ（論述式）試験は 120 分で，おおむね 2,200 字から 3,600 字の論文を書き上げる試験です。目標とする解答字数を 2,800 字として，解答字数と解答時間の標準的な配分を見ておきましょう。

【解答字数の配分】

	標準字数	制限字数
設問ア	800 字	800 字以内
設問イ	1,200 字	800 字～ 1,600 字
設問ウ	800 字	600 字～ 1,200 字
合　計	2,800 字	2,200 字～ 3,600 字

【解答時間の配分】

(1)：問 1 ～ 2 のいずれか 1 問を選択	2 分
(2)：“論述の対象とするプロジェクトの概要”の記入	2 分
(3)：問題文の熟読，キーワードの書き出し，論文構成の決定	16 分
(4)：設問アの論述	20 分
設問アまでの小計	40 分
(5)：設問イの論述	50 分
(6)：設問ウの論述	30 分
合　計	120 分

上記をまとめると，設問アは 800 字：40 分，設問イは 1,200 字：50 分，設問ウは 800 字：30 分と整理できます。これは，字数と時間の比率がほぼ，設問ア：設問イ：設問ウ＝ 2：3：2 になっていることを意味し，各設問の重要度とも一致しています。

POINT 設問ア・イ・ウの字数・時間配分は，約 2：3：2

4-1-4 試験場での問題選択

慎重に時間をかけて問題を選択したいところですが，じっくり選択しているうちに時間はどんどん過ぎてゆき，論文を書く時間が減ってしまいます。筆者は，2分で問題を選択することを勧めています。あらかじめ準備してきた問題の分野（品質管理，進捗管理など）を中心にして，素早く選択します。

問題を選択したら，必ず解答用紙の選択欄の問題番号に○を付けます。○をつけないと，問1を選択したものとみなされてしまいます。

4-1-5 “プロジェクトの概要”の書き方

問題を選択したら，“論述の対象とするプロジェクトの概要”（以下，プロジェクトの概要と略します）を記入します。“プロジェクトの概要”は，採点者が受験者の置かれた立場や状況を知るために利用されます。採点者はこれを見て，受験者がどのようなプロジェクトに参画したのかを理解しながら，論文を採点します。

試験場で初めて“プロジェクトの概要”を書こうとすれば，たいていの受験者は20分以上の時間がかかるでしょう。そこで，受験前に論文に書くプロジェクトの状況を整理し，最低でも1回は“プロジェクトの概要”を書き，準備しておきます。

著者が想定する，試験場での“プロジェクトの概要”の記入時間は2分です。これを書くのに10分も使ってしまえば，その分，論文を書く時間が不足するので，できれば1分ぐらいで書きたいものです。そこで，試験準備の段階で，“プロジェクトの概要”の例を1～3つ書いて練習しておきます。具体的な書き方は，下表のとおりです。

1. 名称	下記の例にもあるように“保険会社におけるインターネット口座開設・申込システムの再構築”といったように長めに書きます。“口座申込システム”のように短いと，採点者に与える情報量が不足します。
3. 企業・機関等の規模	この項目を含めて“わからない”という選択肢がいくつかありますが，これには○をつけません。わからない場合は，あらかじめ調べておきます。
9. 総工数 10. 費用総額	1人月単価が10万円とか，1,000万円とか非常識な金額にならないようにチェックします。例えば，“9. 総工数”が200人月で“10. 費用総額”がハードウェア費を含まないで，30百万円とすると，3,000万円÷200人月＝15万円／人月となり，現実からかけ離れています。1人月単価がおおむね60～120万円になるようにします。
13. あなたの担当したフェーズ	1. システム企画・計画～4. システムテストのすべてに○を付けます。もし，移行に関する問題が出題されたのであれば，5. 移行・運用にも○を付けます。
14. あなたの役割	受験者はプロジェクトマネージャなので“プロジェクトの全体責任者”に必ず○を付けます。
15. あなたの管理対象人数	人数をゼロや1にしません。6～20名ぐらいがいいでしょう。
16. あなたの担当期間	11. 期間と，完全に一致させます。

"プロジェクトの概要"の例

質問項目	記入項目
プロジェクトの名称	
①名称 30字以内で，わかりやすく簡潔に表してください。	保険会社におけるインターネット口座開設申込システムの開発 【例】1. 小売業販売管理システムにおける売上統計サブシステム 2. パッケージソフト適用による分散型生産管理システム 3. クライアントサーバ型システム向け運用支援システム
システムが対象とする企業・業種	
②企業・機関等の種類・業種	1. 製造 ②金融・保険・不動産 3. 商社・卸・小売 4. 建設 5. 運輸・通信 6. 公共サービス 7. 情報処理 8. 医療 9. 出版・新聞・放送 10. その他サービス 11. 官公庁 12. 教育・研究 13. 農林・水産 14. 特定業種なし 15. その他（ ）
③企業・機関等の規模	1. 100人以下 2. 101～300人 3. 301～1,000人 4. 1,001～5,000人 ⑤5,001人以上 6. 特定しない 7. わからない
④対象業務の領域	1. 経営・企画 2. 会計・経理 ③営業・販売 4. 生産・物流 5. 人事 6. 管理一般 7. 一般事務処理 8. 研究・開発 9. 技術・制御 10. その他（ ）
システムの規模	
⑤主なハードウェア	1. クライアントサーバシステム（サーバ 約 台） ②Webシステム（サーバ 約 5 台） 3. メインフレーム又はオフコン（約 台） 4. 単一部署内 5. なし 6. その他（ ）
⑥ネットワークの範囲	①他企業・他機関との間 ②同一企業・同一機関の複数事業所間 3. 単一事業所内 4. 単一部署内 5. なし 6. その他（ ）
⑦システムの利用者数	1. 1～10人 2. 11～30人 3. 31～100人 4. 101～300人 5. 301～1,000人 6. 1,001～3,000人 ⑦3,001人以上 8. わからない
⑧システムの端末数	1. 1～10台 2. 11～30台 3. 31～100台 4. 101～300台 5. 301～1,000台 6. 1,001～3,000台 ⑦3,001台以上 8. わからない
プロジェクトの規模	
⑨総開発工数	①（約 300 ）人月 2. わからない
⑩開発費総額	①（約 280 ）百万円（ハードウェア費用を ア. 含む ㋑含まない） 2. わからない
⑪開発期間	①（2017年 8 月）～（2018年 9 月） 2. わからない
システム開発におけるあなたの立場	
⑫あなたが所属する企業・機関等	①ソフトウェア企業・情報処理サービス企業等 2. コンピュータ製造企業・販売企業等 3. ユーザ企業等のシステム部門 4. ユーザ企業等のその他の部門 5. その他（ ）
⑬あなたが担当したフェーズ	①情報戦略立案 ②システム企画・計画 ③システム設計 ④システム運用 ⑤プロジェクト管理 6. 技術支援 7. プログラミング 8. その他
⑭あなたの役割	①全体責任者 2. チームリーダ 3. チームサブリーダ 4. スタッフ 5. その他
⑮あなたの管理対象人数	（約 18 人～約 30 人）
⑯あなたの担当期間	（2017年 8 月）～（2018年 9 月）

注：試験場で配られる"プロジェクトの概要"は，上記と若干異なることがあります。

4-1-6 論文構成（下書き）の書き方

次に論文構成（下書き）を作成します。"論文構成"とは，本文を書き始める前に，その骨子を考えてまとめる下書きのことです。いきなり，プログラムを書き始めるのではなく，はじめに設計書を作成するのに似ています。大まかな骨組みを書き出してから，それに基づいて本文を展開します。

論文を1度も書いたことがない受験者は，ほとんどの場合，論文構成を書けません。プログラムを書いた経験のない者が，プログラム設計書を書けないのと同じ理由です。

そこで，ここでは先に設問ア・イ・ウの書き方を説明し，それをまとめる形で，論文構成（下書き）の書き方を説明します。"午後Ⅱ対策 4-1-10 論文構成（下書き）の書き方"を参照してください。

4-1-7 設問アの書き方

設問アは，出題されている分野に関して受験者がシステム開発に携わったプロジェクトの概要，その背景・目標・特徴などを書かせる設問です。

平成21から令和2年の設問アの内容は，次のように分類されます。

内容	出題数
プロジェクトの特徴と，表題を問うもの	11
プロジェクトの特徴と，目的や目標を問うもの	5
プロジェクトの特徴と，チーム編成やメンバ構成を問うもの	3
プロジェクトの特徴と，組織やコストの構成を問うもの	2
プロジェクトの特徴と，プロジェクトの背景を問うもの	1
プロジェクトの特徴と，制約条件・要求事項・システム要件を問うもの	2
プロジェクトの特徴と，その他の何かを問うもの	5
合　計	29

このように，設問アには，"プロジェクトの特徴"と"もう一つ"の何かを書きます。また，設問アには，"800字以内で述べよ"という字数制限が付きます。そこで，設問アは"プロジェクトの特徴"を400字，設問アに書かれている"もう一つの何か"を400字のように半分ずつに分けて書きます。そして，なるべく合計800字ギリギリまで書き，600字を下回らないようにしましょう。

POINT 設問アは，"プロジェクトの特徴"400字，"もう一つの何か"400字

【1】プロジェクトの特徴の書き方

プロジェクトの特徴は，下図のように，おおむね3つの部分に分けて論述します。

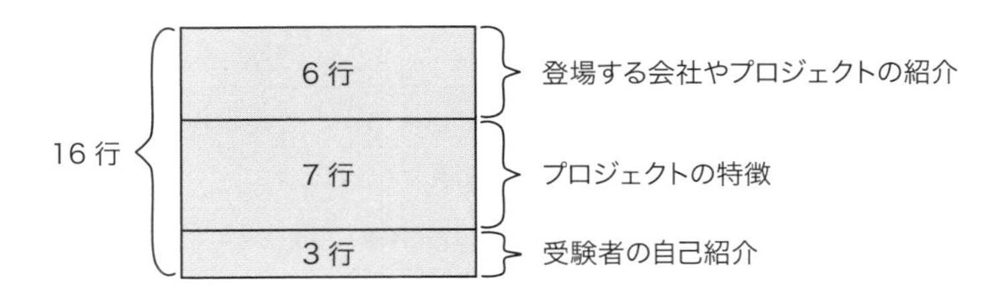

①：登場する会社やプロジェクトの紹介

論文に登場する会社や機関（例えば，株式会社，市町村，公益法人，協同組合など）を書きます（以下，会社や機関を総称して会社と表記します）。会社名は，必ず英字の大文字 1 文字で表現し，H 社や K 法人といった名称にします。言いかえますと，トヨタ自動車（株）のような固有名詞を論文には書きません（これは論文全体についていえることですが，当試験は国家試験ですので，マイクロソフト Windows10・オラクルデータベース 12c・SAP R/3・キヤノン ビジネスプリンタ MB5330 などの製品名も論文に書いてはいけません）。

基本的に，システムを開発し，利用する会社 1 社だけを書きます。協力会社やソフトウェア部品を提供する会社などを論文に登場させる場合もありますが，なるべく登場する会社数が少ないほうが書きやすいです。

会社名以外で，会社やプロジェクトを紹介する文章には，“プロジェクトの概要”の“企業・機関等の種類・業種”・“企業・機関等の規模”・“対象業務の領域”・“主なハードウェア”・“開発期間”などを書きます（“プロジェクトの概要”と矛盾しないように注意してください）。

②：プロジェクトの特徴

本来，プロジェクトの特徴には，良い特徴と悪い特徴があるはずですが，ここでは，悪い特徴を書きます（ただし，論文に“プロジェクトの悪い特徴”とは書きません。）。プロジェクトの特徴とは，プロジェクトマネージャにとって不都合な状況や背景であり，プロジェクトマネージャが認識しているプロジェクト管理・運営上のリスクともいえます。

設問イではプロジェクトマネージャが，プロジェクトを管理・運営する上での工夫が問われます。その設問イのプロジェクトマネージャが実行した工夫の背景にある不都合な状況を設問アに書きます。

POINT　プロジェクトの特徴 = プロジェクトマネージャにとって不都合な状況

プロジェクトマネージャがプロジェクトを管理・運営する上での不都合な状況の典型例は，以下のとおりです。

・システム開発規模が大きい。
・開発規模に比較して，開発工数が不足している。手戻りが許されない。
・本番稼働時期が明確に決まっており，納期厳守である。
・チームリーダもしくはメンバの能力が低い，もしくはバラツキが大きい。
・チームリーダもしくはメンバのモチベーションが低い，もしくは協力関係を築けていない。
・新技術を採用する，もしくは未経験の技術を使用して開発する。
・開発するシステムに組み込んで使用するミドルウェアのバージョンアップが予定されており，その初期不良が予想される。
・多数の開発拠点が，分散してかつ遠距離にある。
・ユーザの要求事項は多様であり，スコープの絞り込みに手間取る，もしくは開発工数を超えるスコープが提示される。
・ユーザの要件定義があいまいで，仕様変更が頻発すると予想される。
・ユーザの要求定義は明確だが，複雑もしくは難解であり，外部設計で欠陥が混入しそうである。
・協力会社の依存度が高く，協力会社がさらに他の会社に請け負わせている可能性が高く，本当の開発メンバが明瞭ではない。責任の所在がはっきりしない。
・前回の類似プロジェクトで，大幅な納期遅延が発生した。
・旧システムを刷新する開発において，旧システムの設計書が最新性を失っている。また，旧システムの開発者は，すべて退職している。

上記の不都合な状況の例は，どれを論文に書いてもよく，優劣はありません。1つの特徴では7行程度になりそうにないのであれば，2つ，3つと複数書いても構いません。ただし，どれを選ぶかは問題のテーマにしたがって，それに沿ったものを選びます。また，この不都合な状況には，設問イにおいて予防・解決などの何らかの措置が講じられなければなりません。したがって，何らの対応措置を思いつく特徴を選びます。

× 悪い例（不都合な点を示していない）

当プロジェクトのAチームは，比較的少人数のメンバで構成され，スキルや経験も豊富な熟練者が多かった。また，Aチームが担当する開発規模は小さいため，作業進捗も順調に推移していくと予想された。

◎ 良い例（不都合な点を示している）

当プロジェクトのAチームは，初級者が多く，システム開発経験も不足していた。また，Aチームが担当する機能の難易度は低いが，開発規模は大きく，手戻りが許されない状況だった。

③：受験者の自己紹介

受験者の立場・役割を採点者に示すために，“私は，プロジェクトマネージャである”というような1文を最低限入れます。

これに対し，“私は，人材サービス会社から派遣されるSE（システムエンジニア）です。プロジェクトマネージャらしい仕事を一度もしたことがありません。設問アの概要部分に，私はSEだと書いてもよいでしょうか？”という質問がよく出されます。答えは，“×”であり，プロジェクトマネージャであると書くべきです。その理由は，そのほうが書きやすいですし，採点者も読みやすいからです。“ウソを書くべきです”と積極的に勧めているわけではありませんので誤解しないでください。当試験の論文は，2,800字程度を2時間で仕上げなければなりません。“私はプロジェクトマネージャの役割を担当した経験はないのだが，その勘所をよく知っているし，やろうと十分に思えば担当できる”といったわかりにくい立場で論文を書くと時間がかかってしまいます。ウソであっても“私はプロジェクトマネージャの経験があるし，その役割や専門的知識を熟知している”としたほうがスッキリした論文になります。

POINT “私はプロジェクトマネージャである”と言い切る

【2】設問アの“もう一つの何か”の書き方

設問アで問われるプロジェクトの特徴以外の“もう一つの何か”は，問題ごとに異なっており，的確な出題予想ができません。ここでは，過去の出題傾向から見て，比較的よく問われているものを下記に説明します。

①：表題を問うもの

表題とは，各問の最初に記述されている“○○について”という箇所です。例えば，平成24年度の問3には“システム開発プロジェクトにおける利害の調整について”という表題がつけられています。これに対し，設問アでは，“利害の調整が必要になった問題とその関係者”を問われています。つまり，設問アで表題に関する状況説明を求められています。ただし，各問の表題に類似性は少なく，これだけを切り出して準備することは困難です。例えば，平成25年度の問3の表題は“システム開発プロジェクトにおける工程の完了評価”，設問アでは“完了評価を行った工程の1つについて，その概要，その工程の完了条件と次工程の開始条件”を問われており，平成24年度の問3との類似点を見つけにくいです。

しかし，論文を1つずつ書いていけば，論述するストーリ（論述するプロジェクトの内容）が安定してきて，自然と書けるようになるので，ここではこれ以上の説明を割愛します。

②：目的や目標を問うもの

目的は“最終的に到達しようとすること”であり，目標は，“目的を達成するために設定した指標のこと”ですが，当試験の論文では，それほど明確な差はなく，目標は目的を詳細化・具体化したものであると解釈しても構いません。ここでは，目標に絞って，説明を続けます。

当試験の論文問題では，“プロジェクトの目標”と，開発する“システムの目標”の２つが問われますので，その違いを意識しなければなりません。

- **プロジェクトの目標**…システム開発業務もしくはシステム開発過程の中での目標
  例：納期遵守，進捗遅れにつながる兆候の把握，欠陥摘出率　５件／ｋステップ以上，欠陥を次工程に持ち越さない厳格な設計レビューの実施，プロジェクト予算の超過ゼロ，メンバの連帯意識形成とコミュニケーションの円滑化
- **システムの目標**…システムが本番稼働した後の目標
  例：ピーク時のレスポンスタイム３秒以内，定期保守を除く年間稼働率99.99%，パート社員でも使いやすい入力画面，利用者が３倍になっても対応できるシステム構成

③：チーム編成やメンバ構成を問うもの

プロジェクトの中に，２～３チームを編成します。下記のような幾つかのチームの編成方法がありますが，どの方法を採用しても構いません（＝論文が採点される上での優劣はありません）。

(i) フェーズ別チーム編成

要件定義チーム，設計チーム，製造チームのような分け方です。要件定義チームは運用テストを，設計チームは総合テストと結合テストを，製造チームは単体テストを兼務します。

(ii) 機能別チーム編成

開発するシステムの主要な機能別にチームを編成します。例えば，販売管理システムの場合，受注機能チーム，出荷機能チーム，請求入金チームなどです。各チームは要件定義から総合テストまでのすべてフェーズを担当します。

(iii) 動作機器別チーム編成

モバイル端末チーム，クライアントPCチーム，アプリケーションサーバチーム，データベースサーバチームなどのプログラムが動作する機器もしくは基本ソフトウェア別のチーム編成です。チームごとに開発するプログラム言語が異なっている場合に，採用されることが多い編成方法です。

(iv) 会社別チーム編成

協力会社がプロジェクトに参画している場合，発注会社のチームと協力会社のチームの２チームを編成することがあります。この場合，チーム間でコミュニケ

ーションが不足しがちになるので，プロジェクトマネージャはその点，何らかの配慮をしなければなりません。

また，体験したプロジェクトにおいて，5～8チームがあった場合でも，名称をつけて論文に登場させるのは，そのうち2～3チームにします。論文に登場しないチームは，“その他4チームを編成した”といった表現で，詳細な説明を割愛します。

各チームには，3～7名程度のメンバを配置しますが，すべてのメンバを論文内で紹介することは字数的に不可能なので，その中の1～2名だけにS氏とかF君といった名称をつけて，その役割・活動・優秀な点・失敗した点などを論述します。

④：プロジェクトの背景を問うもの

背景とは，物事の背後にある事情や状況のことです。プロジェクトの背景とは，プロジェクトが立ち上げられる契機（きっかけ）となった事情や状況であり，例えば，下記のような具体例が考えられます。

- 情報システムの運用を開始して20年近くが経過し，システム保守だけでは，利用者の要望に対応できなくなった。
- 会社の経営者層は，業務革新もしくは業務効率を向上させるために，従来運用してきた旧システムを，ERPパッケージをカスタマイズした新システムに刷新する意思決定をした。
- インターネットとの連携を強化するために，メインフレームやクライアントサーバシステムで稼働していたシステムを，Web技術を用いたシステムに移行させる必要が生じた。

ただし，プロジェクトの背景は，前記4-1-7【1】①“登場する会社やプロジェクトの紹介”と重複することあるので，書き分けなければならないことがあります。

【3】設問アのその他の注意事項

①：図表を書かない

これは設問ア・イ・ウに共通していえますが，図表は不要です。図表を描けば一目でわかるし，採点しやすいだろうといった考えは，正しくありません。

図表を書かねばならないほどの複雑なシステム構成・錯綜するステークホルダーの利害関係，10以上のチームとその編成等は，2,800字の論文には収まりません。もし，システム構成等があった場合は，図表を描くのではなく，テーマを絞り込み論述内容を単純化します。採点者が知りたいのは，複雑なシステム構成やネットワーク構成等ではなく，受験者がプロジェクトマネージャとしての知識・能力を保有しているかという点です。また，実際に論文を書いてみると2,800字という字数では，そんなに多くのことが書けません。体験したプロジェクトの運営内容をすべて盛り込もうとすると，無理だと気が付きます。したがって，“頑張っても，論文にはプロジェクトの一部の内容しか書けないのだ”と想定した上で，論文練習をしましょう。

②：“○○した”を書かない

設問アは，起承転結の“起”の部分です。設問アで書く必要があるのは，プロジェクトの概要と，プロジェクトマネージャにとっての不都合な状況であり，基本的に受験者が何をしたのかは問われません。

受験者が実行したことや工夫したことを書くのは，設問イです。もし，設問アに，実行したことを書いてしまうと設問イに書くことがなくなるか，同じことを設問アとイに重複して書くことになります。したがって，設問アでは，基本的に“○○した”，“○○させた”といった表現を書きません。2,800字程度の論文内に，論述内容の重複があると，“書く内容がないので水増ししている”と評価され，減点されます（論述内容に重複がなければ，設問アに“○○した”を書いてもかまいません）。

× 悪い例（設問アに“○○した”と書いてしまった）
当プロジェクトの特徴は，開発規模が大きく，インターネットのWeb新技術を利用することだった。そのため，私は，Web新技術を試行する専門チームを編成し，プロトタイプの設計と評価を担当させた。

◎ 良い例（設問アに“○○した”を書いていない）
当プロジェクトの特徴は，開発規模が大きく，インターネットのWeb新技術を利用することだった。このWeb新技術を利用したアプリケーションは，A社にとって初めて開発されるものであり，A社に知識や経験の蓄積はなかった。

POINT 論文の中に，同じ内容を二度書かない

4-1-8 設問イの書き方

【1】枕を振る

設問イの冒頭では，“枕を振る”と便利です。“枕”とは，問題の主旨をまとめ，何を論述しようとしているのかを明示する短文です（“枕”とは，落語の用語であり，当試験に関連がない用語ですが，わかりやすさを狙って使っています）。

枕は，ほとんどの問題文に書いてあります。例えば“第4章1-2問題のスタイル”に掲げた問題文では，最初の部分に“システムテスト工程では，システムが運用可能なレベルにあることを確認するために，システムの機能や性能，操作性などについて総合的なテストが行われる”と書かれており，これが枕です。たったの3行程

度の文ですが，本問の主旨である“システムテスト工程”の意義が，うまくまとめてあります。

これをそのまま設問イの冒頭に書いてもよいですが，なるべく“私は，システムテスト工程では，システムが運用可能なレベルにあることを確認するために，システムの機能や性能，操作性などについて総合的なテストを行おうと考えた”といった自己の体験談として表現するほうが望ましいです。見出しは，“1．システムテスト工程の意義”とすればよいでしょう。この枕を設問イに書くと，論文が落ち着いた感じになりますし，書いている受験者も“とにかく，2～3行は書けた”という安心感を得られます。

【2】問題文との整合性をとる

試験場で配布される午後Ⅱ（論述式）問題冊子の最終ページには，解答に当たっての諸注意が記載されています。その6.(1)に「問題文の趣旨に沿って解答してください。」となっています。この意味は，“問題文の中に論述してほしい解答の趣旨が書いてある”ということです。もし，問題文に沿った内容になっていない場合には減点されるので，受験者にとって“問題文は採点基準である”と解釈しても差し支えありません。

“第4章 4-1-2 問題のスタイル”に掲載した問題の設問イは，“設問アで述べた課題に対し，あなたが実施した施策について，あなたの工夫を含めて，800字以上1,600字以内で具体的に述べよ。”です。これに対し，問題文の第2，3段落は，下記のようになっています。

> このような問題を乗り越えて，予定期間内に必要なテストを消化するためには，プロジェクトマネージャは，❶テスト順序の組替え，テスト方法の変更，テスト環境の強化などの施策をタイムリに実施する必要がある。また，❷施策の実施が後手後手にならないようにするには，問題点の早期発見が重要である。これには，❸システムの品質やテストの進捗状況を正確に把握するためのデータの収集や分析などについての工夫も必要となる。

上記❶の下線部の最後の“～必要である”，上記❷の下線部の最後の“～重要である”と断言している点が重要です。もし，テスト順序の組替え，テスト方法の変更，テスト環境の強化などの施策をタイムリに実施していない，問題点の早期発見をしていない内容を書くと減点されます。

また，上記❸の下線部が，設問イの“あなたの工夫”に対応する部分です。この❸の下線部の最後も“必要となる”と断言しています。

出題者は，なぜこんなヒントを問題文に与えているのかというと，設問ア・イ・ウだけでは，受験者の論文の内容と書き方がバラバラになりすぎ，採点が困難になるからです（採点が不公平になる，もしくは採点に時間が掛かりすぎるということもあります）。もちろん，問題文に書いてあるヒント以外の論旨を展開して，合格する受験者もいますから，この論述方針は合格の必須条件ではありません。しかし，出題者がせっかく作ってくれたヒントですので，受験者はこれに従った論文を書くほうがよいと考えられます。

POINT　できるだけ問題文をそのまま論文の骨子にする

【3】見出しに対応する結論を明示する

論文の中で肝心な箇所は，結論です。結論は，基本的に“私は，△△を○○した”という文になります。採点者は，受験者が何を考えて何をしたのかを採点ポイントにします。そこで，”私は，△△を○○した”もしくは“私は○○と考えた”という文が必要です。

日本語では，しばしば主語が省略され，特に“私は”という主語は省略されがちです。それだけに“私は”は，意識的に書こうとしないと書けない言葉であり，論述式試験を難しくしている理由の1つにもなっています。同じ結論を書くにも一般論ではなく，自分が考え実践したように書くことが重要です。

POINT　結論部分には“私は，△△を○○した”を入れる

×“私は”が書かれていない悪い例

新システムの設計仕様は複雑であり，仕様変更が多発するものと予想された。仕様変更を極小化し，設計品質を向上させるために，シミュレーションソフトウェアが開発された。

◎“私は”が書かれている良い例

私は，新システムの設計仕様は複雑であり，仕様変更が多発するものと予想した。そこで，私は仕様変更を極小化し，設計品質を向上させるために，シミュレーションソフトウェアの開発を計画した。

“私は，△△を○○した”という文の△△には，プロジェクト管理・運営上のキーワードである“品質管理”や“進捗遅延対策”などを入れます（キーワードは，第2章に多数あります）。また，○○の動詞には，プロジェクトマネージャとしての判断や行動を示す用語を入れます。例えば，下記のような動詞です（ただし，“○○した”の代わりに“○○させた”を使うこともよくあります）。

計画した。参画した。調査した。収集した。対象とした。招集した。用意した。分類した。整理した。把握した。認識した。理解した。見積もった。レビューした。参考にした。判断した。判定した。選定した。決定した。採用した。設定した。伝達した。取り扱った。注意した。配慮した。勘案した。検討した。対応した。例示した。作成した。記載した。統合した。分割した。削除した。検証した。評価した。詳細化した。整備した。準備した。具体化した。指示した。確保した。明確にした。追求した。説明した。予想した。予測した。推定した。実施した。実行した。定義した。適用した。照合した。比較した。対比した。承認を得た。策定した。立案した。割愛した。推進した。回避した。調整した。改訂した。識別した。貢献した。

“私は，△△を○○した”という文章を書く上での注意点の1つに，プロジェクトマネージャとしての立場があります。当試験上でのプロジェクトマネージャは，専業の監督者ですので，設計・プログラム作成・テスト実施などの作業は，基本的に行いません。“○○チームのK氏は多忙を極めていた。そこで，私はK氏の画面設計作業の一部を担当した”といった文は，一見すると受験者は“親切な”・“面倒見のよい”プロジェクトマネージャだと解釈され，採点上有利になると思われますが，そうではありません。逆に，採点者は“このプロジェクトマネージャは，メンバの負荷を考慮したRAM（Responsibility Assignment Matrix）を計画していない”と判断し，減点対象にします。したがって，“手伝った”・“代行した”・“肩代わりした”といった動詞は，基本的に書くべきではありません。

POINT　プロジェクトマネージャは，設計やプログラミングを手伝わない

もう一つ重要な結論の書き方は，見出しとの対応です。見出しは“1．○○”のように記述され，採点者の注意を引く部分です。見出しに続く本文には，見出しに対する結論がなければなりません。

例えば，“1．私が採用した進捗管理の仕組み”いう見出しを書いたとしましょう。採点者は，その見出しの下にある本文の中から，その結論部分であるプロジェクトマネージャとしての施策を探します。もし，結論が書かれていなければ，採点者は採点不能になります。そこで，“私は，下記2点の進捗管理の仕組みを，請負契約の付属明細書に記述した。①：B社が作成したWBSのワークパッケージ数を進捗管理の基礎数値にする。②：私は，サプライヤが新規開発分である3機能の機能別に（後略）”といった，見出しが含まれている文を，その見出しがある段落のどこかに論述します（見出しが含まれている文がなくても，見出しの内容が明確に読み取れるのであれば，見出しが含まれている文は不要です）。

【4】論述の優先順位を遵守する

設問イに書くべき内容の優先順位は，下図の３つに分けられます。

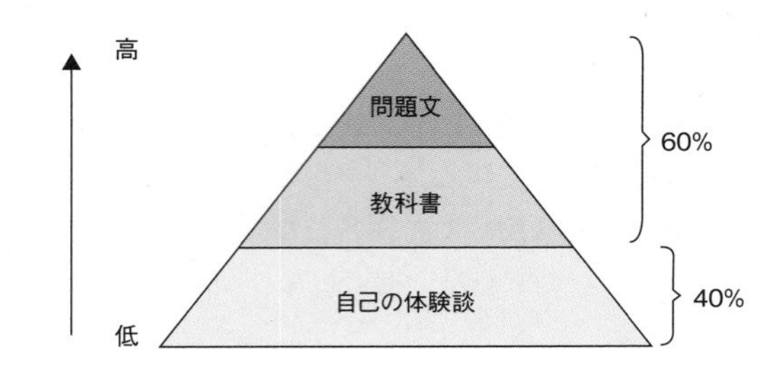

図中の“問題文”,“教科書”,“自己の体験談”が設問イに書くべき内容です。まず，“問題文”が優先順位１であることは，上記の“問題文との整合性をとる”で解説したとおりです。

優先順位２は，“教科書”です。ここでいう教科書とは，本書も含めた受験参考書に記載されているプロジェクト管理に関する原理・原則です。“ワークパッケージ”や“クリティカル・パス”といったキーワードやそれを含む文と考えても構いません。採点者が考える優秀なプロジェクトマネージャとは，独自のプロジェクト管理手法を駆使する者ではありません。**採点者は，ごく一般的なプロジェクト管理手法を確実に実行している者を優秀とし，そのような論文を書いた者を合格者とします**。受験者は，いわゆる教科書的な内容を，自ら実行したと書かねばなりません。

また，教科書的な内容とは，“具体的にはPMBOKである”と考える受験者がいますが，そうではありません。PMBOKは，あらゆるプロジェクトに適用できるノウハウ体系であり，情報システム開発に特化したものではありません。PMBOKは，教科書的な内容を含んでいますが，それでは足りないです。では，教科書的な内容とは何かといえば，当試験の午前Ⅱ・午後Ⅰ問題およびその解答例を集大成したものであるといえます。出題者や採点者は，当試験用の教科書を作っていないので，採点者が考えている教科書的な内容を，午前Ⅱ・午後Ⅰ問題およびその解答例から抽出するしか，他に方法がないのです（試験センターはシラバスを公開していますが，シラバスは論述すべき内容までには詳細化されていません)。本書では，第２章 基礎知識＋午前Ⅱ問題と第３章 午後Ⅰ問題が，教科書的な内容に該当しますので，それに合致するように，論文を書いてください。

最後の優先順位３は，“自己の体験談”です。問題文の最後（設問アのすぐ上）には，かならず“あなたの経験と考えに基づいて，設問ア～ウに従って論述せよ”という文があります。したがって，論文には一般論ではなく，自己の体験談を書かねばなりません。自己の体験談とは，“私は，○○した”というようなプロジェクトマネージャとして実体験したことの論述です。教科書的な内容を，今回論述の対象としているシステムに当てはめた具体例といっても構いません。

著者の教科書的な内容と体験談の字数配分の目安は，問題文＋教科書的な論述＝60%，自己の体験談＝ 40% です。採点者が読みたい（＝採点したい）のは，問題に合致している論文，教科書的な知識を使っている体験談ですから，なるべく教科書的な内容を増やしたほうが採点上有利になります。

【5】数字を多数入れる

論文の中に数字が書かれていると，採点者は“客観的であり正確な論文である”と評価します。例えば，“私は，新システムを独立性が高い機能に分割する開発方針を決定した”よりは“私は，新システムを独立性が高い 9 機能に分割する開発方針を決定した”のほうがよいのです。“9 機能”という部分が，数字が入った表現になっています。少しの違いしかないように思えますが，定量的な表現は，論文内容を引き締め，実話らしく見せる効果を与えます。

論文に書く数字は，開発工数でも摘出欠陥数でも何でも構いませんが，試験場で急に思いつくことは難しいので，論文練習中に準備しておく必要があります。具体的な数字を思い付きにくい場合は，本書の論文例や午後 I の問題を参照するとよいでしょう。

また，採点者は，論文に書かれている動詞の時制（過去形・現在形・未来形）に注目します。当然ですが，論文は試験日に書かれているので，論文内の現在を示す時点は“試験日”です。試験日現在に妥当している事実や評価は，“○○している”のような現在形にし，試験日から見て過去の事実や判断したことを書く場合は“○○した”のような過去形に表現しなければなりません。ただし，過去の事実を強調するために，意図的に“○○である”のような現在形にする場合もありますが，多用しないようにしましょう。

4-1-9 設問ウの書き方

【1】設問ウの出題傾向

平成 20 年度まで実施されていた当試験の設問ウのほとんどは，設問イの評価とそれに対する改善点の 2 つを問うていました。しかし，平成 21 年以降の当試験の設問ウでは，出題傾向が変わっています。平成 21 ～令和 2 年の設問ウの内容は，次のように分類されます。

出題内容	出題数
①：設問イと同様の内容だけを問うもの	6
②：設問イと同様の内容と，評価を問うもの	3
③：設問イと同様の内容と，評価と改善と問うもの	3

④：評価と改善と問うもの	17
合　計	29

注：“設問イと同様の内容と，改善を問うもの”に分類されるべき問題も，上表の③に含めています

表にまとめると難しそうと感じられるかもしれませんが，平成 20 年度以前の設問イと設問ウの区分が，平成 21 年度以降では変更になっただけです。上記の①～④をわかりやすい図にすると，下図になります。

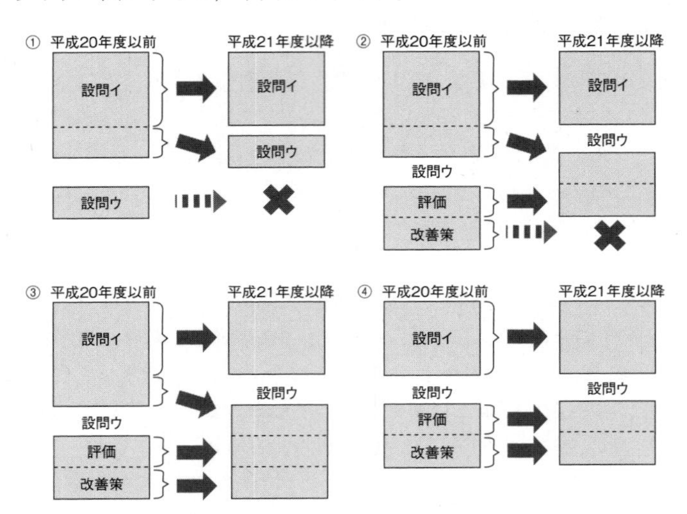

上図の中で，最も難易度が高いパターンは，③もしくは④のパターンです。そこで，ここでは，④のパターンを中心に説明します（他のパターンは，以下の説明から類推してください）。

平成 21 ～令和 2 年の上記の①～④のパターン別分類表（Q は問番号）は，下表のとおりです。

	H21	H22	H23	H24	H25	H26	H27	H28	H29	H30	H31	R2
①		Q3	Q1	Q2	Q1	Q2	Q2					
②	Q1		Q2	Q1								
③	Q3	Q1										Q2
④	Q2	Q2	Q3	Q3	Q2,3	Q1	Q1	Q1,2	Q1,2	Q1,2	Q1,2	Q1

上表のように，平成 28 ～ 31 年は，平成 20 年度以前と同じ④パターンに戻り，令和 2 年は③と④パターンが出題されています。令和 3 年度以降はどのようになるのか，注目されます。

【2】字数配分

設問ウの目標字数は，800字です。設問ウで評価と改善点が問われている場合は，評価を400字，改善点を400字にします。もし，設問ウで，設問イと同様の内容と評価と改善と問われている場合は，設問イと同様の内容を400字，評価を200字，改善を200字にします。

なお，"認識した課題"・"残された問題"が設問ウに問われていることがありますが，ここでは，"失敗した評価"として評価の中に含めています。

【3】評価は，成功80%・失敗20%

設問ウの評価は，設問イで述べた内容に対するものです。設問イで述べた内容は，自分が実行した要件定義や設計の上の工夫ですので，設問ウの評価は自分で自分を評価する"自己評価"になります。

"私は，間違ったプロジェクト管理・運営をした"とは書きづらいので，多くの受験者が書く設問ウは，"当プロジェクトは100%うまく管理・運営できた"という調子になってしまいます。設問ウで，設問イと同様の内容と評価が問われている場合（上記【1】の②のパターン）であれば，これで構いません。しかし，設問ウで，評価と改善が問われている場合，これではよくありません。なぜなら，評価に"当プロジェクトは100%うまく管理・運営できた"と書くと，次に問われている改善点が"なし"となってしまうからです。

"すべてうまくいったので改善点はない"といった論述では，問われていることに解答していませんので，基本的に0点です。そこで，設問の評価には何らかの失敗したことを論述しなければなりません（この失敗した評価は，設問ウでたまに問われる"認識した課題"・"残された問題に該当します）。

実際の進捗管理・品質管理などでも，全部が全部，完全なものにはなりえず，失敗したことがあるはずなので，それを評価の中に論述します。

ただし，逆に"全部失敗"と評価するのも良くありません。採点者は，設問ア・設問イが十分に書けていても，設問ウで"全部失敗"と評価したプロジェクトマネージャを合格させられません。内容面での目安となるのが，成功80%・失敗20%です。"ほぼうまくいったが，失敗した点もある"といった感じの評価がもっとも良い書き方です。

設問ウで評価と改善を問われている場合（上記【1】の④のパターン）であれば，評価の字数配分は，成功20%×400字＝80字，失敗80%×400字＝320字を目安にします。例えば，次のように書きます。

(設問ウ)
3．施策と工夫した点に対する評価
　私が管理・運営したシステムテスト工程は，総じて円滑に実施できたと評価している。本番移行後も，大きな問題点もなく稼働している。ただし，以下の２点は，反省すべきことだと評価している。
3．1　テスト方法の変更
　受注サブシステムの一部の負荷テストは，２日間の期間延長をせざるを得なかった。インターネットからの大量な受注申込みを擬似的に発生させるシミュレータソフトウェアの追加開発をシステムテスト工程で決定したからだった。
3．2　テスト環境の強化
　生産計画から部品展開までの業務運用手順は，当初の予想よりも５％程度，例外パターンが多く，テストデータ及び想定結果の作成に手間取った。そのため，私は，メンバを増員し，テスト環境を強化する追加施策を講じなければならなかった。

成功した点
失敗した点

【4】改善点の書き方

　設問ウの改善点が書けない受験者は多いです。実務では，設問イの工夫と設問ウの評価・改善策は，比較的短い時間で繰り返され，設問イと設問ウのようにはっきり分離させることが少ないからでしょう。
　設問イの工夫と設問ウの改善点は，本来１つのものであり，論文構成上の２つに配分するのだと理解すれば，設問ウの改善点をうまく書けるようになります。下記に，悪い見出し例を示します。

悪い見出しの例

設問イ

1．私が実施した施策
　実施施策 A
　実施施策 B
　実施施策 C
2．特に工夫した点
　工夫点 D
　工夫点E

設問ウ

1．設問イで述べた施策・工夫の評価

すべてについて，ほぼうまく実施できた。ただし，以下の実施施策 A は，○○○（設問イに書いたことと同様のことを単に圧縮して再度記載している。実施施策 B ～工夫点 E まで同様である）

2．改善策

私は**工夫点 F** をしていない。今後は，実施したい。

上記の例では，設問ウに失敗した点が書かれておらず，改善点の“工夫点 F”は，評価を踏まえたものにはなっていません。改善点は，評価に記載した失敗を改善するように書くのが原則です。下記に，この悪い点を改良した良い見出しの例を示します。

良い見出しの例

設問イ

1．私が実施した施策

実施施策 A

実施施策 B

実施施策 C

2．特に工夫した点

工夫点 D

工夫点 E

設問ウ

1．設問イで述べた施策・工夫の評価

すべてについて，ほぼうまく実施できた。ただし，以下の点は，今後の課題である。

①**実施施策 A** の一部

②**実施施策 C** の一部

③**工夫点 E** の一部

2．改善策

私は，上記の評価に対して，以下の改善策を実行する予定である。

①**実施施策 A** の一部に対する改善策

②**実施施策 C** の一部に対する改善策

③**工夫点 E の**一部に対する改善策

上記の例では，設問ウに失敗した点が書かれており，改善点はその評価を踏まえています。ポイントは，改善点の①～③は，実は改善点として書くものではなく，本来設問イの一部として書く内容を，設問ウに移動させて書くということにあります。設問イと設問ウの改善点の配分は，次に説明する論文構成（下書き）を作成するときに考えます。

POINT 設問ウの改善点は，設問イの一部を移動して作る

4-1-10 論文構成（下書き）の書き方

設問ア・イ・ウの書き方を説明しましたので，元に戻って論文構成（下書き）の書き方を，"第 4 章 4-1-2 問題のスタイル"で示した問題を例に説明します。論文構成（下書き）は，下記の手順 1 ～ 4 に沿って作ります。

◉手順 1：設問を，大見出しにする

設問は，出題者が問うているテーマなので，そのまま大見出しにします。

設問ア

1．プロジェクトの特徴

2．システムテスト工程で直面した課題

設問イ

1．私が実施した施策

2．特に工夫した点

設問ウ

1．施策と工夫した点に対する評価

2．今後実施したい改善策

◉手順 2：問題文を小見出しに追加する

問題文は，出題者が想定している解答例なので，小見出しとして追加します。ただし，問題文のすべてを小見出しとする必要はありませんので，書きやすいものを適当に選択します。下記の例では，わかりやすさを狙って問題文のすべてを小見出しにしています。また，設問アの"システムテスト工程で直面した課題"の解答例も，この問題文にありますので，それも小見出しにしています。

設問ア

1．プロジェクトの特徴

2．システムテスト工程で直面した課題

2．1　予想外に低いテスト対象の品質

2．2　機能しないテストの手順・方法

2．3　十分でないテストツールとテスト環境

設問イ

1．私が実施した施策

1．1　テスト順序の組替え

1．2　テスト方法の変更

1．3　テスト環境の強化

2．特に工夫した点

2．1　問題点の早期発見

2．2　必要なデータ収集と分析

設問ウ

1．施策と工夫した点に対する評価

2．今後実施したい改善策

手順３：設問イと設問ウの改善点の配分

設問イに書く施策や工夫と，設問ウに書く改善点の配分を決めます。さらに，設問ウに書く改善策から，設問ウの失敗の評価を決めます。

設問ア

1．プロジェクトの特徴

2．システムテスト工程で直面した課題

2．1　予想外に低いテスト対象の品質

2．2　機能しないテストの手順・方法

2．3　十分でないテストツールとテスト環境

設問イ

1．私が実施した施策

1．1　テスト順序の組替え

1．2　テスト方法の変更

1．3　テスト環境の強化

2．特に工夫した点
2．1　問題点の早期発見
2．2　必要なデータ収集と分析

設問ウ

1．施策と工夫した点に対する評価

1．1　テスト方法の変更
一部の結合テストの期間延長

1．2　テスト環境の強化
テストメンバの増員

1．3　必要なデータ収集と分析
不正確な品質データ

2．今後実施したい改善策

2．1　テスト方法の変更
テストデータを自動的に作成するシミュレートプログラムの開発

2．2　テスト環境の強化
結合テストの強化，余裕をもった要員計画

2．3　必要なデータ収集と分析
品質測定の指針・マニュアルの策定，品質測定監査

手順４：教科書的なキーワードの追加

論文を教科書的な感じに仕上げるために，キーワードなどを追加します。

設問ア

1．プロジェクトの特徴
・プロジェクトマネージャの交代
・品質管理面の考慮不足

2．システムテスト工程で直面した課題
2．1　予想外に低いテスト対象の品質
欠陥の収束状況，信頼度成長曲線
2．2　機能しないテストの手順・方法
営業部門が主体となるテスト計画
2．3　十分でないテストツールとテスト環境
汎用的なテストツール，準備作業の遅延，LAN内だけのテスト環境

設問イ

1．私が実施した施策

1．1　テスト順序の組替え

オンライン処理，バッチ処理，本社業務，支社業務

1．2　テスト方法の変更

営業部門からのテストメンバの増員，情報システムのメンバによるテスト実施，結果照合と差異原因の究明

1．3　テスト環境の強化

実環境であるWANを使用したテスト，フォールトトレラント

2．特に工夫した点

2．1　問題点の早期発見

定例ミーティングの実施，品質保証チームの体制強化

2．2　必要なデータ収集と分析

品質特性による分類，納期遵守

設問ウ

1．施策と工夫した点に対する評価

1．1　テスト方法の変更

一部の結合テストの期間延長

1．2　テスト環境の強化

テストメンバの増員

1．3　必要なデータ収集と分析

不正確な品質データ

2．今後実施したい改善策

2．1　テスト方法の変更

テストデータを自動的に作成するシミュレートプログラムの開発

2．2　テスト環境の強化

結合テストの強化，余裕をもった要員計画

2．3　必要なデータ収集と分析

品質測定の指針・マニュアルの策定，品質測定監査

上記の例は，説明の都合上，詳細に一字一句書かれていますが，試験場で作成する論文構成（下書き）は，自分が分かればよいものなので，極端にいえば記号を使ってもかまいませんし，わかっていることは書きません。論文構成（下書き）を作成する時間の短縮は，各自が考え出した独特の方法によって実現します。下記に，試験場で作成する問題用紙と論文構成（下書き）の参考例を掲載します。

問題文

問１　システムテスト工程の進め方について

システムテスト工程では，システムが運用可能なレベルにあることを確認するために，システムの機能や性能，操作性などについて総合的なテストが行われる。このテスト工程においては，テスト対象のシステムの品質が予想外に低い，計画したテストの手順・方法がうまく機能しない，テストツールが十分でない，必要なテスト環境が確保できない，などの要因から，計画どおりにテストを進めることが困難になることがある。

このような問題を乗り越えて，予定期間内に必要なテストを消化するためには，プロジェクトマネージャは，テスト順序の組替え，テスト方法の変更，テスト環境の強化などの施策をタイムリに実施する必要がある。

また，施策の実施が後手後手にならないようにするには，問題点の早期発見が重要である。これには，システムの品質やテストの進捗状況を正確に把握するためのデータの収集や分析などについての工夫も必要となる。

あなたの経験に基づいて，設問ア～ウに従って論述せよ。

設問ア　あなたが携わった情報システム開発プロジェクトの特徴と，システムテスト工程で直面した課題を，800 字以内で述べよ。

設問イ　設問アで述べた課題に対し，あなたが実施した施策について，あなたの工夫を含めて，800 字以上 1,600 字以内で具体的に述べよ。

設問ウ　設問イで述べた施策・工夫について，あなたはどのように評価しているのか，また今後どのように改善したいと考えているのか，600 字以上 1,200 字以内で具体的に述べよ。

論文構成（下書き）

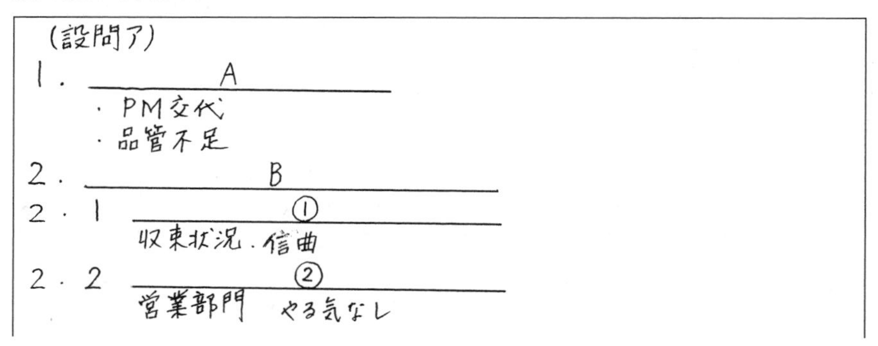

2．3 ③
汎用的なツール、作業遅れ、LAN内だけ

（設問イ）

1． C

1．1 ④
オン、バッチ、本社、支社

1．2 ⑤
営業メンバの増員、情シスメンバの実施、原因究明

1．3 ⑥
WANでのテスト、Fトレラント

2． D

2．1 ⑦
定例会、品保チーム強化

2．2 ⑧
品質特性、納期

（設問ウ）

1． E

1．1 ⑤
結合テストの延長

1．2 ⑥
メンバの増員

1．3 ⑧
品質データ ×

2． F

2．1 ⑤
シミュレーター

2．2 ⑥
結合テストの ↑、余裕つくる

2．3 ⑧
指針・マニュアル、監査

4-1-11 論文例

上記の論文構成例に基づいて，論文を実際に書いてみると次のような例になります。

設問ア（800字以内）

1、プロジェクトの特徴

　A社は、主にアイスキャンデーなどの氷菓子の製造・販売を行なう食品メーカである。昨今の夏季の高温化に伴い、A社は、過去10年連続して増収増益を続けている。A社の経営者層は、営業部門統括役員からの強い要請によって営業部門の強化を目的とする営業支援システム（以下、当システムという）を構築する意思決定をした。結合テスト工程まではA社の情報システム部のK係長がプロジェクトマネージャだったが、体調不良により入院した。私は、A社の情報システム部の課長であり、急遽、私が当システム開発のプロジェクトマネージャを引き継ぐことになった。私は、プロジェクト計画書を含む諸資料を熟読して、当プロジェクトの特徴は、品質管理に対する考慮が不足していることにあると考えた。

2、システム工程で直面した課題

　私は、当プロジェクトのシステムテスト工程で以下の

400字

3つの課題に直面した。

2、1　予想外に低いテスト対象の品質

　K係長は、結合テスト工程の欠陥の収束状況を把握するために、摘出欠陥報告書・摘出欠陥一覧表・信頼度成長曲線を作成させた。その結果、当システムは、予想している以上に品質が低いことがわかった。

2、2　機能しないテストの手順・方法

　K係長は、営業部門が当システムの機能を確認するテストデータを作成し、主体的にシステムテストに参画する計画を策定したが、そのような状況ではなかった。

2、3　十分でないテストツールとテスト環境

　開発チームは、過去にA社が開発した汎用的なテストツールを使用して負荷テスト用のテストデータを作成していたが、効率が悪くその準備作業が遅延していた。また、LAN内だけのテスト環境では、モバイル環境の負荷テストには不十分だと判断された。

800字

設問イ（800字以上1,600字以内）

1．私が実施した施策
1．1　テスト順序の組替え
　私は、当システムの品質を向上させるために、システムテスト工程のテスト順序を変更する方針を決定した。すなわち、一部のテスト対象プログラムの結合テストのやり直しであった。私は、結合テスト時の品質データから特に品質の悪い処理を洗い出した。当システムは、大きくオンライン処理とバッチ処理に、さらに各々について本社業務処理と支社業務処理に分かれていた。各処理の信頼度成長曲線を比較してみると、支店のオンライン処理の欠陥の収束状況が悪いことがわかった。そこで、私は、当処理の結合テストの再実施を指示した。その間、他の処理のシステムテストを担当するメンバは手間待ちになるので、私はできるだけ支店のオンライン処理の結合テストを支援する体制を敷いた。
1．2　テスト方法の変更

400字

　支店のオンライン処理の結合テストの再実施により、システムテスト再開の目処が立ったので、私はシステムテスト計画の全体を見直し、下記3点のテスト方法の変更を実施した。①：営業部門からシステムテストの専任メンバを4名調達する。②：①のメンバは、入力原票とその結果を示す出力帳票データ、出力画面データを作成する。③：情報システム部のメンバは、②の入力原票のデータを当システムの画面から入力し、処理結果を②の出力データと照合する。④：③の結果照合において、差異がある場合、①と③のメンバは協力して、その原因を究明する。
1．3　テスト環境の強化
　当システムは、営業担当者にモバイル機器を所持させ、LTE（Long Term Evolution）を経由して、営業支援情報を送受信する仕組みだった。LTEとモバイル機器の負荷テストは、外部設計時にプロトタイプを使用して

800字

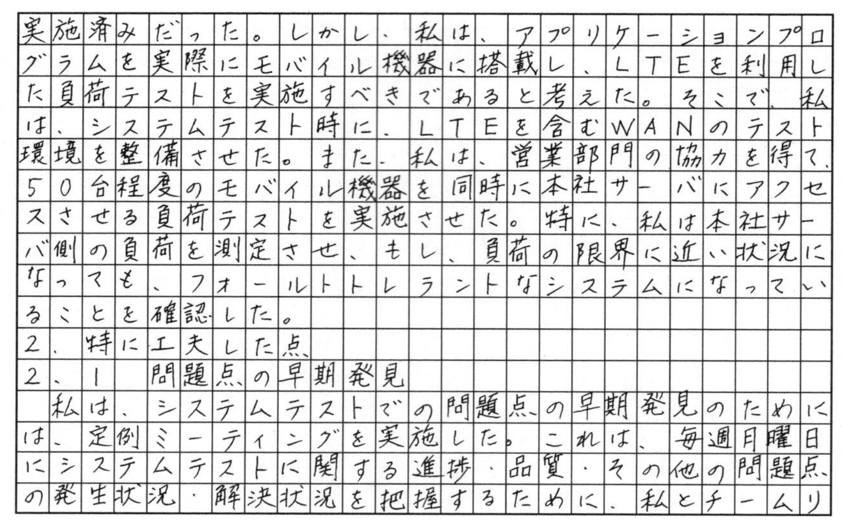
実施済みだった。しかし、私は、アプリケーションプログラムを実際にモバイル機器に搭載し、LTEを利用した負荷テストを実施すべきであると考えた。そこで、私は、システムテスト時に、LTEを含むWANのテスト環境を整備させた。また、私は、営業部門の協力を得て、50台程度のモバイル機器を同時に本社サーバにアクセスさせる負荷テストを実施させた。特に、私は本社サーバ側の負荷を測定させ、もし、負荷の限界に近い状況になっても、フォールトトレラントなシステムになっていることを確認した。

2．特に工夫した点

2．1　問題点の早期発見

　私は、システムテストでの問題点の早期発見のためには、定例ミーティングを実施した。これは、毎週月曜日にシステムテストに関する進捗・品質・その他の問題点の発生状況・解決状況を把握するために、私とチームリ

1,200字

ーダ・営業部門代表者を出席者として開催したものだった。私は、問題点の状況を自ら把握するとともに、チームリーダが他チームの状況を把握し、全員で情報共有することを主眼にした。また、品質保証チームは当初2名だったものを4名に増員し、テストに関する情報の収集・分析面の能力を増強した。

2．2　必要なデータ収集と分析

　私は、品質データを収集するにあたり、品質特性の考えを援用して、機能性・信頼性・使用性・効率性・保守性・移植性の6つに分類させた。例えば、ある欠陥を摘出した場合には、この品質特性の1つもしくは2つに当てはめさせた。私は、この分類をも勘案して、未解決の欠陥の対応の優先順位や方法を検討した。すなわち、私は納期を厳守するために、機能性・信頼性・使用性・効率性に関連するものに重点を掛け、保守性・移植性に関連するものは優先順位を下げた。

1,600字

設問ウ（600字以上1,200字以内）

1．施策と工夫した点に対する評価
　私が実施した施策と工夫した点は、おおむね良好な結果を得た。しかし、下記の3点については、不十分な点があったと反省している。
1．1　テスト方法の変更
　システムテスト工程で結合テストを再実施させたことにより、一部の結合テストを2日程度延長させた。
1．2　テスト環境の強化
　LTEとモバイル機器の負荷テストの実施には、営業部門の協力を得たが、私は当プロジェクト内のテスト担当メンバも2名追加した。
1．3　必要なデータ収集と分析
　収集した品質データの中には、不正確なものもあり、混乱を招いた部分もあった。その混乱の原因は、不正確な品質データの解釈の相違にあった。
2．今後実施したい改善策

400字

　私は、今後、以下の改善策を実行する予定である。
2．1　テスト方法の変更
　結合テストデータを効率的に作成するために、テストデータを自動的に作成するシミュレートプログラムの開発をさせる。このシミュレートプログラムは、外部仕様の限界値から、そのテストデータを作成するものである。
2．2　テスト環境の強化
　システムテスト時になっての結合テストの再実施ではなく、結合テスト自体を強化する。そのために、余裕をもったテスト計画、要員計画を策定する。
2．3　必要なデータ収集と分析
　私は、品質測定の指針、マニュアルを策定し、その説明会を開催する。また、品質測定監査を実施し、方針どおりの品質データが作成されていることを保証する。

800字

4-1-12 採点基準と採点のポイント

完成した論文の採点を自分でするのは難しいです。初学者の場合，悪い点ばかりが気になり，採点者よりも辛い採点になる場合が多いです。ここでは，採点基準と採点上のポイントを説明しますので，自己採点する場合の参考にしてください（できれば，友人などに本節を読んでもらってから，完成した論文を採点してもらうのがよいでしょう）。

【1】採点基準

論述式試験の採点は，次の基準で行われます。

評価ランク	内容	合否
A	合格水準にある	合格
B	合格水準まであと一歩である	不合格
C	内容が不十分である	
D	出題の要求から著しく逸脱している	

これらの意味を，以下でもう少し具体的に説明します。

【2】採点のポイント

採点者は，短時間で採点しなければならないので，採点時間を短縮する工夫をしています。著者が考えている採点概略フローチャートは下記のとおりです。

①設問ア・イ・ウの制限字数を守っている

設問アは 800 字以内，設問イは 800 ～ 1,600 字，設問ウは 600 ～ 1,200 字で書かねばなりません。これを守っていない場合は，ランク D になります。設問アとイしか書いていない場合も同じくランク D です。

②適切な見出しがある

設問文・問題文に合致した見出しになっているかの判定基準です。合否の 80% は見出しで決まるといっても過言ではありません。見出しは，論文の骨子を示す箇所であり，採点者は採点時間を短縮するために，まず見出しが設問文・問題文に沿っているかを検査します。もし，そうなっていないと，ランク C になります。

③ 2,800 字を越えている

2,800 字を下回っていても合格した受験者はいますが，やはり少ないです。2,800

字を下回ると，“内容が不十分である”と評価され，ランクCになる確率が高いです。

④箇条書きに終始していない

平成15年度までの午後Ⅱ問題には，“箇条書を含めることは差し支えありませんが，箇条書に終始しないでください”という注意書きがありました。あいまいな注意書きですから，平成16年度以降なくなりましたが，その趣旨は失われていません。著者は，目安として“箇条書きの1段落が10行を超えないように”と指導しています。箇条書きに終始していると判定されれば，ランクCになります。

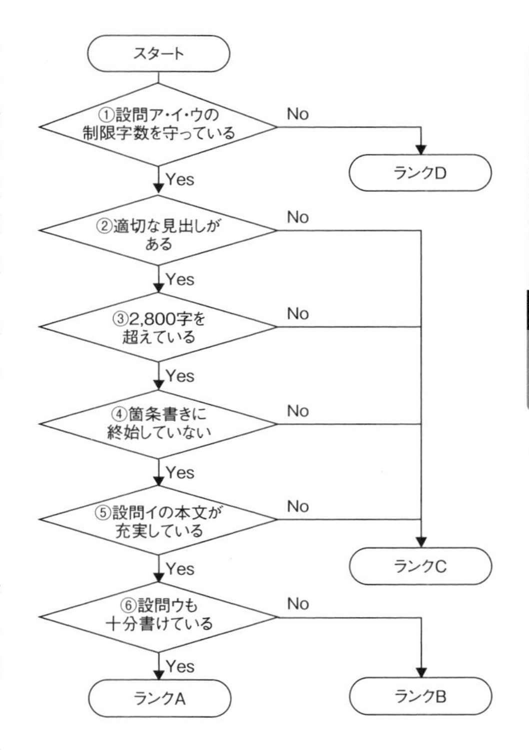

⑤設問イの本文が充実している

設問イにプロジェクトマネージャらしいキーワードやキーフレーズが使えているか，論旨の展開は妥当かなどか検討されます。これがなされていないと判定されれば，ランクCになります。

⑥設問ウも十分書けている

設問ウは最後の設問であり，時間切れになって途中で終わってしまうか，不十分になる場合が多いです。著者は，この現象を“尻切れトンボ”とか“息切れ”と称しています。“第4章 4-1-9　設問ウの書き方”に説明しましたように，設問ウで評価と改善点を問われた場合，“改善点はない”になりやすく，“息切れ”になる受験者が増えます。設問ウが十分に書かれていないと，ランクBになります。

4-1-13 論文の演習方法

論文の演習方法にはいくつかのコツがありますので，順を追って説明します。

▶【1】時間を測る

午後Ⅱ（記述式）試験は，約 120 分で 1 問を書きあげなければならないので，字数との戦いになります。そのため，演習時でも時間を正確に計ります。開始時刻と設問ア・イ・ウのそれぞれの終了時刻を，論文用紙の隅にメモ書きしておくと，どこに時間がかかっているかわかるので，時間短縮のヒントになります。また，**最初のうちは，2 時間をはるかに越えても，気にせず論文を完成させます**。時間を気にするのは，論文の内容面が合格水準に達した後でかまいません。

POINT　開始時刻，設問ア・イ・ウの終了時刻をメモ書きする

▶【2】鉛筆と解答用紙を用意する

試験場ではワープロを使って論文を書けませんが，受験者の中にはワープロで論文演習をする人がいます。**演習中にワープロで論文が書けても，本試験の手書きでは書けない受験者が多いです**。なぜならば，ワープロなら ①辞書機能がある ②文章の挿入，移動，削除が簡単にできる ③手書きよりも早く書ける，といった便利な点が多いからです。そこで，基本的にワープロが使えない試験場での状況を想定し，鉛筆（もしくはシャープペンシル）と解答用紙を用意して，机に向かって論文演習をします。ただし，特に最初のうちは，論文への抵抗感を和らげるためならば，ワープロを使用した演習をしても構いません。論文に慣れたら，手書きの演習に変更しましょう。

POINT　最初はワープロで練習してもよいが，かならず手書きの練習もする

▶【3】最低でも 6 回は練習する

論文を書く技術は，水泳や自転車に乗る技術に似ています。書く技術を習得してしまえば簡単に思えますが，習得していない人にとっては難攻不落な技術のように思えます。また，一度習得してしまうと，習得していない状態を思い出せなくなります。

論文の書き方は，基本的に本を読んだだけではよくわかりません。とにかく頭と手を動かしているうちに，だんだんうまくなります。繰り返しや試行錯誤が上達に不可欠であり，繰り返した数が上達の度合いを示す指標になります。

受験前に，少なくとも 6 回は論文演習をしましょう。1 回目の演習では，1 つの論文を仕上げるのに，8 時間かかってしまう人もいます。“自分だけが辛いのではなく，誰しもこの辛さを乗り越えて，合格しているんだ”と思って，その辛さを乗り越えましょう。10回以上の論文演習をやれば，試験場でも何とか書ける自信が自然とついてきます。

【4】題材にするプロジェクトを固定する

受験者の多くは，複数のシステム開発プロジェクトの経験を持っています。そのためなのか，問題ごとに題材にするプロジェクト事例を変える受験者がいます。例えば，進捗管理の問題ならばAプロジェクト，品質管理の問題ならばBプロジェクトといった具合です。しかし，そのように題材にするプロジェクト事例を変えると，チーム構成や主要なフェーズでの出来事をハッキリと思い出すのに手間取り，上達を妨げます。そこで，どんな問題であっても，1つのプロジェクト事例を題材にして演習することを推薦します。試験場でも，そのプロジェクト事例を使って論述します。

ただし，1つに絞ったプロジェクト事例では書きづらいことが明確になった場合には，他のプロジェクト事例に変更しても構いません。

複数のプロジェクト事例の中から，論述の対象とするプロジェクトを1つに絞り込むための判断基準は，次のとおりです。

①要件定義，外部設計，結合テスト，システムテストの各フェーズを一通り経験したもの（自分の役割がプロジェクトマネージャでなくても構いません）
②開発規模が小さくても構わないので，プロジェクトの全体像を思い浮かべやすいもの
③発電所の送電制御システムのような特殊なシステムではなく，販売管理システムのような開発事例が多く，採点者がイメージしやすいもの
④比較的，最近に担当したプロジェクトで，設計書やテストデータなどがすぐに見られる状態にあるもの
⑤自分が知らない部分を質問できる同輩や先輩などが近くにいるもの

選定した1つのプロジェクト事例の一部を，100字，200字，300字といった異なる字数のいずれでも書けるように，必ず書く部分と省略することがある部分に区別しながら，演習します。

【5】キーワード集を整備する

論文の演習をしながら，キーワード集を作成すると効果的です。キーワード集の内容は，どの論文にも書けそうな，もしくは書かねばならないキーワードもしくはキーフレーズです。

キーワード集の元ネタは，午前Ⅱ問題や午後Ⅰ問題にあります。午前問題＝記憶力を問う，午後Ⅰ問題＝読解力を問う，午後Ⅱ問題＝論述力を問う，と切り口が異なっているだけで，問われている知識の範囲は同じなので，午前Ⅱ問題・午後Ⅰ問題は，キーワードの宝庫です。

キーワード集は，書き出して別の冊子にしたほうが体裁はよいですが，その作業が面倒な人は論文に書いたキーワードにマーカで色を塗り，それをキーワード集としても構いません。キーワード集は，論文演習の際に，それを見て思い出すために使用します。

また，完成したキーワード集は，試験場にも持っていきます。もちろん，カンニングをするためではありません。試験場での午後Ⅰ試験と午後Ⅱ（論述式）試験の間の休憩時間中に，着席してキーワード集を何気なく見続けます。そうすると，キーワードが頭の中にぼんやり残ります。その状態になっていれば，論文構成（下書き）を書くキーワードを思い出しやすくなります。

以上を要約すると，キーワード集は，①書けそうな言葉を集め，②それを見ながら論文演習で使い，③試験直前に思い出す，の３つの手順を踏んで活用します。

4-1-14 合格する文章表現を書くための注意点

論文を演習していると，“自分の文章はヘタだ”と感じてしまうことが何度かあると思います。本文を書くコツは，演習の回数を重ねていくうちに自然と身についていくものであり，本来，文章で説明するのは難しいです。

したがって，以下のコツは，読んだだけでは理解しにくいかもしれません。論文演習をしながら，上達するためのヒントとして活用してください。

1. 主語を書く

日本語は，よく主語を省略する言語です。話し言葉の場合にはそれで構いませんが，論文の場合，正確な表現が求められるので主語の省略は良くありません。したがって，動詞を見れば主語が類推できる場合であっても，必ず主語を書きます。

また“～においては”や“～については”で文を始めると，主語を書きにくくなります。“～においては”，“～については”を書きそうになったら，それをやめて主語を書くように努力します。また，“要件定義”や“WBS”のような無生物主語を書く場合は，“○○される”のような受動態（受け身）の動詞表現にします。

× 悪い例

要求定義をプロジェクト内で調整したことによって，契約の範囲内に納めることが出来た。また開発工数も各チームの経験差を考慮したことから，より現実的な工数となった。

○ 良い例

私が，要求定義をプロジェクト内で調整したので，対象業務領域の範囲を契約の範囲内に納めることが出来た。また私は開発規模を，各チームの経験差によって適正に配分したため，各チームの開発量は，より現実的になった。

2. 口語を書かない

論文は自分の考えを主張する文章によって構成されますから，できるかぎり正確に論理的に書かれなければなりません。そこで，口語（話し言葉）ではなく，文語（書き言葉）を使って論述します。口語を減らすには，ひらがなを減らし，漢字を増やしてください。

× 悪い例

システム受注時の見積り内容は，わからない点が多かった。顧客より渡された設計要件の中には，「～ができること。」という言い方がよく出てきた。

○ 良い例

システム受注時の見積り内容には，不明な点が多かった。顧客より提示された設計要件の中には，「～が可能なこと。」という条件が頻出した。

3. 略語や社内用語を書かない

プロジェクトマネージャ試験は，国家試験です。採点者は，製品ベンダから中立した立場で採点します。したがって，受験者は具体的な会社名や製品名を書いてはいけません。また，採点者は受験者が勤務している会社特有の用語や略称を理解できないので，受験者はそれを一般的な用語に置き換えねばなりません。

× 悪い例

私は，東京電力の新料金報告システム開発プロジェクトにプロジェクトマネージャとして参画した。当システムは，Amazon Web Services を使用する試みだった。関西電力等の他の電力会社は，F 転を減らせるシステム開発事例として当プロジェクトを注目していた。

○ 良い例

私は，電力会社 S 社の新料金報告システム開発プロジェクトにプロジェクトマネージャとして参画した。当システムは，A 社のクラウドコンピューティングサービスを使用する試みだった。電力会社 S 社以外の電力会社は，ファイル転送を減らせるシステム開発事例として当プロジェクトを注目していた。

4. 誤字・脱字を書かない

論文試験の試験場で国語辞書の使用はできませんし，手書きで解答しなければならないので，誤字・脱字をゼロにするのは難しいです。ほとんどの受験者は，1論文内に2～3箇所は誤字・脱字をしてしまいますので，その程度の間違いをしても採点上不利にはなりません。しかし，誤字・脱字が10箇所以上あれば，採点者は受験者の知識水準を疑い，減点する心証を持ちます。受験者が論文に頻繁に書く用語は限られているので，その用語をキーワード集に書き出して確実に覚えます。試験場では記憶があやふやな用語の論述を避け，書きなれた自信のある用語を使って論述します。

> × 悪い例
> 私は，設計作業の標準化を撤底し，進捗管理を重視した。しかし，A社幹部から急遂，大幅な仕様変更が言い渡され，本番稼動の延期を余義なくされた。
>
> ○ 良い例
> 私は，設計作業の標準化を徹底し，進捗管理を重視した。しかし，A社幹部から急遽，大幅な仕様変更が言い渡され，本番稼働の延期を余儀なくされた。

5.“である”調で統一する

“○○です。△△しました”で終わる文体を”ですます調”といいます。この文体はていねいな感じを読み手に与えるので，顧客に提出する文書などで使われます。これに対し，“○○である。△△した”で終わる文体を”である調”といいます。この文体は，断定的な感じを読み手に与えるので，公式の文書などで使われます。問題文は，すべて“である調”で書かれているので，論文もこの文体で統一します。

> × 悪い例
> ユーザ部門の承認が得られましたし，本番稼働も無事行えました。今後は，設計段階の途中でユーザ部門にも参画してもらう中間レビューも検討します。
>
> ○ 良い例
> ユーザ部門の承認が得られ，本番稼働も無事完了した。今後は，設計段階の途中でユーザ部門を参画させた中間レビューも実行する。

6. 体言止めを使わない

日本語は，動詞が文の最後にくる言語であり，動詞によって肯定形になったり，否定形になったりします。“体言止め”は，動詞を書かない表現です。したがって，“体言止め”の文は，肯定形なのか否定形なのかを示しません。論文試験では論理の正確性が問われるので，見出しを除いて“体言止め”を使ってはいけません。

× 悪い例
S課長，各部門の統計データを管理本部に収集。K部長，統計データを踏まえた経営戦略の策定をサポート。

○ 良い例
S課長は，各部門の統計データを管理本部に収集した。K部長は，その統計データを踏まえた経営戦略の策定を支援した。

7. 文はなるべく短くする

文が長すぎると，読み手は文意を取りづらくなります。書き手は文章に書き慣れてくると，接続詞を多用して文章を長くしがちです。接続詞や“，”を減らし，1文を短くしましょう。

1文が長すぎると感じられる一般的なルールは，特にありません。著者が1文の最多字数の目安にしているのは，25字×3行（＝75字）です。

× 悪い例
私は，要件定義書に準拠して，機能設計仕様案を作成させ，業務精通者によるレビューを実施させたが，またユーザ部門にもレビューさせ，多種多様な要望を整理した上で，機能設計仕様書を承認した。

○ 良い例
私は，要件定義書に準拠した機能設計仕様案を作成させた。私は，業務精通者とユーザ部門に，そのレビューを実施させた。そして，私は多種多様な要望が整理された機能設計仕様書を承認した。

8.“徹底的に”や“非常に”を乱発しない

“徹底的に”，“非常に”，“絶対に”，“確実に”，“全力で”といった強調表現を乱発しないほうが，良い論文になります。何事も“徹底的に”やれば，成功することが多いので，受験者が実行した工夫とは言いづらいからです。強調表見を控えて，“ここぞ！”という箇所のみで使うとよいでしょう。

× 悪い例

報告ミスや報告忘れは厳禁であり，プロジェクトの目的等を各メンバに周知徹底しなければならなかった。特に品質管理は非常に重要であり，水も漏らさぬ鉄壁のレビューを徹底的に行うことにした。

○ 良い例

私は，報告忘れ等の単純な誤りを防止するため，プロジェクトの目的等を各メンバに説明し，周知した。特に，私は品質管理が重要であると考え，十分なレビューを実施することにした。

9.“こと”や“ような”を連発しない

“こと”，“ような”，“ように”が連発された文章は読みづらいです。これらの単語をまったく使わないのは難しいのでなるべく少なくし，特に連発を避けます。

また“こと”は，動詞を名詞化するために使用される場合が多いです。例えば“分析する”を思いついた場合，“分析することを”のように，動詞“分析する”を名詞化し“分析すること”にしてしまいがちです。名詞“分析”をそのまま助詞“を”につなげて，“分析を”とすれば，“こと”を書かないで済みます。

× 悪い例

複数の業務仕様検討は並行して行うような形になり，全仕様検討会に参加できないことになった。各仕様検討会では，議事録のようなものが作成され，間違っていることや，足りないことを残していたような状態だった。

○ 良い例

私は，複数の業務仕様検討を並行して行わせたため，全仕様検討会に参加できなかった。私は各仕様検討会において，議事録と摘出欠陥記録票を作成させ，間違っている，もしくは不足している設計仕様を記録させた。

10. 接続詞の“が”を少なくする

接続詞の“が”を使った表現は，文意をわかりにくくします。“が”の前後の２文の接続関係が，順接（“そして”に近い接続）か，逆接（“しかし”に近い接続）かわからないからです。

接続詞の“が”を書きそうになったら，とりあえず踏みとどまり，すぐに“。”を付けます。そして，その後に“しかし”が必要かどうかを考えます。“しかし”は不要だと感じたら，そのまま次の文を書きます。

× 悪い例
全チームリーダを集め，問題点の洗い出しを行わせたが，問題点以前の問題があることが判明した。各リーダは業務に特化したスキルを持つ者を割り当てたことで，他チームとの連携を配慮した設計をしようとしていなかった。

○ 良い例
私は全チームリーダを招集し，問題点の洗い出しを行わせた。その結果，問題点以前の問題があることが判明した。私は，各リーダは業務に特化したスキルを持つ者を割り当てた。しかし，各リーダは，他チームとの連携に配慮した設計をしようとしていなかった。

11. 前書き・後書きを書かない

論述式試験の解答量は，受験者が思っているほど多くありません。2,800 字程度なら，採点者は長くても 10 分程度で読了します。この小論文に“前述したとおり”，“以上まとめると”といった前書き・後書きを書くと，採点者は“分量を水増ししている”と感じます。したがって，前書き・後書きを論文内に書きません。

× 悪い例 1
前述したとおり，A 社システム部門の担当者 Q 氏は，生産管理システム開発に参画するのは，今回が初めてだった。
× 悪い例 2
以上をまとめると，要するに，各メンバの能力に合った業務を割り当てることが重要だった。いわゆる，適材適所が重要だと，私は認識した。

12. 文字をていねいに書く

試験場で配布される午後Ⅱ（論述式）問題冊子の巻末 6.(4) には“解答は，丁寧な字ではっきりと書いてください”という注意書きがあります。したがって，書きなぐったような字は，減点の対象になります。きれいな字でなくてよいから，誠意を感じるていねいな字を書きます。

ていねいな字を書くには，①筆圧を少し強めにする。②漢字を角張らせる。③字をマス目の下線にそろえる，の 3 つを励行すればよいでしょう。

× 悪い例

A社は、内部設計から結合テストまでを、B社にアウト
ソーシングした経緯があった。A社は、経営改革の一環
として、B社に委託している作業範囲の追加・変更を検
討していた。私は、請負契約締結前に、その準備作業と
して、工数の見積り方法とその基礎数値を確認しなけれ
ばならないと考えた。

○ 良い例

A社は、内部設計から結合テストまでを、B社にアウト
ソーシングした経緯があった。A社は、経営改革の一環
として、B社に委託している作業範囲の追加・変更を検
討していた。私は、請負契約締結前に、その準備作業と
して、工数の見積り方法とその基礎数値を確認しなけれ
ばならないと考えた。

13. 禁則処理を守る

原稿用紙に字を書くためのルールの一つに禁則処理があります。行の先頭に，句読点“。”，“、”がきたら，1行前の行末に書きます。禁則処理を守っていない論文は，素人っぽく感じられます。減点されないかもしれませんが，禁則処理を守ったほうが見栄えがよくなり，採点者の好感度が上がります。

× 悪い例

　私は、仕様変更依頼受付担当者を一人の者に限定した
。これは、ユーザ部門から提出される仕様変更依頼書を
、一元管理させるための方策だった。

○ 良い例

　私は、仕様変更依頼受付担当者を一人の者に限定した。
これは、ユーザ部門から提出される仕様変更依頼書を、
一元管理させるための方策だった。

14. 散文や随筆調にしない

親しみやすい文章にしようとしたのでしょうか，散文や劇画のような論文を書こうする受験者がいます。軽い調子のほうが，採点者も肩が凝らなくていいだろうとの判断かもしれません。しかし，論文は主張したい論理を展開するものですから，堅苦しくなって当然であり，和らげようとする意図は不要です。

× 悪い例

Aチームが設計した受注機能はボロボロの状態で，レビューにおいて「こりゃ，使い物にならない。バグだらけだ」と言われていた。Aチーム内は，大変だということで，騒然とした雰囲気になり，混乱の度を極めていた。特に，Aチームのリーダである K 氏は，「どうしようもありません。お手上げです。」と私に泣きついてきた。

○ 良い例

Aチームが設計した受注機能は，品質が悪く，レビューにおいて計画値以上の欠陥が摘出されていた。Aチームは混乱しており，Aチームのリーダである K 氏は，品質管理上の対策の協議を，私に申し出た。

15. プロジェクトマネージャらしい表現にする

プロジェクトマネージャは，プロジェクトの管理・運営業務のみを専門に行う者です。実務では，プロジェクトマネージャが，いわゆる“プレイングマネージャ”として，設計・開発業務と，プロジェクト管理・運営業務を兼務することがありますが，当試験では，それを想定していません。したがって，プロジェクトマネージャは，自ら行うべきプロジェクト管理・運営業務以外を，すべてメンバに指示し，実行させます。「～させた」「～指示した」「～命じた」といった動詞を使えば，プロジェクトマネージャらしい表現になります。

× 悪い例

当システムは，他システムと連携するテーブル仕様が複雑だったので，私はERD を使った概念データモデルを作成した。

○ 良い例

私は，他システムと連携するインターフェース仕様は複雑である旨の報告を受け，設計チームに ERD を使った概念データモデルの作成を指示した。

4-2 進捗管理

4-2-1 進捗管理

問題1

システム開発プロジェクトにおける進捗管理について H22 問3

プロジェクトマネージャには，プロジェクトのスケジュールを策定し，これを遵守することが求められる。クリティカルパス上のアクティビティなど，その遅れがプロジェクト全体の進捗に影響を与えるアクティビティを特定し，重点的に管理することが必要となる。

このようなアクティビティの進捗管理に当たっては，進捗遅れの兆候を早期に把握し，品質を確保した上で，完了日を守るための対策が求められる。例えば，技術的なリスク要因が存在するアクティビティに対してスキルの高い要員を配置したり，完了日までの間にチェックポイントを細かく設定して進捗を確認したりする。また，成果物の完成状況や品質，問題の発生や解決の状況などを定期的に確認することによって，進捗遅れにつながる兆候を把握し，進捗遅れが現実に起きないような予防処置を講じたりする。

こうした対策にもかかわらず進捗が遅れた場合には，原因と影響を分析した上で遅れを回復するための対策を実施する。例えば，進捗遅れが技術的な問題に起因する場合には，問題を解決し，遅れを回復するために必要な技術者を追加投入する。また，仕様確定の遅れに起因する場合には，利用部門の責任者と作業方法の見直しを検討したり，レビューチームを編成したりする。進捗遅れの影響や対策の有効性についてはできるだけ定量的に分析し，進捗遅れを確実に回復させることができる対策を立てなければならない。

あなたの経験と考えに基づいて，設問ア～ウに従って論述せよ。

設問ア あなたが携わったシステム開発プロジェクトの特徴と，プロジェクトにおいて重点的に管理したアクティビティとその理由，及び進捗管理の方法を，800字以内で述べよ。

設問イ　設問アで述べたアクティビティの進捗管理に当たり，進捗遅れの兆候を早期に把握し，品質を確保した上で，アクティビティの完了日を守るための対策について，工夫を含めて，800 字以上 1,600 字以内で具体的に述べよ。

設問ウ　設問イで述べた対策にもかかわらず進捗が遅れた際の原因と影響の分析，追加で実施した対策と結果について，600 字以上 1,200 字以内で具体的に述べよ。

▶ 試験センターによる出題趣旨・講評

【出題趣旨】

プロジェクトマネージャ（PM）は，策定したスケジュールを遵守するために，クリティカルパス上のアクティビティなど，その遅れがプロジェクト全体の進捗へ影響を与えるアクティビティを特定し，重点的に管理する。

本問は，重点的に管理することとしたアクティビティについて，進捗遅れの兆候を早期に把握し，品質を確保した上で，完了日を守るために行った対策，及びこうした対策にもかかわらず，進捗が遅れた際の原因と影響の分析，追加で実施した対策とその結果について，具体的に論述することを求めている。論述を通じて，PM として有すべきプロジェクト状況の把握能力，進捗管理に関する知識や実践能力などを評価する。

【採点講評】

問 3（システム開発プロジェクトにおける進捗管理について）では，重点的に管理するアクティビティを特定して進捗管理を行った経験がうかがえる論述が多かった。しかし，進捗遅れの兆候の把握と完了日を守るための対策との関連がうかがえない論述，発生した進捗遅れへの対処の説明に終始し進捗が遅れた際の原因や影響の分析に言及していない論述も見られた。

▶ 問題の読み方

システム開発プロジェクトにおける進捗管理について

プロジェクトマネージャには，プロジェクトのスケジュールを策定し，これを遵守することが求められる。クリティカルパス上のアクティビティなど，その遅れがプロジェクト全体の進捗に影響を与えるアクティビティを特定し，重点的に管理することが必要となる。

当問題全体の説明です

このようなアクティビティの進捗管理に当たっては，進捗遅れの兆候を早期に把握し，品質を確保した上で，完了日を守るための対策が求められる。

設問イ1の前置きの文です

例えば，技術的なリスク要因が存在するアクティビティに対してスキルの高い要員を配置したり，完了日までの間にチェックポイントを細かく設定して進捗を確認したりする。また，成果物の完成状況や品質，問題の発生や解決の状況などを定期的に確認することによって，進捗遅れにつながる兆候を把握し，進捗遅れが現実に起きないような予防処置を講じたりする。

設問イ2の模範文例です。なるべくこれに沿って，論文を展開します

こうした対策にもかかわらず進捗が遅れた場合には，原因と影響を分析した上で遅れを回復するための対策を実施する。

設問ウ3の前置きの文です

例えば，進捗遅れが技術的な問題に起因する場合には，問題を解決し，遅れを回復するために必要な技術者を追加投入する。また，仕様確定の遅れに起因する場合には，利用部門の責任者と作業方法の見直しを検討したり，レビューチームを編成したりする。進捗遅れの影響や対策の有効性についてはできるだけ定量的に分析し，進捗遅れを確実に回復させることができる対策を立てなければならない。

設問ウ4の模範文例です。なるべくこれに沿って，論文を展開します

あなたの経験と考えに基づいて，設問ア～ウに従って論述せよ。

実線の下線部と点線の下線部を分けて，400字程度ずつ書きます

設問ア　あなたが携わったシステム開発プロジェクトの特徴と，プロジェクトにおいて重点的に管理したアクテ

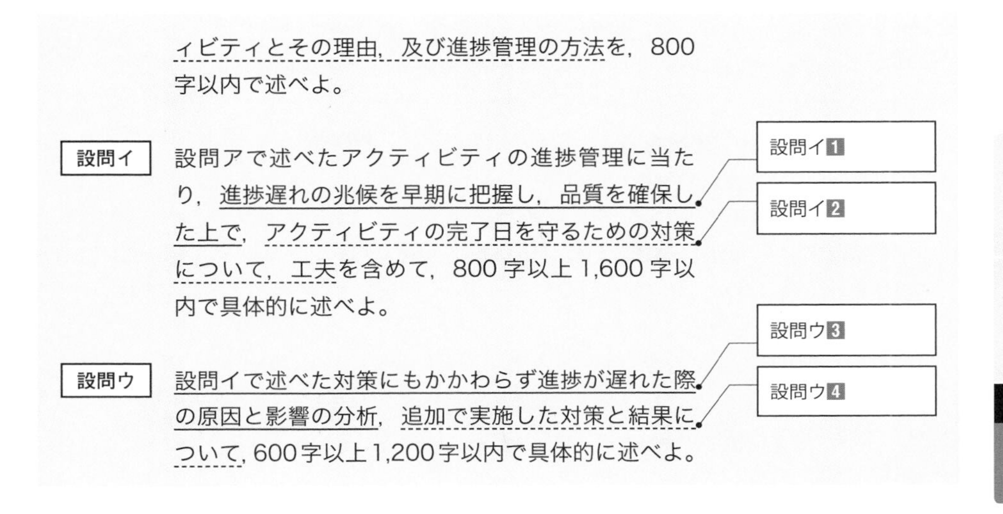
ィビティとその理由，及び進捗管理の方法を，800字以内で述べよ。

設問イ 設問アで述べたアクティビティの進捗管理に当たり，進捗遅れの兆候を早期に把握し，品質を確保した上で，アクティビティの完了日を守るための対策について，工夫を含めて，800字以上1,600字以内で具体的に述べよ。

設問イ1

設問イ2

設問ウ 設問イで述べた対策にもかかわらず進捗が遅れた際の原因と影響の分析，追加で実施した対策と結果について，600字以上1,200字以内で具体的に述べよ。

設問ウ3

設問ウ4

論文構成（解答下書き）

設問ア

1．私が携わったプロジェクトの特徴
- 私，ソフト会社E社のプロマネ
- E社，測定機器販社H社から営業支援システムの外部設計から総合テストを請負
- 当システムの狙い…営業担当者への営業情報の提供，営業活動の効率化
- 当プロジェクトの目標…携帯端末を利用するWebシステムへの刷新
- 旧システム…内部構造に不明点多い
- 当プロジェクトの特徴…内部設計での旧システムの調査に手間取る

2．重点的に管理したアクティビティとその理由
- アローダイアグラムの作成とクリティカルパスの抽出
- クリティカルパス上のアクティビティの遅れがプロジェクト全体の進捗に影響
- 内部設計のアクティビティを特定し，重点的に管理
- 具体的には，入力データのチェック機能と例外処理の設計，セキュリティ設計など

3．実施した進捗管理の方法
- ガントチャートで進捗計画
- メンバからの報告で進捗実績を把握，差異分析して，進捗管理

設問イ

1．進捗遅れ兆候の早期把握と品質確保
- 重点アクティビティの監視，進捗遅れの兆候を定義

・各メンバ → チームリーダに報告，チームリーダ →私に報告
・作成予定枚数と実績枚数との差を検討し，進捗遅れの兆候を把握
・一部の成果物と作業報告書と抜き取り検査

2．アクティビティの完了日を遵守するための対策

2．1　スキルの高い要員の配置
・ネットワーク接続切断時の対応策，難易度－高
・携帯電話アクセス網外でも，営業資料の閲覧を可にする
・当作業を上級メンバに RAM

2．2　詳細なチェックポイントの設定
・重点アクティビティに複数のチェックポイントを設定し，差異分析
・入力データのチェック設計…準備・調査・検討・確定・レビュー・終結

2．3　未解決事項の傾向把握
・未解決事項一覧表の作成・報告
・外部設計書の矛盾，他の内部設計書とのインタフェースに関する疑問点

3．特に工夫した点
・進捗遅れの兆候を把握 → 兆候を消滅させる工夫
・作成枚数が予定よりも少 → 工数不足・能力不足・作業環境の不良などの対策

設問ウ

1．進捗が遅れた際の原因と影響の分析
・データベース更新機能の成果物－×，未解決事項件数も増加
・進捗実績が 2 日間遅延 →進捗遅延の兆候
・ヒアリングで，詳細な状況を把握
・データベース更新機能のアクティビティを分析
・クリティカルパス上にあるものとそうでないものに分類
・追加対策は，SQL 発行機能の作業

2．追加で実施した対策と結果
・ストアドプロシージャに関する技術的な問題
・問題の解決，遅延の挽回 → 技術者の追加投入
・ファンクションポイント法で工数を見積もり，14 人日
・2 人の技術者が並行して，7 日間作業
・ストアドプロシージャの精通者 2 名が従事し，進捗遅延を解消
・当プロジェクト，順調に運営，本番稼働

解答例

設問ア

1．私が携わったプロジェクトの特徴

私は，ソフトウェア開発会社Ｅ社に所属するプロジェクトマネージャである。Ｅ社は，測定機器販売会社Ｈ社から新営業支援システムの外部設計から総合テスト工程を請負契約にて受託し，私がプロジェクトマネージャに任命された。当システムは，Ｈ社営業担当者への新商品情報，標準利益率などの営業情報をリアルタイムで提供し，営業活動の効率化を狙いとしていた。当プロジェクトの主な目標は，クライアント／サーバ構成を採用していた旧システムから，携帯端末を利用するＷｅｂシステムへの刷新にあり，サーバ機能の要件定義に変更点はほとんどなかった。しかし，旧システムのクライアント機能の仕様書や保守履歴は十分に管理されておらず，内部的な構造に不明な点が多かった。そこで，内部設計での旧システムの調査・解析工数が多大になると予想され，このリスクが当プロジェクトの特徴だった。

2．重点的に管理したアクティビティとその理由

私は，ＷＢＳ（Work Breakdown Structure）の最下位の作業であるワークパッケージから，アクティビティを定義し，アローダイアグラムを作成して当プロジェクトのクリティカルパスを抽出した。私は，クリティカルパス上のアクティビティの遅れがプロジェクト全体の進捗に影響を与えると考え，特に，内部設計のアクティビティを特定し，重点的に管理する計画を策定した。具体的には，クライアントパソコンの入力データのチェック機能と例外処理の設計，セキュリティ設計，ネットワーク接続が切断された時の迂回処理などだった。

3．実施した進捗管理の方法

私は，スケジュールをガントチャートに整理し，進捗計画を確定した。私は，チームリーダやメンバからの報告によって進捗実績を把握し，計画と実績との差異を分析して，進捗管理を行うこととした。

自分の立場を明示する

システム開発の背景を書く

不都合な背景や状況を明示する

プロジェクトの特徴を明示する

正確なスペルを入れる

専門用語（キーワード）を入れる

結論をハッキリ書く

専門用語（キーワード）を入れる

設問イ

1．進捗遅れ兆候の早期把握と品質確保
　私は，重点的に管理すべきアクティビティ（以下，重点アクティビティという）を監視するために，その進捗遅れの兆候を定義し，その早期に把握するための方策を検討して，品質の確保を目指した。そこで，私は，各メンバが成果物の作成状況をチームリーダに報告し，チームリーダがチェックした後に，私に報告する仕組みとした。例えば，私は，重点アクティビティに関する画面・帳票・テーブル・セキュリティ等の内部設計書の作成枚数を，作業報告書に記入させて提出させた。私は，進捗計画時に作成予定枚数を主要な機能ごとに設定し，この実績枚数との差異を検討しながら，進捗遅れの兆候を把握することとした。また，私は，チームリーダがメンバの進捗報告を鵜呑みにしていないことをチェックするため，一部の成果物と作業報告書と抜き取り検査し，確認する方針を明示した。
2．アクティビティの完了日を遵守するための対策
　私は，重点アクティビティの完了日を遵守するために下記の３点の対策を計画した。
2．1　スキルの高い要員の配置
　内部設計に関するアクティビティの中でも，ネットワーク接続が切断された時の対応策は，難易度が高かった。Ｈ社の要望により，無線ＬＡＮや携帯電話アクセス網への接続ができない地域であっても，営業資料の閲覧や見積書の入力など一部の機能を処理できなければならなかった。私は，セキュリティ要件を満たしつつ，この機能を携帯端末で実現するために，当作業を，上級メンバに担当させるＲＡＭ（Responsibility Assignment Matrix）を作成した。
2．2　詳細なチェックポイントの設定
　私は，重点アクティビティの管理水準を向上させるために，重点アクティビティの着手日から完了日までの途中に，複数のチェックポイントを設定して，そのチェッ

用語定義をする

やや冗長な気もするが，気にせず書き続ける

結論をハッキリ書く

“計画重視”の姿勢をアピールする

正確なスペルを入れる

結論をハッキリ書く

クポイントごとの進捗予定と実績の差異を把握し，対策を検討することにした。例えば，クライアントパソコンの入力データのチェック機能設計は，準備作業・調査作業・検討作業・確定作業・レビュー作業・終結作業に分られ，それごとに完了日が設定された。

2．3　未解決事項の傾向把握

私は，重点アクティビティの未解決事項の傾向を把握するために，未解決事項一覧表を作成させ，作業報告書と共に提出させることとした。例えば，基礎資料となる外部設計書の矛盾や，旧システムであるクライアントサーバシステムの内部構造の不明点，他のメンバが作成して内部設計書とのインタフェースに関する疑問点などだった。

3．特に工夫した点

私が特に工夫した点は，進捗遅れ予防措置の実行だった。進捗遅れの兆候を把握した場合，そのまま状況の推移を見守るのではなく，進捗遅れに発展する前に，兆候を消滅させる工夫を考案した。セキュリティ等の詳細設計書の作成枚数が予定よりも少ない場合，私は工数不足・能力や技術不足・作業環境の不良などの原因分析を実施し，早期に対策を実行することとした。

やや冗長な気もするが，気にせず書き続ける

やや冗長な気もするが，気にせず書き続ける

結論をハッキリ書く

設問ウ

1．進捗が遅れた際の原因と影響の分析

内部設計フェーズにおいて，サーバのデータベース更新機能の成果物作成状況が芳しくなく，未解決事項件数も増加傾向にあることが判明した。私は，当機能に関する進捗実績が２日間遅延している状況を見て，進捗遅延の兆候があると判断した。そこで，私はチームリーダ及びメンバからヒアリングを行い，詳細な状況を把握した。その結果，旧システムではクライアント機能に含まれていたデータチェック及びＳＱＬ（Structured Query Language）発行機能の多くがサーバ機能に移動したためだと判明した。

プロジェクトマネージャが，努力していることを明示する

正確なスペルを入れる

2 午前II　3 午後I　4 午後II　2 進捗管理

私は，サーバのデータベース更新機能のアクティビティを分析し，クリティカルパス上にあるものとそうでないものに分類した。そして，私は当プロジェクト全体への影響を検討し，追加対策を実施しなければならないアクティビティをＳＱＬ発行機能に特定した。
2．追加で実施した対策と結果
ＳＱＬ発行機能の中で，未解決事項の多くは，ＤＢＭＳ（Data Base Management System）のストアドプロシージャに関する技術的な問題だった。私は，この問題を解決させ，遅延を挽回するためには，技術者の追加投入が必要だと判断した。そこで，係数見積り技法の１つであるファンクションポイント法を使用して，進捗遅延を挽回させるための工数を見積もり，１４人日が必要だと判明した。クリティカルパス上にあるＳＱＬ発行機能のアクティビティを勘案すると，プロジェクト全体の遅れを最少にするには，２人の技術者が並行して７日間作業すればよいと結論づけられた。
私は，Ｅ社の技術者の中から，ストアドプロシージャの精通者を２名選定し，当プロジェクトのメンバとして従事させた。その結果，進捗遅延はなくなった。私は，その後も，進捗遅延の兆候の監視を続けた。当プロジェクトは順調に運営され，本番稼働を迎えた。当システムは現在も良好に運用され，Ｈ社の経営に寄与している。

プロジェクトマネージャが，努力していることを明示する

結論をハッキリ書く

正確なスペルを入れる

専門用語（キーワード）を入れる

数字を入れて実話らしさを出す

プロジェクトマネージャが，努力していることを明示する

決まり文句（常套句）を入れる

4-2-2 トレードオフの解消

問題2

システム開発プロジェクトにおけるトレードオフの解消について H25 問2

プロジェクトマネージャには，プロジェクトの遂行中に発生する様々な問題を解決することによって，プロジェクト目標を達成することが求められる。

プロジェクトの制約条件としては，納期，予算，要員などがある。プロジェクトの遂行中に発生する問題の中には，解決に際し，複数の制約条件を同時に満足させることができない場合がある。このように，一つの制約条件を満足させようとすると，別の制約条件を満足させられない状態をトレードオフと呼ぶ。

プロジェクトの遂行中に，例えば，プロジェクトの納期を守れなくなる問題が発生したとき，この問題の解決に際し，制約条件である納期を満足させようとすれば予算超過となり，もう一つの制約条件である予算を満足させようとすれば納期遅延となる場合，納期と予算のトレードオフとなる。この場合，制約条件である納期と予算について分析したり，その他の条件も考慮に入れたりしながら調整し，トレードオフになった納期と予算が同時に受け入れられる状態を探すこと，すなわちトレードオフを解消することが必要になる。

あなたの経験と考えに基づいて，設問ア～ウに従って論述せよ。

設問ア あなたが携わったシステム開発プロジェクトにおけるプロジェクトの概要とプロジェクトの制約条件について，800字以内で述べよ。

設問イ 設問アで述べたプロジェクトの遂行中に発生した問題の中で，トレードオフの解消が必要になった問題とそのトレードオフはどのようなものであったか。また，このトレードオフをどのように解消したかについて，工夫した点を含めて，800字以上1,600字以内で具体的に述べよ。

設問ウ 設問イのトレードオフの解消策に対する評価，残された問題，その解決方針について，600字以上1,200字以内で具体的に述べよ。

▶ 試験センターによる出題趣旨・講評

【出題趣旨】

プロジェクトマネージャ（PM）には，プロジェクトの遂行中に発生する様々な問題を解決することによって，プロジェクト目標を達成することが求められる。

本問は，プロジェクトの遂行中に発生したトレードオフの解消を伴う問題について，トレードオフの状態と解消策，さらに解消策に対する評価，残された問題，その解決策について，具体的に論述することを求めている。論述を通じて，PMとして有すべきプロジェクトの問題解決に関する知識，経験，実践能力などを評価する。

【採点講評】

問2（システム開発プロジェクトにおけるトレードオフの解消について）では，トレードオフの解消が必要になった問題に関し，トレードオフの状態と解消策，解消策の評価，残された問題とその解決方針については具体的な論述が多かった。一方，トレードオフという言葉を用いながら，トレードオフの状態が不明確な論述やトレードオフの状態でない問題についての論述も見られた。

▶ 問題の読み方

システム開発プロジェクトにおけるトレードオフの解消について

プロジェクトマネージャには，プロジェクトの遂行中に発生する様々な問題を解決することによって，プロジェクト目標を達成することが求められる。

> 当問題全体の説明です

プロジェクトの制約条件としては，納期，予算，要員などがある。

> 設問ア1の“制約条件”の模範文例です

プロジェクトの遂行中に発生する問題の中には，解決に際し，複数の制約条件を同時に満足させることができない場合がある。このように，一つの制約条件を満足させようとすると，別の制約条件を満足させられない状態をトレードオフと呼ぶ。

> “トレードオフ”という用語の定義文です。論文内に書いても書かなくても，どちらでも構いません

プロジェクトの遂行中に，例えば，プロジェクトの納期を守れなくなる問題が発生したとき，

> 設問イ2の模範文例です

この問題の解決に際し，制約条件である納期を満足させようとすれば予算超過となり，もう一つの制約条件である予算を満足させようとすれば納期遅延となる場合，納期と予算のトレードオフとなる。

設問イ3の模範文例です

この場合，制約条件である納期と予算について分析したり，その他の条件も考慮に入れたりしながら調整し，トレードオフになった納期と予算が同時に受け入れられる状態を探すこと，すなわちトレードオフを解消することが必要になる。

設問イ4の模範文例です

あなたの経験と考えに基づいて，設問ア～ウに従って論述せよ。

本問は珍しく"概要"を問うていますので，400字程度書きます。必要ならば"特徴"を含めても構いません

設問ア あなたが携わったシステム開発プロジェクトにおけるプロジェクトの概要とプロジェクトの制約条件について，800字以内で述べよ。

設問ア1

設問イ2

設問イ 設問アで述べたプロジェクトの遂行中に発生した問題の中で，トレードオフの解消が必要になった問題とそのトレードオフはどのようなものであったか。また，このトレードオフをどのように解消したかについて，工夫した点を含めて，800字以上1,600字以内で具体的に述べよ。

設問イ3

設問イ4

"残された問題"を失敗した点と解釈し，評価に含めて400字程度書きます

設問ウ 設問イのトレードオフの解消策に対する評価，残された問題，その解決方針について，600字以上1,200字以内で具体的に述べよ。

"解決方針"を改善策と解釈し，400字程度書きます

論文構成（解答下書き）

設問ア

1．私が携わったプロジェクトの概要
- Y社 … 化粧品や日用品の卸売業者
- 顧客 …ドラッグストアやスーパなどの小売業者
- 24箇所の小規模な物流センタ → 13箇所に集約
- 1つの新在庫管理システムに統合
- 私 …情シスの部長，プロジェクトマネージャ
- 本社倉庫のKシステムに必要な機能を付加して新システムを開発する方針

2．当プロジェクトの制約条件
- プロジェクト憲章に3点の制約条件
  - ①：納期…平成24年6月末　1か月前から閉鎖する物流センタの撤去
  - ②：予算…開発費総額8千万円
  - ③：要員…要件定義～外部設計・総合テスト以降はY社の要員，
内部設計から結合テストまでは協力会社の要員

3．当プロジェクトの遂行中に発生した問題
- 複数の物流業務担当者が，多くの機能追加を要望
- ほとんどがKシステム以外の在庫管理システムの実装機能
- 実現しようとすれば，40人月程度の工数増加

設問イ

1．トレードオフの解消が必要になった問題
- 設問アの機能追加の多くは，トレードオフに該当
- 機能追加のうち，開発規模が大きいものは以下の2点
  - ①：顧客からの依頼による緊急出荷機能
出荷指示データや出荷実績データは，翌日以降に入力
月次処理日後に出荷実績データを入力すると，月次処理を再実行
  - ②：化粧品の出荷後のトレーサビリティ機能
製品のロット番号を，出荷時に記録

2．その問題のトレードオフの状況
- 機能追加の多くは，技術的な難易度…低，開発規模…大
- 設計チームリーダに，追加機能の簡易分析を指示
- その結果，
類似した共通機能の集約で，開発規模を半分程度に圧縮
システム設計書がないため，共通機能を抽出するのに2～3カ月必要

・2 千万円程度の予算超過と，2 ～ 3 カ月程度の納期遅延のトレードオフ

3．私が立案したトレードオフ解消策

3．1　顧客との取引条件の見直し

・機能追加一覧表をＪ氏に渡し，その取引条件と顧客との取引契約書との照合を依頼

・Ｊ氏の回答…すべて各物流センタと顧客との間で作られた慣習，明文の規定なし

・経営者層に，機能追加しなくても済む顧客との新取引条件の合意を依頼

・経営者層は，Ｊ氏に新取引条件案の作成を命令

・Ｊ氏は，追加機能の 50% 削減案を作成，Ｙ社の経営者層は承認

3．2　プロジェクト計画変更案の協議

・新取引条件によって，増加する開発規模を 20 人月程度に圧縮

・当初の予算 8 千万円と比較すると約 2 千万円（25%）の増額

・計画変更案：残った追加機能の共通機能を抽出，
　その作業を行うために納期を 1 か月遅延，
　予算を約 1 千万円増額

・経営者層は，この案を承認

設問ウ

1．設問イで述べたトレードオフの解消策に対する評価

・トレードオフの解消策は，おおむね良好に機能

・新システムは，納期どおりに本番稼働を開始

2．トレードオフの解消策に残された問題

2．1　共通機能を抽出する範囲

・一部の機能を，共通機能を抽出する追加機能から除外

・そのため，新システムには冗長な機能があり，保守時に重複修正が必要

2．2　要員と納期のトレードオフ

・共通機能を抽出する要員は，Ｙ社の情シス部のシステムアーキテクト

・1 名は他のプロジェクトと兼務，1 カ月間に 30 時間程度の残業

3．今後の解決方針

3．1　共通機能を抽出する範囲

・新システムの大規模な保守時に，新システム全体の共通機能の整理・統合を計画

3．2　要員と納期のトレードオフ

・納期・要員間や要員・予算間のトレードオフにも配慮

解答例

設問ア

1．私が携わったプロジェクトの概要

Ｙ社は，化粧品や日用品の卸売業者である。顧客は，ドラッグストアやスーパなどの小売業者である。Ｙ社は従来，２４箇所の小規模な物流センタを設置し，それぞれの物流センタごとに数種類の在庫管理システムを別々に運用してきた。Ｙ社の経営者層は，顧客の要望や運送会社Ｒ社の提案を受けて，物流センタを１３箇所に集約し，１つの新在庫管理システム（以下，新システムという）に統合する経営計画を決定した。私は，Ｙ社の情報システム部の部長であり，当プロジェクトのプロジェクトマネージャに就任した。Ｙ社のITストラテジストは，運用してきた在庫管理システムのうち，最も機能が豊富な本社倉庫で運用されているシステム（以下，Ｋシステムという）に必要な機能を付加して新システムを開発する方針を決定していた。

2．当プロジェクトの制約条件

当プロジェクトのプロジェクト憲章には，以下３点の制約条件が記述されていた。①：納期…平成２４年６月末であった。この１カ月前から閉鎖する物流センタの撤去作業が計画されていた。②：予算…開発費総額８千万円であった。③：要員…要件定義～外部設計・総合テスト以降はＹ社の要員，内部設計から結合テストまでは協力会社の要員とされていた。

3．当プロジェクトの遂行中に発生した問題

要件定義フェーズの途中で，複数の物流業務担当者は，多くの機能追加を要望した。この要望された機能は，新システムに追加予定であった機能ではなく，ほとんどがＫシステム以外の在庫管理システムに実装されていた機能だった。機能追加の要望を実現しようとすれば，プロジェクト計画時の想定開発規模よりも４０人月程度の工数増加が必要になると見積もられ，当プロジェクトの大きな問題となった。

1 2 3 4 5 6 7 8 9 10 11 12 13 14 15 16 17 18 19 20 21 22 23 24 25

数字を入れて実話らしさを出す

用語を定義する

自分の立場を明示する

用語を定義する

問題文の例示に従って，制約条件を書く

都合の悪い点を明示する

数字を入れて実話らしさを出す

結論をハッキリ書く

▶ 試験センターによる出題趣旨・講評

【出題趣旨】

プロジェクトマネージャ（PM）には，プロジェクトの特徴に応じて，多様な観点からの実効性の高い品質管理計画を策定することによって，品質管理の徹底を図り，システム開発プロジェクトの目的を達成することが求められる。

本問は，システム開発プロジェクトの品質管理計画策定における，品質管理基準の設定，定性的な観点を考慮した品質評価の仕組みの検討，プロジェクトの体制に照らした実現性の検証など考慮すべき点と，品質管理計画の実施状況などについて，具体的に論述することを求めている。論述を通じて，PM として有すべき品質管理計画の策定に関する知識，経験，実践能力などを評価する。

【採点講評】

問 2（システム開発プロジェクトにおける品質管理について）では，品質管理計画の策定内容及び実施状況などについて具体的に論述できているものが多かった。一方，設問が求めたのは，品質面の要求事項を達成するために，プロジェクトの特徴に応じて考慮した点を踏まえて，どのような品質管理計画を策定して，実行したのかについてであったが，プロジェクトの特徴を的確に把握できていないもの，品質管理計画の内容が不明確なもの，品質管理基準の記載はされていても表面的で具体性に欠けるものなど，品質管理に関するPM の対応内容としては不十分な論述も見られた。

▶ 問題の読み方

システム開発プロジェクトにおける品質管理について

プロジェクトマネージャ（PM）は，システム開発プロジェクトの目的を達成するために，品質管理計画を策定して品質管理の徹底を図る必要がある。このとき，他のプロジェクト事例や全社的な標準として提供されている品質管理基準をそのまま適用しただけでは，プロジェクトの特徴に応じた品質状況の見極めが的確に行えず，品質面の要求事項を満たすことが困難になる場合がある。また，品質管理の単位が小さ過ぎると，プロジェクトの進捗及びコストに悪影響を及ぼす場合もある。

当問題全体の説明です

このような事態を招かないようにするために，PM は，例えば次のような点を十分に考慮した上で，プロジェクトの特徴に応じた実効性が高い品質管理計画を策定し，実施しなければならない。

設問イ1の前置きの文です

・信頼性などシステムに要求される事項を踏まえて，品質状況を的確に表す品質評価の指標，適切な品質管理の単位などを考慮した，プロジェクトとしての品質管理基準を設定すること
・摘出した欠陥の件数などの定量的な観点に加えて，欠陥の内容に着目した定性的な観点からの品質評価も行うこと
・品質評価のための情報の収集方法，品質評価の実施時期，実施体制などが，プロジェクトの体制に見合った内容になっており，実現性に問題がないこと

設問イ1の模範文例です。なるべく，これに沿って，論文を展開します

あなたの経験と考えに基づいて，設問ア～ウに従って論述せよ。

設問ア　あなたが携わったシステム開発プロジェクトの特徴，品質面の要求事項，及び品質管理計画を策定する上でプロジェクトの特徴に応じて考慮した点について，800字以内で述べよ。

実線の下線部と点線の下線部を分けて，400字程度ずつ書きます

設問イ　設問アで述べた考慮した点を踏まえて，どのような品質管理計画を策定し，どのように品質管理を実施したかについて，考慮した点と特に関連が深い工程を中心に，800字以上1,600字以内で具体的に述べよ。

設問イ1

設問ウ　設問イで述べた品質管理計画の内容の評価，実施結果の評価，及び今後の改善点について，600字以上1,200字以内で具体的に述べよ。

評価と改善点を問う設問ですので，問題文に模範文例はありません

論文構成（解答下書き）

設問ア

1．私が携わったプロジェクトの概要
 ・Q社 … 新聞用紙などの紙を製造する企業
 ・製品の需要は伸び悩み，業務効率化，費用削減が必要
 ・通信端末を活用した設備の日常点検を支援する新システムの開発・導入が決定
 ・私 … 情シス部の開発課長，プロマネ
2．品質面の要求事項と当プロジェクトの特徴
 ・プラント … 安全で安定的な運転，設備点検手順に沿った確実な作業実施

・新システム … 高い信頼性が求められる
・当プロジェクトの特徴 … 厳格な品質管理
3．品質管理計画を策定する上で考慮した点
・私が考慮した点
①：過去のプロジェクトの実績平均値に基づいて品質計画を策定
②：従前よりも当プロジェクトの特徴を，より多く品質計画に反映

設問イ

1．旧システムの問題点と，品質管理と関連が深い工程
・旧システムでの業務上の問題点：
①：現場で点検票を記入，事務所に戻って入力と作業報告書作成
②：①は全ての点検作業終了後にまとめて，事務所で実施
③：入力作業が夜間まで続けられ，入力間違い等が発生
・プラントとのインタフェース機能設計工程などが，品質管理と関連深い
2．私が策定した品質管理計画と実施した品質管理
2．1　品質管理基準の設定
①：品質管理の単位…小さ過ぎると進捗及びコストに悪影響
外部設計工程の品質管理の単位を，ワークパッケージに
外部設計工程以外は，ワークパッケージよりも1～2レベル上位の要素
②：品質評価の指標
過去の実績平均値：
レビュー時間密度＝3時間／kステップ，欠陥摘出密度＝4件／kステップ
当プロジェクトの目標値：
レビュー時間密度＝4．8時間／kステップ，欠陥摘出密度＝6．5件／kステップ
2．2　定性的な観点からの品質評価
・JIS X 0129-1を参考にした定性的品質目標
①：機能性…明示的及び暗示的必要性に合致する機能の提供
②：信頼性…指定された達成水準の維持
2．3　品質評価のための方法・時期・体制
・品質評価のための方法・時期・体制は，実現性に問題なし
・品質管理計画書の記載事項：
①：実施体制…モデレータ1名，作成者1名，レビュー担当者3名
②：実施時期…毎週月曜日の午後
③：情報収集方法…チームリーダが作業日報などを検査し，私に提出

設問ウ

1．品質管理計画の内容と実施結果の評価

・設問イで述べた品質管理計画と実施結果はおおむね妥当

1．1　目標値を下回るレビュー時間密度

・Aチームの画面定義書のレビュー密度は 4.2 時間／ k ステップ，約 13% 目標値を下回る

・Aチームのリーダ … 類似した画面が多く，複数の画面をまとめてレビューした

1．2　目標値を上回る欠陥摘出密度

・Bチームの帳票定義書の欠陥摘出密度は，8.4 件／ k ステップ，約 29% 目標値を上回る

・Bチームのリーダ … レビューの代任者が間違った指摘をし，それが集計されている

2．今後の改善点

2．1　目標値を下回るレビュー時間密度

・画面定義書の類似した部分を取り除いた実質的なレビュー対象量を想定

・レビュー時間密度の分母である“ k ステップ ”を算定

2．2　目標値を上回る欠陥摘出密度

・レビュー担当者の欠席，代任者を出席させない要請

・代任者による指摘事項は“ 仮指摘事項 ”，生産管理部内で協議して“ 本指摘事項 ”

・“ 本指摘事項 ”の数を欠陥数として集計

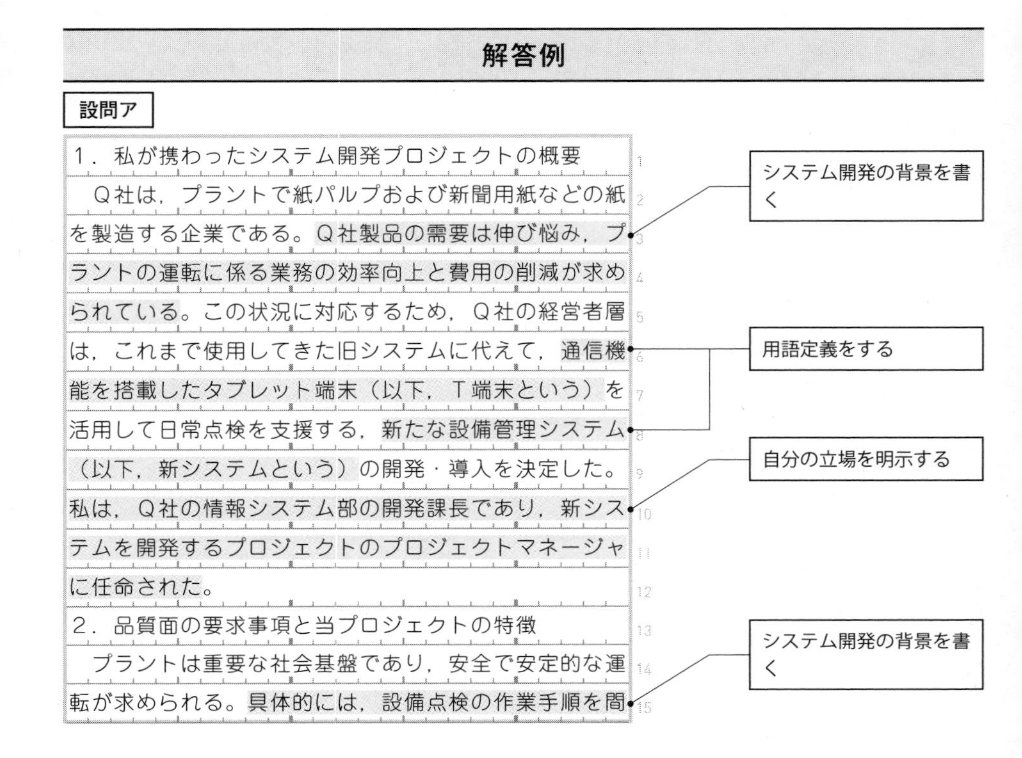

解答例

設問ア

1．私が携わったシステム開発プロジェクトの概要
　Q社は，プラントで紙パルプおよび新聞用紙などの紙を製造する企業である。Q社製品の需要は伸び悩み，プラントの運転に係る業務の効率向上と費用の削減が求められている。この状況に対応するため，Q社の経営者層は，これまで使用してきた旧システムに代えて，通信機能を搭載したタブレット端末（以下，T端末という）を活用して日常点検を支援する，新たな設備管理システム（以下，新システムという）の開発・導入を決定した。私は，Q社の情報システム部の開発課長であり，新システムを開発するプロジェクトのプロジェクトマネージャに任命された。
2．品質面の要求事項と当プロジェクトの特徴
　プラントは重要な社会基盤であり，安全で安定的な運転が求められる。具体的には，設備点検の作業手順を間

違えるとプラントの停止につながりかねないので，決められた手順に沿った確実な作業実施が求められる。したがって，新システムには，設備点検作業の確実な実施を支援する高い信頼性が求められた。新システムに対する高信頼性要求を満たすためには，当然，当プロジェクトの品質管理も厳格しなければならないと考えられ，これが当プロジェクトの特徴であった。

3．品質管理計画を策定する上で考慮した点

　私は，Q社が過去に実施したシステム開発プロジェクト事例や全社的な標準として提供されている品質管理基準をそのまま適用しただけでは，当プロジェクトの特徴に応じた品質状況の見極めが的確に行えず，品質面の要求事項を満たすことが困難になると考えた。そこで，私は，①：過去のプロジェクトの教訓や実績平均値に基づいて当プロジェクトの品質計画を策定する。②：ただし，従前よりも当プロジェクトの特徴を，より多く品質計画に反映する。の2点を考慮した。

プロジェクトの特徴を明示する

都合の悪い点を明示する

結論をハッキリ書く

設問イ

1．旧システムの問題点と，品質管理と関連が深い工程

　私は，当プロジェクトの品質管理計画の策定に際して，旧システムでの業務上の問題点を調査・分析し，下記の3点に整理した。①：日常点検の作業では，現場で点検票に結果を記録し，点検作業終了後に事務所に戻って旧システムに入力し，作業報告書にまとめる。②：これらの一連の処理は，日中に点検作業を続けて行い，全ての点検作業終了後にまとめて旧システムへの入力と作業報告書の作成という手順で行われる。③：その結果，旧システムへの入力が夜間に至るまで続けられ，入力間違いや入力の漏れが発生する原因となっている。

　そこで，私は，人手を介さず，プラントから自動的に点検項目に関する数値を入手するインタフェース機能の設計や，T端末を使った現場での点検項目の入力機能の設計を行う外部設計工程が，品質管理と特に関連が深い

やや冗長な気もするが，気にせず書き続ける

設問文を引用する

工程であると位置づけた。

2．私が策定した品質管理計画と実施した品質管理

私は，設問アで述べた考慮した点を踏まえて，下記の3点を主な内容とする品質管理計画を策定し，それに従って品質管理を実施した。

2．1　品質管理基準の設定

私は，高信頼性など新システムに要求される事項を踏まえて，下記の2点を主要な内容とする品質管理基準を設定した。①：適切な品質管理の単位…私は，品質管理の単位が小さ過ぎると，当プロジェクトの進捗及びコストに悪影響を及ぼすと考えた。そこで，私は，外部設計工程の品質管理の単位をWBS（Work Breakdown Structure）のワークパッケージとし，外部設計工程以外の工程の品質管理の単位をワークパッケージよりも1～2レベル上位の要素とした。②：品質状況を的確に表す品質評価の指標…過去の類似プロジェクトの外部設計工程の実績平均値は，レビュー時間密度＝3時間／kステップ，欠陥摘出密度＝4件／kステップだった。しかし，私は設問アで述べた当プロジェクトでの特徴を考慮し，レビュー時間密度＝4．8時間／kステップ，欠陥摘出密度＝6．5件／kステップを目標値として設定した。

2．2　定性的な観点からの品質評価

私は，上記2．1の定量的な観点に加えて，欠陥の内容に着目した定性的な観点からの品質評価も行うべきだと考えた。そこで，私はJIS X 0129-1を参考にして，下記の2点の品質特性を定性的品質目標として設定した。①：機能性…新システムが，要件定義書に指定された条件の下で利用されるときに，明示的及び暗示的必要性に合致する機能を提供する新システムの能力，②：信頼性…要件定義書に指定された条件下で利用するとき，指定された達成水準を維持する新システムの能力

2．3　品質評価のための方法・時期・体制

私は，品質管理計画の一環として，品質評価のための方法・時期・体制を検討し，それらがプロジェクトの体

設問文を引用する

結論をハッキリ書く

正確なスペルを入れる

専門用語（キーワード）を入れる

数字を入れる

問題文を引用する

専門用語（キーワード）を入れる

問題文を引用する

制に見合った内容になっており，実現性に問題がないことを確認した。私は，外部設計工程について下記の３点を品質管理計画書に記載した。①：品質評価の実施体制…モデレータ１名，レビュー対象成果物作成者１名，レビュー担当者３名を１組として各チームで実施する。②：品質評価の実施時期…毎週月曜日の午後，③：品質評価のための情報の収集方法…メンバは作成した作業日報，レビュー状況報告書，摘出欠陥報告書をチームリーダに提出し，チームリーダがそれを検査した後，私に提出する。

数字を入れる

やや冗長な気もするが，気にせず書き続ける

設問ウ

１．品質管理計画の内容と実施結果の評価

新システムは，予定どおり本番稼働し，順調な運用を続けている。その点を考慮すれば，設問イで述べた品質管理計画の内容と実施結果はおおむね妥当であったと評価できる。ただし，下記の２点については改善の余地があると考えられる。

１．１　目標値を下回るレビュー時間密度

外部設計工程におけるＡチームの画面定義書のレビュー密度は４．２時間／ｋステップであり，約１３％目標値を下回っていた。私がその状況について説明を求めると，Ａチームのリーダは“新システムでは，点検結果の入力漏れを極少化するために，プラントの装置ごと号機ごとに独自の入力画面を定義している。したがって，類似した画面が多く，複数の画面をまとめてレビューしたので，レビュー時間を短縮できた”という主旨の回答をした。

１．２　目標値を上回る欠陥摘出密度

外部設計工程におけるＢチームの帳票定義書の欠陥摘出密度は，８．４件／ｋステップであり，約２９％目標値を上回っていた。欠陥摘出密度の実績値は目標値を上回っていても問題はない。しかし，実績値が目標値と比較して大きすぎる懸念もあったので，私がその状況につ

決まり文句（常套句）を入れる

失敗したことを入れる

やや冗長な気もするが，気にせず書き続ける

数字を入れる

失敗したことを入れる

いて説明を求めると，Ｂチームのリーダは“レビュー担当者であるＱ社の生産管理部の要員は多忙であり，ほとんどのレビューに都度異なる代任者が参加した。そのため，間違った指摘事項が欠陥数として集計されている。それを除けば，欠陥摘出密度は６．７件／ｋステップであり，目標値と近似する”という主旨の回答をした。

２．今後の改善点

　私は，上記の評価に対し，今後，下記の改善点を実施する。

２．１　目標値を下回るレビュー時間密度

　チームリーダと画面定義書作成担当者は協議して，画面定義書の類似した部分を取り除いた実質的なレビュー対象量を想定し，レビュー時間密度の分母である“ｋステップ”を算定する。

２．２　目標値を上回る欠陥摘出密度

　Ｑ社の生産管理部の責任者に対し，極力，レビュー担当者の欠席および代任者を出席させない要請をする。代任者をレビューミーティングに出席させる場合，そこでの代任者による指摘事項は“仮指摘事項”とし，それをＱ社の生産管理部内で協議し，間違いがなければ“本指摘事項”とする。そして，“本指摘事項”の数を欠陥数として集計する。

やや冗長な気もするが，気にせず書き続ける

改善点を入れる

改善点を入れる

4-3-2 品質確保策

問題2

システム開発プロジェクトにおける品質確保策について

H23 問2

プロジェクトマネージャ (PM) には，品質保証や品質管理の方法などについて品質計画を立案し，設定された品質目標を予算や納期の制約の下で達成することが求められる。

PM は，品質目標の達成を阻害する要因を見極め，その要因に応じた次のような品質確保策を作成し，品質計画に含める必要がある。

・要員の業務知識が不十分な場合，要件の見落としや誤解が起きやすいので，業務に詳しい有識者を交えたウォークスルーによる設計内容の確認やプロトタイプによる利用者の確認を実施する。

・稼働中のシステムの改修の影響が広範囲に及ぶ場合，既存機能のデグレードが起きやすいので，構成管理による修正箇所の確認や既存機能を含めた回帰テストを実施する。

また，予算や納期の制約を考慮して，それらの品質確保策について，次のような工夫をすることも重要である。

・ウォークスルーの対象を難易度の高い要件に絞ることで設計期間を短縮したり，表計算ソフトを利用して画面や帳票のプロトタイプを作成することで設計費用を削減したりする。

・構成管理でツールを活用して修正範囲を特定することで修正の不備を早期に発見してシステムの改修期間を短縮したり，回帰テストで前回の開発のテスト項目やテストデータを用いてテスト費用を削減したりする。

あなたの経験と考えに基づいて，設問ア～ウに従って論述せよ。

設問ア あなたが携わったシステム開発プロジェクトの特徴，及びその特徴を踏まえて設定された品質目標について，800 字以内で述べよ。

設問イ 設問アで述べた品質目標の達成を阻害する要因とそのように判断した根拠は何か。また，その要因に応じて品質計画に含めた品質確保策はどのようなものか。800 字以上 1,600 字以内で具体的に述べよ。

設問ウ 設問イで述べた品質確保策の作成において，予算や納期の制約を考慮して，どのような工夫をしたか。また，工夫した結果についてどのように評価しているか。600 字以上 1,200 字以内で具体的に述べよ。

▶ 試験センターによる出題趣旨・講評

【出題趣旨】

プロジェクトマネージャ（PM）には，品質保証や品質管理の方法などについての品質計画を立案し，設定された品質目標を予算や納期の制約の下で達成することが求められる。

本問は，設定された品質目標の達成を阻害する要因とそのように判断した根拠，その要因に応じて品質計画に含めた品質確保策，及び予算や納期の制約を考慮して品質確保策に対して加えた工夫について，具体的に論述することを求めている。論述を通じて，PMとして有すべきプロジェクトにおける品質計画に関する知識，実践能力などを評価する。

【採点講評】

問2（システム開発プロジェクトにおける品質確保策について）では，品質目標を阻害する要因と判断した根拠については，具体的な論述が多かった。しかし，品質目標，品質目標の達成を阻害する要因，及び阻害する要因に応じた品質確保策について，論理的に整合しない論述も見られた。また，品質計画についての論述を求めているのにもかかわらず，発生した品質上の問題への対応に終始した論述も見られた。

▶ 問題の読み方

システム開発プロジェクトにおける品質確保策について

プロジェクトマネージャ (PM) には，品質保証や品質管理の方法などについて品質計画を立案し，設定された品質目標を予算や納期の制約の下で達成することが求められる。

> 当問題全体の説明です

PM は，品質目標の達成を阻害する要因を見極め，その要因に応じた次のような品質確保策を作成し，品質計画に含める必要がある。

> 設問イ1の前置きの文です

- 3 要員の業務知識が不十分な場合，要件の見落としや誤解が起きやすいので，業務に詳しい有識者を交えたウォークスルーによる設計内容の確認やプロトタイプによる利用者の確認を実施する。
- 3 稼働中のシステムの改修の影響が広範囲に及ぶ場合，既存機能のデグレードが起きやすいので，構成管理による修正箇所の確認や既存機能を含めた回帰テストを実施する。

> 設問イ1の模範文例です。この2つのうち，書きやすいものを少なくとも1つ選んで，書きます

また，予算や納期の制約を考慮して，それらの品質確保策について，次のような工夫をすることも重要である。

設問ウ2の前置きの文です

・ウォークスルーの対象を難易度の高い要件に絞ることで設計期間を短縮したり，表計算ソフトを利用して画面や帳票のプロトタイプを作成することで設計費用を削減したりする。
・構成管理でツールを活用して修正範囲を特定することで修正の不備を早期に発見してシステムの改修期間を短縮したり，回帰テストで前回の開発のテスト項目やテストデータを用いてテスト費用を削減したりする。

設問ウ2の模範文例です。この2つのうち，書きやすいものを少なくとも1つ選んで，書きます

あなたの経験と考えに基づいて，設問ア～ウに従って論述せよ。

設問ア あなたが携わったシステム開発プロジェクトの特徴，及びその特徴を踏まえて設定された品質目標について，800字以内で述べよ。

設問イ 設問アで述べた品質目標の達成を阻害する要因とそのように判断した根拠は何か。また，その要因に応じて品質計画に含めた品質確保策はどのようなものか。800字以上1,600字以内で具体的に述べよ。

"阻害する要因"の例示は2箇所の3の下線部です

設問イ1

設問ウ 設問イで述べた品質確保策の作成において，予算や納期の制約を考慮して，どのような工夫をしたか。また，工夫した結果についてどのように評価しているか。600字以上1,200字以内で具体的に述べよ。

設問ウ2　400字程度書きます

評価を400字程度書きます。改善点は問われていないので，基本的に書きません

論文構成（解答下書き）

設問ア

1．当プロジェクトの特徴
- N社 … 通信事業者，動画配信管理システムの開発を決定
- 経営者層 … 米国G社のDHシステムを購入し，機能追加をして運用する方針
- 私 … 情シス部の課長，プロマネ
- N社は，DHシステムの開発経験なし
- G社の支援を受けつつ，開発作業を進める計画案の作成に着手
- DHシステムへの追加機能は，利用者への課金・請求・入金管理
- 当プロジェクトの特徴とリスク：
  ①：開発メンバのDHシステムに関する知識不足
  ②：DHシステムの改修作業の影響は広範囲

2．特徴を踏まえ設定された品質目標
- DHシステムは，機能Aと機能Bの2機能
- 機能A … 動画配信を中心としたネットワーク管理機能
- 機能B … 利用者認証や課金管理などの付帯機能
- 両機能に機能追加する難易度は同等
- 機能別にAチームとBチームを編成
- 2つの品質目標：
  ①：内部設計のレビュー時間 … 3.6時間／kステップ
  ②：摘出欠陥数 …5件／kステップ

設問イ

1．品質目標の達成を阻害する要因とその根拠

1．1　開発メンバの知識不足
- DHシステムの内部仕様 … ×，要件定義や外部設計 … ○
- 品質目標の阻害要因は，内部設計で発生すると予想
- DHシステムは，Javaで開発されており，独自開発したライブラリが多数
- そのライブラリの使用法を間違えると，設計品質↓

1．2　DHシステムの改修作業による影響範囲
- Javaのスーパクラスを更新 → 影響範囲が広がる
- ドルには小数点以下のセント，円には小数点以下なし
- セント未満の四捨五入機能を削除し，円未満の四捨五入機能を追加
- スーパクラスの変更は，既存機能のデグレードを誘発しやすい

2．品質計画に含めた品質確保策

2．1　開発メンバの知識不足

・DH システムのライブラリに関する知識不足 →内部設計要件の見落とし

・2 つの品質確保策：

①：内部設計書のウォークスルー後に，G 社の開発要員によって再度ウォークスルー

G 社のレビュー時間は，2 時間／ k ステップ

内部設計書は，日本語で作成し，英語に翻訳

②：内部設計書の約 5%程度をプログラミング，動作試験

2．2　DH システムの改修作業による影響範囲

・変更する Java のスーパクラスの規模は，5k ステップ

・変更の検証のために，回帰テスト

・同一の総合テストを 2 回実施，回帰テストを補完

設問ウ

1．予算や納期の制約を考慮して実施した工夫

1．1　ウォークスルー対象の絞込み

①：データベースのテーブルレイアウト変更に伴う更新機能

②：ネットワークの障害発生時のセション再開機能

・上記の 2 つのウォークスルーを内部設計の中盤に実施

1．2　ツールを活用した修正範囲の特定

・変更しなければならないスーパクラスとそのサブクラスを構成管理ツールに記録

・変更によって影響を受けるサブクラスを特定

・影響を受けるサブクラスを一覧表に整理 → 検討忘れの防止

2．工夫した結果についての評価

・設定した品質目標は達成，新システムは順調に稼働

2．1　ウォークスルー対象の絞込み

・絞り込んだウォークスルーの対象に不足

・複数の割引制度を併用した場合の料金算定機能に 21 の欠陥

・今後は，このような機能もウォークスルーの重点対象に

2．2　ツールを活用した修正範囲の特定

・テスト費用の削減は，未着手

・構成管理ツールにテスト項目やテストデータを登録

解答例

設問ア

1．当プロジェクトの特徴

　Ｎ社は通信事業者であり，動画配信管理システムの開発を決定した。独自開発では，費用が多額になり開発リスクも大きいため，Ｎ社の経営者層は，米国Ｇ社で運用されている動画配信システム（以下，ＤＨシステムという）を購入し，機能追加をして日本で運用する方針とした。私は，Ｎ社の情報システム開発部の課長であり，当プロジェクトのプロジェクトマネージャに任命された。Ｎ社は，ＤＨシステムの開発経験がないため，私はＧ社の支援を受けつつ，開発作業を進める計画案の作成に着手した。Ｎ社の経営者層が要望したＤＨシステムへの追加機能は，国内使用を前提とした利用者への課金・請求・入金管理だった。Ｇ社から提供された外部設計書等のドキュメントは整備されており，稼働中のＤＨシステムとの差異も少ないと予想された。したがって，当プロジェクトの特徴とリスクは，①：開発メンバのＤＨシステムに関する知識が不足している②：ＤＨシステムの改修作業の影響が広範囲に及ぶ　の２点にあると考えられた。

2．特徴を踏まえ設定された品質目標

　ＤＨシステムは，大きく機能Ａと機能Ｂの２つの機能から構成されていた。機能Ａは動画配信を中心としたネットワーク管理機能を，機能Ｂは利用者認証や課金管理などの付帯機能だった。私は，ＤＨシステムの利用ガイドや外部設計書で両機能を査閲した。両機能に機能追加する難易度は同等であると判断し，機能別にＡチームとＢチームを編成した。また，両機能の品質目標も同一とした。私は，当プロジェクトの特徴を踏まえ，下記の２つの品質目標を設定した。①：メンバの知識不足から，内部設計のレビュー時間をＮ社の過去の平均値よりも20％多い，3.6時間／kステップとする。②：改修作業の影響を考慮して，摘出欠陥数をＮ社の過去の平均値よりも25％多い，５件／kステップとする。

用語を定義する

自分の立場を明示する

都合の良い点を書く場合，少な目にする

プロジェクトの特徴を明示する

やや冗長な気もするが，気にせず書き続ける

結論をハッキリ書く

数字を入れて実話らしさを出す

設問イ

私は，品質目標を達成するために，品質保証や品質管理の方法などについての品質計画を立案することにした。特に，予算や納期の制約の下で，設定された品質目標の達成が求められていたので，私は，品質目標の達成を阻害する要因を下記の手順で見極め，対処する計画案の作成を開始した。

1．品質目標の達成を阻害する要因とその根拠

私は，当プロジェクトのリスク要因に基づいて，品質目標の達成する要因を検討した。

1．1　開発メンバの知識不足

これは，ＤＨシステムの内部仕様に関するものであり，要件定義や外部設計は問題なく完了できると考えられた。したがって，私は品質目標の阻害要因は主に内部設計で発生すると予想した。ＤＨシステムは，Javaによって開発されており，Ｇ社が独自開発したライブラリが多用されていた。したがって，そのライブラリの使用法を間違えると設計品質が大幅に劣化すると予測された。

1．2　ＤＨシステムの改修作業による影響範囲

ＤＨシステムの改修作業の中でも，Javaの共通部品であるスーパクラスを更新すると，その影響範囲が広がると考えられた。例えば，ドルには小数点以下のセントがあり，円には小数点以下の通貨単位がない。したがって，セント未満の四捨五入機能を削除し，円未満の四捨五入機能を追加するといった変更が必要だった。スーパクラスの変更は，既存機能のデグレードを誘発しやすいので，その対応策が必要になった。

2．品質計画に含めた品質確保策

私は，品質目標を阻害する要因に応じた品質確保策を下記のように作成した。

2．1　開発メンバの知識不足

開発メンバのＤＨシステムのライブラリに関する知識不足は，内部設計要件の見落としや誤解の発生を引き起こしやすいと考えられた。そこで，私は，下記の２つの

問題文の冒頭を転記する

結論をハッキリ書く

専門的な知識を入れる

やや冗長な気もするが，気にせず書き続ける

結論をハッキリ書く

結論をハッキリ書く

品質確保策を採用した。①：開発メンバが内部設計書にウォークスルーを実施した後に，それをG社に送付し，G社の開発要員によってウォークスルーされる手順とする。G社のレビュー時間は，2時間／kステップ以上とする。内部設計書は，日本語で作成し，翻訳担当メンバが英語を併記する。②：G社のウォークスルーが完了した内部設計書のうち，約5％程度を先行してプログラミングし，動作試験を行って内部設計書の正しさを検証する。

2．2　DHシステムの改修作業による影響範囲

DHシステムの中で，変更しなければならないJavaのスーパクラスの規模は，5kステップと見積られた。その変更の正しさを検証するために，私は既存機能を含めた回帰テストを結合テスト時に実施し，総合テストを第1次と第2次に分け，同一の総合テストを2回実施する方針とした。私は，これによって回帰テストを補完する計画にした。

> 数字を入れて実話らしさを出す

> 数字を入れて実話らしさを出す

> 専門的な知識を入れる

設問ウ

1．予算や納期の制約を考慮して実施した工夫

私は，予算や納期の制約を考慮して，計画した品質確保策について，下記の２点の工夫をした。

1．1　ウォークスルー対象の絞込み

私は，AチームとBチームのチームリーダと協議し，ウォークスルーの対象を難易度の高い要件に絞りこんだ。具体的には，データベースのテーブルレイアウト変更に伴う更新機能と，ネットワークの障害発生時のセション再開機能に限定したウォークスルーを内部設計の中盤で実施するものとした。私はこれによって設計作業の手戻りを極少化し，設計期間の短縮に寄与させた。内部設計書が完成した時点では，すべての要件がウォークスルーの対象となった。

1．2　ツールを活用した修正範囲の特定

私は，変更しなければならないJavaのスーパクラス

> プロジェクトマネージャが，統率しているところを明示する

> 結論をハッキリ書く

> プロジェクトマネージャが，努力しているところを明示する

とそのサブクラスを構成管理ツールに記録させ，変更によって影響を受けるサブクラスを特定させた。また，私は影響を受けるサブクラスを一覧表に整理させ，検討したメンバの氏名と日付を追記させた。私はこれによって検討忘れのサブクラスを皆無にすることを目標にした。大きく影響を受けたサブクラスの数は，重複を除いて500程度だった。

2．工夫した結果についての評価

私が実施した工夫は，おおむね期待した効果を得た。設定した品質目標は達成され，新システムは順調に稼働を続けている。しかし，下記の点は改善の余地があると考えられる。

2．1　ウォークスルー対象の絞込み

絞り込んだウォークスルーの対象に不足があった。具体的には，内部設計書が完成した時点でのウォークスルーで，複数の割引制度を併用した場合の料金算定機能に21の欠陥が指摘された。これはG社のDHシステムにはない機能であり，N社が追加した機能だった。私は今後，このような複雑な機能もウォークスルーの重点対象に含める。

2．2　ツールを活用した修正範囲の特定

この方法によって，修正の不備は早期に発見され，システムの改修期間は短縮された。しかし，前回使ったテスト項目やテストデータを回帰テストで用いてテスト費用を削減するまでには至っていない。私は次プロジェクトでは，構成管理ツールにテスト項目やテストデータを登録し，それを活用した回帰テストを実施する。

数字を入れて実話らしさを出す

決まり文句（常套句）を入れる

失敗したことを入れる

数字を入れて実話らしさを出す

設問ウで問われていないが，念のため，改善点を入れる

失敗したことを入れる

設問ウで問われていないが，念のため，改善点を入れる

4-4 組織要員管理

4-4-1 組織要員管理

問題1

システム開発プロジェクトにおける組織要員管理について H23 問 3

プロジェクトマネージャ（PM）には，プロジェクト目標の達成に向けてプロジェクトを円滑に運営できるチームを編成し，チームを構成する要員が個々の能力を十分に発揮できるように要員を管理することが求められる。

要員のもつ能力には，専門知識や開発スキルなどの技術的側面や，精神力や人間関係への対応力などの人間的側面がある。プロジェクトの遂行中は，ともすれば技術的側面を重視しがちである。しかし，人間的側面に起因した問題（以下，人間的側面の問題という）を軽視すると，次のようなプロジェクト目標の達成を阻害するリスクを誘発することがある。

・意欲の低下による成果物の品質の低下
・健康を損なうことによる進捗の遅延
・要員間の対立がもたらす作業効率の低下によるコストの増加

PM はプロジェクトの遂行中に人間的側面の問題の発生を察知した場合，その問題によって誘発される，プロジェクト目標の達成を阻害するリスクを想定し，人間的側面の問題に対して原因を取り除いたり，影響を軽減したりするなどして，適切な対策をとる必要がある。

あなたの経験と考えに基づいて，設問ア～ウに従って論述せよ。

設問ア　あなたが携わったシステム開発プロジェクトの目標，及びプロジェクトのチーム編成とその特徴について，800 字以内で述べよ。

設問イ　設問アで述べたプロジェクトの遂行中に察知した人間的側面の問題と，その問題によって誘発されると想定したプロジェクト目標の達成を阻害するリスク，及び人間的側面の問題への対策について，800 字以上 1,600 字以内で具体的に述べよ。

設問ウ　設問イで述べた対策の評価，認識した課題，今後の改善点について，600字以上1,200字以内で具体的に述べよ。

試験センターによる出題趣旨・講評

【出題趣旨】

プロジェクトマネージャ（PM）は，システム開発においてプロジェクトの目標を達成するため，個々の要員が本来の能力を発揮できるように，要員がもつ能力の技術的側面と人間的側面に配慮して要員を管理する必要がある。

本問は，人間的側面の問題によって誘発されるプロジェクト目標の達成を阻害するリスクを想定し，人間的側面の問題に対する対策とその対策の評価，認識した課題，今後の改善点について，具体的に論述することを求めている。論述を通じて，PMとして有すべきプロジェクトの組織要員管理に関する知識，実践能力などを評価する。

【採点講評】

問3（システム開発プロジェクトにおける組織要員管理について）では，プロジェクト遂行中に察知した人間的側面の問題と，その問題によって誘発されると想定したプロジェクト目標の達成を阻害するリスク，及び人間的側面の問題への対策についての具体的な論述が多かった。しかし，察知するのではなく，人間的側面の問題を想定した記述や設問アで述べたプロジェクト目標と関係のないリスクの記述も見られた。

問題の読み方

システム開発プロジェクトにおける組織要員管理について

プロジェクトマネージャ（PM）には，プロジェクト目標の達成に向けてプロジェクトを円滑に運営できるチームを編成し，チームを構成する要員が個々の能力を十分に発揮できるように要員を管理することが求められる。

当問題全体の説明です

要員のもつ能力には，専門知識や開発スキルなどの技術的側面や，精神力や人間関係への対応力などの人間的側面がある。

左記の色下線部が，設問イ1の模範文例です

プロジェクトの遂行中は，ともすれば技術的側面を重視しがちである。しかし，人間的側面に起因した問題（以下，人間的側面の問題という）を軽視すると，次のようなプロジェクト目標の達成を阻害するリスクを誘発することがある。

設問イ2の前置きの文です

・意欲の低下による成果物の品質の低下
・健康を損なうことによる進捗の遅延
・要員間の対立がもたらす作業効率の低下によるコストの増加

設問イ2の模範文例です。この3つのうち，書きやすいものを少なくとも1つ選んで書きます

PM はプロジェクトの遂行中に人間的側面の問題の発生を察知した場合，その問題によって誘発される，プロジェクト目標の達成を阻害するリスクを想定し，人間的側面の問題に対して原因を取り除いたり，影響を軽減したりするなどして，適切な対策をとる必要がある。

設問イ3の模範文例です

あなたの経験と考えに基づいて，設問ア～ウに従って論述せよ。

設問ア　あなたが携わったシステム開発プロジェクトの目標，及びプロジェクトのチーム編成とその特徴について，800 字以内で述べよ。

設問イ　設問アで述べたプロジェクトの遂行中に察知した人間的側面の問題と，その問題によって誘発されると想定したプロジェクト目標の達成を阻害するリスク，及び人間的側面の問題への対策について，800 字以上 1,600 字以内で具体的に述べよ。

設問イ1
設問イ2
設問イ3

設問ウ　設問イで述べた対策の評価，認識した課題，今後の改善点について，600 字以上 1,200 字以内で具体的に述べよ。

認識した課題を含めて評価を，400 字程度書きます

上記の評価を踏まえた改善点を，400 字程度書きます

論文構成（解答下書き）

設問ア

1．私が携わったシステム開発プロジェクトの目標
- K社は，大規模な化学プラント設備のエンジニアリング企業
- その業務は，本社・現場事務所などで，設計ドキュメントを確認して進められる
- S社製のドキュメント管理システム（S1システム）を使って，業務を遂行
- S1システムは，拠点間で設計データをリアルタイムに共有できない
- K社の経営者層は，S1の後継版であるWebに対応したS2システムの導入を決定
- 私は，K社の情シス部の部長，プロマネ
- 当プロジェクトの第1優先順位の目標は，10カ月以内の本番稼働

2．プロジェクトチーム編成とその特徴
- S1システムの運用上の課題とS2システムの機能調査
- スコープ記述書とWBSの上位3階層を作成
- WBSの作業を遂行するために必要なスキルを一覧表に整理
- 納期遵守の観点からは，S2システムに精通したメンバの確保が重要
- S社にS2システムの開発要員2名の派遣を要請
- S社の開発要員は多忙で，半年間は派遣不可
- K社のS1システム経験者を，開発チームに配置
- Webサーバなどの環境整備を担当する基盤チームも編成，2チーム体制

設問イ

- 要員のもつ能力には，技術的側面と人間的側面がある
- 人間的側面の問題を軽視すると，目標達成を阻害するリスクが↑

1．プロジェクト遂行中に察知した人間的側面の問題

1．1　開発チームA氏の精神不安定
- 外部設計の終盤時点から，A氏の精神が不安定
- A氏は，S1システムに精通しているが，Web関連技術の知識が不足
- A氏の担当作業は，計画よりも5日程度遅延
- A氏は，遅れを取り戻せず，チーム内で孤立

1．2　両チームリーダの対立した人間関係
- 内部設計開始時に，基盤リーダは開発リーダに結合テスト環境の打合せを申し出
- 開発リーダは，多忙を極めていたため，打合せを拒否
- 基盤リーダは，開発リーダの態度に激昂，結合テスト環境の整備を放棄すると宣告

2．想定したプロジェクト目標の達成を阻害するリスク

2．1　開発チームA氏の精神不安定

・A 氏の意欲低下 → 外部設計書の品質が低下するリスク
・このリスク → 開発チームの工程遅延をも誘発

2．2　両チームリーダの対立した人間関係
・基盤リーダと開発リーダの対立 → 作業効率の低下，コスト増加，工程遅延リスク
・結合テスト環境の整備を開発チームが担当すれば，3 日程度の工程遅延

3．人間的側面の問題への対策

3．1　開発チーム A 氏の精神不安定
・Web 関連技術に精通している B 氏を A 氏の補助者に任命
・これによってリスクは，ほぼ回避可

3．2　両チームリーダの対立した人間関係
・開発リーダは，始末書を提出，両リーダを会議室に参集
・開発リーダは，基盤リーダに謝罪
・基盤チームが，結合テスト環境の整備

設問ウ

1．設問イで述べた対策の評価と認識した課題
・対策は，効果を発揮，S2 システムは予定どおり本番稼働，当プロジェクトは成功

1．1　B 氏の超過勤務
・B 氏は，A 氏以外のメンバからの様々な相談や質問に対応
・B 氏は，他プロジェクトも兼務，週当たり勤務時間は 24 時間に制限
・内部設計フェーズでの週当たり勤務時間は，平均 30 時間程度，B 氏は残業

1．2　結合テスト環境のミドルウェア設定誤り
・開発リーダが基盤リーダに依頼した結合テスト環境の要件に誤り
・Web サーバとクライアント間の通信ができず，1 日の工程遅延
・この誤りによって，人間的側面の問題が再発しそうな状況に

2．今後の改善点

2．1　B 氏の超過勤務
・B 氏に相談や質問したい場合は，申請書を提出
・その対応工数が予定を超過すると予想された時点で，勤務時間の上限設定を変更

2．2　結合テスト環境のミドルウェア設定誤り
・対立した人間関係が生じた後には，そのコミュニケーションを監視
・重要なコミュニケーションの場合は，私もその場に参加

解答例

設問ア

1．私が携わったシステム開発プロジェクトの目標
　K社は，大規模な化学プラント設備の設計から施工までを請け負うエンジニアリング企業であり，その業務は，本社・現場事務所・協力会社などで，設計ドキュメントを確認しながら進められている。K社は，クライアントサーバ型のS社製のドキュメント管理システム（以下，S1システムという）を使って，業務を遂行してきた。しかし，S1システムには，拠点間で設計データをリアルタイムに共有できない等の欠点があり，K社の経営者層は，S1の後継版であるWebに対応した新システム（以下，S2システムという）の導入を決定した。私は，K社の情報システム部の部長であり，当プロジェクトのプロジェクトマネージャに任命された。K社の経営者層は，当プロジェクトの第1優先順位の目標を10カ月以内の本番稼働とした。
2．プロジェクトチーム編成とその特徴
　私は，S1システムの運用上の課題とS2システムの機能調査を実施した。そして，私はスコープ記述書とWBS（Work Breakdown Structure）の上位3階層を作成した。それから，WBSの作業を遂行するために必要なスキルを一覧表に整理して，メンバ選定およびチーム編成を検討した。納期遵守の観点からは，S2システムに精通したメンバの確保が重要だった。私は，S社にS2システムの開発要員2名の派遣を要請した。しかし，S社は，弊社の開発要員は他のシステム開発で多忙であり，半年間は要員を派遣できないと回答した。私は，工程遅延リスクを認識しつつ，K社のS1システム開発プロジェクト経験者を当プロジェクトに参画させ，S2システムに関するスキル習得とK社向けカスタマイズを担当する開発チームに所属させた。私はWebサーバや負荷分散装置などの環境整備を担当する基盤チームも編成し，2チーム体制とした。

用語を定義する

システム開発の背景を書く

用語を定義する

自分の立場を明示する

数字を入れて実話らしさを出す

正確なスペルを入れる

プロジェクトマネージャが，努力しているところを明示する

プロジェクトの特徴を明示する

結論をハッキリ書く

設問イ

問題文の冒頭を転記する

問題文の一部を引用する

用語を定義する

結論をハッキリ書く

結論をハッキリ書く

プロジェクトマネージャが，統率しているところを明示する

私には，チームを構成するメンバが個々の能力を十分に発揮できるようにメンバを管理することが求められた。要員のもつ能力には，専門知識や開発スキルなどの技術的側面や，精神力や人間関係への対応力などの人間的側面がある。プロジェクトの遂行中は，ともすれば技術的側面を重視しがちである。しかし，私は，人間的側面に起因した問題（以下，人間的側面の問題という）を軽視すると，プロジェクト目標の達成を阻害するリスクを誘発する可能性が高くなると考え，当プロジェクトの人間的側面の問題を注視した。

1．プロジェクト遂行中に察知した人間的側面の問題

私は，プロジェクト遂行中に，下記の２点の人間的側面の問題を察知した。

1．1　開発チームＡ氏の精神不安定

外部設計の終盤に差し掛かった時点から，開発チームＡ氏の精神が不安定になってきた。私は開発チームのリーダと共に，Ａ氏と面談をして状況を確認した。Ｓ２システムは，Webに対応したシステムであり，その設計にはWeb関連技術の知識が必須だった。Ａ氏はＳ１システムに精通しているが，Web関連技術の知識が不足していた。Ａ氏が担当していた作業は，計画よりも５日程度遅延していた。開発チームのリーダはＡ氏に作業遅延を回復させるように指示をしていた。しかし，Ａ氏は遅れを取り戻せず，チーム内で孤立していた。

1．2　両チームリーダの対立した人間関係

内部設計開始時に，基盤チームのリーダは開発チームのリーダに結合テスト環境の打合せを申し出た。開発チームのリーダは，多忙を極めていたため，打合せを拒否した。基盤チームのリーダは，開発チームのリーダの態度に激昂し，基盤チームは結合テスト環境の整備を担当しないと私に報告した。私は，作業をチームへ割り当てる権限は私が保有している旨を基盤チームのリーダに通達した。

2．想定したプロジェクト目標の達成を阻害するリスク
私は，人間的側面の問題によって誘発される，プロジェクト目標の達成を阻害するリスクを下記のように想定した。
2．1　開発チームA氏の精神不安定
私は，A氏の意欲が低下しているため，成果物である外部設計書の品質が低下するリスクを想定した。また，このリスクは，手戻り作業の増加とA氏の健康状態の悪化を伴って，開発チームの工程遅延をも誘発させると考えられた。
2．2　両チームリーダの対立した人間関係
私は，基盤チームと開発チームの両リーダの対立が，作業効率を低下させ，コストの増加と工程遅延をもたらすリスクになると想定した。例えば，結合テスト環境の整備を開発チームが担当すれば，その作業に不慣れな点から予定を超過する工数が必要になり，また，工程遅延も3日程度発生すると予想された。
3．人間的側面の問題への対策
私は，人間的側面の問題に対処するために，下記の対策を実施した。
3．1　開発チームA氏の精神不安定
私は，A氏の意見を尊重しつつ，Web関連技術に精通しているB氏をA氏の補助者に任命した。私は，これによって当該リスクがほぼ回避できると考えた。
3．2　両チームリーダの対立した人間関係
私は，開発チームのリーダに本件に関する始末書を提出させ，両チームリーダを会議室に参集させた。開発チームのリーダは，基盤チームのリーダに謝罪した。私は，結合テスト環境の整備を基盤チームのリーダに命じた。

結論をハッキリ書く

結論をハッキリ書く

数字を入れて実話らしさを出す

結論をハッキリ書く

結論をハッキリ書く

プロジェクトマネージャが，統率しているところを明示する

設問ウ

1．設問イで述べた対策の評価と認識した課題
私が実施した人間的側面の問題への対策は，予想した効果を発揮し，S2システムは予定どおり本番稼働した。

決まり文句（常套句）を入れる

その点を考慮すれば，当プロジェクトは成功したと評価できる。しかし，下記の２点は改善の余地を残していると考えられる。

１．１　Ｂ氏の超過勤務

　Ｂ氏はＡ氏の補助者だったが，開発チームのＡ氏以外のメンバもＢ氏に様々な相談や質問をした。Ｂ氏は，当プロジェクト以外に他のプロジェクトも兼務していたので，当プロジェクトの１週当たり勤務時間は，２４時間に制限されていた。しかし，内部設計フェーズでのＢ氏の１週当たり勤務時間は，平均３０時間程度あり，Ｂ氏は残業や休日出勤を強いられた。

１．２　結合テスト環境のミドルウェア設定誤り

　開発チームのリーダが，基盤チームのリーダに依頼した結合テスト環境の要件に誤りがあった。具体的には，スイッチのVLAN設定要件に誤りがあり，Webサーバとクライアント間の通信ができず，１日の工程遅延につながった。この誤りによって，人間的側面の問題が再発生しそうな状況になった。結合テスト環境の要件は，書面に記述・提示させていた。

２．今後の改善点

　私は，上記の問題に対し，今後，下記の改善点を実行する。

２．１　Ｂ氏の超過勤務

　Ａ氏以外の他のメンバが，Ｂ氏に相談や質問したい場合は，申請書をチームリーダに提出させる。その対応工数が予定している時間を超過すると予想された時点で，私が状況を判定し，勤務時間の上限設定を変更する。

２．２　結合テスト環境のミドルウェア設定誤り

　人間的側面の問題のうち，対立した人間関係が生じた後には，私は対立している者のコミュニケーションをさらに注意深く監視する。また，重要なコミュニケーションの場合は，私もそのコミュニケーションの場に参加する。

失敗したことを入れる

失敗したことを入れる

改善点を入れる

改善点を入れる

4-4-2 業務の分担

問題2

システム開発プロジェクトにおける業務の分担について H22 問2

プロジェクトマネージャ（PM）には，プロジェクトの責任者として，システム開発プロジェクトの管理・運営を行い，プロジェクトの目標を達成することが求められる。プロジェクトの管理・運営を効率よく実施するために，PMはプロジェクトの管理・運営に関する承認，判断，指示などの業務をチームリーダなどに分担させることがある。

この場合，分担させる業務をプロジェクトのルールとして明確にし，プロジェクトのメンバにルールを周知徹底することが重要である。チームリーダなどに分担させる業務として，例えば，次のようなものがある。

・変更管理における変更の承認
・進捗管理における進捗遅れの判断と対策の指示
・調達管理における調達先候補の選定

ルール化する際にはチームリーダなどの経験や力量に応じて分担させる業務の内容や範囲などを決めたり，分担させた業務についても任せきりにせず，業務の状況について適宜適切な報告を義務付けたりするなどの工夫も必要である。

あなたの経験と考えに基づいて，設問ア～ウに従って論述せよ。

設問ア あなたが携わったシステム開発プロジェクトの特徴とプロジェクト組織の構成について，800字以内で述べよ。

設問イ 設問アで述べたプロジェクトにおいて，チームリーダなどに分担させた業務の内容と分担させた理由，分担のルールとその周知徹底の方法について，工夫を含めて，800字以上1,600字以内で具体的に述べよ。

設問ウ 設問イで述べた業務の分担に対する評価，認識した課題，今後の改善点について，600字以上1,200字以内で具体的に述べよ。

▶ 試験センターによる出題趣旨・講評

【出題趣旨】

プロジェクトマネージャ（PM）は，システム開発においてプロジェクトを効率よく管理・運営するために，プロジェクトの管理・運営に関する承認，判断，指示などの業務をチームリーダなどに分担させることがある。

本問は，チームリーダなどに分担させた業務の内容，分担のルールや周知徹底の方法などについて具体的に論述することを求めている。論述を通じて，PM として有すべきプロジェクトの管理・運営に関する知識，実践能力などを評価する。

【採点講評】

問 2（システム開発プロジェクトにおける業務の分担について）では，プロジェクトの管理・運営を効率よく実施するためにチームリーダなどと分担したマネジメント業務についての具体的な記述が多かった。しかし，PM の承認，判断，指示などのマネジメント業務の分担ではなく，PM の付随業務の分担や分担ルールが明確でない任せきりにしている分担の記述も見られた。

▶ 問題の読み方

システム開発プロジェクトにおける業務の分担について

プロジェクトマネージャ（PM）には，プロジェクトの責任者として，システム開発プロジェクトの管理・運営を行い，プロジェクトの目標を達成することが求められる。

> 一般的なプロジェクトマネージャの役割の説明です

プロジェクトの管理・運営を効率よく実施するために，PM はプロジェクトの管理・運営に関する承認，判断，指示などの業務をチームリーダなどに分担させることがある。

> 当問題全体の説明です。ただし，左記色下線部は，設問イ2の大きな意味での模範文例です

この場合，分担させる業務をプロジェクトのルールとして明確にし，プロジェクトのメンバにルールを周知徹底することが重要である。

> 設問イ3と同様の趣旨の文です

チームリーダなどに分担させる業務として，例えば，次のようなものがある。

> 設問イ1の前置きの文です

・変更管理における変更の承認
・進捗管理における進捗遅れの判断と対策の指示
・調達管理における調達先候補の選定

設問イ1の模範文例です。この3つのうち，書きやすいものを少なくとも1つ選んで，書きます

ルール化する際にはチームリーダなどの経験や力量に応じて分担させる業務の内容や範囲などを決めたり，分担させた業務についても任せきりにせず，業務の状況について適宜適切な報告を義務付けたりするなどの工夫も必要である。

設問イ3の"工夫"の模範文例です

あなたの経験と考えに基づいて，設問ア～ウに従って論述せよ。

設問ア あなたが携わったシステム開発プロジェクトの特徴とプロジェクト組織の構成について，800字以内で述べよ。

設問イ 設問アで述べたプロジェクトにおいて，チームリーダなどに分担させた業務の内容と分担させた理由，分担のルールとその周知徹底の方法について，工夫を含めて，800字以上1,600字以内で具体的に述べよ。

設問イ1（チームリーダなどに分担させた業務の内容）

設問イ2（分担させた理由）

設問イ3（分担のルールとその周知徹底の方法について，工夫を含めて）

設問ウ 設問イで述べた業務の分担に対する評価，認識した課題，今後の改善点について，600字以上1,200字以内で具体的に述べよ。

認識した課題を含めて評価を，400字程度書きます

上記の評価を踏まえた改善点を，400字程度書きます

論文構成（解答下書き）

設問ア

1．私が携わったプロジェクトの特徴
- G社は，地方のガス供給会社，3県の顧客にガスを提供
- ガス需要の低迷により，G社の売上高も微減が続く
- G社の経営者層は，ガス事業者向け財務会計パッケージJシステムへの刷新を決定

・私は，Ｊシステムを開発したＳ社の社員，プロマネに任命
・Ｇ社がＳ社に提示した発注条件：
①：旧システムと同等の機能を確保する
②：プロジェクト予算内で開発する
③：10カ月後に本番稼働する
・Ｇ社・Ｓ社間の請負契約書にも，その旨が明記
・当プロジェクトの特徴は，上記の①の意味があいまい＝同等な機能の判定者が不明

2．プロジェクト組織の構成
・要件定義チーム：
経理部の３名とＳ社のシステムアーキテクト２名
チームリーダは，Ｓ社のＫ氏
役割は，要件定義の確定，ヒューマンインタフェース設計，総合テスト結果の判定
・設計・製造チーム：
Ｓ社の応用情報技術者５名とＧ社情報システム部の要員１名
役割は，パラメタ設定・カスタマイズプログラムの設計・製造・テスト等

設問イ

1．プロジェクトマネージャに求められる役割
・システム開発プロジェクトの管理・運営を行い，プロジェクトの目標を達成
・プロジェクトの管理・運営に関する承認，判断，指示などの業務をチームリーダに分担

2．チームリーダに分担させた業務の内容と理由
・要件定義チームのリーダＫ氏に，業務分担

2．1　変更管理における変更承認
・要件定義は，困難を伴うと予想
・Ｇ社メンバはＪシステムを知らず，Ｓ社メンバは旧システムを知らない
・レビュー済みの要件定義書が，外部設計工程で変更になる可能性が高い
・要件定義チーム内の変更承認業務を，Ｋ氏に委譲

2．2　進捗管理における進捗遅れの判断と対策の指示
・ヒューマンインタフェースの設計期間は１カ月
・要件定義チームのＧ社メンバは，ヒューマンインタフェース設計を重視
・Ｇ社の経理部内で，その調整作業時間が増大すると予想
・ヒューマンインタフェース設計の進捗遅れの判断と対策の指示をＫ氏に委譲

3．分担のルールとその周知徹底の方法
・Ｋ氏の経験や力量に応じて，分担させる業務の内容や範囲などを決定

3．1　変更管理における変更承認
・私が，変更管理手順と変更件数のしきい値を決定

・K 氏が，具体的な運用を決定

3．2　進捗管理における進捗遅れの判断と対策の指示

・K 氏は，ヒューマンインタフェース設計の進捗遅れが発生した場合に苦慮しそう
・そこで，外部設計工程の小日程計画を K 氏に作成させる
・７日未満の遅延が発生した場合には，K 氏に判断させる
・それ以上の遅延になった場合には，私と K 氏が協議して対策検討

4．特に工夫した点

・K 氏に週次報告を義務付け
　①：変更管理台帳の提出
　②：遅延発生の兆候，遅延理由，回復の見込み等を進捗率管理表に添付

設問ウ

1．設問イで述べた業務の分担に対する評価

・業務の分担は，十分に効果的
・J システムは，予定通り本番稼働，順調に運用中
・当プロジェクトは成功したと評価

1．1　変更管理手順違反への対応

・口頭での変更依頼を受け付けた事例が 1 件あり
・K 氏は，例外として認め，私にも報告せず

1．2　遅延発生の兆候の未報告

・K 氏は，メンバの病欠等が発生しても，遅延発生の兆候としての報告せず
・K 氏は，進捗管理資料上の兆候と考えられるものを見逃す

2．認識した課題と今後の改善点

2．1　変更管理手順違反への対応

・私は，変更管理手順違反を例外として認めていない
・K 氏は変更管理手順の運用を任されたのだから，自分で判断できると解釈
・今後は，原則と例外の区分を明確にする

2．2　遅延発生の兆候の未報告

・遅延発生の兆候の報告は，少ないよりも多いほうがよい
・今後は，メンバが気づいた兆候をチームリーダ経由で，私に報告

解答例

設問ア

1．私が携わったプロジェクトの特徴
　Ｇ社は，地方のガス供給会社である。３県にまたがる地域の顧客にガスを提供している。最近は，ガス需要の低迷により，Ｇ社の売上高も微減が続いている。Ｇ社の経営者層は，情報システム関連コストを削減するために，従来使用していたＵＮＩＸサーバの財務会計システムをパソコンサーバ用に開発されたガス事業者向け財務会計パッケージシステム（以下，Ｊシステムという）に刷新する方針を決定した。私は，Ｊシステムを開発したＳ社に所属しており，当プロジェクトのプロジェクトマネージャに任命された。Ｇ社がＳ社に提示した発注条件は，①：旧システムと同等の機能を確保する　②：プロジェクト予算内で開発する　③：１０カ月後に本番稼働するであり，Ｇ社・Ｓ社間の請負契約書にも，その旨が明記された。当プロジェクトの特徴は，上記の①の意味があいまいであり，同等な機能の判定者が不明な点にあった。
2．プロジェクト組織の構成
　私は，当プロジェクトの立上げ時に，プロジェクトチームの編成に着手した。私は，当プロジェクトの特徴を踏まえ，Ｊシステムの要件定義を確定させる要員の選出をＧ社経理部長に依頼した。Ｇ社経理部長は，経理部より３名の担当者を選出し，メンバとして参画させた。私は，この３名の担当者とＳ社のシステムアーキテクト２名をメンバとする要件定義チームを編成した。チームリーダは，Ｓ社のシステムアーキテクトＫ氏にした。私は当チームの役割を，要件定義の確定，外部設計のうちヒューマンインタフェース設計，総合テスト結果の判定にした。私は，要件定義チーム以外に，Ｓ社の応用情報技術者５名とＧ社情報システム部の要員１名からなる設計・製造チームを編成した。私は，当チームの役割を，Ｊシステムのパラメタ設定・カスタマイズプログラムの設計・製造・テスト等にした。

プロジェクトの背景を書く

用語を定義する

自分の立場を明示する

専門的知識を書いて，採点者にアピールする

プロジェクトの特徴を明示する

結論をハッキリ書く

設問イ

1．プロジェクトマネージャに求められる役割
　私には，プロジェクトの責任者として，システム開発プロジェクトの管理・運営を行い，プロジェクトの目標を達成することが求められた。私は，プロジェクトの管理・運営を効率よく実施するために，プロジェクトの管理・運営に関する承認，判断，指示などの業務をチームリーダに分担させた。
2．チームリーダに分担させた業務の内容と理由
　私は，要件定義チームのリーダK氏に，下記の2つの業務を分担させた。
2．1　変更管理における変更承認
　要件定義チームによって実施される要件定義は，困難を伴うと予想された。G社メンバは，Jシステムを知らず，S社メンバは，旧システムを知らなかった。特にレビュー済みの要件定義書が，外部設計工程で変更になる可能性が高いと想定された。そこで，私は，要件定義チーム内の変更承認業務をK氏に委譲した。
2．2　進捗管理における進捗遅れの判断と対策の指示
　外部設計のうち，ヒューマンインタフェース設計に予定された期間は1カ月だった。要件定義チームのG社メンバは，ヒューマンインタフェース設計を重視していた。Jシステムの画面や帳票をどの程度カスタマイズすべきかの判断に迷い，G社の経理部内で調整する作業時間が増大すると予想された。そこで，私は，ヒューマンインタフェース設計の進捗遅れの判断と対策の指示をK氏に委譲した。
3．分担のルールとその周知徹底の方法
　私は，分担させる業務をプロジェクトのルールとして明確にし，要件定義チームメンバへのルールの周知徹底が重要であると考えた。また，私は分担ルールを計画する際に，K氏の経験や力量に応じて分担させる業務の内容や範囲などを決定した。
3．1　変更管理における変更承認

問題文の冒頭を転記する

起承転結の“起”として状況説明を書く

結論をハッキリ書く

起承転結の“起”として状況説明を書く

やや冗長な気もするが，気にせず書き続ける

結論をハッキリ書く

結論をハッキリ書く

K氏は，Jシステムを熟知しており，その導入経験も豊富だった。そこで，変更依頼書受付→影響範囲の調査→変更検討→要件定義書の変更→レビュー実施　の変更管理手順と変更件数を20件以内にする方針を私が定め，具体的な運用は，K氏に任せた。

3．2　進捗管理における進捗遅れの判断と対策の指示

K氏は，G社の経理部内でのヒューマンインタフェース設計調整過程がわからず，進捗遅れが発生した場合の対処方法に苦慮すると予測された。そこで，私は，外部設計工程の小日程計画をK氏に作成させ，7日未満の遅延が発生した場合には，K氏に判断させ，それ以上の遅延になった場合には，私と協議して対策を検討する方針とし，要件定義チームメンバにも周知徹底した。

4．特に工夫した点

私は，K氏に分担させた業務についても任せきりにせず，業務の状況について下記のような週次報告を義務付けた。①：変更管理台帳を作成し，提出する。②：進捗率の実績，遅延発生の兆候，遅延理由，回復の見込み等を進捗率管理表に添付して提出する。

起承転結の"起"として状況説明を書く

結論をハッキリ書く

起承転結の"起"として状況説明を書く

やや冗長な気もするが，気にせず，結論を書く

問題文を引用して問題文に沿わせる

設問ウ

1．設問イで述べた業務の分担に対する評価

私が実施した業務の分担は，十分に効果的だった。Jシステムは，予定通り本番稼働し，現在も順調に運用されている。その点を考慮すれば，当プロジェクトは成功したと評価される。しかし，下記の2点は，不十分だった面があったので，改善の余地があると考えられる。

1．1　変更管理手順違反への対応

口頭での要件定義書の変更依頼を受付け，実行してしまった事例が1件あった。K氏は，これを軽微な変更と判断し，例外として認め，私にも報告しなかった。

1．2　遅延発生の兆候の未報告

K氏は，メンバの病欠・遅刻・早退・休日出勤等が発生しても，遅延発生の兆候としての報告をしなかった。

決まり文句（常套句）を入れる

失敗したことを入れる

私が進捗管理関連の資料を見て，兆候と考えられるものをＫ氏に指摘しても，その判断は早計であると否定した。

２．認識した課題と今後の改善点

上記の２点について，認識した課題と今後の改善点は下記のとおりである。

２．１　変更管理手順違反への対応

私は，変更管理手順違反を例外として認める場合があってもよいとはＫ氏に言っていなかった。しかし，Ｋ氏は変更管理手順の運用を任されたのだから，自分で判断できると解釈した。今後は，この原則と例外の区分を明確にし，プロジェクト計画書にも明記する。

２．２　遅延発生の兆候の未報告

遅延発生の兆候の報告は，少ないよりも多いほうがよい。私は，リスクに関する意識付けを促す意味でも，強調すべきだと考えている。今後は，メンバが気づいた兆候をチームリーダに報告させ，チームリーダの気づきも付記して報告させる。

起承転結の“承”として状況説明を書く

改善点を入れる

起承転結の“承”として，一般的なルールを書く

改善点を入れる

SECTION 4-5

第４章 ▶ 午後Ⅱ問題

スコープ管理・変更管理

4-5-1 スコープのマネジメント

問題1

システム開発プロジェクトにおけるスコープのマネジメントについて H24 問2

プロジェクトマネージャ（PM）には，システム開発プロジェクトのスコープとして成果物の範囲と作業の範囲を定義し，これらを適切に管理することで予算，納期，品質に関するプロジェクト目標を達成することが求められる。

プロジェクトの遂行中には，業務要件やシステム要件の変更などによって成果物の範囲や作業の範囲を変更しなくてはならないことがある。スコープの変更に至った原因とそれによるプロジェクト目標の達成に及ぼす影響としては，例えば，次のようなものがある。

・事業環境の変化に伴う業務要件の変更による納期の遅延や品質の低下
・連携対象システムの追加などシステム要件の変更による予算の超過や納期の遅延

このような場合，PM は，スコープの変更による予算，納期，品質への影響を把握し，プロジェクト目標の達成に及ぼす影響を最小にするための対策などを検討し，プロジェクトの発注者を含む関係者と協議してスコープの変更の要否を決定する。

スコープの変更を実施する場合には，PM は，プロジェクトの成果物の範囲と作業の範囲を再定義して関係者に周知する。その際，変更を円滑に実施するために，成果物の不整合を防ぐこと，特定の担当者への作業の集中を防ぐことなどについて留意することが重要である。

あなたの経験と考えに基づいて，設問ア～ウに従って論述せよ。

設問ア あなたが携わったシステム開発プロジェクトにおける，プロジェクトとしての特徴と，プロジェクトの遂行中に発生したプロジェクト目標の達成に影響を及ぼすスコープの変更に至った原因について，800 字以内で述べよ。

設問イ 設問アで述べた原因によってスコープの変更をした場合，プロジェクト目標の達成にどのような影響が出ると考えたか。また，どのような検討をしてスコープの変更の要否を決定したか。協議に関わった関係者とその協議内容を含めて，800 字以上 1,600 字以内で具体的に述べよ。

設問ウ　設問イで述べたスコープの変更を円滑に実施するために，どのような点に留意して成果物の範囲と作業の範囲を再定義したか。成果物の範囲と作業の範囲の変更点を含めて，600 字以上 1,200 字以内で具体的に述べよ。

試験センターによる出題趣旨・講評

【出題趣旨】

プロジェクトマネージャ（PM）には，プロジェクトのスコープとして成果物の範囲と作業の範囲を定義し，これらを適切に管理することでプロジェクト目標を達成することが求められる。

本問は，スコープの変更に至った原因とそれによるプロジェクト目標の達成に及ぼす影響，スコープの変更の要否の決定，及びスコープの再定義の際の留意点について，具体的に論述することを求めている。論述を通じて，PM として有すべきプロジェクトのスコープのマネジメントに関する知識，実践能力，関係者との折衝力などを評価する。

【採点講評】

問 2（システム開発プロジェクトにおけるスコープのマネジメントについて）では，スコープの変更に至った原因とそれによるプロジェクト目標の達成に及ぼす影響，スコープの変更の要否の決定，スコープの再定義の際の留意点についての具体的な論述が多かった。一方，スコープ変更に至った原因を明確にせず，結果だけの論述や，成果物の範囲と作業の範囲の変更点が不明確な論述も見られた。

問題の読み方

システム開発プロジェクトにおけるスコープのマネジメントについて

プロジェクトマネージャ（PM）には，システム開発プロジェクトのスコープとして成果物の範囲と作業の範囲を定義し，これらを適切に管理することで予算，納期，品質に関するプロジェクト目標を達成することが求められる。

→ 当問題全体の説明です

プロジェクトの遂行中には，業務要件やシステム要件の変更などによって成果物の範囲や作業の範囲を変更しなくてはならないことがある。

→ 左記の色下線部が設問ア 1 の“原因”の模範例です

スコープの変更に至った原因とそれによるプロジェクト目標の達成に及ぼす影響としては，例えば，次のようなものがある。

→ 設問イ 2 の前置きの文です

・事業環境の変化に伴う業務要件の変更による納期の遅延や品質の低下
・連携対象システムの追加などシステム要件の変更による予算の超過や納期の遅延

設問イ2の模範例です。この2つのうち，書きやすいものを少なくとも1つ選んで，書きます

このような場合，PMは，スコープの変更による予算，納期，品質への影響を把握し，プロジェクト目標の達成に及ぼす影響を最小にするための対策などを検討し，プロジェクトの発注者を含む関係者と協議してスコープの変更の要否を決定する。

設問イ3の模範文例です

スコープの変更を実施する場合には，PMは，プロジェクトの成果物の範囲と作業の範囲を再定義して関係者に周知する。その際，変更を円滑に実施するために，成果物の不整合を防ぐこと，特定の担当者への作業の集中を防ぐことなどについて留意することが重要である。

設問ウ4の模範文例です

あなたの経験と考えに基づいて，設問ア～ウに従って論述せよ。

設問ア あなたが携わったシステム開発プロジェクトにおける，プロジェクトとしての特徴と，プロジェクトの遂行中に発生したプロジェクト目標の達成に影響を及ぼすスコープの変更に至った原因について，800字以内で述べよ。

設問ア1

設問イ 設問アで述べた原因によってスコープの変更をした場合，プロジェクト目標の達成にどのような影響が出ると考えたか。また，どのような検討をしてスコープの変更の要否を決定したか。協議に関わった関係者とその協議内容を含めて，800字以上1,600字以内で具体的に述べよ。

設問イ2

設問イ3

設問ウ 設問イで述べたスコープの変更を円滑に実施するために，どのような点に留意して成果物の範囲と作業の範囲を再定義したか。成果物の範囲と作業の範囲の変更点を含めて，600字以上1,200字以内で具体的に述べよ。

設問ウ4

論文構成（解答下書き）

設問ア

1．当システム開発プロジェクトの特徴
- L 社は，自動車部品の製造会社，国内に 3 箇所，海外に 2 箇所の大規模な工場
- L 社の経理部は，内部監査によって，U 業務のリスクについて指摘を受ける
- U 業務は，表計算ソフトを使って，会計システムにデータを入力させる業務
- その表計算ソフトのプログラムは，誰でもアクセスでき，改ざんリスクあり
- L 社の経営者層は，そのプログラムを W システムに置き換えるプロジェクトを発足
- 私は，L 社の情シス部の課長，プロマネ
- 当プロジェクトの特徴は短納期，8 カ月後に本番稼働

2．スコープの変更に至った原因
- 財務諸表への影響度が多大なシステムを，会計システムと原価計算システムに特定
- W システムの連携対象システムを会計システムと原価計算システムに限定
- 経理部長は，W システムと連携するシステムに予算管理システムの追加を要請
- 経理部は，W システム構築後に人員削減が求められていた

設問イ

- 設問アのスコープ変更をした場合，プロジェクト目標に重大な影響が発生する

1．プロジェクト目標の達成に対する影響

1．1　予算の観点からの影響
- 予算管理システムと W システムとを連携する Y プログラム見積り規模は，42 人月
- 当初のプロジェクト計画では，全開発工程を L 社の要員が担当
- 納期を変更せずに，42 人月に対応する開発要員は，L 社の母体組織にはいない
- 協力会社の開発要員を参画させる場合，5 千万円程度の予算追加が必要

1．2　納期の観点からの影響
- Y プログラムを，当初のメンバが開発する場合，納期は 3 カ月延長
- クリティカルパス上にある逐次開始される作業を，並行して実施する案を検討
- 並行して実施できる作業は少なく，楽観的に見積もっても 2 週間程度の短縮
- 開発生産性を向上させるツールを使って，スケジュールを短縮する案を検討
- しかし，ツールの習熟に長期間を要するなど，当プロジェクトでは使用不可
- 当初の W システムの共通機能を抽出し，Y プログラムへの適用可能性を検討
- 共通機能を絞り込み，開発量を減少させる工夫は不可

1．3　品質の観点からの影響
- 当初の W システムと Y プログラムの両方とも，情シス部の技術で対応可
- 無理なスケジュール短縮をしない限り，品質上の問題は発生しない

2．スコープ変更の要否の決定

・スコープ変更に関して，経営者層，経理部などの関係者と協議

・その結果，当初の W システムの一部の機能を削減，Y プログラムの一部の追加を決定

設問ウ

1．成果物の範囲の変更点

・当初の W システムのうち，利用回数が少ない年次処理機能を，成果物の範囲から除外

・Y プログラムのうち，利用回数が多い随時・月次処理機能を，成果物の範囲に追加

・開発規模の増加量は 2 人月程度，納期の遅延は 1 週間程度に抑制

2．作業の範囲の変更点と再定義

・WBS の見直し

・除外・追加した成果物に関する作業を工程ごとに再定義

・共通作業を抽出し，作業の重複を排除

・スコープ変更は，要件定義工程の最終週，手戻り作業は要件定義作業の一部に限定

3．私が特に留意した点

3．1　成果物の不整合の防止

・大幅なスコープ変更をした場合，成果物の不整合が発生する教訓

・私は，成果物の不整合を丹念に調査

3．2　特定担当者への作業集中の防止

・スケジュールを短縮しようとする場合，能力が高い特定の担当者に作業が集中

・RAM を査閲し，各メンバの作業負荷の平準化を確認

解答例

設問ア

1．当システム開発プロジェクトの特徴
　Ｌ社は，自動車部品の製造会社である。国内に３箇所，海外に２箇所の大規模な工場を保有している。Ｌ社の経理部は，２年前に業務監査室が実施した内部監査によって，エンドユーザコンピューティングで実施する業務（以下，Ｕ業務という）のリスクについて指摘を受けた。Ｕ業務とは，会計システムなどからデータを抽出し，表計算ソフトウェア（以下，Ｅソフトという）を使って報告書の作成や会計システムにデータを入力させる業務だった。Ｕ業務で使用されるＥソフトのプログラムは，誰でもアクセスできるので，改ざんリスクが存在した。そこで，Ｌ社の経営者層は，そのプログラムをＷｅｂアプリケーションシステム（以下，Ｗシステムという）に置き換えるプロジェクトの発足を公式に承認した。私は，Ｌ社の情報システム部の課長であり，当プロジェクトのプロジェクトマネージャに任命された。当プロジェクトの特徴は短納期にあり，８カ月後に本番稼働しなければならなかった。
2．スコープの変更に至った原因
　Ｌ社の経理部は，Ｕ業務を調査・分析し，財務諸表への影響度が多大なシステムを会計システムと原価計算システムに特定した。そこで，私は，Ｗシステムの連携対象システムを会計システムと原価計算システムに限定し，プロジェクト計画書のスコープの一部としてその旨を記載した。Ｗシステムの要件定義工程の終了間際になって，経理部長は“この要件定義にしたがってＷシステムを構築しても経理部の業務効率はほとんど向上しない。財務諸表への影響度は低いが，Ｗシステムと連携するシステムに予算管理システムを追加してほしい”と私に申し出た。私が経理部長に事情を聴取すると，経理部にはＷシステム構築後に人員削減が求められている新たな事実が判明した。

用語を定義する

都合の悪い点を明示する

用語を定義する

自分の立場を明示する

プロジェクトの特徴を明示する

スコープの変更に至った原因を書く

設問イ

私には，本システム開発プロジェクトのスコープとして成果物の範囲と作業の範囲を定義し，これらを適切に管理することで予算・納期・品質に関するプロジェクト目標を達成することが求められていた。設問アで述べたスコープ変更をした場合，プロジェクト目標に重大な影響が発生すると考えられた。そこで，私はその影響に関する下記の検討を実施した。

1．プロジェクト目標の達成に対する影響

私は，プロジェクト目標の達成に対する影響を予算・納期・品質の観点から考えた。

1．1　予算の観点からの影響

予算管理システムとWシステムとの連携プログラム（以下，Ｙプログラムという）の見積り規模は，係数見積り技法の１つであるファンクションポイント法によると４２人月だった。私は，当初のプロジェクト計画において，全開発工程をＬ社の要員に担当させる組織図を作成していた。しかし，納期を変更せずに，この開発規模に対応するための開発要員は，Ｌ社の母体組織には残っていなかった。協力会社の開発要員を当プロジェクトに外部設計工程から参画させる場合は，当プロジェクトの環境や経緯を理解するための準備工数も必要となるため，５千万円程度の予算追加になると予測された。

1．2　納期の観点からの影響

Ｙプログラムのすべてを，当初のプロジェクト計画書に記載していたメンバに分担して開発させるのであれば，納期は３カ月延長になると見積もられた。私はスケジュールを短縮するために，クリティカルパス上にある逐次開始される作業を並行して実施する案を検討した。しかし，並行して実施できる作業は少なく，楽観的に見積もっても２週間程度の短縮しか見込めなかった。

そこで，私は開発生産性を向上させてスケジュールを短縮する案を考えた。調査してみると，Wシステムの開発効率向上に寄与しそうな数種類のＷｅｂアプリケーシ

問題文の冒頭を転記する

用語を定義する

数字を入れて実話らしさを出す

都合の悪い点を明示する

数字を入れて実話らしさを出す

専門用語（キーワード）を入れる

都合の悪い点を明示する

やや冗長な気もするが，気にせず書き続ける

ョン開発ツールがあった。しかし，いずれのツールもWシステムの一部の機能にしか使用できなかったり，パラメータの指定方法が複雑で習熟に長期間を要したりなど，様々な理由から当プロジェクトでは使用できなかった。
　次に，私は当初のWシステムの共通機能を抽出し，Yプログラムへの適用可能性を追求した。当初のWシステムの多くは，Eソフトで作成されたＣＳＶ（Comma Separated Values）ファイルを会計システムへアップロードする機能を有していた。これに対し，Yプログラムの多くは，会計システムからＣＳＶファイルをダウンロードし，帳票に加工する機能がほとんどだった。したがって，共通機能を絞り込み，開発量を減少させる工夫はできなかった。
１．３　品質の観点からの影響
　Ｌ社の情報システム部は，過去にいくつかのＷｅｂアプリケーションシステムを開発してきた。当初のWシステムとYプログラムの両方とも，Ｌ社の情報システム部が蓄積している技術の範囲で対応可能であり，無理なスケジュール短縮をしない限り，品質上の問題は発生しないと判断された。
２．スコープ変更の要否の決定
　私は，スコープ変更に関して，Ｌ社の経営者層，当プロジェクトの発注者である経理部などの関係者と，プロジェクト目標の達成に及ぼす影響を最小にするための協議を行った。その結果，当初のWシステムの一部の機能を削減し，納期や予算を変更しない範囲で，Yプログラムの一部を追加するスコープ変更が決定された。

結論をハッキリ書く

正確なスペルを入れる

やや冗長な気もするが，気にせず書き続ける

結論をハッキリ書く

結論をハッキリ書く

プロジェクトマネージャが，統率しているところを明示する

結論をハッキリ書く

設問ウ

１．成果物の範囲の変更点
　私は，当初のWシステムのうち，利用回数が少なく，経理部の業務効率向上に寄与しにくいと考えられる年次処理機能に関する部分を成果物の範囲から除外した。その部分は，別のプロジェクトで検討されることになった。

プロジェクトマネージャが，努力しているところを明示する

また，Ｙプログラムのうち，利用回数が多い随時・月次
処理機能を当プロジェクトの成果物の範囲に追加した。
これらのスコープ変更によって，開発規模の増加量は２
人月程度，納期の遅延は１週間程度に抑制された。
２．作業の範囲の変更点と再定義
　私は，成果物の範囲の変更を作業の範囲の変更に置き
換えるため，ＷＢＳ（Work Breakdown Structure）
の見直しをした。ＷＢＳの上位層を工程別に構成してい
たので，除外・追加した成果物に関する作業を工程ごと
に慎重に再定義した。私は当初から設定されている作業
と追加される作業のうち，共通作業を抽出し，作業の重
複を排除した。スコープ変更を決定した時点は，要件定
義工程の最終週だったので，手戻り作業は要件定義作業
の一部に限定された。私は，その作業と要件定義書の再
レビュー作業をＷＢＳに追加し完成させ，チームリーダ
やメンバを含むステークホルダーに周知した。
３．私が特に留意した点
　私は，スコープ変更を円滑に実施するために，下記の
２点に特に留意した。
３．１　成果物の不整合の防止
　過去のプロジェクトにおいて，大幅なスコープ変更を
した場合，成果物の不整合が発生する教訓があった。そ
こで，私は成果物の不整合を丹念に調査した。例えば，
私は，当初のＷシステムに実装される，会計知識が乏し
い利用者用のヘルプ画面が，追加されるＹプログラムに
も成果物として計画されている点を確認した。
３．２　特定担当者への作業集中の防止
　スケジュールを短縮しようとする場合，能力が高い特
定の担当者に作業が集中する傾向があった。私は，それ
を防止するためにチームリーダが作成したＲＡＭ
（Responsibility Assignment Matrix：責任分担表）
を査閲し，作業が各メンバに平準化して割り当てられて
いる点を確認した。

6 7 8 9 10 11 12 13 14 15 16 17 18 19 20 21 22 23 24 25 26 27 28 29 30 31 32 33 34 35 36 37 38

1 2 3 4 5 6 7 8 9 10 11 12 13 14 15 16 17 18 19 20 21 22 23 24 25

結論をハッキリ書く

正確なスペルを入れる

プロジェクトマネージャが，努力しているところを明示する

専門的な表現を入れて，採点者にアピールする

都合の悪い点を明示する

プロジェクトマネージャが，努力しているところを明示する

結論をハッキリ書く

起承転結の“起”として状況説明を書く

正確なスペルを入れる

4-5-2 要件定義のマネジメント

問題2

システム開発プロジェクトにおける要件定義のマネジメントについて H24 問1

プロジェクトマネージャには，システム化に関する要求を実現するため，要求を要件として明確に定義できるように，プロジェクトをマネジメントすることが求められる。

システム化に関する要求は従来に比べ，複雑化かつ多様化している。このような要求を要件として定義する際，要求を詳細にする過程や新たな要求の追加に対処する過程などで要件が膨張する場合がある。また，要件定義工程では要件の定義漏れや定義誤りなどの不備に気付かず，要件定義後の工程でそれらの不備が判明する場合もある。このようなことが起こると，プロジェクトの立上げ時に承認された個別システム化計画書に記載されている予算限度額や完了時期などの条件を満たせなくなるおそれがある。

要件の膨張を防ぐためには，例えば，次のような対応策を計画し，実施することが重要である。

・要求の優先順位を決定する仕組みの構築
・要件の確定に関する承認体制の構築

また，要件の定義漏れや定義誤りなどの不備を防ぐためには，過去のプロジェクトを参考にチェックリストを整備して活用したり，プロトタイプを用いたりするなどの対応策を計画し，実施することが有効である。

あなたの経験と考えに基づいて，設問ア～ウに従って論述せよ。

設問ア あなたが携わったシステム開発プロジェクトにおける，プロジェクトとしての特徴，及びシステム化に関する要求の特徴について，800字以内で述べよ。

設問イ 設問アで述べたプロジェクトにおいて要件を定義する際に，要件の膨張を防ぐために計画した対応策は何か。対応策の実施状況と評価を含め，800字以上1,600字以内で具体的に述べよ。

設問ウ 設問アで述べたプロジェクトにおいて要件を定義する際に，要件の定義漏れや定義誤りなどの不備を防ぐために計画した対応策は何か。対応策の実施状況と評価を含め，600字以上1,200字以内で具体的に述べよ。

▶ 試験センターによる出題趣旨・講評

【出題趣旨】

プロジェクトマネージャ（PM）には，システム化に関する要求が従来に比べて，複雑化かつ多様化している中で，システム化で実現する要件を適切に定義できるようにプロジェクトをマネジメントし，プロジェクト目標を達成することが求められる。

本問は，要件を定義する際に計画した，要件の膨張を防ぐ対応策と要件の定義漏れや定義誤りを防ぐための対応策，及びそれらの対応策の実施状況と評価について具体的に論述することを求めている。論述を通じて，PMとして有すべきプロジェクトの計画・管理・運営に関する知識，実践能力などを評価する。

【採点講評】

問1（システム開発プロジェクトにおける要件定義のマネジメントについて）では，要件を定義する際に計画した，要件の膨張を防ぐための対応策や要件の定義漏れや定義誤りなどの不備を防ぐための対応策についての具体的な論述が多かった。一方，要件が膨張してからの対策や要件ではなく要求の膨張を防ぐ対応策の論述も見られた。

▶ 問題の読み方

システム開発プロジェクトにおける要件定義のマネジメントについて

プロジェクトマネージャには，システム化に関する要求を実現するため，要求を要件として明確に定義できるように，プロジェクトをマネジメントすることが求められる。

→ 当問題全体の説明です

システム化に関する要求は従来に比べ，複雑化かつ多様化している。このような要求を要件として定義する際，要求を詳細にする過程や新たな要求の追加に対処する過程などで要件が膨張する場合がある。また，要件定義工程では要件の定義漏れや定義誤りなどの不備に気付かず，要件定義後の工程でそれらの不備が判明する場合もある。

→ 設問ア2の模範文例です

このようなことが起こると，プロジェクトの立上げ時に承認された個別システム化計画書に記載されている予算限度額や完了時期などの条件を満たせなくなるおそれがある。

→ 設問ア1の模範文例です

要件の膨張を防ぐためには，例えば，次のような対応策を計画し，実施することが重要である。

［設問イ3の前置きの文です］

・要求の優先順位を決定する仕組みの構築
・要件の確定に関する承認体制の構築

［設問イ3の模範例です。この2つのうち，書きやすいものを少なくとも1つ選んで，書きます］

また，要件の定義漏れや定義誤りなどの不備を防ぐためには，5過去のプロジェクトを参考にチェックリストを整備して活用したり，6プロトタイプを用いたりするなどの対応策を計画し，実施することが有効である。

［設問ウ4の模範例です。左記5・6の下線部の2つのうち，書きやすいものを少なくとも1つ選んで，書きます］

あなたの経験と考えに基づいて，設問ア～ウに従って論述せよ。

設問ア あなたが携わったシステム開発プロジェクトにおける，プロジェクトとしての特徴，及びシステム化に関する要求の特徴について，800字以内で述べよ。

［設問ア1］［設問ア2］

設問イ 設問アで述べたプロジェクトにおいて要件を定義する際に，要件の膨張を防ぐために計画した対応策は何か。対応策の実施状況と評価を含め，800字以上1,600字以内で具体的に述べよ。

［設問イ3］［対応策の実施状況と評価を，400字程度書きます］

設問ウ 設問アで述べたプロジェクトにおいて要件を定義する際に，要件の定義漏れや定義誤りなどの不備を防ぐために計画した対応策は何か。対応策の実施状況と評価を含め，600字以上1,200字以内で具体的に述べよ。

［設問ウ4］［対応策の実施状況と評価を，400字程度書きます］

論文構成（解答下書き）

設問ア

1．当システム開発プロジェクトの特徴
- B社は，住宅用の機器販売会社，全国80箇所に店舗
- 近年，無店舗のWeb専業会社の低価格戦略に押され，売上が減少傾向
- B社は，買替えや新規購入を促進する販売支援Hシステムの開発を決定
- 当プロジェクトの制約条件は，予算厳守（8千万円），予備費なし

・要件定義とシステムテストはB社が担当
・それ以外の全工程を，C社に請負契約で委託
・私は，B社の情シス部の部長，プロマネ

2．システム化に関する要求の特徴
・B社の営業部が，Hシステムの要件を定義
・B社の営業部には，約300名の営業担当者がいる
・Hシステムに対する要求は，複雑化かつ多様化されると予想
・B社の営業網の地域特性が異なっており，顧客の所得階層も広い範囲に分布
・当プロジェクトのリスク：
①：要求を詳細にする時や，要求の追加に対処する時に，要件が膨張
②：要件の定義漏れなどの不備に気付かず，後の工程でその不備が判明
・上記のリスクが顕在化すると，予算限度額や完了時期などがNG

設問イ

・設問アの①のリスクに対し，下記の対応策を検討

1．要件の膨張を防止するために計画した対応策

1．1　要件の膨張リスクの明確化
・リスクを明確化するために，要件が膨張した過去事例を列挙
①：システムに記録する販売履歴の項目が，趣味などの顧客属性にまで広がる
②：訪問先での見積書作成支援機能などの付帯機能が要件に追加される
③：販売履歴情報の入力が面倒なので，入力補助者の新規雇用を運用条件に追加
・上記のような要件の膨張を防止するために，下記の２つの対応策を立案

1．2　要求の優先順位を決定する仕組みの構築
・営業部長は，全国の営業課長に，要求事項の素案を提出させる予定
・多くの営業課長は，営業担当者から要求事項を吸い上げるべきだと主張
・全営業担当者から要求事項を収集すれば，上記の１．１のリスクが顕在化する
・決定した要求収集手順：
①：拠点ごとに営業担当者が一堂に会し，ブレーンストーミング，親和図で整理
②：営業担当者は，整理された各要求事項を必要性の観点から３つに分類する
③：全営業課長は，②で分類された要求事項に優先順位を設定する

1．3　要件の確定に関する承認体制の構築
・要件を確定させるために，承認体制を構築
・営業部長は，Hシステムの導入に消極的
・計画した承認手順：
①：上記の１．２の要求事項の見積り金額を，C社の設計リーダが算出
②：予算限度額の範囲内で実現できる要求事項とそうでない要求事項を区別
③：②で区別された要求事項とその見積り金額の一覧表を全営業課長に配布

④：全営業課長は協議の上，要求事項を要件として仮確定

⑤：営業部長は，④の要件を検討し承認

2．対応策の実施状況と評価

・計画した対応策は，予定どおり実施

・その結果，要件の膨張はなく，対応策は良好に機能した

・ただし，設問イの１．２②の中で，全要求事項を“満場一致”に分類した拠点あり

・今後は，挙手できる回数を制限する

設問ウ

1．要件の定義漏れや定義誤りなどの不備の防止策

・要件の定義漏れなどのリスク明確化のために，２つの失敗事例を抽出

①：ユーザ部門が要件定義をした場合，非機能要件が漏れた

②：抽象的な要件が，設計者の誤解釈を誘発させた

・上記のリスクを防止するために，２つの対応策を立案

1．1　チェックリストの整備・活用

・過去のプロジェクトを参考にチェックリストを整備して活用

・チェックリストの例：

①：非機能要件や付帯要件などが脱漏していないか

②：要件にはしない除外事項が定義されているか

③：受入れ基準が明記されているか

④：予算限度額や完了時期以外の制約条件，前提条件が網羅されているか

1．2　プロトタイプの使用

・望ましい入力画面とその結果を示す表示画面は，操作者により大きく異なると想定

・そこで，画面関連プログラムのプロトタイプの開発を計画

①：10名の平均的な営業担当者が，プロトタイプを操作

②：要件定義リーダが，意見を整理し，プロトタイプに反映

③：設計・開発リーダが，他のプログラムにも適用可能な設計指針を確定

2．対応策の実施状況と評価

・計画した対応策は，予定どおり実施

・その結果，要件の定義漏れや定義誤りは極少化され，対応策は良好に機能した

・ただし，前提条件…C社の外部設計開始時期　が漏れていたので，今後は明記する

解答例

設問ア

1．当システム開発プロジェクトの特徴

B社は，住宅用の機器販売会社である。全国８０箇所に店舗を有し，エアコン・給湯器・システムキッチンなどの販売・修理を行っている。近年は，店舗を持たないWｅｂ専業の機器販売会社の低価格戦略に押され，売上が減少傾向にあった。そこで，B社は，顧客ごとの販売履歴を把握し，機器の使用年数などに応じた買替えや新規購入を促進する販売支援システム（以下，Hシステムという）の開発を決定した。B社の経営者層が当プロジェクトに課した制約条件は予算厳守であり，当プロジェクトの特徴になった。経営計画から導出された予算限度額は8千万円であり，予備費は設定されなかった。要件定義とシステムテストはB社が担当し，それ以外の全工程はB社のシステム開発を支援してきたC社に請負契約で委託された。私は，B社の情報システム部の部長であり，当プロジェクトのプロジェクトマネージャに任命された。

2．システム化に関する要求の特徴

B社の営業部が，Hシステムの要件を定義する予定だった。B社の営業部は，約３００名の営業担当者によって構成され，Hシステムに対する要求は，複雑化かつ多様化されると予想された。B社の営業網は，日本全国に展開されているため地域特性が異なっており，顧客の所得階層の広範な分布もその根拠になった。私は，プロジェクト計画書の作成に着手した時，下記の２点のリスクを認識した。①：要件定義工程において，要求を詳細にする時や新たな要求の追加に対処する時などで要件が膨張する。②：要件定義工程において，要件の定義漏れや定義誤りなどの不備に気付かず，要件定義後の工程でそれらの不備が判明する。これらのリスクが顕在化すると，当プロジェクトの立上げ時に承認された予算限度額や完了時期などの条件を満たせなくなるおそれがあった。

数字を入れて実話らしさを出す

システム開発の背景を書く

プロジェクトの特徴を明示する

数字を入れて実話らしさを出す

自分の立場を明示する

やや冗長な気もするが，気にせず書き続ける

問題文を引用して，問題文に沿わせる

結論をハッキリ書く

設問イ

私には，システム化に関する要求を実現するため，要求を要件として明確に定義した上での，当プロジェクトの管理・運営が求められた。そこで，私は設問アの①のリスクに対し，下記の対応策を検討した。

1．要件の膨張を防止するために計画した対応策

1．1　要件の膨張リスクの明確化

私は，リスクを明確化するために，下記の要件が膨張した過去事例を列挙した。①：Hシステムに記録する販売履歴の項目が，趣味・家族構成・居所の間取りなどの顧客属性にまで広がり，CRM（Customer Relationship Management）システム機能も要件になる。②：訪問先での見積書作成支援機能，モバイル機器を使った販売履歴の情報検索機能，需要予測や販売予算編成機能などの付帯機能が要件に追加される。③：販売履歴情報を入力するのが面倒なので，入力補助者の新規雇用を運用条件に追加する。

私は，これらの要件の膨張を防止するために，下記の2つの対応策を立案した。

1．2　要求の優先順位を決定する仕組みの構築

B社の営業部長は，当初，全国の営業拠点に配置されている営業課長に，Hシステムへの要求事項の素案を提出させる予定だった。しかし，多くの営業課長は，営業担当者からHシステムへの要求事項を吸い上げないと，システム運用時の苦情が多発すると主張した。私と営業部長はこの点について協議し，私は全営業担当者から要求事項を収集すれば，上記の1．1のようなリスクが顕在化する可能性が高いと警告した。そこで，私と営業部長は検討を重ね，下記の要求収集手順を決定した。①：営業拠点ごとに，営業担当者が一堂に会し，ブレーンストーミングを行い，新QC七つ道具の1つである親和図を使って整理する。②：営業担当者は挙手により，整理された各要求事項の必要性を意思表示し，各要求事項を“満場一致”，“80%以上の賛成”，“50～79%の賛

問題文の冒頭を転記する

正確なスペルを入れる

結論をハッキリ書く

プロジェクトマネージャが，統率しているところを明示する

専門用語（キーワード）を入れる

やや冗長な気もするが，気にせず，結論を書く

成”，“それ以外”に分類する。③：全営業課長は，②で分類された要求事項を協議の上，Ｂ社の要求事項に集約して優先順位を設定する。このようにして，要求の優先順位を決定する仕組みが構築された。

１．３　要件の確定に関する承認体制の構築

私は，Ｈシステムに実装する要件を確定させるために，承認体制を構築しなければならないと判断した。なぜならば，営業部長はＨシステムの導入に消極的であり，強力なリーダシップによって営業部門を統率していけるとは考えられないからだった。そこで，私は，下記の承認手順を計画した。①：上記の１．２で優先順位づけられた各要求事項の見積り金額をＣ社の設計チームのリーダに算出させる。②：Ｂ社の経営者層が決定した予算限度額の範囲内で実現できる要求事項とそうでない要求事項を区別する。③：②で区別された要求事項とその見積り金額の一覧表を全営業課長に配布する。④：全営業課長は協議の上，要求事項を要件として仮確定する。⑤：営業部長は，④の要件を検討し承認する。

２．対応策の実施状況と評価

私が計画した上記の対応策は，予定どおりに円滑に実施された。その結果，要件の膨張はおおむね抑止されたので，私が計画した対応策は，良好に機能したと評価できる。ただし，設問イの１．２で述べた要求収集手順②の中で，すべての要求事項を“満場一致”に分類した営業拠点があった。今後は，挙手できる回数を制限するなどの措置を計画に組み込む。

結論をハッキリ書く

プロジェクトマネージャが，冷静な判断をしているところを明示する

結論をハッキリ書く

やや冗長な気もするが，気にせず，結論を書く

決まり文句（常套句）を入れる

失敗したことを入れる

改善点を入れる

設問ウ

１．要件の定義漏れや定義誤りなどの不備の防止策

私は，要件の定義漏れや定義誤りなどのリスクを明確化するために，下記の２つの過去の失敗事例を抽出した。①：当プロジェクトのようにユーザ部門が中心となって要件定義をした場合，セキュリティ・システム性能・信頼性などの非機能要件が，要件定義から漏れる，もしく

プロジェクトマネージャが，努力しているところを明示する

やや冗長な気もするが，気にせず，結論を書く

は不十分になった。②："操作性がよく，便利なシステムにする"などの抽象的な要件は，解釈の幅を広範にし，設計者の誤解釈を誘発させた。私は，これらのリスクの顕在化を防止するために下記の2つの対応策を立案した。

1．1　チェックリストの整備・活用

私は，過去のプロジェクトを参考にチェックリストを整備して活用させることとした。具体的には，下記のようなチェックリストを整備した。①：非機能要件やHシステムの付帯要件などが脱漏していないか。②：Hシステムの要件にはしない除外事項が定義されているか。③：定義された要件が実現する度合いを測定する基準，もしくはHシステムの受入れ基準が明記されているか。④：予算限度額や完了時期以外の制約条件，および当プロジェクトで当然に成立すると考えられている前提条件が網羅されているか。

1．2　プロトタイプの使用

販売履歴情報を抽出する諸条件の入力画面とその結果を示す表示画面は，操作者の経験や考え方によって，大きく異なると想定された。そこで，私は，要件定義フェーズにおいて，本画面関連プログラムのプロトタイプを開発する計画案とした。私は，具体的には，①：平均的なITリテラシーとコンピュータ操作に関する習熟度を保有する10名の営業担当者が，プロトタイプを操作する。②：要件定義チームのリーダが，改良すべき点や意見を整理し，プロトタイプに反映させる。③：設計・開発チームのリーダが，他のプログラムにも適用可能な設計指針を確定する。という手順を採用した。

2．対応策の実施状況と評価

私が計画した上記の対応策は，予定どおりに円滑に実施された。その結果，要件の定義漏れや定義誤りは極少化されたので，私が計画した対応策は，良好に機能したと評価できる。ただし，当プロジェクトの前提条件であったC社の外部設計開始時期の記載が漏れていたので，今後は明記する。

> 結論をハッキリ書く

> プロジェクトマネージャが，統率しているところを明示する

> やや冗長な気もするが，気にせず，結論を書く

> プロジェクトマネージャが，努力しているところを明示する

> やや冗長な気もするが，気にせず，結論を書く

> 決まり文句（常套句）を入れる

> 失敗したことと改善点を入れる

SECTION 第4章 ▶ 午後Ⅱ問題

4-6 コスト管理

4-6-1 工数の見積りとコントロール

問題1

システム開発プロジェクトにおける工数の見積りとコントロールについて H26 問1

プロジェクトマネージャ（PM）には，プロジェクトに必要な資源をできるだけ正確に見積もり，適切にコントロールすることによって，プロジェクトの目標を達成することが求められる。中でも工数の見積りを誤ったり，見積りどおりに工数をコントロールできなかったりすると，プロジェクトのコストや進捗に大きな問題が発生することがある。

工数の見積りは，見積りを行う時点までに入手した情報とその精度などの特徴を踏まえて，開発規模と生産性からトップダウンで行ったり，WBSの各アクティビティをベースにボトムアップで行ったり，それらを組み合わせて行ったりする。PMは，所属する組織で使われている機能別やアクティビティ別の生産性の基準値，類似プロジェクトの経験値，調査機関が公表している調査結果などを用い，使用する開発技術，品質目標，スケジュール，組織要員体制などのプロジェクトの特徴を考慮して工数を見積もる。未経験の開発技術を使うなど，経験値の入手が困難な場合は，システムの一部分を先行開発して関係する計数を実測するなど，見積りをできるだけ正確に行うための工夫を行う。

見積りどおりに工数をコントロールするためには，プロジェクト運営面で様々な施策が必要となる。PMは，システム開発標準の整備と周知徹底，要員への適正な作業割当てなどによって，当初の見積りどおりの生産性を維持することに努めなければならない。また，プロジェクトの進捗に応じた工数の実績と見積りの差異や，開発規模や生産性に関わる見積りの前提条件の変更内容などを常に把握し，プロジェクトのコストや進捗に影響を与える問題を早期に発見して，必要な対策を行うことが重要である。

あなたの経験と考えに基づいて，設問ア～ウに従って論述せよ。

設問ア あなたが携わったシステム開発プロジェクトにおけるプロジェクトの特徴と，見積りのために入手した情報について，あなたがどの時点で工数を見積もったかを含めて，800字以内で述べよ。

設問イ 設問アで述べた見積り時点において，プロジェクトの特徴，入手した情報の精度などの特徴を踏まえてどのように工数を見積もったか。見積りをできるだけ正確に行うために工夫したことを含めて，800 字以上 1,600 字以内で具体的に述べよ。

設問ウ　設問アで述べたプロジェクトにおいて，見積りどおりに工数をコントロールするためのプロジェクト運営面での施策，その実施状況及び評価について，あなたが重要と考えた施策を中心に，発見した問題とその対策を含めて，600 字以上 1,200 字以内で具体的に述べよ。

試験センターによる出題趣旨・講評

【出題趣旨】

プロジェクトマネージャ（PM）には，システム開発プロジェクトに必要な資源を見積もり，コントロールすることによってプロジェクトの目標を達成することが求められる。

本問は，プロジェクトの特徴及び入手した情報の特徴を踏まえた工数の見積りの方法，見積りを正確に行うための工夫点，及び見積りどおりに工数をコントロールするためのプロジェクト運営面での施策と実施状況及び評価について，具体的に論述することを求めている。論述を通じて，PM として有すべき工数の見積りとコントロールに関する知識，経験，実践能力などを評価する。

【採点講評】

問 1（システム開発プロジェクトにおける工数の見積りとコントロールについて）では，プロジェクトの特徴及び入手した情報の特徴を踏まえた工数の見積りの方法，見積りを正確に行うための工夫点については具体的な論述が多かった。一方，工数をコントロールするためのプロジェクト運営面での施策については，工数のコントロールと施策の関連が不明確な論述も見られた。

問題の読み方

システム開発プロジェクトにおける工数の見積りとコントロールについて

プロジェクトマネージャ（PM）には，プロジェクトに必要な資源をできるだけ正確に見積もり，適切にコントロールすることによって，プロジェクトの目標を達成することが求められる。中でも工数の見積りを誤ったり，見積りどおりに工数をコントロールできなかったりすると，プロジェクトのコストや進捗に大きな問題が発生することがある。

当問題全体の説明です

工数の見積りは，見積りを行う時点までに入手した情報とその精度などの特徴を踏まえて，開発規模と生産性からトップダウンで行ったり，WBS の各アクティビティをベースにボトムアップで行ったり，それらを組み合わせて行ったりする。PM は，所属する組織で使われている機能別やアクティビティ別の生産性の基準値，類似プロジェクトの経験値，調査機関が公表している調査結果などを用い，使用する開発技術，品質目標，スケジュール，組織要員体制などのプロジェクトの特徴を考慮して工数を見積もる。

設問イ1の模範文例です

未経験の開発技術を使うなど, 経験値の入手が困難な場合は，システムの一部分を先行開発して関係する計数を実測するなど，見積りをできるだけ正確に行うための工夫を行う。

設問イ2の模範文例です

見積りどおりに工数をコントロールするためには，プロジェクト運営面で様々な施策が必要となる。PM は，システム開発標準の整備と周知徹底，要員への適正な作業割当てなどによって，当初の見積りどおりの生産性を維持することに努めなければならない。

設問ウ3の模範文例です

また，プロジェクトの進捗に応じた工数の実績と見積りの差異や，開発規模や生産性に関わる見積りの前提条件の変更内容などを常に把握し，プロジェクトのコストや進捗に影響を与える問題を早期に発見して, 必要な対策を行うことが重要である。

設問ウ4の模範文例です

あなたの経験と考えに基づいて, 設問ア～ウに従って論述せよ。

設問ア あなたが携わったシステム開発プロジェクトにおけるプロジェクトの特徴と，見積りのために入手した情報について，あなたがどの時点で工数を見積もったかを含めて，800 字以内で述べよ。

設問イ 設問アで述べた見積り時点において，プロジェクトの特徴，入手した情報の精度などの特徴を踏まえてどのように工数を見積もったか。見積りをできるだけ正確に行うために工夫したことを含めて，800 字以上 1,600 字以内で具体的に述べよ。

設問イ1

設問イ2

設問ウ 設問アで述べたプロジェクトにおいて，見積りどおりに工数をコントロールするためのプロジェクト運営面での施策，その実施状況及び評価について，あなたが重要と考えた施策を中心に，発見した問題とその対策を含めて，600字以上1,200字以内で具体的に述べよ。

設問ウ3

設問ウ4

論文構成（解答下書き）

設問ア

1．私が携わったプロジェクトの特徴
- 金融機関のG社の事務センタ（＝Jセンタ）は，各支店の事務処理を行う
- Jセンタのシステムは稼働してから約10年，事務効率が悪化
- 経営者層は，他社を吸収合併，Jセンタに事務処理の集約を決定
- G社のCIOは，Jセンタを見直し，新システム再構築プロジェクトを立上げ
- 私は，G社の情シス部の課長，プロマネ
- 新システムの要件定義には，業務部の積極的な協力が必要
- 当時の業務部は多忙であり，不十分な要件定義が予想 → 当プロジェクトの特徴

2．見積りの時点及び見積りのために入手した情報
- 要件定義の直前時点で，工数の見積りを行う
- 見積りのために，3点の資料を入手
  - ①：WBS及びWBS辞書 … ワークパッケージやアクティビティ
  - ②：開発生産性 … G社の過去実績平均値，調査機関が公表している値
  - ③：工程別工数構成率 … G社の過去実績平均の工程別の工数の構成比率

設問イ

1．私が実施した工数の見積り

1．1　係数見積り

1．1．1　見積り技法と開発生産性
- 見積り技法としてCOCOMO法を採用
- （予想プログラムステップ数÷開発生産性）×補正係数　で見積工数を算出
- (1) 予想プログラムステップ数…類似プロジェクトの実績値 → 110kステップ
- (2) 開発生産性…実績平均値は，1.2kステップ／人月
  調査機関が公表している調査結果は，1.08～1.32kステップ／人月
- 開発生産性の値を1.2kステップ／人月に確定

1．1．2　補正係数と開発予定工数

・補正係数は，当プロジェクトの特殊性を加味するための係数

①：使用する開発技術 … S ツールを初めて採用　　補正係数＝ 1.1

②：品質目標 … 高い品質目標　　補正係数＝ 1.05

③：組織要員体制 … 平均勤続年数 5 ～ 6 年　　補正係数＝ 1.0

・プロジェクト全体の補正係数　1.1 × 1.05 × 1.0 ＝ 1.155

・開発予定工数　（110k ÷ 1.2k ／人月）× 1.155 ≒ 106 人月

2．見積りを正確に行うために工夫した点

2．1　ボトムアップ見積りの併用

・工程別工数配分率－要件定義 16%，設計 33%，開発・テスト 44%，総合テスト 7%

・要件定義工程の見積り工数－ 106 × 16% ≒ 17 人月

・当プロジェクトの特徴→要件定義の工数は過去平均よりも多め→ボトムアップ見積り

①：WBS のうち " 要件定義 " をアクティビティに要素分解

②：①で定義されたアクティビティの各工数を見積って合計→見積工数 22 人月

③：ボトムアップ見積りの精度は高い，22 人月を確定

2．2　プロトタイプ開発と計数の実測

・未経験の S ツールの開発生産性の予測値にリスクあり

・S ツールを使用した他社の開発生産性の実績値はない

・新システムの一部分を先行開発させ，関係する計数を実測

・S ツールの開発生産性の予測値の妥当性を確認

設問ウ

1．私が実施したプロジェクト運営面での施策

1．1　システム開発標準の整備と周知徹底

・当プロジェクト開始直後に，設計リーダがシステム開発標準を整備

・例えば，要件定義のレビュー…" 業務部が 1 名以上，各レビューに参加 "

・各リーダは，システム開発標準を周知徹底

1．2　チームリーダ・メンバへの適正な作業割当て

・生産性の維持には，リーダ・メンバへの適正な作業の割当てが必要

・リーダは，メンバ及び自分に割り当てる作業を RAM に記入

・リーダ及びメンバのスキル一覧表と RAM 上の担当作業の妥当性をレビュー

2．施策の実施状況及びその評価

・工数実績と見積りの差異，見積りの前提条件の変更などを把握

・例えば，要件定義工程の中盤に，要件定義書の枚数が予定より 20% 少ない

・見積りの前提条件等に変更なし，本件を分析対象にした

3．私が発見した問題とその対策

・業務部の担当者およびメンバの要件定義への参画状況を確認

- 業務部の責任者及び設計リーダと面談，状況の把握に注力
- 解決を先送りしている問題を発見
- 要件定義があいまいなままでは，コストや進捗に重大な影響
- 業務部の責任者に対し，当問題の解決に尽力することを要請
- 当該問題は解消され，予定の工数で要件定義が完了

解答例

設問ア

1．私が携わったプロジェクトの特徴
　金融機関のＧ社の事務センタ（以下，Ｊセンタという）は，各支店から送付される伝票類の内容確認・入力などの事務処理を行っている。Ｊセンタが利用しているシステムは稼働後約10年が経過し，事務効率の悪化が指摘されていた。また，Ｇ社の経営者層は，他社を吸収合併し，Ｊセンタに事務処理を集約する意思決定をした。Ｇ社のCIO（Chief Information Officer）は，Ｊセンタの事務処理を見直し，システム（以下，新システムという）を再構築するプロジェクトを立ち上げた。私は，Ｇ社の情報システム部に所属する課長であり，当プロジェクトのプロジェクトマネージャに任命された。新システムの要件定義は大幅な事務処理の見直しを伴うので，新システムの利用部門である業務部の積極的な協力が必要であると考えられた。しかし，当時の業務部は多忙であり，不十分な要件定義もしくは外部設計時の手戻り工数の増加が予想され，これが当プロジェクトの特徴だった。
2．見積りの時点及び見積りのために入手した情報
　私は，要件定義及び外部設計に関する工数の見積りを誤ったり，見積りどおりに工数をコントロールできなかったりすると，当プロジェクトのコストや進捗に大きな問題が発生すると考えた。そこで，私は要件定義の直前時点で，工数の見積りを行うことにした。また，私はその見積りのために，下記の３点の情報を入手し，工数の見積りを開始した。①：WBS（Work Breakdown

Structure）及びWBS辞書… 当プロジェクトのスコープを要素分解し，ワークパッケージやアクティビティを定義した図表，②：開発生産性 … G社の過去に開発した情報システムの開発生産性の実績平均値と，調査機関が公表している開発生産性に関する調査結果，③：工程別工数構成率 … G社の過去実績平均の要件定義～総合テストの主要工程別の工数の構成比率（%）

やや冗長な気もするが，気にせず書き続ける

設問イ

1．私が実施した工数の見積り

　私は，見積りを行う時点までに入手した情報とその精度などの特徴を踏まえ，当プロジェクト全体の工数見積りを下記のとおり実施した。

1．1　係数見積り

1．1．1　見積り技法と開発生産性

　私は，見積り技法として係数見積りの一種であるCOCOMO（COnstructive COst MOdel）法を採用し，“（予想プログラムステップ数÷開発生産性）×補正係数”の式を使用して，見積工数を算出することとした。(1)：予想プログラムステップ数…開発しようとしているプログラムの総ステップ数であり，G社の類似プロジェクトの実績値から，110kステップと見積もられた。(2)：開発生産性…G社が過去に開発した情報システムの開発生産性の実績平均値は，1.2kステップ／人月だった。また，調査機関が公表している調査結果は，1.08～1.32kステップ／人月だった。私は，G社の過去平均値がおおむね妥当であると考え，開発生産性の値を1.2kステップ／人月に確定した。

1．1．2　補正係数と開発予定工数

　補正係数は，当プロジェクトの特殊性を加味するための係数であり，私は以下の影響要因を検討した。①：使用する開発技術…当プロジェクトでは，基本的に従来G社が経験済みの開発技術を使用する計画だった。ただし，私は，開発生産性向上のために，画面設計及びプログラ

正確なスペルを入れる

やや冗長な気もするが，気にせず書き続ける

結論をハッキリ書く

専門的知識を書いて，採点者にアピールする

ム自動生成ツール（以下，Ｓツールという）をＧ社で初めて採用した。そのため，私はこの補正係数を１．１とした。②：品質目標…Ｇ社のCIOは，当プロジェクトに対し，通常よりも高い品質目標を設定した。そこで，私はこの補正係数を１．０５とした。③：組織要員体制…当プロジェクトの開発要員は，すべてＧ社に所属しており，平均勤続年数も５～６年だった。そこで，私はこの補正係数を１．０とした。

上記より，私は当プロジェクト全体の補正係数を1.1×1.05×1.0＝1.155，また開発予定工数を（110k÷1.2k／人月）×1.155≒106人月とした。

２．見積りを正確に行うために工夫した点

私は，見積りを正確に行うために，下記の２点の工夫をした。

２．１　ボトムアップ見積りの併用

私は，Ｇ社の過去実績平均の工程別工数構成率より，工程別工数配分率を要件定義16%，設計33%，開発・テスト44%，総合テスト7%とした。したがって，要件定義工程の見積り工数は106×16%≒17人月と算定された。しかし，設問アで述べた当プロジェクトの特徴より，要件定義工程の工数は過去平均よりも増加すると考えられたので，下記のボトムアップ見積りも実施した。①：共通フレーム2013を参考し，WBSのうち“要件定義”をワークパッケージおよびアクティビティに要素分解した。②：①で定義されたワークパッケージおよびアクティビティの各工数を見積り，“要件定義”に合計し，見積工数22人月が得られた。③：私は，当ボトムアップ見積りの精度が高いと考え，22人月を“要件定義”の見積り工数として確定した。

２．２　プロトタイプ開発と計数の実測

私は，Ｇ社にとって未経験の開発技術であるＳツールの開発生産性の予測値にリスクがあると考えた。私は，Ｓツールを使用した他社の開発生産性の実績値を入手しようとしたが，信頼に足る数値を得られなかった。その

用語を定義する

やや冗長な気もするが，気にせず書き続ける

プロジェクトマネージャが，努力しているところを明示する

専門的知識を書いて，採点者にアピールする

結論をハッキリ書く

プロジェクトマネージャが，努力しているところを明示する

ため，私は新システムの一部分を先行開発させ，関係する計数を実測させた。そして，Sツールの開発生産性の予測値の妥当性を確認した。

結論をハッキリ書く

1 2 3 4 5 6 7 8 9 10 11 12 13 14 15 16 17 18 19 20 21 22 23 24 25

設問ウ

1．私が実施したプロジェクト運営面での施策

私は，見積りどおりに工数をコントロールするために，当プロジェクト運営面において，下記の２点の施策を実施した。

1．1　システム開発標準の整備と周知徹底

私は当プロジェクト開始直後に，G社の“組織のプロセス資産”であるシステム開発標準を雛形にして，当プロジェクトに適用するシステム開発標準を設計チームのリーダに整備させた。例えば，要件定義のレビューに関する規定は，“業務内容を熟知し，適切な意見を述べられる業務部のレビューアが１名以上各レビューに参加する”といったものだった。また，各チームリーダは，メンバに対し，当該システム開発標準を周知徹底した。

1．2　チームリーダ・メンバへの適正な作業割当て

私は当初の見積りどおりに生産性を維持するためには，チームリーダ・メンバへの適正な作業の割当てが必要であると考えた。そこで私はチームリーダに，チーム内のメンバ及び自らに割り当てる作業をRAM（Responsibility Assignment Matrix）に記入させた。そして，私はチームリーダ及びメンバのスキル一覧表とRAM上の担当作業の妥当性をレビューした。

2．施策の実施状況及びその評価

私は，当プロジェクトの進捗に応じた工数の実績と見積りの差異や，開発規模や生産性に関わる見積りの前提条件の変更内容などを常に把握した。例えば，要件定義工程が中盤に差し掛かった時点において，要件定義書のレビュー前完成枚数が予定より20%少なく，その作成に関わる工数は予定よりも約10%超過していた。見積りの前提条件等に特に変更はなく，私は本件をプロジェクト

専門用語（キーワード）を入れる

やや冗長な気もするが，気にせず書き続ける

結論をハッキリ書く

正確なスペルを入れる

プロジェクトマネージャが，努力していることを明示する

プロジェクトマネージャが，努力していることを明示する

数字を入れて実話らしさを出す

管理上の分析対象であると認識した。このように私が実施した施策は十分に機能したと評価できる。

3．私が発見した問題とその対策

　私は，業務部の担当者及び設計チームのメンバの要件定義への参画状況を議事録等で確認した。また，業務部の責任者及び設計チームのリーダと面談し，状況の把握に注力した。その結果，受領した伝票類に不備がある場合の各支店への連絡手順等について不明確な点がありながら，解決を先送りしている問題が発見された。私は，要件定義があいまいなまま外部設計に進むとコストや進捗に重大な影響を与えると判断した。したがって，私は業務部の責任者に対し，自らが主体的に行動し，当問題の解決に尽力する対策を要請した。その後，当該問題は解消され，予定の工数及びスケジュール内に要件定義工程が完了した。

決まり文句（常套句）を入れる

プロジェクトマネージャが，統率していることを明示する

発見した問題を書く

対策を書く

本来は不要だが，締めくくりの文として入れる

4-6-2 コスト超過の防止

問題2

システム開発プロジェクトにおけるコスト超過の防止について H31 問1

プロジェクトマネージャ（PM）には，プロジェクトの計画時に，活動別に必要なコストを積算し，リスクに備えた予備費などを特定してプロジェクト全体の予算を作成し，承認された予算内でプロジェクトを完了することが求められる。

プロジェクトの実行中は，一定期間内に投入したコストを期間別に展開した予算であるコストベースラインと比較しながら，大局的に，また，活動別に詳細に分析し，プロジェクトの完了時までの総コストを予測する。コスト超過が予測される場合，原因を分析して対応策を実施したり，必要に応じて予備費を使用したりするなどして，コストの管理を実施する。

しかし，このようなコストの管理を通じてコスト超過が予測される前に，例えば，会議での発言内容やメンバの報告内容などから，コスト超過につながると懸念される兆候を PM としての知識や経験に基づいて察知することがある。PM はこのような兆候を察知した場合，兆候の原因を分析し，コスト超過を防止する対策を立案，実施する必要がある。

あなたの経験と考えに基づいて，設問ア～ウに従って論述せよ。

設問ア あなたが携わったシステム開発プロジェクトにおけるプロジェクトの特徴とコストの管理の概要について，800 字以内で述べよ。

設問イ 設問アで述べたプロジェクトの実行中，コストの管理を通じてコスト超過が予測される前に，PM としての知識や経験に基づいて察知した，コスト超過につながると懸念した兆候はどのようなものか。コスト超過につながると懸念した根拠は何か。また，兆候の原因と立案したコスト超過を防止する対策は何か。800 字以上 1,600 字以内で具体的に述べよ。

設問ウ 設問イで述べた対策の実施状況，対策の評価，及び今後の改善点について，600 字以上 1,200 字以内で具体的に述べよ。

試験センターによる出題趣旨・講評

【出題趣旨】

プロジェクトマネージャ（PM）には，プロジェクトの計画時に，活動別に必要なコストを積算し，リスクに備えた予備費などを特定してプロジェクト全体の予算を作成し，承認された予算内でプロジェクトを完了することが求められる。
本問は，プロジェクトの実行中に，コストの管理を通じてコスト超過を予測する前に，コスト超過につながると懸念される兆候をPMとしての知識や経験に基づいて察知した場合において，その兆候の原因と立案したコスト超過を防止する対策などについて具体的に論述することを求めている。論述を通じて，PMとして有すべきコストの管理に関する知識，経験，実践能力などを評価する。

【採点講評】
問1（システム開発プロジェクトにおけるコスト超過の防止について）では，コストの管理を通じてコスト超過が予測される前に，PMとしての知識や経験に基づいて察知した，コスト超過につながると懸念した兆候，懸念した根拠，兆候の原因と立案したコスト超過を防止する対策について具体的に論述できているものが多かった。一方，兆候とは問題の起こる前触れや気配などのことであるが，PMとして対処が必要な既に発生している問題を兆候としている論述も見られた。

▶ 問題の読み方

システム開発プロジェクトにおけるコスト超過の防止について

プロジェクトマネージャ（PM）には，プロジェクトの計画時に，活動別に必要なコストを積算し，リスクに備えた予備費などを特定してプロジェクト全体の予算を作成し，承認された予算内でプロジェクトを完了することが求められる。

当問題全体の説明です

プロジェクトの実行中は，一定期間内に投入したコストを期間別に展開した予算であるコストベースラインと比較しながら，大局的に，また，活動別に詳細に分析し，プロジェクトの完了時までの総コストを予測する。コスト超過が予測される場合，原因を分析して対応策を実施したり，必要に応じて予備費を使用したりするなどして，コストの管理を実施する。

設問ア1の模範文例です

しかし，このようなコストの管理を通じてコスト超過が予測される前に，例えば，会議での発言内容やメンバの報告内容などから，コスト超過につながると懸念される兆候をPMとしての知識や経験に基づいて察知することがある。

設問イ2の模範文例です。なるべく，これに沿って，論文を展開します

PMはこのような兆候を察知した場合，兆候の原因を分析し，コスト超過を防止する対策を立案，実施する必要がある。

設問イ3には，左記の下線部がないので，注意して入れます

あなたの経験と考えに基づいて，設問ア～ウに従って論述せよ。

実線の下線部と点線の下線部を分けて，400字程度ずつ書きます

設問ア あなたが携わったシステム開発プロジェクトにおけるプロジェクトの特徴とコストの管理の概要について，800字以内で述べよ。

設問ア1

設問イ 設問アで述べたプロジェクトの実行中，コストの管理を通じてコスト超過が予測される前に，PMとしての知識や経験に基づいて察知した，コスト超過につながると懸念した兆候はどのようなものか。コスト超過につながると懸念した根拠は何か。また，兆候の原因と立案したコスト超過を防止する対策は何か。800字以上1,600字以内で具体的に述べよ。

設問イ2

設問イ3

設問ウ 設問イで述べた対策の実施状況，対策の評価，及び今後の改善点について，600字以上1,200字以内で具体的に述べよ。

評価と改善点を問う設問ですので，問題文に模範文例はありません

論文構成（解答下書き）

設問ア

1．私が携わったシステム開発プロジェクトの特徴
- K社…産業用機械メーカであり，グループの販売会社6社，法人顧客に，K社製品の販売・保守
- 経営者層…問合せ管理システム（以下，新システムという）の開発を決定
- 私…K社の情報システム部長，プロマネ
- 数年前に，生産管理システムを刷新，実績コストは，計画コストの約1．3倍
- 当プロジェクトの特徴は，新システムの総開発コストを8千万円以下に抑制

2．コストの管理の概要
- 私への要求事項…当プロジェクトの計画時に，活動別に必要なコストを積算
  リスクに備えた予備費などを特定して，全体の予算を作成

承認された予算内でプロジェクトを完了

・下記のコストの管理を実施

①：コストの状況を把握するために，ＥＶＭを採用

②：リスク対応計画を策定，コンティンジェンシー予備費を設定

③：コストとコストベースラインと比較しながら，完了時までの総コストを予測

④：コスト超過が予測される場合，原因の分析，対応策の実施，コンティンジェンシー予備費の使用

設問イ

1．私が察知したコスト超過につながると懸念した兆候

・下記２点のコスト超過につながると懸念される兆候を察知

1．1　多様なステークホルダーの要求事項

・機能設計チームのメンバは，新システムへの要求事項を聴取

①：販売会社Ａ社の要求事項…他の販売会社の問合せ情報のうち，受付内容及び対応内容は閲覧可，それ以外は，受付元の販売会社以外には閲覧不可

②：販売会社Ｂ社の要求事項…顧客側の担当者の情報は，Ｋ社及び他の販売会社に開示不可

③：Ｋ社の品質保証部門の要求事項…すべての問合せ情報が確認可

1．2　ＤＢチームの内部設計作業の遅延

・内部設計の第３週目に，ＤＢチームは，ＥＶの完了が約４日分遅れ

・内部設計の第２週までのＣＰＩは0.60

2．コスト超過につながると懸念した根拠

・下記の根拠で，コスト超過につながると懸念

2．1　多様なステークホルダーの要求事項

・要件定義工程の議事録を査閲，その上で，機能設計チームのメンバに確認

①：全要求事項を実現すると，新システムの開発コストが１．３倍

②：各ステークホルダーは，自社・自部門の要求事項に固執

2．2　データベースチームの内部設計作業の遅延

・ＤＢチームの作業遅延が他作業の遅延を誘発，内部設計の後半に，ＣＰＩがさらに悪化

3.兆候の原因と立案したコスト超過の防止対策

3．1　多様なステークホルダーの要求事項

・販売会社６社及びＫ社の品質保証部門の各要件定義担当者と直接ヒアリング

・意見調整をする会議体がないことに原因あり

・販売会社６社及びＫ社の品質保証部門の各代表者の要件定義調整会議を開催

・問合せ情報を“極秘”・“秘”・“通常”の３種類に分類

・新システムの利用者に，３種類の閲覧権限を割り当てる案を確定

3．2　ＤＢチームの内部設計作業の遅延
・原因は，未経験のＤＢＭＳが採用され，詳細仕様の確認に手間取る
・ＤＢＭＳの専門家と，詳細仕様の確認作業の補助者を，ＤＢチームに追加
・コンティンジェンシー予備費を充当，そのコストに対応

設問ウ

1．設問イで述べた対策の実施状況と対策の評価
・新システムは本番稼働し，順調な運用
・設問イで述べた対策は，おおむね妥当
・下記の事項については，改善すべき点あり
1．1　基幹業務システムとのリアルタイムな連携
・要件定義書には
基幹業務システムと新システムがリアルタイムに連携
マスタ情報は，基幹業務システムから新システムに即時に複製
新システムで閲覧可
・基幹業務システムの保守責任者は，多大な対応作業工数が必要，コストは新システム側で負担してほしい
2．今後の改善点
2．1　基幹業務システムとのリアルタイムな連携
・外部設計工程の初期において，下記の解決策を決定
①：マスタ情報は，日次夜間バッチ処理で，基幹業務システムから新システムに複製
基幹業務システム側の対応作業工数を0.5人月程度に圧縮
コストは新システム側で負担
②：上記①のマスタ情報には，先日付の追加・変更・削除予定情報を含める
③：上記①②を要件定義書に反映
・コスト超過につながると懸念される兆候を的確に察知するために下記の改善
①：リスク区分に，他システムとの連携時のコスト負担の可能性を追記
②：要件定義書のレビュー対象者に，連携する他システムの責任者を追加
その者に要件定義書のレビュー依頼

解答例

設問ア

１．私が携わったシステム開発プロジェクトの特徴
　Ｋ社は，産業用機械メーカであり，全国にあるグルー
プの販売会社６社を通じて，法人顧客に対してＫ社製品

の販売・保守を行っている。K社の経営者層は，製品に対する顧客からの不具合の連絡，苦情などを含む問合せ（以下，問合せという）をグループ全体で一元管理する問合せ管理システム（以下，新システムという）の開発を意思決定した。K社の経営者層は，新システム開発プロジェクトを立ち上げ，K社の情報システム部長である私を，そのプロジェクトマネージャに選任した。K社は，数年前に生産管理システムを刷新したが，その開発実績コストは，計画コストの約1．3倍に膨張した。K社の経営者層は，その結果を踏まえ，新システム開発予算の遵守を私に命じた。したがって，新システムの総開発コストを，その予算である8千万円以下に抑制することが，当プロジェクトの特徴の一つに挙げられた。

2．コストの管理の概要

私には，当プロジェクトの計画時に，活動別に必要なコストを積算し，リスクに備えた予備費などを特定してプロジェクト全体の予算を作成し，承認された予算内でプロジェクトを完了することが求められた。そこで，私は，下記の4点を主な内容とするコストの管理を実施した。①：客観的な基準によってコストの状況を把握するために，EVM（Earned Value Management）を採用する。②：プロジェクト開始直後に，リスク対応計画を策定し，コンティンジェンシー予備費を設定する。③：プロジェクトの実行中は，一定期間内に投入したコストを期間別に展開した予算であるコストベースラインと比較しながら，活動別に詳細に分析し，プロジェクトの完了時までの総コストを予測する。④：コスト超過が予測される場合，原因を分析して対応策を実施し，必要に応じて，コンティンジェンシー予備費を使用する。

用語を定義をする

自分の立場を明示する

システム開発の背景を書く

プロジェクトの特徴を明示する

問題文を引用する

正確なスペルを入れる

専門用語（キーワード）を入れる

問題文を引用する

設問イ

1．私が察知したコスト超過につながると懸念した兆候

私は，当プロジェクトの実行中に，コストの管理を通じてコスト超過が予測される前に，プロジェクトマネージャとしての知識や経験に基づいて，下記2点のコスト

問題文を引用する

超過につながると懸念される兆候を察知した。
1．1　多様なステークホルダーの要求事項
　要件定義工程において，機能設計チームのメンバは，新システムへの要求事項をステークホルダーから聴取し，下記の結果を得た。①：販売会社Ａ社の要求事項…他の販売会社で受け付け，対応が完了した問合せ情報のうち，受付内容及び対応内容の閲覧ができるシステムにしてほしい。それ以外の情報は，受付元の販売会社以外には閲覧させないでほしい。②：販売会社Ｂ社の要求事項…担当者が問合せを受けた時に聞取りした相手である顧客側の担当者の情報については，機密性が高いので，Ｋ社及び他の販売会社に開示しないでほしい。③：Ｋ社の品質保証部門の要求事項…製品の品質改善のために，すべての問合せ情報を確認可能にしてほしい。
1．2　データベースチームの内部設計作業の遅延
　内部設計工程の第３週目の時点の全体会議において，私は，データベースチームのチームリーダから，“アーンドバリューの完了が約４日分遅れている”との報告を受けた。私は，データベースチームのコスト報告書を査閲し，内部設計工程の第２週までのＣＰＩ（Cost Performance Index）が0.60であることを確認した。
2．コスト超過につながると懸念した根拠
　私は，上記1．で述べた兆候が，下記の根拠を持って，コスト超過につながると懸念した。
2．1　多様なステークホルダーの要求事項
　私は，要件定義工程の議事録を査閲した。その上で，私は，機能設計チームのメンバにその内容について質問し，下記の事実を確認した。①：ステークホルダーのすべての要求事項を実現するには，複雑な機能の設計・実装が必要であり，新システムの開発コストが予算の1．3倍になる。②：各ステークホルダーは自社もしくは自部門の要求事項に固執しており，その統一に手間取る。
2．2　データベースチームの内部設計作業の遅延
　私は，データベースチームの作業遅延が，機能設計や

やや冗長な気もするが，気にせず書き続ける

専門用語（キーワード）を入れる

専門用語（キーワード）を入れる

正確なスペルを入れる

数字を入れる

問題文を引用する

やや冗長な気もするが，気にせず書き続ける

画面設計との整合性を確認する作業の遅延を誘発し，内部設計の後半にかけて，当プロジェクト全体のＣＰＩが悪化すると考えた。

３．兆候の原因と立案したコスト超過の防止対策

私は，上記１．で述べた兆候について，下記のように，原因を分析して，コスト超過を防止する対策を立案し，実施した。

３．１　多様なステークホルダーの要求事項

私は，販売会社６社及びＫ社の品質保証部門の各要件定義担当者と直接ヒアリングし，意見調整をする会議体がないことに原因があると判断した。そこで，私は，販売会社６社及びＫ社の品質保証部門の各代表者をメンバとする要件定義調整会議を開催した。そして，問合せ情報を“極秘”・“秘”・“通常”の３種類に分けさせ，新システムの利用者に，その３種類の閲覧権限を割り当てる案を確定させた。

３．２　データベースチームの内部設計作業の遅延

私は，データベースチームの全メンバと協議し，原因は，“新システムでは未経験のＤＢＭＳ（DataBase Management System）が採用され，その詳細仕様の確認に手間取っている”ことにあると判定した。そこで，私は，当該ＤＢＭＳの専門家と，詳細仕様の確認作業の補助者を，データベースチームに臨時メンバとして，１週間の期間限定で追加した。また，私は，コンティンジェンシー予備費を充当して，そのコストに対応した。

プロジェクト全体のコストを考えていることを強調する

問題文を引用する

結論をハッキリ書く

正確なスペルを入れる

結論をハッキリ書く

設問ウ

１．設問イで述べた対策の実施状況と対策の評価

新システムは，私が策定したプロジェクト計画どおりに本番稼働し，順調な運用を続けている。その点を考慮すれば，設問イで述べた対策は，おおむね妥当であると判断される。ただし，下記の事項については，改善すべき点があったと考えられる。

１．１　基幹業務システムとのリアルタイムな連携

決まり文句（常套句）を入れる

要件定義書には，“基幹業務システムと新システムがリアルタイムに連携し，製品マスタなどのマスタ情報は，基幹業務システムから新システムに即時に複製され，新システムで閲覧できる”という要件が定義されていた。外部設計工程に入り，機能設計チームがその機能を設計している時に，基幹業務システムの保守責任者は，“新システムとのマスタ情報のリアルタイムな連携には，基幹業務システム側の多大な対応作業工数が必要になるので，そのコストは，新システム側で負担してほしい”と私に依頼した。本来，私は，このリアルタイムな連携をコスト超過につながると懸念される兆候として，要件定義工程で察知すべきであったが，それを怠った。

2．今後の改善点

私は，今後，下記の改善点を実施する。

2．1　基幹業務システムとのリアルタイムな連携

私は，外部設計工程の初期において，機能設計チームのチームリーダ及び基幹業務システムの保守担当者と協議して，下記の解決策を決定し，当プロジェクトのステークホルダーの承認を得た。①：製品マスタなどのマスタ情報は，日次夜間バッチ処理で，基幹業務システムから新システムに複製して，基幹業務システム側の対応作業工数を0.5人月程度に圧縮し，そのコストは新システム側で負担する。②：上記①のマスタ情報には，先日付の追加・変更・削除予定情報を含める。③：上記①・②を要件定義書に反映する。

私は，今後，コスト超過につながると懸念される兆候を的確に察知するために，下記の改善を行う。①：要件定義書のレビュー時のチェックリスト及びリスク・マネジメント計画書のリスク区分に，今回のような他システムとの連携時のコスト負担の可能性を追記する。②：要件定義書のレビュー対象者に，連携する他システムの責任者を追加し，その者に要件定義書のレビューを依頼する。

やや冗長な気もするが，気にせず書き続ける

失敗したことを入れる

今後の改善点とは，直接関連がないが，これを書かないとわかりにくいので入れる

やや冗長な気もするが，気にせず書き続ける

改善点を入れる

専門用語（キーワード）を入れる

4-7 ステークホルダー管理・その他

4-7-1 信頼関係の構築と維持

問題1

システム開発プロジェクトにおける信頼関係の構築・維持について H29 問1

プロジェクトマネージャ（PM）には，ステークホルダとの信頼関係を構築し，維持することによってプロジェクトを円滑に遂行し，プロジェクト目標を達成することが求められる。

例えば，プロジェクトが山場に近づくにつれ，現場では解決を迫られる問題が山積し，プロジェクトメンバの負荷も増えていく。時間的なプレッシャの中で，必要に応じてステークホルダの協力を得ながら問題を解決しなければならない状況になる。このような状況を乗り切るには，問題を解決する能力や知識などに加え，ステークホルダとの信頼関係が重要となる。信頼関係が損なわれていると，問題解決へ向けて積極的に協力し合うことが難しくなり，迅速な問題解決ができない事態となる。

PMは，このような事態に陥らないように，ステークホルダとの信頼関係を構築しておくことが重要であり，このため，行動面，コミュニケーション面，情報共有面など，様々な切り口での取組みが必要となる。また，構築した信頼関係を維持していく取組みも大切である。

あなたの経験と考えに基づいて，設問ア～ウに従って論述せよ。

設問ア あなたが携わったシステム開発プロジェクトにおけるプロジェクトの特徴，信頼関係を構築したステークホルダ，及びステークホルダとの信頼関係の構築が重要と考えた理由について800字以内で述べよ。

設問イ 設問アで述べたステークホルダとの信頼関係を構築するための取組み，及び信頼関係を維持していくための取組みはそれぞれ，どのようなものであったか。工夫した点を含めて，800字以上1,600字以内で具体的に述べよ。

設問ウ 設問アで述べたプロジェクトにおいて，ステークホルダとの信頼関係が解決に貢献した問題，その解決において信頼関係が果たした役割，及び今後に向けて改善が必要と考えた点について，600字以上1,200字以内で具体的に述べよ。

試験センターによる出題趣旨・講評

【出題趣旨】

プロジェクトマネージャ（PM）には，ステークホルダとの信頼関係を構築し，維持することによってプロジェクトを円滑に運営し，プロジェクト目標を達成することが求められる。

本問は，ステークホルダとの信頼関係を構築する取組みと信頼関係を維持していく取組み，ステークホルダとの信頼関係が解決に貢献した問題などについて具体的に論述することを求めている。論述を通じて，PMとして有すべきステークホルダの管理に関する知識，経験，実践能力などを評価する。

【採点講評】

問1（システム開発プロジェクトにおける信頼関係の構築・維持について）では，プロジェクトの実行に際し，信頼関係の構築と維持が重要と考えたステークホルダに対する取組み，及びその信頼関係が解決に貢献した問題などについて，具体的に論述できているものが多かった。一方，信頼関係は簡単に構築できるものではなく，設問の文章にも信頼関係の構築には様々な切り口が必要であることを明示したが，信頼関係の構築の取組みの内容が表面的で工夫に乏しく，確かに信頼関係を構築できていたとの説得力に欠ける論述も見られた。

問題の読み方

システム開発プロジェクトにおける信頼関係の構築・維持について

プロジェクトマネージャ（PM）には，ステークホルダとの信頼関係を構築し，維持することによってプロジェクトを円滑に遂行し，プロジェクト目標を達成することが求められる。

（当問題全体の説明です）

例えば，プロジェクトが山場に近づくにつれ，現場では解決を迫られる問題が山積し，プロジェクトメンバの負荷も増えていく。時間的なプレッシャの中で，必要に応じてステークホルダの協力を得ながら問題を解決しなければならない状況になる。このような状況を乗り切るには，問題を解決する能力や知識などに加え，ステークホルダとの信頼関係が重要となる。信頼関係が損なわれていると，問題解決へ向けて積極的に協力し合うことが難しくなり，迅速な問題解決ができない事態となる。

（設問ア**1**の模範文例です）

PMは，このような事態に陥らないように，ステークホルダとの信頼関係を構築しておくことが重要であり，このため，行動面，コミュニケーション面，情報共有面など，様々な切り口での取組みが必要となる。

設問イ2の模範文例です。なるべく，これに沿って，論文を展開します

また，構築した信頼関係を維持していく取組みも大切である。

設問イ3とほぼ同じ文です

あなたの経験と考えに基づいて，設問ア～ウに従って論述せよ。

実線，点線，波線の下線部をそれぞれ，250字程度ずつ書きます

設問ア　あなたが携わったシステム開発プロジェクトにおけるプロジェクトの特徴，信頼関係を構築したステークホルダ，及びステークホルダとの信頼関係の構築が重要と考えた理由について800字以内で述べよ。

設問ア1

設問イ　設問アで述べたステークホルダとの信頼関係を構築するための取組み，及び信頼関係を維持していくための取組みはそれぞれ，どのようなものであったか。工夫した点を含めて，800字以上1,600字以内で具体的に述べよ。

設問イ2

設問イ3

設問ウ　設問アで述べたプロジェクトにおいて，ステークホルダとの信頼関係が解決に貢献した問題，その解決において信頼関係が果たした役割，及び今後に向けて改善が必要と考えた点について，600字以上1,200字以内で具体的に述べよ。

論文構成（解答下書き）

設問ア

1．私が携わったプロジェクトの特徴
- R社 … 製薬企業であり，ドイツの大手製薬企業B社と提携
- 欧州市場へ製品輸出には，ドイツの基準に適合した生産管理システムの導入が必要
- B社グループ標準の生産管理システムであるSシステム導入が求められた。
- R社にとって，Sシステムは未知のシステム
- 私 … R社の情シス部の開発課長，プロマネ

2．信頼関係の構築が必要なステークホルダー

・信頼関係の構築が必要なステークホルダーは，４者
　①：Ｄ氏…Ｂ社の情シス部の主任，Ｓシステムに精通
　②：Ｘ部長…Ｒ社の製造部門の部長，Ｓシステム導入と医薬品製造管理の統括責任者
　③：Ｒ社利用部門…Ｓシステムを利用する製造部門・設備保守部門の担当者
　④：Ｔ社…Ｒ社の情報子会社，Ｒ社のシステム運用を担当
３．信頼関係の構築が重要と考えた理由
・要件定義工程の完了予定日が近づくにつれ，現場では解決を迫られる問題が山積
・メンバの負荷も増えていくリスクを認識
・ステークホルダーの協力を得ながら問題を解決しなければならない
・問題を解決する能力や知識などに加え，ステークホルダーとの信頼関係が重要

設問イ

１．ステークホルダーとの信頼関係を構築するため取組み
・ステークホルダーとの信頼関係を構築し，維持する
・プロジェクト（以下，ＰＪという）を円滑に遂行し，ＰＪ目標を達成する
１．１　行動面での取組み
１．１．１　業務見直しのための委員会の設置
・Ｓシステム … 製造の記録及び承認の履歴を追跡できる＝運用の前提条件
・Ｒ社の旧システム … 製造作業の履歴を紙に記録し，管理者の確認をシステムに入力
・従来のＲ社の業務手順を，Ｓシステムの業務プロセスに沿って見直す必要あり
・見直し委員会の設置…Ｒ社利用部門に所属する業務精通者１０名…委員，Ｘ部長…委員長，Ｄ氏…助言支援者
・行動面から，Ｒ社利用部門・Ｘ部長・委員長・Ｄ氏の信頼関係を構築
１．１．２　要件定義工程での本番模擬環境の整備
・ＰＪ開始前に，医薬品製造装置を，Ｒ社のＫ工場に導入・整備
・この製造装置は，次年度に輸出予定の全ての医薬品を製造できる
・ＰＪ計画策定時点において，Ｋ工場にサーバ等のハードウェアを設置
・カスタマイズを行っていないＳシステムの本番疑似環境を構築
・Ｒ社利用部門が，Ｓシステム・カスタマイズをした新Ｓシステムの動作を確認可能
・新Ｓシステムの本番稼働後の運用業務を，Ｔ社に委託する契約の締結を決定
・Ｔ社の責任者を，新Ｓシステムの運用面での助言委員に
・行動面からＴ社が，当プロジェクトとの信頼関係を構築
２．ステークホルダーとの信頼関係を維持するため取組み
２．１　コミュニケーション面での取組み
・Ｄ氏 … ドイツ人，日本語不可，日本での長期滞在も不可
・ドイツ語翻訳担当者Ｚ氏を，要員調達
・見直し委員会の状況をビデオ録画，Ｚ氏がドイツ語に翻訳，Ｄ氏に送信

・Ｚ氏がＤ氏の指摘や意見を日本語に翻訳，見直し委員会に報告

2．2　情報共有面での取組み

・当ＰＪの計画書などのＰＪ文書のすべてを，Ｒ社のサーバの共有フォルダに格納

・ステークホルダーの全員に，その参照権限を付与

・特に工夫した点：

①：ＰＪ文書の可能な限り迅速な公開を義務付け

②：ＰＪ文書や当ＰＪ運営に対する意見を陳述できる掲示板を，Ｒ社のサーバに設置

設問ウ

1．ステークホルダーとの信頼関係が解決に貢献した問題

・製造部門のＪ課長 … 製造業務の主担当者，見直し委員

・Ｊ課長は，できるだけ旧システムの業務手順を遵守しようとする

・Ｊ課長は，Ｓシステムの大幅なカスタマイズを要求

①：Ｓシステムの標準的な業務手順である，Ａ製造工程の検査結果を確認して，Ｂ製造工程を開始するのは非効率的

②：Ａ製造工程とＢ製造工程を並行して進めるべき

・Ｄ氏の発言 …“Ｊ課長の主張は正しくない”

2．その解決において信頼関係が果たした役割

・私とＸ部長は，上記の問題を解決するために協議

・Ｄ氏に詳細な意見の提示を求めた

・Ｄ氏の発言：

①：Ｒ社の医薬品製造能力や品質管理を高く評価し，信頼している

②：Ｂ社でも，Ａ・Ｂ製造工程を並行稼働させるほうが良いとする意見あり
しかし，自信を持った出荷のために，Ｓシステムの標準的な業務手順を遵守すべき

・Ｊ課長は，Ｄ氏の回答を受入れ，Ｓシステムの大幅なカスタマイズ要求を撤回

・Ｘ部長は，Ｄ氏とＪ課長の信頼関係が，問題解決に重要な役割を果たしたと評価

3．今後に向けて改善が必要と考えた点

3．1　Ｔ社の消極的な当プロジェクトへの関与

・Ｔ社の責任者は，見直し委員会に全回出席

・Ｔ社の責任者の発言回数は少ない

・Ｔ社の担当範囲をできるだけ少なくし，決定事項のみを実施しようとする姿勢

3．2　積極的な発言を促すための課題設定

・下記の２点が上記３．１の改善事項

①：積極的な発言をするための課題を，見直し委員会の開催前に設定・報告

②：Ｔ社の責任者以外に，Ｔ社の実務担当者１名を，見直し委員会の委員に追加

解答例

設問ア

1．私が携わったシステム開発プロジェクトの特徴
　R社は製薬企業であり，欧州市場へ進出するために，ドイツの大手製薬企業B社と提携し，その傘下に入った。欧州市場へ製品を輸出するためには，ドイツの医薬品業界の基準に適合した生産管理システムを導入する必要があった。そのため，R社は，B社から，B社グループ標準の生産管理システム（以下，Sシステムという）の導入を求められた。しかし，R社にとって，Sシステムは未知のシステムであり，これが当プロジェクトの特徴だった。私は，R社の情報システム部の開発課長であり，SシステムをR社向けにカスタマイズした新Sシステム開発のプロジェクトマネージャに任命された。
2．信頼関係の構築が必要なステークホルダー
　私は，当プロジェクトにおいて，信頼関係の構築が必要なステークホルダーを下記の4者に特定した。①：D氏…B社の情報システム部の主任であり，Sシステムに精通している。②：X部長…R社の製造部門の部長であり，SシステムのR社導入と欧州市場向け医薬品製造管理の統括責任者である。③：R社利用部門…新Sシステムを利用する製造部門及び設備保守部門の担当者である。
④：T社…R社の情報子会社であり，R社の多くのシステム運用を担当している。
3．信頼関係の構築が重要と考えた理由
　私は，当プロジェクトの要件定義工程の完了予定日が近づくにつれ，現場では解決を迫られる問題が山積し，メンバの負荷も増えていくリスクを認識した。チームリーダやメンバは，時間的な重圧の中で，必要に応じてステークホルダーの協力を得ながら問題を解決しなければならない状況になると想定された。私は，このような状況を乗り切るには，問題を解決する能力や知識などに加え，ステークホルダーとの信頼関係が重要となると考えた。

システム開発の背景を書く
用語を定義する
プロジェクトの特徴を明示する
自分の立場を明示する
結論をハッキリ書く
やや冗長な気もするが，気にせず書き続ける
問題文を引用する
問題文を引用する

設問イ

1．ステークホルダーとの信頼関係を構築するため取組
　私には，設問アで述べたステークホルダーとの信頼関係を構築し，維持することによってプロジェクトを円滑に遂行し，プロジェクト目標を達成することが求められた。そこで，私はステークホルダーとの信頼関係を構築するために，下記の取組みを計画した。
1．1　行動面での取組み
1．1．1　業務見直しのための委員会の設置
　Ｓシステムでは，製造の記録及び承認の履歴を，電子的に追跡できることが運用の前提条件になっている。Ｒ社の旧システムでは，紙での記録が中心で，作業工程の履歴を紙に記録し，管理者が確認をしたという記録をシステムに入力する手順になっていた。したがって，新Ｓシステムの要件定義工程において，従来のＲ社の業務手順をＳシステムの業務プロセスに沿って見直す必要があった。そこで，私はＲ社利用部門に所属する業務精通者１０名を委員，Ｘ部長を委員長，Ｄ氏を助言支援者とする，業務見直しのための委員会（以下，見直し委員会という）を設置した。私は，これによって，行動面からＲ社利用部門・Ｘ部長・Ｄ氏が，当プロジェクトとの信頼関係を構築できることを狙った。
1．1．2　要件定義工程での本番模擬環境の整備
　Ｒ社は，当プロジェクトの開始前に，欧州市場向け医薬品の製造装置を，Ｒ社のＫ工場に導入・整備した。この製造装置は，次年度に輸出予定の全ての医薬品を製造できる規模を保有していた。私は，プロジェクト計画策定時点において，Ｋ工場にサーバ等のハードウェアを設置させ，Ｔ社にカスタマイズを行っていないＳシステムの本番疑似環境を構築させた。これによって，Ｒ社利用部門がＳシステム及びカスタマイズをした新Ｓシステムの動作を目視して確認できる状況が整備された。また，私は，新Ｓシステムの本番稼働後の運用業務をＴ社に委託する契約を，Ｒ社法務部と交渉し決定させた。また，私

問題文を引用する

"計画重視"の姿勢をアピールする

問題文を入れる

やや冗長な気もするが，気にせず書き続ける

数字を入れる

結論をハッキリ書く

プロジェクトマネージャが，努力していることを明示する

やや冗長な気もするが，気にせず書き続ける

プロジェクトマネージャが，統率していることを明示する

はＴ社の責任者を，新Ｓシステムの運用面での助言をする委員として，見直し委員会に参画させた。私は，これによって，行動面からＴ社が，当プロジェクトとの信頼関係を構築できると考えた。

２．ステークホルダーとの信頼関係を維持するため取組

　私はステークホルダーとの信頼関係を維持するために，下記の取組みを計画し，実行した。

２．１　コミュニケーション面での取組み

　Ｄ氏はドイツ人であり，日本語を理解できず，日本での長期滞在もできなかった。そこで，私はドイツ語翻訳担当者Ｚ氏を要員調達した。私は，見直し委員会の状況をビデオ録画させ，Ｚ氏がそれをドイツ語に翻訳した後，インターネットを使ってＤ氏に送信させた。私は，Ｚ氏にＤ氏の指摘や意見を日本語に翻訳させ，見直し委員会に報告させた。

２．２　情報共有面での取組み

　私は，当プロジェクトの計画書，見直し委員会のビデオ録画，議事録，要件定義書の素案などのプロジェクト文書のすべてを，Ｒ社のサーバの共有フォルダに格納させ，ステークホルダーの全員に，その参照権限を付与した。また，私は下記の２点を工夫した。①：例えば，議事録は開催日の翌日に公開するなど，プロジェクト文書の可能な限り迅速な公開を義務付ける。②：ステークホルダーがプロジェクト文書や当プロジェクトの運営に対する意見を陳述できる掲示板をＲ社のサーバに設置する。

結論をハッキリ書く

問題文を入れる

問題文を入れる

専門用語（キーワード）を入れる

プロジェクトマネージャが，努力していることを明示する

問題文を入れる

結論をハッキリ書く

やや冗長な気もするが，気にせず書き続ける

設問ウ

1．ステークホルダーとの信頼関係が解決に貢献した問題

製造部門のＪ課長は，製造業務の主担当者であり，見直し委員の1人だった。Ｊ課長は，できるだけ旧システムの業務手順を遵守しようとする意図を持っていた。要件定義工程において，Ｊ課長はＳシステムの大幅なカスタマイズを要求した。具体的には，Ｊ課長はＳシステムの標準的な業務手順であるＡ製造工程の検査結果を確認してＢ製造工程を開始するのは非効率的であり，Ａ製造工程とＢ製造工程を並行して進めるべきだと主張した。Ｄ氏は“Ｊ課長の主張は正しくない”とし，両者の意見対立が鮮明となった。

2．その解決において信頼関係が果たした役割

私とＸ部長は，上記の問題を解決するために協議し，Ｄ氏に詳細な意見の提示を求めた。Ｄ氏は，①：見直し委員会やＲ社のＫ工場のビデオ録画を見て，Ｒ社の医薬品製造能力や品質管理を高く評価し，信頼している。②：Ｂ社においても，Ａ製造工程とＢ製造工程を並行して進めるほうが良いとする意見はある。しかし，高品質な医薬品を，自信を持って出荷するためには，Ｓシステムの標準的な業務手順を遵守すべきである。と回答した。Ｊ課長は，このＤ氏の回答を受入れ，Ｓシステムの大幅なカスタマイズ要求を撤回した。Ｘ部長は，Ｄ氏とＪ課長の信頼関係が，問題解決に重要な役割を果たしたと評価した。

3．今後に向けて改善が必要と考えた点

新Ｓシステムは計画どおり本番稼働し，良好に運用されている。その点を考慮すれば，私が計画・実行した施策は十分に効果的だったと評価される。しかし，下記の事項は，改善の余地があると考えられる。

3．1　Ｔ社の消極的な当プロジェクトへの関与

Ｔ社の責任者は，見直し委員会に全回出席した。しかし，その発言回数が少なく，Ｔ社の担当範囲をできるだ

> やや冗長な気もするが，気にせず書き続ける

> 結論をハッキリ書く

> プロジェクトマネージャが，努力していることを明示する

> やや冗長な気もするが，気にせず書き続ける

> 結論をハッキリ書く

> 決まり文句（常套句）を入れる

> 失敗したことを入れる

け少なくし，決定事項のみを実施しようとする姿勢がやや見られた。
３．２　積極的な発言を促すための課題設定
　私は，下記の２点を上記３．１の改善事項とする。
①：新Ｓシステムにおいて予想される運用上の問題点など，積極的な発言をするための課題を見直し委員会の開催前に設定させ，私に報告させる。②：Ｔ社の責任者以外に，Ｔ社の実務担当者１名を，見直し委員会の委員に追加する。

改善点を入れる

数字を入れる

Coffee Break

口では説明できるけど，文章を書くのが苦手という人へ

“口では説明できるけど，文書を書くのがとにかく苦手です”という人もいらっしゃいます。口での説明と文章を書くことの違いは，下記のようにまとめられます。

・口での説明では，“さっき言ったことを，言い直すと ...”と前言撤回や前言訂正が簡単にできる。しかし，文章では，それが簡単にできない。
・口での説明では，話し手は聞き手の表情などから，聞き手の理解度を確認しながら，聞き手の知識レベルに合わせて説明できる。しかし，文章では，文章の読み手が特定されない場合が多く，書き手は読み手の知識レベルに合わせた文章が書きにくい。
・口での説明では，聞き手は“それはなぜ起こったの？”といった質問をするが，文章では，読み手は質問をできないので，書き手はよくある質問を予測し，その回答も書かねばならない。

以上を要約すれば，文章を書くことは口での説明より，制約条件が多い，とまとめられます。では，“口では説明できるけど，文章を書くのが苦手という人”が文章を書くにはどうすればよいか，というと，“時間を掛けること”です。

例えば，昨日の出来事を書く場合，思いついた何かを書きます。それが“新宿”での出来事だったならば，とりあえず“新宿”と書いてください。そして，次に“新宿”で何をしていたのでしょう？　自問自答してください。それが“焼肉を食べた”であれば，“焼肉を食べた”と書きます。１人で食べたのでしょうか？　それとも，誰かと一緒に？という風に，自問自答を繰り返しながら，書きたい何かを少しずつ書き出し，目視しながら，次を書き足します。そうして，そのメモ書きが完成したら，それを見ながら，“昨日，友達２人と一緒に，新宿で焼肉を食べ，楽しい一時を過ごした”といった文章に，再整理します。そして，その文章を読み手に渡し，コメントをもらい，文章を修正して完成させます。つまり，面倒がらずに，少しずつ，時間を掛けて，文章を作ればよいのです。

4-7-2 未経験の技術やサービスを利用するシステム開発プロジェクト

問題2

未経験の技術やサービスを利用するシステム開発プロジェクトについて R2 問1

プロジェクトマネージャ（PM）は，システム化の目的を実現するために，組織にとって未経験の技術やサービス（以下，新技術という）を利用するプロジェクトをマネジメントすることがある。

このようなプロジェクトでは，新技術を利用して機能，性能，運用などのシステム要件を完了時期や予算などのプロジェクトへの要求事項を満たすように実現できること（以下，実現性という）を，システム開発に先立って検証することが必要になる場合がある。このような場合，プロジェクトライフサイクルの中で，システム開発などのプロジェクトフェーズ（以下，開発フェーズという）に先立って，実現性を検証するプロジェクトフェーズ（以下，検証フェーズという）を設けることがある。検証する内容はステークホルダと合意する必要がある。検証フェーズでは，品質目標を定めたり，開発フェーズの活動期間やコストなどを詳細に見積もったりするための情報を得る。PMは，それらの情報を活用して，必要に応じ開発フェーズの計画を更新する。

さらに，検証フェーズで得た情報や更新した開発フェーズの計画を示すなどして，検証結果の評価についてステークホルダの理解を得る。場合によっては，システム要件やプロジェクトへの要求事項を見直すことについて協議して理解を得ることもある。

あなたの経験と考えに基づいて，設問ア～ウに従って論述せよ。

設問ア あなたが携わった新技術を利用したシステム開発プロジェクトにおけるプロジェクトとしての特徴，システム要件，及びプロジェクトへの要求事項について，800字以内で述べよ。

設問イ 設問アで述べたシステム要件とプロジェクトへの要求事項について，検証フェーズで実現性をどのように検証したか。検証フェーズで得た情報を開発フェーズの計画の更新にどのように活用したか。また，ステークホルダの理解を得るために行ったことは何か。800字以上1,600字以内で具体的に述べよ。

設問ウ 設問イで述べた検証フェーズで検証した内容，及び得た情報の活用について，それぞれの評価及び今後の改善点を，600字以上1,200字以内で具体的に述べよ。

▶ 試験センターによる出題趣旨・講評

【出題趣旨】

プロジェクトマネージャ（PM）には，システム開発プロジェクトを責任をもって計画，実行，管理することが期待される。

本問は，未経験の技術やサービスを利用するプロジェクトにおいて，検証フェーズを設けて，システム要件をプロジェクトへの要求事項を満たすように実現できることをどのように検証したか，検証フェーズで得た情報を後続フェーズである開発フェーズの計画の更新へどのように活用したか，検証結果の評価への理解をステークホルダから得るために行ったことなどについて具体的に論述することを求めている。論述を通じて，PMとして有すべきプロジェクト計画の作成に関する知識，経験，実践能力などを評価する。

【採点講評】

問1では，未経験の技術やサービスを利用するシステム開発プロジェクトにおいて，検証フェーズを設けて，システム要件とプロジェクトへの要求事項の実現性を検証することや，検証フェーズで得た情報を開発フェーズの計画の更新に利用することについて，具体的な論述を期待した。経験に基づき具体的に論述できているものが多かった。一方で，一般的な技術的課題の解決の論述に終始するなど，未経験の技術やサービスの利用に伴う不確実性への対応が読み取れない論述も見受けられた。今後も，プロジェクトマネージャとして，未経験の技術やサービスを利用するプロジェクトに対応できるように，新しい技術に関する知識や，それらをプロジェクトで利用するためのスキルの習得に努めてほしい。

▶ 問題の読み方

未経験の技術やサービスを利用するシステム開発プロジェクトについて

プロジェクトマネージャ（PM）は，システム化の目的を実現するために，組織にとって未経験の技術やサービス（以下，新技術という）を利用するプロジェクトをマネジメントすることがある。

> 当問題全体の説明です

このようなプロジェクトでは，新技術を利用して機能，性能，運用などのシステム要件を完了時期や予算などのプロジェクトへの要求事項を満たすように実現できること（以下，実現性という）を，システム開発に先立って検証することが必要になる場合がある。

> 設問ア1を遠回しに説明している文です。設問ア1の模範文例として使えます

このような場合，5 プロジェクトライフサイクルの中で，システム開発などのプロジェクトフェーズ（以下，開発フェーズという）に先立って，実現性を検証するプロジェクトフェーズ（以下，検証フェーズという）を設けることがある。6 検証する内容はステークホルダと合意する必要がある。

設問イ2で使われている"開発フェーズ"と"検証フェーズ"を用語定義している文です。また，左記6の下線部は設問イ2にはないので，注意して入れます

検証フェーズでは，品質目標を定めたり，開発フェーズの活動期間やコストなどを詳細に見積もったりするための情報を得る。PM は，それらの情報を活用して，必要に応じ開発フェーズの計画を更新する。

設問イ3の模範文例です

さらに，検証フェーズで得た情報や更新した開発フェーズの計画を示すなどして，検証結果の評価についてステークホルダの理解を得る。場合によっては，システム要件やプロジェクトへの要求事項を見直すことについて協議して理解を得ることもある。

設問イ4の模範文例です

あなたの経験と考えに基づいて，設問ア～ウに従って論述せよ。

設問ア あなたが携わった新技術を利用したシステム開発プロジェクトにおけるプロジェクトとしての特徴，システム要件，及びプロジェクトへの要求事項について，800 字以内で述べよ。

実線の下線部と点線の下線部を分けて，400 字程度ずつ書きます

設問ア1

設問イ 設問アで述べたシステム要件とプロジェクトへの要求事項について，検証フェーズで実現性をどのように検証したか。検証フェーズで得た情報を開発フェーズの計画の更新にどのように活用したか。また，ステークホルダの理解を得るために行ったことは何か。800 字以上 1,600 字以内で具体的に述べよ。

設問イ2

設問イ3

設問イ4

設問ウ 設問イで述べた検証フェーズで検証した内容，及び得た情報の活用について，それぞれの評価及び今後の改善点を，600 字以上 1,200 字以内で具体的に述べよ。

評価と改善点を問う設問ですので，問題文に模範文例はありません

注：上記**5**の下線部は，設問イの“検証フェーズ”を用語定義している文ですので，本来，設問イに記述すべきでしょう（“論文内には，一切記述しない”というのでも構わないです)。しかし，下記の論文例では，論文の流れを良くするために，プロジェクトへの要求事項の一つとして，設問アに含めています（下記の論文例のように書いても減点されません)。

論文構成（解答下書き）

設問ア

1．私が携わったプロジェクトの概要と特徴
- Ｚ社 … スポーツ及び健康関連用品のメーカ
  輸出入業務の作業量は大幅に増加
  新興国の離職率は高く，業務ノウハウが定着しない
  輸出入業務の品質の低下が懸念
- 経営者層 … 輸出入業務の品質向上と迅速化のため，Ｄシステムの開発を決定
- 私 … Ｚ社の情報システム部の課長，プロマネ
- 当プロジェクトの主な特徴 … 未経験の技術（以下，新技術）の利用

2．システム要件と当プロジェクトへの要求事項
- システム要件…ソフトウェアロボットとＯＣＲを組み合わせ，輸出入業務を自動化する新技術を採用
- 当プロジェクトへの要求事項
  ①：開発期間８カ月間，システム移行期間２カ月間，2019年６月から本番稼働，開発費予算総額８千万円
  ②：開発フェーズに先立って，検証フェーズを設定
  ③：ＯＣＲは他社製品，ソフトウェアロボットは自社開発

設問イ

1．私が検証フェーズで実施させた実現性の検証
- 新技術の実現性を検証する計画案：
  ①：チーム体制
  開発チーム … ＯＣＲとソフトウェアロボットを動作させるプロトタイプを試作
  運用テストチーム … プロトタイプをテスト環境で運用，結果の妥当性を確認
  ②：開発モデル
  - ２カ月間の検証フェーズを，２週間ごとの４期に分割
  - 各期の前半の１週間に運用テストチームが，要修正点の洗い出し
  - 後半の１週間に開発チームが要修正点をプロトタイプに反映
  - 上記を４回繰り返す反復型開発モデル

・ステークホルダーと上記の計画案を合意

2．検証フェーズで得た情報

①：書類ファイルを所定のフォルダに格納する機能は，自動化が可能

②：定型化された電子メールは，ソフトウェアロボットによって自動返信可能
非定型の電子メールは，自動化のための詳細な整理作業が必要

③：書類ファイルのＯＣＲの識字率は，92％
識字率が低い場合は，修正作業が必要だが，手入力よりも修正作業の負荷が大

3．検証フェーズで得た情報の開発フェーズ計画の更新

①：下記をＷＢＳに追加する

・非定型の電子メールのパターン分析，記述項目の洗い出し作業

・ＯＣＲの学習機能を強化する作業

・ＯＣＲで識別できない記載項目のマスタ検索や契約情報と照合を，ソフトウェアロボットを使って自動化する機能の開発作業

②：クラッシングなど多用して，開発フェーズの期間を圧縮し，１カ月の延長

③：開発フェーズの見積りコストを５百万円増額

4．私がステークホルダーの理解を得るために行ったこと

・検証フェーズで得た情報や更新した開発フェーズの計画をステークホルダーに示し

・検証結果の評価について，その理解を得た

・ステークホルダーと協議して，プロジェクトへの要求事項を見直し

・本番稼働予定月を 2019 年７月，開発費予算総額を８千５百万円に変更

設問ウ

1．設問イで述べた検証した内容及び情報の活用の評価

・Ｄシステムは，計画どおりに本番稼働し，正常運用

・当プロジェクトは，おおむね良好に運営

・ただし，下記の改善すべき点あり

1．1　検証フェーズでのテスト項目数の不足

・検証フェーズの品質目標 … １kステップ当たりのテスト項目数を２．３個に設定

・検証フェーズでテスト項目の不足が散見

1．2　開発費実績総額の予算超過

・ＯＣＲでは識別不可の項目があれば，自動的に契約情報と照合する機能をソフトウェアロボットに追加

・上記の開発作業の実績工数が増え，開発費が予算よりも 80 万円超過

2．上記１．で述べた評価に対する今後の改善点

2．1　検証フェーズでのテスト項目数の不足

・１kステップ当たりのテスト項目数を，２．４個に増加

・１kステップ当たりの予定摘出欠陥数の見直し

2．2　開発費実績総額の予算超過

・COCOMO 法や三点見積りなどを併用し，見積り工数の精度を向上

・見積り工数が精度不足の場合，コンティンジェンシー予備を設定

解答例

設問ア

1．私が携わったプロジェクトの概要と特徴

　Ｚ社は，スポーツ及び健康関連用品の製造・販売を行うメーカである。Ｚ社は，十数年前からアジア市場で売上げを伸ばしていたため，Ｚ社輸出入業務の作業量は大幅に増加していた。さらに，新興国の離職率は日本に比べて高く，業務ノウハウが定着しないことによって，入力誤りや書類の入力待ちの滞留など，Ｚ社の輸出入業務の品質の低下が懸念されていた。そこでＺ社の経営者層は，Ｚ社輸出入業務の品質向上と迅速化を推進するシステム（以下，Ｄシステムという）の開発を決定した。私は，Ｚ社の情報システム部の課長であり，Ｄシステム開発のプロジェクトマネージャに任命された。私は，Ｄシステムの開発目的を実現するために，Ｚ社にとって未経験の技術（以下，新技術という）を利用して当プロジェクトをマネジメントしなれればならず，これが当プロジェクトの主な特徴であった。

2．システム要件と当プロジェクトへの要求事項

　当プロジェクトのプロジェクト憲章には，下記のシステム要件と当プロジェクトへの要求事項が記載されていた。システム要件…担当者がＰＣ上で行う操作を記憶できるソフトウェア型の仮想ロボット（以下，ソフトウェアロボットという）とＯＣＲ（Optical Character Reader）とを組み合わせて，輸出入業務の作業を自動化する新技術を導入する。当プロジェクトへの要求事項…①：Ｄシステムの開発期間を８カ月間，システム移行期間を２カ月間とし，２０１９年６月からＤシステムを本番稼働させる。開発費予算総額は，８千万円とする。②：当プロジェクトライフサイクルの中で，システム開発などのプロジェクトフェーズ（以下，開発フェーズという）に先立って，実現性を検証するプロジェクトフェーズ（以下，検証フェーズという）を設ける。③：ＯＣＲは他社製品を利用，ソフトウェアロボットは自社開発する。

> システム開発の背景を書く
>
> 用語を定義する
>
> 自分の立場を明示する
>
> プロジェクトの特徴を明示する
>
> 用語を定義する
>
> 正確なスペルを入れる
>
> 数字を入れる
>
> 問題文を引用する

設問イ

1．私が検証フェーズで実施させた実現性の検証
　私は，検証フェーズにおいて，下記の要領で，新技術の実現性を検証する計画案を策定した。①：チーム体制…Ｚ社の情報システム部の担当者から構成される開発チームが，ＯＣＲとソフトウェアロボットを動作させるプロトタイプを試作する。Ｚ社の輸出入業務部の担当者から構成される運用テストチームが，開発チームが試作したプロトタイプをテスト環境で運用し，結果の妥当性を確認する。②：開発モデル…２カ月間の検証フェーズを，２週間ごとの４期に分割して，各期の前半の１週間に運用テストチームがプロトタイプを運用し，確認しながら修正すべき点を洗い出す。後半の１週間に開発チームが洗い出された修正点をプロトタイプに反映する，という開発手順を４回繰り返す反復型開発モデルを採用する。
　私は，Ｚ社の情報システム部と輸出入業務部の担当者及び責任者（以下，ステークホルダという）と，上記の検証する内容を含む計画案を合意し，実行させた。
2．検証フェーズで得た情報
　私は，上記1．の検証フェーズを実行させた結果，下記の３点の情報を得た。①：電子メールの添付ファイルとして受信した契約書・船積書類などのＰＤＦ（Portable Document Format）や画像ファイル（以下，書類ファイルという）を，サーバにある所定の顧客別日付別フォルダに格納する機能は，ソフトウェアロボットの誤作動や異常停止もなく，自動化が可能である。②：受信した電子メールの内容は，多岐にわたっており，受注や在庫確認などの定型化された電子メールは，ソフトウェアロボットによって自動返信可能だが，商品の分割納入依頼のような非定型の電子メールは，ソフトウェアロボットによる自動化のための詳細な整理作業が必要である。③：書類ファイルをＯＣＲで識別する識字率の平均値は，92％である。識字率が低い場合は，担当者による修正作業が必要であり，書類ファイルを目視

専門用語（キーワード）を入れる

やや冗長な気もするが，気にせず書き続ける

専門用語（キーワード）を入れる

問題文を引用する

正確なスペルを入れる

やや冗長な気もするが，気にせず書き続ける

数字を入れる

して手入力するよりも修正作業の負荷が大きい。
3．検証フェーズで得た情報の開発フェーズ計画の更新
　私は，検証フェーズで得た，上記2．の情報を活用して，下記のように開発フェーズの計画を更新した。①：非定型の電子メールのパターン分析結果や記述項目の洗い出し内容を整理する作業，書類ファイルの識字率を向上させるためにOCRの学習機能を強化する作業，OCRで識別できない書類ファイル内の記載項目をマスタ検索したり，過去の契約情報と照合したりすることを，ソフトウェアロボットを使って自動化する機能の開発作業を，WBS（Work Breakdown Structure）に追加する。②：クラッシング，ファストトラッキング，資源平準化を多用して，開発フェーズの期間を圧縮し，1カ月の延長に留める。③：①と②を実施するために，開発フェーズの見積りコストを5百万円増額する。
4．私がステークホルダの理解を得るために行ったこと
　私は，検証フェーズで得た情報や更新した開発フェーズの計画をステークホルダーに示し，検証結果の評価について，その理解を得た。また，私は，ステークホルダーと上記3．の②と③を協議して，設問アで述べたプロジェクトへの要求事項を見直し，Dシステムの本番稼働予定月を2019年7月，開発費予算総額を8千5百万円に変更した。

やや冗長な気もするが，気にせず書き続ける

専門用語（キーワード）を入れる

数字を入れる

問題文を引用する

数字を入れる

設問ウ

1．設問イで述べた検証した内容及び情報の活用の評価
　Dシステムは，私が策定したプロジェクト計画どおりに本番稼働し，現在も正常に運用されている。その点を考慮すれば，私が指揮した当プロジェクトは，おおむね良好に運営されたと判断される。ただし，設問イで述べた検証フェーズで検証した内容，及び得た情報の活用については，それぞれ下記の改善すべき点があったと評価される。
1．1　検証フェーズでのテスト項目数の不足
　私は，検証フェーズの品質目標の一つとして，ソース

決まり文句（常套句）を入れる

専門用語（キーワード）を入れる

プログラム１ｋステップ当たりのテスト項目数を，２．３個としていた。しかし，開発フェーズの総合テストにおいて，複数のソフトウェアロボットを並行稼働させると不具合が発生するなど，検証フェーズでテスト項目の不足が散見された。

１．２　開発費実績総額の予算超過

書類ファイル内にＯＣＲでは識別できない記載項目がある場合，自動的に受信した電子メールの内容を過去の契約情報と照合する機能を，ソフトウェアロボットに追加した。その開発作業の実績工数が見積り工数よりも増加し，開発費実績総額が，予算よりも80万円超過した。

２．上記１．で述べた評価に対する今後の改善点

私は，上記１．で述べた評価に対し，下記の今後の改善点を実施する。

２．１　検証フェーズでのテスト項目数の不足

私は，今後，新技術を利用するシステムを開発するプロジェクトの場合，ソースプログラム１ｋステップ当たりのテスト項目数を，２．４個に増加させる。また，必要に応じて，他の専門家の意見も考慮に入れ，ソースプログラム１ｋステップ当たりの予定摘出欠陥数の見直しも行う。

２．２　開発費実績総額の予算超過

私は，今後，複雑で多岐の処理内容を持つ機能の工数見積りについては，ボトムアップ見積り以外に，COCOMO法や三点見積りなどを併用し，見積り工数の精度を向上させる。また，そのような手法を講じても，見積り工数の精度不足が想定される場合には，私はその旨をリスク登録簿に記入し，コンティンジェンシー予備を設定する。

数字を入れる

失敗したことを入れる

やや冗長な気もするが，気にせず書き続ける

失敗したことを入れる

改善点を入れる

専門用語（キーワード）を入れる

改善点を入れる

専門用語（キーワード）を入れる

資料

1 システム管理基準

下記は，システム管理基準のうちプロジェクトマネージャ試験に関連性が強い部分のみの抜粋です。

II．企画業務

1．開発計画

（1）開発計画は，組織体の長が承認すること。
（2）開発計画は，全体最適化計画との整合性を考慮して策定すること。
（3）開発計画は，目的，対象業務，費用，スケジュール，開発体制，投資効果等を明確にすること。
（4）開発計画は，関係者の教育及び訓練計画を明確にすること。
（5）開発計画は，ユーザ部門及び情報システム部門の役割分担を明確にすること。
（6）開発計画は，開発，運用及び保守の費用の算出基礎を明確にすること。
（7）開発計画はシステムライフを設定する条件を明確にすること。
（8）開発計画の策定に当たっては，システム特性及び開発の規模を考慮して形態及び開発方法を決定すること。
（9）開発計画の策定に当たっては，情報システムの目的を達成する実現可能な代替案を作成し，検討すること。

2．分析

（1）開発計画に基づいた要求定義は，ユーザ，開発，運用及び保守の責任者が承認すること。
（2）ユーザニーズの調査は，対象，範囲及び方法を明確にすること。
（3）実務に精通しているユーザ，開発，運用及び保守の担当者が参画して現状分析を行うこと。
（4）ユーザニーズは文書化し，ユーザ部門が確認すること。
（5）情報システムの導入に伴って発生する可能性のあるリスク分析を実施すること。
（6）情報システムの導入によって影響を受ける業務，管理体制，諸規程等は，見直し等の検討を行うこと。
（7）情報システムの導入効果の定量的及び定性的評価を行うこと。
（8）パッケージソフトウェアの使用に当たっては，ユーザニーズとの適合性を検討すること。

3．調達

（1）調達の要求事項は，開発計画及びユーザニーズに基づき作成し，ユーザ，開発，運用及び保守の責任者が承認すること。

(2) ソフトウェア，ハードウェア及びネットワークは，調達の要求事項を基に選択すること。
(3) 開発を遂行するために必要な要員，予算，設備，期間等を確保すること。
(4) 要員に必要なスキルを明確にすること。
(5) ソフトウェア，ハードウェア及びネットワークの調達は，ルールに従って実施すること。
(6) 調達した資源は，ルールに従って管理すること。

Ⅲ. 開発業務

1. 開発手順

(1) 開発手順は，開発の責任者が承認すること。
(2) 開発手順は，開発方法に基づいて作成すること。
(3) 開発手順は，開発の規模，システム特性等を考慮して決定すること。
(4) 開発時のリスクを評価し，必要な対応策を講じること。

2. システム設計

(1) システム設計書は，ユーザ，開発，運用及び保守の責任者が承認すること。
(2) 運用及び保守の基本方針を定めて設計すること。
(3) 入出力画面，入出力帳票等はユーザの利便性を考慮して設計すること。
(4) データベースは，業務の内容及びシステム特性に応じて設計すること。
(5) データのインテグリティを確保すること。
(6) ネットワークは，業務の内容及びシステム特性に応じて設計すること。
(7) 情報システムの性能は，要求定義を満たすこと。
(8) 情報システムの運用性及び保守性を考慮して設計すること。
(9) 他の情報システムとの整合性を考慮して設計すること。
(10) 情報システムの障害対策を考慮して設計すること。
(11) 誤謬防止，不正防止，機密保護等を考慮して設計すること。
(12) テスト計画は，目的，範囲，方法，スケジュール等を明確にすること。
(13) 情報システムの利用に係る教育の方針，スケジュール等を明確にすること。
(14) モニタリング機能を考慮して設計すること。
(15) システム設計書をレビューすること。

3. プログラム設計

(1) プログラム設計書は，開発の責任者が承認すること。
(2) システム設計書に基づいて，プログラムを設計すること。
(3) テスト要求事項を定義し，文書化すること。
(4) プログラム設計書及びテスト要求事項をレビューすること。

(5) プログラム設計時に発見したシステム設計の矛盾は，システム設計の再検討を行って解決すること。

4．プログラミング

(1) プログラム設計書に基づいてプログラミングすること。
(2) プログラムコードはコーディング標準に適合していること。
(3) プログラムコード及びプログラムテスト結果を評価し，記録及び保管すること。
(4) 重要プログラムは，プログラム作成者以外の者がテストすること。

5．システムテスト・ユーザ受入れテスト

(1) システムテスト計画は，開発及びテストの責任者が承認すること。
(2) ユーザ受入れテスト計画は，ユーザ及び開発の責任者が承認すること。
(3) システムテストに当たっては，システム要求事項を網羅してテストケースを設定して行うこと。
(4) テストデータの作成及びシステムテストは，テスト計画に基づいて行うこと。
(5) システムテストは，本番環境と隔離された環境で行うこと。
(6) システムテストは，開発当事者以外の者が参画すること。
(7) システムテストは，適切なテスト手法及び標準を使用すること。
(8) ユーザ受入れテストは，本番同様の環境を設定すること。
(9) ユーザ受入れテストは，ユーザマニュアルに従い，本番運用を想定したテストケースを設定して実施すること。
(10) ユーザ受入れテストは，ユーザ及び運用の担当者もテストに参画して確認すること。
(11) システムテスト及びユーザ受入れテストの結果は，ユーザ，開発，運用及び保守の責任者が承認すること。
(12) システムテスト及びユーザ受入れテストの経過及び結果を記録及び保管すること。
(13) パッケージソフトウェアを調達する場合，開発元が品質テストを実施したことを確認すること。

6．移行

(1) 移行計画を策定し，ユーザ，開発，運用及び保守の責任者が承認すること。
(2) 移行作業は文書に記録し，責任者が承認すること。
(3) 移行完了の検証方法を移行計画で明確にすること。
(4) 移行計画に基づいて，移行に必要な要員，予算，設備等を確保すること。
(5) 移行は手順書を作成し，実施すること。
(6) 移行時のリスク対策を検討すること。
(7) 運用及び保守に必要なドキュメント，各種ツール等は開発の責任者から引き継いでいること。

（8）移行は関係者に周知徹底すること。

VI. 共通業務

1．ドキュメント管理

1.1　作成

（1）ドキュメントは，ユーザ部門及び情報システム部門の責任者が承認すること。

（2）ドキュメント作成ルールを定め，遵守すること。

（3）ドキュメントの作成計画を策定すること。

（4）ドキュメントの種類，目的，作成方法等を明確にすること。

（5）ドキュメントは，作成計画に基づいて作成すること。

1.2　管理

（1）ドキュメントの更新内容は，ユーザ部門及び情報システム部門の責任者が承認すること。

（2）ドキュメント管理ルールを定め，遵守すること。

（3）情報システムの変更に伴い，ドキュメントの内容を更新し，更新履歴を記録すること。

（4）ドキュメントの保管，複写及び廃棄は，不正防止及び機密保護の対策を講じること。

2．進捗管理

2.1　実施

（1）進捗計画に基づいて方法，体制等を定め，ユーザ，企画，開発，運用及び保守の責任者が承認すること。

（2）ユーザ，企画，開発，運用及び保守の責任者は，進捗状況を把握すること。

（3）進捗の遅延等の対策を講じること。

2.2　評価

（1）業務の工程終了時に，計画に対する実績を分析及び評価し，責任者が承認すること。

（2）評価結果は，次工程の計画に反映すること。

（3）評価結果は，進捗管理の方法，体制等の改善に反映すること。

3．品質管理

3.1　計画

（1）品質目標に基づいて品質管理の計画を定め，ユーザ，企画，開発，運用及び保守の責任者が承認すること。

（2）品質管理計画は，方法，体制等を明確にすること。

3.2　実施

（1）業務の工程終了時に，計画に対する実績を分析及び評価し，責任者が承認すること。

（2）評価結果は，品質管理の基準，方法，体制等の改善に反映すること。

4．人的資源管理

4.1　責任・権限

（1）要員の責任及び権限は，業務の特性及び業務遂行上の必要性に応じて定めること。

（2）要員の責任及び権限は，業務環境及び情報環境の変化に対応した見直しを行うこと。

（3）要員の責任及び権限を周知徹底すること。

4.2　業務遂行

（1）要員は，権限を遵守すること。

（2）作業分担及び作業量は，要員の知識，能力等から検討すること。

（3）要員の交替は，誤謬防止，不正防止及び機密保護を考慮して行うこと。

（4）不測の事態に備えた代替要員の確保を検討すること。

4.3　教育・訓練

（1）教育及び訓練に関する計画及びカリキュラムは，人的資源管理の方針に基づいて作成及び見直しを行うこと。

（2）教育及び訓練に関する計画及びカリキュラムは，技術力の向上，業務知識の習得，情報システムの情報セキュリティ確保等から検討すること。

（3）教育及び訓練は，計画及びカリキュラムに基づいて定期的かつ効果的に行うこと。

（4）要員に対するキャリアパスを確立し，業務環境及び情報環境の変化に対応した見直しを行うこと。

4.4　健康管理

（1）健康管理を考慮した作業環境を整えること。

（2）健康診断及びメンタルヘルスケアを行うこと。

5．委託・受託

5.1　計画

（1）委託又は受託の計画は全体最適化計画に基づいて策定し，責任者が承認すること。

（2）委託又は受託の目的，対象範囲，予算，体制等を明確にすること。

（3）委託又は受託は，具体的な効果，問題点等を評価して決定すること。

5.2　委託先選定

（1）委託先の選定基準を明確にすること。

（2）委託候補先に必要な要求仕様を提示すること。

（3）委託候補先が提示した提案書の比較検討を行うこと。

5.3　契約

（1）契約は，委託契約ルール又は受託契約ルールに基づいて締結すること。

（2）コンプライアンスに関する条項を明確にすること。

（3）再委託の可否について明確にすること。

（4）知的財産権の帰属を明確にすること。

（5）特約条項及び免責条項を明確にすること。

(6) 業務内容及び責任分担を明確にすること。
(7) 契約締結後の業務内容に追加及び変更が生じた場合,契約内容の再検討を行うこと。
(8) システム監査に関する方針を明確にすること。

5.4　委託業務

(1) 委託業務の実施内容は,契約内容と一致すること。
(2) 契約に基づき,必要な要求仕様,データ,資料等を提供すること。
(3) 委託業務の進捗状況を把握し,遅延対策を講じること。
(4) 委託先における誤謬防止,不正防止,機密保護等の対策の実施状況を把握し,必要な措置を講じること。
(5) 成果物の検収は,委託契約に基づいて行うこと。
(6) 業務終了後,委託業務で提供したデータ,資料等の回収及び廃棄の確認を行うこと。
(7) 委託した業務の結果を分析及び評価すること。

5.5　受託業務

(1) 受託業務の実施内容は,契約内容を遵守すること。
(2) 受託内容の進捗状況を把握し,リスク対策を講じること。
(3) 成果物の品質管理を行うこと。
(4) 契約に基づき,受託業務終了後,提供されたデータ,資料,機材等を返却又は廃棄すること。

6. 変更管理

6.1　管理

(1) 変更管理ルールを定め,ユーザ,開発及び保守の責任者が承認すること。
(2) 仕様変更,問題点,ペンディング事項等の変更管理案件が生じた場合,他システムの影響を考慮して決定すること。
(3) 変更管理案件は,提案から完了までの状況を管理し,未完了案件は定期的に分析すること。

6.2　実施

(1) 変更管理案件は,変更管理ルールに従って実施すること。
(2) 変更管理案件を実施した場合に,関連する情報システムの環境も同時に変更すること。
(3) 変更の結果は,ユーザ,開発,運用及び保守の責任者が承認すること。

2 請負契約書の例

請負契約書

○○○○株式会社（以下甲という）と□□□□株式会社（以下乙という）とは,「インターネット拡販Ｗｅｂシステム」（以下本システムという）の開発業務について次のとおり契約を締結する。

第１条（業務委託の内容）

甲が乙に委託する業務の内容は，次のとおりとする。

１．委託業務の名称

「インターネット拡販Ｗｅｂシステム」開発プロジェクト

業務委託の内容

本プロジェクトは，甲が利用する「インターネット拡販Ｗｅｂシステム」の開発を乙に委託するものである。乙は，甲が作成したシステム構想書に基づき，外部設計から本番稼働までのシステム開発作業を実施する。

第２条（成果物）

１．乙が甲に納入する成果物は以下のとおりとする。

①外部設計書・内部設計書

②ソースプログラム

③単体テスト・結合テスト・総合テスト実施結果報告書

④操作マニュアル

２．乙は，第１項の成果物について，乙の検査担当者による検査が完了した後，速やかに甲に対し，検査完了通知書を提出する。

３．甲は，第１項の成果物を検収後，検収書を乙に提出する。甲の検収時点より，第４条に規定する瑕疵担保責任が開始される。

第３条（履行期限）

乙は，平成３０年１０月１５日までに成果物を甲に提出するものとする。万一，乙の責に帰することができない事由により，履行期限に変更を生じることが明らかになった場合は，その都度，甲乙双方協議のうえ履行期限を変更できる。

第４条（瑕疵担保責任）

乙は，甲に提出した成果物に瑕疵がある場合，無償でその修正作業を行うものとする。その期間は，甲が乙の物件を検収した後，１年間とする。

第５条（開発責任者・担当者）

乙の開発責任者は，◎◎◎◎とする。乙の開発担当者は，◇◇◇◇とする。

第６条（著作権）
乙が作成した成果物の著作権は，すべて甲に帰属する。

第７条（請負金額）
甲が乙に支払う請負金額は，金１億２千５百万円とする。（この金額に消費税は含まれていない。）

第８条（その他の費用）
乙の責任者・担当者が，業務遂行上必要となる出張等に要する実費は，甲の負担とする。

第９条（支払方法）
乙は，第７条及び第８条の金額を，甲に対し請求する。甲は，第７条の金額については，甲が乙の成果物を検収した時点から１カ月以内に，第８条の金額については乙の請求から１カ月以内に，乙が請求書に記載した乙の口座に振込まねばならない。

第１０条（守秘義務）
甲乙は委託業務を遂行するにあたり，知り得た互いの営業上技術上の秘密を他に漏えいしてはならない。本条は，本契約書の有効期限が終了した後も有効に存続する。

第１１条（有効期限）
本契約書の有効期限は，平成３０年１月１日から平成３０年１０月１５日までとする。ただし，納入等の延期などによる場合は，甲乙双方協議のうえ有効期限を３カ月間延長することができる。

本契約締結の証として本書を２通作成し，甲乙記名捺印のうえ，それぞれ一通ずつ保有するものとする。

平成３０年１月１日

甲：東京都千代田区飯田橋○丁目○番○号 ○○○ビル○階
○○○○株式会社　　代表取締役　◎◎　◎◎

乙：東京都港区白金○丁目○番○号 ○○○ビル○階
□□□□株式会社　　代表取締役　△△△△

3 委任契約書の例

委任契約書

○○○○株式会社（以下甲という）と□□□□株式会社（以下乙という）とは，「インターネット拡販Ｗｅｂシステム」（以下本システムという）に関するコンサルティング業務について次のとおり契約を締結する。

第１条（コンサルティング業務の内容）

甲が乙に委任するコンサルティング業務の内容は，次のとおりとする。

２．委任業務の名称

「インターネット拡販Ｗｅｂシステム」分析コンサルティング

委任業務の内容

本プロジェクトは，甲が利用する「インターネット拡販Ｗｅｂシステム」の分析支援を乙に委任するものである。乙は，本システムに関する要件定義工程を支援する。

第２条（成果物）

乙が甲に納入する成果物はない。乙は，甲が作成するシステム構想書に関して口頭によりノウハウ等を伝授するのみに留まる。

第３条（職業的専門家としての正当注意義務）

乙は，委任業務を実施するに当たり，甲に対し職業的専門家としての正当注意義務を負う。もし，乙が，他の職業的専門家が本業務を遂行したならば，為し得た支援が出来なかった場合には，甲に対し損害賠償の責を負う。

第４条（報告義務）

乙は，甲の求めに応じ，業務遂行の状況を説明しなければならない。

第５条（責任者・担当者・再委任の禁止）

乙の責任者は，◎◎◎◎とする。乙の担当者は，◇◇◇◇とする。

２．乙は，本業務の遂行を第三者に，再委任することができない。

第６条（著作権）
乙が本業務遂行上作成した成果物の著作権は，すべて乙に帰属するものとする。

第７条（委任報酬）
甲が乙に支払う委任報酬は，１カ月間で月２百万円とする（この金額に消費税は含まれていない）。

第８条（その他の費用）
乙の責任者・担当者が，業務遂行上必要となる出張等に要する実費は，甲の負担とする。

第９条（支払方法）
乙は，第７条及び第８条の金額を，甲に対し請求する。甲は，乙の請求から１カ月以内に，乙が請求書に記載した乙の口座に振込まねばならない。

第１０条（守秘義務）
甲乙は委託業務を遂行するにあたり，知り得た互いの営業上技術上の秘密を他に漏えいしてはならない。本条は，本契約の有効期限が終了した後も有効に存続する。

第１１条（有効期限）
本契約の有効期限は，平成３０年1月1日から平成３０年２月２８日までとする。ただし，納入等の延期などによる場合は，甲乙双方協議のうえ有効期限を１カ月間延長することができる。

本契約締結の証として本書を２通作成し，甲乙記名捺印のうえ，それぞれ一通ずつ保有するものとする。

平成３０年1月1日

甲：東京都千代田区飯田橋○丁目○番○号 ○○○ビル○階
○○○○株式会社　　　代表取締役　◎◎　◎◎

乙：東京都港区白金○丁目○番○号 ○○○ビル○階
□□□□株式会社　　　代表取締役　△△△△

4 守秘義務契約書の例

守秘義務契約書

○○○○株式会社（以下甲という）と□□□□株式会社（以下乙という）とは,「インターネット拡販Ｗｅｂシステム」（以下本システムという）開発に関して，次のとおり守秘義務契約を締結する。

第１条（目的）

甲及び乙は，本システムを開発するにあたり，本契約書に規定する各条文を信義に則り誠実に履行し，もって，甲・乙双方の秘密保持に努めるものとする。

第２条（秘密保持）

1．甲及び乙は，次項に定める情報（以下本情報という）を一切秘密にし，相手方の書面による事前の同意を得ることなく第三者に対し開示漏えいしないものとする。

2．本情報とは，開示の方法の如何に関わらず，本契約に基づき，甲または乙が相手方に対し，開示・提供する技術上または営業上のすべての情報をいう。

3．前項の規定に関わらず，次に定める情報は，本情報にはあたらないものとする。

①開示の時点ですでに公知のもの，または開示後情報を受領した当事者の責によらずして公知になったもの

②甲または乙が開示を行った時点ですでに相手方が情報として保有しているもの

③第三者から秘密保持義務を負うことなく正当に入手したもの

④本情報に基づかず，甲または乙が独自に開発したもの

4．甲及び乙は，両者の取引先あるいは関係する者，その他従業員に対しても，第１項の義務を遵守させなければならない。

第３条（複写，複製等）

甲及び乙は，相手方の承認もしくは指示がある場合を除き，相手方から受領した本情報に関する書面，磁気記録等について複写，複製，改変等の行為を行わないものとし，相手方より返還の要請があった場合または本契約が終了した場合には，速やかに相手方より受領した本情報に関する書面，磁気記録等を相手方に返還するものとする。

第４条（目的外使用の禁止）
甲及び乙は，相手方より開示・提示を受けた本情報を，本業務の目的以外に使用してはならない。

第５条（有効期間）
本契約は，平成３０年１月１日から，１０年間有効とする。

第６条（管轄裁判所）
本契約に起因する紛争に関して訴訟の必要が生じたときは，東京地方裁判所を管轄裁判所とすることに，甲及び乙は，あらかじめ同意する。

第７条（協議）
本契約に定めのない事項または本契約の条文につき疑義が生じたときは，その都度甲，乙は協議の上，誠意をもって解決にあたるものとする。

本契約締結の証として本書を２通作成し，甲乙記名捺印のうえ，それぞれ一通ずつ保有するものとする。

平成30年1月1日

甲：東京都千代田区飯田橋○丁目○番○号 ○○○ビル○階
○○○○株式会社　　　代表取締役　◎◎　◎◎

乙：東京都港区白金○丁目○番○号 ○○○ビル○階
□□□□株式会社　　　代表取締役　△△△△

5 プロジェクト憲章の例

プロジェクト憲章

1．プロジェクト立上げの背景と目的

当社は，中長期情報システム計画（第35～37期）に基づいて，電子部品調達システム（以下，本システムという）の開発プロジェクトを正式に発足する。昨今のインターネットの普及により，部品調達は世界中から容易にできるようになっている。電子部品の国別の価格差が大きいので，国内および諸外国から最適な価格での調達を可能にすることを本システムの目的とする。

2．成果物

本システムのハードウェア・ソフトウェア及びその運用環境

3．要約スケジュールおよび予算

・納期　35期の決算日まで稼働させること。

・予算　1．5億円

4．承認されている条件

・使用機材　情報システム部の資産を中心とするが，新規購入してもよい。

・開発要員　社内外を問わない（プロジェクトマネージャに一任する）

5．主な機能要件

①：本システムに，調達先候補会社を登録する。

②：当社の生産管理部は，調達する電子部品の仕様・数量・納期・納品場所などの調達予定情報を当システムに登録する。

③：調達先候補会社は，②の調達予定情報に対する見積情報を当システムに登録する。

④：当社は，③の見積情報を検討して調達先を決定し，当該調達先に当システムから発注書を送付する。

6．任命されたプロジェクトマネージャ

・当社　情報システム部　開発課長　　山田太郎

7．当プロジェクト憲章を認可したスポンサー

・当社　代表取締役社長　　川本次郎

6 工程別ドキュメントの例

工程名	作成者	ドキュメント名
企画・計画	IT ストラテジスト	情報戦略指針書，中長期情報システム計画書，個別システム計画書
プロジェクト計画	プロジェクトマネージャ	RFP（提案依頼書），提案書，請負契約書，委任契約書，技術者派遣契約書，守秘義務契約書，見積書，受注書，WBS，RAM，プロジェクトチーム組織図，開発工数見積書，工数山積表，アローダイアグラム，大日程計画書，中日程計画書，ガントチャート，マイルストーンチャート，開発手順書，調達計画書，コスト計画書，品質計画書
要件定義	システムアーキテクト	要件定義書，DFD，データディクショナリ，業務用語定義書，議事録，未解決課題一覧表，プロトタイプ評価書，業務分析マニュアル，Q&A 管理表
外部設計	システムアーキテクト	業務フロー図，業務機能一覧表，業務機能階層図，論理データ設計書，画面設計書，画面遷移図，帳票設計書，性能要件定義書，コード設計書，外部設計レビューチェックリスト，仕様変更依頼書，ハードウェア一覧表，ソフトウェア一覧表
	ネットワークスペシャリスト	ネットワーク環境一覧表，ネットワーク図，代替回線仕様書
	データベーススペシャリスト	E-R 図，テーブル設計書，内部スキーマ設計書，DB チューニング仕様書，データバックアップ仕様書
内部設計	応用情報技術者	テーブル定義書，クラス図，シーケンス図，オブジェクト図，コラボレーション図，配置図，メッセージ一覧表，モジュール一覧表，インターフェース仕様書，内部設計レビューチェックリスト
プログラミング	基本情報技術者	プログラム一覧表，ソースプログラム，作業日報
	プロジェクトマネージャ	実績原価一覧表，進捗管理表，仕様変更管理表
単体テスト	基本情報技術者	単体テスト仕様書，未消化テスト項目一覧表，未解決バグ一覧表，原因－結果グラフ，品質チェックシート，パレート図，管理図，特性要因図
結合テスト	応用情報技術者	結合テスト仕様書，結合テスト進捗管理表，信頼性成長曲線
総合テスト	システムアーキテクト 情報処理安全確保支援士	総合テスト仕様書，負荷テスト報告書，セキュリティテスト報告書，総合テスト完了報告書
移行・本番稼働	システムアーキテクト IT サービスマネージャ	移行計画書，運用計画書，操作マニュアル，業務運用マニュアル
	プロジェクトマネージャ	プロジェクト完了報告書，検収書，原価差異分析表，教育研修計画書

7 プロジェクト管理指標の例

工程名	管理指標名	計算の仕方
要件定義 外部設計 内部設計	進捗指標	・完成ドキュメント枚数 ÷ 予定ドキュメント枚数 ・完成 WBS 数 ÷ 当工程の WBS 数合計 ・質問票の発行・回答枚数 ・分析・設計実績工数 ÷ 予定工数 ・分析・設計実績原価 ÷ 予定原価
	品質指標	・実施レビュー時間 ÷ 予定レビュー時間 ・実績摘出欠陥数 ÷ 予定摘出欠陥数 ・実施レビュー項目数 ÷ 予定レビュー項目数 ・未解決課題数
	生産性指標	・予定工数 ÷ 予定ドキュメント枚数 ・実績工数 ÷ 完成ドキュメント枚数 ・予定工数 ÷ 予定レビュー項目数 ・実績工数 ÷ 完了レビュー項目数
プログラミング	進捗指標	・完成ステップ数 ÷ 予定ステップ数 ・完成プログラム本数 ÷ 予定プログラム本数計 ・プログラミング実績工数 ÷ 予定工数 ・プログラミング実績原価 ÷ 予定原価
	品質指標	・コメントの行数合計 ・共通ルーチンのステップ数 ÷ 全ステップ数
	生産性指標	・予定工数 ÷ 予定ステップ数 ・実績工数 ÷ 完成ステップ数
単体テスト 結合テスト 総合テスト	進捗指標	・消化テスト項目数 ÷ 予定テスト項目数 ・実績テスト時間数 ÷ 予定テスト時間数 ・テスト実績原価 ÷ 予定原価
	品質指標	・テストで一度は通過したステップ数 ÷ ステップ数合計 ・テストで一度は通過した分岐数 ÷ 全分岐数 ・実績摘出欠陥数 ÷ 予定摘出欠陥数 ・実績摘出欠陥数 ÷ ステップ数 ・未解決欠陥数の合計 ・日別摘出欠陥数
	生産性指標	・予定工数 ÷ 予定テスト項目数 ・実績工数 ÷ 消化テスト項目数
全工程	品質指標	・仕様変更依頼数，仕様変更実績数 ・仕様に関する質問数
	モチベーション指標	・残業・休日出勤時間数の合計 ・カウンセリング時間数の合計
	生産性指標	・教育研修時間数の合計

注：“ ステップ数 ”は，プログラムステップ数の略です。

INDEX【索引】

索引

さ行

た行

な行

は行

索引

ま行

や行

ら行

わ行

読者特典のご案内

本書をご購入いただいた方は，以下の特典がご利用いただけます。

有効期限：2023 年 4 月 13 日

過去問題・解説・論文例などのダウンロード

本書サポートサイトより，以下の PDF ファイルがダウンロードいただけます。

・プロジェクトマネージャ試験の問題・解答・解説・論文例

21 年午後 1 問 3，21 年午後 2 問 2，22 年午後 1 問 1，22 年午後 1 問 4
23 年午後 1 問 1，23 年午後 1 問 2，23 年午後 1 問 4，23 年午後 2 問 1
24 年午後 1 問 1，31 年午後 2 問 2

・論文演習用原稿用紙

・論述の対象とするプロジェクトの概要　記入用紙

・PMBOK 第 5 版の主なプロセスのインプットツールと技法，アウトプットの解説

URL：https://gihyo.jp/book/2021/978-4-297-12124-2/support
アクセス ID　　R03PMGK
パスワード　　btvpSVh8
※このパスワードは，ダウンロードした PDF ファイルを開く際にも必要です。

午前問題演習「DEKIDAS-Web」

スマホや PC からアクセスできる問題演習用の Web アプリで，平成 21 年以降の高度試験共通の午前 1 問題と，プロジェクトマネージャ試験の午前 2 問題に挑戦できます。年度やジャンルで問題を選んだり，キーワードによる問題検索，自動採点による分析など，午前対策に役立ちます。

スマートフォン，タブレットで利用する場合は以下の QR コードを読み取り，エントリーページへアクセスしてください。

PC など QR コードを読み取れない場合は，以下のページから登録してください。

URL：https://entry.dekidas.com/
認証コード：gd03jjKi439Gfh7B

なお，ログインの際にメールアドレスが必要になります。

■著者略歴

金子 則彦（かねこ のりひこ）

大学 4 年の時に公認会計士 2 次試験に合格し、PCA（株）に就職。プログラマーとしてパッケージソフトウェア開発に従事。その後、中央経営コンサルティング（株）に転属し、システム設計作業を担当。
さらに、中央新光監査法人システム監査部、中央クーパース・アンド・ライブランドコンサルティング（株）を経て独立し、数えきれないほど多くのプロジェクトを管理。プロジェクトマネージャ、システムアーキテクト、データベーススペシャリストなどの 14 の国家資格を持つ。『システムアーキテクト合格教本』『プロジェクトマネージャの仕事場』など著書も多数。示現塾という私塾にて、本書に関するサポートやセミナーも開催している（http://zigen.cosmoconsulting.co.jp）。

カバーデザイン　小島 トシノブ（NONdesign）
カバーイラスト　江口 修平
本文デザイン　株式会社ライラック

■問い合わせについて

本書に関するご質問は、FAX か書面でお願いいたします。電話での直接のお問い合わせにはお答えできませんので、あらかじめご了承ください。また、下記の Web サイトでも質問用フォームを用意しておりますので、ご利用ください。
ご質問の際には、書籍名と質問される該当ページ、返信先を明記してください。e-mail をお使いになられる方は、メールアドレスの併記をお願いいたします。ご質問の際に記載いただいた個人情報は質問の返答以外の目的には使用いたしません。
お送りいただいたご質問には、できる限り迅速にお答えするよう努力しておりますが、場合によってはお時間をいただくこともございます。なお、ご質問は、本書に記載されている内容に関するもののみとさせていただきます。

【問い合わせ先】　〒 162-0846　東京都新宿区市谷左内町 21-13
株式会社技術評論社 書籍編集部　『令和 03 年　プロジェクトマネージャ合格教本』係
FAX：03-3513-6183　　Web：https://gihyo.jp/book/2021/978-4-297-12124-2

令和 03 年 プロジェクトマネージャ合格教本

2016 年 11 月 10 日　初版　　第 1 刷発行
2021 年　5 月　6 日　第 5 版　第 1 刷発行

著　者　金子　則彦
発行者　片岡　巌
発行所　株式会社技術評論社
　　　　東京都新宿区市谷左内町 21-13
　　　　電話　03-3513-6150　販売促進部
　　　　　　　03-3513-6166　書籍編集部
印刷／製本　昭和情報プロセス株式会社

定価はカバーに表示してあります。

ISBN978-4-297-12124-2 C3055
Printed in Japan